アジアの熱帯生態学
The Ecology of Tropical East Asia　Richard T. Corlett

リチャード T. コーレット著
長田典之・松林尚志・沼田真也・安田雅俊共訳

東海大学出版会

The Ecology of Tropical East Asia
By Richard T. Corlett
Copyright ©2009 by Richard T. Corlett
Japanese translation right arranged with Oxford University Press.

序　文

　熱帯東アジアは，生物学的には1つであるが歴史的に分断されている地域である．この地域が本質的にまとまりをもっていることは，現地を旅行した生態学者からすれば明らかなことであるが，近年まで本地域全域にわたる旅行はほとんど行われてこなかった．地域内でも使用する言語が異なるため，椅子に座ったまま本や論文を読むことで架空の旅をすることにも限界があった．熱帯アメリカなら英語やスペイン語，ポルトガル語の知識があれば生態学に関する文献の全体を調べることができるし，熱帯アフリカなら英語とフランス語の知識があれば十分である．しかし，熱帯東アジアの生態学者は10以上の言語で文献を記しているのである．言語やその他の要因によってこの地域の雑誌の発展には制約があり，生態学に関するものが存在しないのにくわえて，アジアにおいて異なる国々の生態学者が集う会議はアメリカやヨーロッパよりも少ない．しかし，本地域が歴史的に分断されていた状況は変化しつつある．東南アジア諸国連合（ASEAN）の設立や中国の対外解放のような，経済的および政治的な発展により，環境問題において地域的に協調する機会や動機がうまれてきつつある．国際熱帯生物保全学会（Association for Tropical Biology and Conservation; ATBC）に新しく作られたアジア太平洋支部の最初の3回の学会が成功したことは，この新しい態勢の顕著な例といえる．

　この本の目的は，熱帯東アジアの陸上生態学の全体像を提供することである．本地域で活動している人々が，生態学を理解することによって，その仕事をより広い状況から捉えることが容易になること，それと同時にその他の地域に生活している人々にとって利用しやすい概要となることを期待している．統一性をもたせるために，生物学的に熱帯東アジアの一部ではないインドネシア東部を除いたが，中国南部は熱帯東アジアの一部であるために含めている．しかしミャンマー国境より西側を含めなかったことをインドの友人に申し訳なく思う．この境界線の引き方は生物学的には正しくないが，インド亜大陸の湿潤地のみを含めると混乱のもととなるため，インドすべてをのぞくほうが好ましいと考えた．

　インターネットのおかげで，熱帯でも東洋でもなくそしてアジアでもない，ギリシャ共和国のアンティパロス島でこの本の半分を書くことができた．この島の住民の心からの厚遇に感謝したい．この30年間のうち，この期間に熱帯東アジアの外での最長期間を過ごしたことになる．とくに，はじめの数章を書くのにこの距離が役立ったことは確かである．私の経歴のうち，中間の20年間を過ごした香港大学において残り半分のほとんどを書き，シンガポール国立大学で新たな職についてこの本を完成させた．この本を書くうえで本当にたくさんの人の手助けを受けたため，どんな謝辞のリストをつくっても十分ではないが，いくつかの

章や節にコメントをくれた以下の生態学者にとくに感謝したい．David Burslem，Kylie Chung，David Dudgeon，John Fellowes，Billy Hau，Nina Ingle，Michael Lau，Bill Laurance，Ng Sai-chit，Richard Primack，Yvonne Sadovy，Navjot Sodhi，I-Fang Sun，Hugh Tan．写真や図に関しては個人個人に感謝したいが，とくに多くを提供してくれたYeung Ka-ming（香港農業水産管理局；AFCD）とLee Kwok Shing（嘉道理農場暨植物園；KFBG），多くの欠陥を補ってくれたHugh Tanに感謝したい．Helen Eatonや他のオックスフォード大学出版の職員と一緒に仕事をできて光栄だった．最後に，すべての地図および図の大部分を作成しただけではなく，事実を確認し，中国語の記事を翻訳し，ギリシャで私が執筆しているときには香港における代理人としてはたらいてくれたLaura Wongにとくに感謝の意を表したい．

日本語版への序文

　この本は北緯30度以南の地域を対象としているため，日本については琉球（南西）諸島や小笠原諸島に簡単に触れているだけである．しかし，日本は1950年代以降，他の熱帯東アジアの地域の発展に，正負の両面で大きな影響を与えてきた．正の面としては，日本の研究者たちは熱帯東アジアの生態学に関する私たちの知識の蓄積に大きく貢献しており，この本ではそれらの研究を数多く引用している．熱帯生態学に関して日本が有する専門知識は，日本をのぞく温帯や寒帯のどの国よりも幅広い．とくに，マレーシアのパソや，とりわけランビルにおける長期研究は，本地域の低地熱帯雨林の生態についての私たちの理解を深めることに大きく貢献してきたうえに，その貢献は今なお続いている．そして現在では，日本の研究者たちは，原生林や劣化した森林における二酸化炭素フラックスの測定という緊急の課題を主導しているのである．

　また，日本は貿易によって本地域に正の経済効果を与えてきたが，これについては，経済的なベネフィットは部分的には環境的なコストによって相殺されている．日本は10年前まで熱帯アジア木材の最大の輸入国であり，その木材供給のための森林伐採は，本地域における環境劣化のおもな要因であった．木材のおもな供給源は，フィリピンからインドネシア，そしてマレーシアへと，各国が輸出制限を行うにつれて移り替わってきた．現在では中国とインドが東南アジアの木材のおもな取引先となっており，日本による熱帯産丸太材の輸入量は減少した．しかし，いまだに日本はおもにマレーシアやインドネシアで生産される熱帯産の合板の主要な輸入国なのである．生産地，とくにサラワクにおける検査は不十分であるため，おそらくこれらの輸入品の一部は違法なものであろう．その他にも日本は，パーム油や天然ゴム，コーヒー，茶，ココアなどの多くの熱帯産品を輸入しているのにくわえて，珍奇なペットの需要もあって野生動物の商取引のおもな取引先となっている．これらの商取引も熱帯東アジアに経済的なベネフィットと環境的なコストの両方をもたらしている．

　もちろんこれらの問題は日本に限ったことではなく，先進国と熱帯諸国との間の貿易においてほぼ普遍的にみられる特徴である．しかしながら，アジアの一員である日本は，不注意や誤解に基づいて不要な損害を与えることを避けるための特別な義務を負っていると考えるのは妥当であろう．この本の英語版では，本地域で活動している人々とその他の地域に生活している人々の双方に，熱帯東アジアの陸上生態学の全体像を提供することを目的とした．私はこの日本語版が，日本がその近隣の熱帯東アジアの国々との間に持続的な関係を築くために必要な，環境についての知識を得るために貢献できることを期待したい．

リチャード T.コーレット

Japanese preface

The area covered by this book extends north to 30°N, so the Nansei and Ogasawara Islands are the only parts of Japan that are included, and then only briefly. Japan, however, has had a large influence on the development of the rest of the region since the 1950s, with both positive and negative impacts. On the positive side, Japanese scientists have made a huge contribution to our understanding of the ecology of Tropical East Asia, and many of their studies are cited in this book. The breadth of tropical ecology expertise in Japan exceeds that of any other non-tropical country. Long-term studies at Pasoh and, in particular, Lambir, have made —and continue to make— a huge contribution to our understanding of lowland rainforest ecology in the region, and Japanese scientists now dominate the urgent task of understanding the fluxes of carbon dioxide associated with intact and degraded forests.

Japan has also had a positive economic impact through trade with the region, but in this case the economic benefits are partly offset by environmental costs. Until a decade ago, Japan was the biggest importer of tropical Asian timber and the logging activity that supplied that trade was a major cause of environmental degradation in the region. The major timber sources shifted, from the Philippines, to Indonesia, and then Malaysia, as each country in turn restricted exports. Although tropical log imports have declined, with China and India now the main markets for Southeast Asian logs, Japan is still the major importer of tropical plywood, mainly from Malaysia and Indonesia. Weak checks in the source areas, particularly Sarawak, mean that a proportion of these imports are probably illegal. Japan imports many other tropical products, from palm oil and natural rubber to coffee, tea and cocoa, and is also a major participant in the wildlife trade, fuelled in part by the demand for exotic pets. These trades also bring both economic benefits and environmental costs to tropical East Asia.

Of course, these problems are not unique to Japan, but are an almost universal feature of trade relationships between the developed North and the tropics. However, one can reasonably argue that a neighbour has a special obligation to avoid unnecessary damage through carelessness or misunderstanding. The aim of the English edition of this book was to provide an overview of the terrestrial ecology of tropical East Asia, both for people working in the region and those living outside. I hope that this translation will contribute to the environmental understanding required for a sustainable relationship between Japan and its tropical neighbours.

Richard T. Corlett

目　次

序文 ——— iii
日本語版への序文 ——— v

1章　環境史

1.1　なぜ，熱帯東アジアなのか？ ——— 1
1.2　生態学的な説明と歴史的な説明 ——— 1
1.3　プレートテクトニクスと熱帯東アジアの起源 ——— 2
1.4　海水準変動 ——— 5
1.5　気候と植生の変化 ——— 8
1.6　地球外天体の衝突，火山およびその他の自然のカタストロフ ——— 10
1.7　初期の人類 ——— 14
1.8　現生人類の到着 ——— 16
1.9　農耕の伝播 ——— 18
1.10　狩猟 ——— 20
1.11　火入れ ——— 21
1.12　都市化 ——— 22

2章　自然地理学

2.1　はじめに ——— 24
2.2　気象と気候 ——— 24
　　2.2.1　気温 ——— 26
　　2.2.2　斜面の角度や方位 ——— 26
　　2.2.3　降水量 ——— 27
　　2.2.4　雲霧由来の水 ——— 27
　　2.2.5　降水量の年変動 ——— 28
　　2.2.6　雪と氷 ——— 30
　　2.2.7　風 ——— 30
　　2.2.8　雷 ——— 32
2.3　火災 ——— 32
2.4　土壌 ——— 33
　　2.4.1　土壌の分類 ——— 33
　　2.4.2　地滑りや土壌浸食 ——— 36
2.5　植生 ——— 37

- 2.5.1 低地植生 —— 37
  熱帯雨林／熱帯季節林／熱帯落葉樹林／亜熱帯常緑広葉樹林／特殊な土壌型に成立する森林／二次林／択伐林／竹林／サバンナと草原／低木林と密生林／海浜植生／プランテーション／アグロフォレストリー／その他の陸地作物類
- 2.5.2 山地植生 —— 47
- 2.5.3 湿地帯 —— 49
  マングローブ林／汽水湿地林／淡水湿地林／泥炭湿地林／草本湿原／水田
- 2.5.4 都市植生 —— 51
- 2.6 植物のフェノロジー —— 52
  - 2.6.1 葉のフェノロジー —— 53
  - 2.6.2 繁殖フェノロジー —— 55
    タケ類およびイセハナビ属／低地フタバガキ林における一斉開花／季節性気候帯における繁殖フェノロジー／イチジク類

3章　生物地理学

- 3.1 はじめに —— 62
- 3.2 生物地理区間の相違 —— 63
- 3.3 熱帯東アジアとオーストラリア区の間の生物相の違い —— 65
- 3.4 熱帯東アジアと旧北区の間の生物相の違い —— 66
- 3.5 熱帯東アジアの生物相における生物地理学的要素 —— 68
- 3.6 熱帯東アジアにはどのくらい多くの種が存在するのだろうか？ —— 68
- 3.7 熱帯東アジア内の多様性パターン —— 69
- 3.8 熱帯東アジアの細分化 —— 73
- 3.9 島の生物地理学 —— 75
  - 3.9.1 スンダ陸棚の大陸島 —— 76
  - 3.9.2 海南島と台湾島 —— 77
  - 3.9.3 琉球（南西）諸島 —— 77
  - 3.9.4 小笠原諸島 —— 78
  - 3.9.5 パラオ諸島 —— 78
  - 3.9.6 クラカタウ諸島 —— 79
  - 3.9.7 アンダマン諸島とニコバル諸島 —— 79
  - 3.9.8 スマトラ西海岸沖の島々 —— 81
  - 3.9.9 フィリピン諸島 —— 81

        3.9.10　スラウェシ島 ── 83
        3.9.11　サンギへ諸島とタラウド諸島 ── 84
        3.9.12　小スンダ列島 ── 85
        3.9.13　マルク諸島 ── 86

4章　植物の生態　種子からはじまって種子にもどるまで

    4.1　はじめに ── 87
    4.2　調査地 ── 87
    4.3　樹木 ― 種子からはじまって種子にもどるまで ── 88
        4.3.1　送粉・受粉 ── 89
            ハナバチ類とその他のハチ類／他の昆虫／脊椎動物
        4.3.2　種子散布 ── 96
            鳥類／コウモリ類／霊長類／食肉類／陸上の植食者／齧歯類／アリ類／人間
        4.3.3　花粉と種子による遺伝子流動 ── 105
        4.3.4　種子捕食と種子病原菌 ── 105
        4.3.5　発芽と実生の定着 ── 108
        4.3.6　実生ステージ ── 111
        4.3.7　稚樹から成木ステージ ── 112
        4.3.8　萌芽 ── 114
    4.4　樹木以外の生活型 ── 115
        4.4.1　つる植物 ── 115
        4.4.2　林床草本 ── 116
        4.4.3　着生植物 ── 116
        4.4.4　半着生植物と絞め殺し植物 ── 117
    4.5　熱帯林における種多様性の維持 ── 117
    4.6　森林遷移 ── 121
    4.7　系統と群集集合 ── 122

5章　動物の生態　食物と採餌

    5.1　はじめに ── 123
    5.2　植食者 ── 123
        5.2.1　葉食者 ── 124

5.2.2　新芽・樹皮・材食者 ── 129
　　　5.2.3　根食者 ── 129
　　　5.2.4　樹液食者 ── 129
　　　5.2.5　潜在的な植食者としてのアリ類 ── 130
　　　5.2.6　虫こぶ形成者 ── 131
　　　5.2.7　訪花者 ── 131
　　　5.2.8　果実食者 ── 132
　　　5.2.9　種子食者 ── 136
　5.3　腐植食者 ── 137
　5.4　肉食者 ── 138
　　　5.4.1　無脊椎動物食者 ── 138
　　　5.4.2　脊椎動物食者 ── 142
　5.5　寄生者と捕食寄生者 ── 146
　5.6　雑食者 ── 147
　5.7　腐肉食者 ── 148
　5.8　糞食者 ── 149

6章　エネルギーと栄養塩類

　6.1　はじめに ── 151
　6.2　エネルギーと炭素 ── 151
　　　6.2.1　一次生産 ── 151
　　　6.2.2　バイオマス ── 154
　　　6.2.3　純生態系生産と純生態系二酸化炭素交換 ── 155
　6.3　その他の栄養塩類 ── 156
　　　6.3.1　窒素 ── 157
　　　6.3.2　リン ── 158
　　　6.3.3　必須の陽イオン類 ── 161
　　　6.3.4　微量元素 ── 161
　　　6.3.5　アルミニウム・マンガン・水素 ── 161
　6.4　今後必要な研究 ── 162

第7章　生物多様性への脅威

　7.1　はじめに ── 164

- 7.2　　数値を信用してはいけない！——— 164
- 7.3　　究極要因——— 165
  - 7.3.1　人口の増加——— 165
  - 7.3.2　貧困——— 167
  - 7.3.3　汚職——— 168
  - 7.3.4　グローバル化——— 168
- 7.4　　生物多様性に対するおもな脅威——— 168
  - 7.4.1　ハビタットの消失——— 168
  - 7.4.2　森林減少——— 169
  - 7.4.3　森林の断片化——— 171
  - 7.4.4　採鉱——— 173
  - 7.4.5　都市化——— 173
  - 7.4.6　森林伐採——— 174
  - 7.4.7　非木材林産物の採集——— 176
  - 7.4.8　狩猟——— 176
  - 7.4.9　火災——— 179
  - 7.4.10　侵略的外来種——— 180
  - 7.4.11　野生動物や人、植物の病気——— 183
  - 7.4.12　大気汚染と富栄養化——— 184
  - 7.4.13　気候変動——— 186
- 7.5　　絶滅の予測——— 190
- 7.6　　人工衛星と潜在的な脅威——— 192

8章　保全　すべてのピースを守るために

- 8.1　　はじめに——— 193
- 8.2　　誰がどのように負担すべきか？——— 193
  - 8.2.1　誰が負担すべきか？——— 193
  - 8.2.2　環境サービスに対する支払い——— 195
  - 8.2.3　カーボンオフセット——— 197
  - 8.2.4　生物多様性オフセット——— 198
  - 8.2.5　ツーリズム——— 199
  - 8.2.6　自発的な保全策——— 202
  - 8.2.7　認証——— 202
  - 8.2.8　NGOの役割——— 204
- 8.3　　何を保全すべきか？——— 205

8.3.1　保全計画における代用性 ——— 205
　　　8.3.2　優先順位の設定 ——— 206
　8.4　保護区 ——— 211
　　　8.4.1　保護区の新設 ——— 211
　　　8.4.2　既存の保護区での保全状態の改善 ——— 212
　　　8.4.3　地域社会参加型の保全 ——— 213
　　　8.4.4　保護地域・開発統合プロジェクト ——— 214
　8.5　持続的な利用 ——— 214
　　　8.5.1　森林伐採と非木材林産物の採取 ——— 214
　　　8.5.2　狩猟 ——— 216
　　　8.5.3　商取引の規制 ——— 216
　8.6　保護区外のハビタットの管理 ——— 217
　8.7　その他の脅威の管理 ——— 219
　　　8.7.1　火災の管理 ——— 219
　　　8.7.2　外来種の管理 ——— 219
　　　8.7.3　気候変動の影響の緩和 ——— 221
　　　8.7.4　バイオ燃料 ——— 222
　　　8.7.5　大気汚染 ——— 222
　8.8　生息地外保全 ——— 222
　8.9　生態的復元と再導入 ——— 224
　　　8.9.1　森林の復元 ——— 224
　　　8.9.2　種の再導入 ——— 228
　8.10　保全のリーケージ ——— 230
　8.11　教育 ——— 231
　8.12　保全は機能するか？ ——— 233
　8.13　熱帯東アジアの生物多様性保全を進めるために ——— 233

引用文献 ——— 235
訳者あとがき ——— 267
索引 ——— 271

1章 環境史

1.1 なぜ，熱帯東アジアなのか？

「熱帯東アジア（Tropical East Asia）」という言葉を本書ではアジアの熱帯・亜熱帯地域の東半分を意味するものと定義する（図1-1）．国で言えば，ミャンマー，ラオス，カンボジア，ベトナム，タイ，マレーシア，シンガポール，ブルネイ，フィリピンに，インドネシア西部，北緯30度までの中国南部，日本の琉球（南西）諸島，インドのアンダマン諸島およびニコバル諸島をくわえた地域である．地理学的にはこの地域は東南アジアと呼ばれるが，この言葉は，現代では東南アジア諸国連合（ASEAN）の加盟国を指す言葉としてもっともよく使われており，中国，インドおよび日本を含まず，東はニューギニア島の西半分を占めるパプア州までのインドネシア全域を含む．この現代的な用法における東南アジアは1つのまとまった生物地理区ではないが，熱帯東アジアの境界の内側は，やや恣意的ではあるにせよ，1つのまとまった生物地理区を形成している（3章 生物地理学を参照）．

熱帯東アジアのほとんどは森林が成立するほど十分に湿潤であり，そうした森林は熱帯アジアに特有な動植物相を含んでいる（Corlett 2007c）．それらの特有な構成要素のいくつかは，本書で対象とする北緯30度の境界線よりも南に分布の北限があり，またいくつかの要素はフィリピン，スラウェシ島，琉球諸島，アンダマン諸島，ニコバル諸島といった，過去にアジア大陸との間に陸橋が形成されたことのない島々には分布していない．しかしながら，熱帯東アジアの大部分には，他の生物地理区に特徴的な動植物は優占していないのである．

もっとも恣意的な熱帯東アジアの境界線は西側である．アジアの熱帯の西半分は，おおむねその東半分よりもかなり乾燥しており，これまでに林冠が閉鎖した森林によって覆われたことのない土地が大面積に広がっている．しかしながら，インド東北部，バングラデシュ，ネパールおよびブータンの一部ならびに，飛び地的に分布するインド南西部の西ガーツおよびスリランカの湿潤域には，熱帯東アジアとよく似た生態系が成立している．これらの地域を含めることは，本書のボリュームを増すだけでなく，生物地理学的なまとまりを欠くことになるため，インドとミャンマーの国境を便宜的な西の境界とした．

1.2 生態学的な説明と歴史的な説明

生態学の第一の目的は生物の分布や数（abundance）を説明づけることにある．つまり，「あるものが，ある場所にいるのはなぜか？」という問題に答えることである．そのような説明は大きく生態学的なものと歴史的なものに分けられる．「生態学的な」説明とは，生物の分布を現在の環境との関連から説明するものであり，「歴史的な」説明とは，

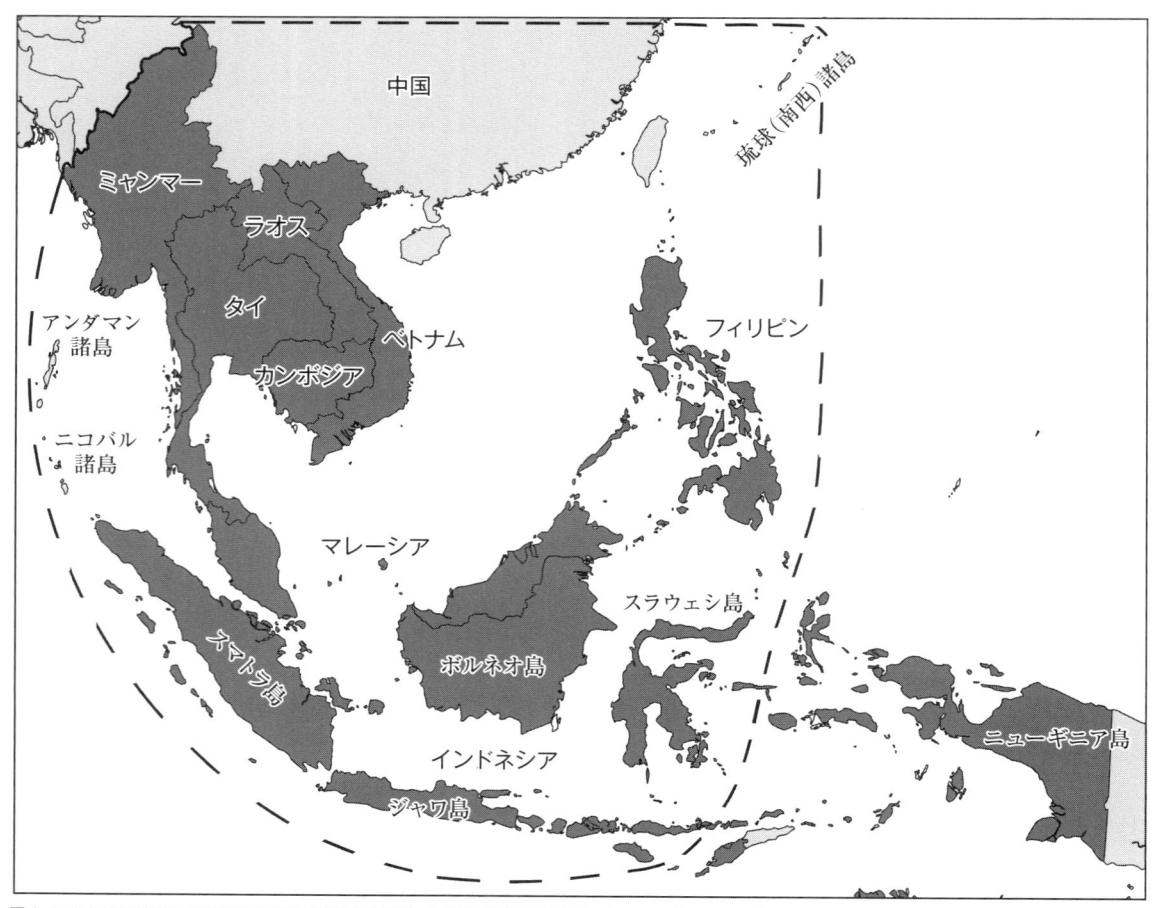

図 1-1 この本で定義した熱帯東アジアの範囲（点線）と東南アジア諸国連合（ASEAN）加盟国（濃い灰色）を示した地図.

生物の分布を過去に起こった出来事との関連から説明するものである．それぞれの説明にはさまざまな要因が考えられる．生態学的な要因としては，他の生物との相互作用だけでなく，気候や土壌あるいは地形といった要因もあげられる．一方，歴史的な要因としては，地殻プレートの移動や自然災害，過去の気候と海水準の変動，あるいはさまざまな人為的影響があげられる．

生態学者はふつう生態学的な要因を第一に調べ，観察結果が今日の環境では説明できない場合に初めて歴史的な説明を考慮する．このようなアプローチは，今日の生物の分布と数を規定している歴史的要因の重要性をしばしば過小評価することにつながってきた．さまざまな時間スケールにおいて，地球上のいかなる地域よりもはるかに明白な歴史的影響が認められる熱帯東アジアでは，歴史的な要因を第一に考えることが理にかなっている．しかしながら，私たちのもつ歴史の知識はどうしても不完全であり，過去になればなるほど不完全で不正確になってしまうことを忘れてはならない．本書で示されることは，現代の定説を簡略化して要約したものにすぎず，すべてが真実であるとは限らない．

1.3 プレートテクトニクスと熱帯東アジアの起源

これまで生物学者は，地殻プレートのことを，地上性あるいは淡水性の生物を海洋を越えて運ぶ「いかだ（筏）」のようなものと捉えがちであったが，この比喩は誤解を招くかもしれない．典型的な地殻プレートの移動速度が年に 2 〜 10cm（爪

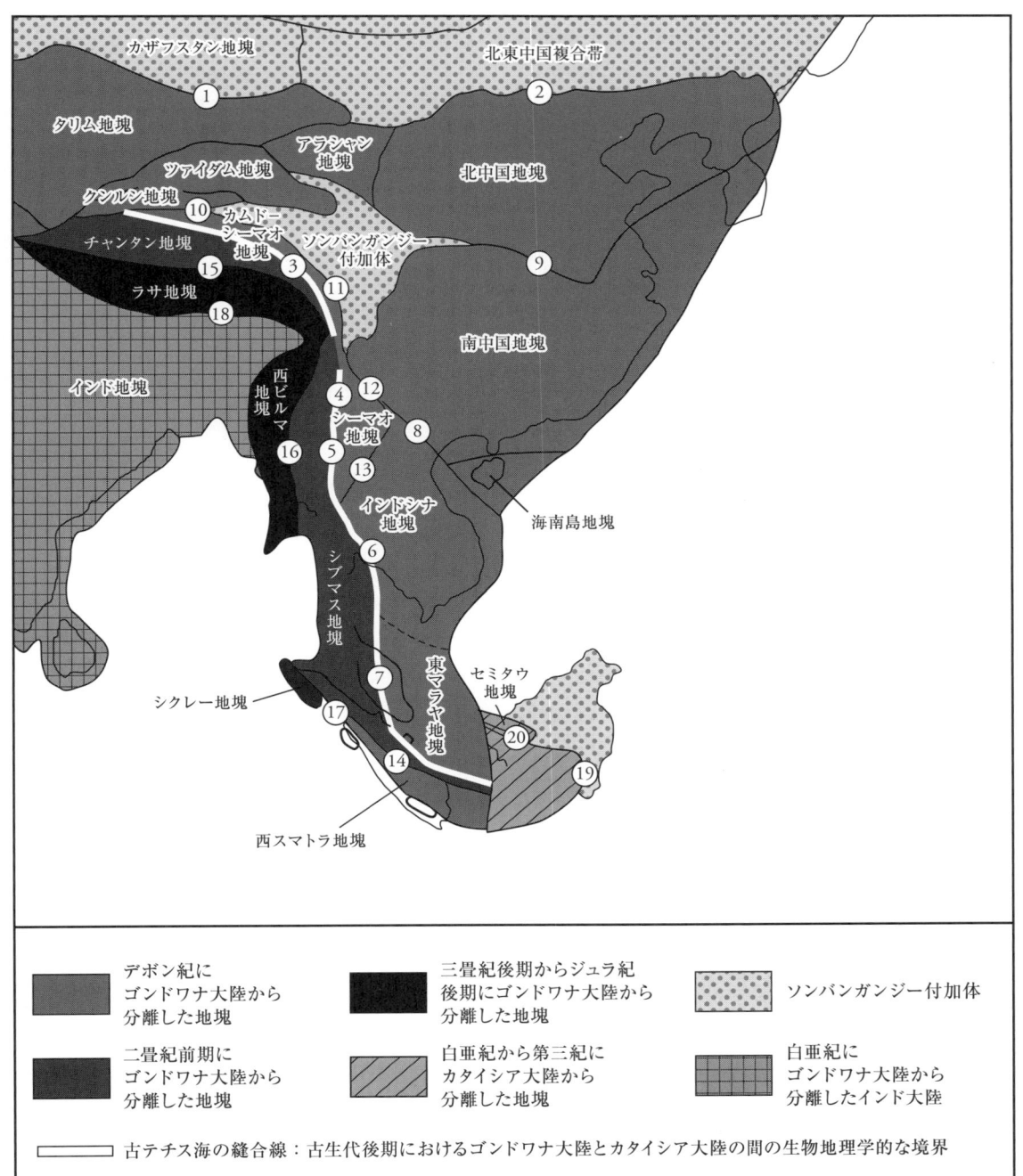

図 1-2 熱帯東アジアは，4億年前の南の超大陸ゴンドワナから分かれた地塊からなるジグソーパズルである．図は，主要な地塊と，そのおよその年代，境界線を示している．数字は集合した順番を示す（Metcalfe 2005 を改変）．詳細は文献を参照．

の成長速度と同程度)であるということはさておき，地殻プレートは海洋に浮いているのではなくマグマの上に乗っており，そのため海面下に沈むこともある．この場合，その上に存在する生物群集にとって壊滅的な結果がもたらされる．プレートテクトニクスによって現在の分布が説明できることを過信するあまり，生物地理学者は，海洋を越えた分散などによる説明よりもプレートテクトニクスによる説明を好むことがある．しかしながら，分子系統学で推定された分岐年代によれば，とくに植物などの広域に分布する分類群の多くではごく最近になって現在の分布が成立しており，プレートテクトニクスではその分布を説明できないことが示されている(Pennington et al. 2006)．不幸なことに，熱帯東アジアにおけるプレートテクトニクスの歴史はきわめて複雑なため，それによって，ほとんどどのような分布パターンについてももっともらしい説明ができてしまう．このため，プレートテクトニクスで説明してしまいがちである．

本書で定義した熱帯東アジアの全体は大陸の断片(地塊)でできた巨大なジグソーパズルである(Metcalfe 2005; 図1-2)．4億年前の古生代には(表1-1)，それらの主要な部分は南の超大陸ゴンドワナの周縁部を形作っていた．3億5,000万〜1億4,000万年前には，それらの地塊はゴンドワナ大陸から分かれ，北へ運ばれていった．これは，それぞれの地塊とゴンドワナ大陸との間に連続して海洋底が開いたためである．プレートの沈み込みにより，これらの海洋底が壊れたり閉じたりしたことで，これらの地塊が徐々に合体した．そして，6,500万年前の白亜紀末には，現在の熱帯東アジアの主要部分が形作られたが，その後も形状はかなり大きく変化した．ゴンドワナ大陸から分離した時点で，それぞれの地塊はそれぞれ特有な動植物相をはぐくんでいたことが化石証拠により示されている．しかしながら，現存する熱帯東アジアの系統群は，これらの地塊に乗って運ばれてきたといえるほど古いものではない．それゆえ，熱帯東アジアのほとんどを占める地質学的にゴンド

表1-1 古生代以降の簡単な地質学年表 (ICS 2008).

代	紀	世	年 (×100万年)
新生代	第四紀	完新世	0.012
		更新世	1.8 (あるいは2.6)
	新第三紀	鮮新世	5.3
		中新世	23
	古第三紀	漸新世	34
		始新世	59
		暁新世	65
中生代	白亜紀		146
	ジュラ紀		200
	三畳紀		251
古生代	ペルム紀 (二畳紀)		299
	石炭紀		359
	デボン紀		416
	シルル紀		439
	オルドビス紀		488
	カンブリア紀		542

「第三紀」は古第三紀と新第三紀からなるが，公式な区分ではない．100万年単位で示した年代は始まりをあらわす．第四紀の始まりはまだ確定していない．

ワナ大陸に起源をもつ部分は，現生の生物相に直接的な影響をほとんど与えてこなかった．東南アジアに固有な科であるザトウムシ目のStylocellidae科はその例外の1つだろう．その祖先はゴンドワナ大陸の地塊の1つに乗ってやってきたらしい(Boyer et al. 2007)．

白亜紀末までに熱帯東アジアを構成するおもだった要素が集まってきた一方で，インドとオーストラリアという，より大きなゴンドワナ大陸起源の地塊はまだ北上を続けていた．初めのうちは，それらは別々のプレートに乗っており，インドの移動速度(約21cm/年)はオーストラリアの移動速度よりも大きかった．インドとユーラシアの衝突の時期はまだよくわかっていない．もっとも広く受け入れられている説では5,500万年前である．チベットにおけるインドとアジアの大規模な衝突は，それよりも最近の3,400万年前と考えられている(Aitchison et al. 2007)．しかしながら，それ以前(約5,700万年前)に，スマトラ島，そしてミャンマーとの間でわずかな接触が起こり，早い段階に生物相の交流が起きていた可能性が示唆されている(Ali and Aitchison 2008)．本書で

はインドを熱帯東アジアから除外しているが，インドとユーラシアの衝突は，熱帯東アジアの形状，気候ならびに生物地理に重大な影響を与えたのである．

5,000～4,000万年前の間に，インドとオーストラリアのプレートは合体し，オーストラリアはより速い速度で移動するようになった．漸新世後期（約2,500万年前）には，ついにフィリピンおよびアジアのプレートと衝突した．この現在も進行中の衝突は，以降の熱帯東アジアにおける地殻変動や火山活動と大きく関係している．この衝突以前には，東アジアとオーストラリアは広く深い海洋によって隔てられており，暖かい海水がとどまることなく太平洋からインド洋へ流入していた．プレートの衝突に続いて，暖かい海水の流入が減少したことは，熱帯東アジアならびに地球規模の気候変動の大きな変化と期を同じくしており，この気候変動を引き起こした原因と考えられる（Kuhnt et al. 2004）．Morley（2007）は，東南アジアの大部分において気候が湿潤化したことと，それを定期的に妨げるエルニーニョ南方振動（ENSO）のサイクル（2.2.5 降水量の年変動を参照）が始まったことを，これらの変化に含めることを提案している．白亜紀に熱帯東アジアの主要な部分を形作っていたゴンドワナ大陸起源の地塊とは対照的に，インドとオーストラリアは北上の過程で現生につながる動植物の系統群を運び，プレート衝突後に起きた生物相の交流は，科および属レベルにおける熱帯東アジアの生物多様性に大きく貢献した．

白亜紀以降，熱帯東アジアの主要な部分ではそれほど大きな変化はなかったが，その周縁部では大きな変化が続いた．現在のスラウェシ島では，白亜紀後期にその西部がボルネオ島の東部と繋がったため，始新世後期（4,000万年前）にマカッサル海峡が形成されて生物の交流が途切れるまでの間，典型的なアジアの生物相が維持された．Morley（1998）は，このアジアの植物相が，中新世に海面上に隆起したインドネシア東部の島々への大きな供給源となったことを示唆している．

中新世までには現在のようにスラウェシ島の主要な部分が集まっていた．中新世から更新世にスラウェシ島の東部に合体した地塊は，スラウェシ島に達するまでの間は海面上にあったと思われ，オーストラリア要素の動植物が島づたいに，あるいは海流にのってやってくることを可能にした（Moss and Wilson 1998; 3.9.10 スラウェシ島を参照）．

フィリピン諸島はきわめて複雑な歴史をもっており，合意が得られた説はまだない．それらの島々は，太平洋西部の遠く離れた場所でさまざまな地殻変動や火山活動によって生まれ，過去2,500万年の間に徐々に集まってきた（Hall 2002）．海面上に隆起した多くの島々には，海洋を越えた分散によって生物が定着した．それらの島々は今では互いに近い距離にあるが，多くは海水準がもっとも低下した時期（1.4 海水準変動を参照）にさえ海だったような深い海峡によって今も隔てられている．パラワン島とミンドロ島のみが大陸性の地殻をもち，南シナ海の拡大によって中国南部の縁から運ばれてきた．そして，おそらくパラワン島のみで陸づたいにボルネオ島から生物が侵入したらしい（3.9.9 フィリピン諸島を参照）．

1,000万年前までに東南アジアはほぼ現在の形となった．約500万年前以降は，海水準の変動，そしてその結果として生じた生物の移動分散の経路や障壁を議論するうえで，この地域の現在の地理を第一次近似として使えるようになる．しかしながら，東南アジアのとくに周縁部は地殻変動が活発な地域であり，そのため，移動分散の経路や障壁がいつできたのか，そしてどのくらいの間存在していたのか，といった点に影響を与えるような，大きな鉛直方向の変動（海水準変動）については，可能性の域を示したものにすぎない，ということを心に留めておく必要がある（Bird et al. 2006ほか）．

1.4 海水準変動

熱帯東アジアの海洋は広く浅いため，地球規模

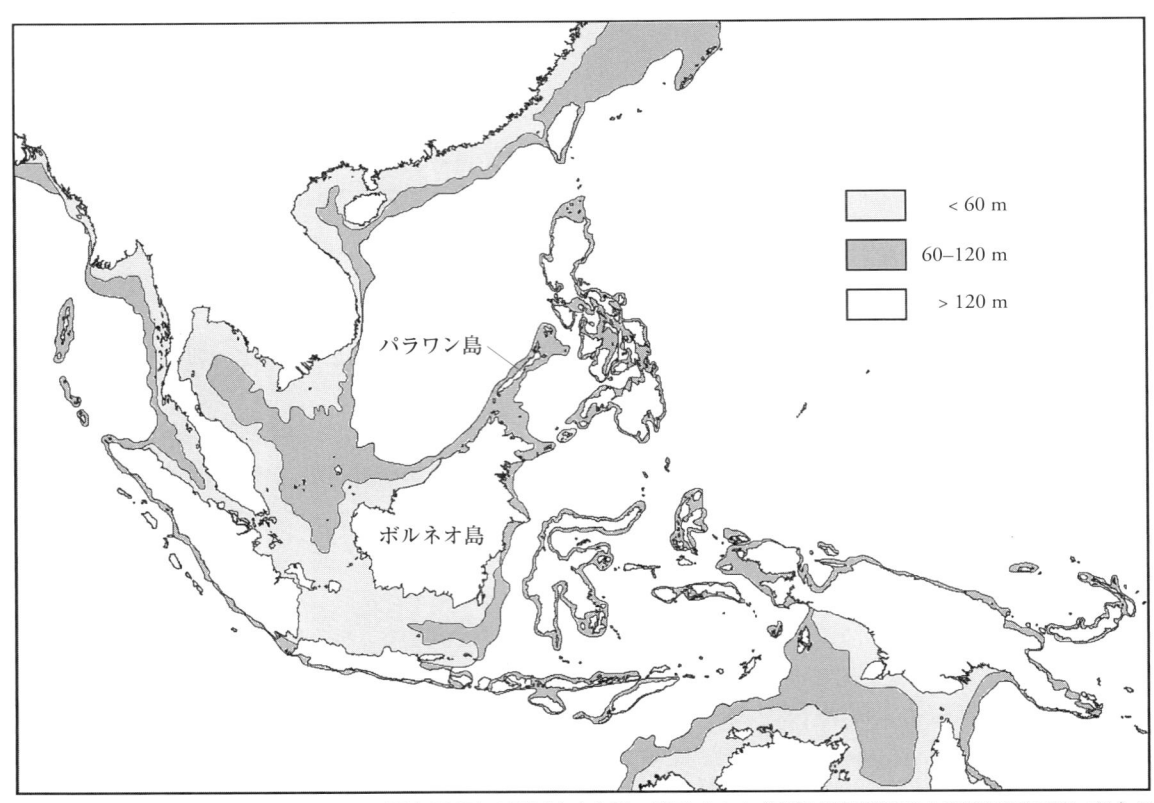

図 1-3 海水準が現在よりも60m低下したとき（過去80万年の平均値）と120m低下したとき（最終氷期最盛期2万1,000年前の最低レベル）に現れる陸地．ボルネオ島とパラワン島との間にある低海水準時に陸地が連続しているようにみえる部分は，おそらく，この地図ではあらわせないほど狭くて深い水路によって隔てられていた（Hope 2005）．

の海水準の変動は，過去300〜500万年にわたって熱帯東アジアの陸地の総面積や陸塊間のつながりに大きく影響してきた．地球規模の海水準の変動はさまざまなメカニズムによって引き起こされるが，過去数百万年間については，主として地球上の氷の体積の増減がもたらす海水の体積の変化によって特徴づけられる（Miller et al. 2005）．漸新世から鮮新世初期までの間，地球規模の海水準は，短期間ではより大きな変動があったものの，おそらく30〜60mという比較的狭い幅で変動していた．鮮新世初期の地球規模の海水準は現在より約20m高く，今日の海岸平野やデルタ地帯は海面下にあった．この時代，タイ南部に位置するクラ地峡には，1つないし複数の海水路が横切っており，スンダランドをアジア大陸から隔てていたと考えられているが（Woodruff 2003; 3.8 熱帯東アジアの細分化を参照），そうしたことが起こ

っていたのであれば，おそらく，数々の証拠によって支持されているよりもさらに大きな海水準の上昇があったはずである．

北半球の大規模な氷床は鮮新世後期（約2,500万年前）にはじめて現れた．その後の氷床の体積の変動によって最大120mの海水準の変化が起こった．地球表面に届く太陽放射の量，分布ならびにタイミングの変化をもたらすような地球の軌道の周期的変化によって，このような氷床の体積に変化が引き起こされた．このような軌道の変化は，地球と太陽系のその他の惑星との間に働く重力の相互作用によって引き起こされている．氷床の体積と海水準の変動の周期は，公転面に対する地球の自転軸の傾きの変動周期である4万1,000年と初期には一致していたが，過去80万年の間には10万年周期が卓越してきている．その理由はまだよくわかっていない（Claussen et al. 2007）．

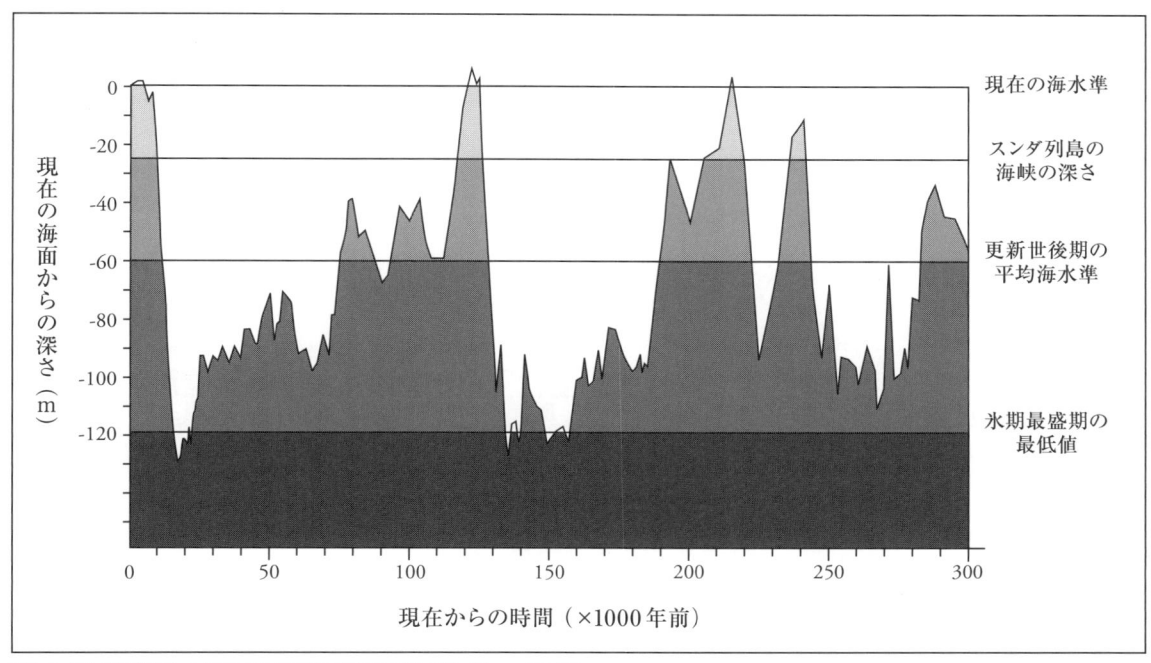

図1-4 現在を基準にした過去30万年間の相対的な海水準（Hope 2005）.

異なる周期をもつ軌道の変化の間に複雑な相互作用が存在するため，氷期と間氷期のそれぞれの長さが異なることに注意が必要である．

海水準の変化によって広大な面積の陸地が定期的に現れ，海水準がもっとも低い時期には熱帯東アジアの陸地面積はほぼ2倍になった（図1-3）．ボルネオ島，ジャワ島およびスマトラ島といったスンダ陸棚の大きな島々は，その他の小さな島々とともにアジア大陸とつながっており，海南島と台湾島は中国南部とつながっていた．東側では，サフル陸棚の大部分が陸化し，オーストラリアやニューギニアと陸続きとなったが，スンダランドとサフルランドは深い海によって隔てられていた．スンダ陸棚とサフル陸棚との間に位置するスラウェシ島とその他の島々は合体し，フィリピン諸島と比べると，比較的少数の大きな島を形成してはいたが，依然として陸間が隔てられていた点において，フィリピン諸島と同様であった．海水準がもっとも下がったのはほんの短い期間だけであり（図1-4），過去80万年の間の海水準の平均は現在より60m低かったと推定されている（Woodruff 2003）．これは，スンダ陸棚の主要な島々ならびに海南島がアジア大陸と陸続きとなるには十分であった．

最終氷期最盛期（2万1,000年前）には海水準は現在よりも約120m低下していた．6,000年前までに現在のレベルに上昇し，4,200年前に現在より4～5m高い最高値を示した後，1,000年前に現在と同じレベルにまで再び低下した（Sathiamurphy and Voris 2006）．1万1,000～9,000年前にかけて主要な島々は離ればなれとなり，完新世中期の高海面期にはメコンデルタやチャオプラヤーデルタといった標高の低い広大な土地が水没していた．低海面期の海水準の最低値は現在の動植物の分布を説明するうえで重要である（3.9 島の生物地理学を参照）．このため，更新世のいずれかの氷期の海水準が最終氷期最盛期の海水準よりも低かったのか，という問題は重要であるが，現時点では合意が得られていない．今のところ，海洋酸素同位体ステージMIS10（35万年前）あるいはMIS12（43万年前）に最終氷期よりかなり低い海水準であった可能性が高い（Rabineau et al. 2006ほか）．

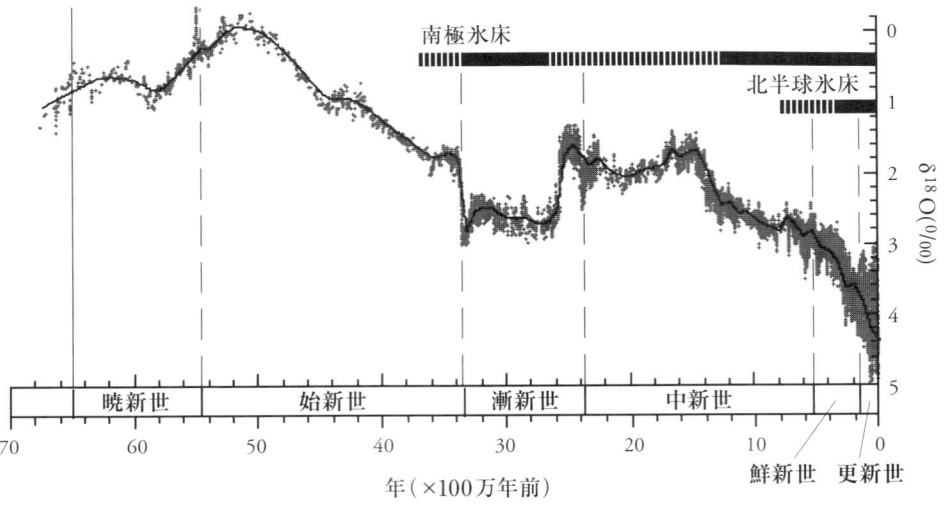

図1-5 深海の有孔虫から得られた酸素同位体の記録によると,一時的に温暖期によって中断されるものの,始新世初期以降は長期的な寒冷化の傾向が認められる.大規模な大陸氷床の形成以降には氷の体積と温度の両方の影響が複合的にあらわれている記録であることに注意(Zachos et al. 2001).

1.5 気候と植生の変化

　地球の気候システムはあらゆる時間スケールにおいて変化し続けている.1〜10万年の時間スケールでは,先に述べたような地表に到達する太陽放射の量や分布の変化をもたらす地球軌道の振動によって,変化の大部分が引き起こされる.これらの軌道の振動は,陸地の分布や地形の変化,海洋水の流路の拡大や縮小,あるいは温室効果ガスの濃度といった気候振動を生じる.こうした気候振動は,主として地殻変動のプロセスによって引き起こされ,100万年スケールで平均値からの変動をもたらす(Zachos et al. 2001).

　過去の気候に関する証拠の多くは,海洋,淡水あるいは地上の堆積物に存在する.さまざまな物理的な指標,たとえば海洋堆積物では,有孔虫の酸素同位体比やMg／Ca比(Wei et al. 2007),海洋性植物プランクトン由来の不飽和アルケノン類(Bard 2001)などが利用できる.湖沼堆積物の物理・化学的特性からは,遠方の発生源から風に乗って運ばれてきた塵だけでなく,その集水域の過去の環境条件の情報を得ることもできる(Yancheva et al. 2007ほか).また,鍾乳洞の石筍から得られる酸素や炭素の同位体の記録は,とくにウラン・トリウム法によって正確に年代が測定できるため,有用である(Partin et al. 2007; Westaway et al. 2007; Wang et al. 2008).

　しかしながら,多くの生態学的な目的のためには,生物学的な指標のほうがより有用だろう.なぜなら,そのような指標は,いくつもの気候要素を生態学的に意味のある方法で統合したものだからである.陸域を対象とした生態学において,湖沼や海洋の堆積物に保存されている花粉やシダ類の胞子はもっとも重要なものである.技術と経験が必要ではあるが,これらは過去の植生や植物群集を復元するために使うことができる.年輪の記録は,過去1,000年についてのもう1つの情報源となる可能性がある(Buckley et al. 2007ほか).以下に示す内容は,さまざまなタイプのデータを統合したものである.しかし,過去になればなるほど情報が少ないため,そこから引き出される推論は大まかで漠然としたものとなってしまう.

　過去5,000万年の間,地球規模で長期的な寒冷化が進んでいることがさまざまな証拠によって示されている(図1-5).熱帯東アジアにおいて最初の熱帯雨林型の気候が広がったのは約2,300万年前の中新世初期で,もっとも北に拡大したのは1,500万年前であり,その時期には日本の中央部

の植物化石から熱帯要素が見出されている（Morley 1998, 2007）. この時期にスンダ地域の多くの場所で泥炭湿地が広がり，石炭となった. 中新世初期に中国の南東部一帯に湿潤性森林植生が出現していたことは，今日，熱帯東アジアに卓越する東アジアモンスーンの始まりを示していると思われる（Sun and Wang 2005）. それ以前には，森林が成立しえないほど乾燥した気候帯が中国の東から西に広く分布しており，南部の狭い熱帯雨林と東北部の温帯林を隔てていた.

またこの時期には，熱帯東アジアの化石記録から，現生の植生の最初の兆候が認められている. 花粉記録によると，中新世初期以降，熱帯雨林の植物の多様性がゆっくりと増加したことが示されているが，高標高地あるいは高緯度地帯を除き，中新世後の寒冷化を反映した大規模多様性の消失や増加はほとんど起こっていない（Morley 1998, 2007）. 化石証拠と分子データの両方によって，長寿命の木本植物は非常にゆっくりと進化したことが示唆されている（Levin 2000; Morley 2007）. それゆえ，中新世の熱帯東アジアの森林は，植生的にも機能的にも，この地域の霜が降りない場所で今日みられるような森林とよく似ていたと考えるのは妥当だろう. 森林を構成する植物は，気候の変化に応じて分布を拡大，縮小，移動させてきたが，属レベルの置換はほとんど起きなかった. しかしながら，地域の動物相については，中新世以降に大きな変化があったため同様とは言えない.

寒冷化が進行しつづけたので，500～300万年前の鮮新世初期は，現在よりも安定して温暖だった最後の時期であった. この時期には地球の平均気温は今日よりも約3℃高かったが，熱帯ではその差はより小さかった. このように特別に温暖な気候だったのは，太平洋が恒常的なエルニーニョの状態にあったことが作用しているようだ. Harrison and Chivers（2007）は，このことが東南アジアの降水量の季節性をより大きく，より予測可能なものにしていたと推測している. これは，低地フタバガキ林における開花結実パターンに大きく影響した可能性がある（2.6.2 繁殖フェノロジーを参照）.

前節で述べたように，地球規模の寒冷化は約250万年前に北半球に巨大な氷床が出現したときにピークに達した. その後の熱帯東アジアの気候変化はおおむね氷の体積と海水準の変動によって引き起こされてきたが，それらの関係は完全には一致しない. なぜなら，地域的あるいは局所的な気候は，地球規模の氷の体積を変化させる数々の要因よりも，さらに多くの要因の影響を受けるためである. 北半球の氷河がもっとも拡大したとき，地球規模の海水準と気温はもっとも低下した. 熱帯東アジアでは，広大な浅く暖かく湿潤な海が，冷たく乾燥した大地に変化した結果，全般的には降水量が減少した. 同時に，冬季モンスーンが強まり，夏季モンスーンが弱まった. 氷期・間氷期のサイクルは，異なる原因と周期をもつ他のサイクルに影響されて複雑になっていた. アジアの冬季モンスーンの強さを支配するのは氷の体積であるかもしれないが，一方で，中国における石筍の高精度な解析によると，夏季モンスーンの強さは，歳差運動による北半球の夏季の太陽放射のサイクルと一致するような2万3,000年周期に従っていたのである（Wang et al. 2008）.

もっとも最近の氷期サイクル，とくに2万1,000年前の最終氷期最盛期から現代までの期間については多くの情報がある. 多くの研究では最終氷期最盛期における熱帯域の海面水温は現在よりわずか2～3℃程度低かったことが示唆されているが，花粉記録からは陸域の低標高地では最大6℃，3,000m以上では最大8℃低かったことが示唆されている（Kershaw et al. 2006）. また，多くの場所において降水量が少なかったことを示す証拠がある. 一般的には，高標高地および熱帯東アジアの北限付近において気温の低下の影響がもっとも大きかった. 高標高地では樹木限界の標高が下がり，山地帯は下方へ拡大し（Hope 2001ほか），熱帯東アジアの北限付近では，熱帯樹木が南に後退し，温帯の落葉性樹種が南へ分布を拡大した（Mingram et al. 2004; Xiao et al. 2007ほか）. 標

高や緯度がより低い場所においては降水量の減少の影響が大きかったようだ．最終氷期最盛期の大気中の二酸化炭素レベル（約200ppm）は，完新世のレベル（約280ppm）よりもかなり低かったが，このことが熱帯の植生に与えた影響はよくわかっていない（Cowling 2007）．

　花粉やその他の証拠により，最終氷期最盛期においても，スンダランドとサフルランドに低地熱帯雨林が存在したことは確実であろう（Gathorne-Hardy et al. 2002; Meijaard 2003; Hope et al. 2004）．陸化したスンダ陸棚の大部分が熱帯雨林であったならば，その総面積は完新世よりも大きかったかもしれない．しかしながら，更新世のほとんどの期間だけでなく，おそらく300万年以上前の鮮新世初期以降に，熱帯雨林の生物がスンダ陸棚の主要な島嶼間を自由に移動することはなかったと考えられる遺伝学的証拠が得られつつある（Gorog et al. 2004; Harrison et al. 2006; Wilting et al. 2007ほか）．いくつかの種にとっては，陸棚が露出して平坦な地形が形成され，それが広大な水系をもたらしたことが移動の障壁となった（大河川の流域は広大な湿地帯であったと想像される）のかもしれないが，むしろこの証拠は，海水準が低下した全期間を通じて，熱帯雨林どうしが森林以外の植生によって分断されていたことを強く示唆する．ボルネオ島は孤立しつづけたが，マレー半島，スマトラ島およびジャワ島の間の移動は比較的容易であったと思われる．

　長い温暖期の後，海水準の上昇によっておもだった島嶼が離ればなれになった直後の約9,500年前までに，気候と植生は現在の状態に近づいた．約8,000〜5,000年前の間は今日よりも暖かかったという証拠が，数多く残されている（Hope et al. 2004; Thompson et al. 2006; Liew et al. 2006）．一方，中国南部では，完新世初期（約9,500〜8,000年前）がもっとも温暖で湿潤な時期であったようだ（Wang et al. 2007a）．完新世の間，気温と降水量の変動は続いたが（Mingram et al. 2004; Li et al. 2006; Liew et al. 2006; Wang et al. 2007b; Xiao et al. 2007aほか），熱帯東アジアの多くの場所で，完新世の変動は人間活動の影響を大きく受けているため，その解釈が難しい．

1.6　地球外天体の衝突，火山およびその他の自然のカタストロフ

　ここまでに述べたような緩慢な変化にくわえて，白亜紀後期に熱帯東アジアが形成されて以降，短期間に広範囲の破壊をもたらすようなカタストロフ（大変動・大規模な破壊）が数多く発生した．そのうちもっとも大きかった出来事は，6,500万年前の白亜紀末に恐竜とその他の数多くの動植物を地球規模で絶滅させたものだろう．今日では，多くの科学者は，直径10kmの小惑星がメキシコのチクシュルーブに衝突して直径180kmのクレーターを作り出したことがこの大量絶滅の原因であると考えている（Kring 2007）．残念ながら，熱帯東アジアからはこの時期の地質学的な記録が見つかっていないため，この地球規模のカタストロフが熱帯東アジアに及ぼした影響については評価が難しい．この地球規模の絶滅では，大型の陸生脊椎動物のすべて（ネコよりも大きな動物）が絶滅したとされているが，衝突地点から離れた場所の証拠によると，植物の絶滅は動物ほど深刻ではなかったようである（Green and Hickey 2005; McLoughlin et al. 2008）．

　地球外の天体の衝突は，白亜紀以降の小さな規模の絶滅エピソードの原因とされてきたが，両者の関係についてはこれまでのところ説得力のある説明はない．最近起こった，熱帯東アジア内における小規模の衝突は地域的な破壊をもたらしたようだ．高速の衝突イベントではテクタイトと呼ばれるガラス質の物質ができ，それが広範囲に飛散する．現在テクタイトの飛散した場所が4ヶ所知られているが，そのうちの1ヶ所は80万年前の衝突でできた最大にして最新のものであり，オーストラリアからアジアに分布する．この衝突で生じたテクタイトとその他の岩屑は，インド洋からオーストラリア，東南アジア，中国南部まで，地球表面の10〜20%以上の範囲にまで広がった（図

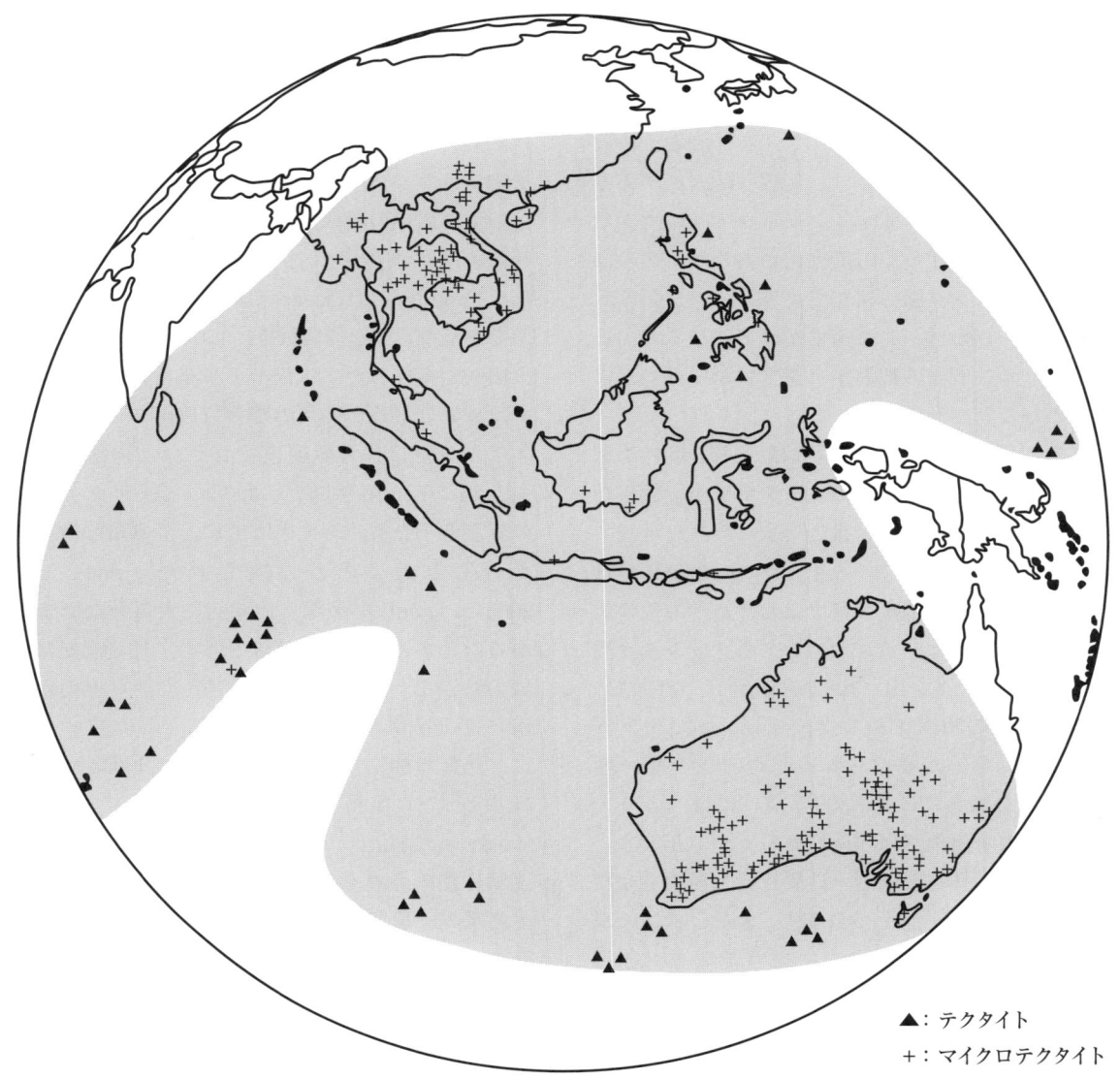

図1-6 約80万年前，インドシナ半島のどこかに浅い角度で衝突した小惑星によって生成されたテクタイトの分布図（Aubrey Whymark原図：http://tektites.co.uk/australasian.html）．

1-6)．これらは，浅い角度で衝突した直径1km以上の小惑星あるいは彗星によるものと思われ，衝突地点はおそらくベトナム，ラオス，カンボジアあるいはタイのあたりだろう（Glass and Koeberl 2006; Prasad et al. 2007）．クレーターは見つかっていないが，予想される大きさは直径約40kmで，海底の堆積物の下に埋まっているとみられている．Haines et al.（2004）は，タイの北東部のテクタイトを含む洪水堆積物は，この衝突によるカタストロフ的な森林破壊を反映していることを示唆した．中国の広西チワン族自治区ではテクタイトが石器や森林火災の跡に混じって見つかっている（Hou et al. 2000）．この規模の衝突は，地域的に大きな影響を与えたことは確かだが，地球規模で大きな影響を与えるには小さすぎたのだろう．

大きな衝突イベントはきわめて稀であるが，最大規模の衝突を除けば，その破壊力は火山の大規

模噴火（super-eruption）に匹敵する程度である．大規模噴火は，同程度のエネルギー量をもつ衝突イベントよりも頻繁に起こる（Mason et al. 2004）．東南アジアのテクトニクス（地殻・地質構造）が複雑であることは，無数の活火山があることからも見てとれる．インドネシアには世界でも類をみないほど多くの活火山があるが，そのほとんどは，スンダ弧に属している．スンダ弧は，北西スマトラからバンダ海にかけて伸びる火山弧であり，インド洋の地殻がアジアプレートの下に沈みこむことで形成されている（図1-7）．

有史以降の最大規模の噴火は，1815年，インドネシアのスンバワ島にあるタンボラ山で起きたものである．その噴火音は2,600km離れたボルネオ島でも聞こえ，少なくとも5万人の命が奪われた．有史以来の熱帯東アジアにおけるその他の大きな噴火としては，インドネシアのクラカタウ島（1883年）とアグン山（1963～64年），ならびに20世紀最大の噴火であるフィリピンのピナトゥボ山（1991年）が挙げられる．約6,300年前（暦年補正した場合には約7,300年前）には，より大規模な噴火が南西諸島の鬼界カルデラで起こり，九州南部の森林を破壊し，人間社会を崩壊させた（Machida and Sugiyama 2002）．またそれは，南東に40km離れた屋久島の生物の絶滅を引き起こし，生き延びたニホンザルでは遺伝的多様性が急激に減少した（Hayaishi and Kawamoto 2006）．気候変動や現生人類の出現によっても説明可能ではあるが，約1万2,000年前にインドネシアのフローレス島で起きた噴火は，小型のヒト属の一種フローレス人 *Homo floresiensis*（そこにいたのが，もし本当にフローレス人であったのなら）と東南アジア最後のステゴドン（ゾウの一種）を絶滅させたようだ（van den Bergh et al. 2008a, b）．フローレス島において約90万年前に起きた，さらに古い時期のステゴドンの絶滅もまた，火山噴火ならびに最古の石器の出現時期と一致していた（van den Bergh et al. 2008b）．

有史以降の最大級の噴火は，数百km²を壊滅させ，地球の気候にかなりの影響を与えたが（D'Arrigo et al. 2009），地質学的な尺度では巨大なものではなかった．地質学的な尺度からみて大きいと言える「超」大規模な噴火のうち，もっとも新しいものは，2万7,000年前のニュージーランドのオルアヌイ噴火と7万4,000年前のスマトラ島のトバ火山の噴火である．後者は，同じ火山でも起こった古い噴火と区別するために「新トバ火山噴火（Younger Toba eruption）」と呼ばれており，おそらく噴火は2週間続き，広大な範囲に数mの火山灰が積もった．気候モデルを用いたシミュレーションによると，この噴火で放出された硫酸塩エアロゾルは，地球規模で10℃ほどの寒冷化を引き起こし，10年以上にわたって平年比で数度の気温低下をもたらすとともに，降水量の激減をもたらしたことが示唆された（Jones et al. 2005）．しかしながら，地域的に大規模な影響があったとすることへの反証として，化石記録に絶滅の跡がないこと（Louys 2007），トバ火山から南に350km離れて孤立しているメンタワイ諸島に，熱帯雨林に依存する9種の固有な哺乳類と多様なシロアリ相が残っていること(Gathorne-Hardy and Harcourt-Smith 2003; 3.9.8 スマトラ西海岸沖の島々を参照)，火山灰に覆われたインド南部の一地域にヒトの集団が残存したことなどがあげられる（Petraglia et al. 2007）．トバ火山の北に位置する南シナ海南部の海底堆積物コアの研究からは，火山灰層の直上に突然1℃の海面水温の低下があり，それが約1,000年続いたことが示されている（Huang et al. 2001）．年代がやや不確かなその他の数多くの記録によれば，トバ火山の噴火は地球の気候を寒冷状態に転じさせ，その気候への影響は高緯度地域においてもっとも大きかったようだ．過去数百万年の間にトバ火山は大規模な噴火を起こしたが，地球上には他にもいくつか同様の火山がある．そのため，地質学的な時間スケールにおいて，このようなイベントは珍しいものではない．

巨大な地震や巨大な熱帯低気圧といったその他の自然のカタストロフにより，局地的あるいは地域的な破壊が引き起こされることはあるが，被災

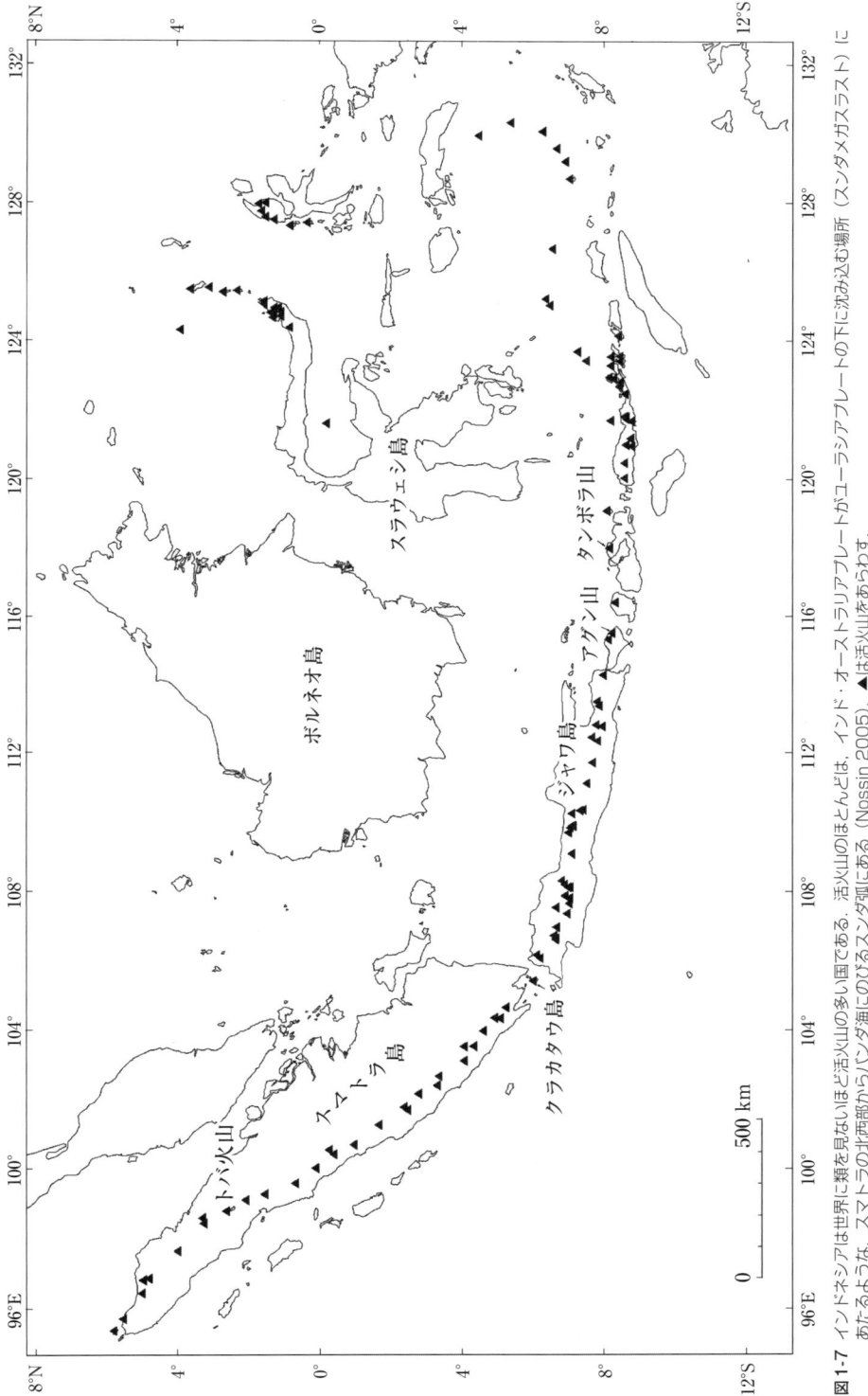

図1-7 インドネシアは世界に類を見ないほど活火山の多い国である。活火山のほとんどは、インド・オーストラリアプレートがユーラシアプレートの下に沈み込む場所（スンダメガスラスト）にあたるような、スマトラの北西部からバンダ海にのびるスンダ弧にある (Nossin 2005). ▲は活火山をあらわす.

地から完全に消滅する種はほとんどないため，回復は速い．多くの巨大地震は，ある地殻プレートが別のプレートの下に沈みこむ巨大衝上断層（megathurust faults; メガスラスト）で発生する．インド・オーストラリアプレートがユーラシアプレートの下に沈みこんでいるスンダメガスラストはきわめて活動的である．2004年12月26日に発生したスマトラ島沖地震は最近40年間でもっとも大きな世界規模の地震であり，有史以来，もっとも破壊的な津波が発生し，20万人以上が犠牲となったが，生態学的な被害は局所的であった．2008年5月12日に発生した四川大地震では8万人以上が犠牲となり，広範囲にわたって急斜面にあった森林が消失した（Ouyang et al. 2008）．

1.7 初期の人類

　ある場所に有史以前の人類が存在していたことを示すもっともよい証拠は，確実に年代測定できるような人骨あるいは道具である．残念ながら，熱帯東アジアにおける考古学的遺物は時空間的にまばらにしか存在せず，しかも年代測定の結果の多くは論争の的となっている．そのため，人類が存在したというその他の物証，すなわち，火の跡，植生の改変あるいはもっとも狩猟の影響を受けやすい動物の絶滅といったものは重要である．しかし，これらもそれぞれ問題を抱えている．最近になって，人類の起源と分散についてのいくつかの仮説を区別するために遺伝的情報が重要となってきた．すべての証拠を集めれば，非常に一貫性のある説明ができるようになるが，互いに符合しないちぐはぐな証拠も（まだ）残っている．なお，熱帯東アジアの歴史の他の側面と同様に，現在の定説が必ずしも正しいとは限らない．

　熱帯東アジアにおける最古の人類の遺物はホモ・エレクトス *Homo erectus* という種のものである．人骨をともなわずに，更新世の初期から中期にかけてみつかる石器もまた，たいていは本種のものとされるが，その理由は単にその時代のこの地域に他種の人類がいたという証拠がないから

である．その考古学的遺物（人骨と道具）はまばらであり，熱帯東アジアで，いつホモ・エレクトスが最初（180～190万年前）に出現し，最後（約5万年前; Yokoyama et al. 2008）を迎えたのかについては議論がある．本種の生活パターンについての情報は事実上存在せず，そのため環境や他種への潜在的な影響も不明である．その人骨のほとんどはジャワ島の100～180万年前の地層から発見されているが，年代測定が確かな最古の石器は，フローレス島のマタムンゲ（Mata Menge; Morwood et al. 2000）と中国南部の百色盆地（Hou et al. 2000）から発見された，ほんの80万年前のものである．最近の研究により，ジャワ島の150～160万年前の大型哺乳類の骨に残された，貝殻のかけらでつけられた切り痕はホモ・エレクトスによるものであることが確認された．貝殻や竹を使っていたことが，この場所で石器という物証が残っていない理由なのかもしれない（Choi and Driwantoro 2007）．ホモ・エレクトスの遺物にともなって出土する動物遺体のほとんどは疎林あるいはサバンナのものであり，本種が閉鎖した森林で生活できたのかどうかは定かでない．

　もう1つの不明な点は，ホモ・エレクトスが火を使ったか否かということである．本種の東アジア集団において示唆されているように，もしホモ・エレクトスが40万年前までに火を使う能力を有していたのならば，本種の環境改変力は非常に高かっただろう．小スンダ列島（バリ島からティモール島までの間の島々）の南方の海底堆積物コアにおいて22万5,000年前以降に木炭が増加したことについては，別の説明も可能ではあるが，上記のことと矛盾しない（Kershaw et al. 2006）．フローレス島で発見された道具がホモ・エレクトスのものだとすると，ホモ・エレクトスがどのようにしてこの島へ到達したのかという疑問も生じる．更新世に海水準がもっとも低下したときでさえ，この島へ到るには3つの海峡を渡らなければならず，そのうちもっとも大きな海峡は少なくとも19kmはあったのである（Morwood et al. 1998）．偶然に海へ流された人類の集団が植物の

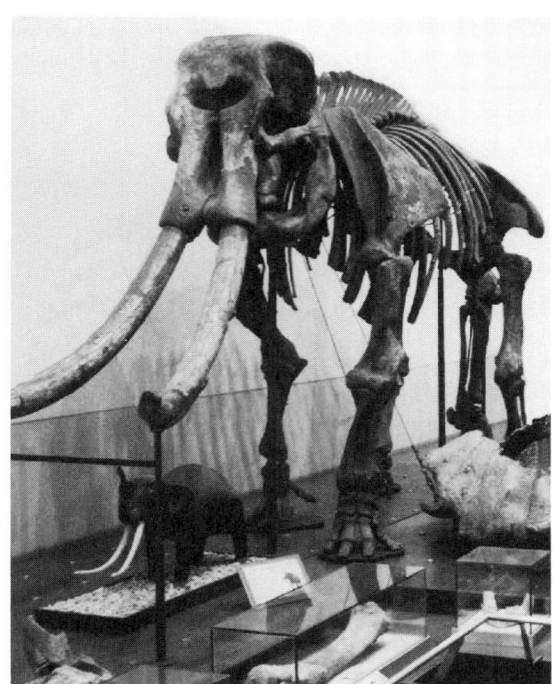

図1-8 更新世後期のジャワ島中部から発見されたステゴドンの一種 Stegodon trigonocephalus の骨格標本. バンドン地質博物館所蔵. 写真は Gert van den Bergh の厚意による.

漂流物に乗って海を渡ったという説（2004年のインド洋の津波の際に数人の人間がしたように）と，意図的に航海したという説がある．海の状況がめまぐるしく変化するこれらの海峡を渡ることがどれだけ危険かはよくわからないが，バリ島からチモール島までの島々のつながりに沿って，ある島の出発地となりうる場所から目標の島は常に見通せるのである．初期の人類が船乗りであったなら，彼らは海峡を渡る以外にどんなことができたというのだろうか？（Bednarik 2001）

後期のホモ・エレクトスのアジア集団は，アフリカの先祖から徐々に分化していったとみられる．これらのうちの1ないし複数の集団から最終的にホモ・サピエンス（現生人類）のアジア集団が誕生したと考える専門家が少数いる．これを多地域進化モデル（Regional Continuity model）という．これに対して，多くの証拠が示唆しているのは，ホモ・エレクトスがアフリカで進化した現生人類によって置き換えられたという，アフリカ単一起源説（Out of Africa theory; 出アフリカ説）

である．どちらの説が正しいとしても，東アジアの大陸部には，約30〜7万年前までの間，ホモ・エレクトスの局所集団から進化してきた人類と初期のホモ・サピエンス，およびその他のヒト属の3集団のいずれか，ないしそれらのうちの複数の集団が分布していたことになる（Bacon et al. 2006）．

さまざまな時代と場所において，熱帯東アジアのホモ・エレクトスは，今では絶滅しているゾウの一種ステゴドンなどの大型哺乳類とともに暮らしていた（図1-8）．フローレス島における更新世初期の大型哺乳類の絶滅は，ホモ・エレクトスと思われる人類が到来した最古の証拠と対応している（van den Bergh et al. 2008b）．さらに不確かではあるが，フィリピンにおけるメガファウナ（ステゴドンやサイ類を含む大型動物相）の絶滅と初期の石器との間にも同様な対応関係が見出されている（Bautista 1991）．中国南部とインドシナの洞窟から発見された更新世中期から後期にかけての人骨あるいは石器もまた，しばしばステゴドンや巨大なバクの一種 Megatapirus augustus などの絶滅した大型哺乳類の遺物とともに見つかっている（Ciochon and Olsen 1991; Bekken et al. 2004; Schepartz et al. 2005）．また，いくつかの場所では，初期のヒト属は巨大な地上性類人猿の一種ギガントピテクス Gigantopithecus とともにみつかる（Ciochon et al. 1996; Harrison et al. 2002）．これらは，彼らの間に何らかの関連があったことを示唆しているが，狩猟していたという直接的な証拠はない．初期の人類がこれらの大型哺乳類の絶滅に何らかの役割を果たしたという推測は避けがたいものであるが，論を進めるにはさらなる証拠が必要である．ステゴドンや巨大なバクの一種は，中国南部では完新世まで生き延びていたようであり，最終的にそれらを絶滅に追い込んだのは私たちホモ・サピエンスという種であることは確かである（Tong and Liu 2004; Louys et al. 2007; Louys 2008）．

ウォーレス線のすぐ東にあるフローレス島には，9万5,000〜7万4,000年前から約1万2,000年

前まで，かなり小型で（約1m），脳の大きさがチンパンジー程度のヒト科人類が洞窟に暮らしていた（Morwood et al. 2005）．彼らの遺物からは，ステゴドンやコモドオオトカゲ，あるいは種々の小型動物を狩猟したか，あるいはそれらの腐肉を食べていた証拠がみつかっている（van den Bergh 2008b）．このヒト科人類の化石はさまざまな議論を呼び，新種の人類ホモ・フローレシエンシス *Homo floresiensis* であるという説から，病気のホモ・サピエンスであるという説（Obendorf et al. 2008ほか）まである．このフローレスの「コビト」についての議論を進めるには新しい証拠が発見されるのを待たなければならない．

1.8 現生人類の到着

多くの対立する意見があるが，約4万5,000～5万年前より以前のユーラシアには解剖学的，文化的な意味での現生人類（狭義のホモ・サピエンス）が存在したという確実な考古学的証拠はない．現生人類は，15～20万年前にアフリカに出現し，1回の分散イベントで数千年のうちに南アジアや東南アジアの海岸線に沿ってニューギニアやオーストラリアに到達したという説（「湾岸急行列車」モデル）を支持する証拠が得られつつあり，そうした考古学，遺伝学，花粉，木炭の研究から蓄積された証拠と，ごく最近まで現生人類が存在していた証拠がないことには整合性がある（Kershaw et al. 2006; Mellars 2006; Pope and Terrell 2008; 図1-9）．人類は4万5,000年前までにオーストラリアとニューギニアに到着した．ボルネオ島とフィリピンの間に広がるスールー海の海底堆積物コアにおいて約5万1,000年前に最初の木炭の増加ピークが見られることから，東南アジアへの到着の時期は，それより少しだけ早かったようだ（Beaufort et al. 2003）．現生人類の分散に関する「湾岸急行列車」モデルは，初期の集団が初めは海岸部の資源に依存して生活し，それを使い果たしながら移動し，その後内陸部に移動したという仮定に基づいている．しかしながら，別の仮説，たとえば複数回にわたりアフリカからの分散が別ルートで起きたという説も，分散を必要としない多地域進化モデルと同様に，ほとんどの証拠と矛盾しないことを指摘しておきたい．

オーストラリアへの人類の到達は，大陸規模での大型脊椎動物（45kg以上）の消失時期と一致しており，それらの絶滅に人類が関与したことはほぼ確実である（Roberts et al. 2001）．熱帯アジアにおいては，現生人類が到着したとされる6～4万年前の時期に，同様な大量絶滅は起きていない．その理由はおそらく，すでに100万年以上にわたって一種以上の人類（ヒト属の種）がこの地で生活してきたからだろう．しかしながら，熱帯東アジアでは，過去4万年間に少なくとも4種の哺乳類が絶滅した．巨大なセンザンコウの一種 *Manis palaeojavanica*，巨大なバクの一種 *Megatapirus augustus*，および最近まで生存していた少なくとも2種のステゴドンである．オランウータン，サイ，バク，ゾウ等の複数の大型哺乳類では分布が縮小しつつある（Corlett 2007a; Louys et al. 2007; Louys 2008; Morwood et al. 2008）．巨大なセンザンコウの絶滅については，餌となるアリやシロアリの巣が高密度で存在するような開けたハビタットの消失を反映しているとされているが（Medway 1972），動きが遅く，2mほどもあり，体を丸めることでしか身を守れない哺乳類は，狩猟に対して非常に脆弱だったにちがいない．同じことは，動きが遅く，繁殖力が低いオランウータンについても言えるだろう．本種は，更新世後期には中国南部からジャワ島まで熱帯東アジアに広く分布していたが，有史時代にはボルネオ島とスマトラ島の熱帯雨林の一部に分布が縮小した（Delgado and Van Schaik 2000）．しかしながら，完新世以前の人類の人口密度が動物の絶滅を引き起こすほど高かったということを疑問視する意見もある（Boomgaard 2007）．

本地域における最古の現生人類の頭骨と居住期間の最長記録はともに，ボルネオ島サラワク州のニア洞窟で発見された，少なくとも4万5,000年前（場合によっては5万年前）から約8,000年前

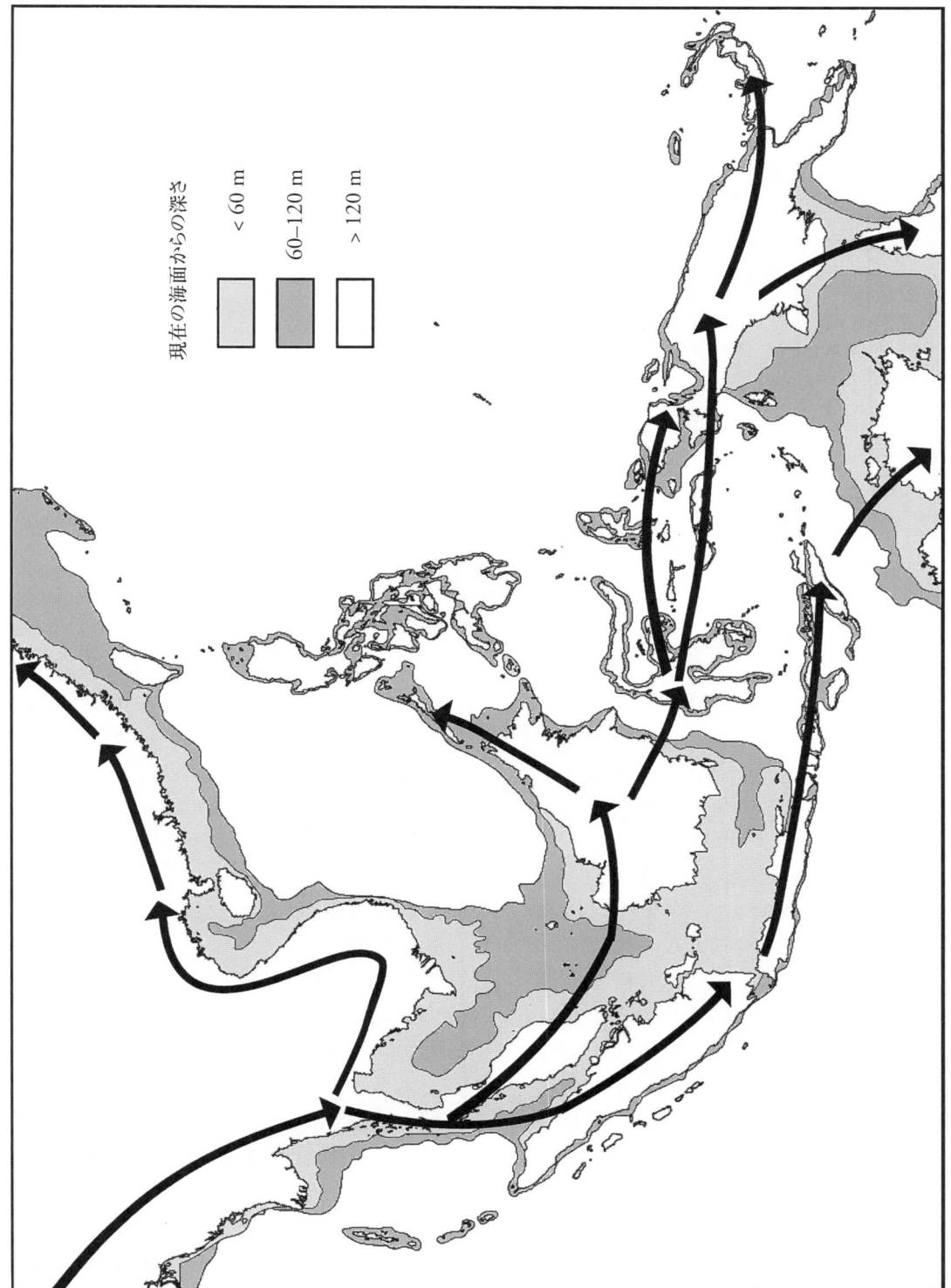

図1-9 5〜4万年前の間に熱帯東アジア全域に広がった現生人類 Homo sapiens sapiens が移動したと考えられる経路．灰色の部分は現在よりも海水準が60 m，120 m低下したときに現れる陸地である．

1章 環境史　17

のものである（Kringbaum 2005; Barker et al. 2007; Hunt et al. 2007）．そこでは人間によって洞窟に持ち込まれた，少なくとも30種の哺乳類の骨が同定されている（Medway 1972）．ヒゲイノシシ Sus barbatus は堆積物のあらゆる深さで優占しており，本種がもっとも一般的な獲物であったことが示唆されている．さまざまなサル（マカク属とリーフモンキーの数種）は全体として2番目に骨の量が多いが，約2万年前から急激に増加している．地上性の獲物が依然として優占しているにもかかわらず，サルと同時期に樹上性のリスの骨が増えていることは，樹上性の獲物の狩猟技術が向上したことを示唆している．その他の狩猟されていた哺乳類は，ヤマアラシとその他の齧歯類，オランウータン，シカ，ウシ，種々の小型食肉類，およびセンザンコウであり，まれにテナガザル，スマトラサイ，バク，およびマレーグマが含まれる（Medway 1979）．さらに，哺乳類以外では，ミズオオトカゲ，ヘビ，ウミガメ，リクガメ，鳥類，魚類，および貝類が含まれる．

熱帯東アジアにおけるその他の洞窟でもほぼ同様であり，おおむねイノシシがもっとも一般的な獲物であるが，いくつかの洞窟ではシカやウシあるいはサルが優占している（Cranbrook 1998; Higham 1989; Bellwood 1997; Shoocongdej 2000 ほか）．パラワン島ではシカが優占していたが，完新世中期に減少して絶滅し，イノシシと置き換わった（Lewis et al. 2008）．ジャワ島のいくつかの場所では，約1万2,000年前から，明らかにマカク（ニホンザルと同属のサル）に特化した狩猟が行われていた（Morwood et al. 2008）．また，有毒であるために調理に注意を要するものを含むような，幅広い植物が食物として利用されていた証拠がある（Barker et al. 2007; Barton and Paz 2007）．

熱帯東アジアでは，農耕開始以前からの生き残りとおぼしき，あるいは農耕を諦めた早期の混合経済のような，非定住型の狩猟採集民集団が20世紀まで残っていた（Bellwood 1999; Endicott 1999a; Oota et al. 2005）．アンダマン諸島や半島マレーシアの狩猟採集民集団が有するミトコンドリアDNAで系統を遡ると，彼らの母系祖先は本地域の最初の現生人類までたどることができる（Macaulay et al. 2005; Hill et al. 2007）．

狩猟採集民のなかでもっとも一般的な狩猟法は，イヌと槍を用いてイノシシやシカを仕留める方法である．家畜化されたイヌは，本地域の農耕開始以前の考古学的遺物には存在しないが，新石器時代には中国全体に広まり，6,000〜5,000年前に東南アジア全域に拡大したものと思われる（Savolainen et al. 2004）．吹き筒と毒を塗った矢を使い，樹上性のサルやテナガザル，リス，あるいはジャコウネコを狩猟する集団も存在した（Kuchikura 1988; Endicott 1999bほか）．ヤマアラシやタケネズミ，その他の齧歯類，あるいはセンザンコウは，巣穴を煙でいぶしたり，掘り起こしたりして捕獲する．また，さまざまな種類の罠やくくり罠も異なる集団で使われている．熱帯雨林の狩猟採集民は炭水化物を求めて交易しないと生きていけないという説があるが（Bailey et al. 1989），東南アジアにはその反証が存在する（Endicott 1999a）．しかしながら，有史時代のほぼすべての狩猟採集民の集団は，過去5,000〜3,000年にわたって，本地域の低地や海沿いあるいは川沿いの農民たちとの間に交易関係を維持してきた（Morrison and Junker 2002）．

1.9 農耕の伝播

これまで新石器革命は製陶（土器）と農耕の出現によって定義されてきたが，東アジアにおいては，最初の土器は農耕よりもさらに古く，少なくとも1万3,000年前に出現した（Kuzmin 2006）．土器の出現は，より定住的な人類の生活形態を意味するが，生態系に人間がもたらした影響の帰結は不明である．東アジアにおける農耕は，完新世になって気候が好転した直後の9,000〜8,000年前の間に始まった．稲は，熱帯東アジアの北縁にあたる中国東部の長江の中下流域で最初に栽培されるようになったらしい（Zong et al. 2007）．考

古学的証拠によれば，野生稲のみを集中的に収穫していた時期から，さまざまな品種の野生稲の栽培を経て，完全な栽培品種化まで，数千年間以上かけて徐々に移り変わったことが示されている．しかしながら，個々の場所がどの段階にあったのかについては必ずしも判明していない．

十分に立証されている最古の稲作の記録は，長江下流域の跨湖橋（北緯30度）のものである．ここでは，7,700年前，ハンノキ属が優占する海岸沿いの湿地低木林に火をつけて開墾し，野生稲を栽培していた（Zong et al. 2007）．初期の農耕民は野生の動植物の狩猟採集を続けていた．しかし，農耕には定着する場所が必要であり，また農耕によって人口密度が高くなるため，獲物が乱獲される可能性がより高くなる．同時期の同じ場所から，家畜化されたイヌとイノシシ（ブタ）の骨もみつかっている．イヌを最初に家畜化したのは更新世後期の狩猟採集民であるが（Savolainen et al. 2002），ブタを家畜化するためには定住する必要があるため，農耕の開始よりも早くからブタの飼育が行われていたとは考えにくい（Jing and Flad 2002）．

先史時代の研究者たちは，考古学，言語学，堆積物中の花粉記録といった証拠を用いて，中国南部や東南アジアへの農耕の伝播についてのモデルを提案している（Bellwood 2005）．東南アジア島嶼部については，これらのモデルは「二層的な（two-layered）」定住プロセスとなっている．すなわち，この地域の先住民であった狩猟採集民は，その後約4,000年前に流入してきたオーストロネシア人に吸収され，置き換わり，結果として彼らが今日の多くの先住民の祖先となった．彼らオーストロネシア人は，土器や稲作，家畜化されたブタおよびイヌ，その他の新石器革命をもたらした．言語学的な証拠からは，おもにオーストラリア語族の源流が台湾である可能性が指摘されている．「出台湾」モデル（'Out of Taiwan' model）によると，稲作はそれを営む人々とともに中国東南部から台湾へ渡り，その後フィリピンを経て東南アジア島嶼部全域に広がり，さらに太平洋の島々へも広がったことが予想されている（Bellwood 2005）．

多くの島々における最古の土器の出現は，おおむねこのモデルを支持しており，その年代は，台湾では約5,300年前，フィリピンで5,000〜4,500年前，残りの東南アジア島嶼部で4,000〜3,000年前である（Spriggs 2003）．しかし，本地域の人類集団についての単純な二層モデルは，ヒトの遺伝学的データからは支持されていない（Hill et al. 2007a）．また，言語学的な証拠も別の解釈が可能であり，さらに，ブタの家畜化の伝播についての「出台湾」モデルもブタの遺伝学的データからは支持されていない（Larson et al. 2007）．本地域における農耕の伝播についての出台湾モデルやこれに類似したモデルは魅力的ではあるが，熱帯東アジアにおける初期の農耕に関するさまざまな証拠をみるかぎり，最終的な結論は理路整然としたものにはならないようだ．

長江流域から南へいつ農耕が広まったのかはまだよくわかっていない．約5,000年前までには中国南部の熱帯周縁部に稲作が広まった（Bellwood 2005; Dodson et al. 2006; Xiao et al. 2007a）．しかし，同時期のさらに南方では，稲作あるいはその他の形態の農耕に関する確実な証拠がない．東南アジアの大陸部におけるほとんどの証拠はここ4,000年間のものであるが，タイ北東部に存在する約6,400年前の広大な開墾跡は農耕にまつわるものである可能性がある（White et al. 2004a）．東南アジアの島嶼部では，ボルネオ島とスラウェシ島の約4,000年前の洞窟堆積物から最古の稲の遺物がみつかっている（Paz 2005）．稲はそれほど赤道域に適した作物ではないため，もともとは根茎作物（サトイモ科サトイモ属のタロイモ *Colocasia esculenta* やヤマノイモ科ヤマノイモ属の種など）が重要であったものと思われる（Boomgaard 2007）．遺伝学的データによれば，稲は，少なくとも2回，異なる場所で野生の *Oryza rufipogon*（イネ科イネ属）から栽培品種化されたようで，ジャポニカ種 *japonica* は中国の中南部に起源をもち，インディカ種 *indica* はイン

ド，ミャンマーあるいはタイに起源をもつらしい（Londo et al. 2006）．もし，2ないし3ヶ所の原産地から稲作が伝播したのであれば，その過程は上に示したよりもさらに複雑になるだろう．

有史時代の熱帯東アジアにおける稲以外の農耕の特筆すべき点として，アメリカ原産の作物の重要性があげられる．このことは自給作物（とくにトウモロコシとサツマイモ）と換金作物（タバコ，ゴム）のどちらにも当てはまる．これらは16世紀以降に熱帯東アジアで栽培されるようになり，稲作に不適な土地に集約的農業を拡大するにあたってとくに重要だった（Ho 1955; Boomgaard 2007）．

生態学的には，農耕の始まりよりも，その拡大のほうが重要である．稲は当初，自然の沼地で栽培されたため，乾いた高台の土地は利用されなかった．しかし，他の作物や，焼畑を含むその他の栽培形態によって，もっとも急峻な斜面以外のすべての場所を利用する道がひらけた．生態学的な視点からみると，広い森林のなかに小さな農地が含まれるようなランドスケープ（森林ランドスケープ）から，広い農地のなかに強度に収奪されたさまざまな自然生態系が残存するようなランドスケープ（農地ランドスケープ）への変化がもっとも重大である．熱帯東アジアにおけるこの変化は中国においてもっとも多く記録されている．そこでは，過去2,000年間にわたり，農地ランドスケープは南と西へ広がり，亜熱帯と熱帯の全域に拡大してきた．同じプロセスは，人口密度が高い地域，とくにエーヤワディー川やチャオプラヤー川，トンレサップ湖，メコン川，紅河といった大きな河川が流れる平野やデルタ地帯といった，他の熱帯東アジアの場所でも起きた．今日でも，衛星写真でこれらの地域をみると，森林が完全に消失しているさまがめだつ．しかしながら，中国ほどこの変化が広範囲に及び，十分に立証されている地域はない．中国以外の多くの地域（中国の熱帯地方を含む）では，森林ランドスケープから農地ランドスケープへの大きな変化は，過去150年ほどの間の出来事であり，多くの場所では最近25年間の出来事である．1900年には東南アジアの約80％はまだ森林に覆われていたし（Flint 1994），タイとフィリピンは，どちらも今日もっとも森林が少ない国であるが，1950年にはまだ半分以上が森林に覆われていた．

1.10 狩猟

森林被覆度は，人類の影響の広がりを捉えるためには誤解を招きかねない指標である．比較的小さな農耕社会でも，狩猟（そして火入れ；1.11 火入れを参照）を通じて，耕作地よりもはるかに広域の非耕作地に影響をもたらす．人口密度が低い人類集団における伝統的な狩猟慣習は，絶えることなくタンパク質を供給するという意味では持続可能であるが，これは獲物となる動物群集の生息密度や種組成に大きな影響を及ぼさないという意味ではない．大型かつ地上性で繁殖力が低い哺乳類でしばしば見られるように，脆弱な獲物が選択的に狩られる場合には，局所的な絶滅が起きやすい（Corlett 2007a）．人口密度が増加したり，交易でつながっている外部からの需要が増えたりすると，これらの局所的な絶滅が拡大・融合し，地域的な絶滅や，世界規模での絶滅に至る．こうした議論はどうしても推論の域をでないが，農耕以前の段階の人類集団が本地域の大型哺乳類に影響を及ぼした可能性についてはすでに考察した．より最近の影響については，それよりもずっと詳しい証拠が残っている．

中国における農耕拡大期において，脆弱な大型哺乳類が絶滅したことが，考古学的証拠や古い文献のなかに示されている．ゾウ（Sun et al. 1998; Elvin 2004），サイ（Liu 1998），テナガザル（Van Gulik 1967），およびシシバナザル（Li et al. 2002）は，狩猟とハビタットの破壊が組み合わさり，最近の2,000～3,000年間に中国の中部と南部から次第に絶滅した．サイ（1種あるいは2種；図1-10）はとくに影響を受けやすい種であり，その分布の北限は1年間に約0.5kmの速さで南へと移動していった（Liu 1998）．歴史記録によると，

図1-10 中国中部から南部には，かつて1ないし2種のサイが広く分布していた．スマトラサイをかたどったこのブロンズ製の儀式用の壺は山東省からみつかった紀元前1100～1050年前のものである（アベリー・ブランデージコレクション，B60B1 ©Asian Art Museum of San Francisco．許可を得て使用）．

個体群が存続できなくなる大まかな閾値は，ゾウでは人口密度が約20人／km^{2}であるのに対して，サイでは約4人／km^{2}であることが示唆されている（Sun et al. 1998）．ハビタットの破壊と狩猟との間の相対的な重要性ははっきりしないが，古代の中国では，角と皮を兵士の甲冑に使うことを目的としてサイが狩猟されていたことには疑う余地がない（Elvin 2004）．一方，ゾウではほとんどすべての部位に価値があった．今日，中国ではサイは絶滅しており，ゾウ，テナガザル，およびシシバナザルは少数の小個体群にまで減少している．

熱帯東アジアにおけるその他の場所には中国ほど十分な歴史記録がない．しかし，存在する記録によれば，もっとも脆弱な種（とくにゾウやサイ）はすでに1世紀以上にわたり限られた場所にしか生息していないが，多くの大型哺乳類種の減少はおおむね過去50～100年の間に生じたらしい（Corlett 2007a）．おそらく，今日の熱帯東アジアには，大型哺乳類が自然な密度で生息しているような手つかずの動物相を維持できる場所はないだろう（7.4.8 狩猟を参照）．

1.11 火入れ

木炭の堆積量の増加は熱帯東アジアに現生人類の集団が分布拡大していったことのもっとも確実な指標の1つであり（Kershaw et al. 2006），火を使用することは，人類が実際に居住し耕作している場所以外にも影響を及ぼすような，主要な方法の1つであり続けている．人類の出現以前の堆積物にも木炭が存在することに示されるように，火は自然発生するものではあるが，人間が管理する火はそれよりもずっと高い頻度で発生することで区別される（2.3 火災を参照）．火はさまざまな用途に使われるが，ふつう，その用途は堆積物中の木炭からは区別できない．なぜなら，火災の頻度や強度，面積の変化はどれも同じような木炭の堆積量の増加をもたらすからである．農耕民は耕作地とするために土地を開墾する目的で火を使う（図1-11）．とくにインドネシアにおいては，過去20年にわたって換金作物のプランテーションを目的とした熱帯雨林の開墾に火が使われ，大きな影響を及ぼすまでに規模が拡大した（7.4.9 火災を参照）．

図1-11 木を伐採して火入れすることは，耕作のために森林を開墾するおもな方法である．この写真は中央カリマンタンにおける稲作のための伐採後の火入れの例である（写真：©Natalie Behring-Chisholm／グリーンピース）．

　熱帯東アジアのより乾燥した地域では，枯れた植物を除去したり，単子葉草本の成長を促進したりすることを目的として，広大な面積の比較的疎な森林が狩猟者や非木材林産物の採集者たちによって毎年燃やされている．このような地表火災は草本や落葉の大部分を燃やし尽くすが，広大な面積の森林を，自然状態よりも疎な落葉樹林として維持するための助けとなっていることは間違いない（2.5.1 低地植生を参照）．先に示唆したように，最終氷期最盛期に熱帯東アジアの大部分が森林植生以外，ないしは疎林によって覆われていたならば，狩猟採集民も現代と同様に火入れを行っていたかもしれず，それは同様な結果をもたらしていたであろう．

1.12 都市化

　都市の一般的な定義はないが，生態学的な視点からみた鍵となる要素は，大きさ，永続性および都市と自然との間に明瞭な違いがみられることである．小規模あるいは一時的な人間の定住地は自然の動植物相への局所的な撹乱として働くが，よ

り大規模で長期的な定住地には，独自の耐性種個体群が維持されるようになり，都市環境に特化した適応形質を進化させる可能性がある．すべての都市は1種の生物（すなわち人間のこと）の要求に合うように作られているため，似たような構造と環境になる傾向がある．今では世界中の都市がほとんど同じ材料で作られており，この傾向は近年になってますます強まりつつある．このことは，ある種の個体群が1つの都市に適応すると，その地域の他の都市でも同様にうまく生存できること，そしてさらに遠くの場所でも到達しさえすれば同様な可能性があることを意味している．都市に適応した多くの種は，人間の移動とともに都市間を移動する．そのため，都市の生物相は，都市間でますます類似する一方で，周辺の自然の生物相とはますます異なったものになっていく．

　中国の最古の都市は熱帯東アジアの北縁にあたる黄河流域において4,000年以上前につくられ，中国南部の熱帯地方の都市は2,200年前までにつくられた．東南アジアの大陸部では，最古の都市は今から2,000年前までに，海岸沿いあるいは大きな河川沿いの低地やデルタに出現したが

(Higham 2002),東南アジアの島嶼部では大規模な都市は500年前までほとんど存在しなかった (Boomgaard 2007).これらの都市の特徴は何世紀もの間に変化し続けてきたが,人口の増大や人口密度の増加,近代的な建築材料の使用,不透水性の人工的な表面が占める割合の増大をともなうようなもっとも急激な変化は最近200年間に起きた.今日,熱帯東アジアの人口の40％以上が都市に暮らしており,この地域最大の都市であるインドネシアのジャカルタには1,320万人が暮らしている(UN Population Division 2006).

最近まで,都市化が地域生態系に及ぼす直接的な負の影響は小さかったものと思われる.なぜなら,居住地それ自身は比較的小さく,都市の主要な影響は,象牙やサイの角といった贅沢品を含む農林産物の消費を介していたからである.しかしながら,熱帯東アジアの都市は,過去数十年間の間に,広範囲にわたる自然生態系に対して重大な直接的脅威となるほど大きく成長してきた.そこでは,自然のハビタットの多様性は失われ,均質な都市の広がりに置き変わっている.また都市は,地域や地球規模で大気汚染をもたらすことを通じて,あるいは外来種の侵入経路としてその影響力を拡大させている(7章 生物多様性への脅威を参照).

2章
自然地理学

2.1 はじめに

　熱帯東アジアのおもな特徴として，例外はあるものの，ほぼ全域が森林の成立する気候帯であるために，人為的な影響がなければ何らかの森林で覆われていることがあげられる．このことは，今日における本地域の生態を理解するための鍵の1つである．人口の増加により，世界の多くの場所で森林がなくなり非森林植生が広がっているが，熱帯東アジアにおいては，すでに存在していた非森林植生が拡大しているわけではなく，非森林植生が新たに作り出されているのである．しかし，氷期には森林よりも開けた植生（非森林植生）が広がっていたため，今日の人為改変の影響を受けた植生の中には，このような氷期の植生に似ているものもあるかもしれない．更新世における本地域の動物相には，開けたハビタットに適応していたハイエナなどの脊椎動物も含まれていたが，現在ではその大部分が絶滅してしまった（更新世のほとんどが氷期だった．更新世については表1-1を参照）．また，完新世における本地域の動物相は，森林でしか生存できない種や，環境としては適していない森林外で生息している種が大部分である．

2.2 気象と気候

　気象とは，特定の場所および時間（あるいは短期間）における大気の状態のことである．ある場所の気候とは，単なる気象条件の平均値ではなく，時間を通じた気象条件の総計であり，極値や変動を含んだものである．人間の影響が優勢になる前には，熱帯東アジアの植生帯は気候条件によって決定されていた．土壌も重要な影響を及ぼしていたが，土壌の性質は多少なりとも気候条件の影響を受けている．気候はまた，個々の動植物種の分布や多様性の地域的なパターンに影響を及ぼす主要因でもある（3章 生物地理学を参照）．過去における地域的な気候の変化によって，1章（環境史）で紹介したような長期的な植生変化がもたらされた．さらに，生物を保全するうえで，人間活動がもたらす今後の気候変動に大きな関心が集まっている（7.4.13 気候変動を参照）．より短い時間スケールでは，気象条件の季節的変動と年変動は，植物のフェノロジーに大きく影響するとともに（2.6 植物のフェノロジーを参照），直接的にも間接的にも（植物のフェノロジーを介することで）動物のフェノロジーに大きく影響する．

　もっとも重要な気候変量は，気温と降水量およびそれらの季節性である．熱帯東アジアの低地気候には3つの主要型およびその中間型が認められる（図2-1）．シンガポールのような赤道気候帯は，一年中植物の成長に適した気温および降水量である．タイのチェンマイのような，モンスーンあるいは雨季・乾季のある気候帯では，気温は1年を通して植物の成長に適しているものの，乾季の乾

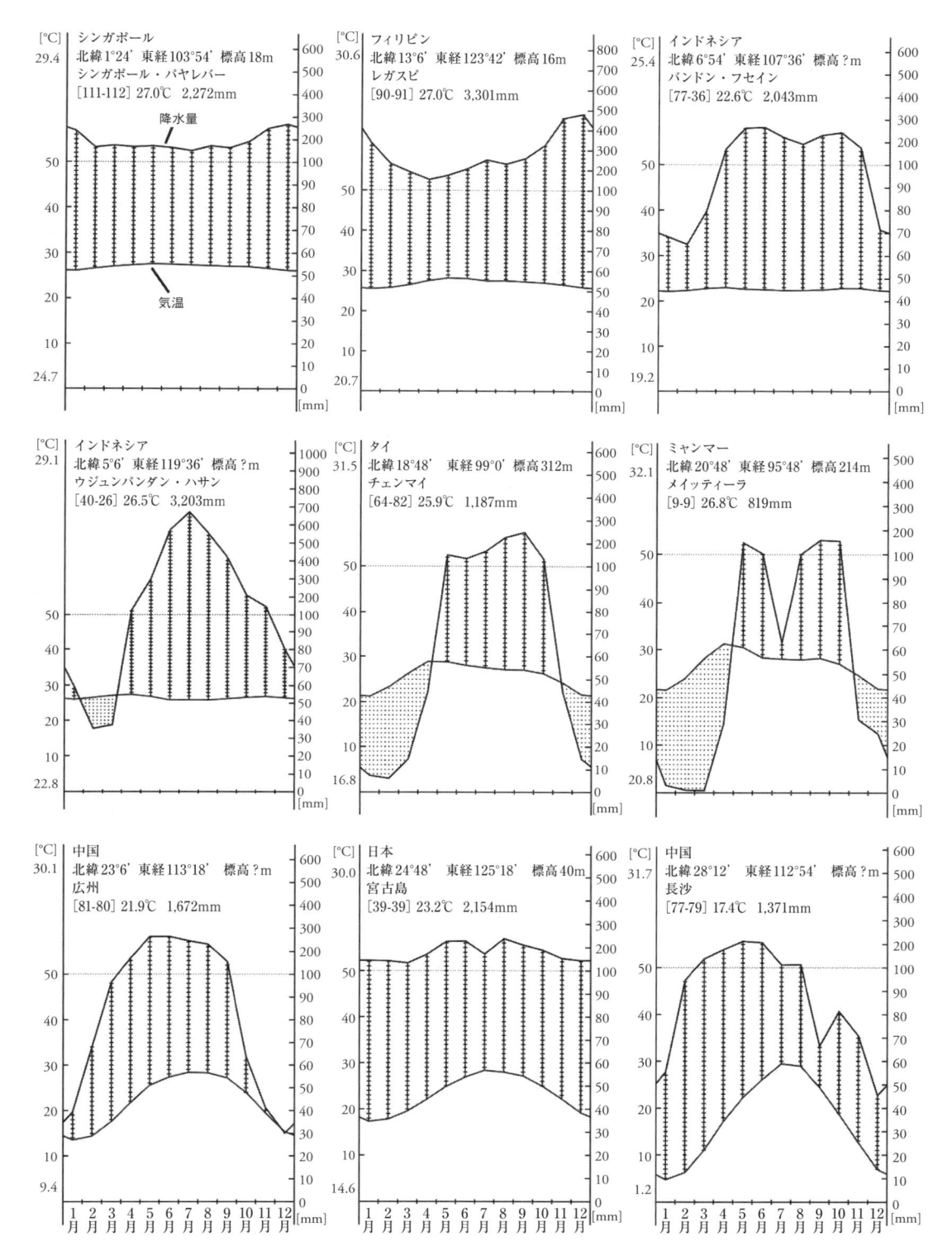

図2-1 熱帯東アジアの主要都市の気候図．主要な低地の気候型を示している．月平均気温（左の縦軸）および月降水量（右の縦軸）について，横軸は1月から12月までを示している．縦軸の降水量20mmと気温10℃が同じ位置になるように示している（ただし降水量100mm以上ではスケールを変えている）．降水量の折れ線が気温の折れ線よりも下側になる期間は乾季であり，網掛けで表している．降水量の折れ線が気温の折れ線よりも上側になる期間は雨季であり，縦線で示している．左の縦軸の上端の数字はもっとも暑い月の日最高気温の平均値であり，下端の数字はもっとも寒い月の日最低気温の平均値である．都市名の下の括弧内の数字は気温と降水量の観測年数であり，さらに年平均気温と年降水量を示している．詳細はLieth et al. 1999を参照．

2章　自然地理学

燥によって植物の成長は制限される．中国の長沙のような亜熱帯気候帯では，気温にも降水量にも季節性があり，植物の成長は高温多湿な夏季に集中する．同じ地域内でも山地気候は低地気候とは異なり，気温が低く，しばしば降水量の季節変化が小さい．

2.2.1 気温

　低地熱帯の赤道域は常に気温が高いこと，より厳密にいうと低温（18℃未満）が存在しないことが特徴である．通常は気温が極端に高くなること（おおよそ36℃以上）もなく，気温の日較差は月平均気温の年較差よりもはるかに大きい．標高が高くなるにつれて気温は低下する．この減少率（気温の逓減率）は100mあたり約0.6℃であるが，気象条件によって0.4～1.0℃程度まで変化する．最低値（これまでに記録された最低気温）は標高に応じて急激に低下し，ジャワの一部では標高1,000～1,500mあたりでも零下の気温（0℃未満）が記録されている．標高とともに気温の季節性が変わるわけではないが，日較差が平均気温の年較差よりも大きいため，キナバル山などの赤道付近の山地帯の気温は，「連日昼間には夏になり，夜間には冬になる」と言える．

　赤道から遠ざかるにつれて年最低気温は低下し，季節性は増大する．乾季後半の日中には雲量が減るため，年最高気温が高くなる傾向がある．北緯17度以北では，コールドサージ（低温波浪：アジア大陸から南シナ海に向かう低温大気の活動）が冬のモンスーンの特徴であり，それによって高地の気温が零下になることがある．極端な場合には低地でも零下になり，中国南部のゴムなどの熱帯作物が被害を受ける（McGregor and Nieuwolt 1998）．北回帰線の130km南に位置する香港では（北緯23度），標高700m以上の場所では10年間に数回は気温が零下になり，1893年1月にはビクトリア・ハーバーの船の索具につららができた．北回帰線の北側では，気温が零下になることは通常の年内変動の範囲であり，北緯30度では気温はマイナス10℃以下にまで下がるこ

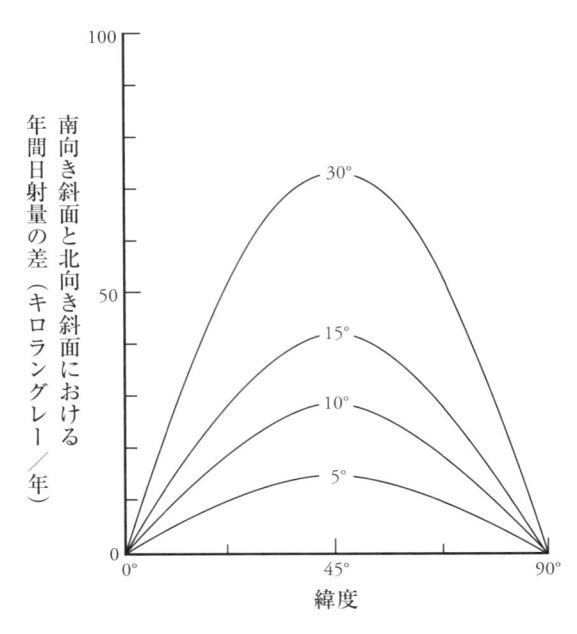

図2-2　4つの傾斜角の南向き斜面と北向き斜面における年間日射量の差の緯度による違い（Holland and Steyn 1975）．雲や周囲の斜面の影響は考慮していない．

ともある．

2.2.2 斜面の角度や方位

　斜面では，日射量は傾斜角，方位（斜面の向き），緯度に依存する．南北の方位の違いによる日射量の差は，斜面の傾斜角や赤道からの距離に応じて増加し，北緯20度では，南向き30度の斜面は北向き30度の斜面よりも1年間に45キロラングレー（約40％に相当）多く日射を受ける（図2-2）．このような緯度では，おそらく植生に対して日射の直接的な影響があるはずだが，報告されてはいない．しかし，頻発する人為起源の火災によって，植生への間接的な影響が生じていることは明らかである（Dudgeon and Corlett 2004ほか）．南北の方位による日射量の差は，太陽の南中高度が低くなる冬至の頃に最大になる．これは乾季と一致するため，より暖かく乾燥した南に面した斜面のほうが火災の影響を受けやすい．もし雲量の日変化パターンが一定であれば，赤道においても東西方向で日射量に差が生じうる．雲のない日であっても，東向き斜面ほど朝早くから暖かくなり，乾燥するために，火災が起こりやすくなる．卓越風

の向きは植物の成長に直接影響するだけでなく，斜面の角度や方位と相互作用することで，より乾燥した状況や湿潤な状況を生じさせる（2.2.7 風を参照）．

2.2.3 降水量

熱帯東アジアの年平均降水量は，ミャンマー中部の乾燥地帯やスラウェシ中部のパルバレーではわずか500〜800 mmだが，多くの場所では3,000 mm以上であり，ベトナム中部のバックマー山では約8,000 mmにも及ぶ．しかし，多くの生物にとっては，少なくとも降水量の平均値と同じくらい季節性が重要であり，とくに常に湿潤なスンダ陸棚地域においては，その年変動も生命活動に大きな影響を及ぼす．モンスーンの風向き，熱帯収束帯の移動，地形のすべてが，本地域における降水量の季節変化パターンの局所的な違いに影響を及ぼすのに対して，エルニーニョ南方振動（ENSO）やインド洋ダイポールモード現象（IOD）は年変動パターンに大きく影響する．

熱帯収束帯は，太陽位置の移動に1〜2ヶ月遅れて赤道の南北に動く低気圧の雲と雨の帯である（McGregor and Nieuwolt 1998）．このため，熱帯収束帯は北半球における夏の時期にもっとも北上し，冬の時期にもっとも南下する．熱帯東アジアでは，熱帯収束帯の移動によって生じる降水量のパターンは，アジアモンスーン（大陸と海洋の暖まり方が異なることによって生じる，風向きの季節的な逆転現象）と相互作用することによって，より複雑になる．アジアのモンスーンはインドモンスーンと東アジアモンスーンの2つの主要な要素から成り，熱帯東アジアでは東アジアモンスーンが卓越するものの，ミャンマー北部や中国雲南省西部などの熱帯東アジアの北西部ではインドモンスーンが卓越する．野外観測や古気候研究，モデリングによって，この10年ほどでアジアモンスーンに関する新しい知見が数多く蓄積されてきたが，その起源や過去の状況，変動性に関しては，まだ未解明の点が多い（1.5 気候と植生の変化を参照）．

赤道地域（緯度南北10度以内）では，北東モンスーンと南西モンスーン（東アジアモンスーンとインドモンスーン）によって，ほぼ等しい量の暖かく湿潤な大気が運ばれてくるが，それ以外の熱帯東アジアの大部分では，どちらかのモンスーンは湿潤でもう一方は乾燥している．そして本地域の大部分において，湿潤モンスーンは夏に，乾燥モンスーンは冬に生じる．これは北部においてもっとも明瞭であり，冬のモンスーンは冷涼で乾燥した陸地を移動してくるが，夏のモンスーンは暖かく湿った海を通過してくる．これとは逆に，同じ冬のモンスーンが南シナ海を通過してベトナムの沿岸に雨をもたらす．さらに複雑なことに，本地域に吹き込む湿潤な風は，局地的な地形の影響を受ける．ある特定の方向に面した高地では風が上昇し，風下よりも多くの雨を風上にもたらす．本地域のもっとも湿潤な場所であるミャンマーやスマトラ，ボルネオの西海岸などにおける降水量の大部分がこの「地形性の上昇気流」によるものである．

2.2.4 雲霧由来の水

雲，霧，もやは大気中に浮遊する小さな水滴（約5〜50 μm）からなる．山地雲霧林のような頻繁に霧がかかる場所では，水滴が植生に沈着することによって，水の供給源として大きく貢献することがある．この貢献の程度を標準化した生態学的手法で測定することは困難だが，さまざまな研究によると，1日あたり0.2〜5.5 mmの降水量に匹敵すると推定されている（Bruijnzeel 2005; Chang et al. 2006; McJannet et al. 2007）．こうした水分供給は乾季にはとくに重要であり，1ヶ月あたりの森林への水分供給量のうちの3分の2に達することもある．頻繁に雲がかかる場所では，植生が獲得する水の量は林冠の性質と風にさらされる度合いに依存している．これは，複雑な森林の林冠では草原よりも多くの水が捕えられるうえに，おもに植物表面に水滴が当たることを通じて植生に水が供給されるためである．

中国南西部に位置する西双版納の熱帯季節林で

図2-3 中国南西部の西双版納の渓谷には乾季の日没後に放射霧ができる．霧による水滴が乾季の降水量の3分の1以上になり，11月から4月の積算降水量が200mm未満であるにもかかわらず熱帯常緑樹林が成立する（Liu et al. 2008）．

は，雲霧由来の水は年降水量の5％に達すると推定されている．これは乾季の降水量の3分の1以上にあたるうえに，それがあることによって乾季の蒸散量も減少する（Liu et al. 2008；図2-3）．そこでは年平均降水量が1,500mm以下であり，11月から4月までに降る雨の量は200mm以下しかないものの，おそらく霧による水分供給があるために熱帯季節林の存続が可能なのだろう．この水分供給の過程は，上に記したような山地雲霧林における過程とはかなり異なるものである．西双版納の霧は放射霧であり，穏やかで晴れた日の日没後に放射冷却によって生じる．このため霧が発生する日の風はとても弱く，霧の沈着プロセスはおもに葉への衝突ではなく，重力沈降であると考えられている．

2.2.5 降水量の年変動

本地域内のあらゆる場所において，降水量や雨の降るタイミングには年変動があるが，その影響が一番大きくなるのは乾季がない場所か，もしくは乾季が短い場所である．乾季を毎年経験しないような植物群集は，たとえ短期間の乾期であっても大きな影響を受けることがある．スンダ陸棚の低地フタバガキ林では，30日間の積算降水量が40mm以下になると一斉開花が起こるらしい（Sakai et al. 2006; 2.6.2 繁殖フェノロジーを参照）．一方で，さらに厳しい乾期には樹木が枯死してしまう（Nakagawa et al. 2000; Yoneda et al. 2000; Aiba and Kitayama 2002）．気候の特徴として月平均降水量を用いると，このような乾燥の頻度を過小評価してしまう．月平均降水量が常に100mm以上の多くの場所においても，30日間の積算降水量をみれば1ヶ月かそれ以上の期間の乾期が存在するのである（Walsh 1996）．たとえば，キナバル山の標高1,560m，2,650m，3,270mに設置された気象観測ステーションによると，通常の年には乾燥する月は存在しないものの，1998年3～4月における過去30日間の積算降水量はすべての場所で1mm未満になった（Aiba and Kitayama 2002）．さらに，これはキナバルで過去30年間のうち3番目に厳しい乾燥だったため，この程度の厳しい乾燥が起こるのはさほど稀なことではない．熱帯アジアで同様な強度の乾燥が起こったことが，歴史記録や他の証拠に残っている（Grove 1998; D'Arrigo et al. 2006）．こうした乾燥が樹木の成長や死亡に与える影響は，地形や土

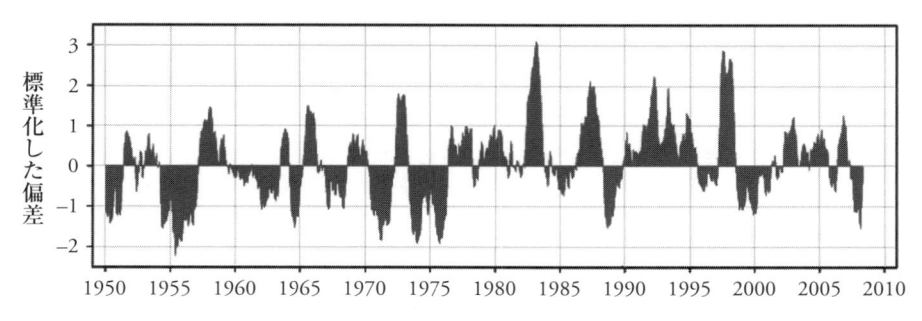

図2-4 エルニーニョ南方振動は熱帯太平洋の海面水温が極端に暖かい状態（エルニーニョ）と極端に冷たい状態（ラニーニャ）の間の振動であり，熱帯東アジアの降水パターンに大きな影響を及ぼす．この図はNOAAによる多変量ENSO指数（MEI）である．正の値がエルニーニョを，負の値がラニーニャを表す（NOAA Multivariate ENSO Index web siteより図を引用）.

壌条件によって大きく異なる．

降水量の年変動が起こる原因については十分にわかっていないが，非季節性の熱帯雨林地帯で極度の乾燥が起こることはエルニーニョ南方振動（ENSO）によって，また本地域西部ではインド洋ダイポールモード現象（IOD）によってある程度説明できる．エルニーニョ南方振動とは，熱帯太平洋の海面水温が極端に暖かい状態（エルニーニョ）と極端に冷たい状態（ラニーニャ）の間で振動することであり，太平洋貿易風の強さに関連した大気圧パターンの変化（南方振動）にともなって発生する（McPhaden et al. 2006）．通常は，貿易風によって温かい海水が東から西太平洋に流れ込み，東側では海面下から冷たい水が湧き上がる．これによって東西で海面水温に差が生じ，東西で大気圧の差が生じて貿易風が生まれる．エルニーニョ時には，大気圧が西部で上昇して東部で下降するため，赤道に沿う貿易風が弱まり，温暖な海水は東へ移動し，東側における湧昇が減少する．するとフィードバックが逆転し，弱まった貿易風と暖まった海面水温によって，エルニーニョが強化される．しかし，最終的には他のプロセスによってエルニーニョを終結させる負のフィードバックが起こり，それが強力であれば，ラニーニャが始まることになる．

ENSO現象は規則的ではないため，ENSOに「周期」という語を用いることは誤解を招く．エルニーニョとラニーニャは一般的には2～7年の不規則な間隔で繰り返される（図2-4）．それぞれのイベントでは強度や期間，発達速度や空間構造が異なり，地域的および地球規模の気象への影響も異なる．さらに，エルニーニョとラニーニャは単純に正反対の現象というわけではなく，1982～83年と1997～98年のような大きなイベントの結果によって示されているように（極度の乾燥によって大規模な森林火災が発生した），東南アジア熱帯の気候にとってはエルニーニョのほうが重要である．

強いエルニーニョは熱帯東アジアの大部分に影響するが，ENSOがもたらす影響のうち，もっとも激しくかつ予測しやすいものとしては，インドネシアの大部分やその周辺の国々の降水量に対する影響があげられる．すなわち，エルニーニョは乾燥およびそれにともなう影響をもたらすのである．そのような影響の1つとして，本地域の低地熱帯雨林でみられる一斉開花およびその後に起こる一斉結実があげられる（2.6.2 繁殖フェノロジーを参照）．さらに別の影響として，人為起源の森林火災があげられる．ある観測によると，前世紀最大規模だった1997～98年のエルニーニョでは，火災によって大気中に大量の二酸化炭素が放出され，大気中の二酸化炭素濃度の年間増加率は1957年に記録をはじめてから最大になった（McPhaden et al. 2006; 7.4.13 気候変動を参照）．しかし，インドネシア国内においてもENSOが降水量に及ぼす影響はさまざまであり，スマトラ北部やカリマンタン南西部を含む区域ではENSOの影響は弱いか，もしくはまったくない（Aldrian and Susanto 2003).

　この数十年の間ENSOが重要であったため，この現象の歴史を調べたり，将来の変化を予測するために多大な努力がなされてきた．鮮新世初期には「永続的なエルニーニョ」状態であった可能性について1章（1.5 気候と植生の変化）で論じた．また，規模は小さかったものの，氷期にも高頻度でエルニーニョが起きていた証拠が存在する（Tudhope et al. 2001; Bush 2007）．アジアモンスーンが今よりも大規模だった完新世初期から中期には，ENSOの変異は小さく，平均的な状態は現代のラニーニャに近かったようである（Gagan et al. 2004; Abram et al. 2007）．地球温暖化がENSOの変動やバックグラウンド状態にどのような影響を及ぼすのかについてはまだ結論が出ていないが，重大な負の影響を及ぼす可能性があるため，活発な議論が行われている．

　インド洋ダイポールモード現象（IOD）は1999年に初めて認識されたため，ENSOほど理解が進んでいない．ENSOと同様，IODも海洋と大気の相互作用によって生じるが，アジアモンスーンが存在することと，太平洋よりもインド洋のほうが小さいことを反映して，ENSOとIODには大きな違いが存在する．IODの正のフェーズでは，海面水温はインドネシア西部沿岸のインド洋東部で低くなり，アフリカ沿岸のインド洋西部で高くなる（Marchant et al. 2007）．また，負のフェーズでは逆になる．

　気候モデルによると，IODイベントはエルニーニョの状況によって引き起こされることがあるが，インド洋内部のプロセスでも生じうる．たとえば，1961年の強い正のIODはエルニーニョと関連していなかったが，1997年のものは関連していた．IODとENSOとが関連しているかどうかにかかわらず，正のIODはインドネシア西部に乾燥をもたらし，スマトラ西部パダンにおける過去最大の3度の乾燥は1961年，1994年，1997年に起こった強いIODイベントと一致していた（Abram et al. 2007）．スマトラ西部沿岸のメンタワイ諸島から産出した珊瑚礁の化石によって，過去6,500年にわたるIODの強度が評価されている．それによると，正のIODとそれにともなうインドネシア西部の乾燥は，モンスーンが強力だった完新世中期（6,500～4,000年前）には現代よりも長く続いていた．IODとENSO，アジアモンスーン系の相互作用は現代の研究におけるホットトピックである．

2.2.6 雪と氷

　熱帯地方の北部においては，標高の高い場所では毎年雪が降るうえに，時には常緑広葉樹林でも積雪し，大量の積雪によって樹木の枝が折れることもある．北緯25度付近より北側の中国亜熱帯地方では，過去40年間のうちで最長の低温期間が2008年初めに発生し，広域にわたって雪や着氷暴風雨が襲い，天然生の広葉樹林が多大な物理的な損傷を受けたうえに，多くのプランテーションが荒廃した（Stone 2008a）．そのおもな原因は，氷晶雨，すなわち0℃未満の物体の表面に接すると凍りつく過冷却水滴であり，それが氷のかたまりとなって枝や幹に蓄積した．もっとも大きな被害を受けた森林では，大部分の樹木が寝返りしたり幹折れしてしまい，わずかに生き残った樹木のほぼすべての枝が折れてしまった（著者による観察；図2-5）．この嵐の3ヶ月後には，被害を受けた樹木の多くが活発に萌芽したが，枯死した個体もあり，林冠の60～90％は開いた状態であった．

2.2.7 風

　大木が折れたり根返りしたりする程度の風は，熱帯東アジアのどこでも起こりうるが，熱帯低気圧の発生地帯にあたるおよそ北緯10度以北において，もっとも頻繁に起こる．熱帯東アジアには台風と呼ばれる熱帯低気圧があり，円形の嵐（暴風域）が生じ，渦巻き状に強風が吹き込む．太平洋西部では，ほぼ北緯5～10度の温暖な海洋上（水温26℃以上）で台風が生まれる．一般に，台風はまず西へ移動し，その後北に向かい，最後に東方へと進路を変えるが，実際の経路にはかなりばらつきがある．台風は地表における最大風速によ

図2-5 中国の南林自然保護区（北緯25度）の標高約1,000mにある混交広葉樹林は，2008年初めに氷雪害によって激しい被害を受けた．多くの樹木で根返りや幹折れが起こり，枝の一部あるいは枝全体が枯れた．その3ヶ月後には被害にあった樹木の大部分は萌芽したが，死亡した個体もあり，林冠は開いていた（写真提供：Billy C. H. Hau）．

って分類されており，時速63km未満のものは熱帯低気圧（tropical depression），時速63〜117kmのものはトロピカルストーム（tropical storm），時速118〜240kmのものはタイフーン（typhoon），時速240km以上のものはスーパータイフーン（super typhoon）と呼ばれる（日本における「台風」は最大風速が時速63km以上のものであり，トロピカルストームも含まれる）．瞬間最大風速はこれよりもはるかに速くなることがある．台風のサイズにも大きな変異があり，強風域（時速63km以上）は，中心から数十kmから数百kmに及ぶ．台風はいつでも発生する可能性があるが，7月から10月にかけてもっとも多くなる．

台風にともなう強風によって，落葉や樹冠が損傷する程度のものから森林が完全になぎ倒されてしまうものまで，さまざまな規模の被害が引き起こされる（Whitmore and Burslem 1998; Lugo 2008; Turton 2008）．また，台風は激しい雨による被害や，沿岸では高潮による被害を及ぼす．台風が襲来しない地域においても強風による被害は生じ，単木の寝返りや幹折れが起こる程度から，数平方kmにわたって森林がなぎ倒される程度ま

で，さまざまな被害が発生する（Whitmore and Burslem 1998; Proctor et al. 2001; Baker et al. 2005）．アマゾン中部では，森林断片化によって樹木が風の影響を受けやすくなるような森林の縁が生じたため，林縁から100〜300mにある樹木の枯死や被害が増加した（Laurance 2005）．

台風よりも低速で永続的な風による慢性的な風ストレスも，森林植生に劇的な影響を与えることがある．台湾南部の南仁山（北緯22度）の起伏のある地形に成立する森林では，毎年冬の北東モンスーンによって永続的な風の影響を強く受ける風上側斜面と，その影響がない風下側斜面とでは，明瞭な違いがみられる（Sun et al. 1996）．風上側斜面の森林では樹高が非常に低く（3〜5m），林冠が撹乱されており，幹密度が高く，植生が独特であるのに対して，風下側の森林の樹高は10〜20mだった．風の直接的な影響として，物理的なストレスが増すことと，蒸発散が増えることが考えられている．Sun et al.（1996）は，そのような直接的な影響によって樹高や葉の形態，土壌水分が変化し，その結果として微気象や土壌栄養塩の変化が引き起こされると論じている．ほとんどの

山岳域においても一般に風が強く，その風は山地林群集に影響を与えているようである（Noguchi et al. 2007ほか）．ただしその影響に関する研究はすすんでいない．

2.2.8 雷

雷は，雷雨の雲どうしにおける静電気の放電あるいは雲から地面への静電気の放電（落雷）であるが，後者のみが生態学的に影響を及ぼす．落雷の初期症状は，木が爆発することや目にみえる跡が残ること，目にはみえないものの根が死亡することなどのようにさまざまであるため，おそらく個々の林冠木の死亡要因として落雷は過小評価されているだろう．落雷によって根を通じて電流が流れることにより，周囲の樹木が枯死してしまうこともある（Whitmore and Burslem 1998）．多くの研究者が，今日のすべての火災は人為起源であると想定しているため，落雷が自然火災を起こす役割は過小評価されているだろう．落雷は雨季にもっとも頻繁に起こるが，乾季と雨季の変わり目には乾燥したリターが大量に存在しており，発火後に強い雨が降ることが少ないため，落雷によって大規模な火災が起こりやすい（Stott 2000）．しかし，Cardoso et al.（2008）は，アフリカや新熱帯と比べると，東南アジアの大部分では，乾季と雨季の変わり目に落雷による火災が起こりにくいことを示している．彼らはこのことによって，植生モデルではサバンナと予測される気候をもつような東南アジアの一部でも，極相林が成立することを説明している．

2.3 火災

熱帯東アジアには常に湿潤で火災が起きない場所もあるものの，もっとも湿潤な熱帯雨林においてさえも，10年以上調査を行うと落葉落枝が増加するような不規則な乾期が存在しており，林冠葉量が減りリター層の厚さと乾燥度が増すことで，発火する可能性が高まる．短い乾期における火災被害にあう危険性は，乾燥しやすい地形（たとえば尾根）や土壌（泥炭，砂質，石灰岩土壌など）で大きくなり，その逆に渓流の側では小さくなる．林冠に落葉樹が存在し，林床に草本が存在すると，たとえ短い乾期であっても火災の危険性は増加する．潜在的な自然発火要因として，落雷（2.2.8 雷を参照），火山，石炭層の燃焼があげられるものの（Goldammer 2007），草本の成長促進や森林の開墾などのさまざまな目的のために，人間が火災を引き起こすこともある（1.11 火入れを参照）．人為起源の火災は，一度始まってしまうとしばしば制御できなくなってしまう．古生態学的な記録によると，現生人類が本地域に到達する前から火災が起こっていたという証拠があるが，火災の頻度は人類到達後に確実に増加している．頻繁に火災が起こることによって，それほど長い期間にわたって森林内に可燃物が蓄積しなくなっているため，人類の歴史の大部分では火災の規模は小さかったかもしれない．しかし，近年の商業伐採によって可燃物の蓄積量が急増しており，そのために火災の規模は大きくなっている．自然火災と人為火災の起こり方には季節的な違いもあり，自然火災は乾季の終わりに起きやすい（2.2.8 雷を参照）．

最近伐採された森林や泥炭林をのぞくと，熱帯東アジアの森林火災の多くでは，リター層が焼失し，草本層が存在する場合には草本層のみが焼失する（地表火災）．炎の高さや温度は低く，小さな植物個体や長い期間いぶされた有機物の側の個体が集中的に死亡する．樹皮の薄い樹木が大部分を占める低地熱帯雨林では，幹直径5cm未満の樹木のほとんどが死亡するが，それより大きな樹木は一部しか死亡しない．樹皮が厚く，火災の傷跡から回復でき，激しい被害を受けても萌芽するような火災耐性種の割合は，乾燥した森林タイプになるほど増加する．そして頻繁に火災が起こる落葉樹林では，ほぼ実生のみが死亡するようになる．

草原は，細く燃えやすい大量の草本からなるため，熱帯東アジアでもっとも火災の起こりやすい植生タイプである．季節的な乾燥によって茎や葉が同調して枯死する場所では，人為火災が毎年起

こる傾向がある．草原火災は急速に広がり，高温（600℃以上）になることもあるが，それは短期間であり，土壌深くまで致死的な温度（60℃以上）になることはない（Zedler 2007）．こうした火災の後には，多くの多年生草本は，土壌に保護されていた芽から急速に回復できる．対照的に，木本植物は芽や分裂組織を地上につくるため，それらを火から防御するために二次組織に投資する必要があり，回復にはより時間がかかる．実際に熱帯東アジアでは，木本植物の侵入や森林への遷移を妨げるような火災が規則的に起こるために，草本が優占する植生が数多く存在している．

2.4 土壌

　熱帯の土壌には極端に大きな変異があるだけではなく，これらの変異は局地レベルから（Miyamoto et al. 2003; Davies et al. 2005 ほか），ランドスケープレベル（Cannon and Leighton 2004 ほか），地域レベル（Potts et al. 2002 ほか）までのさまざまな空間スケールで植物の分布に大きな影響を及ぼす．しかし，土壌は複雑であり，地形や植生，気候によって変化するため，観察された植生の違いを特定の土壌特性と関連づけることは難しいことがわかっている．熱帯東アジアにおいて，土壌要因によって植生が決定されているという証拠の多くはボルネオで得られたものであるが，そこは比較的湿潤であり，気候には季節性がなく，火山活動が限られるため，熱帯東アジア全域を代表しているわけではない．

　土壌の主要な生態学的機能として，植物が成長するための栄養塩を供給することがあげられる．しかし，栄養塩の供給は単純に土壌特性として理解するよりも，生態系全体の動的な特性としてとらえることによって，もっともよく理解できる．たとえば，この動的な特性によって，農作物を作る能力がほとんどまったくない土壌において，樹高が高く多様な種からなる熱帯雨林が形成される理由を説明できる．このため，栄養塩の循環については6章（エネルギーと栄養塩類）で考察することにして，ここでは土壌特性についての基本事項を説明する．

2.4.1 土壌の分類

　熱帯東アジアの国々の大部分には独自の土壌分類法があり，それぞれにおいて原理や命名は大きく異なる．本地域では2つの国際的な土壌分類法も広く使用されている．それは，国際連合食糧農業機関（FAO）による世界土壌照合基準（World Reference Base for Soil Resources; WRB：以前のFAO-UNESCO土壌分類）（FAO 2007；表2-1）と，米国農務省によるUSDA土壌分類（USDA Soil Taxonomy, USDA 2006；表2-2）である．どちらも野外で観察・測定できる特徴に基づいて土壌を分類するものであり，土壌管理にも適している．違いとしては，USDA分類法では分類のために気候を用いるが，WRB分類法では気候を用いないことがあげられる．また，USDA分類法のほうがはるかに精巧で詳細であるが，WRB分類法は局地スケールでの土壌マッピングよりも国際的な情報伝達に適している．熱帯東アジアにおける科学文献では，通常はその国における適切な分類法やUSDA分類法が使用されているが，USDA分類法がアメリカ合衆国に最適化されているのに対して，WRB分類法ははじめから地球規模の概観を記載するために考案されたという点が長所である．

　熱帯における土壌マッピングの目的は，農耕地としての適性を明らかにすることである．これらの土壌分類法はいずれも生態学的研究のために考案されたものではなく，土壌特性そのものが植生に影響を与えるということは考慮されていない．このため，人手の入っていない自然植生において何らかの予測を行うことはあまり期待できない．しかし，熱帯の土壌についての生態学的な分類が存在しないために（あるいはすでに生態学的ではない方法によって分類された広大な区域について，生態学的に意味のある方法で再測するための予算がないために），生態学的に意味のあるような土壌特性についての詳細なデータが利用できな

表2-1 熱帯東アジアでみられるWRB分類法の土壌型（FAO 2007から抜粋）

厚い有機物層（泥炭）をもつ土壌	Histosols
人間の影響を強く受けた土壌	
長期間にわたり集中的に農耕地として使用されている土壌	Anthrosols
人工素材が占める土壌	Technosols
石が多く根を張る深さに制限がある土壌	Leptosols
水の影響のある土壌	
粘土が多く，水分含量によって収縮したり膨張したりする土壌	Vertisols
氾濫原や干潟（塩性湿地）	Fluvisols
地下水の影響のある土壌	Gleysols
鉄やアルミニウムの化学性のある土壌	
（火山灰における）アロフェンやアルミニウム—土壌腐食複合体	Andosols
有機物や酸化鉄が溶脱して表層土が漂白され，下層にそれらが蓄積した黒色層をもつ土壌	Podzols
水が滞留して鉄が蓄積した土壌	Plinthosols
低活性の粘土で，リンを固定しており，構造が発達した土壌	Nitisols
カオリナイトや三二酸化物が卓越する土壌	Ferralsols
水が沈滞した土壌	
構造が不均一な土壌	Planosols
構造化されていたり構造がやや連続的な土壌	Stagnosols
下層に粘土が豊富な土壌	
塩基飽和度が低く，活性が高い粘土の土壌	Alisols
塩基飽和度が低く，活性が低い粘土の土壌	Acrisols
塩基飽和度が高く，活性が高い粘土の土壌	Luvisols
塩基飽和度が高く，活性が低い粘土の土壌	Lixisols
比較的若い土壌や垂直構造がほとんど発達していない土壌	
（山における）酸性で黒色の表層土	Umbrisols
砂質土壌	Arenosols
やや発達した土壌	Cambisols
未発達の土壌	Regosols

表2-2 熱帯東アジアでみられるUSDA分類法の土壌型（USDA 2006）

厚い有機物層（泥炭）をもつ土壌	Histosols
有機物や酸化鉄が溶脱して表層土が漂白され，下層にそれらが蓄積した黒色層をもつ土壌	Spodosols
火山灰土壌	Andisols
カオリナイトや三二酸化物が多く，風化されやすい一次鉱物が少ない土壌	Oxisols
粘土が多く，水分含量によって収縮したり膨張したりする土壌	Vertisols
激しく漂白，風化した土壌で，下層土では粘土が豊富な土壌	Ultisols
やや漂白，風化した森林土壌	Alfisols
ほとんど垂直構造が発達していない若い土壌	Inceptisols
垂直構造がまったく存在しない最近になってできた土壌	Entisols

いときには，生態学者はすでに存在する土壌分類法を一次近似として用いるべきであろう．

たいていの湿潤熱帯の土壌は，2つの主要な土壌グループに属している．Ultisols（USDA分類法）あるいはAcrisols（WRB分類法）およびOxisols（USDA分類法）あるいはFerralsols（WRB分類法）である（Palm et al. 2007）．これらのグループではWRB分類法とUSDA分類法による定義は似ているが，まったく同じというわけではない．どちらのグループも非常に風化のすすんだ赤色土あるいは黄色土であり，酸性で貧栄養であり，陽イオン交換能が低い（すなわち，栄養塩の陽イオンを保持する能力が低い）．Ultisols／Acrisols（USDA分類法／WRB分類法，以下同じ）では，おもに粘土が移動するために表土よりも下層土の方が粘土の濃度が高くなることによってOxisols／Ferralsolsと区別できる．Oxisols／Ferralsolsはアフリカや南アメリカの古く安定した地形に広くみられるが，地質構造学的に活発な熱帯東アジアでは稀である．熱帯東アジアではUltisols／Acrisolsが優占し，本地域の半分以上を占め，火山がない場所の大部分がそれに含まれる（Dudal 2005）．本地域にはUltisolsの2つのおもな亜分類が存在する．humult Ultisolsでは栄養塩が少なく，腐植が表層に存在するのに対して，udult Ultisolsは一般に肥沃であり，表層の有機物層を欠いている．サラワク州の，これらの亜分類の土壌が隣接する場所の森林では，種組成が大きく異なっている（Potts et al. 2002; Baillie et al. 2006）．Ultisols／Acrisolsは長い休閑期をともなう移動耕作（焼畑農業）として伝統的に用いられてきたが，現在ではゴムやアブラヤシのプランテーションとして使われるようになってきている．

熱帯東アジアにおけるもっとも肥沃な土壌は，比較的若く（風化という点においてであり，実際の土壌年代と相関が高いとは限らない），まだ母岩由来の未風化のミネラルを含んでおり，それが栄養塩の貯蔵庫としてはたらく（6.3 その他の栄養塩類を参照）．この例として，大きな河川のデルタ地帯に大規模にできるような，新しい河成堆積物由来の土壌（Fluvents／Fluvisols）や，ジャワ，スマトラ，バリの広大な面積を占める火山灰由来の土壌（Andisols／Andosols），急斜面の若い土壌や新しい崩積層（Inceptisols／Cambisols）があげられる．極端な傾斜地を除き，これらの土壌は農耕地として用いられる可能性が高く，自然植生はすでになくなっていることが多い．Fluvents／Fluvisolsは稲作するうえでもっとも重要な土壌である．USDA分類法とWRB分類法ではかなり異なる分類がされているものの，上記以外にもさまざまな土壌型が存在する．すなわち，これらの若い土壌と，前の段落で紹介したような非常に風化が進んだ土壌の中間の年代および肥沃度のものである（USDA分類法では多くはAlfisolsと呼ばれ，WRB分類法ではNitisolsやGleysols，Luvisolsと呼ばれる）．

農耕地としての適性という点で，上記と対極にあるものとしては，Histosols（両分類法とも）およびSpodosols／Podzolsがあげられる．Histosolsは有機物土壌（泥炭）であり，熱帯東アジアでは，大部分は降水量が多く長期間の乾季が存在しない場所に限られる．ほぼ2,000万haの熱帯泥炭林が，スンダ陸棚を縁どるように主としてスマトラやボルネオに存在し，その大部分は海抜0m近くにある．多くの沿岸泥炭湿地は，7,000年ほど前に海面が安定してから堆積が始まっており，比較的若いようである．しかし，内陸部では，おそらくもっと乾燥した気候であったのにもかかわらず，更新世後期（約2万6,000年前）に泥炭が形成されたという証拠も存在する（Page et al. 2004）．これらの泥炭は厚さ20mを超え，大量の炭素を蓄積しているため（420億トンと推定されている）（Hooijer et al. 2006），その泥炭の今後の運命は世界的な関心の的になっている．泥炭土壌が薄ければ（50cm未満）農耕地に転換することが可能であるが，深い泥炭地を転換する試みの多くは失敗に終わっている（Wösten et al. 2008）．Spodosols／Podzolsは，有機物や酸化鉄が溶脱され，漂白された灰白色の砂質層の上に有機物の表層（厚さ1m未満）をもつ強酸性土壌である．熱帯では，

通常はこのような土壌は砂質土壌や砂岩に形成され，熱帯東アジアでは，ボルネオの低標高地でもっとも広大である．その他の特徴的な土壌型は，特殊な地質学的基質に存在する．Psamments／Arenosolsは層を成していない砂質土壌に形成され，上に述べたSpodosols／Podzolsに分類される．石灰岩土壌は，部分的には母岩に含まれる不溶性の不純物の量やタイプによって，厚さや化学性が大きく異なるものの，通常は浅く，比較的肥沃である．対照的に，超塩基性岩上にできる土壌には非常に差異が大きいものの，植物にとって重要な栄養塩の濃度は低く，有毒なレベルのニッケル，マグネシウムや他の金属が存在する傾向がある．

熱帯土壌では，土壌有機物層が失われることによってしばしば肥沃度が大きく低下するものの，開墾や農耕によって土壌の分類が変わるとは限らない．ただし，WRB分類法では人間活動によって大きく改変されている2つの土壌グループを区別している．Anthrosolsとは長期間の農耕によって変化した土壌であり，熱帯東アジアでもっとも広くみられる例として，稲作によって形成された水田土壌（hydragric Anthrosols）があげられる．さまざまな異なる土壌型につくられた水田土壌は，稲作特有の水管理様式や湿潤栽培が繰り返されることで収斂し，構造のない代かき層の下に厚い耕盤（鋤床層）が形成されるようになる．Technosolsは人間活動によって近年優占するようになった特性をもつ都市土壌であり，不透水性の表層によって固められたものや，人工材が大部分を占めるもの（ゴミや炭坑の跡地など）が含まれる．Technosolsはしばしば工業過程でできた有毒物質を含んでいる．

2.4.2 地滑りや土壌浸食

熱帯東アジアの大部分を占める起伏の多い地形では，降水量が多いだけでなく，多くの熱帯土壌がそもそも浸食されやすいために，表層浸食や地滑りによって土壌が流出しやすい（Sidle et al. 2006）．表層浸食が起こると，多くの栄養塩を蓄えた有機物の豊富な表土が移動することがあるが，地滑りでは土壌全体が移動して母岩が露出することがある．他方では，撹乱のない地形において中規模の浸食がおこると，土壌が若返り，植物の根がそれまでには届かなかったような母岩由来の栄養塩に到達できるようになるため，中規模の浸食は重要である（6.3 その他の栄養塩類を参照）．また，地滑りによって森林ランドスケープにおける環境の不均一性が増すため，多様性が促進される可能性がある．森林あるいはそれ以外の場所でも，急斜面において極端に降水量が多いと地滑りが発生する（Dudgeon and Corlett 2004; Ohkubo et al. 2007）．また，地震によっても地滑りは誘発される．熱帯東アジアの北端に位置する中国の四川省では2008年の大地震（リヒタースケールでマグニチュード7.8）によって，急斜面にあった広大な面積の森林が失われた（Ouyang et al. 2008）．

人手の入っていない森林では，土壌の透水性が増すとともに，土壌のミネラルが雨滴の影響から保護されるため，表層浸食が減少する．さらに蒸発散によって土壌水が減少し，樹木根が土壌を安定化するために，地滑りの頻度も減少する．樹木個体の伐採や森林皆伐といった人為的な影響によって，これらの防護的な役割がなくなり，浸食や地滑りが増加してしまうことがある．森林伐採の表層浸食への影響は急速であり，新たな植生が発達するとすぐに表層浸食は減少する．一方，森林皆伐後でも，大きな根が腐朽するまでの数年間は，地滑りが起こる可能性は増加しない．しかし，大きな根が腐朽した後に根の張りが弱い植物によって置き換えられると，地滑りが起こりやすい状態が続くだろう（Sidle et al. 2006）．森林施業の影響の多くは，木材の伐採そのものよりも林道建設によるものであり，農業ランドスケープにおいても道路建設が大きな問題になることがある．モノカルチャー（単一栽培）のプランテーションや裸地を多く残す作物栽培と比べると，樹木と生育高の低い作物を組み合わせるアグロフォレストリーを実践することによって，表層浸食をかなり減らすことができる．

2.5 植生

地球上の大まかな自然植生パターンについては，年平均気温と年平均降水量によって高精度で予測できるが，気温や降水量の季節性に関する情報を組み込んだモデルを用いると，より現実に即した予測が可能になる（Prentice et al. 1992）．熱帯東アジアにおいては，これらにくわえて，もっとも有用な変数として，最低気温の最小値（観測史上もっとも低い気温）や乾季の長さや強さに関する指標があげられる．予測の精度をさらに改善するためには，土壌に関する情報，とくに水分保持能力に関するものが必要である．乾燥しているほど土壌が植生パターンに与える影響は大きく，もっとも乾燥した場所では，ランドスケープスケールにおいて土壌が植生パターンを決定する主要因となることもある．山岳では，多くの場合において，標高が植生タイプの最良の予測因子である．これは，標高が高くなるにつれて気温が低下することにくわえて，他のさまざまな要因は気温ほど規則的に変化するわけではないものの，それらの要因の変化と気温変化との間に多少の相関があることを反映している．

人間の影響はこの自然パターンを圧倒するが，人間活動は，部分的には自然植生をコントロールするものと同じ要因によってコントロールされるため，しばしば「人為」植生と「自然」植生を区別することは困難である．これは，とくに人間による影響が数百年から数千年に及ぶときに顕著である．このことから，人為植生と自然植生を区別することには意味がないという意見もあるが，この時間スケールは，生物が進化的に適応するために必要な時間よりも短いため，古くからの人為植生では動植物相が相対的に貧弱な傾向がある．

植生タイプを分類して命名するすべての分類法は，ある程度恣意的であり，どの方法がもっとも良いかは目的によって異なる．伝統的な人間社会では，利用形態を反映した方法で局所的な植生を分類しており（Delang and Wong 2006ほか），多くの国の森林分類法では林業的な視点が強い．生態学的な観点では，自然環境の特徴（気候や土壌，標高）や植生の特徴（構造や相観，季節的な変化），現存する植物種に基づく分類といったものがある．これらの中で，最後の植生記載法がもっとも正確であることは間違いないが，ここで考えるスケールでは実用的ではない．環境に基づく分類法は，天然で極相の植生タイプのみを考えるのであれば非常に役に立つが，人間の影響があると植生と環境の間の密接な関連性は薄れてしまう．そのため，ここでは他のさまざまな研究者に倣って，本地域の植生を主要な植生タイプに分類するために，自然環境と植生の相観を組み合わせて用いる（表2-3）．ランドスケープレベルでは異なる植生タイプの間に明瞭な境界があるものの，熱帯東アジアの植生は全体として植物相の連続体であり（すなわち中間タイプが存在する），どの分類法もある程度恣意的なものであることに注意が必要である．以下に記した熱帯東アジアの植生の説明は多くはCorlett（2005）に基づいている．

2.5.1 低地植生
熱帯雨林（Tropical rainforest）

低地熱帯の常緑雨林は（図2-6），本地域の植生タイプの中でもっともバイオマスが大きく，もっとも構造が複雑であり，もっとも植物（表3-1）と動物の多様性が高い．林冠木の樹高は一般に30〜40mであり，散在する突出木は50m以上に達する．多くの大木は支持機能のある板根をもつ．林冠の下にはもう1つの樹木層が存在し，樹高が低く耐陰性の高い林床樹種と，林冠および突出木の若齢個体がその層に含まれる．完全な低木は稀で，地表草本層はパッチ状に存在する．熱帯東アジアの低地雨林の林床には林冠木の未成熟稚樹が優占するのに対して，新熱帯では林床で開花結実する低木種の多様性が高い（LaFrankie et al. 2006）．木本性つる植物が多く，とげに覆われた登攀性のヤシであるラタンの種が多数存在しており，ラタンの多様性は東南アジアにおいてもっとも高い．樹木の葉は，大部分がメソフィル（20〜182cm^2）であり（ラウンキエによる葉のサイ

ズの分類法，レプトフィル 0.25cm² 未満，ナノフィル 0.25〜2.25cm²，マイクロフィル 2.25〜20.25cm²，メソフィル 20.25〜182.25cm²，マクロフィル 182.25〜1640.25cm²，メガフィル 1640.25cm² 以上），縁には鋸歯がなく，滴下尖端（acuminate tip）をもつ（Turner 2001）．林冠木には落葉樹も存在するが，落葉期間は短く，落葉時期は種間で同調しない．

　熱帯雨林の分布域は季節的な水分・気温のストレスがない場所に限られるが，そうした場所でも不規則に乾燥することがあり，水分を保持する土壌が厚ければ短期間の乾期（2ヶ月未満）を耐えることができるようだ．熱帯東アジアでは，スンダ陸棚上およびフィリピンやスラウェシ，ジャワの湿潤地に熱帯雨林が成立する．タイ・マレー半島では，マレーシア国境近くのカンガー・パタニ線（Kangar-Pattani Line: おおよそ北緯6度30分；図3-4）が連続的に広がる熱帯雨林の北限である．しかし，フタバガキ科樹種が優占する低地熱帯雨林は北緯18度（フィリピンのルソン島）まで張り出しており，ミャンマー南西部や東南アジア大陸の他の場所においても，飛び地状に熱帯雨林は存在する．しかしこうした森林の大部分はおそらく次に記す熱帯季節林のカテゴリーのほうがよく当てはまるだろう．

熱帯季節林（Tropical seasonal forest）

　1年周期で規則的な1〜4ヶ月の乾季がある場所（ただし土壌が厚いところでは6ヶ月の乾季まで）では，上記のような非季節性の熱帯雨林から，乾燥に同調して1年周期で規則的な季節変化を示すような常緑樹が優占する森林に変わる．この変化は半常緑雨林（semi-evergreen rainforest）でもっとも著しく，そこでは下層の大部分が常緑であるのに対して，林冠木の半数近くは落葉樹である．落葉樹の割合と乾季の長さの関係は単純ではない．落葉樹林になるような気候の場所においても，周囲を山に囲まれた谷部でかつ土壌が厚い場所はおもに常緑樹林となり，川に沿って狭い常緑樹の「河谷林（gallery forest）」が成立する．こ

表 2-3 熱帯東アジアの主要な植生タイプ（この章で紹介しているもの）

Lowland vegetation	**低地植生**
Tropical rainforest	熱帯雨林
Tropical seasonal forest	熱帯季節林
Tropical deciduous forest	熱帯落葉樹林
Subtropical evergreen broad-leaved forest	亜熱帯常緑広葉樹林
Forest on extreme soil types	特殊な土壌型に成立する森林
Heath forest	ヒース林
Ultramafic forest	超塩基性岩土壌の森林
Limestone forest	石灰岩土壌の森林
Secondary forest	二次林
Logged forest	択伐林
Bamboo forest	竹林
Savanna and grassland	サバンナと草原
Shrubland and thicket	低木林と密生林
Beach vegetation	海浜植生
Plantation, agroforestry, and other dryland crops	プランテーション，アグロフォレストリー，その他の陸地作物類
Montane vegetation	**山地植生**
Lower montane forest	下部山地林
Upper montane forest	上部山地林
Subalpine forest	亜高山帯林
Alpine vegetation	高山植生
Wetland	**湿地帯**
Mangrove forest	マングローブ林
Brackish water swamp forest	汽水湿地林
Freshwater swamp forest	淡水湿地林
Peat swamp forest	泥炭湿地林
Herbaceous swamp	草本湿原
Rice field	水田
Urban vegetation	**都市植生**

うした「乾燥常緑樹」林の樹木の成長は1年周期であり，乾季のピークにはしおれてしまい，活動していないような外観になる．乾季のない場所に存在する熱帯雨林と比較すると，季節林では一般に林冠高および種多様性が低く（表3-1），1ないし数種が局所的に優占する傾向がある．本地域の北部ほど冬の低温のために水ストレスが弱まる

図2-6 西カリマンタンのグヌンパルン国立公園の熱帯雨林の林冠（写真提供：Tim Laman）.

が，熱帯性の種では最低気温が10℃を下回ると生存できなくなるものもある．それにもかかわらず，フタバガキ科樹種が優占する熱帯季節林はミャンマーの周囲を山に囲まれた谷間（北緯27度）まで広がっている（Kingdon-Ward 1945）．

熱帯季節林は乾季に火災の被害をうけやすく，火災耐性が強い植生タイプに置き換わりやすい．一方で，熱帯季節林はもっとも肥沃な土壌に存在するがゆえに，皆伐され，農耕地に転換されやすい．今日これらの森林が熱帯東アジアにあまり存在しないのは，おそらく適した環境が存在しないわけではなく，人間活動の結果であろう．

熱帯落葉樹林（Tropical deciduous forest）

熱帯における落葉性は季節的な水ストレスへの応答であり，乾季の長さや強さの傾度に沿って，完全な常緑樹林から完全な落葉樹林へ徐々に変化することを期待しがちである．現代の東南アジアでは，このような連続的な変化はほとんど起こっておらず，ほぼ常緑樹からなる森林とほぼ落葉樹からなる森林の境界は一般に明瞭であるか，あるいはその間に狭いエコトーン（移行帯）があるだけである．これは，多くの場合，火災が起こりにくく，火災耐性がない植生と，火災が起こりやすく火災耐性がある植生との間に，熱帯常緑樹林と落葉樹林の境界があるためである．現存する落葉樹林の大部分は，おそらく比較的湿潤な場所において火災耐性がない熱帯季節林から置き換わったものであり，もう一方の極端な場所（すなわち乾燥地）では，より乾燥した落葉樹林は火災によってサバンナや草原へと劣化している．

一般に，年平均降水量700～1,700mmで3～7ヶ月の乾季がある場所に熱帯落葉樹林が成立する．しかし，乾季の長さが増すにつれて，土壌特性や地形が植生に重大な影響を及ぼすようになり，人間による影響の違いも加わって，同じ気候帯でもさまざまな植生タイプが複雑に混じり合う．落葉樹林であっても，落葉性の度合いや落葉期間の長さ（それは短いかもしれないが）とともに，構造や植生も多様である（2.6.1 葉のフェノロジーを参照）．しばしば林業家は，25mを超える樹木が存在し，下層の大部分が常緑樹であるような「湿潤落葉樹林（moist deciduous forest）」と，林冠高がそれよりも低く，ほとんどすべての種が落葉樹であるような「乾燥落葉樹林（dry deciduous forest）」を区別するが，これらの間に

図2-7 タイ西部ホイカーケンにおける乾季末期の落葉フタバガキ林（写真提供：Tommaso Savini）．

はさまざまな中間型が見られる．タケ類は林床でふつうにみられるが，どこにでもあるわけではなく，乾燥や火災，その他の撹乱によって林冠が開けてくるにつれて，タケ類よりも草本のほうが重要になる．タケ類が林床で密生して成長することによって樹木の更新が阻害されることがあり，そうした場所ではタケ類が数十年間隔で一斉開花し，その後に一斉枯死した時期に集中して樹木が更新する（Marod et al. 1999; 2.6.2 繁殖フェノロジーを参照）．

　林業家や現地の人々は，東南アジアの大陸部において明瞭な，1つの重要な落葉樹林タイプを識別している（Stott 1990）．それは「落葉フタバガキ林（deciduous dipterocarp forest）」である（図2-7）．林冠高や林冠の開度はさまざまであるが，そこには落葉性（あるいは半落葉性）のフタバガキ科樹種6種を含む特徴的な樹種グループが優占する．落葉フタバガキ林は，降水量が少なく（1,400mm未満），4〜7ヶ月の乾季があり，貧栄養な砂質土壌あるいは砂礫土壌の場所に広がっている．一部の落葉フタバガキ林の分布域の中心は土壌的極相にあたるかもしれない．しかし，ほぼ毎年火災が起こったり材や薪として樹木が伐採されることによって，落葉フタバガキ林の分布域はかなり拡大している．優占樹種は樹皮が厚く，火災耐性があり，伐採後によく萌芽する．他の森林タイプに比べると，一般に植物相と動物相の多様性が低いことから，この森林の多くは人間の影響によって形成されたと考えられている．他の落葉樹林タイプは，特定の樹種が優占することによって区別できる．この例として，ミャンマーやタイ，ラオスに自生し，インドネシアの季節的に乾燥する場所に野生化しているチーク Tectona grandis（クマツヅラ科チーク属）があげられる．利用しやすい場所にあったチークはたいてい伐採されており，タイ北部における伐採後の森林では林床にタケ類が優占するため，「タケ―落葉樹林（bamboo-deciduous forest）」と呼ばれている（FORRU 2006）．

　年降水量が500〜800mm程度であり乾季が9ヶ月以上続くような，ミャンマー中部の乾燥帯，スラウェシ中部のパルバレー，インドネシア東部の小さな島々では，自然植生はおそらく「有刺林（thorn forest）」であり，アカシア属（マメ科）のような樹高が低くトゲをもつ落葉樹が優占する（Stamp and Lord 1923ほか）．これらの植生は火災やそ

の他の人間による影響をきわめて受けやすいため，自然状態で残っていることはほとんどない．

亜熱帯常緑広葉樹林
(Subtropical evergreen broad-leaved forest)

熱帯東アジア内の熱帯よりも北側には，さまざまな研究者が「温帯」，「暖温帯」，あるいはこの本における「亜熱帯」のような，およそ北緯24〜34度まで広がる常緑広葉樹林の大きな帯状地帯が最近まで存在していた (Song 1995; Wang et al. 2007c)．この帯状地帯の年平均降水量はおよそ900〜2,000mmで，毎年冬には気温が0℃を下まわる．このような森林タイプは，かつて中国の総陸地面積の25％を占めていたが，今日の中国本土には劣化したものでさえほとんど残っておらず，もっともよく保存されている例としては台湾や南西諸島のものがあげられる．葉のサイズはほとんどがメソフィルであるが，南の低地林よりも林冠は低く（一般に15〜25m），着生の被子植物や高木性の木本つる植物は相対的に少ない．一般的な樹木の属は，モチノキ属（モチノキ科），アカハダクスノキ属，クスノキ属，シナクスモドキ属，クロモジ属，タブノキ属，シロダモ属，ナンボク属（以上クスノキ科），シイ属，コナラ属，マテバシイ属（以上ブナ科），ヒマツバキ属（ツバキ科），ホルトノキ属（ホルトノキ科），ハイノキ属（ハイノキ科）である．亜熱帯常緑広葉樹林には，シイ属の1ないし数種が優占することが多い．しばしば針葉樹と落葉広葉樹が混交する．この亜熱帯低地林は，多くの点で熱帯下部山地林に類似しており（2.5.2 山地植生を参照），気温の季節性には大きな違いがあるにもかかわらず，植物の科の大部分，属の多く，そして種の一部はこれらの森林で共通している．

常緑広葉樹が優占する北限は最低気温がおよそマイナス15℃の場所に一致するようである（これは1月の平均気温が約0℃に相当する）．個々の常緑樹種はそれよりもさらに北に分布を広げているが，そのような場所では落葉広葉樹が優占するようになる．

特殊な土壌型に成立する森林
(Forest on extreme soil types)

一般に，降水量が減少し季節性が増すにつれて，土壌型が植生に及ぼす影響が大きくなるようにみえるが，もっとも湿潤な場所においてさえ，3つの特殊な基質タイプではそれぞれ異なる特徴的な植生タイプが成立する傾向がある．これらのうちもっとも研究が進んでいるのは，砂質土や砂岩に発達するSpodosols／PodzolsとPsamments／Arenosolsにみられる「ヒース林（heath forest）」である．ヒース林はボルネオにおいてもっとも広大であり，比較的小面積ではあるもののマレー半島やスマトラ，インドネシア東部にもみられる．他の基質上に成立する周囲の森林と比べると，ヒース林は構造においても植物相においても独特である．一般に，林冠は比較的低くて均一であり，葉は小さく，空中写真によって容易に判別できるのにくわえて，樹木の多様性もはるかに低い（表3-1）．かなりの研究が行われているにもかかわらず，この特殊性の主要因が栄養塩欠乏なのか，土壌の水分保持能力が低く乾燥しやすいことなのかはいまだ不明である (Becker et al. 1999)．ヒース林の土壌は農耕地として利用することができない．軽度の択伐であればヒース林の持続が可能であるかもしれないが，皆伐すると不可逆的な土壌の劣化を引き起こすようである．

超塩基性岩土壌はスラウェシでのみ広範囲に広がっているが，小面積のものであれば熱帯東アジア全域にみられる．これらの母岩に由来する土壌にはかなり変異が大きいが，比較的土壌が浅く，植物にとって重要な栄養塩濃度が低く，潜在的に有毒な量のニッケルやマグネシウム，その他の金属が存在する (Proctor 2003)．植生が周囲と区別できない場所もあるが，森林が散在していたり矮化しており，他の基質上では珍しかったりまったく存在しないような種が含まれる．キナバル山においては，低標高では超塩基性土壌の森林は他の土壌の森林と似ているものの，標高が高くなるにつれて徐々に違いが大きくなる (Aiba and Kitayama 1999)．これらの森林の多くにおいて

図2-8 海南島王下の石灰岩土壌に成立している半常緑樹林（写真提供：Billy C. H. Hau）.

比較的林冠が低い理由として，土壌の化学性よりも水分保持能力が低いことが原因であるという証拠がある．しかし，火災頻度が高いことや火災後の遷移速度が遅いこともその要因として考えられるため，より複雑になっている（Proctor 2003）．これらの森林土壌は痩せており，通常は農耕地として利用されない．

本地域では露出した石灰岩土壌はかなりパッチ状に分布するが，総計としては広大な面積を占め，東南アジアでは約41万 km^2（Clements et al. 2006），中国南西部では43万 km^2 に及ぶ（Wang et al. 2004）．そうした場所では，不規則な風化作用によって，傾斜角や土壌の厚さ，化学性が異なる多様な植物のハビタットが生じる．炭酸塩が溶解した後に残る不溶性の物質が堆積して土壌ができるため，ハビタットの変異は部分的に石灰岩の純度の差を反映する．石灰岩土壌の森林には変異が大きいが，湿潤地においては，石灰岩土壌の森林は他の基質上の森林よりも林冠高が低く，木本の種多様性が低い傾向がある（Proctor et al. 1983; Zhu 2008a）．対照的に，草本植物相は豊かであり，しばしば他の場所には存在しないような種が含まれる．季節性のある熱帯では，石灰岩の露頭には周囲よりも印象的な森林が成立するが（図2-8），これは，人が近づくのが困難であることや，農耕地に適していないことなどから，単に人間の影響が少ないことを反映しているだけなのかもしれない．耕作によって薄い土壌層が失われ，母岩が露出するため，急速な砂漠化が引き起こされることもある（Wang et al. 2004）．

二次林（Secondary forest）

「二次林」という用語は，とくに人間の影響で撹乱を受けたすべての森林に対して，区別することなく用いられることが多い．しかし熱帯東アジアの森林における人間の主要な影響，すなわち農耕地にするための皆伐と材を収穫するための択伐とでは，効果が異なるため，それらをはっきりと区別する必要がある（Corlett 1994）．それゆえに，ここでは二次林を皆伐後に再生した森林と定義する．森林の回復過程において，その場所に生き残った種が優占するような択伐林とは対照的に，ここでの狭義の二次林は，皆伐後に根からの萌芽によって更新する種もいるが，大部分はよそからその場所へ散布されてきた種からなる．一般に，若い二次林は，林冠が低く均一なことや1ないし数

図2-9 シンガポールの劣化の激しい土壌における，成長の遅い種*Adinandra dumosa*（ツバキ科ナガエサカキ属）が優占する二次林（写真提供：Hugh T.W. Tan）.

種が優占する傾向があることから簡単に識別できる．老齢の二次林にはより大きな変異があり，構造や種組成は次第に一次林に類似していく．最終的にこの違いがなくなる時期や，なくなるかどうかという点は，多くの要因に依存するが，もっとも重要なのは，おそらく皆伐された面積，その結果としての種子供給源となる一次林からの距離，土壌の肥沃度である（4.6 森林遷移を参照）．

人為起源の二次林を分類する実用的な方法の1つは，土壌の劣化度を用いるものであり，成長の速い先駆樹種がその場所でどれだけ生育できるかによって示される．一方の極は劣化していない土壌であり，材密度が低く成長の速い樹木が遷移初期に優占する．これに対して，もう一方の極は劣化の激しい土壌であり，成長の遅い低木や高木(それらの材密度は高いことが多い)が遷移初期から優占する（Corlett 1991; 図2-9）．さまざまなタイプや規模の自然災害(カタストロフ)が起こると，人為起源の二次林と類似した森林ができる．しかし，今日のランドスケープの多くでは広大な面積

にわたって人為撹乱が繰り返されているという特徴があり，それに相当するような自然災害は存在しない．

択伐林（Logged forest）

本地域のほとんどの低地林において，ある程度は木材が伐採されている．しかし，伐採の強度はさまざまであり，地元民によって樹木個体が数本伐採される程度のものから，有用樹が高密度で生育するような例外的な場所において，1haあたり72本もの樹木個体の伐採を行うような，機械化された商業伐採まである（Johns 1997）．一般的には，熱帯雨林では1haあたり8〜24本の強度で，商業的に有用な樹種の大怪木のみが伐採される．伐採はかなり選択的ではあるが，巨大な樹冠をもつ突出木を伐採したり，大型機械を使って搬出道で木材を運び出すことによって，残存林に及ぼす被害は選択的なものではなくなってしまう（7.4.6 森林伐採を参照）．伐採によってさまざまな種やサイズの樹木が損傷し，森林の半分以上の樹木が死亡してしまうこともある（Bischoff et al. 2005）．近年の択伐林では燃料補給用の道路が増えており，択伐していない森林よりも開かれるために，乾燥して火災に遭いやすい．さらに，伐採地の大部分にわたって土壌が踏み固められるため，透水性が悪くなり，浸食が増加し，樹木の更新が遅れる．

択伐が動物に及ぼす影響と比べると，植物に及ぼす影響は注目されてこなかった（Meijaard et al. 2005; Cleary et al. 2007）．たいていの植物の研究は，択伐後ほんの1〜6年間しか行われてこなかった．あるいはかつての択伐後管理法（今日ではほとんど行われなくなった方法）が施業されてきた森林において長期間にわたり研究が行われてきた．このため，今日の択伐法が長期間にわたって及ぼす影響についてはほとんどわかっていない（Bischoff et al. 2005）．一般に，強度に伐採された森林では，林冠が開くことによって短期間では陽樹種（更新するために強光が必要な樹種）の更新が増えるが，その後に起こることを一般化し た研究はほとんどない（Cannon et al. 1998; Slik et al. 2003; Bischoff et al. 2005）．ボルネオに現存する低地林の面積の半分にあたる約20万haでは，その他の熱帯東アジアの広大な面積の場所と同様に，活発な択伐が行われているため，これらの土地の管理法を改善することは，生物保全のために非常に重要である（Meijaard and Sheil 2007）．

竹林（Bamboo forest）

タケは，本地域におけるほとんどの森林タイプの構成要素である．とくに季節性のある場所では，択伐や移動耕作によって森林が撹乱されると，ある特定の種のタケが優占することがある．タケが優占する植生には，おそらく局所的な環境条件において自己永続的に成立するものと，自然撹乱の大災害によって生じるものがあるが，東南アジアの大陸部の一部に存在するような，大規模でほぼ単一種からなる竹林は，ほとんどが二次林起源のようである．その重要性にもかかわらず，熱帯東アジアのタケのうちの大部分の種の生態については驚くほどわかっておらず，種子から始まって再び種子ができるまでの生活環を追った研究はほとんどない．毎年あるいはほぼ連続的に繁殖するようにみえる種もあるが，たいていは数年以上の間隔をあけて繁殖する．本地域の季節性の強い場所では，広大な面積にわたって一斉に繁殖し，その後枯死する種もある（2.6.2 繁殖フェノロジーを参照）．

サバンナ（Savanna）と草原（Grassland）

熱帯東アジアでは，通常「サバンナ」という用語は，草本層がほぼ連続的で，その上に不連続な樹木の層をもつ植生に用いられる．インドネシア東部の，もっとも乾燥する場所に成立する低地サバンナの一部は，乾燥や土壌条件，落雷による火災，季節的な河川の氾濫のいくつかが組み合わさった結果として，自然に成立している．しかし，現存するすべてのサバンナは，程度の差はあっても定期的に人間によって焼き払われており，大部分が人間の影響によって森林から置き換わったこ

とについてはほとんど疑いの余地がない．

定期的な火災の下で，生存するだけでなく更新もできるような木本種がその土地の植物相に存在することにより，サバンナは安定的に維持されている．コバノブラシノキ属（フトモモ科）のサバンナは，本地域全域で季節的に浸水あるいは氾濫する場所に成立するのに対して，モクマオウ属（モクマオウ科）とユーカリ属（フトモモ科）のサバンナは，インドネシア東部の季節性のある場所において広大な面積を占める．本地域においては，アカシア属（マメ科）の樹種やパルミラヤシ *Borassus flabellifer*（またはオウギヤシ；ヤシ科パルミラヤシ属），グバンヤシ *Corypha utan*（またはタラバヤシ；ヤシ科）も大規模なサバンナをつくる．対照的に，東南アジアの大陸部の低地ではサバンナはほとんど存在しないか，あったとしても火災によって安定的に維持されるような植生ではなく，森林の劣化あるいは再生の移行段階であることが多い．マツが優占する高地のサバンナについては2.5.2（山地植生）で論じる．

火災，あるいは火災と刈り取りと家畜放牧の組み合わせが，その土地の樹木相の耐性を超えると，サバンナは樹木のない草原に置き換わる．また，耕作が長期間にわたったり休閑が短期間しかないことによって土壌が劣化してしまうと，草原が発達し，定期的に火が入ることで維持される．本地域の乾燥していない場所では，こうした状況の特徴として，外来種で極端に火災耐性のある草本のチガヤ *Imperata cylindrica*（イネ科チガヤ属，アランアラン，ララン，コゴンなどと呼ばれる）が優占することあげられる．Garrity et al. (1996)は，熱帯東アジアの総陸地面積の約4％にあたる2,500万haがチガヤの草原によって占められていると推定している．

低木林（Shrubland）と密生林（Thicket）

天然生の常緑低木林は，一部の山において樹木の成長限界となる標高でみられる．しかし今日では，熱帯東アジアの広大な低木林や密生林の多くは，森林が切り開かれ，放棄された場所に存在する．落葉性でしばしば刺をもつ密生林は，季節的に乾燥する場所において森林が皆伐された後に永続的に発達するのに対して，常緑低木林はそれよりも湿潤な場所における短期的な遷移段階にすぎない．こうした植生タイプでは，しばしば熱帯アメリカのヒマワリヒヨドリ *Chromolaena* (*Eupatorium*) *odorata*（キク科ヒマワリヒヨドリ属）のような野生化した外来植物がめだち，優占することもある（Laumonier 1997ほか）．

海浜植生（Beach vegetation）

砂浜では，匍匐性の広葉草本やイネ科，カヤツリグサ科の草本からなる丈の低い群集が，高潮位面と渚の間を占める．未撹乱の浜辺では，さらにベルト状の沿岸林が内陸側に5～50mほど広がっており，ときには海側の縁にトクサバモクマオウ *Casuarina equisetifolia*（モクマオウ科モクマオウ属）の純林が成立する．しかし今では，熱帯東アジアの大部分においてこの沿岸林はココヤシのプランテーションに置き換わっている．アンダマン諸島では，今でも *Manilkara littoralis*（アカテツ科サポジラ属）の大木が優占する大規模な沿岸林が存在する．海浜群集にはかなり広い地理的分布域をもつ植物種が優占することが多く，熱帯全域に分布する種もいる．

プランテーション（Plantation）

熱帯東アジアの広大な面積が高木あるいは低木のプランテーションになっており，とくにゴムやアブラヤシ（図2-10），小面積ではバナナ，カシューナッツ，コーヒー，ココヤシ，ココア，茶，その他の種が植えられていて，その面積はさらに広がりつつある（7.4.2 森林減少を参照）．対照的に，パルプや合板，木材，燃料として使われる樹木が植えられた面積は，相対的には小さいものの，それでも急速に増加している．マレーシアでは，現在プランテーションの総面積は天然林の面積を超えている．アカシアマンギウム *Acacia mangium*（マメ科アカシア属），ウロフィラユーカリ *Eucalyptus urophylla*（フトモモ科ユーカリ属），

図2-10 アブラヤシ *Elaeis guineensis*（ヤシ科アブラヤシ属）のプランテーション（写真提供：Peter Solness／グリーンピース）.

メリナ *Gmelina arborea*（キダチヨウラク：クマツヅラ科メリナ属），モルッカネム *Paraserianthes falcataria*（マメ科），メルクシマツ *Pinus merkusii*（マツ科マツ属），ケシアマツ *P. kesiya*（マツ科マツ属），チークなどのように熱帯地方でもっとも広く植林されている樹種は，今では自然分布域外でも植林されているが，アジア太平洋地域原産である．ギンネム *Leucaena leucocephala*（ネムノキ科ギンゴウカン属）やオオバマホガニー *Swietenia macrophylla*（センダン科マホガニー属）などのような上記以外の樹種は外来種である．

1950〜1980年代にかけて，亜熱帯の南西諸島を含む日本の広葉樹林の広大な面積が皆伐され，スギ *Cryptomeria japonica* などの針葉樹に植え替えられた（Agetsuma 2007）．ほぼすべての商業的なプランテーションは単一栽培であり，どんな天然林よりもはるかに構造が単純で多様性が低い．しかし，もし林床植生が自然に発達するのを抑制しなければ，動植物の多様性は増加する．

アグロフォレストリー（Agroforestry）

アグロフォレストリーは，自給用や商用の作物

を生産するための，樹木が優占するような複数種の栽培システムを表す広義の用語である．アグロフォレストリーは，複数樹種のプランテーションから1年生の作物を含む複層のシステムまで，さまざまである．アグロフォレストリーを行っている区画では植物多様性が高くなることがあり，多くの場合，単一栽培のプランテーションよりも二次林に似た構造になる．森林を切り拓いたランドスケープでは，アグロフォレストリーを行っている場所が野生生物にとって重要なハビタットとなりうる（Beukema et al. 2007ほか）．通常は個々のパッチは小さいが，本地域内のパッチをまとめると面積は広大になる．インドネシアやフィリピン，その他の熱帯東アジアにおけるおもな土地利用形態として，家のまわりにつくられるような小さくて多様で複層構造をもつ家庭菜園があげられ，アンダマン諸島とニコバル諸島では，家庭菜園は耕作可能な土地の63％を占める（Kumar and Nair 2004; Pandey et al. 2007）．一般に，家庭菜園のおもな機能は，自家消費するものの主食ではない食料を生産することであるが，余った食料や食用ではない作物（スパイス，コーヒー，ココアなど）は，現金収入のために売却される．

その他の陸地作物類（Other dry-land crops）

　陸地における非木本作物の栽培は，移動耕作による多種栽培から，高度に機械化された産業的な単一栽培までさまざまである．これらに共通する特徴として，自然植生と比べると構造が単純で種多様性が低いことと，少なくとも各栽培サイクルの一時期には，植物による土壌被覆が不完全になることがあげられる．湿地における稲作や陸地における樹木の作物栽培とは対照的に，このタイプの農耕では一般に，休耕期間を長くとることや，肥料や農薬を大規模に投入することが必要である．さまざまな作物が育てられているが，16～17世紀にヨーロッパ人によって本地域に導入されたアメリカ原産の作物であるトウモロコシやキャッサバ，サツマイモが重要な位置を占めている点は興味深い（1.9 農耕の伝播を参照）．対照的に，本地域における大豆やサトウキビの歴史は，これらよりもはるかに長い．移動耕作やアグロフォレストリーと異なり，低木，広葉草本，イネ科草本のいずれにおいても作物の単一栽培では，自生の動植物種の生育を支えることはほとんどできない．

2.5.2 山地植生

　熱帯東アジアには広大な山岳地域があるものの，気候的な森林限界にあたる3,800～4,000mを超える山はほとんどない．本地域でもっとも高い山であるミャンマー北部のカカボラジ山（北緯28度）は5,881mであり，山頂部には永久雪氷が存在する．熱帯アジアでもっとも高いキナバル山（北緯6度）は4,095mであるが，山頂の大部分は更新世の氷河によって削られた裸岩であり，気候的な樹木限界は存在しない．スンバワ島のタンボラ山は，1815年の大噴火以前はキナバル山よりも高かった可能性があるが，噴火によって3分の1にあたる山頂部が失われた．東南アジアの北東部でもっとも高い玉山（北緯23度）は3,952mであり，山頂は裸岩で覆われている．

　気温は，100mあたり約0.6℃の逓減率で標高とともに低下する（2.2.1 気温を参照）．日長以外のすべての環境要因も標高とともに変化するが，これらの変化は必ずしも一方向的ではないし，また，互いに相関があるわけでもない．Flenley (2007) は，標高の増加とともにUV-B放射（280～315nm）が増加することが植生に大きな影響を及ぼす可能性について論じているが，このことに関する直接的な証拠はまだない．キナバル山の堆積岩土壌では，標高とともに土壌有機態炭素の量が急激に増加するが，超塩基性岩土壌では増加しない（Kitayama and Aiba 2002b）．植生構造，相観，植物相はすべて標高とともに変化する．これらの変化は漸進的かもしれないが，しばしば急激に変化することもあり，結果として，連続的に見える環境傾度に沿って，不連続なパターンで植生が変化することもある．標高が高くなるほど森林高は低くなり，樹高は均一化し，樹冠や葉は小さくなり，根は浅く張るようになり，耐寒性のな

い属や科の植物が徐々に消失する一方で，それよりも少数の植物が新たに生育するようになる．

　低地よりも上部の森林帯では，下部山地帯，上部山地帯，亜高山帯という分類がもっともよく使われるが，高い山岳においてのみこれら3つの森林帯すべてが成立する．3,900～4,000mの標高的な樹木限界より上の高山帯では，イネ科草本や樹高の低い低木，広葉草本が優占する植生がみられる．万年雪は4,650mを越える山岳でのみみられるが，山頂に源をもつ氷河であってもその最下端部はかなり標高が低い場所まで広がっている．

　非季節性の熱帯と季節性の熱帯，および熱帯と亜熱帯では，森林帯のようすは著しく異なる．一般に，非季節性の熱帯では低地雨林から山地林への移行は漸進的であり，標高800～1,300mあたりで移行がおこる．山地林になると多くのフタバガキ科樹種が消失し，ブナ科，クスノキ科，フトモモ科，ツバキ科などの樹種が新たに優占するようになる．下部山地林では通常は突出木が存在せず，樹木は板根をもたなくなり，木本つる植物の多様性や個体数が低地林よりも低下する．多くの場所において，この移行は土壌の変化と一致しており，土壌では有機物が増えてシロアリよりもミミズが優占するようになる（Ashton 2003）．しかし，気温の低下，植生の変化，土壌の変化と土壌生物相の変化の間に相関が生じる原因はまだわかっていない．

　低地林が落葉樹から成り，降水量の季節性が非常に大きく，定期的に火災が起こるような場所でも，下部山地林の大部分は常緑樹で火災耐性がない．これらの2つの森林帯の移行は急激なこともあるし，落葉樹と常緑樹の混交帯が存在することもある．しかし，山地林は規則的な乾季によって火災の影響を受けやすいため，季節性がある場所の山地林は完全に消滅してしまっているか，あるいは湿潤な場所や地形的に保護されている場所に残存パッチとしてわずかに残っているにすぎない．今日では，季節性のある高地の多くが，火災耐性のあるマツ類が優占するような開けた森林や，樹木のない草原によって覆われている．スマトラやフィリピン，東南アジアの大陸部の下部山地林には火災極相のマツ林が成立している．

　低地林から下部山地林へ移行する標高よりもさらに上で，もっとも劇的に森林が変化する場所は，日中には継続的に雲に覆われる場所である．そこでは樹幹や枝は曲がっており，蘚苔類が表面を覆っている．この植生は上部山地林と呼ばれるとともに，「雲霧林（cloud forest）」，「高山屈曲林（elfin forest）」，「コケ林（mossy forest）」とも呼ばれる．下部山地林と上部山地林の移行帯，すなわち日中に雲がかかる場所の下限にあたる標高は，孤立した山や沿岸の山と比べると大きな山では高くなるが，尾根沿いでは低くなる．それ故に，どの登山ルートにおいてもこの移行帯は明瞭であるが，移行帯の存在する標高はルートによって著しく異なることがある．さらに高い熱帯山地においては，上部山地林からの移行は漸進的であるものの，亜高山帯林というもう1つの森林帯が存在しており，その上が樹木限界になる．

　熱帯アジアにおいて樹木限界のある山は存在しないが，亜熱帯や熱帯アジア以外の熱帯山地では生育期の平均気温が5～7℃を下回ると樹木限界になる（Körner and Paulsen 2004; Shi et al. 2008a）．熱帯東アジアの北西端にある四川省とチベット（北緯28～31度）における研究では，生育期の終わり（秋）における木本種の非構造性炭水化物濃度が標高とともに増加していたことから，炭水化物の供給が不足するためではなく，低温が成長に直接影響を及ぼすために樹木限界が決まっていると考えられている（Shi et al. 2008a）．

　赤道付近の山における樹木限界では毎晩霜が降りる．地形的に冷気がたまりやすい「霜穴（frost hollow）」においては，時には標高2,000m以下の場所でも霜が降りることがある．気温の日較差は（日平均気温や月平均気温の）年較差よりもはるかに大きいため，植物は落葉したり，季節的に休眠したりすることでは適応できない．対照的に，本地域北部の山地帯では霜は予測可能な1年周期の現象であり，冬の低温は生態学的に重要な因子である．北緯約18～20度以北では，温帯起源の

属の冬季落葉樹や常緑針葉樹が山地植生の重要な構成種となり，標高2,000m以上ではとくに重要になる．台湾の玉山（北緯23度）では，およそ標高2,500mまで常緑広葉樹が優占し，それより高い場所では針葉樹（モミ属，トウヒ属，ツガ属）が優占する（Su 1984）．ミャンマー北部のもっとも高い山（北緯26〜28度）の低標高地には常緑広葉樹林が広がっており，標高が高くなるにつれて約3,000mまでは徐々に落葉樹種や針葉樹種が混交するようになり，そこから上にはモミ属が優占する針葉樹林が続き，標高約4,000mに不規則な樹木限界が存在する（Kingdon-Ward 1945）．その針葉樹林では，毎年数週間にわたってモミの下に積雪する．樹木限界より上の高山帯では，標高とともにツツジ属が優占する低木林から徐々に矮性低木と草本が優占する草地帯に変わっていき，さらにその上には永久雪氷帯（万年雪）が存在する．ガンガー山（北緯30度）の東斜面やチベット高原東端（Luo et al. 2004），四川省の峨眉山（北緯29度）（Tang 2006）でも類似した帯状構造が存在する．対照的に，屋久島（北緯30度，1,936m）では1,200mから山頂近くまでは次第に針葉樹（モミ属，スギ属，ツガ属）の優占度が増加していき，山頂は矮性のタケ類に覆われる（Hanya et al. 2004）．

2.5.3 湿地帯

　湿地帯（Wetland）とは，洪水が起こったり，土壌が水で飽和する頻度や期間が長いため，そこに生育する生物が特別な適応をする必要がある場所と定義される．東南アジアのたいていの湿地帯では，人間の影響がなければ自然植生は森林になる．しかし，天然の非森林性湿地帯がハビタットであるような動物種が地域動物相の中に含まれていることによって，非森林性湿地帯が実際に存在することがわかる（Dudgeon 2000）．東南アジアの森林性湿地帯はきわめて多様であるため，ここでの分類が必然的に単純化した恣意的なものになってしまうことは避けられない．

マングローブ林（Mangrove forest）

　マングローブ林は，泥岸の潮間帯の陸側半分を占める．東南アジアとオーストラリア北部のマングローブ林は，その他の熱帯のマングローブ林よりも種が多様である．しかし，本地域における他の森林タイプと比較すると，マングローブ林の構造は単純であり植物多様性ははるかに低い．一般に，高潮の頻度や規模，淡水の加入量や基質の性質によって，種は明瞭に帯状に分布する．かつては世界中のマングローブ林の約4分の1が東南アジアに存在し，スマトラとカリマンタンにもっとも広大な面積のマングローブ林が存在していた．エビや汽水性の魚の養殖池に転換されたり，農耕地や塩田，市街地開発のために干拓されたり，木炭や木材チップ，パルプとして利用するために伐採されたりしたことで，過去数十年の間に広大な面積が消失あるいは著しく劣化してしまった．

汽水湿地林（Brackish water swamp forest）

　汽水が潮汐によって満ち引きする場所には，マングローブ林や淡水湿地林とは異なる植生が成立する．こうした場所の特徴はニッパヤシ *Nypa fruticans*（ヤシ科ニッパヤシ属）が生育することであり，河口の標高が低い場所を大規模に占めるのにくわえて，川に沿って感潮域に純林や混交林分が形成される．

淡水湿地林（Freshwater swamp forest）

　本地域内で淡水が冠水するような森林は非常に多様であるが，ここでは便宜的に1つのカテゴリーにまとめる．この差異の大部分は，冠水の周期や期間の差を反映したものである．海に近い湿地林は，川の水が満潮時に押し上げられることで，毎日あるいは月に数日冠水することがある．この「淡水マングローブ（freshwater mangrove）」には，その名の通り，支柱根やペグ状の呼吸根のような，本来のマングローブ林と共通した多くの特徴がみられる（Corlett 1986）．さらに内陸では，冠水は半永久的，不規則，あるいは季節的であり，水深も2〜3cmから数mまでさまざまである．

このような多様な環境に成立する森林を一般化することは困難であるが，一般に周りに存在する陸地の森林よりも植物相の多様性が低く，1ないし数種の樹木が優占する傾向がある．

淡水湿地林は，本地域内の常に湿潤な場所だけにみられるわけではないが，季節的に乾燥する場所では伐採や火災によって容易に劣化してしまう．この結果，広大な面積が火災耐性のあるカユプテ属（フトモモ科）のほぼ純林になっている（Chokkalingam et al. 2007ほか）．他の場所では，湿地林は低木密生林やイネ科草本が優占する植生に置き換わっている．さらには，広大な面積の淡水湿地林が水田に置き換わっている．

泥炭湿地林（Peat swamp forest）

上述した淡水湿地林では土壌表面にピート（泥炭）の薄い層が存在することがあるが，泥炭林ではこの層はもっと厚く（0.5mから10m以上まで），泥炭層の表面は，ミネラルを多く含む河川が雨季に増水するときの最高水位より高い位置にある．周囲よりも水位が高いため，降雨によってのみ外部から水や栄養塩が流入する．一般にピートは，不定形（無構造）で半流動体基質の，部分的に分解した木質からなる．有機物が90〜98％を占め，pHは低く栄養塩含有量は少ない（2.4.1 土壌の分類のHistosolsを参照）．淡水湿地林とは異なり，厚いピートの上に森林ができるのは，降水量が多く，長い乾季が存在しない場所に限られている．スマトラやボルネオの島々においてもっとも大規模であり，広大な面積を覆っている．それより面積は小さいものの，マレー半島やタイ南東部，ミンダナオ島，スラウェシ島，ハルマヘラ島，セラム島にも存在する．多くは沿岸や沿岸近くの，標高が海面（海水準）に近い低地にみられるが，川の谷から上部に広がることもあり，より高標高の孤立した盆地にも存在する．

もっともよく発達した泥炭湿地林では，土壌表面は特徴的な凸状であり，端から中心に向かって連続的な森林タイプが成立する．ピートがもっとも薄い外側地帯においては，構造や植生が陸地の森林と似ているが，それよりもピートが厚い内側の地帯では，おそらく栄養塩供給量が減少することが原因で，徐々に樹高が低くなり，幹直径が小さくなり，樹木個体密度が高くなり，種多様性が低くなる．極端な場合には，もっとも広大な湿地の中心の植生は開けたサバンナのようになることもある（Anderson 1983）．泥炭湿地林では，おそらく一次生産が相対的に少ないために，陸地の森林や淡水湿地林よりも野生生物の多様性や密度が低くなるようである．

これほど極端ではないような泥炭湿地林は，商業的な木材，とくにラミン Gonystylus bancanus（ジンチョウゲ科）の重要な供給源である．もし泥炭の下にある土壌が肥沃であれば，泥炭の薄い（50cm未満）湿地林は水田やパイナップル，ココヤシ，サゴヤシの生産林に転換することができる．しかし，泥炭の厚い（1m以上）湿地林を転換する試みはほとんどが失敗に終わっている（Wösten et al. 2008）．もっとも大規模で壊滅的な失敗例の1つとして，悪名高いメガライスプロジェクトがあげられる．このプロジェクトでは，中央カリマンタンの100万haの泥炭湿地林を水田に転換しようとしたが，結果的には火災に遭いやすい荒廃地と化してしまった（Aldhous 2004; Wösten et al. 2008）．湿地を排水してアカシアの一種 Acacia crassicarpa（マメ科アカシア属）のパルプ材プランテーションにすることは，財政的には可能なようだが，長期的に維持できるかは疑わしい．皆伐されていない泥炭湿地林や，伐採や排水による著しい劣化が起こっていない泥炭湿地林は，本地域にはほとんど現存していない．

草本湿原（Herbaceous swamp）

東南アジアでは，低地における天然性の非森林性湿原は，降水量に季節性がある場所に限られるようである．こうした気候の場所では，冠水があまりにも大量だったり頻繁だったり長期間にわたったりするため，あるいは基質があまりに不安定であるため，樹木が更新・成長できず，沖積平野の広大な面積を湿原性のイネ科やカヤツリグサ科

図2-11 稲は本地域でもっとも重要な作物であり，水田はもっとも広域に分布する湿原タイプである．写真は中国広西で撮影した（写真提供：Lee Kwok Shing／KFBG）．

の草本および広葉草本やシダが覆っている．東南アジアの大陸部の主要な非森林性湿原は，エーヤワディー川，チャオプラヤー川，メコン川，紅河といった主要な河川の下流域に存在する．これらは前世紀にほぼ完全に水田に転換され，現在では高い人口密度を支えている．このようなハビタットに依存していた動物は，絶滅の危機に瀕しているか，あるいはすでに絶滅してしまった（タイ中部のションブルクジカや中国亜熱帯のシフゾウなど）．カヤツリグサ科やイネ科の草本や広葉草本が優占する草本性の湿原は，本地域一帯の山岳盆地でも一般的であり，少なくとも標高の高い場所でみられる草本湿原の一部は，明らかに天然性である．

水田（Rice field）

稲は栽培植物化され，初めは天然性の湿原で栽培されていたが（1.9 農耕の伝播を参照），水の保持や灌水の技術が発達することによって水田の面積は大きく広がってきた（図2-11）．今日では，稲は本地域でもっとも重要な作物であり，水田は総計で約60万km^{2}の面積を占めている．場所によっては数千年にわたって連続して栽培されており，本地域における他のどのような農耕システムよりも長期的に持続可能である．高地における比較的小面積の稲作をのぞくと，水田では1年のうち一定期間は灌水しているため，本地域でもっとも広大な湿原タイプである．水田やそれにともなう水路，溝や池は，多様な雑草にくわえて，湿原性の鳥類や哺乳類，他の脊椎動物や無脊椎動物にとって重要なハビタットである．しかし，殺虫剤の大量使用をともなう農業の大規模化によって，多くの場所において野生生物にとっての価値が大きく低下している．

2.5.4 都市植生

土地に占める都市の面積の割合は，世界中で増加している．熱帯東アジアほどこの増加が急速に起こっている場所はない．数年前には農耕地だった場所が現在では新しい都市となっているのである．都市は，構造という点では多様であるが，1つの都市の中のみならず熱帯東アジア全域において植物相は比較的均一である．都市は比較的新しいハビタットであり，熱帯東アジアではできてから4,000年も経っていないため，野生生物が適応する時間はほとんどなかった．しかし，適応した種は，雑草として自然に，あるいは栽培植物とし

て人に運ばれることで，熱帯東アジア内の他の都市にも広がっていることが多い．

　生態学的な観点から見た都市化の重要な特徴として，もともと天然の土壌と植生によって覆われていた地表面が，コンクリートや石，アスファルトなどの不透水材に覆われるように変化することがあげられる．こうした資材に覆われている土地の割合は，人口密度の低い田舎では20％以下であるが，多くの市街地中心部や産業地区では100％に達する．公園や庭の植生は，野生生物にとって適したハビタットであるが，遷移が進行するのを防いだり，ほとんどの野生植物種を取り除いたりするように厳格に管理されており，頻繁に刈りこまれる芝生や運動場では，わずか数種の野生種しか生育できない．本地域におけるもっとも一般的な都市植生のタイプは，木が散在する「都市サバンナ（urban savanna）」である．これは，おそらくアフリカで初期人類が進化したハビタットに似たものを人間が生来好んでいることを反映しているのだろう．多くの都市には，人が管理していない小さな植生パッチも存在する．そこでは，ほとんど撹乱されることなく野生植物が成長可能であり，野生動物は食物を得たり休息したり巣を作ったりできる．これらの植生パッチの大部分は急斜面に存在しており，かつて平らな農耕地だった場所に広がった都市にはそのような植生パッチはほとんど存在しない．そうした植生パッチは，多くの耐性の弱い野生種にとって避難場所（レフュージア）になるため，都市域の生物多様性はそのような場所で高くなる．

　一般に，都市は他のハビタットよりも暖かく，乾燥し，騒音が激しく，汚染されている．「都市におけるヒートアイランド効果」として知られているように，気温が上昇するのは，建造物や自動車から廃熱が出ることや，太陽熱を吸収しやすい色をしていること，植生や土壌からの水の蒸発散による冷却がないこと，道路に沿って高い建造物が一列に並ぶことによって熱が閉じこめられることなどの，多数の原因の結果である．人工衛星の温度データによると，バンコクやマニラ，ホーチミンでは乾季における都市と地方の気温差は5～8℃に達する（Tran et al. 2006）．都市内においても，公園などの植物のあるところは周囲よりも数℃涼しい．また，降雨のあとには不透水性の地表面から急速に排水されてしまい，蒸発する水が残らないために，都市の湿度は低くなる．自動車，とくにディーゼル車は，浮遊微粒子や窒素酸化物などの大気汚染のおもな排出源であるとともに，もっとも大きな騒音の排出源でもある．土壌が存在するところでは，土壌は密に詰まっており，排水や空気の取り込みをほとんどできず，栄養塩が少なく，コンクリートや煉瓦，モルタル，その他の都市のゴミでいっぱいである．多くの都市ハビタットにおいて重要なその他の特徴として，建物が造られたり取り壊されたり，車道や歩道がつくられたり斜面が再舗装されたりというように，常に変化し続けていることがあげられる．こうした撹乱下では，短命で成長が速く，繁殖の早い種が有利である．

2.6 植物のフェノロジー

　フェノロジーとは，繰り返し起こる生物学的な現象のタイミングに関する研究である．植物群集のフェノロジーパターンは，植物と気候の関係のおもな結果であるだけでなく，他の生物にとっての環境要素として重要である．植物のフェノロジー変化は気候変動によって最初に起こる影響の1つであり（Corlett and LaFrankie 1998），過去と現在，未来の植物の地理的な分布はフェノロジーの応答しやすさによって制限される（Chuine and Beuabien 2001）．熱帯東アジアで得られている情報の大部分は，開花，結実，新葉の展開，落葉のパターンに関するものである．樹木の幹直径の成長のフェノロジーに関する情報もある．地下部のプロセスのフェノロジーについてはほとんどわかっていない．ただしGreen et al.（2005）によると，マレーシア・ダナムの低地熱帯雨林では細根の成長と枯死は降水量と関係しており，細根バイオマスは乾期の後に最小になっていた．これ

とは対照的に，スラウェシでは乾季の終わりに細根バイオマスが最大になっており (Harteveld et al. 2007)，中国の亜熱帯地方では，地上部が活発に成長する主要生育期間より前の早春に，細根バイオマスが最大になっていた (Yang et al. 2004)．

水の可給性の季節変化は(それは降水量と蒸発，土壌の水分保持能力を反映している)，生理学的な制約としてもキュー（合図）としても，熱帯における植物のフェノロジーの主要な決定要因として捉えられてきた．近年では，熱帯の樹木は雲の多い時期には利用できる光の量（すなわち日射量）の影響も受けていることがわかってきた．パナマにおいて，もっとも雲の多い雨季に人工的に強光をあてた樹木の枝は，自然光のみのものよりも成長した (Graham et al. 2003)．同じパナマのバロコロラド島では，4～5ヶ月の乾季があるにもかかわらず，群集レベルの展葉・繁殖のピークは，降水量ではなく日射量の季節性に従っていた (Zimmerman et al. 2007)．理論的には，炭水化物の貯蔵のために要する体積のほうが水を貯蔵するために必要な体積よりもはるかに小さいため，炭水化物を貯蔵するほうが実際的である．しかし，炭水化物の貯蔵が十分に大きなスケールで起こっているという証拠はほとんど存在せず，フタバガキ科樹種のカプール *Dryobalanops aromatica* は，一斉結実年においても当年の光合成産物を用いて果実をつくっていた (Ichie et a. 2005)．高標高や高緯度では季節的な低温も植物の成長を制限し，平均気温が0℃未満になると一般に植物は成長できなくなる．熱帯東アジア北西端における樹木限界の標高では，冬の低温によって植物の生育期間は約120日間にまで減少する(Shi et al. 2008a)．

2.6.1 葉のフェノロジー

熱帯東アジアの森林は，林冠の葉の密度がまったく季節的に変化しないような完全な常緑樹林から，少なくとも短期間はすべての樹木が落葉するような完全な落葉樹林まで，さまざまである．一般に，この傾度は水の可給性の季節的なパターンと相関がある（しかしめったに実測されていない）．一年中降雨のある場所や短期間しか乾季がない場所，乾季に低温になる場所，乾季に霧が立ちこめる場所 (Liu et al. 2008b)，あるいは一年中地下水が利用可能な場所では，森林の大部分は常緑樹になる．長期にわたって水が不足する期間が1年周期で存在し，低温や霧，地下水によって水不足が緩和されないような場所では大部分が落葉樹になる．しかし，この湿潤—乾燥のスペクトル（連続性）（すなわち常緑樹林—落葉樹林のスペクトル）の乾燥が強い側ほど自然火災が起こりやすく，火災耐性種が落葉樹である傾向が強い．このため，人為起源の火災によって，常緑樹林が成立するような場所への落葉樹林の分布拡大が促進されている．種レベルで常緑樹になるか落葉樹になるかは多くの理由によって決まるのにくわえて，同じ場所であっても異なる場所であっても種内変異が大きく，個体によって常緑樹になったり落葉樹になったりすることがある．一般に，葉のフェノロジーや，とくに葉の寿命は，他の葉の形質や植物個体の形質と相関があるものの，熱帯東アジアでは研究が進んでいない．

もっとも季節性の弱い場所においてさえ，少なくとも木本植物では，連続的に成長したり葉を生産したりする種は稀である．個体内の複数の枝で同調して新葉を展開する樹種が大部分であり，ほとんどの種は個体レベルで同調し，また多くは種レベルで同調する．季節性のないランビルでは，年に数回起こるような短期間の乾期でさえ (14日間の積算降水量が15mm未満)，林冠木が古葉を同調的に落葉し，その後新葉を展開する要因となりうる (Ichie et al. 2004)．さらに，数年に一度の厳しい乾燥が起こると，ほとんどの林冠樹種ではその後3ヶ月にわたって展葉量がかなり増加した (Itioka and Yamauti 2004)．サバ州東沿岸のセピロクでは，平均降水量が100mmを下回る月はないが，水はけの良い砂岩上の森林では前の月の降水量が少ないほど落葉量が直線的に増加したのに対して，同じ流域の沖積土やヒースの森林ではその様な傾向はみられなかった (Dent et al.

2006)．枝レベルや個体レベルであっても，展葉が同調することの利点ははっきりしない．それは，この戦略では，連続的に展葉する戦略よりも資源を利用するまでにかかる貯蔵コストが大きいと考えられるためである．枝レベル，個体レベルあるいは種レベルで展葉が同調することは，植食者への対抗手段なのかもしれない．新葉を摂食するスペシャリストの植食者個体群の個体数はある展葉期と次の展葉期の間に減少してしまい，展葉直後に食物が豊富になっても瞬発的に個体数を増加させることができないからである（Aide 1992）．同様に，もしジェネラリストの植食者が展葉期と展葉期の間に食物を新葉以外に切り替えることができないのであれば，群集レベルで展葉期が同調することによって，群集全体がその植食者から新葉を防御することができる．しかし，上述したランビルでは，厳しい乾燥の後に群集レベルで展葉量が増加したことにより，鱗翅目昆虫の量は急激に増加し，葉の平均被食量も大きく増加した．こうした極端な出来事が起こることのもっとも単純な理由としては，古葉では水分損失をうまく調節できないために，水ストレスが生じると古葉を落とし，その結果，樹木の水利用が改善されて展葉が促進されるという理由があげられるが（Borchert 1994），この受動的なメカニズムがすべてのケースに当てはまるかは不明である．

　樹木の水分状態に応答して日和見主義的に展葉することは，乾季が規則的な1年周期であるとしても，乾季の長さや厳しさが大きく変化するような水ストレス下で生き残るための戦略の1つとも考えられる．このような戦略をとる種では，乾燥によって古葉の落葉が引き起こされ，樹木の水分状態が十分改善されるとすぐに新葉がつくられる．根によって土壌水にアクセスできる植物では，ほぼ落葉直後に新葉がつくられるが（leaf-exchanger; 葉交換性），アクセスができない植物では最初の激しい雨（20〜30mm以上）が降るまで落葉したままである（Rivera et al. 2002）．こうした理由から，これらの種の展葉タイミングは年ごと，場所ごとに異なる．乾燥林では，葉交換性の樹種の分布が湿潤な場所に制限されていたり，あるいは水の可給性によって葉交換性になったり落葉性になったりするような日和見主義の樹種も存在する（Elliott et al. 2006）．タイ西部のホイカーケンの*Shorea siamensis*（フタバガキ科サラノキ属）林分では，もっとも大きい樹木個体は雨が降る前に新葉の大部分を展開したが，比較的根系が浅いと考えられる低木では，河床近くの個体のみが最初の雨が降る前に展葉した．

　しかしながら，熱帯東アジアの落葉樹のもっとも一般的な展葉戦略は，上述したような日和見主義ではなく，明らかに日長の増加によって引き起こされるような，春分の時期に同調して起こる「春の展葉（spring flushing）」である（Rivera et al. 2002; Elliott et al. 2006; Williams et al. 2008）．これらの樹木は，土壌水に依存して，1年のうちもっとも暑く乾燥した時期に展葉する．もし雨季の始まりが遅れれば，これは危険な戦略になってしまう．しかし，おそらく通常の年には，乾季まで光合成活動期を伸ばしたり，日射量が最大になる時期にあわせて新葉をつくるというような，土壌水を利用することの利点のほうが，リスクを上回るのだろう．もし昆虫の個体群が水分利用可能量によって直接制限されているのであれば，雨季が始まる前に展葉することによって，若くて食害を受けやすい新葉が植食性昆虫から受ける影響を減らすこともできる（Aide 1992）．熱帯季節林のフェノロジーパターンの至近要因（生理的，遺伝的な要因）や究極要因（進化的な要因）が何であったとしても，タイ西部ホイカーケンの結果では，落葉性の度合いは，樹冠が完全に落葉するものからまったく落葉しないものまで連続的に異なっており，落葉期間も2週間から21週間にまで及んでいた（Williams et al. 2008）．

　さらに北側では，規則的な1年周期の展葉と落葉が優勢になり，亜熱帯常緑広葉樹林の大部分の種は3〜5月の間に古葉を新葉と交換する（Dudgeon and Corlett 2004; Li et al. 2005）．この緯度では気温や降水量，日長には強い季節性があり，このようなフェノロジーパターンの至近的

なキューも究極的な適応的意義もわかっていない．落葉樹種も存在し，常緑広葉樹林帯の南部では熱帯起源の属が多く（オトギリソウ科 Cratoxylum 属やトウダイグサ科シラキ属など），北部では温帯起源の属が多い（カバノキ科カバノキ属やヤナギ科ヤマナラシ属など）．落葉性は，極相林の林冠樹種よりも先駆樹種において一般的である．

熱帯東アジアにおいて，葉のフェノロジーは明らかに研究が不足している分野であり，この複雑で重要な現象についての私たちの知識や理解にはたくさんのギャップが存在する．通常年と極端に乾燥した年において，局地的（土壌，地形，火災）および地域的（気候）な環境傾度に沿って，林冠の落葉割合を単純化して定量することは，非常に有意義である（Condit et al. 2000）．多くのギャップを埋めるために役立つ将来有望な技術の1つとして，リモートセンシングを用いて地域的な葉のフェノロジー地図を作成することがあげられる（Chambers et al. 2007; Cleland et al. 2007; Huete et al. 2008; Ito et al. 2008）．この手法は，規則的な季節周期とENSOに関連する超年変動を区別するためにも，これら地球規模の気候変動の長期的な影響を区別するためにも，とりわけ有用である．また，細かいスケールとして，個々のシュートのフェノロジーについてももっと調査が必要である．フェノロジー調査区の地域的なネットワークをつくることで，シュートレベルの情報とリモートセンシングの情報を関連づけることが可能になるかもしれない．

2.6.2 繁殖フェノロジー

花芽がたどる運命は葉がたどる運命よりも複雑であるため，繁殖フェノロジーが多様化する機会は葉のフェノロジーよりもはるかに多い．個体レベルでは，開花は展葉時期と一致していたり展葉に引き続いて起こったりするため，展葉との関係も考慮する必要がある．形態学的には果実は花から発達するため，開花と結実の2つのフェノロジーには，開花しなければ結実しないという明らかな関連がある．しかし，近縁な植物種間であっても果実の発達期間には大きな違いがみられることから，開花と結実のタイミングは異なる選択圧に応答していることが示唆される（Corlett 2007b）．一般的に，開花よりも結実に必要な炭水化物の量が多いため，結実時期は林冠の葉や日射量の季節変化に制限されやすいようである．他方では，直ちに発芽できる時期を選んで種子散布するという利点の影響も受けて，結実時期が決まっているのかもしれない．

温帯よりも湿潤熱帯において植物の繁殖フェノロジーがはるかに多様なのは，おそらく非生物学的な制約が少ないためだろう（Sakai 2001, 2002）．熱帯東アジアでは，明瞭な乾季や冬のある場所でさえ，花や果実はほぼ一年中みられる．Newstrom et al. (1994) は，熱帯林のフェノロジーパターンを頻度や規則性，期間，規模，同調性や日付に基づいて分類した．彼らによると，枝から個体，個体群，送粉者や種子散布者を共有するギルド，群集全体までのすべてのレベルにおいて適用可能な4つの基本的な分類型が認められた．それは，「連続 (continual)．ただし小さな中断がおこることもある」，「1年に数回 (subannual)」，「1年周期 (annual)」，「超年周期 (supra-annual)」である．熱帯東アジアでは，もっとも極端な気候の場所をのぞくすべての気候帯で，これらすべての分類型およびさまざまな中間型をもつ種がみられるが，群集レベルで優占する型は気候によって異なる．

熱帯東アジアでもっとも季節性のない場所においてさえ，個体レベルで連続開花する種は，連続展葉する種よりもさらに稀にしかみられない．個体群レベルで連続開花をする種は，それよりは広くみられるが，それでもイチジク類（クワ科イチジク属）や草本（ショウガ科など；Sakai 2000），林床樹種や先駆樹種の数種のみである．種特異的な送粉者（イチジクコバチ）に依存してイチジクが個体群を維持するためには，個体群レベルで連続的に開花することが不可欠である．一方，林床において開花期が長かったり不規則だったりする

のは，一連の探索コースをまわる（traplining）送粉者を利用する戦略かもしれないし，環境が比較的一定であるために同調を促すキューが存在しないことの結果にすぎないかもしれない（Sakai 2000）．陽樹が更新するためには林冠ギャップが必要であるが，ギャップが形成される季節を予測することは不可能である．このため，個体レベルで連続的に開花・結実することは，陽樹にとって有利であると思われる．しかし，赤道域において開花や結実がほぼ連続して起こる先駆種が数種は存在するものの（Corlett 1991ほか），多くの種はそうではない（Davies and Ashton 1999）．おそらくこの様な多くの種では，埋土種子バンクをつくることでギャップ形成に応答しているのだろう．

連続的に繁殖すれば資源を貯蔵する必要がないため，連続的な繁殖は生理学的にもっとも効率的な戦略のはずである．しかし，それがほとんど存在しないということから，個体内や個体群内で繁殖を同調させることに利点があるに違いない．ジェネラリストの送粉者に頼る林冠木や突出木にとって，送粉者を惹きつけるためにはきわめて同調した「ビッグバン」型の繁殖戦略が必要であり，他家受粉を促進するために，短期間の開花期を個体間で同調させることが必要なのだろう（Sakai 2000, 2001）．また，果実の大量生産によって，種子量に比例する以上に多くの種子散布者を引き寄せたり，種子捕食者を局地的に飽食させることができるかもしれない．

タケ類およびイセハナビ属

多くのタケ類の種において極端な「ビッグバン」型の繁殖戦略がみられ，長年にわたる栄養成長の後にすべての個体が同時に開花し，種子をつくって死亡し，新しい世代にとって替わる．本地域の中の季節性の強い場所ではこのフェノロジーはもっとも一般的であり，広大な面積にわたって単一種のタケが優占する場所では，タケの生活環は群集全体に劇的な影響を及ぼしうる．この種子生産によって，齧歯類やヤケイ（ヤケイ属），キジ等の種子捕食者の食物が突然急激に増加する一方で（Janzen 1976）．親植物が同調して死亡することによって光条件が改善され，林床において樹木の更新が一時的に促進される（Marod et al. 1999）．タケの種子は食害を受けやすく，もし種子生産量が少ないとすべての種子が捕食されてしまうため，種子捕食者を飽食させることがこの戦略の利点の1つであるに違いない．しかし，繁殖イベントの間隔は数十年（120年未満）に及ぶこともあり，種子捕食者個体群の増加を防ぐために必要な期間よりもはるかに長い．別の仮説としては，タケの実生が火災後の環境を好むことから，火災促進のためにこの戦略が進化したという説があげられる（Keeley and Bond 1999）．乾季の長い場所ではこの可能性が考えられるものの，この戦略をとるタケ類は，通常火災に遭うことのないような熱帯東アジア北部の山地林の林床においても一般的である．

これらの亜熱帯林は，かつては中国南部を広く移動していた究極のタケのスペシャリストであるジャイアントパンダ *Ailuropoda melanoleuca* の生息地だった．今日ではパンダの分布は中国西部の山岳地帯（北緯28～36度），すなわち歴史上の分布域のうちのわずかな範囲に限定されている．今日ではハビタットが分断されているために移動が困難であり，また枯死した次の世代のタケ類がパンダにとって再び十分な量になるまでには10年以上かかるため，パンダは餌となるタケ種が同調的に死亡することによって被害を受けやすくなっている．

山地林に多くみられるような，イセハナビ属（キツネノマゴ科）およびその近縁の属の低木種の多くにおいても，同様な繁殖戦略が進化しており，それらの種は5～15年間隔で開花，結実して死亡することが報告されている（van Steenis 1942; Daniel 2006）．広範囲にわたって林床にイセハナビ属の種の個体数が多い場所では，その繁殖イベントが種子捕食者や競争している植物に与える影響は，タケ類のものと似ている．ただし，タケ類の花が風媒であるのに対してイセハナビの花は虫媒である．このため，イセハナビの一斉開花が起

こるとハチ類に対しても大量の食料がもたらされ，移動性のオオミツバチ Apis dorsata のコロニーが誘引されることもある（Janzen 1976）．

低地フタバガキ林における一斉開花

　熱帯において，個体群レベルで繁殖が同調することは高木ではふつうであり，比較的季節性のない気候では超年周期の繁殖も一般的である（Norden et al. 2007ほか）．しかし，熱帯東アジアのフタバガキ科樹種が優占する非季節性の森林は，群集レベルで同調し，数年間隔で開花する「一斉開花（general flowering）」現象が存在する，という点で独特である（図2-12）．一斉開花は1年未満から9年までの間隔で起こる．一般に，その場所の大部分のフタバガキ科樹種にくわえて，林冠木を中心としたフタバガキ科以外の幅広い樹種が一斉開花に参加するだけでなく，多くの亜高木や林床の低木，草本，つる植物や着生植物も参加する（Corlett 1990; Sakai 2002）．さらにフタバガキ科樹種の大部分やそれ以外の多くの種は，一斉開花期とその次の一斉開花期の間に開花することはほとんどない．一斉開花に続いて群集全体で一斉結実（mast fruiting）が起こり，多数のフタバガキ科樹種のような大きな翼をもつ果実から，塵のように小さなランの種子，またさまざまなサイズの液果まで，多様な形態の果実がつくられる．少なくともフタバガキ科においては近縁種が順次に開花し，その開花順序は異なる一斉開花期においても一致する．これはもっとも単純には，送粉者をめぐる種間競争を緩和する戦略と説明されている（Ashton et al. 1988, LaFrankie and Chan 1991; Brearley et al. 2007a）．対照的に，上記と同じ近縁種であっても結実はほぼ同時に起こるようである．これは，種子捕食者を飽食させることを目的として一斉結実が進化したという仮説と整合性がある（4.3.4 種子捕食と種子病原菌を参照）．

　一斉開花・結実は，数 km² 程度からスンダ陸棚の大部分までのような，さまざまな規模で同調するようである．開花を引き起こすキューについて長年にわたって議論されてきたが，近年解決したようである．そのキューとは不規則に起こる乾燥であり，乾燥とほぼ同調して起こる他の潜在的なシグナル（夜間の気温のわずかな低下や日射量の増加）ではないということで広く合意に至っている（Sakai et al. 2006; Brearley et al. 2007a）．ランビルでは，一斉開花ともっとも相関が高かったのは30日間の積算降水量であり，それが40mm未満になると一斉開花が起きていた．一斉開花の規模（一斉開花に参加する種や個体の数）と乾燥の厳しさの間には明瞭な関係はなく，むしろ前回開花してから後の資源の蓄積期間に依存しているようである．さまざまな資源の中で，リンが鍵となって一斉開花が起こっていることが示唆されている（Sakai et al. 2006でT. Ichieの未発表データとして引用）．スンダ陸棚の大部分において，トリガーとなる乾燥はENSOサイクルと関連しており，ラニーニャからエルニーニョに移る時あるいはエルニーニョの開始時に乾燥が起こる（Sakai et al. 2006）．この乾燥はスンダ陸棚の大部分に影響を及ぼすことがあり，その時には広大な面積にわたって開花が同調する．しかしスマトラ北部やカリマンタン北西部では，ENSOはほとんど乾燥に影響せず，一斉開花はそれほど広範囲で同調しては起こらないようである（Wich and van Schaik 2000; Aldrian and Susanto 2003）．

　一斉開花の規模が大きいほど，送粉の量や質が改善されたり，種子散布前の食害が減るため，多くの種において繁殖成功は増し，同じ開花量の個体でも結実量が多くなる（Sakai et al. 2006）．結実量が多いほど散布後の種子や実生の生存率が高くなることも，いくつかの事例で示されている（Curran and Leighton 2000）．熱帯東アジアの季節性の弱い場所では，短期間の「大量に食物のある時期」から長期間にわたる「食物のない期間」に変化することによって，多くの花・果実・種子食の動物の生態は大きな影響をうける（5.2.7 訪花者，5.2.8 果実食者を参照）．

　一斉開花現象を説明するために，多くの仮説が提唱されている．もっとも単純なものは，資源の可給性に合わせて植物が繁殖（開花・結実）して

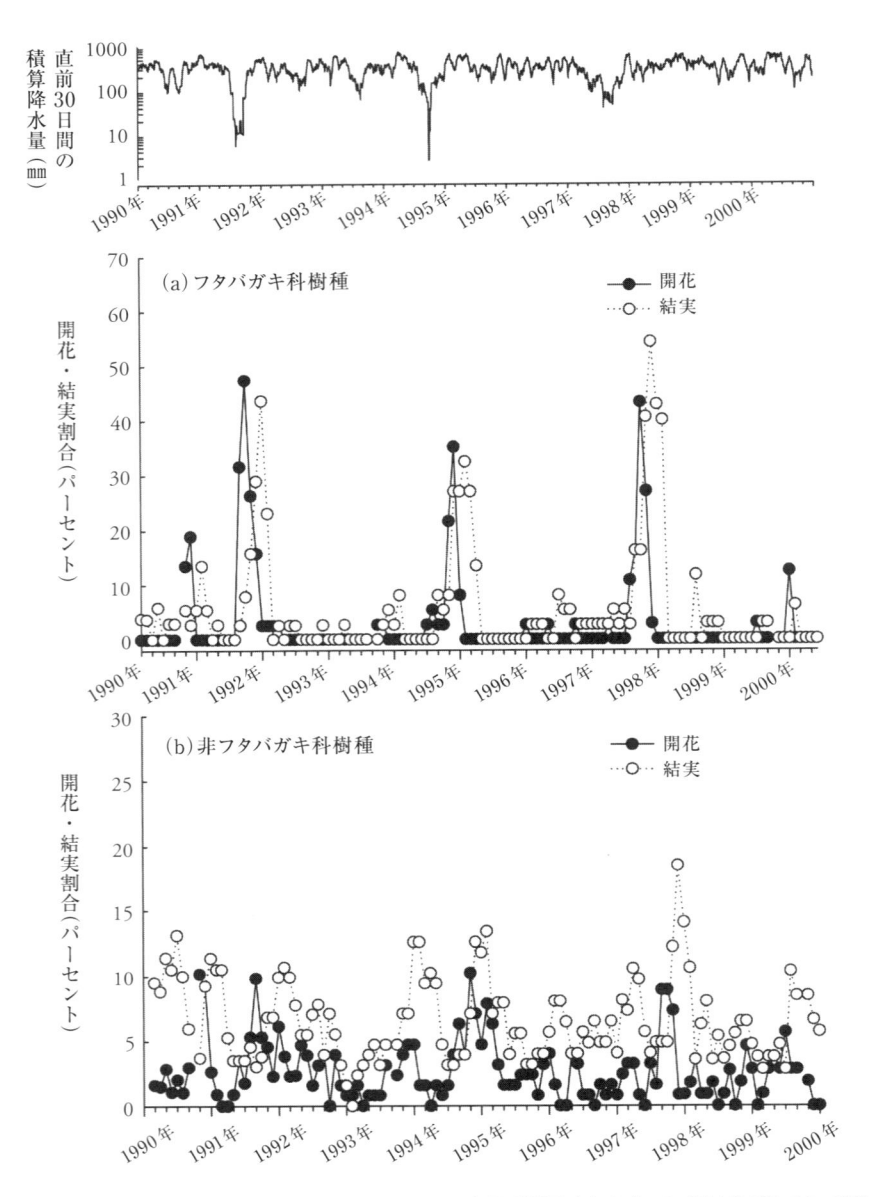

図2-12 中央カリマンタンのバリトウルの低地フタバガキ林におけるフタバガキ科樹種（a）と非フタバガキ科樹種（b）の開花・結実割合の10年間の記録．30日間の積算降水量の変化パターンを合わせて示している．調査期間中に3回の一斉開花が起こり（1991年，94年，97年），それぞれ直前に乾期をともなっていた（Brearley et al. 2007）．

いるという仮説である．しかし，トリガーである乾燥によって日射量が増加すると光合成産物量が増加するかもしれないが，繁殖努力（開花量・結実量）の年変動のほうが資源の年変動よりもはるかに大きい．このため，実生が更新や成長するのに適した状況を予期して一斉開花が起こるという仮説のほうがもっともらしい．これは，乾燥によって林冠樹木が死亡するためである（Williamson and Ickes 2002）．

他の妥当と思われる仮説としては，生物学的な相互作用に関するものがあげられる．種子捕食者を飽食させることについてはすでに述べたが，4章（植物の生態）でより詳細に説明する．もう1つの可能性として，送粉を促進することがあげられるが，これは個体群レベルにおける開花の同調を説明する理由である．近縁のフタバガキ科樹種

が順次に開花するという証拠からも予想できるように，もし群集レベルで開花が同調すれば種間競争が強まる可能性が高い．ランビルのオオミツバチで示されているように，群集の外から送粉者を誘引するような場合に限って群集レベルで一斉開花することに利点があると考えられるが（Itioka et al. 2001），もし一斉開花がかなり広域に及ぶときには，大多数の植物にとってこの利点は成立しにくいだろう．

　最後に，一斉開花は，多くの植物種が個体群レベルで同調して開花するためにたまたま同じトリガーを用いるようにそれぞれ独立して進化したことを反映しているにすぎない，という可能性があげられる．これは，スンダ陸棚の非季節性気候帯では他のキューがないことを反映しているかもしれないし，毎年乾季があった氷期の季節性気候のなごりかもしれない（Sakai et al. 2006）．完新世はせいぜい樹木のほぼ100世代分の期間であり，過去200万年の気候の中央値（平均的な気候）はおそらく今日よりも季節性が強かったと思われるため，この考えはそれほどおかしなものではない．しかし，種ごとに花や果実の発達期間が異なるため，同じキューを用いること自体によって，観察されているような規模での群集レベルの同調が引き起こされるとは考えにくい．大規模な同調を引き起こすためには他の補助的な要因が利用されているに違いない．

季節性気候帯における繁殖フェノロジー

　一斉開花現象がスンダ陸棚からどの程度の距離まで広がっているのかは，よくわかっていない．大規模な一斉開花現象は結実期には間違えようがないものの，小規模の現象は長期間の記録を通して初めて明らかになるものであり，熱帯東アジアの多くの場所ではこうした記録はほとんど存在しないのである．タイの落葉樹林のフタバガキ科樹種の一部や（Marod et al. 2002ほか），フィリピンの山麓の森林（標高1,000m）のフタバガキ科樹種の一部（Hamann 2004），亜熱帯の多くのブナ科樹種（Du et al. 2007ほか）やその他の多くの木本樹種（Noma 1997）などのように，たいていの森林において個々の樹種は一斉結実するものの，その周期は種ごとにほぼ独立している．山地林における限られたデータによると，群集レベルでの繁殖は低地林よりも山地林のほうが連続的であり（Kimura et al. 2001; Hamann 2004），おそらく湿地林も山地林と同様だと思われるが（Singleton and van Schaik 2001ほか），どちらの群集でも長期的な観察は行われていない．

　熱帯東アジアのさらに季節性の強い熱帯林においては，個々の種のフェノロジーは多様であるものの，群集レベルのパターンは明瞭な1年周期になる（Elliott et al. 1994; Corlett and LaFrankie 1998）．そこでは乾季後半に開花のピークがあり，おそらく展葉と同じ要因，すなわち日長の増加，あるいは落葉や降雨により幹に水分が再貯蔵されることによって，開花が調節されているのだろう．結実時期はそれよりもばらつくが，群集レベルにおけるピークは通常は雨季の直前から雨季の初めまで続く．この結実様式は，乾季の終わりには日射量が多く，新葉が展開した直後であり，雲がないといった要因によって，光合成活動がピークに達すると考えられることと，次の乾季が始まる前の，発芽や定着にもっとも適した時期に種子散布することの，両方と一致している．タイ北部のチェンマイでは，風散布種子をつくる樹種の種子生産のピークは，平均風速が最大になる時期（4月）と一致していた（Elliott et al. 1994）．

　本地域北部の亜熱帯常緑広葉樹林でも，群集レベルの繁殖は1年周期であり，多くの種において展葉時期と一致するような4～6月に開花量が最大になり，9～1月に結実量が最大になる（Li and Wang 1984; Dudgeon and Corlett 2004; Shen et al. 2007; Su et al. 2007; Zang et al. 2007; 図2-13）．程度はさまざまであるが，たいていの種は毎年開花・結実しており，多くのブナ科樹種は一斉結実することが報告されている（Liu et al. 2002; Du et al. 2007）．本地域の東端に沿って異なる緯度で得られた結実データによると，液果の結実量のフェノロジーと，冬季に南方へ移動する

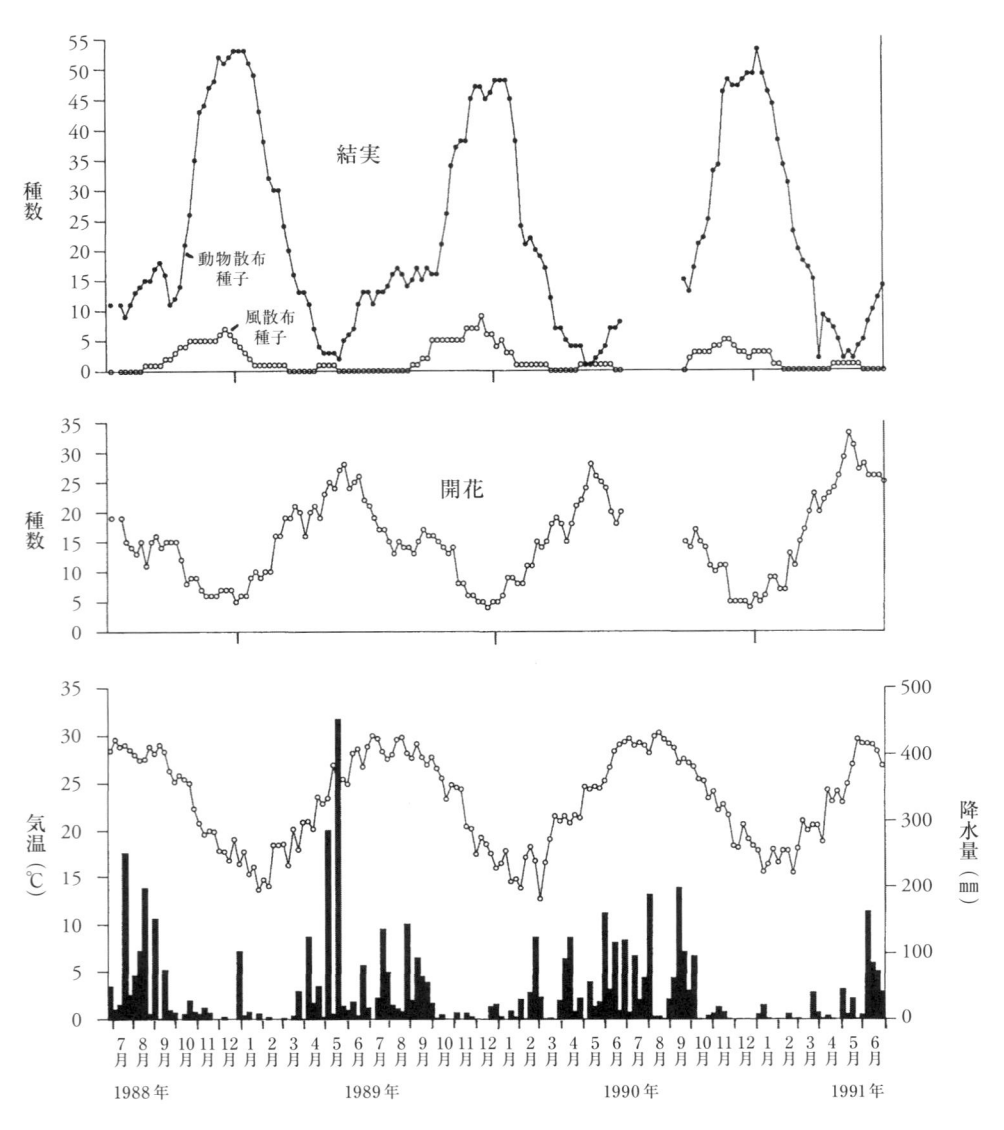

図2-13 中国南部の香港（北緯22度）における開花・結実フェノロジー（木本種数）．週積算降水量（棒グラフ）と平均気温（折れ線グラフ）を合わせて示している（Corlett 1993）．

果実食性の鳥類の個体数のフェノロジーは一致するようである（Corlett 1993; Noma and Yumoto 1997; Takanose and Kamitani 2003; Shen et al. 2007）．雑食性の鳥類が，食物となる無脊椎動物の量の減少にともなって食物を転換することも，冬に結実することに有利にはたらくかもしれない．

イチジク類

熱帯東アジアの季節性の強い場所において，多くの植物種が1年周期で繁殖するのと著しく対照的なのは，イチジク類（イチジク属）のフェノロジーである．イチジク類では分布域の北端まで1年に数回（subannual）周期のフェノロジーのままである．フェノロジーにとぎれがあるとそのイチジク種専門の送粉者（イチジクコバチ）が局地的に絶滅してしまう．このため，イチジク類のフェノロジーは，その専門性と送粉を媒介する成熟コバチの寿命が短いこと（2日未満）による制約を受けている．熱帯東アジアにおける雌雄同株のイチジク類では，確実に他家受粉するために個体

レベルで結実が同調するが，送粉者個体群を維持する必要があるために個体群レベルでは結実は同調しない．本地域のもっとも季節性の強い場所においてさえ，個体群レベルでは明らかに1年を通して開花し，送粉され，種子が成熟し，種子散布されている．このことは，本地域北部では，1年のうちの特定の時期にはイチジク類が唯一利用可能な果実になることを意味しているのかもしれない．雌雄異株のイチジク類では，種子生産する個体と送粉者コバチが生育する個体は異なるため（メス個体で種子がつくられ，オス個体でコバチが生育する），フェノロジーはさらに複雑である．雌雄異株では自家受粉を防ぐ必要がないため，個体レベルで結実を同調させる必然性はない．非季節性気候帯においては，一般に個体群レベルでは繁殖が同調していないようだが（Corlett 1987,1993; Harrison et al. 2000），分布域の北端ではオス個体群とメス個体群で花（syconium：イチジク果）生産の季節的なピークが異なる種もある．これはおそらくコバチがオスのイチジク果を出てからメスのイチジク果に送粉するための時期を合わせているのだろう（Tzeng et al. 2006ほか）．

3章
生物地理学

3.1 はじめに

　生物地理学は，種やそれよりも高次の分類群である属や科などの地理的分布パターンを記載し，説明する科学である．生物地理学者の主要な課題は，地球を生物地理学的に「地域化すること（regionalization）」，すなわち植物相や動物相に基づいて明確な地域を識別することである．これは，2章（自然地理学）で述べたような，バイオーム（生物群系）や植生タイプを識別することとはまったく異なる課題であることに注意が必要である．熱帯アジアと南アメリカのいずれにも低地熱帯雨林が存在するが，これらの地域間で種は共通しておらず，科や属の一部のみが共通している．地域化することは，現代ではなく19世紀に似合うような古めかしい課題であると思うかもしれない．しかし，もし生態や保全に関連する方法で地域を定義できれば，地域化は非常に有用となりうる．たとえばこの本は，熱帯東アジアは他の熱帯地域とは重要な点において異なっているという仮定に基づいている（1.1 なぜ熱帯東アジアなのか？を参照）．

　ウォーレス（Wallace 1876）以来，脊椎動物を対象とする生物地理学者によると，熱帯アジアは東洋区（別名インドマラヤ区）という生物地理区（biogeographical region，あるいは kingdom，realm, ecozone も用いられる）に含まれている（図3-1）．一方で，植物地理学者は，熱帯アジアを含む地域を動物よりも広い地域として識別しており，アフリカからニューギニアや太平洋の島々まで広がる旧熱帯区（Paleotropical region），またはそこからアフリカを除いたインド―太平洋区（Indo-Pacific region）として識別してきた（Cox 2001）．無脊椎動物の分布はよくわかっていないが，脊椎動物よりも植物の分布に近いことが多い．しかし，多くの生態学的プロセス（4章 植物の生態，5章 動物の生態を参照）や生物保全（7章 生物多様性への脅威，8章 保全を参照）において脊椎動物が重要な役割を担っているために，脊椎動物の分布が世界を生態学的に区分するうえでの一般的な基準となっている．それゆえ，この本では熱帯アジアを包含する生物地理学的単位として東洋区という術語を用いる．東洋区には熱帯東アジアのすべてとパキスタン，インド，ネパール，ブータンのヒマラヤ山脈の樹木限界（標高約4,000m）以下，およびスリランカとバングラデシュが含まれる．「東洋区」よりも「インドマラヤ区」のほうが広く使用されているものの，16ヶ国に及ぶ国（もしくは国の一部）を含む地域にインドとマレーシアの二つの国の名をつけると誤解を招くおそれがあるため，「東洋区」のほうが適切であろう．

　熱帯東アジア（図3-2）は東洋区の東半分である．1章（環境史）で説明したように，熱帯東アジアは厳密な意味での生物地理学的単位ではなく，西側の境界は便宜的に用いられてきた行政上の境界である．東洋区の西側半分と東側半分では多くの

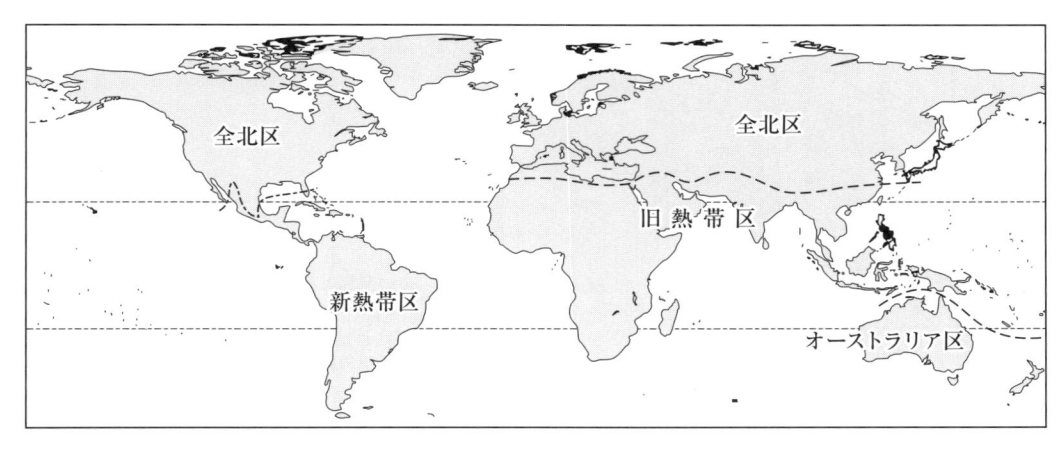

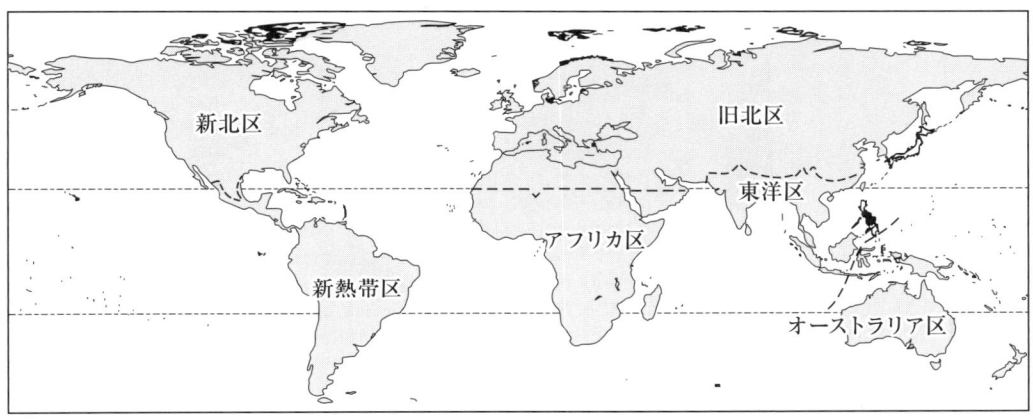

図3-1 植物地理学者（上）と動物地理学者（下）が識別している世界の生物地理区（Cox 2001に基づき作成）.

点で異なっているが，そうした点のほとんどは西側で降水量が少ないことに関連しており，東西の間の移り変わりは漸次的で，どちらの側でも一般則とは異なる例外の事例がみられる．ほぼすべての科，ほとんどの属の多くの動植物種は，この境界のどちら側にも存在する．

おもな生物地理区の数についての認識は研究者によって異なっており，熱帯は2区（新熱帯区と旧熱帯区）から5区（新熱帯区，アフリカ区，マダガスカル区，熱帯アジア区，オーストラリア—ニューギニア区）に分けられている．マダガスカルでは現存する分類群ではなく数多くの絶滅した分類群によって生物相を識別しているため，マダガスカル区は通常はアフリカ区の一部と考えられている．しかし，マダガスカル区は他の4区と同じくらい生態学的な違いが明瞭である．プリマックと著者は，この5つの主要な地理区のそれぞれが，生態学的，生物地理学的に明瞭な独自性をもつことを論じてきた（Primack and Corlett 2005; Corlett and Primack 2006）．これらは低地熱帯雨林に限定した議論だったが，他の熱帯林にも同じように適用可能である．

3.2 生物地理区間の相違

今日では，熱帯東アジアを含むほとんどの熱帯林は，古代の南の超大陸ゴンドワナの断片に成立している（1.3 プレートテクトニクスと熱帯東アジアの起源を参照）．これらの主要な断片（陸塊）が陸地でつながっていた最後の時期についての正確な年代はいまだに不明である．ほとんどの地質学モデルにおいて，白亜紀の初め（1億4,500万

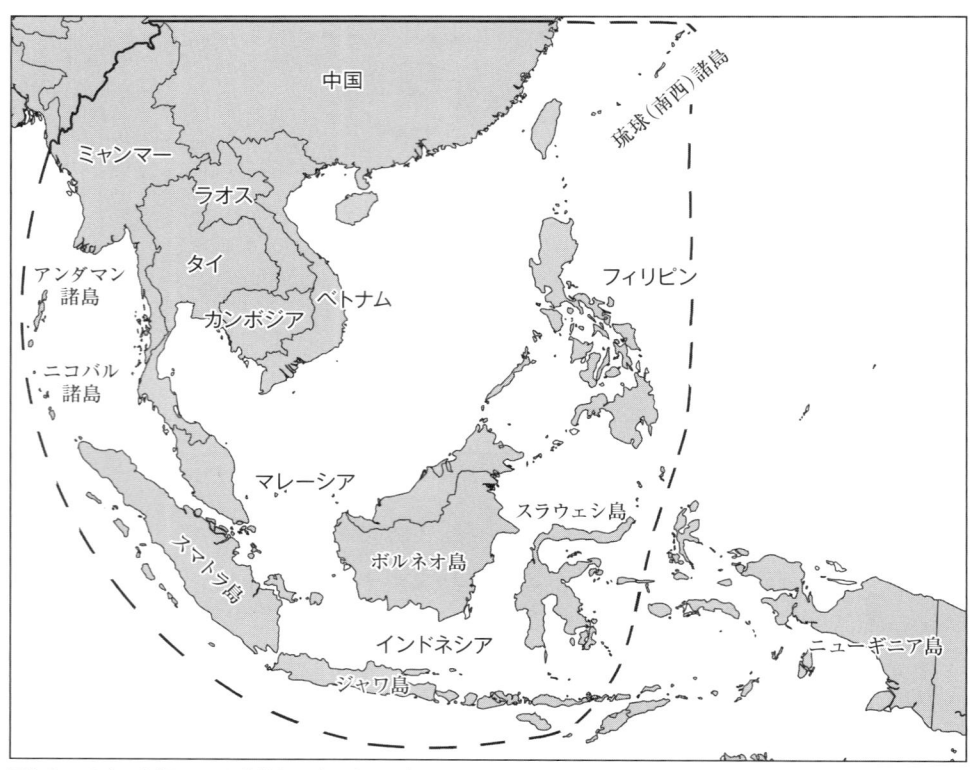

図3-2 この本で定義している熱帯東アジア（点線内）は，動物地理区における東洋区の東半分にあたる湿潤な地域である．

〜1億年前）にこれらのつながりがなくなったとされているが，両生類のように海洋をわたれない生物について分子系統学によって年代推定した結果，白亜紀後期まで複数のつながりが残っていた可能性が示唆されている（Bocxlaer et al. 2006 ほか）．いずれにせよ，ゴンドワナ大陸の分裂後に分岐した現生の動植物の分類群の多くは，6,500万年前の白亜紀の最後の大量絶滅（K—T 境界）後の第三紀の間にすべてが揃い，放散した．これは，5つの熱帯林の地理区がもっとも離れた時期と一致していた．分子系統学の年代推定によると，いくつかの植物の科において生物地理区間で大洋を超えた長距離分散が起こったことが示されてきたが（Dick et al. 2007 ほか），動物ではそのような長距離分散はずっと稀だったようであり，植物においてもどの程度頻繁に起こっていたのかは不明である．

マダガスカルはおよそ9,000万年にわたり島の状態だったため，K—T境界の絶滅後にマダガスカル島に再移住できたわずかな脊椎動物群は，再移住するために何百kmもの海をわたる必要があった（Yoder and Yang 2004）．ゾウやハイラックス，ハネジネズミ，ツチブタ，キンモグラに代表されるような，現生のアフリカ固有の生物群が含まれるアフリカ獣上目において，白亜紀後期から第三紀初期の間（9,000〜2,400万年前）に哺乳類の壮大な放散が起こったときには，アフリカは島であった（Jaeger 2003）．その後2,400万年にわたってアフリカはアジアと物理的につながっているものの，そのうちのほとんどの期間に乾燥気候帯が存在していたために，アフリカとアジアの熱帯林の間における生物の移動は制限されてきた（Morley 2003）．ただし，東洋区西側の半乾燥地の生物相にはアフリカの生物相ときわめて近縁の種がみられるため，森林以外の場所における生物の移動は森林における移動よりも容易だったことが示唆される．注目すべきことに，アフリカ獣上目の分布は今でもアフリカに限定されるものの，

アジアゾウ（および絶滅した多くの類縁種）や水生の海牛目の仲間（マナティやジュゴン）などのような例外もある．

オーストラリアとニューギニアは第三紀の間に北に向かってアジアの方向に移動したため，アジア産の熱帯雨林植物がニューギニアの低地へ大規模に流入し（Morley 2003），移動性の高い無脊椎動物（Schaefer and Renner 2008ほか）や鳥類（Jønsson et al. 2008ほか），爬虫類（Rawlings et al. 2008ほか）がアジアとオーストラリア・ニューギニア間で移動したものの，陸地はつながらなかった．アジア区とオーストラリア—ニューギニア区の間では，衝突が進むにつれて徐々に移動が容易になっていったが，更新世の海水準がもっとも低かった時期でさえ，海による分断が複数存在しており，その分断された距離は最長で約70kmだった．哺乳類では，コウモリ類と齧歯類のみがアジアからニューギニアやオーストラリアへ島づたいに移動した．一方，ゾウの一種であるステゴドンはティモール島まで移動しており，もう少しでオーストラリアの動物相に華々しくくわわっていたかもしれなかったのである．

長距離海洋分散についてはとりあえず考えないでおくと，アジアとアメリカの間で霜が降りない（気温が0℃以下にならない）陸地の経路としてもっとも新しいものは，およそ5,000万年前の始新世初期に北大西洋を横切っていたものであると考えられている（Morley 2003）．南アメリカは過去7,000万年のほとんどの期間にわたり島だったため，多くの固有種が放散した．南アメリカはほんの300～400万年前にパナマ地峡を通じて北アメリカとつながり，アメリカ大陸間大交差（The Great American Interchange）として知られるような，劇的な生物相の混合が起こった（Webb 1997）．

動植物の数多くの科が熱帯林の地理区5つのうちの2つ以上でみられる．しかし，とくに動物の分子系統学によると，異なる地理区の分類群の間には大きな違いがあることが示されており，わずか1ないし数回しか移住が起こらなかったと考えると現在の分布が説明できる（たとえば，果実食コウモリ Giannini and Simmons 2003；リス Mercer and Roth 2003；ゴシキドリ Moyle 2004；ヒヨドリ Moyle and Marks 2006；キツツキ Fuchs et al. 2007；オオバギ属の樹木 Kulju et al. 2007；ハリナシバチ Rasmussen and Cameron 2007）．事実上，この5つの主要な熱帯林の地理区の生物相は，湿潤熱帯環境へのほぼ独立した5つの進化的応答の結果である（Primack and Corlett 2005）．

これらの主要な熱帯雨林の地理区では，進化の歴史が異なることによって機能的に異なる生態系が形成されたのだろうか？　残念なことに，地理区間の比較ではたいていの場合に現在の物理環境の違いが混同されてしまうため，この問いに答えるのは難しい．少なくとも表面的には，異なる地理区に生息・生育する非近縁生物どうしでも収斂進化しているようにみえる例は多いが，まったく異なる（収斂していない）例も多い．後者の例として，送粉（Corlett 2004），種子散布（Corlett and Primack 2006），リター分解（Davies et al. 2003），熱帯雨林の林床の構造と組成（LaFrankie et al. 2006）があげられる．保全を行ううえで地理区ごとに異なる戦略が必要とされるほど，これらの違いやその他の違いが地理区間で大きい可能性がある（Primack and Corlett 2005; Corlett and Primack 2006）．このことが事実であろうとなかろうと，異なる地理区では収斂していないという証拠が数多く存在するため，1つの地理区で行われた生態学的研究の結果を無条件で他の地理区に外挿することには注意が必要である．

3.3　熱帯東アジアとオーストラリア区の間の生物相の違い

熱帯アジア区とオーストラリア—ニューギニア区の間の生物地理学的な違いについては，他のどの境界よりも数多く記載されてきた．これらの文献の多くはもっとも適切な境界線を引くことを目的にしてきたが（図3-3），複雑な地史に対する理解が深まることで（1章 環境史を参照），この目的がなぜ根本的に無意味な課題であったのかが明

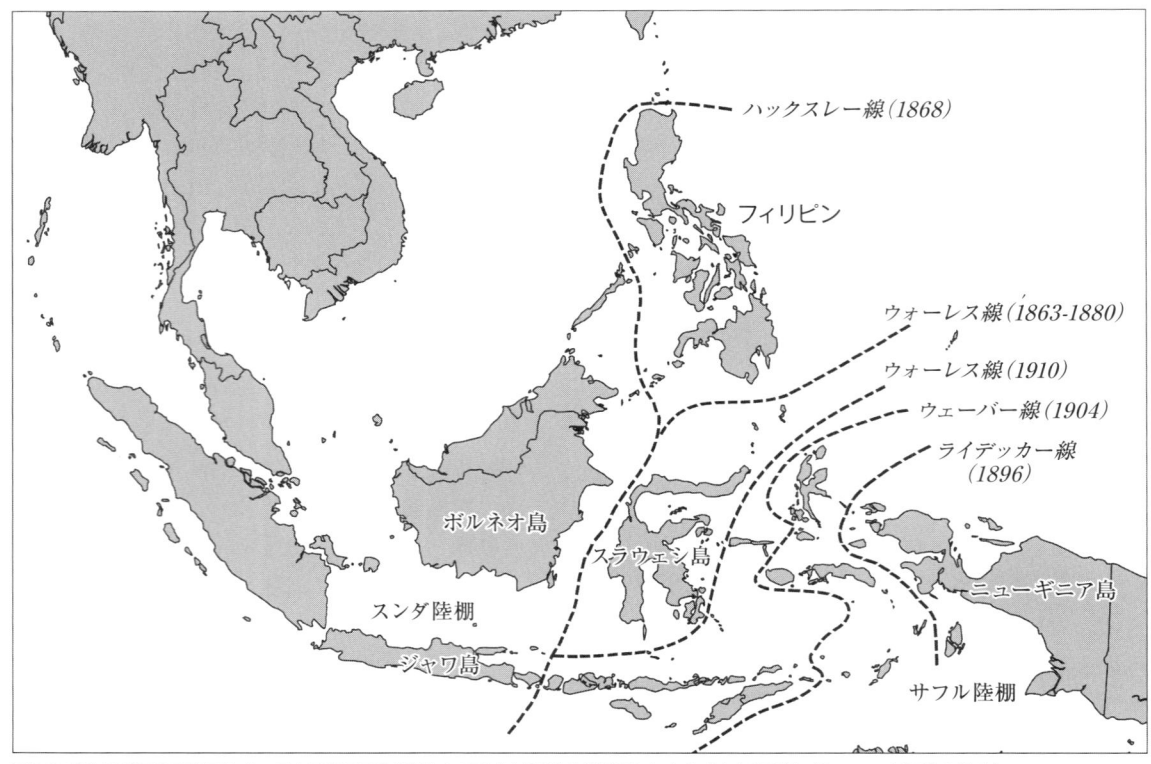

図3-3 動物地理区の東洋区とオーストラリア区の境界として生物地理学者が提案したさまざまな境界線（George 1981を改変）．

白になった．スンダ陸棚とサフル陸棚の縁が終点となるような，大陸起源の2つの地理区があり，その間にはサイズ，齢，起源，孤立度（まわりの島からの距離）が大きく異なる島々が数多く存在する．この地方を初めて詳細に研究した「生物地理学の父」と呼ばれるウォーレス（Alfred Russel Wallace）以後，これらの島々の大部分（スラウェシ島，小スンダ列島，マルク諸島，東ティモール島）をウォーレシア（Wallacea）と呼ぶことが標準になった．通常はフィリピン諸島はウォーレシアの定義からは除かれるが，フィリピン諸島を含めても適切な基準がつくれるかもしれない（Cox 2001; van Welzen et al. 2005）．

もし，海を横断する分散だけによって，陸上の動植物がこれらの島々へ到達できたのであれば，異なる生物グループ間では海をわたる能力に相対的な違いがあることを大きく反映するような分布パターンがみられるだろう．そして，一般的にはその通りである（ただし3.9.10 スラウェシ島も参照）．それとは対照的に，生物相の違いと環境の違いの間にはほとんど一貫性がない．このように，今日の熱帯東アジアとオーストラリア区の違いは，基本的には地質学的に新しく，現在も進行しているようなオーストラリアプレートとローラシアプレートの衝突を反映している．さらに，海による隔離は徐々に小さくなってはいるものの，2つの生物相がそれを超える能力に限界があることも反映している．今後4,000万年ほどで海による隔離はなくなり，熱帯東アジアとオーストラリア区はオーストラリア大陸間大交差（The Great Australian Interchange）としてつながるだろう（上述したアメリカ大陸間大交差と類似した現象として造語している）．

3.4 熱帯東アジアと旧北区の間の生物相の違い

熱帯アジア区の東側の境界（ウォーレス線）に

ついて英語で書かれているものと同じくらい多くの文献が，北側の境界について中国語で記されている．北側では，移入と進化をもたらすような長い時間スケールをのぞくと，地史はほとんど関係しない．現在およそ北緯18～30度の間でみられるような完全な熱帯生物相から完全な温帯生物相への漸次的な移行帯は，全球的な気候変動に応じて南北方向に変化はしたが，おそらく2,000万年前の中新世初期におけるアジアモンスーン（季節風）の始まり以降存続してきたようである（1.5 気候と植生の変化を参照）．このため，オーストラリア区への移行とは著しく異なり，分散制限が現在の分布に大きく影響したわけではなさそうである．

世界の熱帯地域と非熱帯地域の境界は，異なる熱帯地域の間の境界とはかなり性質が異なるようである．いくつかの場所（北アメリカやアフリカなど）では，移入の障壁となる砂漠や山脈が存在するが，東アジアおよびオーストラリアやブラジルの東海岸のように，こうしたものが存在しない場所でも，温度低下によって多くの生物グループが熱帯の外へ分布を広げることが制限されている．最低気温は分布を制限する要因として重要であるものの，夏の暖かさが不足したり生育期間が不足することのほうが重要な種も存在する．気温が0℃を下回ると植物細胞内で氷晶が形成されて破壊的な影響が生じるため，大部分の熱帯植物の葉にとって氷点下の気温は致死的であり（Guy 2003），顕花植物の科の半分は温帯には存在しない（Donoghue 2008）．0℃以上の低温であっても半致死的な影響を受けるものの，種によっては木質組織や地下部組織が死滅するほど長く氷点下が続かなければ，霜害から回復する能力をもつものも存在するため，実際には熱帯植物でも種によって北限は大きく異なる．

ほとんどの熱帯樹種は亜熱帯との境界の凍結線（frost line）をわたることができないものの，「種形成のスピルオーバー効果（speciation spillover）」によって，熱帯起源の属であっても熱帯の外に分布するようになった種は（Fine 2001），熱帯東アジアにおける亜熱帯植物相の重要な要素となっている．さらに，少なくとも中新世初期以降には，熱帯東アジアでは熱帯と温帯の植生が連続的につながっていたため，そのつながっていた場所が熱帯起源の耐寒性系統の種の主要な供給源になってきたようである（Donoghue 2008）．非熱帯性の植物やその系統には凍結耐性のコストがかかっており，凍結耐性への投資が不要なところでは競争に弱くなるため，それらの植物が温帯から熱帯へ移入することが妨げられていると通常は考えられている．しかし，このようなことが起きているという直接的な証拠は存在せず，それらの植物が熱帯の永続的な高温に耐えられないことも影響しているのかもしれない．

熱帯性の動物は，極端な寒さでも短期間であれば行動や体温調節によって回避できることが多いため，分布の境界は植物よりも広範である．北回帰線にまたがる雲南省（北緯21～29度）では，植物の分布には南北方向で急勾配がみられるが，哺乳類群集はほとんど変化しない（Xie et al. 2004）．とくに果実食や花蜜食，大型昆虫食専門の動物などのようないくつかの熱帯性の分類群の北限は，おそらく気候そのものではなく，食物供給が季節的に途絶えることによって制限されているようである．数百種の数十億個体におよぶ鳥が毎年熱帯と温帯の間をわたるという事実から，熱帯と温帯の境界には多くの孔となる場所が存在しており，動物の分布を決定するうえで食物供給が決定的な役割を担っていることがわかる．

熱帯の東洋区と非熱帯の旧北区の移行帯として植物学者と脊椎動物学者が選んだ緯度（境界線）をみると，植物と動物における見解の相違が際立っている．一般に植物学者は，北回帰線（北緯23度27分）の近くを境界としているが（Zhu et al. 2007aほか），脊椎動物学者は北緯30～35度付近を境界としている（Xie et al. 2004ほか）．ただし，熱帯の北側の境界は熱帯東アジア北西部で標高が高くなることと混同されていることや，熱帯の植物相は，ミャンマーやインド北東部で深い谷があるような低標高域では北緯27～28度まで北側に広がっていることに注意が必要である

（Kingdon-Ward 1945; Proctor et al. 1998; Zhu et al. 2008）．対照的に，熱帯東アジア北東部には低標高地がたくさんあるが，そこの森林は数世紀前にほぼ完全に伐り開かれてしまった．北緯29度47分にある湖北省の低標高地（350～790m）に残っている数ヶ所の断片林の1つでは，熱帯性の植物の属が温帯性の植物の属よりも若干多い（Lai et al. 2006）．

本地域において，無脊椎動物の分布に関する研究は脊椎動物に関するものよりも少ないが，その情報がある無脊椎動物グループの大部分において，熱帯性の分類群は北回帰線の北側でも優占する（Fellowes 2006; Meng et al. 2008ほか）．北回帰線の130km南に位置する香港（北緯22度17分）の動物相はほぼ完全に熱帯性であるが，香港より南側ではふつうに存在するような分類群の一部（ハリナシバチなど）は存在しない（Dudgeon and Corlett 2004）．

3.5 熱帯東アジアの生物相における生物地理学的要素

明確な生物相によって識別できる生物地理区分にくわえて，生物地理学では伝統的に，類似した空間分布をもつ種のグループを，生物地理学的要素（element）もしくは様式（pattern）として識別しようと試みてきた．生物地理区分と同様に，これについても識別することじたいに価値があると考えられてきたが，どのように現代の生物相が時間とともに形成されてきたのか，そして将来の気候変動に対してどのように応答するのかを理解するためにも役立つ可能性がある．伝統的な生物地理学的要素は，必然的に現在の生物の分布に基づいて決定されているが，一方で分子系統学を用いた年代推定によると，現在と同様の分布はまったく異なる歴史によっても生じうることが示されている．たとえば，現在ある特定の属や科が汎熱帯的に分布している理由としては，分裂する以前のゴンドワナに起源をもつか，始新世初期に高緯度地方に存在していた陸橋を経由して分散した

か，それらよりも新しい時代に海洋をわたる分散をしたか，あるいはこれらの3つのいずれかが複合的に起こったことを反映しているのかもしれない（Primack and Corlett 2005）．そして，たとえ現在の分布が似ている分類群でも異なる歴史をもつのであれば，これらの分類群は将来の気候変動に対して同様に応答するわけではなさそうである．しかし，系統学による年代推定の情報が蓄積されることで，時空間的な類似性を反映した生物地理学的要素を識別できるようになる可能性がある．

熱帯東アジア内における生物地理学的要素の識別は中国南部でもっとも進んでおり，そこでは維管束植物（Qian et al 2003ほか）や蘚苔類（Zhang and Corlett 2003ほか）などのたくさんの生物群において，この生物地理学的要素を識別する手法が用いられてきた．たとえば，Qian et al.（2003）は，それぞれ熱帯と亜熱帯に優占するような，汎熱帯性の属や東アジアの属，熱帯アジアの属が存在する東アジアのベトナムと中国の国境の北側の植物相において，14の地理学的要素を識別している．熱帯東アジアの生物相の山地要素の起源と，おそらくゴンドワナ要素と考えられる生物相の起源については，昔から推測されてきたが，このような識別は東南アジアや熱帯東アジア全域で総合的には行われていない．

3.6 熱帯東アジアにはどのくらい多くの種が存在するのだろうか？

地球上にはおそらく500～1,000万種の生物が存在するものの，100万種程度しか記載されていないため，熱帯東アジアにどのくらいの割合の種が存在するのかは現時点では不明である．しかし，熱帯東アジアに分布し，研究が進んでいるいくつかの陸上生物の種では，精度にはばらつきがあるものの，世界中の種数に対する比率を推定することが可能であり，地球全体の既知の種と未知の種の割合をおおまかに知るためにその推定値が利用されている．熱帯東アジアには，地球上の全哺乳類5,400種のうち15%に相当する約800種（Wilson and Reeder 2005），全鳥類の種の約23%（1万種のうち2,300種），全両生類の種の約16%（5,915種のうち932種；Global Amphibian Assessment）が生息している．さらに本地域には，チョウ（1万7,500種のうち3,500種；Robbins and Opler 1997）とハンミョウ（ハンミョウ科2,028種のうち約400種；Pearson and Cassola 1992）では既知の種の約20%，トンボではおそらく25%（トンボ目5,680種のうち約1,450種；Kalkman et al. 2008）が生息している．最近の推定によると，地球上には被子植物が22〜42万種存在するとされるが，発表された種名の中にはかなりの割合のシノニム（synonym；異名）が含まれるために推定値は不正確である（Scotland and Wortley 2003）．熱帯東アジアに分布する被子植物はおそらく6〜7万種程度であり，地球全体の15〜25%にあたるだろう（Turner 2001；Bramwell 2002）．

まとめると，研究の進んでいる陸上生物では，既知の分類群の15〜25%が熱帯東アジアに分布しているようである．もし，これらの分類群を用いて他の分類群を評価できるのであれば（ただしこのことが真実かどうかを知る術はないが），本地域における陸上生物の種多様性を推定するためにこの割合を利用することができるだろう．ちなみに，地球上の全陸地のうち熱帯東アジアが占めるのは4%未満にすぎない．このことは，よく知られているような（ただし不十分にしか理解されていないかもしれないが），極地から熱帯に向かって種多様性が増加することを反映している．

3.7 熱帯東アジア内の多様性パターン

地球規模では，現在の環境によって陸上の維管束植物の多様性のパターンを精度よく予測することが可能であり，可能蒸発散量（potential evapotranspiration；PET：1年間に受けたエネルギー量の指標）と年間の湿潤日数，そしてハビタットや地形の不均質性の指標がもっとも良い（正の係数をもつ）予測因子である（Kreft and Jetz 2007）．もっとも高い山岳地帯以外の熱帯では可能蒸発散量が500mm／年より多く，その条件下では，受けるエネルギー量が増加しても植物多様性にはほとんど影響せず，湿潤日数が植物多様性を予測するための最良の因子である．それよりも小さい空間スケールに関しては，インドの西ガーツで年降水量が2,000mm以上に達する場所につくられた小規模森林調査区（1ha未満）においては，乾季の長さ（降水量が100mm未満の月の数）が樹種多様性についての最良の（負の係数をもつ）予測因子だった（Davidar et al. 2005）．アマゾン地域では，土壌条件や歴史要因を反映して多様性の低い調査区が散在するため，乾季の長さはその場所にある（複数の）調査区における種多様性の平均値よりも最大値を予測するためにはるかに適した因子である（Ter Steege et al. 2003）．

熱帯東アジアでは比較可能なかたちで発表されているデータが少なすぎるため，きちんとした解析を行うことができない．もっとも数の多いデータセットは，1haの調査区に生育する胸高直径（1.3mの高さにおける幹直径）10cm以上の樹木の個体数である（表3-1）．ランビルの大規模調査区内では隣接する1ha区でも樹種多様性には幅広い値（172〜290種）がみられることから，低地熱帯雨林における樹種多様性の局所的な変異の平均値を求めるためには1haではあまりに小さすぎるが，それでもいくつかの明確なパターンを見出すことができる．スンダ陸棚の低地熱帯雨林には1haあたり100〜290種の大径木（ここでは胸高直径10cm以上の個体を表す）が生育する．フィリピンやスラウェシ島にある低地の調査区ではこの範囲に収まり，タイ半島部のカオチョンや，驚くべきことに中国の熱帯の標高700〜1,200mの調査区も同様である．高標高（1,200m以上）や高緯度（熱帯の北部），特殊な土壌型の場所，乾季が3ヶ月を超える場所の調査区では1haあたり100種未満である．明らかな例外の1つとして，雲南省の勐臘では6ヶ月の乾季があるものの，スンダ陸棚の多くの場所と同じくらい多様性が高い．そこでは乾季の間にも永続的に霧がかかるためである（2.2.4 雲霧由来の水を参照）．

表3-1 熱帯東アジアの森林調査区において，胸高直径が10cm以上の樹木の1haあたりの種数．調査区は緯度の順に並べている．研究によって調査方法が大きく異なり（調査区の形や広さ，そして同定できなかった個体や大型になる植物の扱いについて），報告された種数はこれらの影響を受けている可能性がある．詳細については個々の文献を参照すること．調査地からもっとも近い町における長期間の記録に基づいて降水量を推定していることが多いため，それぞれの調査地の降水量を正確には反映していないものもしれない．

場所	緯度	標高 (m)	降水量 (mm／年)	乾燥する月の数	種数 (／ha)	森林タイプ	文献
インドネシア・ジャワ，グヌンゲーパンクラシコ	6°40'S	1450～1500	3380	1	59	山地林	Meijer (1959)
インドネシア・ジャワ，グヌンゲーパンクラシコ	6°40'S	1600	3380	1	57	山地林	Yamada (1975)
インドネシア・マルク，サパルカ島	3°35'S	<500	3400	?	58	低地熱帯雨林	Kaya et al. (2002)
インドネシア・東カリマンタン，ブラウ	2°00'S	100	2500	0～1	160～201	低地熱帯雨林	Sist and Saridan (1998)
インドネシア・スマトラ，パタンウル	1°37'S	150	>3000	0	250	低地熱帯雨林	Rennolls and Laumonier (1999)
インドネシア・東カリマンタン，スブル	1°30'S	70	2300	0～1	276	低地熱帯雨林	Sukardjo et al. (1990)
インドネシア・カリマンタン，ワナリセットサンガイ	1°29'S	100	>3000	0	179～259	低地熱帯雨林	Wilkie et al. (2004)
インドネシア・スラウェシ，ロリンドウ	1°05'S	1100～1200	2000	?	148	下部山地林	Kessler et al. (2005)
インドネシア・スマトラ，パシルマヤン	1°05'S	100	2500～3000	0～1	230	低地熱帯雨林	Laumonier (1997)
インドネシア・カリマンタン，グヌンパシル	1°03'S	20～40	2347	0	29	ヒース林	Riswan (1987b)
インドネシア・カリマンタン，ワナリセット	0°59'S	50	2350	0	172	低地熱帯雨林	Kartawinata (1981)
インドネシア・北スラウェシ，トラウト	0°30'S	150	>2100	0	109	低地熱帯雨林	Whitmore and Sidiyasa (1986)
インドネシア・カリマンタン，レンパケ	0°20'S	40～80	1935	0～1	165	低地熱帯雨林	Riswan (1987a)
シンガポール，ブキッティマ	1°21'N	70～125	2473	0	113	低地熱帯雨林	Lum et al. (2004)
マレーシア，パソ	2°59'N	70～90	1788	0	206	低地熱帯雨林	Manokaran et al. (2004)
インドネシア・カリマンタン，マリナウ	3°20'N	200	3730	0	207	低地熱帯雨林	Wunder et al. (2008)
マレーシア・スマトラ，クタンペ	3°41'N	350	3229	0	100	低地熱帯雨林	Kartawinata (1990)
マレーシア・サラワク，グヌンムル	4°02'N	50	5000	0	223	低地熱帯雨林	Proctor et al. (1983)
マレーシア・サラワク，グヌンムル	4°03'N	200～250	5000	0	214	低地熱帯雨林	Proctor et al. (1983)
マレーシア・サラワク，グヌンムル	4°08'N	300	5000	0	73	石灰岩土壌に成立する森林	Proctor et al. (1983)
マレーシア・サラワク，グヌンムル	4°09'N	170	5000	0	123	ヒース林	Proctor et al. (1983)
マレーシア・サラワク，ランビル	4°11'N	110～150	2734	0	172～290	低地熱帯雨林	Lee et al. (2002)
ブルネイ，クアラベラロン	4°30'N	55～80	5080	0	197	低地熱帯雨林	Small et al. (2004)
ブルネイ，テンブロン	4°32'N	250	4000	0	231	低地熱帯雨林	Poulsen et al. (1996)
ブルネイ，バダス	4°34'N	10～15	3000	0	77	ヒース林	Davies and Becker (1996)
ブルネイ，ブキッサワト	4°35'N	10～20	3000	0	121	ヒース林	Davies and Becker (1996)
ブルネイ，ラダン	4°37'N	40～70	3000	0	194	低地熱帯雨林	Davies and Becker (1996)
ブルネイ，アンドゥラウ	4°39'N	40～50	3000	0	256	低地熱帯雨林	Davies and Becker (1996)
マレーシア・サバ，ダナムバレー	4°58'N	210～260	2825	0	128	低地熱帯雨林	Newbery et al. (1996)

国・地域, 山地	緯度	標高 (m)	年降水量 (mm)	乾季 (月)	種数	植生	文献
マレーシア・サバ, セピロク	5°10'N	10~40	3000	0~1	160	低地熱帯雨林	Nicholson (1965)
マレーシア・サバ, セピロク	5°10'N	45~80	3000	0~1	140	低地熱帯雨林	Nilus (2004) 砂岩の尾根部
マレーシア・サバ, セピロク	5°10'N	30~45	3000	0~1	126	低地熱帯雨林	Nilus (2004) 沖積土
マレーシア・サバ, セピロク	5°10'N	45~120	3000	0~1	79	ヒース林	Nilus (2004)
マレーシア・サバ, キナバル山	6°05'N	700	2509	0	148	低地熱帯雨林	Aiba and Kitayama (1999)
タイ, カオチョン	7°58'N	50~300	2700	2~3	100~165	低地熱帯雨林	Bunyavejchewin (未発表)
フィリピン・ミンダナオ, キタングラッド山	8°00'N	2065~2360	2500~3500	0	43	山地林	Pipoly and Madulid (1998)
インド, パプアンダマン	10°40'N	<70	3000~3500	3~4	84	低地熱帯雨林	Rasingam & Parathasarathy (2009)
インド, パプアンダマン	10°40'N	<70	3000~3500	3~4	83	半常緑樹林	Rasingam & Parathasarathy (2009)
インド, パプアンダマン	10°40'N	<70	3000~3500	3~4	58	落葉樹林	Rasingam & Parathasarathy (2009)
インド, 小アンダマン	10°40'N	<10	3000~3500	3~4	43	海岸林	Rasingam & Parathasarathy (2009)
フィリピン, 北ネグロス	10°41'N	1000	4650	0	92	下部山地樹林	Hamann et al. (1999)
ベトナム, カッティエン	11°25'N	<150	2450	4~5	57	半落葉樹林	Blanc et al. (2000)
ベトナム, カッティエン	11°25'N	<150	2450	4~5	91	季節性常緑樹林	Blanc et al. (2000)
タイ, カオヤイ	14°10'N	780	2360	5	63	季節性常緑樹林	Kitamura et al. (2005)
タイ, サケラート	14°30'N	460~540	1240	6	56, 81	季節性常緑樹林	Bunyavejchewin (1999)
タイ, メクロン	14°35'N	100~900?	>1650	6	50	混交落葉樹林	Marod et al. (1999)
タイ, ホイカーケン	15°40'N	550~640	1475	6	65	季節性常緑樹林	Bunyavejchewin et al. (2004)
フィリピン・ルソン, パラナン	17°02'N	85~140	5000	0	100	低地熱帯雨林	Co et al. (2004)
タイ, ドイインタノン	18°31'N	1700	1908	6	67	山地林	Kanzaki et al. (2004)
中国・海南省, 尖峰嶺	18°40'N	820~830	3500	4?	153	山地林	Li et al. (1998)
中国・海南省, 五指山	18°49'N	850~1100	2430	3~4	217	山地林	An et al. (1999)
中国・海南省, 吊羅山	18°50'N	900~1000	2570	3~4	190	山地林	Wang et al. (1999)
中国・海南省, 覇王嶺	18°55'N	1200	>2000	6	84	山地林	Lan et al. (2008)
中国・雲南省, 勐腊	21°37'N	700~870	1500	6	124	熱帯季節林	Lan et al. (2008)
台湾, 南仁山	22°03'N	300~340	3582	0	61	常緑広葉樹林	Sun and Hsieh (2004)
中国・広東省, 鼎湖山	23°10'N	230~470	1985	4	92	常緑広葉樹林	Ye et al. (2008)
中国・広東省, 天井山	24°40'N	480~550	2800	7	73	常緑広葉樹林	Huang et al. (準備中)
台湾, 福山	24°45'N	600~733	4271	0	43	常緑広葉樹林	Su et al. (2007)
中国・江西省, 井冈山	26°32'N	500~750	1800	7	63	常緑広葉樹林	Cao et al. (準備中)
日本・沖縄, 琉球大学与那フィールド	26°49'N	250~330	2456	?	32~42	常緑広葉樹林	Enoki et al. (2003)
中国・浙江省, 古田山	29°15'N	450~715	1964	?	45	常緑広葉樹林	Zhu et al. (2008)

1ha未満の調査区のデータはさらにたくさん存在するが，上述したような樹種多様性の一般的なパターンと矛盾しない．局所的なスケールでは土壌が種多様性に大きく影響し，泥炭（Cannon and Leighton 2004）やポドゾル性土壌（Spodosols／Podzols; Riswan 1987b），砂質土壌，石灰岩（Proctor et al. 1983; Zhu 2008a）や超塩基性岩（Aiba and Kitayama 1999）由来の土壌のような特殊な土壌型では，樹種多様性が非常に低くなることが多い．ボルネオでは，花崗岩や堆積岩土壌よりも富栄養な沖積土のほうが樹種多様性が低くなる．おそらく沖積土では成長速度が速いために競争排除が急速に起こるからであろう（Cannon and Leighton 2004; Paoli et al. 2006）．

昆虫の多様性は維管束植物の多様性よりもはるかに高い．Novotny et al.（2006）は葉面積100m^{2}あたりの昆虫の種数は熱帯樹種と温帯樹種で同程度であることを明らかにしており，このことから葉食性昆虫の緯度勾配は植物多様性の勾配によってほぼ説明できることが示唆される．しかし，Dyer et al.（2007）によると，熱帯林に生育する鱗翅目の幼虫の食性は温帯林の幼虫よりも専門化していることが示されている．つまり，平均すると熱帯の種は温帯の種よりも餌とする植物の種や属，科が少ない．このことは，熱帯では餌の専門化が進んでいるために，熱帯性昆虫の多様性が高いことを示唆している．熱帯で植食者の多様性が非常に高いことについての他の理由としては，植物種あたりの植食者の種数が温帯よりも多いことや，サイト間で植食者の種が温帯よりも大きく入れ替わること（すなわちβ多様性が高いこと）に由来しているのかもしれない．しかし，Lewinsohn and Roslin（2008）は，現在利用可能なデータでは定量的な比較を行うには不十分であると結論している．

Beck and Kitching（2007）は地域スケールにおいて，スズメガ（スズメガ科）の多様性は赤道地域ではなく東南アジア北部にピークをもつことを示した．このパターンについては，緯度が高くなるにつれて種多様性が低下するという「一般的な」パターンと，本地域の北部では陸地面積が大きいために「半島効果（peninsula effect; 半島の先端から基部にかけて種類が増加すること）」がみられることの組み合わせによって，もっともよく説明できると考えられている．

植物や昆虫とは対照的に，脊椎動物の分布には歴史の跡がより強く残っているため，現在の物理環境だけでは多様性のパターンを正確に予測できない．カエルなどのように分散能力の低い分類群では歴史が多様性を決定するもっとも重要な要因と考えられ，多くの種は気候変動に合わせて速やかに分散することができない．対照的に，鳥類などのように分散能力の高いグループでは歴史の重要性はもっとも低くなる．鳥類の多様性パターンは，熱帯東アジアの他の生物群では匹敵するものがないほど（完全性や正確性，精度の良さという点において）データの質が良いためにとくに興味深い．Ding et al.（2006）は，衛星観測によって推定した正規化植生指標（normalized difference vegetation index; NDVI）の一次生産が，大陸の100×100km方形区内の鳥類の種数を予測するための最良の因子であるものの，同じ面積の場合には大陸よりも大きな島のほうが鳥類の種類がつねに少ないことを明らかにした（たとえばボルネオ島や台湾島では，マレー半島や中国南部の大陸部よりも単位面積あたりの種類が少ない）．鳥類の多様性は赤道付近ではなく，インド・中国の2国とミャンマーとの国境にあたる北緯25度付近で最大になった．この場所は大陸部で正規化植生指標がもっとも高い場所でもある．この緯度付近では，幅が狭くなる南側の半島部よりも鳥類が利用できる土地面積が広いことにくわえて，急峻で起伏のある地形が存在することが付加的な要因となって，ハビタットの多様性が高くなるのだろう．他の動物グループについても同じ場所で多様性が最大になるかどうかを調べることは非常に興味深いが，この場所は熱帯東アジアの中でもっとも研究が進んでいない場所の1つなのである．

相関があることは因果関係があることを意味しない．生産性が高い森林ほど鳥類の潜在的なニッ

チが多いことや，植物相が多様な森林ほど植食性昆虫の潜在的なニッチが多いこと，永続的な温暖湿潤環境では植物種の共存が促進されることは確かに妥当であると考えられるが（4章 植物の生態を参照），これらの種が分化するメカニズムには歴史という要素があるはずである．本地域内の温暖で湿潤な場所ほど多くの種が存在していることについてよくある歴史的説明としては，動植物の古い系統はもともと第三紀初期の温暖で湿潤な気候に適応していたという理由と，始新世以降に地球規模で気候が寒冷化するにつれて，多くの種が寒冷地や乾燥地から排除されてきたという理由である（Hawkins et al. 2007; 図1-5）．ゆえに，私たちが今日目にする相関関係は，現代の環境のみに由来するわけではなく，こうした環境がずっと続いてきたことによって種が蓄積された結果でもある．

生存するために温かさが必要なクレード（clade：共通の祖先から進化した生物群）は温度が低下すると排除されるため，熱帯や亜熱帯山地において標高が高くなるにつれて種多様性が減少することも歴史的な説明によって予測できるだろう．標高とともに利用できる土地面積が急激に減少していくことや土地がより孤立していくことによってさらにこのパターンが強化される．たとえば熱帯東アジアにおいては，北西部の端にあるヒマラヤをのぞくと，標高3,000m以上の場所は，数個の小さな孤立した島状の土地となっている．アリの種数は標高が高くなるにつれて指数関数的に減少し，標高2,300mを超えるとゼロになる（Brühl et al. 1999）．キナバル山ではササラダニの種数は標高と共に減少する（Hasegawa et al. 2006）．しかし，他の多くの生物群の観察結果はこうした予測と一致しない．維管束植物（Teejuntuk et al. 2003; Grytnes and Beaman 2006; Liu et al. 2007; Wang et al. 2007d），シダやラン（Kitayama 1992），小型哺乳類（Heaney 2001; Nor 2001），甲虫（Stork and Brendell 1990），ガ（Beck and Chey 2008）などのさまざまな生物では，中標高に多様性のピークがあることが報告されているのである．

中標高で多様性が高くなるというこれらの結果の一部では，低地では森林消失や激しい森林撹乱があること，複数の標高における記録から内挿して種の分布を決めていること（この結果，トランセクトの一番上付近と一番下付近では発見された種のみが種数に含まれるが，中標高では発見された種と内挿によって存在すると判断した種の両者が種数に含まれてしまう），サンプルサイズが小さいこと，採集におけるバイアス（偏り）があることなどの方法論的な問題を反映している可能性があるが，結果が正しいと考えられるものもある．このような結果についてのもっとも一般的な説明として，とくに本地域の北部では，低地から標高1,000〜2,000mの多くの山地にかけて利用可能な水分量が増加すること（もしくは干ばつの頻度が減少すること）を反映していることがあげられる（Liu et al. 2007ほか）．しかし，花粉記録の研究によると，過去250万年のほとんどを占めていた氷期の間に山地林環境が拡大したことが示唆されているため（1章 環境史を参照），歴史的な要素もあるのかもしれない．また，調べられているなかで樹木や鳥類，脊椎動物の種数がもっとも多い場所はすべて標高600m未満の低地であることにも注意が必要である．

3.8 熱帯東アジアの細分化

地理学者は多くの異なる方法で熱帯東アジア内を分類してきたが，研究者による見解の違いは大部分が北回帰線より北側についてである．名前や正確な境界は研究者によって異なるものの，北回帰線より南の熱帯においてはウォーレシア亜区（Wallacea），フィリピン亜区（Philippines），スンダランド亜区（Sundaland），インドシナ亜区（Indochina or Indo-Burma）という4つの主要な亜区が識別されている．ウォーレシアはこの本の対象とする熱帯東アジアよりも東に広がっており，インドシナ亜区は，インド東北部とバングラデシュの一部を包むようにインド—ミャンマー国境以西まで広がっていると捉えられることが多

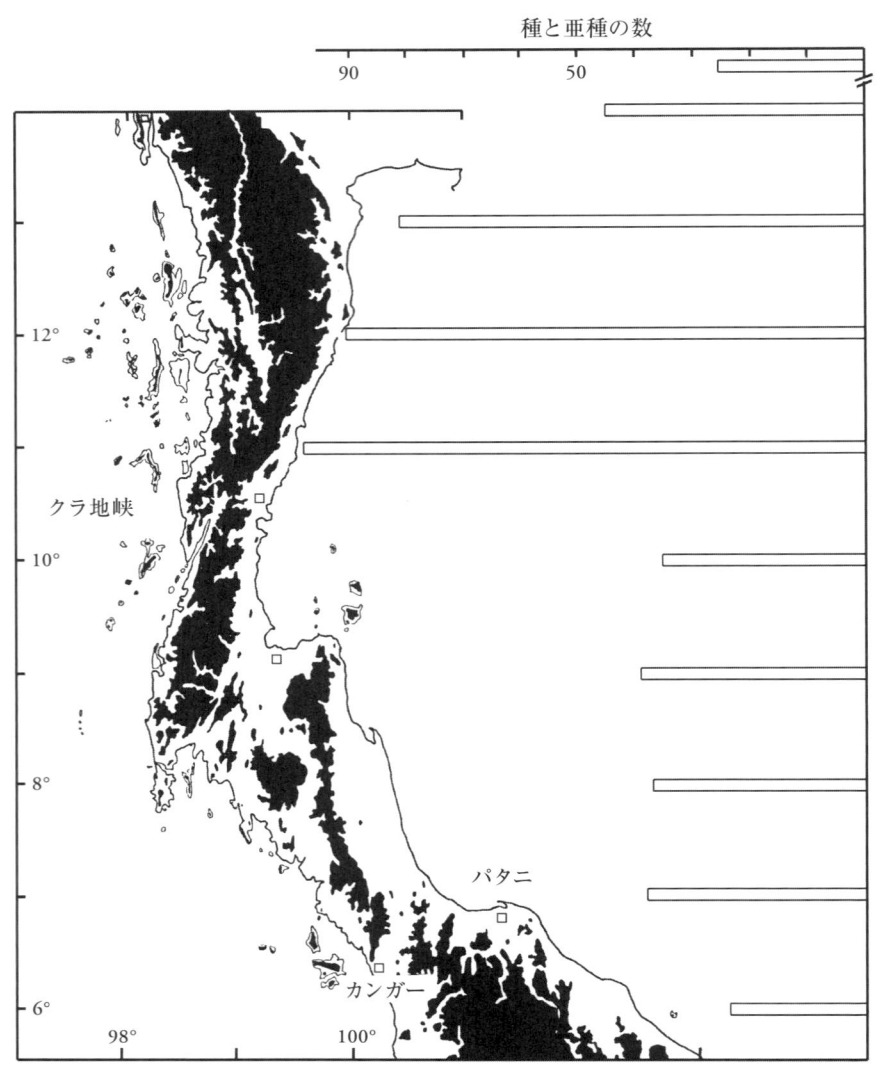

図 3-4 タイ・マレー半島でもっとも幅が狭い部分の地図. 南側の非季節性熱帯雨林と北側の季節林の移行帯であるカンガー・パタニ線（北緯約7度）と, それよりも450km北側の, 動物学者がスンダランド亜区とインドシナ亜区の境界とみなしているクラ地峡を示している. 標高100m以上を黒で表している. 右側の頻度分布はそれぞれの緯度を分布の限界とする森林性の留鳥の種と亜種の数を表している. クラ地峡のすぐ北側で最大値を示している（Hughes et al. 2003）.

い. その他の2つの亜区は完全に熱帯東アジアの中に含まれる. ウォーレシアの主要な島々の大部分において固有の脊椎動物のいくつかの分類群が共通しているものの（3.9.9 フィリピン諸島を参照）, ウォーレシアは, そこに共通の生物の分類群がいるということではなく, スンダランド亜区の脊椎動物相の大部分が存在しないことによって定義されており, フィリピン亜区もほぼ同様である. スンダランド亜区（あるいはスンダ亜区, マラヤ亜区）は, スンダ陸棚の島々（おもにボルネオ島, スマトラ島, ジャワ島）とタイ・マレー半島の南部を含む亜区と定義される. 最近までこの亜区はおもに熱帯雨林で覆われていた. この亜区の特徴的な動物相としては, 齧歯類のアカハラモモンガ属やスンダトゲネズミ属, スンダリス属, 霊長類のリーフモンキー属が, 植物相してはサラノキ属の *Rubroshorea* 亜属（レッド・メランティ）と *Richetia* 亜属（イエロー・メランティ）に属する数多くの近縁の共存樹種があげられる.

スンダランド亜区とインドシナ（インドビルマ）

亜区の境界は，さまざまな研究者によっておよそ北緯7〜13度の間とされている（図3-4）．植物学者は長い間，マレーシアとタイの国境近くのカンガー・パタニ線を境界としてきたが，さまざまな生物群を調べている動物学者は，それよりも400〜500kmほど北側のクラ地峡近くを境界としてきた（Huges et al. 2003; Gorog et al. 2004; de Bruyn et al. 2005ほか）．いずれの境界線にももっともな生態学的理由が存在し，南の境界線（カンガー・パタニ線）は非季節性熱帯雨林から季節性熱帯林への移行帯であり，北の境界線（クラ地峡）は季節性常緑樹林と混交落葉樹林の移行帯である．ただし，境界線より北側にも南側にもおもな分布から外れた森林が存在する．この境界線の南側の非季節林のみに分布する樹種よりも境界線の両側に分布する樹種のほうが遺伝的に耐乾性が強いことが示されており，カンガー・パタニ線は生理生態学的な理由によって裏付けられている（Baltzer et al. 2008）．

しかしながら，多くの動物学者は，クラ地峡付近の急激な動物相の変化は植生変化だけでは十分に説明できず，中新世中期あるいは更新世初期に海水路が半島を横切っていたことが原因であると考えてきた（Woodruff 2003）．つまり，動物学者は生態学的な説明よりも歴史的な説明を選んできたのである．かつて海水準が十分に高かったかどうかはいまだに不明であり（1.4 海水準変動を参照），それにくわえて幅が非常に狭く（50km未満），短期間しか存在しなかった（100万年未満）ような海水路が現代の分布に大きな痕跡を残せたのかについても不明である．さらに，更新世の気候変動に応答して亜区間の境界が南北方向に移動したことが化石証拠によって示されており（Chaimanee 2007），現在の境界の位置もなんら特別ではないと考えられる．インドシナ亜区の動物相の特徴的な要素として，アクシスジカ属（シカ），イヌ属（ジャッカルやオオカミ），ノウサギ属（ノウサギ）などの，比較的開けた森林に生息する哺乳類の属があげられる．

本地域をさらに細かく分割することは，すべての生物相のうちの一部，たとえば維管束植物や脊椎動物においてのみ可能であり，あるいは生態学的情報と生物地理学的情報を組み合わせることで可能である．後者のアプローチは，世界自然保護基金（WWF）のエコリージョン分析（ecoregional analysis）で用いられた（Olson et al. 2001; Wikramanayake et al. 2002）．エコリージョン（ecoregion）は，潜在植生図を利用することによって詳細に記述された，種や生態系が特徴的な小エリアである．熱帯東アジアの中には全部で63のエコリージョンが識別されている．たとえばボルネオ島の低地熱帯雨林，ルソン島の山地雨林，スマトラ島の泥炭湿地林，インドシナ中部の乾燥林などである．Xie et al.（2004）は自然地理学的な情報と植物と哺乳類の分布データを組み合わせて，中国の生物地理学的区分システムを構築した．

3.9 島の生物地理学

熱帯東アジアはきわめて多くの島をもつ地域である．現在よりも水位が120m低かった最終氷期最盛期にはアジア大陸とつながっていた「大陸島（continental island）」と（1.4 海水準変動を参照），これまで大陸とつながったことのない「海洋島（oceanic island）」の間には大きな違いがある．大陸島の生物相は，島になった後に種が絶滅することでおもに変化しており，ある大きさの島には同じ面積の大陸よりも少数の種しか生息しない．たとえば，マレー半島における500km^{2}の面積の任意の森林の中には，最近までゾウやサイ，トラが生息していたが，同じ面積の森林をもつ島ではこれらの生物は存続可能な個体数を維持できない．

対照的に，海洋島の生物相は分散と定着に影響を及ぼす要因によって制限されている．陸上生物が島へ到達するためには海洋という障壁があり，それがフィルターとして作用するために，島の植物相と動物相は大陸と比べて偏っていたり不均整であったりする．陸上生物は，飛翔すること（鳥類やコウモリおよび昆虫の一部），風によって受動的に移動すること（花粉や小型の風散布種子，

小型の飛翔性昆虫，風にのって移動するクモ），泳ぐこと（ゾウやニシキヘビ，オオトカゲ），受動的に浮遊すること（沿岸植物および無脊椎動物の一部），流木およびそれよりも大きな「浮島」に乗って移動すること（爬虫類や小型哺乳類，無脊椎動物）やこれらの方法で移動する生物の表面や中に付着することによって（脊椎動物に散布される植物や無脊椎動物の一部），島にたどり着く．利用できる分散メカニズムの数は海の障壁の幅が増すほど少なくなるため，大陸島とは異なり，海洋島の生物相は大陸からの距離によって変化する．もしその島に定着できる程度の分散は起こっているものの，大陸からの遺伝子流動が制限されるくらい稀な頻度でしかその分散が起きないのであれば，島の集団は遺伝的に種分化することが可能であり，この結果，古くから存在する島では島固有の品種や亜種，種，そしてさらに高次の分類群が進化する．

熱帯東アジアには，明らかに大陸島にも海洋島にも当てはまらないような島も存在しており，この例として，過去の一時期には大陸とつながっていたものの，最終氷期最盛期には大陸とつながっていなかったと思われる島があげられる．このような場合には循環論に陥ってしまう傾向がある．つまり，海による障壁を越えることができない（と考えられている）種がある島に1種以上生息するのであれば，その島は大陸と陸つづきだったに違いないと考えるが，逆に島が大陸とつながっていたことが，これらの種が海を越えることができないことの証拠とされてしまうのである．しかしながら，たとえ海による障壁が永続的だったしても，その幅が狭ければ（数kmほど），同じ分布パターンが生じることもある．一定の時間があれば，ほぼすべての鳥類は飛んでわたることができるし，大型の脊椎動物は泳いでわたることが可能であり，塩分に弱いカエルでさえ流木に乗って移動できるうえに，種子や無脊椎動物も風に飛ばされたり他の動物に運ばれることによって海をわたることができるのである．熱帯東アジアにおける島の生物地理学の多様性について，もっとも研究の進んで

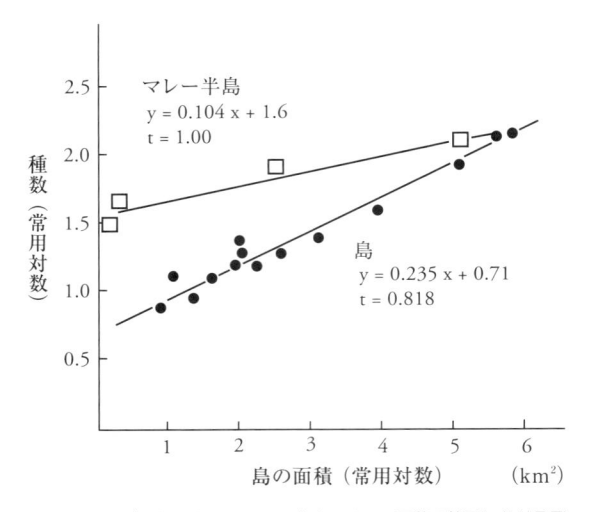

図3-5 スンダ陸棚の島々とマレー半島の4つの面積の範囲における飛翔しない陸上哺乳類の種数と面積の関係（島：$R^2 = 0.95$，マレー半島：$R^2 = 0.94$）．最終氷期の終わりに陸棚が海に沈んで島が形成されたために，大規模な絶滅が起こったことを示している（Heaney 1984より）．

いる島や島嶼群の一部について以下に説明する．

3.9.1 スンダ陸棚の大陸島

スンダ陸棚の大陸島における種数を決定する主要因は島の面積である．すべての哺乳類についても（Heaney 1984），また，霊長類のみについても（Harcourt 1999），種数と島の面積の間には両対数で有意な強い相関関係があり，種数の変異の90%以上が島の面積によって説明できる．島嶼部（傾き = 0.235）とマレー半島の4つの面積の範囲（傾き = 0.104）で種数—面積関係を比較すると，島では分離した後に数多くの絶滅が起きたことが示唆される．たとえば，100km²の面積の大陸部には哺乳類が65種生息するのに対して，同じ面積の島には15種しか生息しないと推定されている（Heany 1984；図3-5）．島が小さいほど動物相の各ギルド内において大型の種が失われる傾向があり，もっとも大型の種（オランウータンやトラ，ヒョウ，バク，サイ，ゾウ）はもっとも大きな島にしか生息しない．小さな島では食肉類の種数は他のグループの種数よりも急激に減少し，もっとも小さな島には食肉類が生息していない．おそらくこれは，食肉類は獲物となる動物よりも必然的に低密度で生息するためであろう．

大陸からの距離も，島と大陸の間にある海の水深も，大陸島のすべての哺乳類の多様性や霊長類の多様性に対して大きくは影響していない（Heaney 1984; Harcourt 1999）．しかしながら，どの種が存在するかという点では水深が影響することもある．比較的深い海によって孤立している島は，気候が今日よりもかなり冷涼で乾燥していたときに大陸との間にあった森林のつながりがとぎれたと考えられるため，その島には閉鎖林しか移動できないような種は存在しないだろう．Meijaard（2003）は東南アジアの215個の島における現生の哺乳類動物相に注目して，それらの島が大陸から分離したときに森林に覆われていたかどうかを推定した．彼は，森林依存種のほとんどが，ジャワ海の島やボルネオ島東部の東海岸近辺の島，スンダ海峡の島，タイ・マレー半島の西海岸近辺の島，タイ湾の島に生息していないことから，それらが島になったときには閉鎖林に覆われていなかった可能性があることを見出した．反対に，スマトラ島西部やボルネオ島北西部，マラッカ海峡，パラワン島付近の島々の大部分には閉鎖林が存在していたようである．しかしながら，パラワン島で得られた別の証拠によると，氷期最盛期には広範囲にわたる草原か，あるいは樹木が散在するようなサバンナも存在していたようである（Bird et al. 2007）．リアウ諸島やリンガ諸島のように今日では浅海によって隔てられている島々には森林依存種が数多く生息しているが，気候が現在と似ていた完新世初期までこれらの島々は大陸とつながっていたため，最終氷期に森林があったかは不明である．

1章（1.5 気候と植生の変化）で議論したように，熱帯雨林に生息する生物は，おそらく鮮新世の初期からではないものの，更新世のほとんどの期間において，スンダ陸棚をわたって主要な島々を自由に移動できなかったことを示唆する遺伝学的証拠が増えつつある．とくにボルネオ島はずっと島だったようであり，ボルネオ島では他のスンダランドよりも植物相に固有種の割合がかなり大きいことが，このことによって部分的に説明できるか
もしれない（Van Welzen et al. 2005）．ジャワ島では固有種がほとんどみられないが，ジャワ島の植物相はウォーレシア以外のスンダ陸棚の植物相よりもウォーレシアの植物相と類似している．おそらくこれは島の大部分が乾燥気候のためだろう．

3.9.2 海南島と台湾島

海南島と台湾島は同じくらいの大きさの大陸島であり（海南島が3万4,000km^{2}で台湾が3万6,000km^2），海水準が低かった氷期には中国本土と広い範囲でつながっていた（図3-6）．予想されるように，これらの島の動物相は基本的に大陸性であるが，亜種レベルや，ときには種レベルでかなりの分化がみられる．どちらの島もネコ科の大型種が生息するほど広くはなく，もっとも大きな種は15～20kgのウンピョウ *Neofelis nebulosa* である（現在は絶滅した）．しかし，大型ではあるがほぼ植食性のツキノワグマ *Ursus thibetanus*（180kg未満）や，さまざまな種類の小型食肉類は生息している．

3.9.3 琉球（南西）諸島

琉球（南西）諸島は，台湾と日本列島南部の九州の間にあり，長さ1,500kmの列島である（図3-6）．南部と中部の島の間および中部と北部の島の間に存在する深海（深さ1,000m以上）によって，この島々は現在3つのグループに分けられている．海水準が低かった更新世には，各グループ内の島々はつながっていたようであり，また南部の島々は台湾と，そして北部の島々は日本本土とつながっていたようである．しかし，この地帯は地質構造的に活発なので，深海による隔たりが過去にも存在していたのかは不明である．現生および化石による動物の分布によって，更新世初期には中部の島から奄美大島まで陸橋が存在していたことが議論されてきたが（Oshiro and Nohara 2000），この方法では陸上の脊椎動物が比較的短い距離の海をわたる能力を過小評価しているかもしれない．北部の島々（屋久島を含む）には，ニホンザル *Macaca fuscata* やニホンイタチ *Mustela*

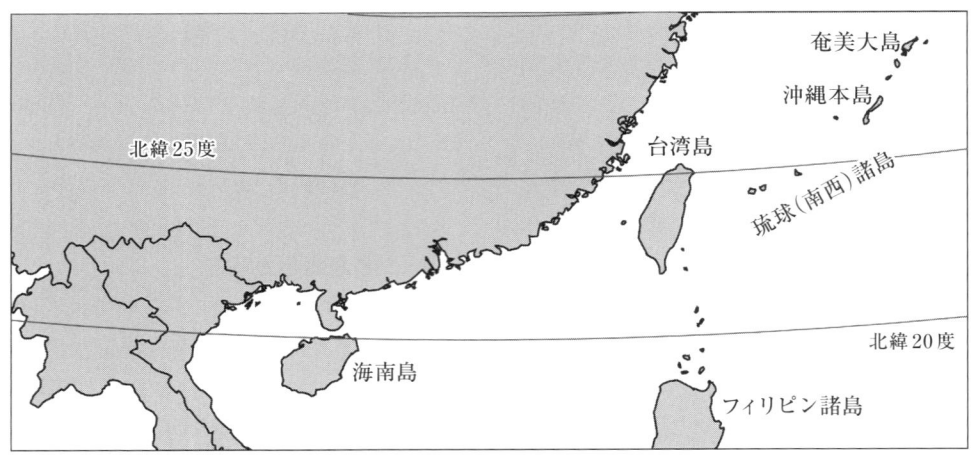

図3-6 海南島，台湾島，および琉球（南西）諸島の位置を示す地図．

itatsi, ニホンジカ *Cervus nippon* といった, これらの島々よりも南側ではみられないような日本本土の種がみられるが，中部の島々（沖縄本島や奄美大島など）にはネズミ科の齧歯類の固有の属や固有種のアマミノクロウサギ *Pentalagus furnessi* が存在する．中部と北部の島々の間を隔てるトカラ海峡がしばしば東洋区の北限と考えられている．

3.9.4 小笠原諸島

この本で用いられている熱帯東アジアの定義には，広大な深海域はまったく含まれていないため，隔離した海洋島は熱帯東アジアには存在しない．生物相の大部分が熱帯東アジア起源であると考えられることから，熱帯東アジアの一部とされる島の中でもっとも遠く離れた島は，琉球諸島の1,300km東にあり，熱帯東アジア北東の端に位置する亜熱帯の小笠原諸島（北緯27度）である．これらの小さく（面積24 km²未満），広域に散在する島々は，第三紀の火山活動が起源であり，もっとも近くにある大きな陸地（日本の本州）からも1,000km以上離れている（Shimizu 2003）．人々がこの島に定住してから200年も経っておらず，近年まで亜熱帯常緑広葉樹林に覆われていた．これらの島々が隔離されていることを反映して，この土地には在来の淡水魚，カエル，ヘビ，非飛翔性の哺乳類がまったく分布せず，トカゲの固有種1種，コウモリの固有種2種（現在ではそのうちの1種は絶滅してしまった），固有の鳥類5種（現在ではそのうちの3種が絶滅）が分布しており，維管束植物では固有種の割合が非常に高い（43%）．同緯度にある大陸の森林と比べると樹木の植物相は貧弱で，分散能力に乏しいブナ科樹木は分布しない．無脊椎動物相における固有種の割合も大きいが，一部の分散能力が低い分類群はみられず（ミツバチ属のハチなど），諸島内で適応放散している事例がいくつかみられる（エンザガイ属やカタマイマイ属のカタツムリなど）．ここ数十年の間，これらの島々は侵略的外来種の大きな脅威にさらされている（7.4.10 侵略的外来種を参照）．

3.9.5 パラオ諸島

海洋島のパラオ諸島は（北緯7度；図3-11），小笠原諸島よりもいくぶん熱帯東アジアに近く，ミンダナオ島から東に845kmしか離れていないものの，マルク諸島からもニューギニア島からも同じくらい離れているため，生物地理学的には小笠原諸島より複雑である．この島々には，火山由来の島と珊瑚礁由来の島がある．総面積は500km²であり，最大の島であるバベルダオブ島はそのうちの365km²である．この場所には，少なくとも3,000年前から人間が住んでおり，おそらく他の多くの太平洋の島々と同様に，有史以前に人間の影響で動物相の絶滅が起こったと思われるが，化石証拠は存在しない（Steadman 2006）．この島々

には，固有種でニューギニアに近縁種が分布するカエル1種と，ヘビの在来種4種，固有種数種を含む多様なトカゲとヤモリが分布している（Crombie and Pregill 1999）．哺乳類相として，歴史的に2種の果実食コウモリ（現在では1種は絶滅した）と昆虫食コウモリ1種が存在した．陸生の留鳥31種の中には，固有の2属があり，それぞれの属に1種ずつと，さらに固有種7種が分布する（Steadman 2006）．植物相は太平洋の島としては比較的豊かであり，多くの固有種が存在する（Donnegan et al. 2007）．小笠原諸島のように，現在では多くの外来種がパラオ諸島に定着しており，その中には，ネズミ類，鳥類数種，カエル，爬虫類数種，多くの無脊椎動物や植物が含まれる．

3.9.6 クラカタウ諸島

新しく誕生した島における生物の初期定着過程については，ジャワ島とスマトラ島の間にあるクラカタウ諸島で詳細に研究が行われてきた（図3-7）．1883年にクラカタウ島で800mの高さの火山島が噴火し，おもに津波によって約4万人が亡くなった．噴火後もスンダ陸棚には島々が残っているが，噴火によってこれらの島々は不毛の土地になったと考えられており，現在のすべての生物相は少なくとも16km以上（この生物相の少なくとも一部が生息するもっとも近い島までの距離）も海をわたってきたものや，おそらく40km以上離れているスマトラ島やジャワ島からやってきたものだろう（Thornton et al. 2002）．予想されるように，カエルや大型種子をもつ一次林樹種はみられない．唯一の哺乳類はコウモリ類とネズミ類であり，ネズミはおそらく人によって持ち込まれたのだろう．爬虫類には，遊泳能力が高いアミメニシキヘビ *Python reticulatus* やミズオオトカゲ *Varanus salvator* および，浮木や流木に乗ってやって来たであろうそれ以外のヘビやヤモリ，トカゲが分布するが，人によって分散された可能性も否定できない．鳥類としては55種が記録されており，すべてが留鳥の個体群というわけではないものの，飛翔能力が低いチメドリやキジは存在しない．無脊椎動物相でも，空中を長距離分散できる種が優占している．

3.9.7 アンダマン諸島とニコバル諸島

大きな海洋島のうちでもっとも多くの研究が行われているのは，ミャンマー南西部とスマトラ島北西部の間に広がる700kmの列島である（図3-7）．この列島には北から南に向かって，大陸島のプレパリス諸島（ミャンマー領），海洋島のココ諸島（ミャンマー領），アンダマン諸島（インド領），ニコバル諸島（インド領）が存在する．海水準が低かった氷期には，アンダマン諸島とココ諸島は1つの大きな島を形成していたが，そのときにもミャンマーからは70km離れていた．その時期には，ニコバル諸島とアンダマン諸島は深海によって隔てられており，ニコバル諸島は3つに分かれていたうえに，それぞれの島はスマトラ島からも離れていた．この場所には，さらに2つの海洋島であるナルコンダム島とバレン島（ともにインド領）が存在し，アンダマン諸島から150km東に位置する．バレン島は活火山であるが，ナルコンダム島はおそらく休火山であろう．この列島における海洋島の全面積はおよそ6,400km^{2}で，自然植生は常緑あるいは半常緑の熱帯雨林であり，小面積の落葉樹林が含まれる．

これらの島々は距離的にあまり離れていないにもかかわらず，脊椎動物相は海洋島の特徴をもっている．哺乳類相は貧弱で，在来の霊長類や有蹄類，食肉類，その他の大型種は分布しないが，ニコバルツパイ *Tupaia nicobarica* やシュロクマネズミ *Rattus palmarum*，トガリネズミ2種（ジネズミ属），果実食コウモリ（ニコバルオオコウモリ *Pteropus faunulus*）が分布する（Wilson and Reeder 2005）．イノシシの個体群は在来であると考えられてきたが，有史以前に人が導入したと考えるほうが妥当であろう．鳥類相では，ゴシキドリ，キヌバネドリ，キジ，チメドリが生息せず（これに対してミャンマー南西部には39種のチメドリが生息する），ヒヨドリは3種のみ生息するが（ミャンマー南西部には17種），飛翔能力が高いハト（8

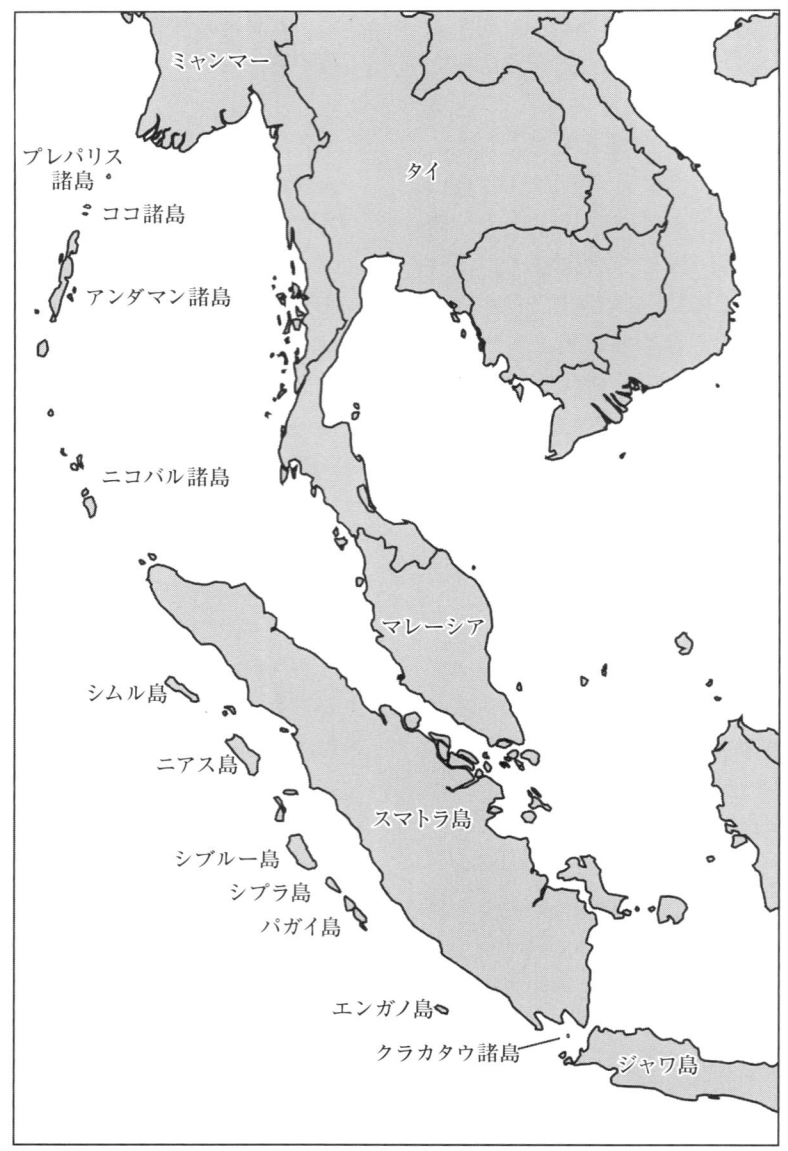

図3-7 熱帯東アジア西部の主要な島々についての地図.

種)とタカ(9種)が比較的豊富である(Ripley and Beehler 1989).サイチョウはアンダマン諸島とニコバル諸島にはいないが,ナルコンダム島には固有種が1種生息している.アンダマン諸島とニコバル諸島には全部で17種の鳥類の固有種が分布しており,さらに多くの固有の亜種や品種も分布している.両生類と爬虫類の動物相でも固有種の割合が大きい(Das 1999).

在来の脊椎動物相の祖先は流木に乗って,また鳥類やコウモリは嵐に飛ばされて70kmの開水域をわたってきたことは容易に想像できる.流木に乗ることができないような大きな種や(霊長類や有蹄類および食肉類),飛翔能力が弱すぎるため風に飛ばされると生き残れない種(チメドリ類)の大部分は生息していないか,あるいはきわめて少ない.このような脊椎動物相とは対照的に,維管束植物の種数はきわめて多いものの(表3-1),分散能力の乏しいフタバガキ科樹種はアンダマン

諸島に7種のみが分布しており，ニコバル諸島にはまったく分布していない（Hajra et al. 1999）．

3.9.8 スマトラ西海岸沖の島々

スマトラ西海岸沖の赤道付近の一連の島々は（図3-7），過去の陸地とのつながりを示すおもな証拠が生物相じたいであるときに生じる問題の優れた実例である．これらの島々はスンダメガスラストの上に位置しており（1.6 地球外天体の衝突，火山およびその他の自然のカタストロフを参照），地震によって急激な沈降や隆起が起こり（Stone 2006），長期的にも変化したため，現在の水深は過去の陸地の範囲を知るうえで信頼性のある手がかりにはなりそうもない．地質構造上は非常に活発であるものの，大きな島々のいくつかは，海が深いために最終氷期最盛期においても陸続きにならず，スマトラ島から隔てられていた．しかし，鮮新世後期から更新世中期に陸橋が存在していたことによって，一部の島で脊椎動物相が驚くほど多様であることが説明されてきた．

シムル島（1,738km²）とエンガノ島（443km²）の哺乳類相は貧弱で，鳥類と爬虫類には固有種がみられることから，おそらく他の陸地とつながったことがないだろう．シムル島にはカニクイザルの固有亜種もいるが，かつては固有亜種と考えられてきたイノシシは，導入されたスラウェシ島のセレベスイノシシ Sus celebensis が野生化したものであった（Wilson and Reeder 2005）．エンガノ島には固有種と思われる2種のクマネズミ属のネズミ類がいるが，あまりよくわかっていない．ニアス島（4,771km²）も深海で囲まれているが，この島にはスマトラ島の哺乳類相のうちの有蹄類や食肉類などの多様な種を含むことから，さほど遠くない過去には他の陸地とつながっていたことが示唆される．森林がないと生息できないような哺乳類の種が数種存在していることは，氷期においてもこれらの島々に閉鎖林が存続していたことを示す証拠でもある（Meijaard 2003）．

メンタワイ諸島の中で，とくに大きな島であるシブルー島や（4,030km²）シプラ島（845km²）および，隣接した北パガイ島と南パガイ島（合わせて1,675km²）では，動物相はもっとも興味深く謎に満ちている．これらの島々は，おそらく最終氷期最盛期ではなく，更新世の海水準が低かった時代に，シブルー島を通して大陸島のバトゥ諸島と，そしてさらにスマトラ島とつながっていた可能性がある（Inger and Voris 2001）．これらの島々には固有種と思われる10種の齧歯類だけでなく（Wilson and Reeder 2005），驚くことには4〜5種の固有の霊長類が生息している．テナガザルが1種，リーフモンキーが1種，シシバナザルが1種，マカクが1種か2種であるが，マカクの種数については，シブルー島の種が他の3つの大きな島々に生息する種とは別種であるかどうかによって判断が分かれる（Ziegler et al. 2007）．

3.9.9 フィリピン諸島

フィリピン諸島（図3-8）の地史は複雑であり，現在も論争中である（1.3 プレートテクトニクスと熱帯東アジアの起源を参照）．数多くの島のうち，パラワン島とミンドロ島および，それらの島に付随するいくつかの小さな島々だけがアジア大陸起源であるが，それらの島々をつたって大陸の動植物がフィリピン諸島に移動したと考えられるような証拠はない．その他の島々の齢（3,000万年以上前にできたものから最近できたものまで）と起源は多様であるが，現在では多くの島は最初に海上に出現した時ほど孤立していない．海水準が低かった更新世にはフィリピンの陸地の大部分は，グレーター・パワラン島，グレーター・スールー島，グレーター・ミンダナオ島，グレーター・ルソン島，グレーター・ネグロパナイ島，ミンドロ島という6つの大きな島だった．これらの更新世時代の島々は狭くて深い海峡によって分断されていた．島の間で現在みられる似て非なるパターンは，現在の地勢よりもこのような歴史を反映している（Heaney et al. 1998）．

パワラン島だけがかつてボルネオ島とつながっていた可能性があるが，本当につながっていたのか，つながっていたとしたらそれがいつだったの

図3-8 フィリピン諸島の地図．パラワン島のみが過去にボルネオ島と陸つづきだった可能性がある．

かは不明である．パラワン島とボルネオ島の間にある深海は，幅が狭いが深さは200mを超えており（Heaney 1991)，両者がつながっていたとすると，現在考えられているよりも大きな海水準の低下があったか，かつては海の障壁がなかったがその後に地殻変動が起こったかのどちらかだろう．パラワン島にはボルネオ島の動物相の一部が生息し，その中にはフィリピン諸島の他の場所ではみられない種が多く含まれるが，複数の固有種や固有亜種も生息している．このことは，パラワン島がボルネオ島から長期間にわたって分離していたか，もしくは狭いが永続的に海で隔絶されていたことの証拠である（Heaney et al. 1998; Inger and Voris 2001)．最終氷期最盛期の気候が非常に乾燥していたという証拠があることと，人類が居住してからの歴史が長いことが，パラワン島の現生の生物相についての解釈をさらに難しくしている（Bird et al. 2007; Lewis et al. 2008)．

ミンダナオ島は脊椎動物相についてはフィリピンで2番目に種数が多い島であるが，他の島と同じように，分布しないグループ（キジ，テナガザル，センザンコウ，ヤマアラシ，イヌ，クマ，マングース，イタチ，マメジカなど）があることから，ボルネオ島と陸地のつながりはなかったと考

図3-9 ヤマハナナガネズミ Rhynchomys soricoides は，フィリピンに固有のネズミ科において奇妙で不思議な放散が起こった結果の一例である．このトガリネズミのようなネズミは山地林のみにみられ，ミミズや他の軟体無脊椎動物を食べるために極端に形態学的に専門化している（Balete et al. 2007）（写真：Lawrence Heaney ©Field Museum）．

えられる．ミンダナオ島には固有の鳥類15種と固有の哺乳類13種が分布し，その中にはツパイの固有の属や食肉目の固有の属が含まれる．もっとも北に位置する大きな島であるルソン島はミンドロ島から25kmしか離れていないが，ヒヨケザル，ツパイ，メガネザルが分布しておらず，大きな樹上性葉食者や口長でミミズ食スペシャリストなどのような，奇妙で不思議な齧歯目ネズミ科の固有種が放散している（Heaney et al. 1998；図3-9）．ルソン島の大型哺乳類相は，マカク1種（カニクイザル Macaca facicularis），イノシシ1種（フィリピンイノシシ Sus philippensis），シカ1種（マリアナジカ Cervus marianus），ジャコウネコ2種（パームシベット Paradoxurus hermaphroditus, マレーシベット Viverra tangalunga）から成り，現在のところすべてが在来のものと考えられているが，マカク，イノシシ，シカ，ジャコウネコ類は人間によって他の島々に導入されたことがある．フィリピン諸島ではコウモリ類と齧歯類の新種が毎年記載されているが，その大部分は各々の島に固有の種である．

　フィリピン諸島の動物相の化石としては，少なくともルソン島とミンダナオ島ではゾウの一種であるステゴドンが発見されており，ルソン島ではゾウもサイも発見されている（Bautista 1991）．ルソン島とセブ島には，アジアスイギュウ属の絶滅した種で，水牛の小型近縁種の化石も発見されている．これらの化石群およびミンドロ島にタマラオ Bubalus mindonensis（アジアスイギュウ属）が生息していることと合わせて考えると，かつてこの属はフィリピン中に分布していたのかもしれない（Croft et al. 2006）．これらの大型哺乳類が存在していたことは，過去に陸地とのつながりがあったことを示しているように一見は思えるが，更新世に島々を隔絶していた海は，現在のゾウや，おそらくはステゴドン，サイ，スイギュウでも泳いでわたれるほど狭い幅だった．現生および化石のネズミの一部でサイズが大きいことや，絶滅したゾウ，ステゴドン，アジアスイギュウ属の種のサイズが比較的小さかったことは，大型の食肉類がまったく分布していなかったことによって説明できる．

3.9.10 スラウェシ島

　スラウェシ島（図3-10）の複雑な地史については1章（環境史）で論じており，このことと現在の生物相の関係については今でも意見が分かれている．植物の多様性の高さはスンダ陸棚の大きな島々に匹敵し（Roos et al. 2004），これは始新世後期にマカッサル海峡が開いたことによって，祖先植物相の一部が取り残されたという見解と矛盾しない（1.3 プレートテクトニクスと熱帯東アジアの起源を参照）．対照的に，動物相は比較的貧弱であり，島になった後にボルネオ島から海をわたって分散したという見解と概ね一致する．最終氷期最盛期にはマカッサル海峡はまだ深かったが，もっとも狭いところでは約45kmしか幅がなかった．動物相のうち，海をわたってきたものが起源ではない例としては，イノシシに似ているが系統的には孤立しているバビルサ Babyrousa babyrussa が考えられ，この種はかつてボルネオ島と陸でつながっていたときにわたってきたと考えられるほど古いものである（van der Bergh et al. 2001）．カエルの固有種の祖先も陸づたいにボルネオ島から到達した可能性があるが，比較的耐

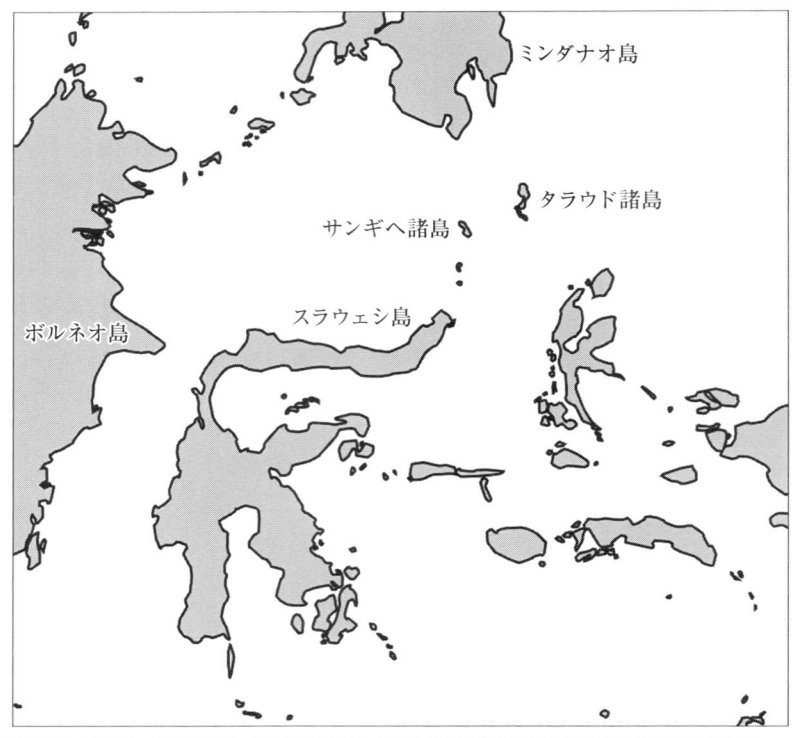

図3-10 スラウェシ島の地図．サンギヘ諸島とタラウド諸島の小さな海洋島についても示している．

塩性があるヘビは流木に乗ってやってきたと考えるほうが妥当であろう（Inger and Voris 2001）．2種の有袋類であるクロクスクス *Ailurops ursinus* とヒメクスクス *Strigocuscus celebensis* は，オーストラリア・ニューギニア縁辺から分離した小さな陸塊に乗って到達したのかもしれない（Moss and Wilson 1988）．これらの種は形態的には大きな違いがあるものの，明らかに姉妹分類群であり，ほぼ2,500万年前にもっとも近縁な種から分岐した．このことは，上記の説明と矛盾しない（Ruedas and Morales 2005）．

スラウェシ島にはキジ，ゴシキドリ，キヌバネドリ，ヒヨドリのいずれも生息しておらず，チメドリが1種，キツツキが2種，サイチョウが2種だけ生息している．また，オーストラリアの鳥類の科であり，ボルネオ島には生息しないミツスイ科の鳥も3種生息する．哺乳類相には，多くの固有の齧歯類や多様なコウモリ類，複数種のメガネザル（図5-13），適応放散したマカクの固有種，ジャコウネコの固有の1属（ただしジャコウネコ以外には食肉類はいない），イノシシ1種，アノア2種（アジアスイギュウ属：大陸の水牛およびフィリピンに現存する水牛と絶滅した水牛の近縁種）が含まれる．クロクスクスは，ボルネオ島のコロブス亜科の霊長類が占有するような樹上の葉食ニッチを占めているようである．更新世の動物相の化石には，ステゴドンやゾウなどの絶滅した属が数多く含まれている（van den Bergh 1999）．

3.9.11 サンギヘ諸島とタラウド諸島

サンギヘ諸島とタラウド諸島という海洋島の2つの小さなグループは，スラウェシ島の北端とミンダナオ島の南端の間に列を成している（図3-10）．サンギヘ諸島は活火山であるが，タラウド諸島は火山ではなく，標高が低い．サンギヘ諸島内でもっとも大きな島はサンギヘ島（700 km^2）であり，タラウド諸島内でもっとも大きな島はカラケラン島（976 km^2）である．この群島には在来の哺乳類は31種しか生息しておらず，そのうち5種は固有種である（タラウド諸島に果実食コウモリ

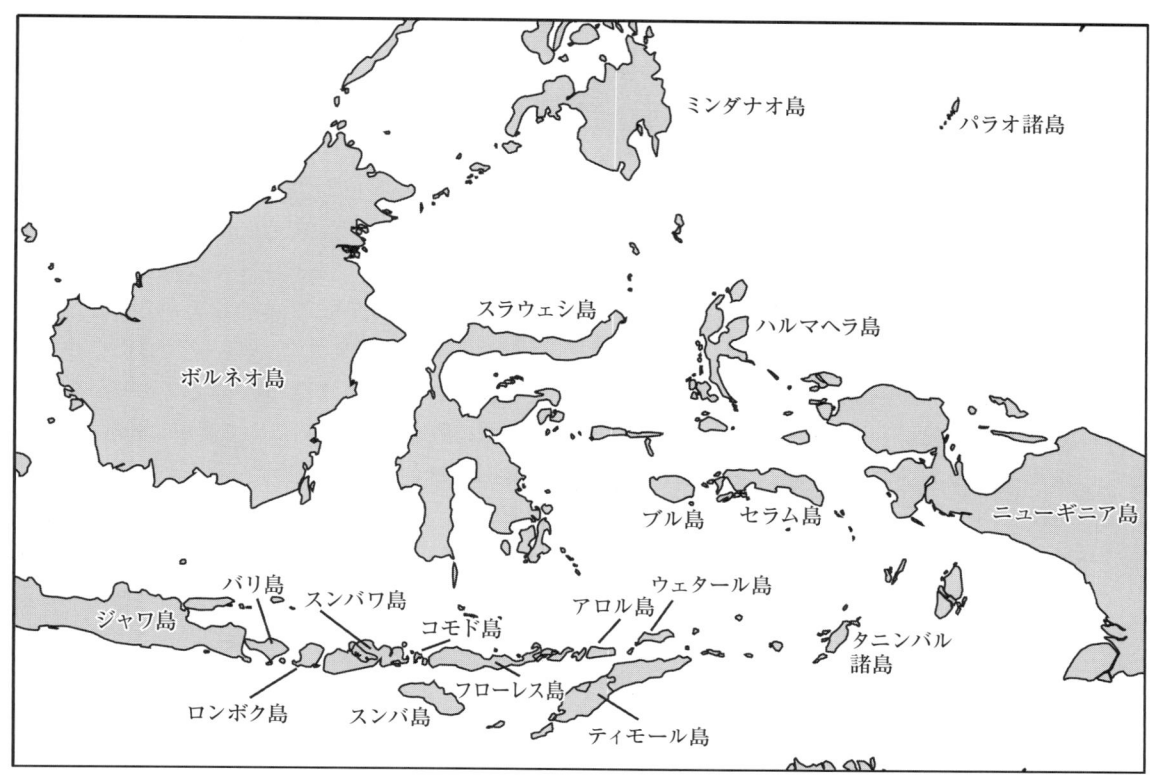

図3-11 ウォーレシア区の地図．小スンダ列島（ロンボク島，スンバワ島，コモド島，フローレス島，アロル島，ウェタール島，スンバ島，ティモール島を含む）とマルク諸島（ハルマヘラ島，ブル島，セラム島），パラオ諸島も示している．

1種とネズミ2種，サンギへ諸島にメガネザル1種とリス1種）(Riley 2002a)．鳥類相も貧弱だが，固有種が10種生息する（サンギへ諸島に6種，タラウド諸島に3種，両諸島に共通する種が1種）(Riley 2002b, 2003)．脊椎動物相のほとんどは，海水準が低かった氷期に存在していた飛び石状の島づたいに分散することで，スラウェシ島からサンギへ諸島に到着したようだ (van den Bergh et al. 2001)．更新世にはサンギヘ島にステゴドンが存在していたことによって，ステゴドンの仲間の遊泳能力の高さが改めて示されている．

3.9.12 小スンダ列島

小スンダ列島（別名ヌサ・テンガラ，「東南諸島」という意味）は，ジャワ島から東に1,900km以上にわたって広がる小面積から中面積の海洋島の一群である(Monk et al. 1997; 図3-11)．これらは地質学的に，ロンボク島(4,740km^2)，スンバワ島(1万5,415km^2)，コモド島(340km^2)，フローレス島(1万7,150km^2)，アロル島(2,125 km^2)，ウェタール島(3,600km^2)などの火山弧の内側グループと，スンバ島(1万1,057km^2)，ティモール島(3万1,280km^2)，タニンバル諸島(5,060 km^2)などのような，より多様で複雑な起源をもつ火山弧の外側グループからなる．小スンダ列島のほとんどは，降水量に季節性が強く，その一部は東南アジアでもっとも乾燥した場所の1つに数えられる．

西側の島々は主としてアジアの生物相をもつが，ティモール島はオーストラリアから480kmしか離れていないため，そこにはたくさんのオーストラリア起源の分類群が存在する．小スンダ列島の植物相には分散能力に乏しい科はみられない．たとえばブナ科樹種は存在せず，フタバガキ科樹種では西側の島に一種（*Dipterocarpus retusus*）みられるだけである．更新世の哺乳類相には，大型のネズミ類，多様なコウモリ類，小

型のステゴドンなどが存在し，フィリピンの海洋島と同様のパターンを示していたが，更新世後期にそれらが絶滅したことと近年に哺乳類を大量に導入したことによって，現在の状況は複雑になっている．フローレス島への意図的な導入は，少なくとも7,000年前のセレベスイノシシ *Sus celebensis* から始まり，ユーラシアイノシシ *S. scrofa*，カニクイザル *Macaca fascicularis*，スンダヤマアラシ *Hystrix javanica*，パームシベット *Paradoxurus hermaphroditus* が続いて導入されたのにくわえて，植民地時代から現在にかけて，さらに別の種が導入されている（van den Berg et al. 2008b）．同様に，鳥類相にはゴシキドリ，キヌバネドリ，在来のヒヨドリが存在しないものの，スンバ島にはサイチョウの固有種1種が生息していて，キツツキ1種は小スンダ列島に広く分布しており，チメドリ1種はティモール島まで生息している．ゾウガメは，かつては少なくともフローレス島とティモール島に生息していたが，現在は絶滅してしまった．世界最大の現生のトカゲであるコモドオオトカゲ *Varanus komodoensis* は，コモド島およびフローレス島西部と近くの2～3の島に分布が限られている．

3.9.13 マルク諸島

マルク諸島（別名モルッカ諸島）は，スラウェシ島とニューギニア島の間に位置し，複雑で多様な地質学的起源をもつ小さな島々からなる群島である（Monk et al. 1997; 図3-11）．全陸地面積は7万8,000km^{2}であり，もっとも大きな島としてはハルマヘラ島（1万8,000km^2），セラム島（1万7,000 km^2），ブル島（9,500km^2）があげられる．この島々は山がちであり，多くは最近まで熱帯雨林に覆われていた．この本の定義からすると，これらの島々は熱帯東アジアの一部ではないが，多くの熱帯アジアの分類群が生息しており，生物地理学的に興味深いため，ここで簡単に述べておく．植物相はおもにアジア起源であるが，相対的に貧弱である．たとえば，セラム島の低地フタバガキ林にはフタバガキ科樹種1種（*Shorea selanica*）が生育し，調査区の全樹木個体の胸高断面積合計の75％を占めることがある（Edwards et al. 1993）．また，マルク諸島にはブナ科樹種は2種しか分布していない．動物相へのアジアからの影響は，東に向かうにつれて急激に低下する．コウモリ以外の哺乳類相としては有袋類が数種存在しており，その中には完新世の化石でしか知られていないようなものや，さまざまなネズミの固有種および，近年導入されたトガリネズミ，ネズミ，イノシシ，シカ，ジャコウネコが含まれる（Flannery 1995）．鳥類相としてはニューギニア起源のオウムやミツスイ，ツカツクリなどが存在する．

4章
植物の生態　種子からはじまって種子にもどるまで

4.1 はじめに

　陸上植物と陸上動物は生物学的に大きく異なるため、それらの生態については別々の章で扱う．すべての陸上動物は植物を基点とする食物網に依存するのに対して，植物は水，二酸化炭素，無機栄養塩類，日光を用いて成長する．多くの動物は移動可能で，比較的短命であるのに対して，植物は成体では移動できず，比較的長命である．動植物間の相互作用は現代生態学の大きな割合を占めているが，これらの相互作用はけっして対称ではないため，植物と動物では別々の視点から考えたほうが合理的だろう．共生関係にある種どうしは互いに利益を得ているものの，それらの利益は種間の共同作業の結果ではなく，それぞれの種が大きく異なる利害関係を追い求めた結果生じているのである．

4.2 調査地

　熱帯東アジアの植物生態学に関する情報のほとんどは，重点的に研究が行われている少数の調査地で得られたものである（表4-1）．その多くはスミソニアン熱帯研究所（Smithsonian Tropical Research Institute）の熱帯林科学センター（Center for Tropical Forest Science; CTFS）によって統合・規格化された森林動態調査区の汎熱帯ネットワークの一部である（Losos and Leigh 2004）．

東アジアにある11の調査区はこのネットワークの一部であり，赤道のすぐ北にあるシンガポールのブキッティマ（Bukit Timah，北緯1度）から亜熱帯にあたる台湾北部の福山（Fu Shan，北緯25度）まで広がっている．中国本土には中国森林生物多様性モニタリングネットワークの一部を成す同様の調査区があり，浙江省の古田山（Gutianshan，北緯29度）や天童（Tiantong，北緯30度）まで北側に広がっている．すべての調査区において，胸高直径1cm以上の全樹木の標識（タグ付け），位置の記録，サイズ計測，樹種の同定が行われており，この一連の作業を数年に一度繰り返すことで樹木の成長，死亡，更新についての情報が蓄積されている．これまでにもっとも多く発表されている情報は，赤道付近の低地熱帯雨林にあるパソ（Pasoh）とランビル（Lambir）の大規模調査区（50～52ha）のものであるが，同じような大規模調査区であるタイの季節性の乾燥常緑樹林調査区であるホイカーケン（Huai Kha Khaeng）における発表も増えつつある．アジアにおける他の調査区はこれらの調査区よりも小さく（2～25ha），そのほとんどは最近設置されたものである．

　東南アジアにおけるその他の重要な調査区として，インドネシア・ボルネオ島（カリマンタン島）のグヌンパルン国立公園（Gunung Palung National Park，南緯1度），ブルネイのクアラベラロン野外研究センター（Kuala Belalong Field

表4-1 熱帯東アジアにおけるおもな生態学的研究の調査地（緯度に沿って並べている）

場所		緯度	主要な植生タイプ
インドネシア・ジャワ	グヌンデーパンクランゴ自然公園	南緯7度	山地林
インドネシア・カリマンタン	グヌンパルン国立公園	南緯1度	さまざまな低地熱帯林
インドネシア・カリマンタン	ブバリトウル調査区	北緯0度	さまざまな低地熱帯林
シンガポール	*ブキッティマ自然保護区	北緯1度	人為撹乱を受けた低地熱帯雨林の断片林
シンガポール		北緯1度	さまざまな一次林および二次林
マレーシア	*パソ森林保護区	北緯3度	低地熱帯雨林
インドネシア・スマトラ	クタンベ，グヌンルセル国立公園	北緯4度	低地熱帯雨林
マレーシア・サラワク	グヌンムル国立公園	北緯4度	さまざまな低地熱帯林および鍾乳洞
マレーシア・サラワク	*ランビルヒルズ国立公園	北緯4度	低地熱帯雨林
ブルネイ	クアラベラロン・ウルテンブロン国立公園	北緯4度	低地熱帯雨林
マレーシア・サバ	ダナムバレー森林保護区	北緯5度	低地熱帯雨林と伐採林
マレーシア・サバ	セピロク森林保護区	北緯5度	さまざまな森林
マレーシア・サバ	キナバル山国立公園	北緯6度	さまざまな標高と土壌の森林
タイ	*カオチョン国立公園	北緯8度	低地熱帯雨林
フィリピン	北ネグロス森林保護区	北緯11度	山地林および下部山地林
ベトナム	カッティエン国立公園	北緯11度	さまざまな季節林
タイ	カオヤイ国立公園	北緯14度	季節性常緑樹林と季節性落葉樹林
タイ	メクロン流域研究ステーション	北緯14度	混交落葉樹林
タイ	サケラート環境研究ステーション	北緯15度	季節性常緑樹林と季節性落葉樹林
タイ	*ホイカーケン野生生物サンクチュアリ	北緯16度	季節性常緑樹林と季節性落葉樹林
フィリピン	*パラナン自然保護地区	北緯17度	低地熱帯雨林
タイ	*ドイインタノン国立公園	北緯19度	さまざまな低地林および山地林
中国・海南島	尖峰嶺国立自然保護区	北緯19度	低地林と山地林
中国・海南島	覇王嶺国立自然保護区	北緯19度	低地林と山地林
中国・雲南省	*西双版納国立自然保護区	北緯21〜22度	さまざまな森林
台湾	*南仁山自然保護区	北緯22度	常緑広葉樹林
香港特別行政区		北緯22度	さまざまな二次植生
中国・広東省	鼎湖山国立自然保護区	北緯23度	常緑広葉樹林
中国・雲南省	哀牢山国立自然保護区	北緯25度	亜熱帯山地林
台湾	*福山植物園	北緯25度	常緑広葉樹林
日本	沖縄本島 与那フィールド	北緯27度	常緑広葉樹林
中国・浙江省	古田山国立自然保護区	北緯29度	常緑広葉樹林
日本	屋久島生物圏保護区	北緯30度	広葉樹林および針葉樹林

熱帯林科学センター（CTFS）の森林動態調査区（Losos and Leigh 2004）については*で示している．

Studies Centre，北緯4度），サバ州のダナムバレー自然保護区（Danum Valley Conservation Area，北緯5度）とキナバル山国立公園（Mount Kinabalu National Park，北緯6度），タイのカオヤイ国立公園（Khao Yai National Park，北緯14度）とメクロン流域研究ステーション（Mae Klong Watershed Research Station，北緯14度），日本の亜熱帯の沖縄本島北部の森林（琉球大学与那フィールド，北緯27度）と屋久島生物圏保護区（北緯30度）があげられる．

上述したすべての調査地における研究は，ほぼ未撹乱の一次林におけるものか，もしくは一次林とさまざまなタイプの撹乱を受けた森林との比較を目的としたものである．熱帯東アジアの人為的影響が著しいランドスケープにおける生態学的情報の多くは，過去200年以上にわたって森林が伐り払われたものの，原生の低地熱帯雨林の面影がわずかに残っているシンガポール（北緯1度）と（Corlett 1992），それよりもさらに昔から森林が破壊され，一次林が残っていない香港（北緯22度）で得られたものである（Hau et al. 2005）．

4.3 樹木 種子からはじまって種子にもどるまで

熱帯東アジアの大部分の植生では，被子植物の木本が優占する．被子植物の木本は，ほぼ独立し

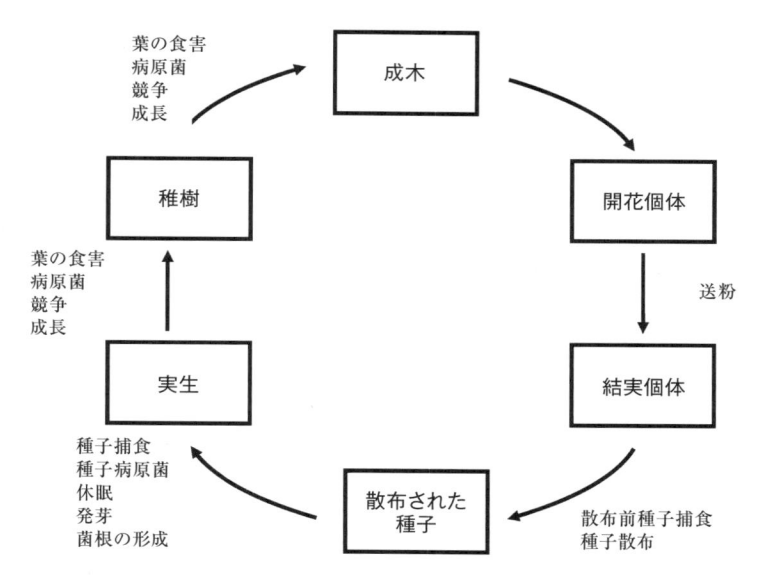

図4-1 被子植物の樹木の生活史．主要なプロセスを示している．

た多くのプロセスをともなうような，複雑な複数のステージからなる生活環をもつ（図4-1）．これらのプロセスの多くにおいて，動物，微生物，他の植物個体などのような他の生物との相互作用があるために，さらに複雑になっている．本地域で行われた研究のほとんどは，これらのプロセスの1つか2つに着目しているだけであり，植物種間における生活環全体の比較は行われていない．その代わりとして，植物の種多様性の維持にかかわる複数のプロセスの影響を論じるが，その前に主要なステージごとに，関係する個々のプロセスを検討する．しかし，このようなステージごとに検討する方法ではステージ間の相互作用の重要性を過小評価してしまうため，本来は望ましいものではないということに注意が必要である．たとえば，捕食による種子の死亡率が高いと個体密度が低下するため，実生（seedling）や稚樹（sapling）ステージの死亡率が低下することで補償されるかもしれない．もっとも研究が進んでいる系は森林であるため，これから先は森林に着目するが，データがあれば森林以外についても話題にする．樹木以外の生活型については次節（4.4 樹木以外の生活型）で簡単に解説する．

4.3.1 送粉・受粉（5.2.7 訪花者も参照）

送粉・受粉（pollination）とは花粉粒が葯から柱頭に運ばれることである．ごく一部の種には自家受粉によって結実する能力があるが，ほとんどの植物は媒介者によって送粉されなければ種子を生産することができない．熱帯林の樹木では外交配や長距離の花粉分散が一般的であると考えられており，このことから近親交配に対する強い選択圧があることが示唆される（Ward et al. 2005; Scofield and Schultz 2006; Naito et al. 2008b）．多くの種において人工受粉することによって自然条件下よりも結実量が増加することは，種子生産において広く花粉制限（pollen limitation）が起こっていることの証拠である（Knight et al. 2005）．花粉制限は種子生産量を減らすだけでなく，花粉どうしの競争を弱めるため，配偶子にかかる選択圧が弱まり，子孫の質が低下してしまう可能性もある（Colling et al. 2004）．

世界中の被子植物の約20％および裸子植物の大部分は風媒であるが，低地熱帯林では風媒の割合はそれよりもはるかに小さい．おそらく，林冠の下では風速が弱いために風による花粉の飛散効率が悪いという理由にくわえて，植物の種数が多い場所では同種個体が低密度で分布しているた

図4-2 香港のQuercus（Cyclobalanopsis）edithiae（ブナ科コナラ属）の風媒花（写真：©The Hong Kong Herbarium）.

め，動物を介して方向性をもった送粉を行うほうが有利に働くためであろう．風媒は，開けた場所，標高や緯度が高く比較的多様性が低い森林，特殊な土壌型の場所で，より一般的であると予想される．熱帯東アジアでは風媒の研究事例はほとんどないが，都市部の大気中に浮遊する花粉数や土壌堆積物中の花粉数の研究と（1.5 気候と植生の変化を参照），花の形態や花粉の形質から，上記の予想は支持される．開けた場所のスゲやイネ科草本は風媒である．同様に，本地域の北部や標高1,000m以上の多様性の低い森林に優占することがある針葉樹やカシ類（アカガシ亜属を含むコナラ属；図4-2)，熱帯の海岸で純林をつくることがあるトクサバモクマオウ Casuarina equisetifolia（モクマオウ科モクマオウ属）も風媒である．しかし，風が花粉を媒介するのに適していると考えられるハビタットに生育し，小さくめだたない花をつけるような多くの種については調べられていない（Corlett 2004）．

熱帯東アジアにおいて動物媒を調べた文献はたくさんあるが（Colrett 2004でレビューされている），その多くは単に訪花者やその訪花者の花における行動の観察について報告しているにすぎない．訪花者が葯と柱頭の両方に接することが受粉したことの証拠と受けとめられているが，送粉する可能性のある動物を排除するような操作実験はほとんど行われていない．また，多くの研究は植物の寿命と比べると非常に短い期間に，種の地理的分布域のごく一部でしか行われていない．したがって，「植物Xが動物Yによって送粉されている」という報告は，あくまで「植物Xのある個体群において，ある年に動物Yが訪花していた」ということであり，「もし訪花者（動物Y）が適合性のある花粉をつけた同種他個体を事前に訪問していたのであれば送粉者となりえた」と捉えるべきだろう．

ハナバチ類とその他のハチ類

熱帯東アジアでもっとも重要な送粉者はハナバチ類（bee）である．低地熱帯雨林では社会性のハナバチ類が優占するのに対して，その他の森林では非社会性のハナバチ類のほうが重要であろう（Kato et al. 2008）．ハナバチ類以外の多くの送粉者は花粉を食べないのに対して，ハナバチ類は幼虫の餌とするために花粉を集める．熱帯では調べられていないが，ヨーロッパの単独性のハナバチは1匹の幼虫を育てるために7〜1,100個の花の花粉を必要とする（Müller et al. 2006）．それゆえにハナバチ類には花粉の採取効率を最大化するような自然選択がかかっており，その結果として送粉効率が低下している可能性がある．受粉が成功するためには，ハナバチが，自分の体の柱頭と

図4-3 巣の入り口にいるハリナシバチの一種 Trigona collina（写真提供：Sara Leonhardt）.

接触する部位についた花粉をグルーミング（身づくろい）して落とさないことが必要である．また，潜在的にハナバチ類には送粉者としてのさらなる問題がある．すなわち，ハナバチ類は「中心地採餌者（central-place forager）」であり，巣から出て1つの場所で採餌し同じ巣へ戻ってしまうのである．このため，開花中の樹木などのような，多量の花粉源や蜜源を訪問しているハナバチは，花粉を同種の他個体へ運ばずに，特定の開花個体と巣の間を往復しているだけかもしれない．

ハナバチ類の行動と植物の送粉の間にはこのような対立関係があるにもかかわらず，熱帯ではハナバチ類が豊富であり，社会性ハナバチ類は新しい資源を発見・開拓する能力が高いために優占している．植物はハナバチ類を利用するか，もしくは多くの種においてみられるように，ハナバチ類を花から排除しなければならないようである．花冠が二唇形の花ではハナバチ類がグルーミングしにくい背中に花粉が付着するが，このような形態はハナバチ媒の被子植物において複数回進化してきた（Westerkamp and Classen-Bockoff 2007）（さまざまな系統の植物で独立に進化した）．

熱帯東アジアの低地熱帯雨林には20種以上のハリナシバチ類（ミツバチ科オオハリナシミツバチ族，ほとんどの種が伝統的にハリナシミツバチ属とされている；図4-3）と，4種までのミツバチ類（ミツバチ科ミツバチ族ミツバチ属）（典型的な例では大型，中型，小型でそれぞれ1種ずつ）が共存する．ハリナシバチとミツバチはともに高い社会性をもち，たくさんのワーカー（働きバチ）をもつ長寿命のコロニーをつくる．ハリナシミツバチ属とミツバチ属の種の体サイズの範囲には重なりがあるが，多くのハリナシミツバチ属の種は相対的に小さいのに対して，もっとも大きな社会性のハチであるオオミツバチ *Apis dorsata* の体長は18mmに達する．ミツバチが花資源の場所を巣の仲間に伝えるときに利用するダンスコミュニケーションについては，数多くの研究が行われてきた（Riley et al. 2005）．一方，ハリナシバチ類の一部の種は食物資源の3次元位置情報を仲間に伝えることができるが，情報伝達や動員のメカニズムはよくわかっていない（Nieh 2004）．どちらの属も，幅広い植物種および花のタイプを利用できるジェネラリスト採餌者であるが，きつく閉じた花弁をもつ花や，花冠が非常に長く蜜へのアクセスが制限される花，もしくは蜜がなく，報酬となる花粉が開孔葯（porose anther）におおわれており振動受粉（buzz pollination）しなければならないようなタイプの花からは，排除されている．

社会性ハナバチ類のコロニーは，食物を蓄えることによって食物資源が少ない期間を生き延びることが可能だが，巣の場所を変える種も存在する．

図4-4 1996年の一斉開花期にランビルヒルズ国立公園のKoompassia属（マメ科）の樹木にできたオオミツバチApis dorsataの巣（故・井上民二教授が撮影した写真を井上栄子さんの許可を得て使用）．

オオミツバチはこの極端な例であり，通常は大きな木の露出した枝に無防備な巣板をつくり，十万匹にも及ぶワーカーをもつコロニーを形成する（図4-4）．この種のほとんどのコロニーには移動性があり，巨大なコロニーを維持するのに十分な量の蜜や花粉がある場所を探して移動しているようである．気候に季節性のある場所では移動は1年周期で起こるが，サラワク州ランビルの非季節性低地熱帯雨林では，数年間隔で不規則に起こる一斉開花のときにのみコロニーが現れる（Itioka et al. 2001）．ある一斉開花期と次の一斉開花期の間には，そのコロニーは他の森林タイプにおいて，より確実に得られる花資源を利用しているようである．オオミツバチは日の出前と日の入り後に採餌を行うという点でも特徴的であり，ランビルの林冠木のいくつかの種はこの特徴にあわせて夜間に開花しているようである（Momose et al. 1988）．

ハリナシバチ類は，撹乱によって開けたハビタットでは多様性が低く，個体数も少ない．森林が伐採された場所では最大でミツバチ属3種が個体群を維持できるが，通常は空洞に巣をつくるトウヨウミツバチA. cerana（図5-8）がもっとも多い．熱帯東アジアの多くの山地林や亜熱帯林ではハリナシバチはみられず，トウヨウミツバチのみが高度な社会性をもつハナバチであることが多い．この種は東アジアでは北緯46度まで北に分布し，気温が10〜12℃に低下するまで採餌を続ける．このような撹乱と低温への耐性があるために，トウヨウミツバチは香港（北緯22度）においてもっとも重要な送粉者となっている（Corlett 2001）．

熱帯東アジアには他にも多くのハナバチ類の種が存在している．これらの種はミツバチ属やハリナシミツバチ属の種が利用しないタイプの花や，これら2属のハチ類が少ない場所において，重要な送粉者である．マルハナバチ（ミツバチ科マルハナバチ族マルハナバチ属）は通常一年生の小規模なコロニーをつくる社会性の大型ハナバチである．マルハナバチはおもに熱帯東アジアの北部全域に分布し，南部ではフィリピン，ジャワ，スマトラの山地にも分布するが，ボルネオには分布しない．クマバチ（ミツバチ科クマバチ亜科クマバチ属）の多くは大型で非社会性のハナバチ類であり，大きくてめだつ花を訪れ，開孔葯をもついくつかの植物種における唯一の送粉者のようだ．熱帯東アジアでは，クマバチ属とマルハナバチ属の種は時空間的に広く相補的に分布している．クマバチ属は低地熱帯でもっとも多くみられ，熱帯東アジア北部でこれら2つの属が共存する場所では

クマバチ属は夏の間だけ活動する．

　ミツバチ属やハリナシミツバチ属とは異なり，マルハナバチ属とクマバチ属は固く閉じた花弁をもつ花にも無理やり侵入できる．この能力は，他の大型ハナバチ類のグループであるハキリバチ科でもみられる（Sakagami et al. 1990）．ハキリバチ科は，マルク諸島北部に生息しており，メスの体長が約4cmに達するような世界最大のハナバチ *Megachile*（*Chalicodoma*）*pluto* が含まれる．ハナバチ類の中には，長い舌を使って，長い花冠やそれに類似した構造によって防護されている蜜を利用できる種もいる．フトハナバチ属とその近縁（ミツバチ科コシブトハナバチ亜科）の種は，森林の林床と開けた場所の両方において，こうした構造をもつような，とくに草本の花における重要な送粉者である．多様で広域に分布するコハナバチ科にも長い舌をもつ種が数種存在する．対照的に，舌の短いムカシハナバチ科とヒメハナバチ科は本地域の北部においてのみ重要であり，季節的に増加する．

　すべてのハナバチ類がジェネラリスト採餌者とは限らない．クテノプレクトラ属（ミツバチ科）は短い舌をもつハナバチ類で，熱帯東アジア全域でみられる．この属の種の親は花粉と油分の混合物を餌として幼虫に与える．その餌はすべて，その種が送粉を行うウリ科オオスズメウリ属やツルレイシ属の油分を分泌する植物から得たものである（Schaefer and Renner 2008）．

　その他のハチ類（wasp：ハナバチ類とアリ類を除いた膜翅目の総称）は，ハナバチ類と比べると，送粉者としてあまり重要ではない．大型種は基本的に肉食性であるが，多くの成体は蜜を求めて花を訪れ，送粉者として重要になることもある．一般にこれらのハチ類は送粉においてあまり重要ではないが，その顕著な例外として，イチジク（クワ科イチジク属）と小さく短命な送粉者イチジクコバチ（イチジクコバチ科イチジクコバチ亜科）の関係があげられる．例外はあるものの，300種にも及ぶ熱帯東アジアのイチジクには，種ごとに送粉を担うただ1種のイチジクコバチが存在しており，どちらも共生相手がいなければ繁殖できない（Harrison 2005）．熱帯東アジアのイチジク類の種が多様で個体数が多いのは，この関係が成功している証拠である．

他の昆虫

　熱帯東アジアの熱帯雨林において，ハナバチ類に次ぐ重要な送粉者は甲虫類（鞘翅目）とハエ類（双翅目）である．特徴的な甲虫媒シンドロームをもつ花の形質についてさまざまな研究が行われているが，甲虫類と花の関係はじつに多様で複雑である．熱帯東アジアにおいて，訪花性甲虫類は，高度に花に適応したスペシャリストから，ほぼジェネラリストの植食者，そして食物や産卵場所に擬態した花に誘引される種までさまざまである．例外はあるものの，ほとんどの甲虫媒花は強い匂いを放ち，白っぽく，夕方や夜間に開花する．熱帯東アジアの記録の多くではバンレイシ科の種が調査対象となっており，その大部分は甲虫媒花のようであるが，それ以外にサトイモ科，フタバガキ科，ヤシ科にも甲虫媒花と思われる種がある．

　バンレイシ科の多くの種では，密集した雄しべと心皮（carpel）の上から内弁をきつく閉じることによって，小室がつくられている．甲虫類は匂いによって誘引されているらしく，花が雌ステージのときに小室に入り，雄ステージのときに体に花粉を付着させて小室から出てくる（花が雌性先熟で，はじめに雌相が発達し，その後，雄相が現れる）．多くの場合において甲虫類への報酬は不明である．サトイモ科では，一般に多数の小さな花が集まった花序を囲む仏炎苞（spathe）によって小室が形成されている．多くの種では，この小室は雌ステージの間に甲虫類を留めておくためのトラップとして機能している．フタバガキ科樹種では送粉のための小室はなく，ランビルで観察されたフタバガキ科20種の甲虫送粉者は，一斉開花のときには明らかに食物を新葉から花弁などの花器官に切り替えているようである（Kishimoto-Yamada and Itioka 2008a）．また，熱帯東アジアでは，甲虫類はしばしばヤシの花序からみつかる

図4-5 ラフレシアの一種 Rafflesia kerrii（ラフレシア科ラフレシア属）の巨大な花はクロバエ（クロバエ科）によって送粉される（写真提供：Hans Bänziger）．

が，ヤシにおける送粉者としての役割を詳細に研究した例はない．

熱帯東アジアでは，少なくとも25種のハエ類が訪花することが確認されているが（Corlett 2004），送粉者としてのハエ類の重要性はおそらく過小評価されているだろう．甲虫類と同様に，訪花性ハエ類は高度に花に適応したスペシャリストから，ほぼジェネラリストの液体摂食者，さらに通常は有機物の腐敗に関わっている種が花の匂いに騙されて誘引される場合（訪花した送粉者に何も報酬を与えない擬態による送粉）まで存在する．この擬態による送粉は，ランにおいてとくに広くみられるが（Bänziger 1996aほか），他の科の植物にもみられる．ハエ類の食物（この場合は腐りかけた肉）に擬態するもっとも印象的な花の例として，ラフレシア科植物があげられ，その巨大な花はクロバエ科やニクバエ科のハエ類を誘引する（Bänziger 1991, 1996b; 図4-5）．少なくともラフレシア科の数種ではみずから発熱する花をもち，花器官の温度を気温よりも数度高く保つことによって，匂いを発散している（Patiño et al. 2000）．

クワズイモ Alocasia odora（サトイモ科クワズイモ属）やその他のサトイモ科のハエ媒の種でみられるトラップ花（trap-flower）も発熱する（Yafuso 1993）．タロイモショウジョウバエ属（ショウジョウバエ科）の多くの種はサトイモ科植物と密接な相利共生を進化させており，ハエは花序と果序を繁殖場所とし，植物はハエに送粉を依存している（Sultana et al. 2006; Takenaka et al. 2006）．多くの場合，1種のサトイモ科植物の送粉にタロイモショウジョウバエ属2種がかかわっており，ハエが繁殖場所として利用する部分は，種によって花序の下方（雌花部位）と上方（雄花部位）にわかれている．

チョウとガ（鱗翅目）は熱帯東アジアの訪花者として顕著なグループであり，とくに熱帯落葉樹林では甲虫類やハエ類よりも重要であると考えられている（Kato et al. 2008）．鱗翅目が送粉する植物種のうち研究が進んでいるものの多くは，花柱が長く底に蜜がある花と，長い舌をもつスズメガ類（スズメガ科）やチョウ（大部分がアゲハチョウ科）を対象としたものである．そのような花の中で，白っぽく，匂いがあり，薄明時や夜間に開く花にはおもにスズメガが訪花し，色が明るく，無臭で，日中に咲く花にはおもにチョウが訪花する．ただし，チョウやガは非常に多様なタイプの花を訪問しており，おそらく送粉もしているようである．

最近，コミカンソウ科カンコノキ属とそれに近

縁な属の複数種において，きわめて独特なガ媒の事例が発見された．カンコノキの非常に小さな花は，種に特異的な花の匂いに誘引されたハナホソガ属のガのメスによって夜間に送粉されるが，これらの幼虫は親が送粉した花から発達した種子の一部を摂食する（Kawakita and Kato 2006; Okamoto et al. 2007）．イチジクとイチジクコバチの間の有名な関係と同様に，このガは少なくとも局所的には種特異的であると考えられ，カンコノキとハナホソガは互いに繁殖成功を依存しあっている．

上記以外の目の昆虫が送粉に果たす役割は相対的に小さいようだが，どのような場所にもいる花食性のアザミウマ類（総翅目）の重要性は過小評価されている可能性がある．アザミウマ類はマレーシアのパソに共存する6種のサラノキ属（フタバガキ科）の送粉を行っていると考えられてきた（Appanah 1993）．しかし，ランビルではこれらの種の一部は甲虫類によって送粉されている．アザミウマ類の飛翔能力は低く，パソにおいてアザミウマ媒の *Shorea acuminata*（フタバガキ科サラノキ属）では，同所的に生育するハチ媒のフタバガキ科樹種チェンガル *Neobalanocarpus heimii* よりも自殖率が高く（38%），交配距離が短かった（100m未満）（Naito et al. 2008b）．いくつかの植物種ではゴキブリ類（ゴキブリ目）やカメムシ類（半翅目），その他の昆虫の目も送粉にかかわっている可能性がある．

脊椎動物

熱帯東アジアでは，鳥類は新熱帯ほど送粉者として重要ではなく，おそらくアフリカ，ニューギニア，オーストラリアほど重要でもない．アジアでは，花蜜食の鳥類の多様性や専門化の程度は，新熱帯よりも低い（Fleming and Muchahala 2008）．熱帯東アジアでは18科50種以上の鳥類が花蜜食であることが報告されているものの，それらの多くは，大きな花をもち，蜜量が豊富で，蜜を容易に採餌できるような，広く栽培されている少数の観葉植物の樹種（とくに，キワタ属やデイゴ属）を対象としたものである．花蜜食の鳥類（ミツスイ科）やオーストラリアのオウム類（3.9 島の生物地理学を参照）が広く分布する熱帯東アジア東端のウォーレシア内をのぞくと，熱帯東アジアにおける鳥媒の野生植物の研究事例のほとんどは，タイヨウチョウ類（タイヨウチョウ科），ハナドリ類（ハナドリ科），メジロ類（メジロ科）を対象としたものである．

タイヨウチョウ類（図4-6）は熱帯東アジアの訪花性鳥類の中でもっとも専門化しており，新熱帯のハチドリ類と同様に，花蜜を利用するために形態的，生理的に適応している（Primack and Corlett 2005）．多くの種は，くちばしがやや長く（クモカリドリ属の一部の種では55mmにも及ぶ），細長い管状の舌をもち，くちばしの先端より先に舌を伸ばすことができる．これらの種はさまざまな花を訪問することが報告されているが，効果的に送粉していることがほぼ明白な事例として，ヤドリギ類（ヤドリギ科）とショウガ類（ショウガ科）があげられる．鳥媒植物の大部分は，管状もしくはブラシ状で，無臭で赤色の花をもつ．クモカリドリ類によって送粉される種では，形態が極端に鳥媒に適応しており，花筒が30mm以上になるものもある．

多くのタイヨウチョウ類と比べるとハナドリ類とメジロ類はくちばしが短く，ハナドリ類とメジロ類の大部分は花蜜食というよりは果実食のようである．ハナドリ類はヤドリギ類のうち裂開性の花をもつ種の主要な送粉者として報告されている（Davidar 1985）．メジロ類は熱帯東アジアの北部やいくつかの熱帯山地においてもっとも普遍的な訪花性鳥類であり，一部の大型の花における重要な送粉者のようである．

鳥類と同様に，コウモリ類も新熱帯やオーストラリアと比べると熱帯東アジアではあまり送粉者として重要ではないようである．また，花蜜食コウモリは，新熱帯と比べると旧世界ではあまり専門化していない（Fleming and Muchhala 2008）．熱帯東アジアでは，オオコウモリ類（オオコウモリ科）の十数種が訪花者として記録されているが，

図4-6 デイゴ属の花を訪れるエンビタイヨウチョウ Aethopyga christinae（写真提供：Henry T. H. Liu）.

おそらく他の種も訪花者であろう．これらのコウモリ類のサイズには大きな幅があり（15～1,500g），舌が長く，鼻口部が狭く，歯が少ない花蜜食のスペシャリスト（ヨアケオオコウモリ属やシタナガフルーツコウモリ属）とおもに果実食の種（コバナフルーツコウモリ属，オオコウモリ属，ルーセットオオコウモリ属）にわかれる．

コウモリ媒に適応した花は，サイズが大きいか，もしくはパルキア属のように多くの小さな花が集合する傾向があり，丈夫で，やや白色もしくは暗褐色で，夜間に開花して強い匂いを発する．コウモリ媒の植物では葉群などの障害物となるものから離れた位置に花をつけ，コウモリは飛翔しながら花にアクセスする．通常は豊富な花蜜が報酬となるが，アジアのアカテツ科では糖分が豊富で多肉質の外れやすい花冠をもつものがあり，ツルアダン属（タコノキ科）では包葉がコウモリの食物となる．コウモリ媒の種の大部分は，ノウゼンカズラ科，パンヤ科，マメ科，サガリバナ科，バショウ科，ミソハギ科，フトモモ科，タコノキ科，アカテツ科である．

熱帯東アジアにおいて，非飛翔性の哺乳類が送粉者として果たす役割はきわめて小さいが，ツパイ類とリス類については特殊な例が報告されている（Corlett 2004）．熱帯林の林床に広く分布するエウゲイッソナ属のブルタム *Eugeissona tristis*（ヤシ科；ラタンの一種）と，ツパイ，リス，スローロリス，ネズミなどの7種の小型哺乳類（1kg未満）の間に新奇な事例が最近発見された（Wiens et al. 2008）．この種の大型の花序では，長期間にわたって大量の蜜が分泌される．この花蜜は酵母菌によってアルコール発酵され，濃縮したビールのように変化することがあるため，花序は「醸造所のような強いアルコールの匂いに満ちた場所」になる．送粉者であるツパイなどは酩酊状態にならないので，アルコールを定期的に消費することに未知の利点があるのではないかと推測されている．

4.3.2 種子散布（5.2.8 果実食者も参照）

花粉が運ばれるべき場所が同種植物の花の柱頭であるのに対して，種子散布の運ばれるべき場所は花粉ほど明確ではない．親木や他の実生から離れた場所に散布されれば，実生どうしの競争および種特異的な病虫獣害の影響が緩和される．発芽して成木になるのに適した場所へ散布されることは利点として明白だが，もっとも好適な場所を事前に予測することはほぼ不可能である．いずれにせよ，送粉の場合には送粉者を受け入れる花において「代金引き換え払い」が可能であるのに対して，種子散布の場合は結実している植物において「事前支払い」することになるため（送粉系では訪花（送粉）した場所で送粉するのと同時に受粉

図4-7 フタバガキ属の樹種（フタバガキ科）の2枚の翼をもつ果実.

することができるのに対して，種子散布系では果実（種子）を持ち出すだけであるということ），植物が種子散布者を特定の目的地へ誘導することはほとんど不可能である．

キツネノマゴ科，トウダイグサ科，マメ科，イラクサ科の種や，ホウセンカ属の種，スミレ属の一部の種といった熱帯東アジアの多くの植物種は，さまざまなメカニズムで種子を数cmないし数m離れた距離に機械的に放出する．種子散布におけるこの機械的な放出メカニズムの役割は，熱帯東アジアでは研究されていないが，他地域における限られたデータによると，最初の機械的散布の段階に続いて，アリ類，あるいは大きな種子では齧歯類などが関与する二次散布の段階があると考えられている（Vander Wall and Longland 2004）．

種子を特定の場所へ方向性をもって散布することは現実的でないため，生物に依存するよりも風などの非生物的要因を散布に利用するほうがよいかもしれない．しかし，ほとんどの種子は花粉よりも大きいため，森林における種子の風散布は，ランのように微小な種子をつける植物や，風がもっとも強くなる林冠上部に達する植物でしかみられない．フタバガキ科の多くの樹種や（図4-7），マメ科の林冠樹種，大きな木本性つる植物の種子は風散布である．しかし，風散布は開けた場所の草本植生のみで優占する．水による種子散布は種子サイズの制約を受けないが，マングローブや季節的に冠水する湿地林，河川沿いの植生などのように定期的に冠水する場所においてのみ効果的である．

本地域の種子散布を扱った研究事例（Corlett 1998にレビューあり）の大部分は，動物による果実消費の観察にすぎず，種子散布において果実食者が有効であるという証拠はほとんどない．どんな動物であれ，果実を消費し，種子を傷つけることなく親木から離れた場所に落とせば種子散布に貢献するかもしれないが，運ぶ種子の量や種子を落とす場所の質は，果実食者によって大きく異なる．もし，効果的に散布されるはずだった果実が，質の低い散布者によってすべて運ばれてしまえば，植物にとっては負の影響があるかもしれない．一方で，非生物的な散布要因とは異なり，果実の生産量が多すぎると果実食者による消費量が飽和してしまい，一部は散布されずに残ってしまうことがある（Hampe 2008）．もし，質の低い散布者であっても，散布されなければ親木の下に落ちたままになるはずだった果実だけを利用するのであれば（地上性の植食者はまさにその例である），そのように種子が散布されることは植物にとって正の影響がある．

以下で論じるように，種子散布後にはさまざまな死亡要因があるにもかかわらず，種子散布メカニズムの違いは散布効率に影響し，成木の空間分布にまで影響する．パソの樹木では，同種の空間的なクラスター（集まり）の平均サイズは，翼のない乾果（たとえば貯食性の齧歯類により散布されるもの）をつける種で小さく，風散布型の種子

4章 植物の生態 —— 種子からはじまって種子にもどるまで

図4-8 果実を食べるズグロサイチョウ Aceros corrugatus (写真:©Tim Laman).

をつける種，動物散布型の液果をつける種の順に大きくなる．そして，液果をつける種について比較すると，果実が大きいほどクラスターのサイズが大きくなる．これはおそらく，大きな果実を利用する果実食者ほど体サイズが大きく，広い行動圏をもつことが原因であろう（Seidler and Plotkin 2006）．平均クラスターサイズには，約50m（風散布型の樹種）から，150m以上（直径50mm以上の大きな動物散布型果実をつける種）までの幅がある．

それぞれの植生タイプごとに検討を行うにはデータが不足しているため，以下に説明するように，熱帯東アジアでは複数の観察結果をひとまとめにして議論することが一般的に行われてきた．量的データは不足しているものの，植物種のリストを比較すると，標高や緯度が高くなるにつれて大型（直径25mm以上）の液果をつける樹木の種数が減少することは明らかである．さらに，このような種数の減少は低地熱帯や下部山地林ではゆるやかであるが，標高約1,500m以上あるいはおよそ北緯23～24度以北では急激に起こる．このことについてのもっともわかりやすい説明として，果実食の大型鳥獣類の多様性や個体数において同様な減少傾向がみられることと関係しているという説がある．しかし，Moles et al.（2007）は全世界で集められたデータセットに基づいて，熱帯の周縁部において種子サイズが急激に減少することを示している．このことは種子サイズに選択圧がかかった結果として果実が小型化した可能性もあることを示唆している．

鳥類

散布される種子の量と多様性の両方において，鳥類は熱帯東アジアにおいてもっとも重要な種子散布者である．熱帯東アジアで種子を散布する鳥類の大きさは，5gほどのハナドリ類（ハナドリ科）から，3,000gのサイチョウ類（サイチョウ科）まで幅がある（図4-8）．鳥類は歯をもたず，通常は果実全体を丸飲みするため，運搬可能な果実サイズはくちばしの基部の幅（最大嘴幅長）によって決まり，その大きさはおおまかに体サイズに比例している．大きな鳥類は小さな果実を丸飲みできるが，小さな鳥類は大きな果実を丸飲みできない．そのため，果実サイズが小さくなるほど潜在的な果実食鳥類の種数は増加する．しかし，小さな鳥類でも，一部のイチジク類の果実のように大きくて柔らかく，多数の種子をもつような果実から，種子を含む果実の一部をついばむことがある．

大型果実（直径25mm以上）の中に含まれる大型種子を散布するうえでもっとも重要な鳥類は，サイチョウ類とハト類（ハト科）である．一部のサイチョウ類と果実食のハト類では1日の飛翔距離が

図4-9 センダン Melia azedarach（センダン科センダン属）の果実を丸飲みするシロガシラ Pycnonotus chinesis（香港にて撮影）.

長いことも注目に値する（Leighton and Leighton 1983; Kinnaird et al. 1996; Symes and Marsden 2007）．中型果実（およそ直径15〜25mm）は，キジ類（キジ科），カッコウ類（カッコウ科），ツグミ類（ツグミ科），ムクドリ類（ムクドリ科），ゴシキドリ類（オオゴシキドリ科），カラス類とその近縁種（カラス科）のうちの大型の種を含む，さまざまな鳥類によって利用される．しかし，一次林では液果の多くが直径15mm未満であり，二次林や低木林では小型果実をつける植物が優占する．このため，果実食者の中でもっとも小さいような，嘴幅長が9mm未満のハナドリ類やメジロ類を除き，すべての鳥類がこれらの果実を利用できる．熱帯東アジアのほぼすべての植生タイプに数多く生息しているヒヨドリ類（ヒヨドリ科；図4-9）は，鳥類のうちでもっとも重要な小型果実の種子散布者であり，森林ではさらにチメドリ類（チメドリ科）がそれにくわわる．チメドリ類はヒヨドリ類ほど強い果実食性を示さず，多くは開けた場所を横断してある森林から別の森林へと移動することはない．しかし，チメドリ類は本地域の北部においてとくに多様であり個体数も多く，食性についてわかっているようなすべての種ではある程度は果実を利用する．

鳥散布果実は，薄い外皮のみをもつ「無防備」な果実か裂開果であり，鳥類は防御されていない中身（ふつうは種子と多肉質の仮種皮）だけを摂食する．熱帯東アジアの鳥散布果実の多くが，人間の色覚では黒や赤にみえるが，オレンジ，黄，青，白，緑，茶にみえるものもある．鳥類は，紫外線感受性がある視覚色素をくわえた4色型色覚をもち，鳥類の羽毛の色には，紫外線（UV）のシグナルが利用されている（Stevens and Cuthill 2007）．しかし，サンプル数は少ないものの，熱帯東アジアではUVを強く反射する果実はほとんどないようである（Corlett 未発表データ）．果実を消費することで報酬として得られる栄養素のほとんどは糖，とくにショ糖と果糖である（Ko et al. 1998）．しかし，鳥散布果実の中には脂質を多く含むものがあり（果肉の乾重量に対して70％未満），一部の鳥類にはそうした果実が好まれているようである．

コウモリ類

熱帯東アジアの果実食コウモリ（オオコウモリ科）は，新熱帯の果実食コウモリ（オオコウモリ科とは近縁でないヘラコウモリ科に属する）と比べて，あまり重要な種子散布者ではないようである．この違いは森林の遷移初期段階においてとくに顕著であり，新熱帯ではコウモリ散布の植物が属レベルで優占するが（たとえばケクロピア属，ムンティンギア属，コショウ属，ナス属，ビス

ミア属など），熱帯東アジアでは鳥散布の種（オオバギ属など）が優占する．新熱帯のコウモリ類は種子を丸飲みして飛翔中に排泄することで種子を広く散布する．このため，これらのコウモリ類は小型種子をつける植物にとって優れた散布者である．しかし，熱帯東アジアのほとんどのオオコウモリ類は直径2〜3mmを超える種子を飲み込まない．オオコウモリは結実木の近くの採餌用の止まり木（feeding roost）にぶらさがって果実を食べ，種子を捨てるため，その下に大量の種子が堆積する．その結果，同じ親木由来の種子が集中分布することになり，種子散布の大きな利点の1つである種子の分散効果が弱まってしまう．コウモリ散布の大型種子をつける植物は，このような集中分布に耐性のあるメカニズムをもっているか，あるいは別の場所に散布されるわずかな割合の種子によって更新しているに違いない．

熱帯東アジアの果実食コウモリの体サイズは15〜1,500gであり，大型の種は，果実食鳥類が飲み込むことができるもっとも大きなサイズの果実と同等か，さらに大きな果実を運ぶことができる．コウモリは歯をもち，片方の足でぶら下がりながらもう一方の足で果実を扱うため，鳥類とは異なり，複雑な処理ができる．コウモリ散布果実は防御用の果皮をもつことが多い．コウモリは最初に果皮を除去し，続いて大きな種子を落とし，残った果実を口に運び，舌と硬口蓋（口腔の上壁にある硬い部分）で押しつぶす．そして果汁だけを飲み込み，残った繊維の固まりを捨てる．イチジクのような種子が小さく，やや繊維質の果実では，種子の多くは繊維の固まりに混じって捨てられることもあるが，ある程度の種子は果汁とともに飲み込まれる．果実食コウモリには色覚が発達しておらず，コウモリ散布に専門化した果実の多くは，コウモリ媒の花と同様に白っぽいか，淡褐色であり，夜間に匂いを発する．そして，葉群などの障害物となるものから離れた位置に果実をつける．匂いは熟した果実の場所を知るうえで重要な役割を担っていると考えられる(Hodgkison et al. 2007; Borges et al. 2008)．熱帯東アジアの多く

の場所にコウモリのみが利用する果実がある．しかし，コウモリと果実食鳥類の食性は大きく重複しており，小さな果実をつけるイチジク類においてとくに重複が大きい．両者の食性の重複は熱帯東アジアの北限に近づくほど大きくなり，そこはオオコウモリ類の分布の北限でもある(Funakoshi et al. 1993; Nakamoto et al. 2007)．

霊長類

熱帯東アジアの種子散布に関する文献によれば，原生の森林群集において，霊長類は鳥類に続く2番目に重要な種子散布者である．霊長類は研究対象として絶大な人気があるため，この評価にはある程度の偏りがあるかもしれないが，霊長類は林冠の動物バイオマスの大きな割合を占めており，多くの種が大量の果実を消費する．メガネザルはほぼ節足動物のみを餌としており，ロリスは主として植物の滲出物や節足動物を餌としている．コロブス亜科のサル（リーフモンキー，ラングール，シシバナザル）は多くの種子を食べて破壊してしまう．一方，オランウータンやテナガザル，マカクは果実食性が強い．

オランウータン（ヒト科オランウータン属の2種）の現在の分布はボルネオとスマトラのごく一部に限られているが，樹木にとって百世代ほど前にあたる更新世後期には，熱帯東アジアの大陸部に広く分布していた(Corlett 2007a)．オランウータンはもっとも大型の樹上性果実食者であり（40〜100kg），さまざまなタイプの果実を食べる．種子は吐き出されたり，壊されたり，飲み込まれて無傷のまま排泄されたりする．種子散布におけるオランウータンの役割を詳細に研究した例はないが，オランウータンが比較的長距離にわたってたくさんの種子を運ぶことができるのは明らかである．

テナガザル（テナガザル科の4属13種以上；図4-10）は熱帯東アジアの大陸部全域およびボルネオ島，スマトラ島，ジャワ島，海南島といった大きな大陸島（大陸棚に位置する島）の森林に優占していたが，過去1,000年の間に中国の大部分で絶滅し，本地域の中国以外の多くの場所でも過去

図4-10 海南島の覇王嶺国立自然保護区における絶滅危惧種ハイナンテナガザル*Nomascus hainanus*のつがい（写真提供：Bosco Chan／KFBG）.

図4-11 頬袋を食物でいっぱいにしているアカゲザル*Macaca mulatta*（写真提供：Laura Wong）.

100年の間に絶滅してしまった（Corlett 2007a）．テナガザルは哺乳類の種子散布者の中でもっとも効率的であり，大量の果実を消費し，ほとんどの種子を丸飲みし，広い行動圏にわたって無傷の種子を排泄する．ボルネオで行われた研究によると，テナガザルによって親木から100m以上離れた場所に90％以上の種子が散布されることが明らかになった（McConkey and Chivers 2007）．多くの研究によると，テナガザルは果皮が薄く，果肉が厚い，黄色やオレンジ色の果実を好むが，それ以外の果実も数多く利用する（McConkey et al. 2002ほか）．

マカク（オナガザル科オナガザル亜科のマカク属約20種；図4-11）は，人間をのぞくと熱帯東アジアでもっとも広く分布する霊長類であり，他の霊長類がいない島にも自然分布していたり（スラウェシ島，台湾島，屋久島など），人為的に導入されたりしている．近年ではかつて生息していた場所の大部分で絶滅してしまったが，ハビタットの消失や人間による捕獲があっても最後まで生き残る霊長類であり，香港やシンガポールなどの人口密度の高い土地でも生存できる唯一の大型哺乳

図4-12 シナイタチアナグマ Melogale moschata は肉食性が強いが，中国の亜熱帯地方では9月から12月まで果実をおもに採食し，長距離の種子散布を行うことがある（Zhou et al. 2008a）（写真提供：Paul Crow／KFBG）．

類である．熱帯のマカクは果実食性が強く，熱帯東アジア北部の季節性のある気候帯に生息するマカクも，果実が利用できる時期には果実を好んで利用する．

マカクとテナガザルが共存する場所では，両種が利用する果実には非常に大きな重なりがあるが，果実を扱う方法が異なるため，種子散布の結果が大きく異なることもある．もっとも重要な違いは，マカクがテナガザルよりも小さな種子しか飲み込めないことと関係している．マカクは果実を完全にかみ砕くため，一部の種子は破壊される．口の中で果肉が種子から離れにくい場合をのぞくと，マカクは小型種子（ほぼ直径4mm未満）だけを飲み込み，消化できない部分を吐き出す（Corlett and Lucas 1990; Yumoto et al. 1998; Otani and Shibata 2000; Otani 2004）．マカクは果実を入れる頬袋をもっており（図4-11），木々の間を移動しながら果実を処理するため，すべての大型種子をもつ植物に負の影響を与えるわけではない．大型種子では，親木から100mにも及ぶほど離れたところで捨てられるか吐き出されることがある．このようにマカクはたくさんの種子を散布するが，全般的にみてマカクの来訪が結実個体の利益になるかどうかは，マカクよりも効果的な種子散布者が存在するかどうかに依存するであろう．

食肉類

果実は見つけやすく，摂取しやすく，消化しやすいため，他の食物に専門的に適応した多くの動物であっても利用できる食物である．食肉類（食肉目）においては，完全に肉食性のネコ類やリンサン類のみが果実をまったく利用しないようである．熱帯東アジアでは，2種のクマ類（クマ科），ジャコウネコ類のほとんどの種（ジャコウネコ科），イヌ科の複数の種（キンイロジャッカル Canis aureus，タヌキ Nyctereutes procyonoides，キツネ属の種）やイタチ科（シナイタチアナグマ Melogale moschata など（図4-12）; Zhou et al. 2008a，キエリテン Martes flavigula; Zhou et al. 2008b）は，少なくとも1年のうちある一時期には果実に依存する生活を送っている．食肉類はよく噛まずに果実を飲み込むため，ほとんどの種子は無傷で体内を通過するうえに，多くの種で行動圏が広いため，種子散布距離は長くなりうる．

ジャコウネコ類，とくにパームシベット亜科に属する，夜行性で樹上性が強いパームシベット類（ハクビシン Paguma larvata など; Zhou et al. 2008c; 図5-18）は一年中，果実食性が強い．霊長類や果

図4-13 タイのカオヤイ国立公園において，ゾウの糞から発芽する野生のマンゴー（マンゴー属の一種）の種子．

ク Ficus hispida（クワ科イチジク属）の水分を多く含んだ果実から果汁を搾り出し，残ったかすを大部分の種子とともに吐き出したという観察例が1つある（Duckworth and Nettelback 2007）．

陸上の植食者

　成熟した液果の多くは，樹木が積極的に落としたり（ウルシ科チャンチンモドキ属のチャンチンモドキ Choerospondias axillaris など），林冠で採餌する動物によって落とされたりすることで，食べられずに地表に達する．熱帯東アジアではそのような果実のその後の運命についてはほとんど注目されてこなかったが，その多くはイノシシ，シカ，ウシ，バク，ゾウ，サイといった，陸上の大型植食者によって消費される．乾燥林に生育するマメ科植物の一部にみられるような非裂開性の莢果（莢につつまれた果実）も，こうした動物によって消費されるだろう．陸上の植食者は，食肉類とは異なり，利用しにくい植物質の食物を処理するために適応した歯と顎をもつが，植物は種子を非常に小さく，硬く，あるいはまずくすることによって，種子の死亡率を下げているかもしれない．これらすべての動物の糞中には無傷の小型種子が含まれることが報告されており，野生のマンゴー（マンゴー属）の大型種子がサイやゾウの糞中から発芽することも見いだされている（図4-13）．アジアゾウは，大きくて硬い種子を含むような，大型で黄色く甘い匂いのする果実を好むことが報告されている（Kitamura et al. 2007）．アジアゾウはアフリカゾウと比べると果実をあまり消費せず，消費する果実の種数も少ないことが複数の研究によって示唆されているが，ミャンマーのゾウ使いは人間に使役されている象が29種の果実を食べることを知っており（Campos-Arceiz et al. 2008a），ゾウによる潜在的な種子散布距離は非常に長い（6km未満; Campos-Arceiz et al. 2008b）．シカ類（マメジカ属，ホエジカ属，サンバー属）は一度食べた種子を吐き戻すことで，大型で硬い種子を散布することがある（Chen et al. 2001; Prasad et al. 2006; Chanthorn and Brockelman

実食コウモリ類，鳥類などに比べると研究が進んでいないが，ジャコウネコ類はおそらく森林において重要な種子散布者であろう．さらに，ジャコウネコ類のいくつかの種（ハクビシンやパームシベット Paradoxurus hermaphroditus，コジャコウネコ Viverricula indica など）は，人間による直接的な危害がなければ，森林が劣化しているような人間が占有するランドスケープでも生息できるため，大きな種子を含む大型果実をつける種にとっての唯一の種子散布者になりうる．ジャコウネコ類が消費する果実の特徴についての詳しい研究は行われていないが，いくつかの報告によると，比較的大きく，果皮が薄く，糖分に富んだ果実が好まれるようである．ほとんどのジャコウネコ類は果実中の種子の大部分を丸飲みするようだが，大きめの種子を口から吐き出したという報告や（Tsang and Corlett 2005ほか），ミスジパームシベット Arctogalidia trivirgata がタイセイイチジ

図4-14 *Globba franciscii*（ショウガ科グロッバ属）の種子を運ぶオーストラリアツムギアリ *Oecophylla smaragdina* の働きアリ（写真提供：Martin Pfeiffer）．

2008）．

　すべての陸上の植食者は体表に付着する種子も散布するだろう（Mouissie et al. 2005）．熱帯東アジアではこのような付着型の種子散布については調査されていないが，観察によると，付着型散布への適応（鉤，毛など）は撹乱地の植物においてのみ一般的であるようだ．そのような場所ではおもに人間や家畜によって種子が散布されているのだろう．

齧歯類

　齧歯類は将来消費するために食物を貯蔵する（貯食行動）．齧歯類は，非常に小型の種子を口で破壊せずに飲み込み，無傷のまま糞中に排出して散布に貢献する可能性があるが，果肉という報酬をもたないような，大型の乾果については貯食型散布者としての役割のほうが重要である（Forget et al. 2005）．液果でも，一次散布者が果肉を消費したあとに残る大型種子の二次散布者として，齧歯類は重要だろう．齧歯類は種子を運び，土壌中の貯蔵場所に1ないし数個ずつ分散貯蔵（scatter hoarding）する．たとえ貯蔵された種子のほとんどが齧歯類によって最終的に回収され食べられたとしても，回収されなかった少数の種子に注目すると，土壌中に分散して埋められることによって定着しやすくなるため，分散貯蔵は非常に効果的な散布手段となりうる．しかし，齧歯類の多くは，種子がそのまま忘れられたとしても発芽・定着する見込みがないような，地中深くの巣に種子を貯蔵する．熱帯東アジアにおける分散貯蔵についての直接的な証拠のほとんどは北部において得られている．そこではアカネズミ属やコミミネズミ属の齧歯類が，大きく硬い種子（ほとんどがブナ科）を数十m散布する（Cheng et al. 2005; Abe et al. 2006; Xiao et al. 2006ほか）．しかしながら，貯食型散布に適応しているような乾果は熱帯東アジア全域でみられ，その中にはブナ科樹種すべておよび，大型で無翼の乾果をつけるフタバガキ科樹種の一部などのような多くの植物が含まれる．アカネズミ属は熱帯には分布しないが，コミミネズミ属やスンダトゲネズミ属，そして少なくとも2種の地上性リス類は，熱帯林において種子を分散貯蔵することが知られており（Yasuda et al. 2000; Kitamura et al. 2004, 2008）．他の齧歯類も分散貯蔵するかもしれない．しかし，分散貯蔵が種子散布に及ぼす影響については詳しく調べられていない．

アリ類

　アリ類は熱帯東アジアのあらゆる場所に分布し

ている．アリが種子を運ぶ行動は頻繁に観察されるが，たいていの場合，アリが種子を散布しているのか捕食しているのかは不明である．通常アリ散布型の種子には脂質に富んだエライオソーム（elaiosome）が付着している．それはアリを誘引するだけでなく，アリに運ばれやすくする構造でもあり，アリにとっての食物（散布の報酬）でもある．エライオソームは被子植物において複数回進化してきた（Dunn et al. 2007; 異なる系統で別々に進化した）．種子はアリによって運ばれた後，巣内やその近くに捨てられる．熱帯東アジアでは，熱帯雨林の林床草本であるグロッバ属（ショウガ科）の数種がこのようにしてアリによって種子散布される（Pfeiffer et al. 2004; Zhou et al. 2007; 図4-14）．研究されてはいないが，他にも種子に類似構造をもつ植物がある．アリ類による種子散布距離は短い（10m未満，多くは1m未満）．一般に大きなアリほど大きな種子を運び，より遠くへ散布する（Pfeiffer et al. 2004, 2006）．アリ類はエライオソームをもたない小型種子を地表や脊椎動物の糞から運び去る．この場合，アリはおそらく種子捕食者だと思われるが，このことについてはほとんど検証されていない．

人間

上述したような付着型散布に適応した種子や果実の散布にくわえて，服に付いたり，靴に付いた泥に混じったり，あるいはさまざまな方法で乗り物に付いたり（Von der Lippe and Kowarik 2008），輸送中の作物や土壌，園芸品に混入したりすることで（Hodkinson and Thompson 1997），特別な適応をしていない多くの小型種子を人間は散布している．

4.3.3 花粉と種子による遺伝子流動

花粉や種子が移動することによって，植物の個体群内や個体群間で遺伝子流動が起こる．これまでに研究されてきた事例の大部分は温帯の植物であるが，それに基づいてしばしば熱帯でも花粉を介した遺伝子流動は種子を介した遺伝子流動よりもはるかに大きいと仮定されている．しかしながら，熱帯では通常は花粉と種子のいずれのプロセスでも動物の媒介が必要なため，熱帯でこの仮定が当てはまるという根拠はない．熱帯東アジアのデータはほとんどないので，他の地域の熱帯樹木に注目すると，遺伝情報に基づいた平均遺伝分散距離の推定値は，植物種や場所，調査方法によって異なるが，おおむね20〜1,000mの範囲に収まる（Hardy et al. 2006ほか）．残念なことに，熱帯のデータセットは，散布距離が短いと考えられるような，風散布型もしくは齧歯類による貯食散布型の大型種子をつける種に偏っている．しかし，虫媒で，脊椎動物散布型の液果をつける樹種については，少数ではあるが，花粉と種子による遺伝子流動は同程度であることを示すデータがある（Hardesty et al. 2006; García et al. 2007）．

この結果は花粉や種子の推定移動距離と一致している．ハナバチ類（花粉）や鳥類（花粉と種子），霊長類（種子）といった多様な媒介者による移動距離は100〜1,000mの範囲にほぼ収まる．距離が長い側にも短い側にもこの範囲に収まらない例外があるものの，それらはわずかである．アザミウマ類（花粉）や齧歯類（種子）は遺伝子を100m以上は運ばないが，大型のハナバチ類や大型のコウモリ類，イチジクコバチ類（以上は花粉について），また，大型の鳥類やジャコウネコ類，ゾウ（以上は種子について）は遺伝子を1,000m以上運ぶこともある．花粉や塵のように微小な種子は風によって1,000m以上運ばれることもあるが，大型種子は100m以上運ばれることはない．熱帯東アジアの北部ほど風による送粉と風および齧歯類による種子散布が重要になるため，おそらく北部では花粉を介した遺伝子流動の重要性が相対的に高くなるだろう．

4.3.4 種子捕食と種子病原菌（5.2.9 種子食者も参照）

種子捕食（すなわち種子の消費）は，種子が親木についている間に起こる散布前種子捕食と，地上で起こる散布後種子捕食に分けることができ，一般にそれらには異なる生物群が関わっている．

図4-15 ボルネオのヒゲイノシシ Sus barbatus (写真提供：Siew Te Wong).

散布前種子捕食は有効に散布される種子数を大きく減少させるだけでなく，散布者を誘引する効果を減少させることもある．一方，散布後種子捕食は発芽可能な種子数を減少させるだけでなく，もし種子捕食率がハビタット間やマイクロハビタット間で異なる場合や，親木からの距離によって異なる場合に，植物の空間分布パターンを変化させる可能性もある．さらに，種子によって大きさや栄養価，被食防御が大きく異なるため，ジェネラリストの種子捕食者が種子を選択することによっても，植物群集の種組成は影響を受ける可能性がある．

種子捕食の重要性が明らかであるにもかかわらず，熱帯東アジアではそれについての研究はほとんど行われてこなかった．散布前種子捕食に関する情報の多くは，とくにコロブス亜科のサルなどのような，種子捕食者とわかっている種の食性の研究から得られたものであり，植物に対する影響を定量的に評価することは難しい．アジアのコロブス亜科の大部分はおもに葉食性であるが，果実や種子が食物の大きな割合を占める種が多い（Kirkpatrick 2007）．これらのサルが利用する液果の多くは成熟前に食べられ，種子はおそらく破壊されると思われるが，ほとんど調べられていない．フタバガキ科樹種の果実のような乾果の場合，種子が捕食されていることは明らかである．フタバガキ科樹種におけるコロブス亜科の霊長類以外の散布前種子捕食者としては，他の霊長類，リス類，オナガダルマインコ Psittacula longicauda，甲虫類，鱗翅目幼虫などが存在する（Curran and Leighton 2000; Nakagawa et al. 2005; Sun et al. 2007）．パソにおける3回の一斉結実期には，すべてのフタバガキ科樹種の果実のうちの13～56％が脊椎動物や昆虫の散布前種子捕食者によって破壊された（Sun et al. 2007）．ゾウムシ科の甲虫類と鱗翅目昆虫は，中国南西部の常緑広葉樹林に共存するカシ3種（コナラ属とアカガシ属）の主要な散布前種子捕食者であった（Xiao et al. 2007b）．

熱帯東アジアでは，散布前種子捕食よりも散布後種子捕食のほうが注目されてきた．ほとんどの研究において主要な種子捕食者はネズミ類（ネズミ科）であったが，これらの研究ではアリが運べないほど重い種子（20mg以上）を用いているうえに，多くの研究は大型脊椎動物がほぼ絶滅したランドスケープで行われたため，結果には偏りがある可能性がある．ボルネオの原生に近い低地熱帯雨林の脊椎動物群集において，フタバガキ科樹

種の大型種子の主要な散布後種子捕食者は，非定住性のヒゲイノシシ Sus barbatus（図4-15）であり，一斉結実期に一時的にきわめて大量に供給される食物（種子）に誘引される（Curran and Leighton 2000）．熱帯東アジアにおける他の散布後種子捕食者として，イノシシ Sus scrofa，ブタオザル Macaca nemestrina，地上性リス類，ヤマアラシ類，キジ類，キンバト Chalcophaps indica，アリ類，他のさまざまな種類の昆虫などが記録されている．1〜4週間にわたる実験研究の結果によると，種子捕食率は場所，種，実験計画の違いによって0%から100%までの大きな幅があるが，通常は50%以上であった（Blate et al. 1998; Zhang et al. 2005ほか）．McConkey（2005）は，テナガザルの糞中に種子があるときにはそうでない場合に比べて種子の消失率が倍になったことを示した．種子の形質が種子の消失率に与える影響は研究によってまちまちであるが，非常に硬い果実や毒性の強い果実は通常は忌避される．

熱帯東アジアだけでなく他の地域でも，種子捕食と比べると種子病原菌はあまり注目されてこなかった（Gallery et al. 2007; Pringle et al. 2007）．殺菌剤によって菌類を実験的に除去した場合には，種子死亡率は通常は有意に低下するが，低下の程度は種やマイクロハビタットによって異なっていた（Leishman et al. 2000; O'Hanlon-Manners and Kotanen 2006ほか）．また，土壌中で長期間生存するような種子をつける種では，病原菌から種子を化学的に防御しているという証拠もある（Veldman et al. 2007）．このことは，とくに高温多湿で菌類の活動が活発な熱帯雨林の林床において，研究をさらに進める必要があることを示唆している．

低地フタバガキ林において，超年周期で同調的に起こる一斉結実現象が進化した理由を説明するうえで，種子捕食逃避説は説得力のある仮説の1つである．このため，スンダランドの低地熱帯雨林において，種子捕食はとくに理論的な観点から注目されてきた（2.6.2 繁殖フェノロジーを参照）．果実生産量が少ない時期が長期間にわたって続くことで種子捕食者の個体群が低密度に抑えられるため，大量の果実が生産される一斉結実期には捕食者が急激に飽食してしまい，多くの種子が捕食から逃れることができる（Janzen 1974）．この予測と一致して，ランビルでは果実生産量の増加と小型哺乳類個体群の増加の間には，数ヶ月間の時間差があった（Nakagawa et al. 2007）．イノシシのように高い移動能力をもち，ランドスケープ全体で広く食物を探索するような種子捕食者から逃避するためには，広域にわたって結実を同調させる必要がある（Curran and Leighton 2000）．

もともと捕食者飽食仮説（predator-satiation hypothesis）は散布前種子捕食を考慮したものではなかった．しかし，散布前種子捕食を受けると個々の植物個体の種子生産量が減少し，どの個体も自分だけで種子捕食者を飽食させることが難しくなる．このため，散布前種子捕食は一斉結実の同調性が高いことに対して付加的な選択圧となる（Sun et al. 2007）．捕食者飽食仮説の大きな問題点の1つは，この仮説に対する証拠の多くがフタバガキ科樹種で得られているものの，フタバガキ科以外の多数の種も一斉結実に参加することが多いという点である．そのような植物には，脊椎動物の種子捕食者が食べないような微小な種子をつける種や，種子捕食者を飽食させつつも種子散布者の飽食を回避しなければならないような液果をつける多くの種などが含まれる．種子捕食者も病原菌も，種子散布後の更新パターンに影響を与える可能性がある（Nathan and Casagrandi et al. 2004）．散布される種子数は，たいてい親木から遠くなるにつれて減少するが，新規加入（実生）個体数は必ずしも同じパターンになるわけではない．ジャンセン（Daniel Janzen）は1970年の古典的な論文によって，一般に多くの種子が親木近くに落下するものの，親木の近くは種子密度が高いために病原菌や捕食者が誘引されるので，ほとんどの種子が死亡すると予測した（Janzen 1970）．また，親木から離れたところには種子があまり散布されないために新規加入個体数が少な

いということも予測できる．それゆえ彼は，中間的な距離に新規加入個体数のピークが生じると予測した．コネル（Joseph Connell）は，実生の捕食者を考慮に入れた類似のメカニズムを提案した．このため，これはジャンセン・コネル仮説として知られている．

多くの研究事例があるにもかかわらず，ジャンセン・コネル仮説の効果が種子ステージにおいて広くみられるという証拠はない（Hyatt et al. 2003）．それどころか，ジャンセン・コネル仮説の効果によって予測される更新パターンは複数の可能性のうちの1つにすぎないのである．ハベル（Hubbell 1980）は，別の可能性として，ジャンセン・コネル仮説と同様に親木からの距離とともに生存率が増加するものの，その増加は散布数の減少よりも緩やかなので，新規加入個体数は距離とともに単調減少するというモデルを提案している．マッカニー（McCanny 1985）は，第三の可能性として，親木の近くほど種子捕食者が飽食するために種子生存率が高くなり，新規加入個体数は親木からの距離とともに急激に減少するというモデルを提案している．Nathan and Casagrandi (2004) はこれらを検討し，以下のことを示した．種特異的な無脊椎動物の種子捕食者や病原菌の移動能力が種子散布距離よりも小さい場合には，遠くへ散布された種子を探し当てることができないためにジャンセン・コネル仮説のパターンになることが予想される（図4-16）．親木からの距離との関係が散布と死亡で同様な場合にはハベル仮説のパターンになることが予想される．広く散布された種子を探し当てることはできるものの親木の近くでは大量の種子で飽食してしまうような，移動性が高くジェネラリストの脊椎動物が捕食者である場合には，マッカニー仮説のパターンがもっとも起こりやすい．

Takeuchi and Nakashizuka (2007) はランビルにおいて，親木からの距離と種子密度がフタバガキ科2樹種の無翼種子の生存に与える影響を実験的に検証した．おもな捕食者は移動性があるジェネラリストの齧歯類であったが，これら2種の

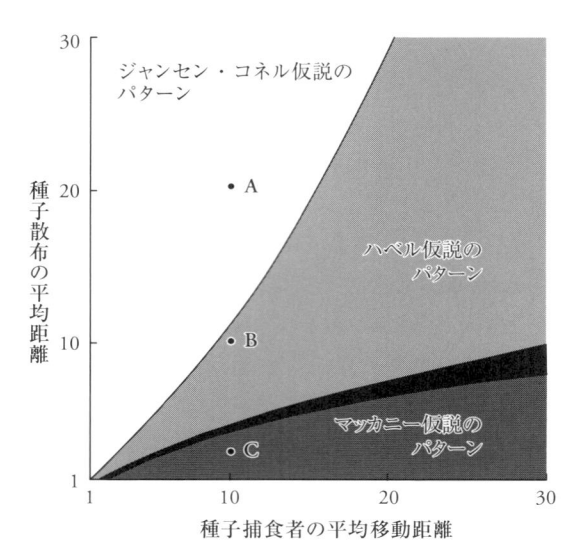

図4-16 もし親木から遠ざかるにつれて種子数が減少し，害虫や病原菌を回避できた種子や実生の生存率が高くなるのであれば，中間的な距離において新規加入個体数のピークがみられる可能性がある（ジャンセン・コネル仮説のパターン）．これは種特異的な種子捕食者や病原菌の移動能力が種子の分散能力よりも低いときに生じることが予測される．距離に対する種子散布と種子捕食者のパターンが同じときには新規加入個体数は距離に応じて単調減少する（ハベル仮説のパターン）．もし移動性が高いジェネラリストの種子捕食者によって死亡が起こるのであれば，飽食効果によって，親木に近いほど生存率は高くなり新規加入個体数は距離とともに急速に減少する（マッカニー仮説のパターン）(Nathan and Casagrandi 2004)．

種子は親木の周りに集中的に散布されるため，親木から離れるほど死亡率が増加するというマッカニー仮説のパターンに適合したことはなんら不思議ではない．得られた証拠から示唆されるように，もし移動性が高いジェネラリストの脊椎動物が熱帯東アジアにおける種子のおもな死亡要因であるならば，散布能力の高い植物種ですら，ジャンセン・コネル仮説のような距離依存的な生存率の変化を示すことないだろう．しかしながら，種特異性が強く，移動性が低い無脊椎動物の種子捕食者や病原菌の働きについては，熱帯東アジアではほとんど注目されてこなかったため，この疑問に答えるためにはさらなる研究が必要である．

4.3.5 発芽と実生の定着

熱帯東アジアでは，種子が捕食者や病原菌から逃避し，発芽して実生になるまでのステージを扱った研究は不十分である．私たちが理解している

ことの多くは，生育地外における保全や森林再生との関連から，種子の貯蔵可能性や発芽能力を明らかにすることを目的として，実験室や温室における試験によって得られたものである．

多くの熱帯林植物の種子は乾燥に弱く（「難貯蔵性recalcitrant」もしくは「中間的intermediate」），乾燥させて長期間貯蔵することができない（Tweddle et al. 2003; Daws et al. 2006）．これらの種子は一般に大きく（0.5g以上），外皮（種皮，内果皮）が薄く，林床に落ちると代謝が活発になり，速やかに発芽する．入手できるデータは少ないが，熱帯常緑樹林の非先駆性木本植物の大部分の種子は乾燥に弱く，より開けた場所や季節性が強い場所のように乾燥による死亡リスクが高い場所ほど，乾燥に弱い種子の割合が低下するようである．しかし，中国南西部の季節性熱帯雨林の非先駆樹種8種の種子はすべて乾燥に弱かった（Yu et al. 2008a）．小型種子をもつ多くの草本や，乾燥気候帯の大部分の植物と同様に，倒木ギャップや開けたハビタットに育つ先駆種は，1年のうちもっとも雨の多い季節に種子を散布する種をのぞくと，耐乾性種子をもつ（世界的にはこちらのほうが圧倒的に数が多いため，「一般的orthodox」と名づけられている）．世界中の被子植物の約92%は耐乾性種子をもつ．乾燥に弱い種子は，おそらくそれじたいがメリットになるというよりも，水ストレスにさらされないように急速に発芽成長する種子をつくることの副次的な効果として，乾燥に弱いのであろう．乾燥に弱い種子をもつ種は，乾燥に対する抵抗性（すなわち水分損失を遅らせる能力）に幅があることにも注目すべきであろう（Yu et al. 2008a）．

乾燥に弱い種子の大部分は休眠しないものの，休眠性そのものは乾燥に対する感受性とはあまり関係がない．一般的な定義によれば，休眠種子は発芽に適した状況でも発芽しないので，乾燥に弱い種子が休眠性をもつことは生態学的にはほとんど意味がない．休眠には形態的なもの（多くのモチノキ属の種における未発達の胚など；Tsang and Corlett 2005）や物理的なもの（不透水性の種皮や果皮など），生理的なもの，およびそれらが複合したものがある（Baskin and Baskin 2004）．熱帯東アジアのデータはほとんどないが，低地熱帯雨林では大部分の種子に休眠性がみられないのに対して，乾燥熱帯林では大部分の種子に休眠性がみられるという傾向が示されている（Ng 1978; Kanzaki et al. 1997; Khurana and Singh 2001; Marod et al. 2002）．Ng（1978）が調べた低地熱帯雨林樹種の3分の2が標準的な圃場条件下で実験を開始してから12週間以内に発芽したが，残りの3分の1の種では非常に多様な発芽戦略がみられた．パソにおける非フタバガキ科45樹種を対象としたKanzaki et al.（1997）の研究によると，一次林樹種の多くでは種子は短命だったが，16%の種では埋土種子の平均寿命が1年以上だった．タイ北部の季節性が非常に強い気候の場所では，乾季の終わりや雨季のはじめに散布された種子は速やかに発芽する傾向があり，他の時期に散布された種子の発芽はそれよりも遅かった（Blakesley et al. 2002）．

落下後に種子が速やかに発芽することで，種子捕食者や病原菌により種子が死亡する危険性は減少する．このため，もし生育環境が成長に適していれば，速やかに発芽するほうが明らかに有利である．たとえ非常に暗い環境などのように実生ステージ以降には速やかな成長が期待できない場合であっても，実生のほうが種子よりも死亡率が低ければ，速やかに発芽することは有利に働くだろう．この点に関する直接的な証拠はほとんどないようだが，非常に多くの熱帯雨林樹種の種子は速やかに発芽する傾向があり，永続的な種子バンクをもつ種がきわめて少ないことから，実生のほうが種子よりも死亡率が低いことが示唆される．熱帯東アジアの熱帯雨林には非常に大きな種子バンクが存在するが（撹乱地では1m^{2}あたり5,415個にも及ぶ），亜高木や低木の数種の種子が優占している（Metcalfe and Turner 1998; Jankowska-Błaszczuk and Grubb 2006; Tang et al. 2006）．この中には，種子の休眠を解除するためには，林冠ギャップでみられるほど赤色光／遠赤色光比の

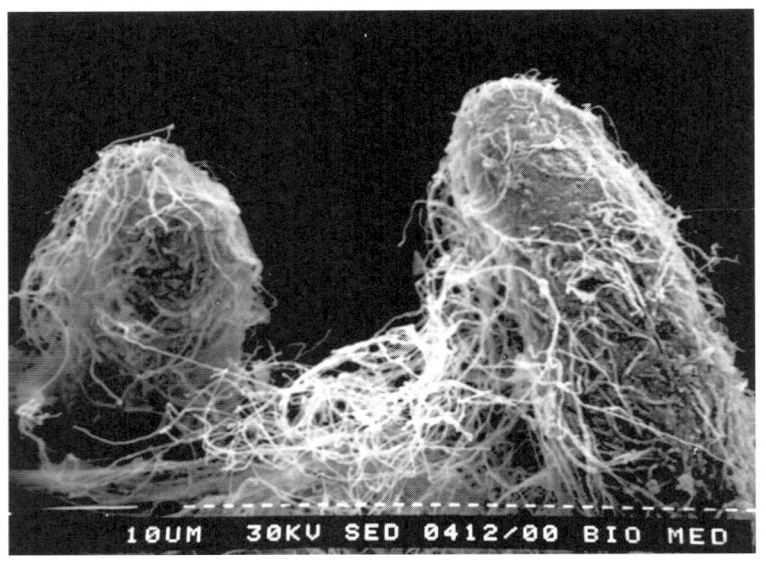

図4-17 未同定の外生菌根菌（担子菌門ハラタケ目アセタケ属の種）の菌糸におおわれる*Hopea nervosa*（フタバガキ科）の2つの根冠の電子顕微鏡写真（写真提供：Francis Brearly）．

大きな光が必要な先駆種と（Turner 2001），定着のためにはリターのない微環境が必要であるほど種子が小さく，耐陰性が高い低木種（Metcalfe et al. 1998）の両方が含まれる．乾燥した森林タイプほど，種子バンクにはその場所の植物相を代表する種が幅広く含まれるようだが，それに関する情報はほとんどない（Marod et al. 2002）．

種子は散布されたときには共生菌根菌をもっておらず，発芽時に土壌中の菌根菌と共生関係を結ぶ．それゆえに，菌類群集の時空間的変異は，実生の定着やその後の成長に影響を及ぼす可能性がある（Lovelock et al. 2003; Theimer and Gehring 2007）．多くの熱帯樹木がアーバスキュラー菌根菌（arbuscular mycorrhiza; AM）と共生関係を結んでいるのとは対照的に，フタバガキ科樹種（図4-17）やブナ科樹種は外生菌根菌（ectomycorrhizal; ECM）と共生関係を結んでいる．この利点の1つとして，実生が，すでに定着している樹木がもつ共通の外生菌根菌ネットワークに速やかにつながることがあげられる．これによって実生は，すでに定着している植物から無機栄養塩類や光合成産物を受けとることができるため，定着時の初期コストを節約できると考えられている．多様性が低く外生菌根菌が優占するような熱帯東アジア以外の森林では，ある程度は上記のような利益があるという証拠が存在するが（McGuire 2007ほか），種多様性が高い熱帯東アジアの森林ではいまだそのような証拠は得られていない．

森林よりも開けた植生タイプにおける種子の運命についての情報は少ないが，森林林床のように環境が比較的均一な場所よりも，乾燥や極端な温度条件にさらされる地表面のような場所においては，種子から定着することははるかに難しいようである．天然の種子散布を模して，開けた場所の土壌表面に種子を直接ばらまくだけの森林再生の試みはたいてい失敗しており，この方法の問題点を示す事例となっている（Engel and Parrotta 2001; Woods and Elliott 2004; Doust et al. 2006ほか）．種子を土壌中に埋めることによって開けた場所での定着率を高めることができるが，本来それは稀な出来事であるに違いない．乾燥林における実生の発生は時空間的にパッチ状になる傾向がある（Marod et al. 2002; 著者個人の観察）．地表火災が起こると土壌表面の多くの種子が死んでしまうが（Elliott et al. 1994），火災に適応した種子や土壌中に種子バンクをもつ種では発芽が促進されることもある．定着するためには露出した鉱物質土壌を必要とする種にとっても，地表火災によ

ってリターが除去されることは重要かもしれない.

4.3.6 実生ステージ

実生の初期サイズは種子サイズによって決まるため,種によって数桁にも及ぶ違いがある (Tsujino and Yumoto 2004 ほか). 大きな種子や実生は,非常に暗い環境で生存するのにきわめて有利であり,それによって年あたりの種子生産量が少ないことや散布効率が一般に悪いことが部分的に補われている (Moles and Westoby 2004; Baraloto et al. 2005). 実生の死亡率は定着後1〜2年の間にはとくに高い. 耐陰性の低い種が非常に暗い環境で発芽した場合には死亡率が100%に及ぶことがほとんどで,その種にとって最適な環境で発芽した場合でも死亡率は通常20%以上になる. 実生ステージでは成長と生存の間に強い機能的なトレードオフ関係があり,成長が遅く生存率の高い種から,成長が速く生存率の低い種までの間にさまざまな種が存在する (Kurokawa et al. 2004; Gilbert et al. 2006; Aiba and Nakashizuka 2007a ほか). 光要求性が高い種では成長が速いという特徴があり,その逆に耐陰性が高い種では生存率が高い. 耐陰性が高い樹木の実生は,一度定着すると,周囲の林冠木が枯死して林冠が開き,林冠へ達するまで成長するのに十分な光を受けられるようになるまで,数年からときには数十年にわたって林床で待機することもある.

実生が死亡する至近要因を明らかにした研究はほとんどない. 多くの個体はあるセンサスと次のセンサスの間に消失するか,原因不明のまま「枯死」してしまう. 死亡する要因としては病原菌が疑わしいものの (Bell et al. 2006), 干ばつや,乾燥し開けた森林における火災と並んで,植食性の無脊椎動物や (Massey et al. 2005) 脊椎動物による食害, 有機物(幹や枝)の落下が死亡要因とされることもある (Saha and Howe 2003; Marod et al. 2004). おもに新規加入個体数が変動することによって,低地熱帯林の実生密度には大きな年変動が生じる (Metz et al. 2008). 一般に実生の密度は低いため(パソでは平均8.9個体／m²;

Metz et al. 2008), 実生と林冠木の間の非対称的な競争と比べると, 実生どうしの競争は死亡要因としては重要でない (Paine et al. 2008).

光利用可能量 (light availability) は森林の閉鎖林冠下で実生が生存するためのもっとも重要な非生物要因であるが, より乾燥し,開けた森林では, 光利用可能量の重要性は相対的に小さくなる (Markesteijn et al. 2007). その逆に,乾燥耐性が生存に及ぼす影響の重要性は,乾季のある場所においてもっとも明瞭になるが (Marod et al. 2002, 2004; Engelbrecht et al. 2007), 非常に湿潤な場所であってもさまざまな規模の干ばつが不定期に起こるため,乾燥しやすい土壌や地形を好む種は,このような極端な条件下でも生存できるように適応している (Yamada et al. 2005a). Poorter and Markesteijn (2008) は,ボリビアの季節林に生育する実生には以下の3つの機能グループが存在することを明らかにした. すなわち,直根をもち乾季に落葉する乾燥回避種,丈夫な組織(すなわち高い乾物含量)をもつ乾燥耐性種,そして大きな根系をもつ湿潤林の光要求性先駆種の3グループである. 葉と根への物質分配の違いを反映して,耐陰性と耐乾性の間にはトレードオフ関係がみられる. また,乾燥林に生育する実生であっても,地表火災を生き延びることのできる能力には種によって非常にばらつきが大きい (Marod et al. 2004).

非生物要因による死亡が環境条件の空間パターンに影響されるのとは対照的に,病原菌や植食性昆虫による死亡は,少なくとも部分的には,同種の実生の局所密度や,それよりも広い範囲に生育する同種の個体数に影響される (Webb and Peart 1999; Bell et al. 2006). 実際には同種の近隣個体だけが問題となるわけではない. おそらく近縁種どうしでは病原菌や植食者がある程度共通しているため,非常に近縁な別種の実生が周囲に存在すると実生の生存率は低下してしまう (Webb et al. 2006). 前節まで (4.3.4 種子捕食と種子病原菌および 4.3.5 発芽と実生の定着) で議論してきた種子捕食者とは異なり,植食者にとって実生が

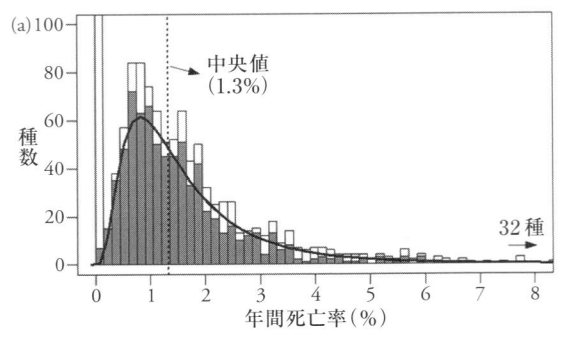

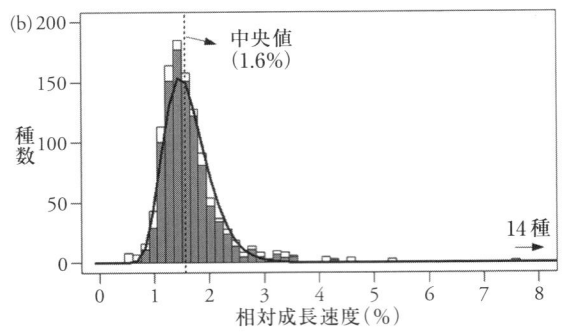

図4-18 ランビルヒルズ国立公園における稚樹の（a）年間死亡率と（b）相対成長速度はほとんどの種で驚くほど似ているため，成長と生存のトレードオフ関係はこの調査地の種の共存にはあまり大きな役割を担っていないことが示唆される（Condit et al. 2006）．（a）胸高直径10～99mmの個体について，灰色は50個体以上みられた種を，白は50個体未満の種を表す．（b）胸高直径10～49mmの個体について，灰色は10個体以上みられた種を，白は10個体未満の種を表す．

飽和するという証拠はないため，親木から中程度の距離において生存個体数が最大になるというジャンセン・コネル仮説の効果は，種子よりは実生において起こりやすそうである．実際に，親木からの距離が種子の生存に及ぼす影響を世界規模のメタ解析で検討した結果によると，種子の生存には普遍的な距離の効果はないものの，実生の生存には有意な正の距離効果が存在していた（Hyatt et al. 2003）．しかし，実生がすでに存在している共通の外生菌根ネットワークに参加できるという利点によって（4.3.5 発芽と実生の定着を参照），親木のそばの実生ほど生存率と成長率が高くなる可能性があり，これにより種子散布制限による分布パターンが強化され，極端な場合には外生菌根菌をもつ樹木が局所的に優占する可能性があることにも注意が必要であろう（McGuire 2007）．

4.3.7 稚樹から成木ステージ

実生における成長と生存の間の強いトレードオフ関係や（Russo et al. 2008ほか），少なくとも一部でみられる密度依存的な死亡は，稚樹以降の生育ステージにも継続する．閉鎖林冠下では光利用可能量に大きな垂直勾配があるため，樹木サイズが大きくなるにつれて死亡率は減少し，成長速度は増加する（King et al. 2006a）．パソとランビルの非季節性低地熱帯雨林では，多くの種の稚樹の年間死亡率は1％程度だった（図4-18）．それよりも乾燥し，林冠が開けたホイカーケンの森林では，死亡率の最頻値はパソやランビルと同様の値だったが，毎年発生する強い乾燥や地表火災が原因で死亡率の高い種が存在するため，死亡率の分布パターンには値の大きな種を含むような長い裾の部分がある（Condit et al. 2006）．

閉鎖林冠下における稚樹の生存率の種間差は，おもに耐陰性の違いを反映している．さらに材密度（King et al. 2006b）や成長速度，炭水化物の貯蔵量（Poorter and Kitajima 2007），植食者や病原菌に対する抵抗性，幹や枝の損傷からの回復能力（Curran et al. 2008）とも相関がみられる．材密度は，ある特定の高さにおいて樹冠を支持するために必要となる総コストと強い相関があり，パソでは材密度の高い種ほど，中径木（胸高直径8～20cm）の死亡率が低く成長速度が小さかった（King et al. 2006b）．これとは対照的に，稚樹の樹冠構造には種間差が大きいものの，その種間差は樹高成長のコストに有意な影響を与えないようである（Aiba and Nakashizuka 2007b）．同一種内でもおもに樹冠サイズや樹冠の受光量の違いによって中径木の成長速度は異なる（King et al. 2005）．土壌要因（水および無機栄養塩類）も成長や生存に影響を与え続けるため，多くの種では成長して個体サイズが大きくなるにつれ，分布が成長や生存に適した土壌や地形に限定されていく（Russo et al. 2005）．このような「生態的ふるい分け（ecological sorting）」のメカニズムは明らかではないが，このメカニズムには貧栄養土壌

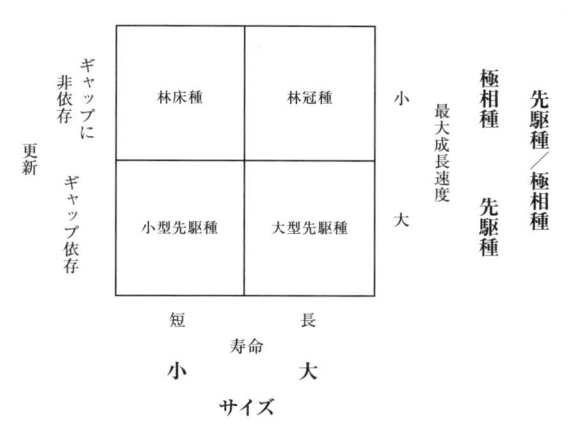

図4-19 低地熱帯雨林における樹木の4つの主要なギルド（Turner 2001を改変）.

や乾燥しやすい土壌における死亡率の低さと条件の良い土壌における成長の速さとの間のトレードオフが関係している可能性がある（Russo et al. 2008）.

多くの種において，実生ステージを過ぎても密度依存的な死亡は起こる．Peters（2003）はパソの大部分の樹種において，調査した3つのサイズクラス（胸高直径1〜5cm，5〜10cm，10cm以上）のすべてにおいて密度依存的な死亡が起こっているという証拠を見いだした．多くの場合，この密度依存的な死亡は，天敵（病原菌や植食性昆虫）が成木から近隣の小さな個体に広がったり，高密度の稚樹の間で広がったりすることと矛盾しない．サイズの大きな植物では，病原菌や植食性昆虫の影響で直接枯死することは実生よりも少ないだろうが，影響が蓄積して炭素と栄養塩との間のバランスが崩れると長期的には致命的になるかもしれない．アマゾンでは，材密度の低さ（種レベルにおける成長と死亡のトレードオフ関係を反映）と相対成長速度の遅さ（個体の活性の低さを反映）によって，直径10cm以上の樹木の死亡率をもっともよく予測できた（Chao et al. 2008）．しかし，スリランカのシンハラジャの低地熱帯雨林において，個体数の多い林冠種 Mesua nargassarium（オトギリソウ科）の個体群が，おそらく病原菌

によって近年劇的に衰退した事例や（Chave et al. 2008），広東省の鼎湖山の亜熱帯低地林の調査区に優占するシナクスモドキ属2種がシャクガの一種（クスアオシャク Thalassodes quadraria）によってほぼ全滅した事例のように（Huang 2000），成木でも害虫や病原菌による突然の枯死は起こりうる.

成木の潜在的最大サイズは稚樹の成長特性と関係する．パソにおいて同じ幹胸高直径の樹木どうしを比較すると，潜在的最大サイズが大きい種ほど成長速度も大きい（King et al. 2006a）．この理由は不明だが，多くの種では最大サイズ近くに成長するまで繁殖しないため，潜在的に樹高が高くなる種では単純にすべての光合成産物や栄養塩類を繁殖ではなく樹高成長に投資している可能性がある．潜在的最大サイズに近づくにつれて樹木の死亡率が増加するため，サイズ依存的で有限の寿命が存在する可能性がある（King et al. 2006a）.

全体としてみると，低地熱帯雨林の樹木の形質には2つの主要な軸があるらしい．1つの軸は成木サイズと関係しており，もう1つの軸は耐陰性と関係している（Turner 2001; Nascimento et al. 2005; King et al. 2006c）．説明するうえで，この連続体（軸に沿って，低木から高木まで，また耐陰性の弱いものから強いものまで連続的に種が存在すること）を分割し，各樹種を3〜4のギルドのうちの1つに分類すると都合が良い．すなわち，先駆種（小さく，光要求性が強く，材密度が低く，成長速度が速く，死亡率が高い），亜高木種あるいは林床種（小さく，耐陰性があり，材密度は中庸〜高く，死亡率が低い），そして林冠種や突出木種（樹高が高く，材密度と成長速度は多様で，死亡率は低い）である．Turner（2001）は，大型先駆種というもう1つのグループも識別している（図4-19）．この分類では，植物の戦略が成長にともなって変化する可能性を無視しているが，そのような変化は稀であろう（Gilbert et al. 2006）．また，その他の種類の非生物要因や生物要因への適応も無視している．より乾燥し開けた森林タイプでは，上記の軸以上に水分要求性や火災耐性な

どの軸が重要であろうが，そのような情報は少ない（Marod et al. 2002, 2004）．撹乱要因として熱帯低気圧（台風）が重要な場所では，材密度と正の相関がある撹乱被害耐性と，材密度と負の相関がある撹乱された後の回復力のトレードオフ関係がもう1つの重要な軸となるかもしれない（Curran et al. 2008）．

一般に，実生ステージ以降の死亡率が低いために樹木は長寿命である．最大寿命は多くの種で200～500年程度であると予想されるが，1,000年近くに達する種も存在すると考えられる（Kurokawa et al. 2003; Nascimento et al. 2005）．これらの時間スケールは，熱帯東アジアの多くの場所で得られた生態学的なデータの時間スケールよりもはるかに長い．大きな熱帯低気圧や嵐，極端な乾燥や稀な火災などの大災害イベント（カタストロフ）は，人間の時間スケールではめったにみられないが，私たちが目にしている森林の構造や種組成に影響を及ぼしている可能性がある．サバ州のダナムバレーは，その森林構造からみて，1878年の大干ばつの被害からの回復途中であることが示唆されている（Bischoff et al. 2005）．タイのホイカーケンでは，年輪をもつ少数の種やその他の証拠によって，約150年前の大災害の影響が現在の森林構造や植物相に残っていることが示唆されており，その災害は熱帯低気圧あるいはその他の暴風だった可能性が高い（Baker et al. 2005）．おそらく熱帯東アジアのすべての森林は，群集全体にわたるような稀ではあるが大規模な撹乱の影響下にあり（Whitmore and Burslem 1998; 2.2.6 雪と氷，2.2.7 風，2.2.8 雷も参照），数年から数十年の時間スケールに着目するような今の生態学的研究では，熱帯林の植物生態学において鍵となる要素を見落としてしまっているだろう．

4.3.8 萌芽

さまざまな植生タイプに生育する多くの樹種において，損傷を受けた後に萌芽する能力がある（Vesk and Westoby 2004）．火災生態学の文献では大規模な火災の後に萌芽する種としない種という2グループを識別しているが，ほとんどの植物は，上層木の幹や枝の落下，風害，食害，踏みつけ，燃料材の刈りとり，軽度の地表火災といった，さほど大きくない被害を受けた場合には萌芽できる．種や被害のタイプに応じて，萌芽はさまざまな場所から発生する．パソにおいてイノシシの巣作りのために損傷を受けた稚樹の多くは，その幹にあった芽から萌芽した（Ickes et al 2003）．また，あらゆる森林タイプにおいて稚樹の幹にはさまざまな原因による損傷の跡が数多くみられる．火災などによってさらに深刻な被害を受けると，地表近くの幹や根に存在する芽から萌芽する．

地下の根系から萌芽できる種も少数ながら存在する．根からの萌芽は，掘り起こさなければ実生と間違えられる可能性があるが，萌芽したものでは成長が速く，実生よりも成木に似た葉をもつ傾向がある．いくつかの種では，根から萌芽することで，種子散布から実生定着ステージまでの死亡する危険が多い時期を経ずに損傷した幹を入れ替えるだけでなく，親植物から離れたところにクローンを広げることもある．熱帯アジアの多くの落葉樹林ではほぼ毎年火災が起こるため，上記のような種のほうが他の戦略をもつ種よりも有利である（Saha and Howe 2003）．ブラジルの乾燥林には森林伐採から何年も経った土壌に残された根から萌芽できる種があるが（Vieira et al. 2006），熱帯東アジアではそれと比較可能なデータはない．

活発に萌芽することは，山地や亜熱帯の常緑広葉樹林の多くの樹木の特徴でもある．タイ北部の山地林では，稲作のために森林を開墾するときには切り株を残し，稲を1回しか作付けしないため，その後の遷移過程において萌芽が優占する．一方で，より長期間にわたるケシ栽培の後には，萌芽よりも種子からの更新のほうが重要になる（Fukushima et al. 2008）．台湾の福山の常緑広葉樹林では，新しい萌芽の83％が1年以上生存したのに対して，1年以上生存した実生は15％未満だった（Su et al. 2007）．これらの森林では，木材収穫後の遷移過程においても萌芽は優占しうる（Li et al. 1999; Aiba et al. 2001; Nanami et al.

2004).ほとんどもしくはまったく萌芽しない種も少数は存在するものの，上記の結果として，皆伐された林分に伐採前の森林にとてもよく似た森林が直接再生することもある（Wu et al. 2008).

萌芽とクローンによる広がりは，多くの熱帯林動態のモデルにはいまだに組み込まれていないが，それは撹乱されていない低地熱帯雨林に研究が偏っているためである．しかし，未撹乱の熱帯雨林においてさえ，損傷を受けた後に萌芽する能力には種間差があり，種組成に大きな影響を及ぼす可能性がある．そして，伐採や人為的な火災，あるいは人為的に大型植食者の密度を不自然に高く（あるいは低く）変えた場合，その後の回復過程は植物の生存率の種間差の影響を受ける．多くの種はある程度の萌芽能力をもっているが，その重要性は種によって大きく異なる．これは，おそらく前に述べたような，一般的な成長と生存のトレードオフ関係とも関連しており，萌芽は炭水化物を十分に貯蔵する種でより重要であるらしい（Poorter and Kitajima 2007).クイーンズランド北部の熱帯雨林では，大型の熱帯低気圧でもっとも大きな物理的被害を受けたのは材密度が低い種だったが，そのような種で萌芽能力がもっとも高かった（Curran et al. 2008).

4.4 樹木以外の生活型

4.4.1 つる植物

みずからを支えるために他の植物を利用する木本性のつる植物（liana）は，熱帯東アジアの森林の構成要素の中で相対的に軽視されてきた．その理由の1つとして，野外での同定が難しいということがあげられる．しかし，つる植物は林冠の葉量の大きさの割に幹の重量が小さいため，林床で幹をみるだけでは森林においてどの程度重要かわからないという理由もある．ほとんどのつる植物は幹直径が2cmになるまでに林冠に到達するが，同じ幹直径の樹木は小さな林床個体なのである（Kurzel et al. 2006).つる植物は木本植物種の多様性（つる植物の割合はほぼ10～30％，

Zhu 2008b）や森林のバイオマス，動物への食物供給に対して直接的に貢献しているだけでなく，樹木の成長や繁殖を抑制し，死亡率を高め，ギャップにおける樹木の更新を阻害することもあるため，つる植物が軽視されてきたのは残念である．つる植物は宿主植物に対して物理的な被害を与えるだけでなく，地上部と地下部の両方で宿主植物と競争する．くわえて，つる植物は木材組織よりも栄養塩濃度が高い葉に相対的に多くのバイオマスを分配するため，リター（落葉落枝）や栄養塩循環に対する貢献がサイズと不釣り合いに大きい（樹木に比べて相対的に影響が大きい）（Cai and Bongers 2007; Kusumoto and Enoki 2008).熱帯アジアの森林において，マメ科は1ないし2番目に多くのつる植物の種を含む科であるが（Zhu 2008b)，その窒素固定の役割は調べられていない．

つる植物が多様な系統的起源をもつことは，登攀のメカニズムや幹の組織構造の多様性に表れており（Putz and Mooney 1991)，それゆえに，熱帯の樹木の生態を一般化することが難しいのと同様に，つる植物の生態を一般化することも難しい．一般に，つる植物の個体数は熱帯の乾燥林で最大になるようだが，降水量の増加あるいは気温の低下にともなって減少する．乾燥季節林においてつる植物が成功しているのは，土壌中に並外れて深く広く分布する根系によって地下水にアクセスできることで，乾季における成長で有利であるためと考えられてきた（Schnitzer 2005; しかしvan der Heijden and Phillips 2008も参照)．つる植物の細い幹は断熱性に乏しく，導管要素の直径が大きいために凍害を受けやすい．そのため北回帰線の北側ではつる植物は急激に少なくなる．熱帯下部山地林ではつる植物が非常に繁茂することがあるが，おそらく同じ問題によって，標高の増加とともに個体数が制限されているようである．

ランドスケープレベルにおいて，一般につる植物の個体数は撹乱頻度と関係がある（Schnitzer and Bongers 2002).倒木ギャップでつる植物がはびこるのは，成熟したつる植物がしなやかな幹組織を

図4-20 サバ州のダナムバレーの*Koompassia excelsa*（マメ科）の樹冠に付いた大型の着生植物シマオオタニワタリ*Asplenium nidus*（チャセンシダ科チャセンシダ属）（写真提供：Roman Dial）.

もつため，倒木があっても生存可能であり，倒木によってできたギャップに向かって横方向に成長することができることも理由の1つである．熱帯低気圧や伐採などによって起こる大規模撹乱でもつる植物のバイオマスや多様性は増加する．つる植物は木材を収穫する時やその後の樹木の更新に悪影響を及ぼすので，それを軽減するために収穫前につる植物を切断することが広く推奨されている．

本地域の低地熱帯林にはトゲに覆われたつる性のヤシであるラタンの種が多様であり，個体数が多く，30にも及ぶ種が共存している場所もある．本地域の大部分において，ラタンは木材に次いで重要な林産物の1つであるが，その生態はほとんどわかっていない．自然個体群や栽培試験でのラタンの成長速度は0.2～4.0m／年である（Bøgh 1996）．

4.4.2 林床草本

林床草本（ground herb）の植物相も，熱帯東アジアの閉鎖林において軽視されてきた．林床草本は通常きわめてまばらにパッチ状に分布する．木本植物と比べて系統学的な多様性はきわめて低いものの，生態学的な多様性は高い．ボルネオ島の標高200～850m付近では，林床草本の被度，密度，種数は，標高が高くなるにつれて増加する（Poulsen and Pendry 1995）．熱帯林の林床草本は多年生であり，季節林ではほとんどの林床草本が毎年地下部の貯蔵器官を残して枯死する．しかし，非季節性熱帯雨林ではこのようなことは起こらない．そこでは多くの双子葉植物の草本の基部が肥大成長しており，草本と低木の間に明確な差は存在しない．シダ植物にくわえて熱帯雨林の林床草本の中で卓越している科としては，単子葉植物ではサトイモ科やカヤツリグサ科，クズウコン科，ラン科，ショウガ科，双子葉植物ではキツネノマゴ科，シュウカイドウ科，イワタバコ科，ノボタン科，アカネ科があげられる（Poulsen and Pendry 1995; Poulsen 1996）．葉緑素をもたず，菌類に寄生する菌従属栄養型（myco-heterotroph）の植物も一般的であり，ヒナノシャクジョウ科（ギムノシフォン属とタヌキノショクダイ属），ラン科（タネガシマムヨウラン属やツチアケビ属ほか），ホンゴウソウ科（ウエマツソウ属）があげられる．多くの場合，宿主は外生菌根菌であるため，これらの草本は近くの樹木に「外生菌根菌を介して寄生している（epi-parasite）」と捉えることができる（Leake 2005）．

4.4.3 着生植物

熱帯東アジアでは着生植物（epiphyte）につい

ての研究も不十分であり，その生態はほとんどわかっていない．森林のバイオマスにおける着生植物の寄与は比較的小さいものの，植物の多様性に対して大きく貢献するとともに，多くの動物のハビタットとなり，栄養塩循環においても大きな役割を担っている（Hsu et al. 2002ほか）．このため，研究が不足していることは残念である．ダナムでは，シマオオタニワタリ Asplenium nidus（チャセンシダ科チャセンシダ属）の単一種（もしくは種複合体）の乾燥重量が1トン／haになることもあり，林冠全体における無脊椎動物のバイオマスの半分以上が生育する場となっている（Ellwood et al. 2002; Ellwood and Foster 2004; 図4-20）．オーストラリアの熱帯のクイーンズランド北部においてこの種を対象とした研究によると，若齢期のシマオオタニワタリには水分供給の緩衝作用を担う枯死有機物（枯葉）が蓄積していないため，1ヶ月以上続く乾季に対して脆弱であるのにくわえて，長期間の干ばつが起こると大きな個体さえも枯死してしまうことがある（Freiberg and Turton 2007）．一般に，水分供給量は着生植物の個体数と多様性を決定する重要な要因であると考えられるが，それが唯一の要因ではないのも確かである．キナバル山（北緯約6度）では，雲霧帯よりも低い標高1,200〜1,500mで維管束着生植物の種数が最大になるが（Grytnes and Beaman 2006），蘚苔類の個体数とおそらく多様性は，それよりも高標高まで増加する（Frahm 1990）．

熱帯東アジアにおいて，たくさんの維管束着生植物がアリ類と関係している．その例としてもっとも研究がすすんでいるのは，アリの巣になる着生植物（ant-house epiphyte）であり（アリノスシダ属，ミルメコディア属ほか），これらの植物は，栄養塩類をアリからもらうのと引き換えに，アリがコロニーをつくるための巣場所を提供している（Beattie 1989）．アントガーデン（ant-garden）の事例もたくさんあり，そこではアリが有機物でつくった巣の壁に着生植物の種子を埋め込み，そこから発芽した植物の根が巣の壁を固定している

ようだ（Kaufmann and Maschwitz 2006）．これらの関係における一般的な特徴として，アリ類による種子散布が方向性をもっていることがあげられる．林冠の好適な微環境に種子が散布されなければ定着できないような場合には，方向性のある種子散布は明らかに有利である．しかしながら，熱帯東アジアの着生植物において主要なグループの1つであるランにおいては，アリ類とはほとんど関係しておらず，塵のように細かい大量の種子が方向性をもたずに風散布される．

4.4.4 半着生植物と絞め殺し植物

定着初期の半着生植物（hemi-epiphyte）は着生植物のような生活をしているが，その後，幹状の気根を地面まで伸ばして根を発達させる．熱帯東アジアにおける半着生植物の大部分はイチジク類（イチジク属）である．半着生イチジク類のうち絞め殺し植物（strangler）は少数である（ランビルでは27種中1種のみ，Harrison et al. 2003）．絞め殺し植物は網状の気根を地面まで伸ばし，それがしだいに宿主植物を囲み殺してしまう．そして最終的には自立するイチジク個体だけが残ることになる（図4-21）．半着生イチジク類は多様だが，森林内では稀である．ただし，いくつかの種は道路沿いに多い．森林でイチジク類の密度が低いのは，種子散布制限（Laman 1996a）やアリ類による種子捕食（Laman 1996b），十分な水分を保持できる微環境に定着が限られること（Laman 1995）という3つの要因が複合的に影響しているようである．ランビルにおけるイチジク類の死亡率は非常に高く（4.7％／年），このうちの4分の3は宿主植物の倒壊に起因していた（Harrison 2006）．

4.5 熱帯林における種多様性の維持

ボルネオ島のランビルにある52haの低地熱帯雨林調査区には，北半球（アジアとヨーロッパと北アメリカ）の温帯林全域の樹種（1,166種）と同じくらい多く樹種（1,175種）が存在する（Wright

図4-21 ランビルヒルズ国立公園における絞め殺しイチジクの一種 Ficus depressa（クワ科イチジク属）（写真提供：Rhett Harrison）．

2002）．ランビルは極端な例であるが，本地域には1haあたり100樹種を超えるような森林が広く分布している（表3-1）．熱帯東アジアの熱帯雨林において樹木の種多様性が高いのは，昔から温暖で湿潤な環境であったことによって説明できるかもしれない．しかし，どのようにして1haに100種を超える樹木が共存できるのだろうか？ なぜもっとも競争に強い種が他の種を排除するほど増加しないのだろうか？ 熱帯林の植物種の多様性を説明するために，少なくとも十数個のそれなりに説得力のある仮説が提案されているが，ここでは現在もっとも支持されている数個の仮説のみをとりあげる．

もっとも単純な仮説の中には，共存する種間では複数の資源の利用様式が異なるために競争排除が回避されているというような，古典的なニッチ分化説がある．熱帯林では小スケールの地形（図4-22）や土壌，ある特定の栄養塩の可給性との関連からニッチに違いがあることを示した研究がたくさんある（Bunyavejchewin et al. 2003; Enoki 2003; Itoh et al. 2003; Miyamoto et al. 2003; Sri-Ngernyuang et al. 2003; Paoli et al. 2006; Noguchi et al. 2007）．実際にランビルの調査地では，複雑な地形と不均質な土壌がその記録的な多様性の高

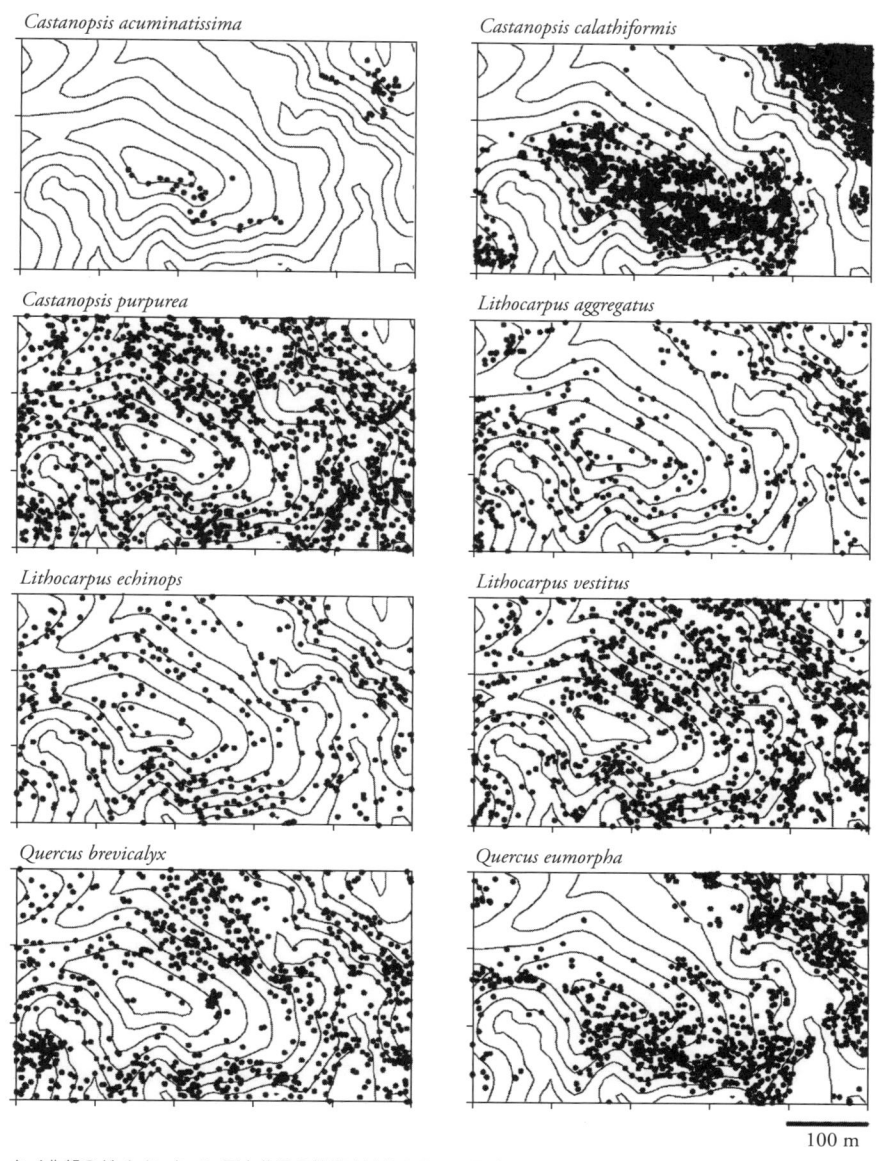

図4-22 タイ北部のドイインタノン国立公園の熱帯山地林の15ha調査区における胸高直径1cm以上のブナ科樹木の空間分布 (Noguchi et al. 2007).

さに貢献しているのは間違いない（Baillie et al. 2006）．同様に，最大樹高が異なる種の間では，林冠から林床までの光強度の垂直勾配をニッチ分割している可能性がある．この勾配は林床近くでもっとも急になるため（対数変換した場合のこと，ただしそうでない例も多い），共存可能な種数が林床で増加するのかもしれない（Turner 2001）．しかし，ランビルにおいて樹種間で土壌，地形，樹高の軸が細かく分割されており，52haプロットの中に1,175もの異なるニッチがあるという証拠はなく，土壌や地形の不均質性によって説明できるのは観察された種多様性の一部にすぎない．

前述した成長と生存の間で広くみられるトレードオフ関係によって，速い成長（短命）から遅い成長（長命）までの軸に沿って種が分化しており，前者は資源が一時的に豊富になるような大きな倒木ギャップなどの撹乱地で有利になり，後者は資源が不足する林床で生存できるため，このトレー

ドオフ関係も多様性に貢献している可能性がある．この軸上にどのくらい多くの明瞭なニッチがあるのかは不明だが，その好例となるような両極端の種をあげると，前者はオオバギ属の大部分の種のような大きなギャップのスペシャリスト種であり，後者はボルネオテツボク *Eusideroxylon zwageri*（クスノキ科）のように成長は遅いが生存することを優先する戦略をもつ種である．しかし，ランビルなどのようにきわめて種数が多い森林では，成長速度と死亡率の異なる種がこの軸の全域にわたって均一に分布しているわけではなく，成長速度と死亡率は大多数の種で驚くほど似た値をとる（図4-18）．このことは，これらの場所において，成長と生存のトレードオフ関係は種の共存に対して大きな役割を果たしていないことを示唆している．

一部の種については，種子から成木までのすべての生育ステージで成長と生存における負の密度依存性が明らかにされている（Peters 2003; Uriarte et al. 2004; Freckleton and Lewis 2006）．このようなパターンをもたらす主要因が，種特異的な，あるいは非常に近縁な種間で共通な害虫や病原菌であるという証拠は，数多く存在する．もし複数の種でおもな天敵が異なり，天敵によってそれぞれの植物種の生残個体の密度が低下し，それによって他種の定着が促進されるのであれば，このメカニズムは種の共存において潜在的に重要な役割を担っている可能性がある．もし，乾季や低温期に害虫や病原菌の活動が低く抑えられ，植物の密度を制限する効果が弱まるのであれば，非季節性の低地熱帯林から季節性が強くなるにつれて植物の種多様性が減少することを説明できるかもしれない．これまでに得られた証拠にはきわめて説得力があるが，密度依存性についての純粋な観察研究から，植物の個体数密度を操作する野外実験へと発展させていくことが今後は必要であろう（Bell et al. 2006ほか）．

上記の共存メカニズムはすべて，さまざまな形質の種間差に基づくものである．もし，それぞれの種の個体群が特定の土壌型やギャップサイズの場所に限定されていたり，より多くの害虫や病原菌を近縁種と共有したりすることで，同種よりも他種が生育しやすくなっているのであれば，多くの植物種が同所的に共存できる．しかし10年前に，ハベル（Steve Hubbell）と共同研究者は，これらのメカニズムの根本的な代替案となるような，種間差よりも種間の類似性に基づく共存メカニズムを提唱した（Hubbell 2001, 2006; Volkov et al. 2005; Adler et al. 2007）．ハベルたちが提唱した中立説（neutral theory）では，すべての種は生態学的に同等であり，個体の出生率や死亡率が種間で等しく，地域の種のプール（いわゆるメタ群集）からの移入確率が等しいと仮定している．局所群集の個体群動態は，出生，死亡，移入のランダム変動のみで決定される．ランダム変動でも最終的にはある1種以外のすべての種が絶滅する場合もあるだろうが，生育に適したすべての場所に種子が到達できるわけではないという種子散布制限（dispersal limitation）や，到達した多くの場所で更新できないという更新制限（recruitment limitation）の結果として，競争排除のプロセスは極端に遅くなる．したがって，たとえメタ群集において種分化速度が非常に遅くても，種の絶滅速度も遅いために十分につりあうことになる．

このような極端な仮定をおいているにもかかわらず，中立説によって，種間差に基づくモデルと同様かあるいはそれ以上に，種数―面積関係や種―個体数の頻度分布などのようないくつかの基本的な生態学的パターンを予測できる（Volkov et al. 2005; Adler et al. 2007）．このことは，研究の進んだ熱帯林調査区において，散布制限や更新制限が起こっているという証拠がたくさんあることを踏まえれば，中立説を無視できないということを意味している．しかし，根本的な前提において明らかな誤りがあるため，中立説には大きな問題がある．すなわち，異なる種の出生率，死亡率，移入率は同じであるはずがないのである．強力な安定化メカニズムがなければ，出生率，死亡率，移入率の種間差が大きいために急激に競争排除が起きるし，もし安定化メカニズムがまったくなけれ

ば，わずかな適応度の違いによってさえ局所絶滅が促進されるだろう (Chesson 2000)．潜在的な安定化メカニズムは，すでに述べたような種間差に基づくプロセスである．大きなギャップにしか定着できないような成長の速い先駆種と，耐陰性があり成長の遅い亜高木種では，出生率，死亡率，分散率が大きく異なるためにニッチが異なる．よって森林全体でみれば一方が他方を排除することはないのである．

中立説などのような，種の共存機構として提唱されたさまざまなメカニズムは，互いに排他的ではない．森林内にもっとも普遍的に存在するような局所的微環境で成長・生存することに適応している大多数の植物種にとっては中立プロセスが重要かもしれないが（多様性の高い低地熱帯雨林において同じ耐陰性をもつ多数の種など，Condit et al. 2006; Hubbell 2006）．一方で，他のメカニズムでも，大きなギャップや特殊な土壌型のような限られた環境に適応した種の共存を説明できるかもしれない．おそらく，種が非常に多様な非季節性低地熱帯雨林では中立性が重要であるのに対して，それよりも季節性が強く厳しい環境ではニッチ分化が重要になるのだろう．たとえ（ほとんどの生態学者が信じているように）単純には中立説が間違っているとしても，種間差の有意性を評価するための帰無仮説や，より現実的な理論へのきっかけとして，中立説は役に立つかもしれない (Leigh 2007)．

伐採や大気汚染，窒素沈着，大気中の二酸化炭素濃度の上昇，気候変動，送粉者や種子散布者の消失によって，原生の自然群集は撹乱を受けた群集へと変わってきた．このため，植物群集の動態をメカニズムに基づいてプロセスベースで理解することの必要性が次第に明白になってきているだけではなく，差し迫った課題になりつつある (Purves and Pacala 2008，7章 生物多様性への脅威を参照)．喫緊の課題は，現存する群集がなぜそうなっているのかを説明するだけではなく，将来どのように変化するかを予測することである．種多様性が高い低地熱帯林において，すべての種を個別にモデル化することはほぼ不可能であるが，鍵となるプロセスへの理解が深まることで，有益な生物学的情報を十分に組み込んだ形で単純化することができるだろう．

4.6 森林遷移

遷移は群集組成の一方向的な変化であり，自然撹乱や人為的撹乱によって生物が定着できる空間やその他の資源が利用できるようになったりしたときに起こる．この概念は，微生物，動物，植物に適用することができるが，ここでは植物の遷移についてのみ言及する．土壌の変化をともなわずに，撹乱によってすべての植物が消失するような，もっとも単純な場合には，種子散布能力や散布後の成長・生存能力の種間差によって遷移が進む．撹乱地には，散布能力が高く，短命で，成長が速く，光要求性が高い種，すなわち先駆種が最初に優占するが，その後は時間とともに，相対的に散布能力が低く，長命で，成長が遅く，耐陰性が高い種に置き換わる．近年のような人為的影響が広がる前には，ほとんどのランドスケープにおいて大面積にわたる植生遷移はめったに起こらなかったが，非常に大型の暴風や地滑り，川岸の浸食などのさまざまな自然撹乱によって先駆種の形質が選択されてきた．

撹乱が起きた場所であっても植物の栄養成長器官や種子が生き残ると，状況はより複雑になる．台風などによる比較的軽度の林冠撹乱では，優占種が萌芽するだけでほとんど遷移は起こらないかもしれない．撹乱の規模が大きいほど，散布された種子や土壌中の種子バンクに由来するような，光要求性が高い先駆種が定着するのに適した期間が長くなるが，一般には，林冠を構成する樹木の大部分が枯死しないかぎり先駆種は優占しない．

他の極端な例として，長期間の耕作や放牧，重機を利用した森林伐採などによって，植生だけでなく土壌も撹乱される場合がある．そうした場所では種子バンクも含めて，撹乱前の植物に由来するすべてのものが完全に除去されるだけでなく，

成長が速い先駆種にとっても不適な場所となる．このような場所には，本来は川岸，崖，尾根などのような永続的に開けた場所に分布する，成長が遅く，光要求性が高い種が優占するようになる（Corlett 1991;図2-9）．

　種子散布だけで撹乱地の植生が回復するような場合には，撹乱の空間的な規模は鍵となる要素である．たとえ先駆種であっても，もっとも近い種子供給源から数百m以上離れた場所ではおそらく散布制限が重要になるだろう（Weir and Corlett 2007ほか）．風散布種子をつけるフタバガキ科樹種や，くちばしの大きな鳥類や哺乳類に種子散布を依存するような大型の液果をつける種などのような，熱帯東アジアにおける多くの遷移後期樹種は，非常にゆっくりと二次林に侵入していく（Turner et al. 1997）．人為撹乱後の森林回復速度は，撹乱の特性や空間的な規模だけでなく，どのような回復の指標を用いるかという点にも依存する．一般に，種組成は森林構造や土壌の栄養塩蓄積，種数よりもはるかに回復速度が遅く（Chazdon 2003），二次遷移によって撹乱前と同じ種組成に収斂するという証拠はほとんどない．

4.7 系統と群集集合

　分子系統学は，植物群集における種組成の形成（集合）プロセスを調べるための強力なツールとなりつつある（Kraft et al. 2007）．これは，現代生態学でもっとも急速に発展している分野の1つであるため（Webb et al. 2008ほか），ここではいくつかの論点について概要のみを紹介する．ある群集に出現する種，あるいはさらに高次の分類群は，地域的な種のプールから単純に無作為抽出されたものではない．この非ランダム性は，生態学者が「構造」と呼んできたものであり，ランダムではない進化的同系性のパターンは，系統的群集構造（phylogenetic community structure）と呼ばれている．もし，通常考えられているように，近縁でない種よりも近縁な種のほうが生態学的に似ているのであれば，系統的な構造が存在することは，地域的な種のプールから群集が形成されるときに生態学的プロセスが働いたことのしるしとなる．

　もし，環境によってある場所でとりうる生態学的戦略の幅が制限され，種の選別が起こる場合（environmental filtering：環境による選別），結果として，偶然によって期待される以上に共存種が近縁であるような「系統的クラスタリング（phylogenetic clustering）」がみられるだろう．これは，たとえば定期的な火災によって，もっとも火災耐性のある種以外のすべての種が失われ，火災耐性のあるいくつかのクレードが優占するような場合である（Verdu and Pausas 2007）．これとは逆に，競争排除や天敵によって共存種の類似性や同系性が制限される可能性もあり，この場合には「系統的過分散（phylogenetic over-dispersion）」が生じる．あるいは，系統的群集構造が存在しない場合には，環境による選別と競争排除が釣り合っているか，あるいは中立説のように植物の形質とは無関係の群集集合プロセスが働いていることを反映しているのかもしれない．

　実際には，これらの相対的な重要性は問題とする空間スケールと系統的スケールに強く依存して変わるようである（Swenson et al 2007）．系統的過分散は小さな空間スケール（$25m^2$未満）や系統樹の先端（たとえば同属の種どうし）でより一般的にみられるが，系統的クラスタリングはそれより大きなスケール（$100m^2$以上，すべての顕花植物を対象としたとき）にみられる．このことは，このようなパターンが生じるメカニズムについてわかっていることと矛盾しない．すなわち，環境による選別は土壌型や地形，火災頻度の広域的なパターンによって生じるのに対して，系統的過分散は近縁種どうしで共通の植食者や病原菌をもつような場合に生じるという傾向を反映しているということである．

5章
動物の生態 食物と採餌

5.1 はじめに

　採餌行動は動物のさまざまな行動の1つにすぎないが，食物は動物の生態のあらゆる面に大きく影響する．それゆえ，熱帯東アジアの動物の生態を説明するうえで，食物を取りあげることは不可欠である．採餌生態は動物生態学でもっとも広く研究されてきた分野である．一方，4章（植物の生態）で取りあげた植物とは対照的に，熱帯東アジアの動物の繁殖生態についてはほとんどわかっていない．

　食物が異なればその栄養的な質は異なる．ある食物の質は，それを食べる動物の消化能力にある程度依存する．すべての動物は，体の機能を維持するのに必要なエネルギーとタンパク質を得るために，リグニン，ケラチン，キチンのような難消化性の化合物，あるいはフェノールのような化学防御物質を含む食物に対処しなければならない．スペシャリスト（ある食物を利用することに専門化した種）の中には非常に低栄養な食物で生存できる種もいるが，そうした種ではより質の高い食物に適応した近縁種と比べると成長や繁殖が遅い．

　食物供給のフェノロジー（生物季節）もまた，動物の生態に大きく影響する．2章（2.6 植物のフェノロジー）で議論したように，植物の新葉，花，果実，種子などのような主要な食物資源は，1年のうちの特定の時期あるいは数年に1度の頻度でしか利用できない（図2-12, 2-13）．このような資源のスペシャリストは，生活史を食物供給の季節性に合わせなくてはならない．これは，そのようなスペシャリストを餌とする肉食者にとっても同様である．一方，ジェネラリスト（さまざまな食物を利用する種）は食物資源を切り替えて利用することができる．たとえば熱帯東アジアの高緯度地方では，果実供給量の季節変化と無脊椎動物の個体数の季節変化が異なるため，ジェネラリストにとって有利である（5.6 雑食者を参照）．木材，植食性動物の糞，脊椎動物の生体や遺骸は，一年中利用できる食物であり，これらの資源に極度に依存したシロアリや糞虫，トラなどのスペシャリストが存在する．

5.2 植食者

　陸上の生物群集が利用可能なバイオマスの多くは植物質であるため，ほとんどの動物は植食者（herbivore）である．肉食者の餌とは対照的に，植物質の餌はきわめて多様であり，一般に栄養価が低い．植物質の餌には，植物細胞が難消化性の細胞壁で守られていること，タンパク質に乏しいこと，化学防御物質（フェノール，テルペン，アルカロイド類など）を含むこと，微量栄養塩（ナトリウムなど）の欠乏を起こしやすいことなどのような大きな問題点がある．栄養価は，難消化性の繊維質からなる木材でもっとも低く，葉や細根では中程度で，地下の貯蔵器官，師管液，花蜜，

図5-1 チョウやガ（鱗翅目）の幼虫は熱帯雨林における主要な葉食者である．写真は葉を採餌中の世界最大のアトラスガ（ヨナグニサン）Attacus atlasの幼虫（写真提供：David Lohman）．

図5-2 甲虫類の成虫も熱帯雨林における主要な葉食者である．写真はハムシ科のカミナリハムシAltica cyanea（写真提供：Yiu Vor）．

種子，果実でもっとも高い．植食者の個体数，種数，バイオマスの大部分を昆虫が占めるが，植食性の脊椎動物は，特定の群集（自然草原など），特定の食物タイプ（種子や果実など），特定の時間や場所において重要である．

5.2.1 葉食者

葉は植物体においてもっとも食害を受けやすい部位である．光合成を効率よく行うために，葉は薄く，比較的栄養価が高い．また，見つけやすく，ほぼ一年中利用できる．定期的に付け替えられるため，とくに栄養価が高く柔らかい新葉をつけている時期がある．葉食者の多くは昆虫，とくに鱗翅目の幼虫（ガやチョウ；図5-1）や鞘翅目の成虫（甲虫類；図5-2）である．熱帯東アジアにおけるそれ以外の葉食者の重要なグループには，直翅目（バッタ，コオロギ，キリギリス）やナナフシ目（コノハムシやナナフシ）が存在する．樹液食の半翅目については別に述べる．

ニューギニアの低地熱帯雨林では，1haの森林内の152種の植物に1,600〜2,600種の葉食性の昆虫が生息すると推定されている（Novotny et al. 2004）．これらの昆虫の中には1種の植物に専門化した種もいるが，大部分の種は植物の属あるいは科レベルで専門化している（Novotny and Basset 2005）．これらの種は葉の内部の栄養価の高い組織を好んで採餌し，葉の主脈を避ける（Choong 1996）．葉の内部にトンネルや穴をつく

り採餌する潜葉性の昆虫（leaf-miner）はさらに専門化している．潜葉性は，鱗翅目や鞘翅目で別々に何度も獲得された形質であり，双翅目ハモグリバエ科や膜翅目の一部でも一般的である．潜葉性昆虫は，熱帯林に広く分布し多様ではあるが，一般に低密度のため，宿主への影響はおそらく小さいだろう．

葉食性の脊椎動物は，体サイズが大きく寿命が長いため，多くの無脊椎動物ほど専門化していない．しかし，調べられているすべての種はある特定の種の植物をとくに好んで採餌し，他の種を忌避するような選好性を示す．ほとんど化学的防御をしていない植物種の柔らかい新葉を少量だけ採餌するのであれば，専門的に適応する必要はない．このような食物（新葉）は，果実食者の補助的な食物資源となっている（5.2.8 果実食者を参照）．硬い成葉を効率的に採餌するためには歯がそれに適応する必要があり，硬い葉は繊維を多く含むために消化の妨げにもなる．

コロブス亜科のサル（リーフモンキー，シシバナザル，テングザルなど）では，歯が鋭く唾液腺が発達していること，反芻動物のような複数の胃をもつこと，胃の中の共生細菌でセルロースや化学防御物質を分解することといった，形態学的・生理学的な葉食への適応が知られている（Kirkpatrick 2007；図5-3）．しかしながら，アジアのコロブス類の食物に占める葉の割合は種によって大きく異なっており，好物の種子や（しばし

図5-3 ファイヤーリーフモンキー *Trachypithecus phayrei* などのコロブス類は葉やその他の難消化性の植物質に専門化している（写真提供：Andreas Koenig）．

ば未熟な）果実を食べることもある．ラングール属のリーフモンキーの最北の個体群は，熱帯東アジアの霊長類の中でもっとも葉食の割合が大きい（Huang et al. 2008 ほか）．採餌される成葉と新葉の比率はコロブス類の種間で大きく異なっており，新葉が利用できる場合には多くの種が新葉を好むものの，季節的に成葉が優占することもある．

マカクは葉食に専門化しておらず，食物に占める葉の割合は一般に小さい．しかし，屋久島（北緯30度）の山地の針広混交林に生息するニホンザル *Macaca fuscata* では年間の食物の38%を成葉が占める．これは，このような相対的に厳しい環境では，一年のほとんどの時期にニホンザルが好む果実や花，種子の供給量が少ないことを反映している（Hanya 2004）．この地のニホンザルの食物選好性はきわめて強く，相対的にタンパク質／繊維質比が大きく縮合型タンニン含有量が少ない葉を選択していた（Hanya et al. 2007）．屋久島では1998年秋に極端に結実量が少なく，葉食の割合が増えたため，1998〜99年に低標高域でニホンザルの大量死が起こった（Hanya et al. 2004）．これは，スペシャリストではない霊長類において，葉が食物の大部分を占めることの問題を示した決定的な事例である．四川省の峨眉山（北緯30度）に生息するチベタンマカク *M. thibetana* などのような北部に生息する他のマカク個体群においても，葉は比較的重要な食物である（Zhao 1999）．同様の傾向はテナガザルでもみられる．テナガザルは一般にアジアの霊長類の中でもっとも強い果実食性を示すが，研究が行われた最北の個体群では，葉がもっとも重要な食物であった（Bartlett 2007）．

大量の葉を採餌する地上性の植食者として，偶蹄類（ウシやシカ），奇蹄類（マレーバク，ジャワサイ，スマトラサイ），アジアゾウがあげられる（図5-4）．木に登る必要がなければ動物はかなり大型になれるため，それによって質の低い食物を利用できるようになる．というのも，体重に対する腸の容量は一定であるが，基礎代謝量（休息時のエネルギー消費）は体重の4分の3乗に比例するからである．しかしながら，その大きな体サイズにかかわらず，ゾウでさえ植物の特定の部位を選択的に採餌する（Campos-Arceiz et al. 2008a）．また，林冠が閉鎖した森林では，大部分の葉が林冠に存在するため，木に登ることのできない大型植食者はそれを利用できない．このような葉の不足に対して，熱帯雨林の大型植食者は，倒木による林冠ギャップ，湿地，川岸，開墾地な

図5-4 アジアゾウ Elephas maximus は東南アジアで最大の植食者である（写真提供：Siew Te Wong）．

どのような林冠が開けた場所を利用したり，地上に落下した果実や根のような多様な食物を採餌したりすることで対処している．森林性の有蹄類の中には，マカクや他の霊長類が林冠から落とす果実や葉を食べることを目的として，それらの群れについて歩くものもいる（Majolo and Ventura 2004 ほか）．

より小型の種ほどこのようにして多様な食物を得ることができるが，地上で最大の植食者であるゾウやサイは稚樹を押し倒して葉や新芽を得ることができる（Strickland 1967; Schenkel and Schenkel-Hulliger 1969; Sukumar 2003）．こうした採餌活動は，植物個体のみならず，植生構造にも影響を与える可能性がある（Matsubayashi et al. 2006 ほか）．Cristoffer and Peres（2003）は，森林性の大型哺乳類がアジアとアフリカの熱帯には存在する一方で新熱帯には存在しないことが，植生構造や小型植食者の多様性などのような森林生態系の数多くの側面に影響していると論じている．残念ながら，熱帯東アジアでは残存する大型脊椎動物の生息密度が低いため（過去には広域に高密度で分布したステゴドンがかなり最近に絶滅したこ

とは言うまでもない），この理論を検証することは不可能である．新熱帯の森林がもともと大型哺乳類を欠いていたのか，あるいは新大陸に人類が到達したことによって大型哺乳類の絶滅が引き起こされたのかも不明である．

より開けた森林では，林床の草本層が存在することによって，地上性の植食者が高密度で維持されている．Wharton（1966）は，40年前のカンボジアのサバンナ林で見た野生のウシ類（ガウルやバンテン）の大きな群れを，東アフリカの有蹄類群集にたとえている．単子葉植物は，相対的に低タンパク質かつ高繊維質であるため，しばしば双子葉植物よりも栄養価が低い食物だと考えられてきた．しかし，双子葉植物は一般にリグニンや化学防御物質の含有量が多いため，おそらくこのような仮定は正しくないだろう（Codron et al. 2007）．ブラウザー（browser；一般的には木本の葉や枝，樹皮の植食者，ここでは双子葉植物の植食者）とグレイザー（grazer；一般的には草本植物などの地表の植食者，ここでは単子葉植物の植食者）との間で形態学的，生理学的，行動学的な違いにおいて相関関係がみられることには，おそ

図5-5 サバ州の塩場において自動撮影カメラで撮影されたオランウータン*Pongo pygmaeus*（写真提供：松林尚志）．

らく他の複雑な理由があるのだろう（Clauss et al. 2003; Codron et al. 2007ほか）．

多くの地上性の植食者や樹上性の一部の霊長類では，塩場（salt lickあるいはlick）と呼ばれる特別な場所で土を食べたり湧き水を飲んだりすることが報告されている（Moe 1993; Klaus et al. 1998; Matsubayashi et al. 2007ほか；図5-5）．多くの場合，このような行動には植物食では不足するナトリウムなどの土壌のミネラルを補給する意義がある（6.3 その他の栄養塩類を参照）．こうしたミネラルの補給によって，植食者の環境収容力（carrying capacity; 維持できる最大個体密度）が高まる場所もあるだろう．しかしながら，特定の場所や特定の動物では，植物がもつ毒を中和したり腸のpHを調整することのほうが重要かもしれない．この行動の生態学的な機能に関しては現在も論争中である（Voigt et al. 2008ほか）．

旧世界の果実食コウモリ類でも葉食がみられる．これは，果実供給が少ない時期の非常食としての意義だけでなく，おそらく果実食では不足するカルシウムやタンパク質を葉から補給するという意義もあるのだろう（Nelson et al. 2005; Nakamoto et al. 2007）．これらのコウモリ類では，コロブス類のように腸が特殊化したり，有蹄類のように十分に咀嚼するために体サイズが巨大化したりはしなかった．そのかわりに，噛み砕いて液体部分を飲み込み，繊維質のペレットを吐き出す．この方法はどんな葉でも使えるわけではない．果実食コウモリ類が，採餌する果実よりも少ない植物種の葉しか利用しないのはそのためかもしれない．果実食コウモリ類は，おもに嗅覚を使って熟した果実を探すが（Hodgkison et al. 2007），葉を選ぶ際にも嗅覚を使っているのかについてはまだわかっていない．対照的に，鳥類が大量の葉を採餌することはほとんどない．熱帯東アジアにおいて，食物の中で花や果実以外の植物質が大きな割合を占めている鳥類は，数種のオウムだけである（Walker 2007ほか）．

すべての葉は物理的・化学的に防御されているが，防御への投資は植物種間で大きく異なる．ボルネオテツボク*Eusideroxylon zwageri*（クスノキ科）のようにもっとも防御された葉には，乾燥重量の4分の1以上の化学防御物質（この場合は縮合型タンニンとリグニン）が含まれることもある（Kurokawa et al. 2004）．葉に含まれる化学防御物質にはさまざまな種類があり（Turner 2001），葉の物理特性にも大きな変異があるにもかかわらず（Lucas et al. 2000; Peeters et al. 2007; Dominy et al. 2008），フェノール含有量が葉の食害量を決める重要な単一の要因であること

5章 動物の生態 —— 食物と採餌

図5-6 サバ州のオオバギ属の一種 *Macaranga indistincta*（トウダイグサ科）の新葉は、その木の幹の空洞に生息しているシリアゲアリのコロニーによって防御されている（写真提供：Brigitte Fiala）．

が多くの研究によって示唆されている（Eichhorn et al. 2007ほか）．

　ある熱帯植物は、とくにアリ類のような共生関係にある肉食者との相互作用によって、植食者から間接的に身を守っている．熱帯東アジアにおけるこのような相互関係は、専門化したアリのコロニーに対して植物が営巣場所（ドマティア）と食物（蜜や固形物）の両方を提供するような高度に専門化したものから（図5-6）、より多くの種でみられるような、周囲からアリを誘引するために食物（蜜の場合が多い）を提供するだけのものまで、さまざまである．いずれの場合でも植食者から防御しているが、先駆樹種のオオバギ属（トウダイグサ科）では、専門化したアリのコロニーを居住させる種（*Macaranga triloba* など）のほうが、周辺からアリを誘引するだけの種（*M. tanarius* など）よりも効果的にアリによって防御されている（Heil et al. 2001）．

　多くの植物（そのほとんどは木本の双子葉植物）では、葉脈の付け根に特殊な小さい穴、ポケットあるいは毛の房があり、そこにダニが棲んでいる（これも営巣場所であり、ドマティアと呼ばれる）．これらのダニは通常、捕食性あるいは菌食性の種である．「葉のドマティア」によってダニが捕食者から守られることで、菌類や植食者による植物への攻撃が軽減されているという証拠が増えつつある（Romero and Benson 2005）．別の間接的な防御方法として、揮発性有機化合物（volatile organic compound; VOC）を放出して肉食性の節足動物を誘引するものがあるが（Heil 2008）、熱帯東アジアの野外ではまだそのような研究は行われていない．さらに、すべての植物において一見は健康にみえる葉に存在するような、多様で遍在性の内生菌類が防御に果たす役割もよくわかっていない（Herre et al. 2005; Arnold 2008）．

　熱帯東アジアでは、もっとも乾燥した地域をのぞき、成葉は一年中存在するが、新葉の利用可能量は月によって大きく変動する（2.6.1 葉のフェノロジーを参照）．熱帯東アジアの北半分では、葉の生産量は3～5月にもっとも多くなり、真冬に少なくなる．一方、赤道域では、大干ばつによって展葉時期が同調する場合をのぞけば、展葉パターンには規則性はほとんど存在しない（Ichie et al. 2004; Itioka and Yamauti 2004）．気候に季節性がある場所では、新葉に依存する動物は、葉の利用可能量の季節変化に生活環を同調させるか、あるいは食物を変えることで適応している．しかし、平年には季節性がないサラワク州ランビルでは、エルニーニョ南方振動による1997～98

年の厳しい干ばつによって，ハムシ科の昆虫が局所的に激減した（Kishimoto-Yamada and Itioka 2008b）．

5.2.2 新芽・樹皮・材食者

幹や枝，小枝は，森林の地上部バイオマスの大部分を占めるが，植食者の食物としての役割は，植栽された樹木作物をのぞくとあまり注目されてこなかった．プランテーションにおいて甚大な被害をもたらす植食者（多くはガの幼虫）は，新芽に穴を開け，ときには枯死させる．古い枝や幹は，ガの幼虫だけでなく，さまざまな甲虫類（とくにカミキリムシ科）の攻撃を受ける．衰弱木や枯死木で木材穿孔性昆虫の多様性が高くなるうえに個体数が多くなるが（5.3 腐植食者を参照），健全な植物を攻撃できる種は少ない．

樹皮は，熱帯東アジアの多くの哺乳類（霊長類，クマ，シカ，ゾウ，リス）の食物となっており，樹皮の食害により木が枯死することもある．ミャンマーで使役されているゾウは，利用する植物種の22％で樹皮のみを採餌した（Campos-Arceiz et al. 2008a）．外樹皮のコルク層は植物体の中でもっとも消化しにくい部分の1つであるが，その内側にははるかに栄養価が高い生きた部位（師部と形成層）があり，これが樹皮食者の食物となっている．ボルネオオランウータン Pongo pygmaeus の一部の個体群では，果実が少ない時期には食物の大部分を樹皮が占める（Knott 1998; Taylor 2006）．しかしながら，果実が少ない時期のオランウータンの尿中には貯蔵脂肪の代謝産物であるケトン体が含まれる．このことは，オランウータンが樹皮のみでは体重を維持できないことを意味している．

5.2.3 根食者

熱帯雨林では植物バイオマスの20〜40％が地下部に存在している（Mokany et al. 2006）．細根はおそらく葉と同様に採食されやすいと考えられるが，熱帯生態系における地下部の食害については事実上何もわかっていない（Blossey and Hunt-Joshi 2003）．ニューギニアの二次林では，成虫では葉を食べるハムシの90％以上が，幼虫の時期には根を食べていた（Pokon et al. 2005）．これらの幼虫の大部分は複数の異なる科の植物を採餌する．これは，根食性昆虫では利用する植物種があまり専門化していないという他の研究結果と一致している．熱帯作物と熱帯以外の森林から得られた情報に基づくと，その他の重要な根食者グループとして，昆虫の鞘翅目，鱗翅目，双翅目，半翅目（とくに土壌中のセミの幼虫）および直翅目（コオロギやケラ），さらにヤスデ類や線虫類などのさまざまな無脊椎動物グループがあげられる．

5.2.4 樹液食者

師部は維管束植物の栄養輸送系である．師管液は比較的量が多く栄養価に富んだ食物であり，また多くの植物において化学防御物質をほとんど含まない．しかしながら，昆虫の食物としては，比較的入手しにくいこと，必須アミノ酸が非常に少ないこと，昆虫の体液の2〜5倍の浸透圧をもつことといった，いくつかの大きな難点がある（Douglas 2006）．このことによって，なぜ昆虫の中で半翅目だけにこの資源に専門化した種（樹液食者; sap-sucker）が含まれているのかを説明できるかもしれない．師管液食の半翅目は特殊化した口器をもち，おそらく必須アミノ酸を供給する微生物と共生しており，過剰な糖類を長鎖オリゴ糖へと変換し「甘露」として排出することができる．半翅目の中には木部液を吸う種や，葉肉細胞を食べる種もいる（Novotny and Wilson 1997）．木部液は極端に濃度が薄いために大量に必要であり，師管液とは異なり陰圧下にあるため，エネルギー上の採餌コストが高い．森林の林冠における半翅目の個体数はきわめて多いが，林冠に殺虫剤を噴霧して林床に置いたトラップによって無脊椎動物を採集する方法では，半翅目の口器が植物組織から離れないため，過小評価されているのは確実である．

熱帯東アジアの複数の脊椎動物も師管液を利用する．スローロリス類（スローロリス属）は樹液食

図5-7 オオアリ属の一種 *Camponotus nicobarensis* の世話を受けているオウシツノゼミ *Leptocentrus taurus*（半翅目）が樹液を吸っているようす．このようなアリ類と半翅目の相互関係により，他の植食者をすべてあわせたよりも多くの一次生産が消費されていると考えられている（写真提供：Yiu Vor）．

のスペシャリストのようである．半島マレーシアにおけるスンダスローロリス *Nycticebus coucang* の研究では，採餌にかける時間の3分の1を樹液食が占めていた（Tan and Drake 2001; Wiens et al. 2006）．この霊長類は，下顎の切歯で形成層に穴を開け，染み出てくる師管液を舌で舐めとる．活発に樹液を消費することが報告されている他の哺乳類としては，リス類やヒヨケザル類（ヒヨケザル属）などがいる．熱帯東アジアの北部ではキツツキ類の一部も樹液を利用するが，このような行動は北アメリカでみられるほど熱帯東アジアでは多くはないようである（Winkler and Christie 2002）．熱帯東アジアにおける報告の多くはチャバラアカゲラ *Dendrocopus hyperythrus* に関するものである（Winkler et al. 1995）．

5.2.5 潜在的な植食者としてのアリ類

林冠を含めて，アリ類は熱帯林においてもっとも個体数の多い昆虫である．アリ類の多くはほぼ雑食性と考えられるが，窒素の安定同位体によって食性を評価した研究によると，林冠でもっとも個体数の多い種は植食性が強く，花外蜜や花蜜や樹液，そしてもっとも重要なことに，樹液食の半翅類が排出する甘露を採餌することが示されている（Davidson et al. 2003; Blüthgen et al. 2006; 図5-7）．アリ類と半翅類の個体数は非常に多いため，これらを合わせると，他のすべての植食者の合計よりも多くの一次生産物を消費している可能性がある．

師管液と比べると，甘露には必須アミノ酸が多く浸透圧が低いため，甘露のほうが質のよい食物ではあるが，それでもまだ炭水化物が多く窒素が少ない．そのため，甘露を採餌するアリ類は特殊な適応をする必要があるだろう（Cook and Davidson 2006）．これらのアリ類は，捕食者や寄生者，病原菌などの天敵から半翅類を防御するため，このような「アリ類と半翅類の関係」は典型的な相利共生であると考えられている．ボルネオの低地熱帯雨林における研究によると，一般に，アリ類は防御対象とする半翅類の選択において日和見主義的であるのに対して，半翅類が利用する植物はアリ類よりもはるかに専門化していた（Blüthgen et al. 2006）．一風変わった例外として，「移動牧畜」性のカタアリ属の一種 *Dolichoderus cuspidatus* では，多様な植物の新芽を利用する数種のコナカイガラムシとの間に絶対的な共生関係を

結んでいる (Maschwitz and Hänel 1985). このアリは，パートナーであるコナカイガラムシが失った移動能力を補って，コナカイガラムシを常に新しい餌場へと運ぶ．少なくともいくつかの事例によると，アリ類と半翅類の関係は，植物にとっては炭水化物のコストがかかるものの，アリ類が他の植食者から植物を防御することによって，植物には正味の利益がもたらされている (Moog et al. 2005ほか). まとめると，アリ類と半翅類の関係は，林冠の群集に強い波及効果を及ぼす「キーストーン相互作用」と捉えることができる (Styrsky and Eubanks 2007).

5.2.6 虫こぶ形成者

植食性の無脊椎動物の中には，未分化の植物組織を刺激して腫瘍状の成長物（虫こぶ）をつくるものが存在する (gall-former). その虫こぶは食物となるとともに，虫こぶ形成者を天敵や環境の変動から防御するうえでも役立つ．虫こぶをつくる昆虫の中でもっとも個体数が多いのは双翅目タマバエ科の仲間 (gall-midge) であるが，同様の習性は，膜翅目，半翅目，総翅目のさまざまな科や，鞘翅目と鱗翅目の一部などのような系統的に離れた多くのグループで独立して進化してきた．虫こぶをつくる昆虫は，宿主や組織において非常に専門化しているが，熱帯東アジアではその生態はほとんどわかっていない．観察によると，虫こぶ形成者は植物種間で非常に偏って分布しており，虫こぶがつくられると最終的に葉面積の大部分（あるいは虫こぶ形成者が利用する他の器官）が壊死してしまうこともある．パナマの低地熱帯林では，葉の虫こぶ密度は林冠でもっとも高かったため (Ribeiro and Basset 2007), 地上からの観察では虫こぶ形成者の重要性を過小評価しているかもしれない．

5.2.7 訪花者 (4.3.1 送粉・受粉も参照)

花と植食者の相互作用には，他の植物器官と同じように花が消費される「花食 (florivory)」(McCall and Irwin 2006) から，送粉せずに花粉や花蜜を奪う「盗蜜 (floral larceny)」(Irwin et al. 2001), さらに動物が報酬を得る送粉共生系までさまざまである (4.3.1 送粉・受粉を参照) (図5-8). ほとんどの訪花者の中で，効果的な送粉者はおそらく少数であろう．チョウ，ハエ，ハチ，甲虫などのように成虫が訪花する多くの昆虫では，幼虫は植食者，肉食者あるいは腐植食者として重要であるため，食物資源としての花は送粉共生系以外にも影響しているかもしれない (Wäckers et al. 2007).

果実の果肉と同様に (5.2.8 果実食者を参照), 花蜜や，ある種の植物でみられるような過剰な量の花粉は，訪花者によって消費されるために作られる資源である．しかしながら，それらの資源はめだつものの，ただで利用できることはほとんどなく，資源を得るためには，通常はある程度の特殊な適応をする必要がある．花蜜では，このような防御はおもに，どのような植物の分泌物でも見つけしだい，速やかに消費しつくしてしまうアリ類に対するものであろう (Blüthgen and Fiedler 2004). しかし，より専門化した送粉者に送粉を限定するために，しばしばアリを排除するよりも高度な防御が行われている (4.3.1 送粉・受粉を参照). たとえば短く細い花筒によって物理的にアリを排除することができるが，さらに長い花筒では，潜在的な送粉者数種以外のあらゆる種を排除できるだろう．霊長類 (McConkey et al. 2003; Hanya 2004; Wiens et al. 2006), 果実食コウモリ (Nakamoto et al. 2007), オウム (Walker 2007) などの脊椎動物の花食者は，花全体を食べることによって，物理的防御を破ってしまうが，クマバチ属のハナバチやタイヨウチョウのような多くの専門化した訪花者は，花筒の基部に穴を開けるというような，より洗練された盗蜜を行う．

花蜜は，基本的に薄い糖液であり，ショ糖あるいは六炭糖（ブドウ糖と果糖）が大部分を占め，少量のアミノ酸とその他の化合物からなる．それは主としてエネルギー源であり，素早く吸収でき，効率が高い．そして，花蜜食者は概してタンパク質を花粉（ハナバチ）あるいは昆虫（タイヨウチ

図5-8 香港のトウヨウミツバチ Apis cerana などのハチ類では花資源のみが食物である（写真提供：Cristophe Barthelemy）．

ョウ）などの他の資源から得る．花蜜に含まれるフェノール類などの二次化合物には，潜在的な送粉者を誘引したり，盗蜜者や微生物を抑制する機能があるかもしれない (Liu et al. 2007a)．

花粉には非常に丈夫な細胞壁が存在しており，その中身を利用する能力は訪花者によって大きく異なる (Roulston and Cane 2000)．新熱帯のハチドリは，驚くべきことに花粉をほとんどまったく消化できないのに対して，他の幅広い脊椎動物ではそれよりもはるかに効率よく花粉を消化できる．ほぼどこにでも分布する花食性のアザミウマ類（総翅目）は，口器で花粉粒に穴を開け中身を吸い出す．花粉のタンパク質含有率は，低い方では風媒裸子植物における2.5％から，高い方では61％までの幅がある (Roulston et al. 2000)．花粉にはさまざまな量のデンプン，脂質，ステロール（昆虫にとっての必須栄養素），ビタミン類やフェノール化合物も含まれている．

花資源の利用可能量は季節的にも年ごとにも大きく変動する（2.6.2 繁殖フェノロジーを参照）．熱帯東アジアの北半分では，通常は毎年4〜6月の間にピークがあり，真冬にもっとも少なくなるが（図2-13），赤道付近では，一斉開花の起こる2〜3ヶ月をのぞき，数年間にわたって花の生産量の少ない時期が続くこともある．花資源を利用する動物は，花の利用可能量の1年周期のパターンに生活環を同調させたり（熱帯東アジア北部の多くの昆虫など），開花がピークになる時期に個体数を急激に増加させたり（パソの花食性のアザミウマなど；Appanah and Chan 1981），食物を転換したり（たとえばランビルでは，あるハムシの仲間は一斉開花期に新葉から花へ食性を転換する；Kishimoto-Yamada and Itioka 2008a），食物を貯蔵して花が少ない時期に利用したり（社会性のハチなど），移住したり（オオミツバチなど），一年中利用可能な数タイプの資源に専門化したりすること（イチジクコバチなど）によって適応している．熱帯東アジアでは花資源の時空間的な予測が難しいために，新熱帯の類似種と比べると，花食性の鳥類やコウモリ類はジェネラリスト的な食性ニッチを占めているのだろう (Fleming and Muchhala 2008)．

5.2.8 果実食者（4.3.2 種子散布も参照）

熟した液果は，おもに無脊椎動物よりも脊椎動物によって消費される唯一の植物器官である（果実食者；frugivore）．未熟果実は多くの無脊椎動物のスペシャリストによって消費されるものの，成熟果実の果肉は，おそらく幼虫が成長するための栄養資源としてはあまりにも濃度が低すぎるうえに，一時的な資源であるため，無脊椎動物には利用されないのだろう．この例外としては，幼虫が液果の内部を食べるミバエ科のミバエ（fruit fly）の多くの種や，他のさまざまな無脊椎動物のグループの一部があげられる．果実穿孔性のヤガ科のガは，成熟果実や成熟直前の果実を攻撃し，特殊な口吻を用いて果皮に穴を開け，果汁を吸う (Bänziger 1982)．果実に穴をあける能力はガの種類によって異なるが，オレンジやリュウガンの無傷の果皮も貫通できるため，果樹園に深刻な損害を与える種もいる．熟しすぎた果実や傷ついた果実は，さまざまな液体食性の昆虫にとっての重要な資源である．熱帯林では，成虫が花蜜よりも果実を餌とするような多様な鱗翅目ギルドがこのような昆虫に含まれる．落下したイチジクには，

図5-9 ハシブトアオバト Treron curvirostrata は他のアオバトと同じように完全に果実食であると報告されている．熱帯東アジアの他の果実食性のハト類とは異なり，アオバト類は果実に含まれている種子をすり潰して食べることもある（写真：©Tim Laman）．

果肉や種子，あるいは他の昆虫を餌とする，地上性のオサムシ科昆虫の特異なグループが誘引される（Borcherding et al. 2000）．

4章（4.3.2 種子散布）では植物の視点から果実食を考察した．動物にとって果実は利用しやすい食物である．それは見つけやすく，抵抗したり逃げたりすることもなく，成熟するとふつうは化学的，物理的にほとんど防御されなくなり，消化しやすい糖が大部分であるが，稀に脂質を含むものもある．このため，熱帯東アジアの鳥類や哺乳類の大部分が，少なくとも何らかの果実を食べるようにみえても不思議ではない（Corlett 1998）．しかし，果実の栄養濃度は低く，一般に窒素含有量が非常に少ないため，完全に果実に依存して生きるのはそれほど容易ではない．

果実への依存度は鳥類によってさまざまである．たとえば果実食性のハト（ミカドバト属，ヒメアオバト属およびそれらの近縁種）やアオバト（アオバト属；図5-9）は完全な果実食者であり（Walker 2007ほか），サイチョウ類やゴシキドリ類，ヒヨドリ類などの幅広い種において果実への依存度が高い（80%以上）ことが報告されている．通常は無脊椎動物をおもな餌とする鳥種でも，季節的に果実依存度が100%近くまで高くなることがある．アオバト類は果実中（大部分はイチジク）の小さな種子をすり潰すことが知られている．一方，他のすべての果実食性が強い鳥種は種子を無傷のまま排出するとみられるため，アオバトと同様な方法で栄養分を補うことができない．極端な果実食のスペシャリストは，代謝率が低かったり（Schleucher 2002），タンパク質の要求量が少なかったり（Pryor et al. 2001）といった，さまざまな適応をしている．タンパク質の要求量が少ないのは，ある程度無脊椎動物を食べる種も含めて，果実食鳥類の一般的な特徴のようである（Tsahar et al. 2005a）．

鳥類ではさらに複雑なことがある．それは，ムクドリ科（ムクドリ類やキュウカンチョウ類）やヒタキ科（ツグミ類やヒタキ類）を含む系統群はショ糖を消化できないため，ショ糖を含む食物を忌避する，ということである（Lotz and Schondube 2006）．香港においては，果実食鳥類によって利用される果実では糖類の大部分をショ糖ではなく六炭糖（ブドウ糖や果糖）が占めているが，おもに哺乳類によって消費される果実ではショ糖が大部分を占めるものもある（Ko et al. 1998）．香港よりも果実食者や果実の多様性が高い場所においても同様のことがあてはまるのかは，現時点では不明である．おそらく熱帯東アジアでは，ムクドリ科やヒタキ科の鳥類は，果肉のショ糖含有量に

図5-10 ケイヌツゲ *Ilex pubescens*（モチノキ科モチノキ属）の成熟果実は糖類やサポニン類，フェノール類を含んでいる．香港では，鳥類によるこの果実の持ち去り率は糖の含有量と正の相関を，フェノール類やサポニン類の含有量と負の相関を示した（Tsang and Corlett 2005）（写真提供：Billy C. H. Hau）．

対して主要な選択圧となるほど重要な種子散布者ではないが，一般に鳥類が六炭糖を好むことが文献で示されている（Lotz and Schondube 2006）．さまざまな色の果実が鳥類によって利用されるものの，本地域全域において，鳥類が利用する果実は（少なくとも人間の目には）黒色か赤色であることが多く，それらは防御されていないか（防御のための果皮がない），裂開性をもつ（熟すと果実が裂けて開く）かのいずれかである（Corlett 1996; Kitamura et al. 2004 ほか）．

もっとも果実に依存している哺乳類は霊長類と果実食コウモリであり，食肉類の一部でも1年のある特定の時期には食物として果実が優占する（Zhou et al. 2008c）．もっとも果実食性の強いテナガザルやマカクの仲間でさえも葉を採餌するし，詳しく研究されているすべての果実食コウモリは葉も花蜜も採餌する．とくに新葉は，タンパク質およびカルシウムなどのミネラル類を含むため，果肉の補助食となりうる（Nelson et al. 2005）．テナガザルは，大量に実り，黄色で，果皮が薄く，果汁が豊富な大型果実を好むが，季節的に選択肢がない場合や，その他の重要な要因がある場合には，これらすべての基準を満たさない果実であっても利用する（McConkey et al. 2002）．マカクは，おそらく群れサイズがかなり大きいために，果実に関してテナガザルほどこだわりは強くないようである．一方，単独性が強いオランウータンは，木々の間を移動するのに相対的に大きなエネルギーを消費するため，より選択的に果実を利用しているに違いない（Leighton 1993）．

霊長類において，また霊長類ほどではないものの鳥類においても，果実の選択性には一貫して色が重要である．それにもかかわらず，脊椎動物には学習能力があることを考えると，果実の色自体が重要なのではなく，むしろ共進化した動植物間のシグナルシステムとして色が重要なのだろう．日本（北緯35度）のウメモドキ *Ilex serrata*（モチノキ科モチノキ属）の赤色と白色の果実をもつ品種を比較すると，留鳥のヒヨドリ *Hypsipetes amaurotis* は，色を無視して果肉中の糖濃度によって果実を選択したが，渡り鳥のジョウビタキ *Phoenicurus auroreus* とルリビタキ *Tarsiger cyanurus* は，赤色の果実を好んで採餌した．このことは，その土地の果実の質や分布に関する情報がない場合には，シグナル（色）に基づいた選好性がより重要になることを示唆している（Tsujita

図5-11 マミチャジナイ *Turdus obscurus* は北ユーラシアで夏に繁殖し，中国南部や東南アジアで越冬する（写真提供：Owen Chiang）．

et al. 2007）．しかしながら，鳥類は部分的には果実の抗酸化力に基づいて果実を選択している可能性があることが最近示されている（Schaefer et al. 2008）．アントシアニンは，主要な果実色素であると同時に強力な抗酸化物質であるため，抗酸化作用のある食物の直接的なシグナルである．さらに，果実から抽出したフラボノイドを与えた鳥類では，新しい抗原に対する免疫能力が向上した（Catoni et al. 2008）．

他の植物組織と比べると，一般に果肉では化学防御物質の濃度が低いが，これは防御されていないということではない．脊椎動物の食物は皆，潜在的には微生物にとっての食物でもある．そのため，微生物に対して防御すると，脊椎動物にとってはその果実の味が悪くなってしまうおそれがある．種子散布者を誘引することと微生物による腐敗を回避することの間にはトレードオフ関係が存在するという証拠があり，非常に魅力的であり果実食者によって速やかに持ち去られるか，持ち去られなければすぐ腐敗してしまうような果実をもつ種から，魅力がなく，食べられるまで数ヶ月間も植物についた状態で維持できる果実をもつ種までさまざまである（Tang et al. 2005; Cazetta et al. 2008）．香港で調査した種の半数以上では，果実に網の袋をかぶせて果実食者を排除すると，少なくとも2ヶ月間は果実が樹木から落下せずに残っていた．比較的長期間にわたって果実が残るモチノキ属の種では，果肉にフェノール類とサポニン類が含まれていた（Tsang and Corlett 2005; 図5-10）．香港におけるこれらの果実の鳥類による持ち去り率は，糖類の含有量と正の相関がみられ，フェノール類やサポニン類の含有量と負の相関がみられた．この研究やその他の研究（Schaefer et al. 2003; Levey et al. 2007 ほか）で示されているような，栄養や化学防御物質の濃度のわずかな違いを感知するという鳥類の能力と，適切な種子散布者を待つ植物の能力が組みあわさることによって，植物と種子散布者の関係における専門化が進化するかもしれない．しかし，このような現象が起こっているという証拠はほとんどない．おそらく，脊椎動物の果実食者の寿命が長いことと，果実供給量の変動が大きいことによって，そのような専門化ができないのだろう．

成熟した液果の利用可能量は，他のどの主要な食物資源よりも，季節変動や年変動が大きい．果実は花から発達するが，送粉量や結果率（fruit set）が変動するために，果実資源の量は花資源の量よりも予測しにくい．個々の果実は個々の花（通常は1〜2日しかもたない）よりもはるかに長い期間にわたって植物体についており，一般に果実は花よりも長持ちするが，植物はたいてい果実よりもたくさんの花を咲かせており，多くの植

物個体では花を咲かせても実をつけない．果実食者の生態は，このような供給量の変動に支配されている．

多くの果実食者は脊椎動物であるため，不規則な食物供給に応答して個体数を急増させることは難しい．残された選択肢としては，食物を転換することや移動すること，一年中利用可能な果実をつける特定の植物種に専門化することがあげられる．もっとも一般的な応答は，葉（多くの霊長類など；Lucas and Corllet 1991），昆虫（多くの鳥類など），無脊椎動物や小型脊椎動物（食肉類の一部など；Zhou et al. 2008a, b, c）への食物転換であるが，短距離の移動については十分に調べられていない．サイチョウ類や果実食性のハト類の中には，結実した植物を探して広域にわたり毎日移動する種が存在する（Leighton and Leighton 1983; Kinnaird et al. 1996; Symes and Marsden 2007ほか）．部分的に果実食性の非常に多くの鳥類は（その多くはツグミ属やトラツグミ属のツグミ類とノゴマ属やルリビタキ属のヒタキ類），毎冬，ユーラシア北部から熱帯東アジアの北側半分まで長距離移動し（Kwok and Corlett 1999; Wells 2007ほか），さらに南へと移動を続ける種もいる（Kimura et al. 2001ほか；図5-11）．しかし，渡りのルートやタイミングは，低緯度地方の食物供給が「引き付ける」のではなく，高緯度地方の食物供給が減少することで「押し出される」ことによってコントロールされているようである．

2章（2.6.2 繁殖フェノロジー）で議論したように，本地域では1年あるいは超年間隔の結実フェノロジーが優占するものの，イチジク類（イチジク属の種）は，例外的に緯度によらず一年中結実する植物である．このような供給の信頼性にくわえて，結実量が多く，栄養価が十分に高いため，熱帯東アジアにおいてイチジクにほぼ専門化した果実食者が数多く進化した．イチジク専門の果実食者として，霊長類や果実食コウモリ類のさまざまな種，サイチョウ類，果実食ハト類，ゴシキドリ類，その他の鳥類の一部などがあげられる

(Shanahan et al. 2001; Kinnaird and O'Brien 2005)．定住性の種はみなイチジク以外の果実も採餌するが，行動圏が十分に大きいか，あるいはイチジクの木の密度が十分に高ければ，一年中イチジクを採餌する．

5.2.9 種子食者（4.3.4 種子捕食と種子病原菌も参照）

種子は芽生えに必要な栄養が詰まったパッケージであり，もしそれらが物理的，化学的に防御されていなければ，動物にとって優れた食物になるだろう．これらの防御を克服する必要があるため，種子食者（granivore）はいくつかの種子食専門の分類群に限られている．熱帯東アジアにおいて，脊椎動物のおもな種子食者は，哺乳類では齧歯類とコロブス亜科の霊長類であり，鳥類ではオウム類，ハト類の一部およびフィンチ類である（Corlett 1998）．その他の重要なジェネラリストの種子食者のグループとしてアリ類があげられるが，さまざまな甲虫類（オサムシ科ゴモクムシ亜科など；Borcherding et al. 2000）や他の昆虫は1種の植物の種子か近縁な数種の植物の種子に専門化している．

種子食者がどのように種子の化学防御に対処しているかについてはほとんどわかっていない．単に，あまり化学的に防御されていない種子（イネ科草本など）あるいは種子食者が克服できるような特定の毒で防御している種子を強く選択しているものもいるだろう．通常は，種子は胚や内胚乳の周囲にさまざまな量の組織（内果皮や種皮，その他の組織）をもつことによって物理的にも防御されており，化学的防御と物理的防御への投資の間にはトレードオフ関係が存在するかもしれない．種子食のハト類は，種子を丸呑みして砂嚢ですり潰すことで物理的防御を克服している．一方，オウム類，フィンチ類，リス類，コロブス類は，種子を呑み込む前に強靱なくちばしや歯で破壊する．

果実と同様に，種子生産には強い季節性あるいは超年性の変動パターンが存在する．ランビルでは，果実と種子の利用可能量の超年変動に応答し

て，普通種で地上性のチャイロスンダトゲネズミ Maxomys rajah と樹上性のミケリス Callosciurus prevostii の個体群が大きく変動した（Nakagawa et al. 2007）．大部分の種子食者は食物を切り替えることで種子供給量の変動に応答できるが，種子が枯渇すると移動するものもあり，ホオジロ属の鳥類は冬季には熱帯東アジア北部の開けたハビタットに渡る．乾果の種子は植物質の食物の中でもっとも貯蔵しやすい．熱帯東アジアの齧歯類が種子を分散貯蔵したり（scatter-hoarding），集中貯蔵したり（larder-hoarding）することがこれまでに報告されているが（4.3.2 種子散布を参照），これらの行動が食物を保証するためにどれだけ貢献しているかは不明である．

5.3 腐植食者

ほとんどの植物遺体は土壌表層の薄い層（有機物層）で分解される．この腐植連鎖系には，林冠層においてすべての植食者に流入する総量よりも大きな量のエネルギーと栄養塩が流入するため，腐植食者（detritivore）では食性の特化が起こる機会が十分にある．そもそも，リター（落葉落枝）は生きている植物体よりも質の低い食物である．なぜなら，植食者が栄養に富んだ組織の一部をすでに摂食しており，また植物は枝や葉の老化期に栄養塩の一部を回収するからである（6.3 その他の栄養塩類を参照）．その一方で，生きている植物組織の化学防御物質もまた，老化や分解が始まるにつれて失われる．これらの理由により，リター食者は植物分類群に対してあまり専門化する必要がないと考えられる．腐植食者によって1ないし数回利用された後には，デトリタス（植物由来の有機物）は，もはや植物質として認識できなくなり，ついには難分解性で難消化性の腐植となる（Allison 2006）．土壌表面に存在する新鮮なリターから土壌中に散在する植物由来の難分解性物質に至るような土壌の腐植勾配に沿って，腐植食者は専門化しうる（Donovan et al. 2001）．リター層や土壌表層に存在する他の多くの生物のうち，トビムシやダニ類の大部分はリターよりもむしろ微生物をおもに採餌しており，アリ類や多くの甲虫類，クモ類などはおもに腐植食者を採餌している．

シロアリ類（等翅目）は，低地熱帯でもっとも重要なリター食者グループのようであるが，ほとんど定量化されていない．シロアリ類は，系統的多様性と機能的多様性が高いために優占しており，ほとんどすべての植物や植物由来物質を利用できるシロアリが存在する（Davies et al. 2003）．「下等シロアリ（lower termite）」に属するレイビシロアリ科やミゾガシラシロアリ科のシロアリは木材を採餌し，鞭毛をもつ共生原生動物や共生細菌の助けをかりて消化する．「高等シロアリ（higher termite）」に属するシロアリ科のシロアリは共生原生動物を欠いており，種によって，枯死材や枯葉から鉱物質土壌中に散在する有機質残渣までの幅広い基質を採餌する．キノコシロアリ（fungus-growing termite；キノコシロアリ亜科）は，糞によって作った巣でキノコ（通常はシロアリタケ属の一種；担子菌類）を栽培し，キノコに分解された巣の古い部分を採餌する．これによって，キノコシロアリは比較的未分解の植物質を幅広くきわめて効率的に利用できる．

シロアリ類は，常時湿潤な場所において，自由生活性の微生物（free-living micro-organism）とデトリタスを巡って競争しており，より乾燥して開けた場所においては火災の起こる合間にデトリタスを消費する（Yamada et al. 2007）．地上部で1年間に落下するリター中の炭素のうち，シロアリ類によって無機化されるものの割合は，キノコシロアリが優占し，火災のない熱帯季節林において，もっとも大きいようである（Yamada et al. 2005b）．土食性のシロアリは，リター食性のシロアリ（とくに効率的なキノコシロアリ）と非対称な競争をしており，タイの常緑下部山地林のような後者の種があまり活動的でない場所において相対的に重要性が増す（Yamada et al. 2007）．

ミミズ類（貧毛綱）とシロアリ類の優占する場所は，地球規模では広く相補的であるが（Donovan

et al. 2007）．熱帯東アジアではミミズ類の研究はほとんど行われていないため，地域スケールでもこのことが当てはまるのかは不明である．熱帯山地林（Heaney 2001; Ashton 2003）や亜熱帯では，シロアリ類に比べてミミズ類の重要性が増す．他の重要な腐植食者は，ヤスデ類（倍脚綱）と，ゴキブリ目，直翅目，ナナフシ目，鞘翅目などの昆虫類の一部である．鞘翅目の中でも，とくにカミキリムシ科は枯死材の主要な消費者であり，消化を助ける共生微生物をもつ．アンブロシア甲虫（ゾウムシ科，キクイムシ科，ナガキクイムシ科）は，共生微生物に極度に依存しており，巣穴（坑道）の中に植え付けた共生菌類のみを採餌する．この習性は明らかに進化の過程で複数回生じており，この習性をもつことでこれらの甲虫類は宿主の幅を大きく広げることができた（Hulcr et al. 2007）．パソでは，林床で新しい倒木を食べる種と，林冠で枯死した枝や枯れかけの枝を食べる種のように，明らかに異なるアンブロシア甲虫群集が存在する（Maeto and Fukuyama 2003）．

　熱帯東アジアの大部分の森林では，リターの量には年変動がかなり大きいこともあるが，季節的なピークはあるもののリターは一年中落下する．台湾北東部の福山では，年によって大型台風の来襲頻度が異なるため，年間総リター量には年によって3倍以上の開きがあった（Lin et al. 2003）．台風によって栄養塩が回収されていない葉や枝が大量に落下することもある．こうして落下した葉や枝の栄養塩含有量は，典型的なデトリタスの栄養塩含有量よりもはるかに多い．

5.4 肉食者

　大部分の植食者と腐植食者は無脊椎動物であるため，多くの肉食者（carnivore）は「無脊椎動物食者（invertebrate-feeder）」といえる．肉食者の食物となるバイオマスの大部分を昆虫類が占めるとはいえ，慣例的には（無脊椎動物食者ではなく）誤解を招くおそれがあるものの，昆虫食者（insectivore）と呼ばれる．無脊椎動物を捕食する肉食者と脊椎動物を捕食する肉食者に明確な区分はないが，いずれかを偏食するためには異なる適応をする必要がある．一方，これら両方を同程度に利用する動物は，しばしば植物も食べるため，雑食者（5.6 雑食者を参照）に分類したほうがよい．

5.4.1 無脊椎動物食者

　大部分の無脊椎動物はおそらく他の無脊椎動物によって捕食される．しかし，そのような捕食性の節足動物を有益であると考えている農学分野をのぞくと，熱帯東アジアにおける研究はほとんどない（Cai et al. 2007ほか）．林冠に殺虫剤を噴霧するような非選択的な調査によって明らかにされた無脊椎動物食者の個体数に基づくと，熱帯林ではアリ類，甲虫類，クモ類がこの食物ギルドに優占する．上述したように，大部分の林冠性アリ類はおもに植物を採餌しているようだが，パトロール行動をするアリ類の密度が高いために，他の林冠性の無脊椎動物が生存することが極端に難しくなっているに違いない．地上に目を向けると，アフリカや新熱帯で大規模な群れをつくって獲物を襲撃するようなグンタイアリは熱帯東アジアには存在しないが，それよりも小型でめだたないグンタイアリの種は重要な捕食者となっているだろう．熱帯東アジアに広く分布するグンタイアリであるサスライアリ属の一種 *Dorylus laevigatus* はおもに地下で生活しており，そこから採餌場所へ素早くアクセスするための恒久的な通路網をつくり（Berghoff et al. 2002），ミミズ類やさまざまな節足動物を採餌する．対照的に，ヒメサスライアリ属のグンタイアリはアリ類を捕食するスペシャリストである（Hirosawa et al. 2000）．グンタイアリにみられるような集団採餌などの特徴的な生態行動のいくつかは，熱帯東アジアのハシリハリアリ属（ハリアリ亜科; Maschwitz et al. 1989）やヨコヅナアリ属（フタフシアリ亜科; Moffet 1987, 1988）などといった系統的に遠いアリ類でもみられる．土壌やリターに生息するその他のアリ類の中には，ほぼ無脊椎動物食のスペシャリストが存

図5-12 香港に生息するヤツボシハンミョウ*Cicindela aurulenta*などのハンミョウ類は，無脊椎動物の捕食者である（写真提供：Yiu Vor）.

在することが知られており，林床の食物網において重要かもしれない（Masuko 1984, 2008; Wilson 2005ほか）．

捕食性甲虫類には多くのハネカクシ科とオサムシ科（ハンミョウ亜科のハンミョウ類を含む；図5-12）の種，およびその他の科の一部の種が含まれる．その他の捕食性昆虫のグループには，多くのカメムシ類（異翅亜目）やカマキリ類（カマキリ科），カゲロウ類（脈翅目）が含まれる．クモ類（クモ目）については定量的なデータがないものの，多様で個体数が多く，ほとんどが捕食者のため，重要であるに違いない．それ以外の節足動物としては，ムカデ類（唇脚網）やザトウムシ類（ザトウムシ目）の一部，捕食性のダニ類が存在する．

多くの（おそらくほとんどの）脊椎動物は，ある程度は無脊椎動物を採餌するが，スペシャリストは比較的小型の種が大部分である．これは哺乳類においてもっとも明瞭であり，体サイズの上限は15～20kgである．これ以上の大きさでは，小さな食物に依存することはエネルギー的に不可能になるらしい．というのも，小さな餌動物を捕獲できる最大の速度は，肉食者の体サイズの増大にともなって上昇しないからである（Carbone et al. 2007）．熱帯東アジアの西隣りのインドに生息するナマケグマ*Melursus ursinus*（55～150kg）はこの法則についての顕著な例外であり，大量の社会性昆虫を捕食するために，舌が長く唇がよく動き，切歯が消失しているというように，形態的に適応しており，「小さな餌動物を採餌すること」の制約を回避しているようである．これとは対照的に，あまり専門化していない熱帯東アジアのマレーグマ（25～65kg）は，無脊椎動物の餌だけでは体調を維持することができないらしい（Wong et al. 2002, 2005）．熱帯東アジアには，更新世後期まで体長2mほどの大型のセンザンコウ*Manis palaeojavanica*が生息していたが，これも社会性のアリやシロアリを効率的に捕食していたのだろう．熱帯東アジアにおいて上記以外の無脊椎動物食のスペシャリストの哺乳類はすべて15kg未満であり，多くは5kg未満である．これらの中には，2種類の小型のセンザンコウ（センザンコウ属；10kg未満），4種の独特な外見のジャコウネコ科であるタイガーシベット*Hemigalus derbyanus*，クロヘミガルス*Diplogale hosei*，オーストンヘミガルス*Chrotogale owstoni*およびキノガーレ*Cynogale bennettii*，現在はスカンク科に分類されている2種のスカンクアナグマ（スカンクアナグマ属），およびイタチアナグマ（イタチアナグマ属）などのイタチ科数種，そして熱帯東アジア北部に分布するブタバナアナグマ*Arctonyx collaris*およびユーラシアアナグマ*Meles meles*な

図5-13 メガネザル類は熱帯東アジアで最小の霊長類であり，もっぱら無脊椎動物（とくに大型昆虫）を採餌する唯一の霊長類である．写真はスラウェシで近年記載されたメガネザル属の一種 Tarsius lariang のメス個体である（写真：©Stefan Merker）．

どが含まれる．

食虫目の全種（トガリネズミ類，ジムヌラ類，ハリネズミ類：4〜1,000g）や齧歯目の多くの種（ネズミ類，リス類）を含む，数多くの小型哺乳類も無脊椎動物食に専門化している．ツパイ類（ツパイ目：40〜400g）は，果実と幅広い無脊椎物（アリ類，シロアリ類，鱗翅目幼虫，甲虫類，ゴキブリ類，コオロギ類，キリギリス類，ムカデ類，クモ類，ミミズ類など）を採餌し，共存するツパイの種は，これらのうちのいくつかの分類群に専門化している（Emmons 2000）．

熱帯東アジアの霊長類のうち，小型のメガネザル（60〜140g; 図5-13）だけが，もっぱら無脊椎動物（大部分は大型昆虫）を採餌する．他の霊長類における食物としての無脊椎動物の重要性は，種や場所，季節によって異なることが報告されている（Campbell et al. 2007）．この違いは，部分的には，大型哺乳類による日和見主義的な無脊椎動物の捕食を定量化することが難しいことを反映しているのだろう．例外はあるものの，一般にコロブス類，テナガザル，オランウータンは，無脊椎動物をほとんど採餌しない．一方，スローロリスやマカクの一部の個体群では，昆虫食は全採餌時間のかなりの割合（10%以上）を占めている．スマトラのスアックバリンビンの湿地林に生息するオランウータンは，他のどの場所のオランウータンよりも多くの昆虫を採餌する（他の場所が1〜6%なのに対してそこでは12%）．これは，その場所の昆虫類の個体数が多いことと，木の洞から社会性昆虫（ハリナシバチ類，シロアリ類，アリ類）を掻きだすための道具を局地的に発明していること（生枝の加工）を反映しているのだろう（Fox et al. 2004）．

熱帯東アジアにおいて，昆虫食コウモリ類の食物はほとんどわかっておらず，その生態学的影響についてはさらに不明である．おそらく昆虫食コウモリ類は夜行性の飛翔性昆虫のおもな捕食者であろう．しかし，新熱帯における実験によると，夜間にコウモリ類を排除した区では，昼間に鳥類を排除した区よりも，節足動物の個体数と葉の被食量に大きな影響がみられた（Kalka et al. 2008）．このため，葉の表面から昆虫を採餌するコウモリ類は，熱帯東アジアの植食昆虫の捕食者として過小評価されている可能性がある．昆虫食コウモリ群集は熱帯東アジアにおいて非常に多様化しており，半島マレーシアの低地フタバガキ林では51種が共存し（Kingston et al. 2003），香港の劣化の激しいランドスケープにおいてさえ21種が残存している（Shek 2006）．共存する昆虫食コウモリ類では，それぞれの種が採餌時の「干

図5-14 メジロチメドリ Alcippe morrisonia（チメドリ科）は台湾北部における混群の優占種である（写真提供：Dr. Yun-Long Tseng）．

渉エコー」（すなわち障害物）の程度に応じて翼の形態とエコロケーションの超音波パターンが専門化している（Kingston et al. 2003）．採餌場所によって以下の3つのおおまかなギルドが認められる．すなわち，(1) 林冠より上の開けた場所や大規模に切り開かれた場所，(2) 小規模に切り開かれた場所，渓流沿いあるいは林縁部，(3) 林内の非常に干渉エコーが多い空間である．

鳥類では，主要な餌が無脊椎動物から脊椎動物へと変わる境界の体重が，哺乳類よりもはるかに小さい．このことによると，哺乳類よりも鳥類において無脊椎動物の採餌効率がかなり悪くなければ，一般的なエネルギーモデルとは合わないことになってしまう（Carbone et al. 1999）．鳥類において，0.5～1.5kgのハチクマ類（ハチクマ属の2～4種）は，もっとも大型の無脊椎動物食性のスペシャリストであり，おもに社会性のスズメバチ類やミツバチ類の巣や幼虫，蛹，成虫を採餌する．多くの小型鳥類（200g未満～500g）の食物においても無脊椎動物が優占している．このような視覚によって餌動物を探索する捕食者が重要であることは，めだつ場所で採餌する植食性昆虫が隠蔽色や警告色をもっていたり，おもに夜行性であったり，その他の防衛行動をもつことからも明らかである．

しかしながら，上述したように，パナマにおいて林冠から鳥類とコウモリ類をそれぞれ別々に排除した研究によると，どちらも節足動物の個体数や葉の被食量に大きな影響を与えたが，その影響は鳥類よりもコウモリ類のほうが有意に大きかった（Kalka et al. 2008）．熱帯東アジアでこの研究を行うのもおもしろいかもしれない！ サバ州では，排除網の設置によりアブラヤシ実生への昆虫による食害量が有意に増加し，その効果の35％が昆虫食鳥類の密度によって説明されている（Koh 2008a）．

昆虫食性の鳥類の採餌様式はじつに多様である．ヤイロチョウ類，ツグミ類，チメドリ類はおもに地上で採餌する．キツツキ類は幹や大枝を探索し穴を開けて採餌する．多くの小型のスズメ目（ウグイス類や多くのチメドリ類など）は葉の上の昆虫を採餌する．止まり木から飛び立って，地面や幹や葉の上（キヌバネドリ類など）あるいは空中（ヒタキ類）の昆虫を捕える鳥類もいる．アマツバメ類やツバメ類は飛翔しながら昆虫を捕える．食物の手に入りやすさによって複数の採餌戦略をとる種もいるが，これらの各々のカテゴリーはさらに細分することも可能である．

熱帯東アジアの森林の無脊椎動物食の鳥の種や個体の多くでは，少なくとも採餌時間の一部には，

複数種が混合した群れ（混群）に加わる．混群は熱帯林や亜熱帯林における特徴の1つである．長い時間にわたって鳥がみられず，その合間には非常に多くの鳥が短時間だけ散発的にみられるため，これらの森林におけるバードウォッチングでは非常にいらいらする．熱帯東アジアでは，赤道付近の低地林において混群の多様性がもっとも高く，1つの群れに十数種以上の鳥種を数個体ずつ含むこともある（McClure 1967; Croxall 1976）．亜熱帯地方の群れでは種数はそれよりも少ないが，一部の種では個体数が多くなる．台湾の福山（北緯24度）の混群には平均5.8種および51.4羽が含まれ，混群あたり平均32.5羽のメジロチメドリ *Alcippe morrisonia* が優占し，混群を先導していた（Chen and Hsieh 2002; 図5-14）．鳥類がなぜ混群を形成するのかについては2つの基本的な仮説が存在する（Primack and Corlett 2005）．その1つ目の捕食者回避仮説では，混群のメンバーが共同で警戒することによって，猛禽類に捕食される危険性が低減することがおもな利益だと考えられている．一方，2つ目の採餌効率仮説では，混群のメンバーは他のメンバーが発見したり追い立てたりした餌動物を捕食することによって，利益を得ていると考えられている．混群の構成とその中での鳥類の行動からは捕食者回避仮説が支持されているが，餌動物を追い立てることで利益を得ているような種もいるという証拠がある．

多くの小型のトカゲ類やヘビ類，そして大部分の両生類にとっても，無脊椎動物は重要な食物である．他の無脊椎動物食者のグループと比較してそれらの重要性を評価できるようなデータはないが，似たような気候の新熱帯と比べると，熱帯東アジアの林床では一般的にカエル類やトカゲ類の密度が低いという証拠がある（Inger 1980; Huang and Hou 2004）．ボルネオにおいてこれらの密度が低いのは，低地熱帯雨林では超年性の一斉開花があるために，種子食昆虫の個体数が少ないことが理由であると Inger（1980）は考えた．しかし，この理由では本地域の低地熱帯雨林以外の場所で密度が低いことを説明できない．厳しい乾季がない場所では，林床性のカエル類はトカゲ類よりも数が多いが，降水量の季節性が強い場所ではこのパターンは逆転する．

多くの無脊椎動物で体サイズが小さく，寿命が比較的短いことは，それらの個体数が気候と食物供給量の両方の影響を非常に受けやすいことを意味している．熱帯では降水量の季節性がもっとも重要な要因であるが，熱帯東アジアの北部では冬季の低温も影響する．香港（北緯22度）では，気温が低く乾燥する時期に無脊椎動物のバイオマスが激減し，大型個体の割合も減少する（Kwok and Corlett 2002）．香港では，昆虫食コウモリ類の一部は冬眠し，大型あるいは飛翔性の昆虫食に専門化した鳥類の一部は南へ渡り，多くの留鳥では果実の利用が増える．しかし，逆説的ではあるが，小型で（10g未満）昆虫食性のムシクイ類（メボソムシクイ属）は，この時期になると北方から大量に飛来する（Dudgeon and Corlett 2004）．冬に飛来するこれらの鳥類は一年中存在する小型昆虫を採餌する．こうした鳥類はその土地での繁殖期が始まる前に北方に移動するが，これは，無脊椎動物（とくに大型種）の増加時期と一致している（Kwok and Corlett 1999, 2002）．この事実は，Greenberg（1995）の「繁殖用の通貨仮説（breeding currency hypothesis）」，すなわち繁殖期における雛鳥の餌に適した食物（とくに大型で柔らかい節足動物）の利用可能量によって留鳥の密度が制限されており，冬季に飛来する昆虫食鳥類にとって利用可能な資源が残っているという説と一致している．

5.4.2 脊椎動物食者

カエルやトカゲ，ヘビの幼体の大きさは昆虫とあまり変わらないため，おもに昆虫食性の脊椎動物にとってはそれらを捕食するための特別な適応は不要である．対照的に，成熟した脊椎動物を捕獲することは質的に異なる仕事であり，大型で活動的な獲物を仕留められるように適応した動物ギルドによって行われる．熱帯東アジアにおいて，脊椎動物の捕食者としては，ヘビ類や昼行性・夜

図5-15 絶滅の危機に瀕しているフィリピンワシは熱帯アジアにおける最大の猛禽類であるだけでなく，フィリピンにおける最大の肉食者でもある（写真：©Eddie Juntilla／フィリピンワシ基金）．

行性の猛禽類，食肉目の哺乳類が重要であるが，他の多くの脊椎動物や数種の無脊椎動物（クモ類やムカデ類）も多少は脊椎動物を捕食する．

熱帯東アジアの大陸部の一次林には，50〜65種に達する脊椎動物食性の脊椎動物が共存しており，その中には20種以上のヘビ類（Luiselli 2006），10〜12種の昼行性の猛禽類（Thiollay 1998），最大で8種のフクロウ類（Francis and Wells 2003），15〜25種の哺乳類（Rabinowitz and Walker 1991; Johnson et al. 2006; Lynam et al. 2006; Mohd Azlan 2006）が含まれる．哺乳類に着目すると，本地域のさまざまな森林には，6種の同所性のネコ類，6種のジャコウネコ類，1種のリンサン類，3種のマングース類，8種のイタチ類（カワウソ類を含む），2種のイヌ類，2種のクマ類（ただし両種とも植食性の傾向が強い）が生息する．このような熱帯東アジアにおける食肉目の多様性は他地域の熱帯林にはみられないほど高い（Corlett 2007c）．食肉類の多様性は，より開けたハビタットほど，あるいは高山では標高が高くなるほど減少する．また，食肉類の多様性は小面積の島ほど減少し，海水準が低下していた更新世に大陸とつながっていなかった島でも低く，さらにハビタットの分断化や狩猟圧が増すにつれて減少する．ヘビ類や猛禽類は，島の効果や人為の影響をあまり受けないため，大型のヘビ類（ニシキヘビ）や大型の猛禽類（図5-15）は，島嶼（フィリピン，スラウェシ，そして多くの小さな島々など）や人間が占有するランドスケープ（香港やシンガポールなど）で上位捕食者になる傾向がある．

餌動物の量は肉食者の密度を決める主要因である．食肉目では，10トンの餌動物で約90kgの肉食者しか支えられない（Carbone and Gittleman 2002）．体温を維持するための食物を必要としない変温性肉食者（ヘビ類，トカゲ類，両生類）は，恒温性肉食者よりも食物要求量がはるかに少ないため，一定の餌動物のバイオマスで，恒温性肉食者よりもはるかに多くの変温性肉食者のバイオマスを支えることができる．これは，熱帯東アジアにおいて恒温性肉食者よりも変温性肉食者の個体数がはるかに多いという主観的な印象と一致する．一年中温暖な地域においては，変温動物のようにエネルギー効率が良く体型に可塑性があるほうが，現生の恒温動物の特徴であるように有酸素活動を維持する能力をもつよりも有利なのかもしれない．これはとくに，攻撃できる距離に獲物が接近するまでじっと待つような待ち伏せ型の捕食者に適用できそうである．哺乳類や鳥類は，ニシ

5章 動物の生態 —— 食物と採餌

図5-16 野生化したイヌ Canis lupus familiaris の群れは，熱帯アジアの都市の郊外で狩りをしたり腐肉を食べている（写真提供：Wing-sze Tang／AFCD，香港）．

キヘビやヨロイハブほど長時間にわたって獲物を待ち続けることができない．恒温性は，活発に動き回る捕食者にとってのみ，あるいは1年のうちある特定の時期にほとんどの変温動物が活動しなくなるような亜熱帯においてのみ，明らかに有利になる．

餌動物の量によって捕食者の個体数が決まるのであれば，共存する肉食者は，餌資源のタイプや大きさ，活動時間（昼行性，薄明薄暮性，夜行性），あるいは空間分布（樹上性と地上性，森林と開けた場所，湿地と陸地など）を分割することで競争を最小化していると予想される．熱帯東アジアでは，これらすべてについてある程度の証拠は存在するものの，2〜4種以上における資源分割を定量的に調べた研究は存在せず，綱が異なる肉食者間の共存メカニズムは調べられていない．

餌動物が専門化しているという確かな証拠がある種では，カエル類や中大型のヘビ類（毒ヘビを含む），トカゲ類，鳥類，齧歯類，有蹄類が餌として好まれている．これらの種は個体数が多いうえに，ジェネラリストには効率的に捕獲しにくいためであろう．たとえば体が硬いトカゲ類を効率良く捕食するには，形態的に適応する必要があるようだ（Greene 1997）．一方，ジェネラリストの捕食者からの攻撃に対して，ヘビ類は毒をもつことによって，鳥類は飛翔することによって，有蹄類はその大きさとスピードによって身を守っている．カエル類は空間的に集中分布するので，カエル食においても専門化することが必要かもしれない．対照的に，多くの種の食物として齧歯類が優占しているのは，大きさが同程度の動物の中で，齧歯類がもっともありふれた獲物であるという事実を反映しているだけかもしれない．実際に，多くのジャコウネコ類やキツネ類のような雑食性の動物においても，齧歯類は食物としてもっともありふれた脊椎動物である．齧歯類を効率良く捕食するためには特殊な適応をする必要がないのだろう．

脊椎動物は，とくに自分の体重とあまり変わらない大きさの餌動物に専門化した捕食者にとって，潜在的に危険な獲物である．熱帯東アジアの肉食性の哺乳類の中で，捕食者と被食者の体重の関係は，小型ネコ類やジャコウネコ類，キツネ類などの小型種（15kg未満）とそれらよりも大型の種（15kg以上）とでは異なるようである．小型種では，獲物の大部分が体重300g未満の齧歯類であり，それは捕食者の体重の20%未満である．対照的に，ほとんどの大型種は有蹄類や霊長類

図5-17 赤外線感知方式の自動撮影カメラによってラオスで撮影された，絶滅の危機に瀕しているインドシナトラ *Panthera tigris corbetti*（写真：©WCS）．

（多くは4kg以上）を捕食しており，もっとも大きな獲物の体重は捕食者自身の体重とほぼ等しくなる．最近まで熱帯東アジアの大部分の森林に広く生息していたドール *Cuon alpinus*（イヌ科）の大きな群れは，群れの総重量よりは小さいものの，ドール1個体の体重の何倍もあるような獲物を狩ることができる．現在は一部の場所で野生化しているイヌ *Canis lupus familiaris*（図5-16）も同じことを行っている．昼行性や夜行性の猛禽類も自分の体重に匹敵するサイズの獲物を狩ることができる．獲物を捕えるために特殊化した足や大きな獲物を引き裂くために特殊化したくちばしが進化したことによって，これらの猛禽類は，獲物を丸ごと呑み込まなければならないという鳥類がもつ制約から逃れることができた（Slagsvold and Sonerud 2007）．

ニシキヘビ類，クサリヘビ類，ワニ類などの大型爬虫類も自分の体重に匹敵するほどの獲物を捕食する．しかし，哺乳類や鳥類では十分な大きさに育ってから自分で採餌するようになるのに対して，爬虫類は，潜在的に達しうる最大サイズよりもはるかに小さな体重の時期から自分で採餌する．体サイズは獲物を捕え，殺し，呑み込む能力に大きく影響するため，一般に爬虫類では成長とともに食物を変える．これは，とくに獲物を丸呑みするヘビ類で当てはまり，獲物の最大サイズは口の大きさによって決まる．興味深いことに，爬虫類として最大のアミメニシキヘビ *Python reticulatus* やコモドオオトカゲ *Varanus komodoensis*，イリエワニ *Crocodylus porosus* では，体重が10～15kgほどに成長すると，餌動物を齧歯類から大型哺乳類に転換する．これは，肉食性哺乳類がより大型の獲物に専門化するときの体サイズの閾値に近い．

熱帯東アジアにおいてゾウやサイの成獣を狙う捕食者はいない．理由は不明だが，バクは捕食者に忌避されているらしい（Kawanishi and Sunquist 2004）．これら以外のすべての動物，すなわちゾウやサイの幼獣やウシ科のガウル *Bos frontalis*（500kg以上）の成獣などは，捕食者に狙われる可能性がある．もっとも大きな被食者（100kg以上）は，哺乳類最大の捕食者であるトラ *Panthera tigris*（図5-17）や上述したドールの群れによってのみ捕食されることがある．ヒョウ *Panthera pardus* は餌に融通がきき，大型動物を捕食できるものの，おもに小さめの獲物を捕食する．10～50kgの体サイズの被食者は，上記2種やそれらよりも小型のウンピョウ類（*Neofelis nebulosa* と *N. diardi*）だけでなく，大型のニシキヘビ類（*Python reticulatus* と *P. molurus*）や

イリエワニに，そしてコモドオオトカゲが生息する島ではコモドオオトカゲに狙われる可能性がある．小型の被食者（1〜10kg）は，その他の多くの肉食性哺乳類や広く分布するミズオオトカゲ *Varanus salvator* の大型個体，マレーガビアル *Tomistoma schlegelii*，フィリピンワシ *Pithecophaga jefferyi* やワシミミズク類（ワシミミズク属）などの大型鳥類に狙われる．被食者が1kg未満になると潜在的な捕食者の数が急激に増加し，中型の齧歯類（200g未満）は非常に多くの共存する哺乳類や鳥類，爬虫類の食物となる可能性がある．

脊椎動物の被食者は行動を柔軟に変化させるので，捕食者が被食者に及ぼす影響を単純に捕食された個体数によって計ることはできない．もし捕食が死亡の主要因であるなら，被食者は，食物資源利用が最適でなくなるというコストを払ってでも，危険度を減少させるように行動するかもしれない．たとえば地上性の植食者は，見通しのよい場所で採餌しなくなるかもしれない．このような捕食圧が間接的に行動に及ぼす影響は，捕食者が排除されて，被食者の行動が変化したときにはじめてわかるだろう．残念なことに，熱帯東アジアでは残存する森林のほとんどで大型捕食者が絶滅してしまったために，この現象に関する研究は行われていない．捕食されるおそれがなくなった植食者（およびジャコウネコ類などの捕食されていた中型捕食者）は行動を変えたのだろうか？ その変化は下位の栄養段階に影響を与えたのだろうか？ 多くの場所において，大型捕食者に代わって人間による狩猟がおもな死亡要因になったが，それによって，たとえば夜行性になったり，道路を避けたりするように，これまでとは大きく異なるような行動の変化がもたらされる可能性がある．

花や果実，昆虫と比較すると，脊椎動物は1年を通して利用できる食物資源である．ただし，熱帯東アジア北部では冬季に変温性脊椎動物（カエル類や爬虫類）の多くが冬眠するため，それらを捕食する恒温性肉食者の食物供給量は減少する．熱帯東アジアの脊椎動物食者の多くはほぼ定住性であり，食物供給の季節性あるいはその他の変動に応答したとしても，せいぜい局所的に移動するだけである．しかしながら，ユーラシア北部では状況が大きく異なっており，毎冬，食物供給量が減少すると，百万羽以上の猛禽類（ワシタカ科とハヤブサ科）が南方の熱帯東アジアへと移動する（Bildstein 2006）．これらの多くはだいたい東アジアの大陸上を移動するが，一部の種は海を超えてフィリピンへ渡る．

5.5 寄生者と捕食寄生者

寄生者（parasite）は1ないし数個体の宿主から栄養を得る動物であり，通常は宿主に悪影響を及ぼすものの，すぐに死に至らしめることはない（Begon et al. 2006）．大部分の自由生活性の動物には，たいていは複数種からなる，複数個体の寄生者がついている．このことは，地球上の動物個体の大部分が寄生者であるということだけでなく，寄生者の多くの種は宿主特異性をもつため，動物種の大部分が寄生者であることをも意味している．細菌類，菌類，原生動物などの微生物は別として（Paperna et al. 2005 ほか），大部分の寄生者は，扁形動物類（Wells et al. 2007 ほか），線虫類（Paperna et al. 2005; Wells et al. 2007 ほか），ダニ類（Luo et al. 2007 ほか）あるいは昆虫類である．捕食寄生者（parasitoid）は成虫が自由生活性の昆虫であり，メスは宿主の体内や体表面，体のそばに産卵する．寄生者の幼虫が成長するにつれて，宿主は消費され，ついには死に至る．多くの植食性昆虫は，捕食者よりも捕食寄生者が原因で死亡する．潜葉性昆虫は，葉に潜孔する習性をもつことである程度は寄生者から防御できると考えられるかもしれないが，寄生蜂による死亡率は非常に高い（30〜60%）（Lewis et al. 2002 ほか）．捕食寄生者の種数と個体数は膜翅目においてもっとも多いが，双翅目の一部（とくにヤドリバエ科）や，その他のさまざまな無脊椎動物のグループにも存在する．

多くの研究事例によって，寄生者が宿主の生態

図5-18 ハクビシン Paguma larvata は雑食者であり，脊椎動物，無脊椎動物，果実などを採餌する（写真提供：Paul Crow／KFBG）.

や進化に及ぼす役割が示されている（Begon et al. 2006）. しかし，一般に熱帯における情報は少なく，とくに熱帯東アジアにおける情報はほとんどないため，実用的な一般化をすることは不可能である. 熱帯の野生動物の中で，霊長類は寄生虫研究者にもっとも注目されてきたが，この比較的研究が進んでいるグループにおいてさえ，すでにわかっていることよりもまだわかっていないことのほうがはるかに多い（Nunn and Altizer 2006）. 野生動物は化学的防御物質の多い植物を利用して寄生虫病を自己療法することがあり，そのもっとも強い証拠が霊長類で示されている. 捕食者と寄生者の間には思いがけない相互作用があるかもしれない. ドールによって捕食されたインドのアクシスジカ Axis axis では，それ以外の要因で死んだ個体よりも，寄生性原生動物である肉胞子虫（サルコシスチス属）のサルコシスト（肉胞嚢）の密度が心筋において有意に高かった. このことは，寄生されたアクシスジカをドールが選択的に捕食していることを示唆しており，また，ドールはこの寄生虫の繁殖サイクルにおける絶対宿主であるため，捕食者と寄生者の間に相利的な関係が成り立ちうることが示唆されている（Jog et al. 2005）.

ストレスを受けている生物は寄生者が感染することで死亡しやすいため，寄生者とさまざまな人為影響との間には相互作用が存在する可能性がある. このため，本地域の生態学研究において寄生者が軽視されてきたことは非常に残念なことである. しかし，伐採林と非伐採林における小型哺乳類の消化管内寄生虫や（Wells et al. 2007），撹乱強度が異なる森林における鳥類の血液中の寄生虫についての予備調査では（Paperna et al. 2005），明確なパターンは認められていない.

5.6 雑食者

雑食者（omnivore）は，植物と動物を含むさまざまなタイプの食物を日和見主義的に採餌する動物である. 食物の利用可能量や栄養含有量に比例するようにすべての食物を食べているような動物は存在しない. これはおそらく，たとえば成葉を食べることへの適応と，大型動物を食べることへの適応とが両立しないためであろう. しかしながら，食物に占める果実や無脊椎動物，小型哺乳類の割合を季節的に変えることは，ほとんどのジャコウネコ類（ハクビシン Paguma larvata など；Zhou et al. 2008c; 図5-18），数種のイタチ類（Zhou et al. 2008a, bほか），本地域北部のキツネなどの哺乳類と，サイチョウ類，ゴシキドリ類，カラス類，キツツキ類などの大型鳥類において，ほぼ一般的である. フィリピンには雑食性のグレイオオトカゲ Varanus olivaceus （Auffenberg 1988）が生息し，東南アジアの大部分には群れで採餌する

雑食性のヨコヅナアリ*Pheidologeton diversus*が生息する（Moffet 1987）．果実を食物とするか無脊椎動物を食物とするかを季節的に変えることは，ヒヨドリ類，チメドリ類，ツグミ類などの小型鳥類で一般的である．一方，果実を食物とするか葉を食物とするかを季節的に変えることは，霊長類や小型有蹄類で一般的であり，フィリピンのパナイ島のオオトカゲの一種*Varanus mabitang*でも同様であることが示唆されている（Struck et al. 2002）．

5.7 腐肉食者

生体と同様に，遺骸についても無脊椎動物が大部分を占めるが，熱帯において腐肉食はこれまであまり注目されてこなかった（腐肉食者；scavenger）．アリはどこにでもいて，密度が高く，雑食性であるため，腐肉食のニッチにスペシャリストが入りこむ余地はほとんどないが，アリ以外の捕食性無脊椎動物が条件しだいで腐肉食となることはあり得るだろう．

脊椎動物の体は通常はあまりにも大きすぎるため，アリの群れでさえ動かすことは難しい．多くの山岳地帯にはシデムシ類（シデムシ科モンシデムシ属）が生息し，小さな遺骸（100g未満）の下を掘り，遺骸を埋める．この属は全北区（3章生物地理学を参照）に分布するが，熱帯東アジア北部となぜかスラウェシをのぞき，低地には出現しない（Hanski and Krikken 1991; Scott 1998）．腐肉食は微生物による分解との競争であり，微生物の中には毒によって獲物（遺骸）を守るものがいるため，競争はさらに複雑になる（Shivik 2006）．また，低地熱帯ではあまりにも速く分解が進むために，遺骸を土壌中に埋める戦略が意味を成さないということも考えられる．死後数分のうちに腐肉食性のハエ類が遺骸に集まり始めることからも，遺骸を素早く発見することの有利さがよくわかる．

通常，軟組織にはクロバエ科とニクバエ科のハエ類が優占する（Hanski and Krikken 1991; Dudgeon and Corlett 2004）．甲虫類，とくにコガネムシ科，アツバコガネ科，エンマムシ科，ハネカクシ科も重要であり，ときにはアリ類が他の動物を排除して優占することもある．キナバル山では，腐肉食のスペシャリストのコガネムシ上科は標高1,350m以上には分布しないが，これはおそらくシデムシ*Nicrophorus podagricus*との競争の結果であろう（Kikuta et al. 1997）．鱗翅目の成虫の一部，とくにタテハチョウ類のオスも腐肉に誘引される．これらのチョウ類はタンパク質やアミノ酸の供給源として腐肉を利用しているのかもしれない（Hamer et al. 2006）．遺骸が乾いてくると，ケラチンを消化するカツオブシムシ科の甲虫類によって皮膚や毛，羽毛が利用される．初期段階以降に遺骸上にやって来る無脊椎動物の多くは，遺骸ではなく，ハエ類の幼虫やその他の腐肉食者を採餌する．

多数の脊椎動物（おそらく約半分；Shivik 2006）は捕食以外の原因によって死亡する．肉食性の脊椎動物にとって，脊椎動物の死骸を利用するということは，利用可能な食物量が増加するだけでなく，死んだ動物とは戦う必要がないので，利用可能な獲物のサイズの制限が緩くなるという意義もある．しかし，大型の遺骸は少ないうえに，細菌類や上記の無脊椎動物の影響で食べられる部分がなくなってしまう前に，肉食性の脊椎動物は遺骸を見つけだす必要がある．滑空性の大型鳥類（ハゲタカ類）は，おそらくその他の鳥類や地上性動物よりもはるかに効率的に広範囲にわたって食物を探索できるため，完全な腐肉食者の脊椎動物はすべて滑空性の大型鳥類である（Ruxton and Houston 2004）．旧世界のハゲタカ類は視力によって空中から遺骸を探索するため，熱帯東アジアでは開けたハビタットに分布が限定されており，おそらく森林の消失後に移動してくると思われる．対照的に，新熱帯の森林に優占する腐肉食者であるヒメコンドル属のハゲタカ類（コンドル科）は嗅覚によって遺骸を探索する．もし，新熱帯のヒメコンドル*Cathartes aura*がアジアの熱帯林に生息したなら，どのように暮らすのだろうか？

図5-19 脊椎動物の糞に集まる無脊椎動物群集には，*Catharsius dayacus*（コガネムシ科）などの専門化した糞虫が優占している（写真提供：Darren Mann）．

ハイエナ類は骨を噛み砕けるほど強力な歯をもつため，ハゲタカ類によってすべての肉が食べられて骨だけになった遺骸をも食べることができるが，旧世界のハゲタカ類と同様にハイエナは開けた場所を好む．シマハイエナ *Hyaena hyaena* は東洋区（3章 生物地理学を参照）の西半分に広く分布するが，更新世中期から後期以降，ハイエナ類は熱帯東アジアからは絶滅した（Louys et al. 2007）．日和見主義的に腐肉を採餌する熱帯東アジアの動物としては，大部分の肉食性哺乳類や多くの鳥類（とくにカラス類やカササギ類，広域分布するトビ *Milvus migrans* やシロガシラトビ *Haliastur indus*），数種のヘビが知られている．イノシシ（イノシシ属）や，ヤマアラシ類などの齧歯類も遺骸を食べることが報告されている．

5.8 糞食者

脊椎動物の種間では食物が異なるため，糞の組成も異なる．自然界において，大部分の糞は植食者由来であるため，植物組織の難消化性の成分が大部分を占める．それは化学的には植物のデトリタスに似ているが，物理的には非常に異なるため，おもに糞食性のスペシャリスト（糞食者；coprophage）によって消費される．東南アジアにおいて脊椎動物の糞に集まる無脊椎動物群集としては，甲虫類の成虫と幼虫（大部分がコガネムシ科とその近縁の科）およびハエ類（とくにクロバエ科とイエバエ科）が優占する（Hanski and Krikken 1991; Davis 2000; Dudgeon and Corlett 2004）．ニクバエ類（ニクバエ科）は比較的栄養に富んだ肉食者や雑食者の糞で繁殖する傾向があるが，植食者の糞ではタンパク質が乏しいために繁殖できないようである（Bänziger and Pape 2004）．多くの研究では，不自然な誘引餌（人間やウシの糞）を用いて糞虫群集の組成が調べられてきたが，自然条件下において，これらの生物がどのように脊椎動物の糞を扱うかはほとんどわかっていない．

東南アジアの森林に生息する糞虫の大部分は，糞の下にトンネルを掘り，糞の一部をトンネルの底に運び込み，そこで採餌と繁殖を行う「トンネル型（tunneller）」の種であるが，さまざまなサイズの「ロール型（roller）」の種（糞塊の一部で糞玉を作って転がし，運んでから埋める種）も存在する（Hanski and Krikken 1991）．サバ州のダナムバレーでは，人間とウシの糞によって31種の糞虫が誘引されており，大型で夜行性のトンネル型

の種（大部分は *Catharsius dayacus*；図5-19）が全バイオマスの半分以上を占めていたが，種数および個体数では小型で昼行性のトンネル型の種（エンマコガネ属の種）でもっとも多かった（Slade et al. 2007）．大型で夜行性のトンネル型の種は糞の大部分を持ち去り，糞の中に仕込んであったプラスチック製の人工種子の大部分を土壌中に埋めた．しかし，すべての機能群（すなわち，大型─小型，昼行性─夜行性，トンネル型─ロール型）が存在することによって，糞と種子の両方の持ち去り量がもっとも多くなった．ロール型の種は，糞の持ち去りにはあまり貢献しないうえに糞玉に種子を入れるのを避ける傾向があるが，糞があった場所から離れた場所まで種子を散布できるため，種子散布において重要な役割を果たしているかもしれない．ボルネオ中部における研究では，テナガザルの新鮮な糞塊に最初にやって来た動物は糞虫であり，糞虫は頻繁に糞中の種子の周りから糞を持ち去ったものの，種子はたった1つしか持ち去らなかった（McConkey 2005）．

6章
エネルギーと栄養塩類

6.1 はじめに

人為起源の炭素が大気中に排出されるのを緩和するためには，自然生態系が果たす潜在的な役割を理解することが必要である．このため，かつては伝統的な「生態系生態学」の課題であった，生態系におけるエネルギーや物質の循環についての研究は，ここ10年にわたって新たな緊急課題となっている（8.2.3 カーボンオフセットを参照）．窒素や他の栄養塩による自然生態系の富栄養化の影響についても関心が増している（7.4.12 大気汚染と富栄養化を参照）．これらの過程について私たちがこれまでに理解していることは，現在要求されている精度と比べると，多くの点で粗すぎることがわかってきた．関心が高まってはいるものの，不幸なことに科学研究では斬新さが求められるため，多数の調査地において反復して研究が行われていない．現状では，異なる場所で異なるコンポーネント（構成要素）を測った結果しか存在しないため，十分な精度で統合化することが難しい状況である．

6.2 エネルギーと炭素

エネルギーは光合成を通じて植物に取り込まれ（光エネルギーから化学エネルギーに変換され），炭素—炭素結合のかたちで生態系を循環し，最終的に熱として放出される．同じ炭素が循環して使われるのに対して，エネルギーは一度だけ使われる．しかし，エネルギーと炭素は生態系においてまったく同じ経路を動くため，同時に考えることに意味がある．炭素は環境内に広く存在するものの，どこにおいても不足している．すべての陸上植物は同じ大気中の低濃度の二酸化炭素を利用するため，北半球の生育期には大気中の二酸化炭素濃度は6ppm減少し，冬には植物による呼吸のために濃度は再び増加する（図6-1）．すべての陸上植物は，このように炭素をめぐる拡散的な競争（diffuse competition）をしている．

6.2.1 一次生産

光合成によって炭素（エネルギー）を固定する速度を総一次生産（gross primary productivity; GPP）と呼ぶ．総一次生産を直接測定することはできないが，渦相関法（eddy covariance measurements）によって林冠と大気の間の二酸化炭素の純交換速度および生態系の呼吸速度を求めることで，総一次生産を推定できる（6.2.3 純生態系生産と純生態系二酸化炭素交換を参照）．人工衛星で測定可能な変数に基づく予測モデルおよびさまざまな場所の気象データを用いることで，こうした特定の場所で得られた推定値を広域スケールに外挿できる（Running et al. 2004; Yuan et al. 2007; Huete et al. 2008）．これらのモデルは，潜在的な総一次生産が植生によって吸収される光合成有効放射量（これは衛星からのスペクトル指標によって推定

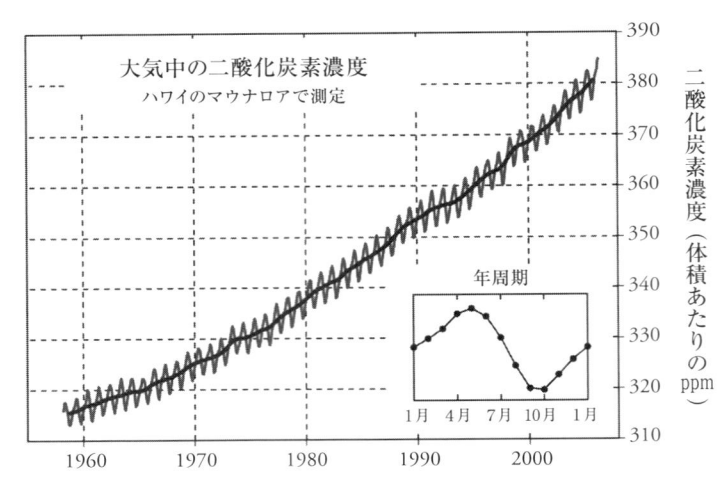

図6-1 ハワイのマウナロアで測定した大気中の二酸化炭素濃度は，北半球の生育期には光合成の活動によって減少するが，化石燃料の使用や森林減少によって長期的には上昇する傾向にある（Robert A. RhodeによってGlobal Warming Art用に作成）．

できる）と直接相関しているという仮定に基づいているが，低温時や水ストレス時のように気象条件が最適ではないときには，光利用効率が低下する可能性がある．しかし，熱帯東アジアの3つの調査地（乾燥落葉樹林，乾燥常緑樹林，湿潤常緑樹林）において渦相関法で求めた総一次生産の推定値と，衛星データ（MODIS EVI）から推定した林冠の葉量（greenness）との相関は他のそれよりも複雑な指標との相関と比べて高かった（Huete et al. 2008）．

さらに多くの場所で確認する必要はあるが，これらの結果によると，東南アジアの大陸部の低地では月あたりの総一次生産は水分によって強く制限されており，雨季に最大になり乾季に低下することが示されている（図6-2）．しかし，季節性のある熱帯林では，乾季に総一次生産が低くても雨季に総一次生産が高いために相殺されているようであり，年間の総一次生産の推定値は，メクロンの混交落葉樹林（32.3Mg／ha／年），サケラートの常緑季節林（37.8Mg／ha／年），パソの低地熱帯雨林（32.2Mg／ha／年）でほとんど同じだった（1Mgは1トンに相当する）（Hirata et al. 2008）．亜寒帯から熱帯までの東アジア全体を通して，現在測定されている総一次生産の値は，年平均気温と単純な線形の関係にあることがわかっている（Hirata et al. 2008）．

総一次生産の大部分は植物自身の呼吸に使われ，その残りが植物群集の純炭素（エネルギー）獲得を表す純一次生産（net primary productivity; NPP）となる．総一次生産に対する純一次生産の比，すなわち炭素利用効率（carbon-use efficiency; CUE）は一般に約0.5と仮定されているものの，ばらつきが大きいと考えられている（DeLucia et al. 2007）．純一次生産のすべてのコンポーネントを測定することはできないが，いくつかについては直接測定することが可能である．一般に，野外研究では2つのもっとも大きなコンポーネントを測定する．すなわち地上部バイオマス増加量（1年から数年の測定間隔における植物体の地上部乾燥重量の増加量）と微細リターの落下量（バイオマスの増加量を測定した間隔において生産かつ脱落した植物体の地上部の乾燥重量）である．これらのコンポーネントの片方からもう片方を推定することもあるが，それらの間の関係は単純ではないことが最近のレビューで示されており，この方法で推定された値の信頼性は低い（Shoo and VanDerWal 2008）．別の問題点として，一般にこれらの2つのコンポーネントはそれぞれ異なる期間にわたって測定され，年変動が無視されることが多いという点があげられる．

純一次生産のうち地下部バイオマスの増加や細根のターンオーバーにまわる割合を正確に測

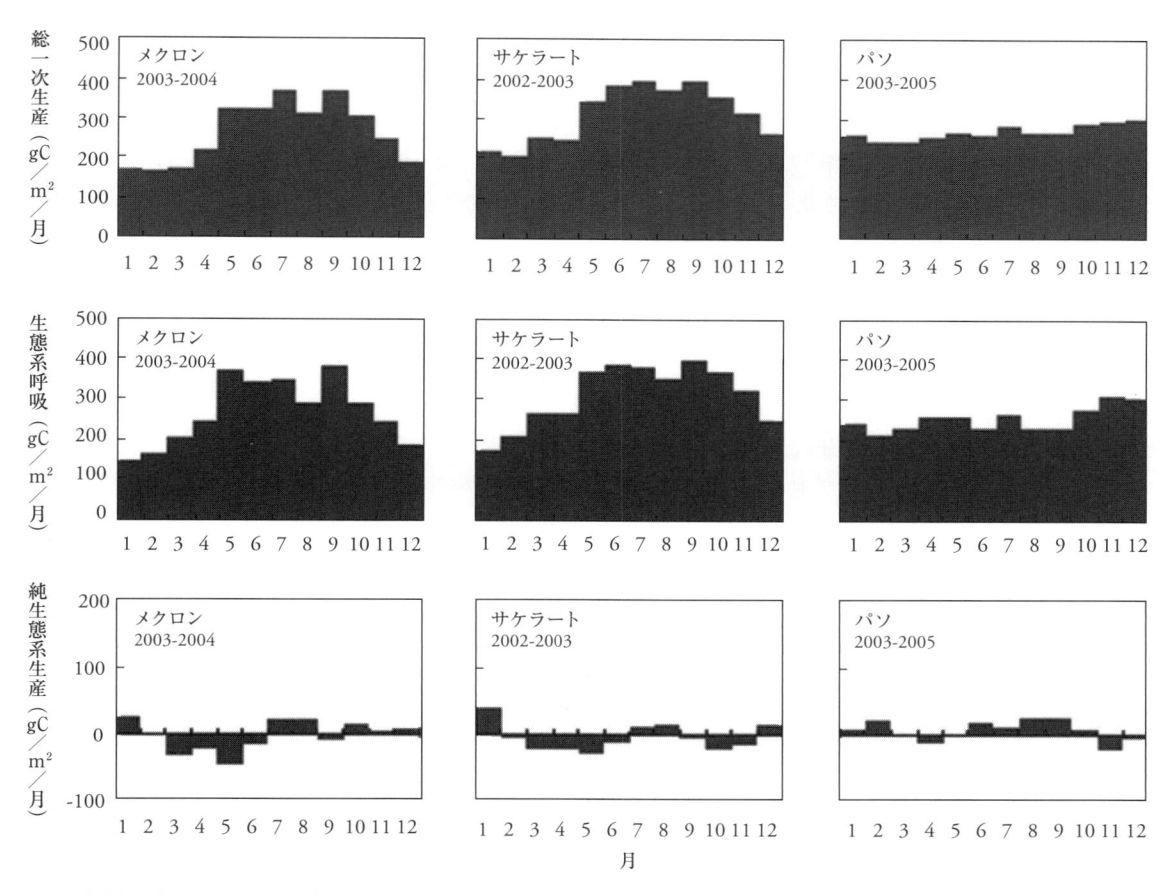

図6-2 熱帯東アジアの3つの調査地（タイ・メクロンの混交落葉樹林，タイ・サケラートの常緑季節林，マレーシア・パソの低地熱帯雨林）における総一次生産（GPP），生態系呼吸（ecosystem respiration; RE）と純生態系生産（NEP）（Saigusa et al. 2008より）．

定することは非常に難しいため，しばしば純一次生産のうちの一定の割合として推定される．しかし，少数のデータによると，栄養塩可給性が低いほど地下部に分配される炭素の割合が大きくなることが示唆されているため（Litton et al. 2007)，もし一定割合として推定すると，生産性の低い場所では純一次生産をかなり過小評価してしまうかもしれない．熱帯山地において標高が高くなるにつれて地下部／地上部比が増加することは（Leuschner et al. 2007)，この一般的現象（栄養塩可給性が低いと地下部への分配比率が増加すること）が当てはまる事例の1つなのかもしれない．

また，植物は根滲出物や菌根への炭素の供給，揮発性有機化合物（volatile organic compound; VOC：イソプレンなど），有機物浸出液や食害によって，多量の炭素を失う．これらのコンポーネントは，まとめると純一次生産の30％に及ぶこともあるが，多くの野外研究では無視されているかせいぜい推定されているだけである（Clark et al. 2001; Keeling and Phillips 2007)．さらなる問題点として，リタートラップを用いた研究では，一般にもっとも大きなコンポーネントにあたるリター落下量を過小評価してしまう傾向があることがあげられる．これは測定前にリタートラップ中でリターが分解されて重量が減少してしまうためである．

熱帯東アジアでは，これらすべてのコンポーネントを直接測定した研究は存在せず，純一次生産を推定した多くの研究では，測定しなかったコンポーネントについては無視したり，あるいはかなり粗い精度で推定しているにすぎない．地下部コンポーネントの推定にはもっとも大きな誤差が生

じやすいため，地上部純一次生産（above-ground NPP; ANPP）のみについてさまざまな調査地で比較可能である．未測定のコンポーネントを考慮すると，熱帯東アジアの低地熱帯雨林における地上部純一次生産の推定値のほとんどが15〜30Mg／ha／年の範囲内に収まる（Clark et al. 2001; Keeling and Phillips 2007; Paoli and Curran 2007）．冬の低温によって炭素固定が制限される亜熱帯の常緑広葉樹林では，地上部純一次生産はそれよりも小さい（10Mg／ha／年未満）（Yan et al. 2006; Yang et al. 2007; Zhang et al. 2007）．また，標高が高くなるにつれて地上部純一次生産は減少する（Kitayama and Aiba 2002a; Luo et al. 2002, 2004; Aiba et al. 2005）．標高傾度に沿って多くの環境要因が共変化するが，地上部純一次生産が減少するのはおそらく気温の低下への応答であろう（2.5.2 山地植生を参照）．樹木がストレスを受けていたり落葉したりしていると太陽放射を十分に利用できないため，より乾燥した森林ほど季節的な水不足や植物のフェノロジーによって純一次生産は小さくなる．しかし，熱帯東アジアではそのような乾燥林におけるデータはほとんどない．気候が安定した場所では，特殊な土壌型において地上部純一次生産は小さくなり（Aiba et al. 2005; Miyamoto et al. 2007），ボルネオ南西部では純一次生産と土壌栄養塩，とくにリンの量との間に有意な正の相関がみられた（Paoli and Curran 2007）．

森林伐採や火災，開墾などの大規模撹乱の後，中程度の林齢で純一次生産が最大になり，さらに老齢の森林では純一次生産は減少する．このことは，森林の炭素収支に対して撹乱履歴が重要な役割を担っていることを示している（Pregitzer and Euskirchen 2004）．熱帯東アジアでは大規模撹乱が広く影響を及ぼしがちであるという点を考慮すると（Whitmore and Burslem 1998），気候や土壌が均一でも森林モザイク（森林はギャップ形成後の齢の異なるパッチがモザイク状になっているということ）の異なるパッチでは生産性が大きく異なることがあるため，小面積で測定した純一次生産をランドスケープレベルや地域レベルに外挿することは慎重に行うべきである（Feeley et al. 2007a）．ランドスケープレベルでバイオマスが平衡状態にあるような未撹乱の森林では，森林面積の大部分において過去のギャップから回復途上にあるためにバイオマスが増加しており，それが時空間的にまばらに起こるような大径木個体の枯死によるバイオマス減少を補っていると考えられる．

6.2.2 バイオマス

生態系における植物バイオマスは純一次生産と植物個体の死亡率とのバランスで決まる．ここで注意しておかなければならないこととして，木本植物の「バイオマス」はかなり不均一な材質であることがあげられる．それは死亡している心材や樹皮を含む植物体全体として慣習的に定義されているだけではなく，生きている部位には短命のものも長命のものも含まれているのである．純一次生産とバイオマスの関係は単純ではなく，カリフォルニア北部のセコイアメスギのようなもっとも巨大な森林の生産性がもっとも高いわけではない．熱帯林内では，地上部純一次生産の値が高くなると（20Mg／ha／年以上）地上部バイオマスは一定になるようであり，成長が速く材密度が低い短命の種が優占するようなもっとも生産性の高い調査地では，生産性が高くなると地上部バイオマスが減少することもある（Keeling and Phillips 2007）．

熱帯東アジアにおいて地上部バイオマスがもっとも大きい所は（400Mg／ha以上），ほとんどがフタバガキ科樹種の巨大な突出木が高密度に生育する低地フタバガキ林であるが（Lasco et al. 2006; Paoli et al. 2008），中国南西部の西双版納の季節雨林内の小プロットでも同様の値となっている（Zheng et al. 2006）．しかし，不均一な森林モザイクの中ではバイオマスの大きい場所に調査地をつくる傾向があるため，小プロットの測定値は高くなってしまいがちである．これらの低地林では地上部バイオマスの大部分（90％以上）は高

木として存在するため，伐採後には地上部の炭素の半分以上が失われてしまうこともある．伐採後の炭素蓄積量の回復速度は遅く，ミンダナオ島の低地フタバガキ林では，35年後の次の伐採が始まるまでに，もとの地上部バイオマスのたった70％しか回復していなかった（Lasco et al. 2006）．ただし，成長の速い場所では，在来あるいは外来の樹種のプランテーションによって，50年以内に地上部バイオマスが400Mg／ha以上に達することもある（Hiratsuka et al. 2005）．

温室効果ガスの観点からは，バイオマスだけが重要なのではなく，生態系の総炭素蓄積量，すなわちバイオマスと土壌中の炭素の両方が重要である．熱帯東アジアのデータによると，バイオマスが多く土壌炭素が少ない低地熱帯林から，バイオマスが少なく土壌炭素が多い冷涼な山地林や亜熱帯林までの変異があり，それは一般的な地球規模におけるパターンと一致している（Kitayama and Aiba 2002b; Raich et al. 2006）．炭素の大部分は，低地熱帯林では生きている樹木に蓄積しているのに対して，山地林や亜熱帯林では土壌に蓄積している．もし，これが一般にあてはまるとすると，熱帯林の総炭素蓄積量は気温とはあまり関係ないかもしれない．したがって，次世紀にまで及ぶような温暖化によって，分解が促進されるものの，それは純一次生産が増加することによって相殺されるため，単純に炭素蓄積が土壌からバイオマスに移るだけかもしれない．しかし，このシナリオでは，森林減少によってバイオマスが現在も減少し続けていることの影響や，降水量や二酸化炭素濃度，人為起源の窒素沈着が現在も変化していることは考慮されていない（7章 生物多様性への脅威を参照）．

6.2.3 純生態系生産と純生態系二酸化炭素交換

純生態系生産（net ecosystem production; NEP）とは，生態系による純炭素蓄積量のことであり，生態系に入ってくる炭素（大部分が光合成による）と，生態系から失われる炭素（植物や微生物，動物による呼吸が多いものの，さらに揮発性有機化合物やメタンの放出，地下水や渓流への溶脱による）の差である．将来の地球の炭素動態を説明するいかなるシステムであっても純生態系生産を正確に予測することが必須である．コスタリカとアマゾン中部の低地熱帯雨林では，生態系の総呼吸量のうち37〜38％が葉の呼吸であり，14％が幹・枝の呼吸，6〜7％が大きな材リターの分解呼吸，41％が土壌呼吸であり，土壌呼吸の中では植物の根の呼吸と土壌の従属栄養生物（微生物および動物）の呼吸の割合がほぼ等しかった（Chambers et al. 2004; Cavaleri et al. 2008）．マレーシア・パソの低地熱帯雨林およびタイ・カオチョンの熱帯季節林でかつて調べられた推定値においても，生きている植物の総呼吸量のうちの少なくとも半分を葉の呼吸が占めていた（Yoda 1983）．

純生態系生産は2つの大きな炭素フラックスの間のわずかな差であるため，季節的にも年によっても大きく変動する傾向がある（Hirata et al. 2008; Saigusa et al. 2008; 図6-2）．純生態系生産を構成する式のうち，炭素損失にあたる項の過程が多様で複雑であるのに対して，炭素吸収にあたる項，すなわち総一次生産の過程は比較的単純である．植生パッチの純生態系生産も，撹乱履歴や遷移段階の影響を非常に受けやすく，大きな撹乱の直後には大きな負の値をとり，バイオマス回復途上には正の値になり，最終的に定常状態に達するとゼロに収束する．

純生態系二酸化炭素交換（net ecosystem exchange; NEE）は，生態系と大気の間の二酸化炭素の交換量，すなわち光合成と生態系の呼吸の差であり，一時的な撹乱を無視できるときには，少なくとも短期間における純生態系生産の主要なコンポーネントである．実際には純生態系二酸化炭素交換と純生態系生産は同義語として扱われる傾向がある（すなわち，純生態系二酸化炭素交換は純生態系生産の値に負の記号をつけたもの）．総一次生産や純一次生産，純生態系生産とは異なり，純生態系二酸化炭素交換は，渦相関法によって植生上の二酸化炭素の純フラックスによって直接測定できるが（Burba and Forman 2008），こ

の技術にはまだ未解決の問題があり，結果には不確実性が少なからず含まれてしまう（Oren et al. 2006; Kosugi et al. 2008）．生態系の総呼吸量は（さまざまな仮定に基づいて）夜間の純生態系二酸化炭素交換から推定できるため，総一次生産を計算できることになる．現在では，熱帯東アジアの数地点を含む世界的な長期研究ネットワーク（FLUXNET）によって二酸化炭素フラックスが測定されているうえに，それよりも短期間であれば他の調査地でも測定されている（Mizoguchi et al. 2009）．

これまでに得られた結果によると，パソの低地熱帯雨林は1年の大部分において弱い二酸化炭素シンク（吸収源）であるのに対して（Kosugi et al. 2008），タイの熱帯季節林は乾季後半（2〜4月）にはソース（排出源）であるが，残りのほとんどの時期にはシンクであると推定されている（Hirata et al. 2008; Saigusa et al. 2008）（図6-2）．中央カリマンタンの泥炭湿地林の残存林は，排水による水位の低下にともなって泥炭が分解した結果，大きな二酸化炭素ソースとなっていた（3〜6Mg／ha／年）(Hirano et al. 2007)．これとは逆に，火災後に再生した若い二次林は，総一次生産が大きいためではなく，植物バイオマスが小さいために生態系の総呼吸量が比較的少ないことを反映して，大きな二酸化炭素シンクとなっていた（4Mg／ha／年）(Hirata et al. 2008)．

低地熱帯において現在わかっている純生態系二酸化炭素交換の推定値の特徴として，年変動が大きいことがあげられる(Hirata et al. 2008; Saigusa et al. 2008)．たとえば，サケラートの熱帯季節林では，2002年はじめに降水量が少なかったために総一次生産が大きく減少し，その結果純生態系二酸化炭素交換も減少した．全体的に見ると，東南アジアにおける総一次生産と純生態系二酸化炭素交換の年変動は，エルニーニョ南方振動（ENSO）やその他のサイクルに関連した気候の年変動によって大きな影響を受けているという証拠が増えつつある．

6.3 その他の栄養塩類

すべての植物には，炭素，水素，酸素にくわえて，多量元素の窒素（N），リン（P），硫黄（S），カリウム（K），カルシウム（Ca），マグネシウム（Mg）および多数の微量元素が必要である．植物が成長するためには，これらの元素が適切なかたちの可給態として十分な速度で供給される必要がある．炭素と同様に，窒素と硫黄は大部分が大気由来である．これに対して，他の多くの栄養塩は，塵による供給も重要かもしれないが，おもに岩盤の鉱物由来である．二酸化炭素の大部分は呼吸によって地球規模の循環プールに戻るため，生態系内では炭素はほとんど循環しない．炭素とは対照的に，一般にこれらの栄養塩では，生態系内でリサイクルされる量に比べると，外部から加入する量はかなり少ない．すなわち，生態系の栄養塩循環は相対的に閉鎖系である．特定の栄養塩（とくにカリウム）は植物体組織からの溶脱によってかなりの量が土壌に戻るのにくわえて，すべての栄養塩のさまざまな割合（森林では一般に1〜10％）が植食者の食物網に入る．しかし，リターフォールや地下部の根のターンオーバーがおもなリサイクル経路である．したがって，植物に必要な年間の栄養塩量は，外部からの加入よりも，おもに枯死した植物体の分解によって供給される．

植物は，落葉前に老化葉から栄養塩を転流することによって，その栄養塩を再利用できる．栄養塩の種類や植物種，生育する場所によって，転流する割合は大きく変化する．とくに窒素やリン，カリウムを転流することは重要であり，通常はほぼ半分（80％未満）が回収されるが，カルシウムや鉄は師管を移動できないために転流できない（Chapin et al. 2002）．老化葉から栄養塩を回収することには以下の意味がある．すなわち，栄養塩含有量がもっとも大きい生葉が植食者によって被食されたときの窒素，リン，カリウムの損失量は，同じ量のバイオマスが落葉として失われたときの損失量と比べてほぼ2倍となるのである．絶対量としての食害の影響がかなり小さいことは明白で

あるものの，植物が化学的・物理的な防御に大きな投資をする理由として，以上の点が考えられる（5.2 植食者を参照）．熱帯東アジアの中でも台風やその他の暴風の影響を受ける場所では，老化していない葉（栄養塩を回収していない葉）の落下も，植物からの栄養塩損失および土壌への栄養塩供給にかなり貢献しているようである．

枯死した植物体の分解過程および植物にとって利用可能な形態での栄養塩の放出過程は複雑であり，栄養塩の種類や植物の部位，調査地間で詳細は異なる（Chapin et al. 2002）．主要な過程としては，可溶性画分の溶脱や土壌動物による細分化，微生物による化学組成の改変などがあげられる．分解は，常に高温多湿で好気的な環境においてもっとも速くなる．このことによって，低地熱帯雨林では地上部純一次生産が大きいにもかかわらずリターの集積が少ないことが説明できる．富栄養土壌に生育する植物のリターも分解が速い．ランビルでは，肥沃な頁岩由来の土壌でもやせた砂岩由来の土壌でもリターの年間落下量はほとんど同じだが，砂岩の方がリターの栄養塩含有量が少なく，分解速度が遅く，鉱物質土壌の上に明瞭な腐植層が形成され，マット状の根（ルートマット）をともなっていた（Baillie et al. 2006）．セピロクでは，沖積土壌の森林から砂岩上の森林，ヒース林まで土壌が富栄養から貧栄養になるにつれて，リターの栄養塩含有量や分解速度だけでなくリター量そのものも減少した（Dent et al. 2006）．優占する植物種のリターの性質は分解速度に大きく影響するために重要であり，それによってフィードバックが生じる可能性がある．それは，栄養塩制限のある場所の植物では，葉が長寿命であり植食者に対する防御物質が多いことが理由となって，リターの量が少ないうえに質が悪く分解速度が遅くなり，栄養塩制限が促進される（悪化する）というものである．

リター分解によって栄養塩が放出されるパターンは，植物体内における化学的な形態に依存しており，炭素骨格の分解とほぼ密接に関連している．窒素はC-N結合によって炭素骨格に直接繋がっている．一方，リンはエステル結合によって結びついており（C-O-P），炭素骨格を分解することなく植物や微生物のホスファターゼ（リン酸エステルなどを加水分解する酵素）によって分解できる．カルシウムは細胞壁の構造の要素であり，比較的放出されにくい．他方の極端な例として，大部分のカリウムは細胞質に存在しており，リターから容易に溶脱される．

6.3.1 窒素

窒素は植物体の乾燥重量において3番目に大きな構成要素であり（炭素・酸素の次），大部分がタンパク質に含まれている．これらのタンパク質のうちもっとも量が多いのはリブロース1，5ビスリン酸カルボキシラーゼ／オキシラーゼ（Rubisco; ルビスコ）であり，これは光合成における炭素固定の主要な第一ステップを触媒する酵素である．窒素ガスは大気の78％を占めるが，N_2分子は比較的安定しており，自然状況において窒素は非共生および共生微生物の生物学的な窒素固定によって，あるいは雨の中の窒素が雷の放電によってアンモニアに変わったときに，陸上の栄養塩循環に入る．生物学的な窒素固定は天然資源としてもっとも重要であるものの，熱帯林における窒素固定の役割はまだあまりわかっていない．しかし，近年では人為起源の窒素が局地的，地域的，地球規模の窒素収支においてますます優勢になってきた（Galloway et al. 2004; 7.4.12 大気汚染と富栄養化を参照）．広東省の鼎湖山のような極端な例では，汚染物質からの窒素沈着が非常に多いため，森林生態系に保持される正味の窒素はなくなってしまい，窒素循環は炭素循環と同じくらい開放系になってきた（Fang et al. 2008）．

土壌では，植物によってさまざまな形態の窒素（硝酸，アンモニア，溶存有機物）が利用可能であり，生態系間ではそれらの相対的な可給性が異なる（Chapin et al. 2002）．ほとんどは熱帯以外で行われた研究であるが，異なる窒素源に専門化することによって共存する植物種間の競争が緩和されているという証拠がある．熱帯の研究によると，

遷移系列と関連があり，先駆種（遷移初期種）はもっぱら硝酸態窒素を吸収し，遷移後期種はアンモニア態窒素を吸収すると考えられている．しかし，フランス領ギアナに優占して共存する遷移後期樹種2種は異なる窒素獲得戦略をもっており，片方の種は明らかにリター層の硝酸態窒素を吸収し，もう一方の種は土壌中のアンモニア態窒素を吸収していた（Schimann et al. 2008）．対照的に，ハワイの熱帯林における最近の研究では，共存する種は同じ無機態窒素に依存しており，もっとも乾燥した場所では硝酸態窒素を利用するのに対して，もっとも湿潤な場所ではアンモニア態窒素を利用するというように，可給性の差に応じて吸収する窒素の形態も変化していた（Houlton et al. 2007）．

温帯林や寒帯林のような熱帯以外の生態系では，窒素がもっとも制限されている栄養塩であると考えられている．しかし，風化の激しい土壌に成立する低地熱帯林では，他の栄養塩類，とくにリンに比べると，窒素はしばしば過剰に供給されているという証拠がある（6.3.2 リンを参照）．この証拠の中には，窒素施肥実験への応答のしかたという直接的なものもあるが，これらの生態系では窒素循環が漏出していたり，葉やリターのN:P比が比較的大きいというような間接的なものが大部分である（McGroddy et al. 2004; Townsend et al. 2007）．

このように，熱帯林において窒素可給性が相対的に高いということは，共生および非共生微生物によって固定された窒素が長期間にわたって蓄積してきたことを反映していると考えられている．しかし，熱帯東アジアではこの固定速度は定量化されていない．とはいえ，ある山地林や（Corre et al. 2006）低地のいくつかの土壌型では（Sotta et al. 2008ほか），窒素供給が少ないと考えられる証拠や，個々の樹種についてはリンが少ない土壌であっても窒素制限を受けていると考えられるような証拠がある（Townsend et al. 2007）．さらにパナマの低地林では，窒素施肥によって葉や小枝の生産量は増加しなかったものの花や果実の生産量は増加したため，比較的窒素が豊富な土壌においても窒素が繁殖を制限しているかもしれな

い（Kaspari et al. 2008）．

火災が起こると窒素は他の多くの栄養塩よりもはるかに低い温度で揮発し，また硝酸態窒素は露出した土壌から容易に溶脱してしまう．この結果，火を使って森林を開墾すると，生態系に蓄積された窒素の大部分が失われてしまうかもしれない．それゆえに，未撹乱の植生であれば窒素以外の栄養塩によって植物の成長が制限されているような場所でも，農業生産や放棄後の二次遷移では窒素によって制限されるようになるかもしれない（Gehring et al. 1999; Yan et al. 2006, 2008; Davidson et al. 2004, 2007; Boonyanuphap et al. 2007; Tanaka et al. 2007）．アマゾンにおける林齢の異なる複数の林分の比較によると，数十年に及ぶ二次遷移によって，窒素循環はより開放した系に，リン循環はより閉鎖した系に移り変わっていた（Davidson et al. 2007）．乾燥熱帯林では，頻繁に発生する火災によって慢性的な窒素制限に陥っていると思われるかもしれないが，燃えるものの大部分は枯死した草本であり，それらではすでに窒素の大部分が地上部から地下部に転流されているため，1回の火災によって失われる窒素量は比較的少ない（Toda et al. 2007）．

6.3.2 リン

窒素とは対照的に，リンのもっとも大きな蓄積場所は岩石（鉱物：燐灰石など）である．土壌年代が古くなるにつれてリンを含む未風化の岩石は根の周囲からなくなり，土壌中のリンの大部分は植物が通常は利用できない形態の化合物に結合するようになる．風化の激しい熱帯土壌では（Ultisols と Oxisols，2章 自然地理学を参照），鉄や酸化アルミニウムとの反応がリンの主要なシンクとなる．大気から比較的容易に供給される窒素とは違い，リンは塵によってほんのわずかの量しか大気から供給されない．ハワイの土壌年代に沿った研究によると，もっとも若い土壌では大気由来の窒素が制限されているが，土壌年代が古くなるにつれて徐々に窒素が蓄積する．一方で，岩石由来のリンはもっとも若い土壌では豊富であるが，数千

年にわたって土壌が発達するにつれてリンは徐々に結合して利用できない形態に変わっていく（Hedin et al. 2003）．しかし，火山灰由来の若いAndisolsでは，リンはアロフェン（粘土鉱物）と結合して利用できない形態になることがあるという点に注意が必要である．さらに，1883年のクラカタウ島の火山噴火後に発達した土壌についての研究によると，おそらく有機態リンが急速に蓄積したために，アロフェンの量が少ないにもかかわらずリン可給性が低く，バイオアッセイ（生物検定）によると稲の成長が制限されていた（Schlesinger et al. 1998）．

熱帯や亜熱帯の風化の激しい土壌における低地林の生産性は，リンの可給性によって制限されることが多いということを示唆する証拠が増えつつある．この証拠としては，リン施肥実験への応答という直接的なものもあるが，植物の落葉前における老化葉からのリンの回収効率の高さや（Kitayama et al. 2004; Cai and Bongers 2007; Lovelock et al. 2007），生葉および落葉のC:P比やN:P比が比較的大きいこと（McGroddy et al. 2004; Townsend et al. 2007），土壌のリンと植物の種組成および生産性の間に相関があること（Paoli et al. 2007）などのような間接的な証拠がほとんどである．さらに，フタバガキ科樹種の開花結実期には樹体内に蓄積されたリンの量が急激に減少する（Naito et al. 2008aでT. Ichieによる私信として引用）．前節で論じたように，同様な証拠によってこれらの森林では窒素の供給が過剰であることが示唆されている．このような，熱帯林において「窒素が豊富でリンが欠乏している」というパターンは，高緯度の生態系においては窒素がもっとも共通して制限されている栄養塩であるのとは対照的である．

火山灰由来の土壌や新しい河川堆積土壌，あるいは人間が占有するランドスケープでも森林が維持されているような急峻で不安定な斜面上の土壌といった，未風化の一次鉱物を含む若い土壌では，リン制限ははるかに起こりにくい（ただし前の文章で論じたように，火山灰由来の土壌でリン制限が起こることもある）．熱帯東アジアの大部分などのように地殻変動が激しい場所では，隆起と浸食が組み合わさることによって根圏に新鮮な岩石片がもたらされ，土壌が常に新しくなることでリン制限の進行が阻止されるようである（Porder et al. 2007）．

年代の古い土壌ではリン制限が一般的であるという証拠が蓄積されつつあるにもかかわらず，世界規模で比較すると，リン可給性が非常に低い土壌に成立する東南アジアの森林では，地上部バイオマスが非常に大きくなることがある（Kitayama 2005）．Paoli et al. (2008) によると，ボルネオの単一流域において，リンの可給性（extractable P：化学的に抽出可能なリンの量）には16倍の幅があったものの，リン可給性が高くなっても地上部バイオマスの増加量はあまり大きくならなかった．しかし，この傾度に沿って植物の種組成や森林構造は大きく変化し（Paoli et al. 2007），地上部純一次生産は大きく増加した．これは，リン可給性が高い森林では，非常に速い回転速度で同量のバイオマスが維持されていることを意味している（Paoli and Curran 2007；図6-3）．栄養塩利用戦略が異なる種では栄養塩の傾度に沿って分布がわかれており，富栄養土壌には成長の速い種が優占し，貧栄養土壌には成長が遅く，栄養塩の吸収・利用効率がより高い種が優占するようである．興味深いことに，ボルネオの成熟林の樹木の胸高断面積合計を比較すると，もっともリンが豊富な土壌では胸高断面積合計が小さくなる．このことは，栄養塩可給性が高くなると成長が速く短命の樹種が徐々に優占するようになるために生産性は増加するものの，それは次第に死亡による損失によって相殺されるようになることを示唆している（Paoli et al. 2008；図6-4）．

共存する植物種間ではN:P比の違いが大きい．このことは，より一般的には，リン欠乏土壌への生理学的な応答が種によって多様であるために，栄養塩制限の程度が種間で異なっていることを示唆している（Cai and Bongers 2007; Townsend et al. 2007）．熱帯で農業を行ううえで，リン欠乏は

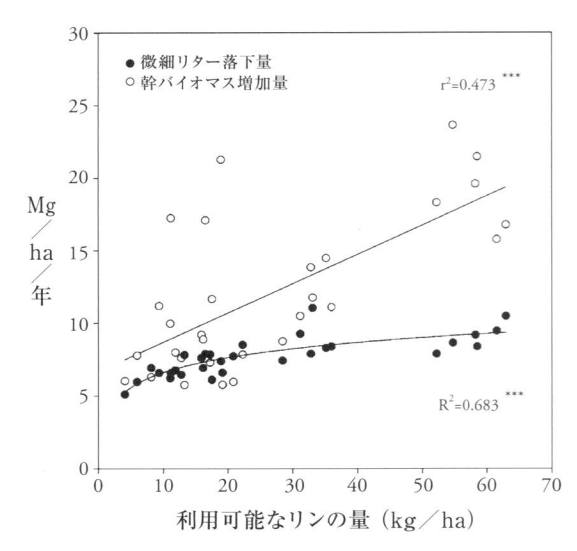

図6-3 カリマンタンのグヌンパルン国立公園の低地熱帯雨林における，地上部純一次生産の2つの主要コンポーネントである微細リター落下量（●）および幹バイオマスの増加量（○）と土壌中の利用可能なリンの量との関係（Paoli and Curran 2007）．

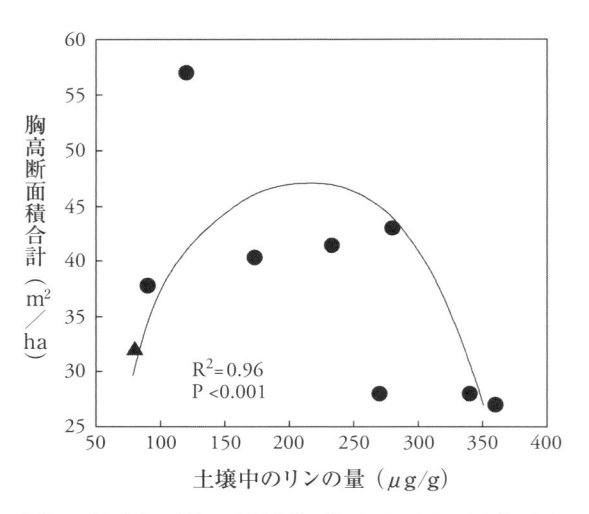

図6-4 ボルネオの成熟した低地熱帯雨林における木本の胸高断面積合計と土壌のリンの量の関係．データによると有意な単峰形のようである（原点を通る二次式では $R^2 = 0.96$, $P < 0.001$）（Paoli et al. 2008）．

帯土壌では植物が吸収する形態の溶存無機態リンはかなり低濃度であるが，その回転速度は速いこともある（Turner 2008）．

植物や菌根，根圏に生育する微生物は，ホスファターゼを分泌して有機態リンから無機態リン酸塩に変えることと，鉄リン酸塩を可溶性にする有機酸をつくることで，リン可給性に影響を及ぼしうる（Chapin et al. 2002; Turner 2008）．このホスファターゼには多量の窒素が必要である．このため，リンが制限されているような熱帯林生態系において窒素固定する樹木が多いことについては，窒素を投資してリンを獲得する能力をもっているという理由によって説明できるかもしれない（Houlton et al. 2008）．熱帯東アジアには窒素固定する先駆樹種はほとんど存在しないが，中国東部の亜熱帯常緑広葉樹林でもっとも重要な先駆樹種タイワンアカマツ *Pinus massoniana*（マツ科マツ属）の実生では，リン欠乏の培養液中において低分子有機酸の分泌量が大きく増加した（Yu et al. 2008b）．さらに，湿潤熱帯の土壌環境はかなり不均一であり，重要な物理化学的特性には小さな空間スケールおよび短い時間スケールで変異が大きいため，通常利用できないと考えられていた形態のリンであっても利用可能になることがある（Chacon et al. 2006）．Turner（2008）は，土壌中のリンがさまざまな有機・無機化合物として存在することと，植物がこれらの化合物に多様な方法でアクセスできることによって，リン欠乏土壌において資源を分割でき，その結果として種が共存できると論じている．

植物と菌根の共生はほぼ普遍的に存在するが，熱帯東アジアではその役割が重要な意味をもつだろう（Alexander and Lee 2005）．しかし，菌根菌による無機態リンの吸収機構はよくわかっているものの，アーバスキュラー菌根（arbuscular mycorrhizae; AM）と外生菌根（ectomycorrhizae; ECM）の両者の熱帯の菌根が，土壌の無機態リンのプールよりもはるかに大きな有機態リンのプールにアクセスする能力についてはまだ不明である．さらに，菌根菌は機能的にかなり多様であるという証拠があり，

大きな制約になるが，農作物がリン欠乏土壌で生育する能力には種内でも種間でも大きな違いがみられる（Rao et al. 1999）．土壌のリン可給性に影響する化学的性質はきわめて複雑であり，あまりわかっていないため，熱帯土壌におけるリンの「利用不可能性（unavailability）」を過大評価している可能性がある（本来は利用できるリンの量がもっと多い可能性があるということ）．一般に，熱

宿主植物の多様性と複雑に関係しているかもしれない．植物は固定した炭素のうちのかなりの量を菌根に分配しているが，共生関係による潜在的な利益は，リンの吸収量が増加することだけではなく，窒素吸収量も増加するうえに，根を病原菌から防御するという栄養面以外の利益もある．

　他の土壌パラメータと同様に，リン可給性には他の岩石由来の栄養塩の可給性との相関があり（John et al. 2007ほか），野外における相関関係だけで，一般的な土壌の肥沃度の影響とリン可給性の影響を区別することは難しい．残念ながら，人手の入っていない森林でリン施肥実験を行うことは非常に困難である一方で，実生による実験では，とくにポットを用いた場合には解釈が難しくなることがある．しかし一般に，熱帯東アジアにおけるリン施肥実験の結果によると，少なくとも菌根菌をもつフタバガキ科樹種では，実生の成長が一般的にリン制限を受けているという証拠はない（Burslem et al. 1994, 1995; Bungard et al. 2002; Palmiotto et al. 2004; Brearley 2005; Brealey et al. 2007b）．

6.3.3 必須の陽イオン類

　熱帯林における研究で窒素とリンが注目されるのは，栄養塩制限のある生態系間において，窒素とリンだけに着目して理論的な予測が行われてきたことを大きく反映している．しかし，窒素とリンのみに着目して他の栄養塩を無視することによって，実情を反映しない予測になってしまう危険がある．必須の陽イオンであるカリウムやカルシウム，マグネシウムはリンと同様に岩石に由来するが，リンよりも土壌中を移動しやすいために容易に枯渇してしまう．このため，植物が利用するためには，より多くの量のこれらの陽イオンが必要である．海の近くでは，栄養塩制限を受けないくらい大量のこれらの陽イオンが，海からのエアロゾルとして雨とともに森林に降下するようだが（Chadwick et al. 1999），さらに多くの研究が熱帯東アジアにおいて必要である．施肥実験によって，カルシウムやカリウム，マグネシウムの可給性が実生の応答に関連しているという結果が報告されているうえに（Brearley 2005; Kaspari et al. 2008），さまざまなスケールにおける樹種の分布様式とカルシウムやカリウム，マグネシウムの可給性とが関連していることについても数多く報告されてきた（Baillie and Ashton 1983; Amir and Miller 1990; Potts et al. 2002; Paoli et al. 2006; John et al. 2007）．このことから，窒素とリンだけではなく他の栄養塩も考慮した観察や実験研究が非常に重要なのは明らかであろう．

6.3.4 微量元素

　微量元素であるホウ素（B），銅（Cu），鉄（Fe），マンガン（Mn），モリブデン（Mo），亜鉛（Zn）については，植物に必要な量はわずかであるが，熱帯東アジアの農耕システムやプランテーションではこれらのうちどれかが不足しているという報告がある．数多くの農学の文献において，熱帯における作物の収量が微量元素の制限を受けていることが示されている．対照的に，生態学者は微量元素の影響にほとんど注目してこなかった．しかし，新熱帯で行われた最近の研究によると，種組成と土壌栄養塩の関係において，窒素やリンと同じくらいホウ素や銅，鉄，亜鉛が重要だった（John et al. 2007）．さらに，パナマの調査区では，リターの分解速度はリンの付加によって33％増加したのに対して，微量元素（ホウ素，カルシウム，銅，鉄，マグネシウム，マンガン，モリブデン，硫黄，亜鉛）を付加すると81％増加した（Kaspari et al. 2008）．この調査区では，自由生活性の細菌による窒素固定がモリブデンによって律速されていた（Barron et al. 2009）．

6.3.5 アルミニウム・マンガン・水素

　アルミニウムは地球の地殻の7％を占め，多くは無害の酸化物や珪酸塩からなる．しかしpHが5.2未満の土壌では，アルミニウムイオン（Al^{3+}）と，あまり一般的ではないもののマンガンイオン（Mn^{2+}）は有毒な濃度に達することがある．それらの植物の耐性の程度には種内でも種間でも幅広

い変異がある（Kochian et al. 2004）．これも，生態学よりも農学において注目されてきた点である．上記の新熱帯の研究では，土壌栄養塩と同様にアルミニウムの濃度も植物の分布に大きく影響していたが，影響のしかたは異なっていた（John et al. 2007）．興味深いことに，アルミニウム濃度が高い土壌に生育する植物の多くは地上部にアルミニウムを蓄積しないが，少数の種ではアルミニウムを蓄積し，葉のアルミニウム濃度が主要な栄養塩の陽イオン濃度と同じかそれ以上高くなる（Jansen et al. 2002）．熱帯東アジアにおけるこのような種の例として，多くのノボタン科の種（ノボタン属，*Memecylon*属，*Pternandra*属など；図6-5）やアカネ科の種（*Urophyllum*属など），その他の科のさまざまな属の数種あるいは全種（ツバキ科ナガエサカキ属，アニソフィレア科*Anisophylla*属，トウダイグサ科*Aporusa*属，*Baccaurea*属，ツバキ科ツバキ属，ヒサカキ属，ヤマモガシ科ヤマモガシ属，クスノキ科ハマビワ属，ペンタフィラクス科*Pentaphylax*属，ハイノキ科ハイノキ属など）があげられる．その他のさまざまな金属である，カドミウム（Cd），クロム（Cr），銅，マンガン，ニッケル（Ni），セレン（Se），亜鉛を蓄積する種も存在することが知られており，植食者や病原菌に対する防御の役割をしているという説明がもっとも妥当であろう（Boyd 2004）．

ただし，土壌pHは栄養塩と有毒の陽イオンの可給性に大きく影響するため，どんな場合においてももっとも重要な要因を明らかにするのは難しいことに注意が必要である．実際に，アルミニウムや鉄の酸化物の緩衝のない土壌では（たとえば多くのSpodosolsとHistosols，2章 自然地理学を参照）pHがかなり低くなりうるため（4.2未満），ヒース林で示唆されているように水素のH$^+$イオンの毒性が植物の成長を制限する主要因となるかもしれない（Luizão et al. 2007）．

6.4 今後必要な研究

地域生態系におけるエネルギーと栄養塩の動態

図6-5 一般的な先駆種の低木である*Melastoma malabathricum*（ノボタン科ノボタン属）は，酸性土壌における高濃度のアルミニウムに耐性があるだけでなく，最適な成長のためにはアルミニウムを必要としているようであり，葉や根の乾燥重量1gあたり10mg以上のアルミニウムを蓄積する（Watanabe et al. 2008）（写真提供：Hugh T.W. Tan）．

に関して，現在私たちが理解していることには大きなギャップが存在する．地下部の蓄積やプロセスはほとんど無視されており，また，被食や揮発性有機化合物などのように，マイナーではあるが潜在的に重要なその他のコンポーネントもほとんど測定されていない．多くの測定は小さな調査区で行われており，森林全体を代表しているわけではないかもしれない．栄養塩の研究では窒素とリンが注目されており，さらにカリウムやカルシウム，マグネシウムについても調べられることがあるが，微量元素やアルミニウム，水素イオンの潜在的な役割は無視されてきた．また，多くの異なる場所において異なる方法でデータがとられているため，一般的に重要な結果と，場所に特異的な結果を分離できない．

人為起源の気候変動や大気汚染，その他の人間によるさまざまな撹乱の影響を緩和したり悪化させたりするような，生態系プロセスがもつ潜在的に重要な役割を考えると（7章 生物多様性への脅威を参照），データ収集にはより統一的なアプローチが必要である．さまざまな気候帯，土壌条件，撹乱の傾度において数多く行われている調査プロットに基づく研究を，代表的な植物種の地上部レベルと地下部レベルの研究および人工衛星のデータを用いたランドスケープレベルから地域レベルの研究に結びつける必要がある．不可能な大望だと思われるかもしれないが，渦相関測定用のフラックスタワーのアジアフラックスネットワーク（Asia Flux network）は本地域の共同研究に関するモデルとなるかもしれないし（Huete et al. 2008），カーボンオフセットは財源の一部となるかもしれない（8.2.3 カーボンオフセットを参照）．スミソニアン熱帯研究所の熱帯林科学センターの大面積調査区ネットワークを使うことで（4.2 調査地を参照），生態系プロセスを森林動態に関連づけることができるだろう．これは，森林の炭素収支および森林への気候変動の影響を理解するためにとくに重要である．

　これまで研究が行われてこなかったその他の分野として，植物の栄養状態が植食者やさらに上位の食物網に与える影響があげられる．ほとんどの植物部位は，陸上の植食者よりもはるかに炭素／栄養塩比が大きい（5～10倍以上）（Elser et al. 2000）．したがって，植食者は一般に栄養塩の制限を受けているだろう．ただし，恒温動物ではエネルギー（すなわち炭素）要求量が大きいため，もし恒温動物の植食者が余剰炭素を代謝できれば，この見かけ上の不均衡（餌となる植物では栄養塩に比べて炭素が多いこと）は緩和されるかもしれない（Klaassen and Nolet 2008）．また，動物に必要な微量元素の量は植物とは大きく異なる．とくにナトリウム（Na）は多くの植物にとって必須栄養塩ではないものの，動物（とくに脊椎動物）には必須であり，動物の中にはつねにナトリウムが不足しているものが存在する（Karasov and Martínez del Rio 2007）．多くの植食性脊椎動物は「塩場」と呼ばれる場所を訪れる．この行動については，餌となる植物にあまり含まれていないナトリウムやカルシウム，その他のミネラル類を塩場で補給しているという説明がもっとも妥当であると考えられている（5.2.1 葉食者を参照）．また，社会性のハチも塩水に誘引されることがある（Roubik 1996）．

　熱帯における植物の被食量の差は，通常はフェノールや他の炭素ベースの防御物質の含有量の違いによって説明されてきたが，餌の元素比が選好性に影響している可能性についてはほとんど調べられていない．この例外の1つとして，果実食コウモリがカルシウム源として葉を食べるという証拠がある（Nelson et al. 2005）．ボルネオでは，大型哺乳類の種がかなり少ないこと（たとえばトラやヒョウがいないこと）および，一般に現存する大型動物種のサイズが他の場所の近縁種よりも小さいことについての究極的な理由は，ボルネオの土壌が貧栄養であるためかもしれないが，実際にそのようなパターンが生じるメカニズムは不明である（Meiri et al. 2008）．土壌の肥沃度傾度に沿った植物の被食量の研究や長期的な無機栄養塩の施肥がもたらす影響についての研究は，非常に興味深い．

7章
生物多様性への脅威

7.1 はじめに

　人間が生物多様性に及ぼす影響の大きさは，何を比較の基準とするかに大きく依存する．熱帯東アジアにおいて，人間の影響は過小評価されることが多い．なぜなら，多くの場合において，比較対象となるようなもっとも古い記録は20世紀のものだからである．しかし，千年以上前からの記録がある中国の自然保護区の管理者ですら，ゾウやサイがかつて生息していたことをほとんど認識していない．本地域の歴史は複雑であり（1章 環境史を参照），どの時点に比較の基準を置いたとしてもかなり恣意的になってしまうが，今から5千年前の完新世中期が基準として妥当であろう．なぜなら，これ以前における本地域の生物相の変化は，状況証拠によると人間活動の影響とは断定できないからである．一方，これ以後の農耕の拡大と農耕人口の増加によって，生態学的な影響を受けた陸地面積の割合は着実に増加してきた．この時代の詳しい状況がよくわかっていないため，比較の基準については推測するしかないが，人口が少なかった土地における歴史資料からも上記の仮定は支持される．

　5千年前の熱帯東アジアは，ほぼ全域が森林に覆われており，総人口は数百万人にすぎなかった．森林には少なくとも30種以上の大型哺乳類（45kg以上）が生息し，最大十数種の大型哺乳類が同所的に共存していた．その他の多数の動植物種を合計すると，本地域には地球上の陸上生物相の約15～25%が分布していた（3.6 熱帯東アジアにはどのくらい多くの種が存在するのだろうか？を参照）．今日では本地域に10億人が居住しており，森林の半分以上は消失してしまった．残りの森林の半分以上は伐採されているか，あるいは劣化している．伐採の有無にかかわらず，大部分の森林では，狩猟対象だった大型哺乳類相がほとんどすべて消失した．森林以外の土地は，単一栽培作物やプランテーション，あるいは都市とその関連施設で占められるようになってきており，それらはすべて森林性の動植物のハビタットとしては不適である．これまでに絶滅の記録はほとんどないが，在来生物相の多くは，急速に面積が縮小しつつあるような，ほぼ人手の入っていない森林群集に分布が限られており，一方で，数種の在来種や多くの外来種の個体数が急増している．

7.2 数値を信用してはいけない！

　この章では，歴史資料や地球規模のデータベースからさまざまな数値を引用する．このような場合には注意が必要である．これらの統計値の一部は，その原典においては適切であったかもしれないが，もともとの文脈から離れて引用する際には，とくに都合の良いデータだけを用いる場合には誤解を生んでしまうことがありうる．まず1つ目の注意点としては，利用可能な統計値は容易に測定・

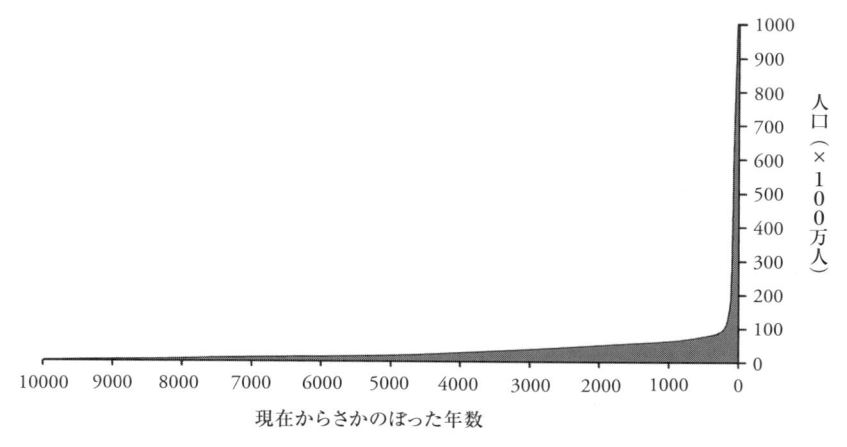

図7-1 1万年前から現在までの熱帯東アジアの人口の変化（複数の資料を参考にして作成）．

推定できるものに限られており，たいていの場合，生態学的にもっとも注目される変数はこれにあてはまらない，ということがあげられる．これらの統計値は，注目したい変数の代わりになるかもしれないが，通常はそれを証明するのは難しい．たとえば，衛星データからかなり正確に森林の総面積を測定できるが，大型脊椎動物群集を擁するような，人間の影響を受けていない森林の面積を測定することはできないのである．

2つ目の大きな問題としては，近年の統計値のほとんどが，問題としている当事国の機関によって集められているという点があげられる．国際機関によって最大限の努力が払われているにもかかわらず，変数の定義やデータの収集方法はしばしば国によって大きく異なり，それゆえ正確性も大きく異なる．1つの国の中での変化率のデータについては，複数国間のデータの比較よりも信頼性が高そうであるが，これも常に正しいわけではない．

最後に，もっとも精度の良い統計値は，通常は国家レベルでのみ利用可能であるが，それは生態学的に注目される単位とはめったに一致しないという点があげられる．ミャンマーとタイの間やブルネイとマレーシア・サラワク州の間などの国境を越えると森林率が変化することから，熱帯東アジアにおいて国家が生態学的要因の1つであることは明らかである．しかし，国家はけっして均質ではない．中国は広く，その大部分は熱帯ではない．タイとベトナムは幅広い緯度にまたがっている．マレーシアとインドネシア，フィリピンは複数の島に分かれている．さらに地方と都市の差も大きい．地方は直接的な生態学的影響において卓越しているが，その国の統計値の大部分は都市のものを反映しているのである．

7.3 究極要因

7.3.1 人口の増加

人口の増加（図7-1）は，生物多様性にもっとも大きな負の影響を与える究極の要因である．しかし，理論的には，たとえ人口が定常状態にあるか減少しているとしても，1人あたりの食料消費量が増加するときや，一定量の食料を得るために使われる技術によって負の影響が増大するときには，人間による生物多様性への影響は増加するかもしれない．簡単にいえば，人口の環境への影響は，人口，1人あたりの消費量，単位消費量あたりの影響力という3つの要因の積によって表すことができる（Ehrlich and Goulder 2007）．

熱帯林における狩猟採集民の人口密度は，沿岸や河口域のような生産性が極端に高い土地をのぞけば，おそらく通常$1km^2$あたり1人に満たず，大部分の場所では常にこの値をはるかに下回っていたようである（Robinson and Bennett 2000）．このことから，農耕が始まる前の熱帯東アジアに

7章 生物多様性への脅威　165

は，せいぜい数百万人しか居住していなかったと考えられる．狩猟採集民の人口が増加しうるのは，4〜5万年前のように新しい土地に進出した場合か，あるいは吹き矢や弓矢を用いて樹上の獲物を捕獲することや，有毒な植物を加工・処理することなどのように，技術の改良が行われた場合に限られる．しかし，究極的には，熱帯林の一次生産の大部分を人間が食料として利用できないことにくわえて，二次生産が貧弱であるために，現代の最高技術をもってしても超えることができない限界が存在する．

農耕では，狩猟よりも高い人口密度の維持が可能であり，理論的には開墾する土地があるかぎり農耕人口は増え続ける．しかし，一部の好適な場所をのぞくと，熱帯東アジアの人口増加率は非常に低く保たれ，農耕に適していると思われる土地の多くは最近まで利用されてこなかった．十分に立証されてはいないが，病気や戦争がおもな原因で，熱帯東アジアにおける農耕人口の増加が抑制されてきたと考えられている（Perkins 1969; Reid 1987）．1600年までには，本地域にはおよそ8,000万人が居住していたと考えられる．その大部分は中国南東部の人口密集地に居住していたが，東南アジアでは，いくつかの大きな貿易都市および土壌や気候，歴史が集約的な稲作に適した小面積の土地に分散していた．そのような場所としては，ベトナムの紅河デルタ，ミャンマー中部，ジャワ島の中部と東部，バリ島，スラウェシ島南部，ルソン島中部などがあげられる（Reid 1987）．これらの人口密集地以外では，森林はほとんど手つかずのままであり，人口密度も低く，人々は焼畑を行うか，あるいは交易のために林産物を採集して暮らしていた．

東南アジアの人口増加率は，17〜18世紀の間には低い状態で維持されていたものの，19世紀から急激に高まった．この理由は十分には明らかにされていないが，植民地時代以前に本地域の大部分で続いてきた戦争が終結したことが，理由の1つであろう．しかし，この時代の中国の人口は内政の激変による大きな影響を受けて独自の路線をたどり，それまで人口が少なかった南西部に偏って人口が増加した．20世紀にはいると，とくに1950年以降には，公衆衛生対策やワクチン，新薬の採用によって，死亡率は激減したものの出生率は高く維持されたため，あらゆる場所で人口が急増した．フィリピンやマレーシアのようないくつかの場所では，たった50年で人口が4倍になった．今日，熱帯東アジアには約10億人が居住しており，これは全世界の人口の15％に相当する．

現在ではこの爆発的な人口増加の時代は終わり，平均余命はまだ増加しているものの，いずれの場所においても出生率は低下している（Husa and Wohlschlägl 2008）．合計特殊出生率（年齢に特有の出産率が現在と変わらないとしたときに，女性1人が一生のうちに出産する平均的な子どもの数）は，ラオス，カンボジア，フィリピン，マレーシアではまだ比較的高いが，中国，ベトナム，ミャンマー，タイ，シンガポール，ブルネイでは，長期的に人口を維持するために必要な出生率（女性1人あたり子ども2.1〜2.15人）よりも低く，インドネシアもそれに近い（表7-1）．しかし，人口爆発期に生まれた何億人もの若者にも子どもがいるため，今後数十年間は人口増加率が高い状態のままであろう．このため，熱帯東アジアの人口は，少なくとも2050年までは増加し続けて，2050年には12億人に達すると予測されている．さらに，先に示した2番目の影響要因である1人あたりの消費量については，減少する見込みはまったくない．なぜなら，現代の熱帯東アジアの典型的な特徴として，テレビでみられるような中流階級のライフスタイルへの憧れがあるからである．

3番目の要因である単位消費量あたりの影響力については，ほとんどデータがない．単位面積あたりの作物収量が増加しているため，一定の消費量を得るために必要な土地の量（皆伐される森林の面積）は減少している．しかし，農薬，肥料，化石燃料の使用量も増加しているため，包括的な影響を評価するのは難しい．世界経済の炭素強度（経済活動の単位あたりの二酸化炭素排出量）はここ数十年にわたって減少してきたが，最近再び

表7-1 熱帯東アジアの人口に関する統計（熱帯東アジアの国，熱帯東アジア全体，中国をのぞいた熱帯東アジア，熱帯東アジア以外の代表的な熱帯諸国）．

国	人口（100万人）	人口密度（100万人/km²）	都市人口（%）	人口増加率（%）	合計特殊出生率（出生率※1）	将来推計人口（100万人）	1人あたりの国内総生産（PPP※2）	腐敗認識指数※3	飢餓人口の割合（%）
年	2005	2005	2005	2000–5	2007	2050	2006	2006	2004頃
中国（全体）	1,313	137	40	0.7	1.8	1,409	7,800	3.5	9
中国（南部）	438	273	–	0.7	1.8	470	–	–	–
ブルネイ	0	65	74	2.3	2.0	1	25,600	データなし	5
カンボジア	14	77	20	1.8	3.1	25	2,800	2.0	26
インドネシア（全体）	226	119	48	1.3	2.4	296	3,900	2.3	17
インドネシア（西部）	210	156	–	–	–	275	–	–	–
ラオス	6	24	20	1.6	4.6	9	2,200	1.9	19
マレーシア	26	78	67	2.0	3.0	40	12,800	5.1	5
ミャンマー	48	71	31	1.1	2.0	59	1,800	1.4	19
フィリピン	85	282	63	2.1	3.1	140	5,000	2.5	16
シンガポール	4	6,336	100	1.5	1.1	5	31,400	9.3	–
タイ	63	123	32	0.8	1.6	67	9,200	3.3	17
ベトナム	85	256	26	1.5	1.9	120	3,100	2.6	14
熱帯東アジア（中国をのぞく）	541	140	–	–	–	740	–	–	–
熱帯東アジア（中国を含む）	989	180	–	–	–	1,200	–	–	–
ブラジル	187	22	84	1.4	1.9	254	8,800	3.5	6
コンゴ民主共和国	58	25	32	3.0	6.4	187	700	データなし	76
パプアニューギニア	6	13	13	2.1	3.8	11	2,700	2.0	–
マダガスカル	19	32	27	2.8	5.2	44	900	3.2	37

※1 1人の女性が一生のうちに産む子どもの平均人数
※2 購買力平価説ベース
※3 数字が大きいほど良い状態（公務員と政治家がどの程度腐敗していると認識されるか，その度合を0〜10までの数値で表したもの）

データは国際連合食糧農業機関（FAO），国連人口部，国際通貨基金（IMF），トランスペアレンシー・インターナショナルのオンラインデータベースによる．

増加しはじめている（Canadell et al. 2007）．

けっきょくのところ，熱帯東アジアにおいて人間の影響が安定するのは先のことであり，少なくとも初めのうちは，現在よりもはるかに影響が大きい状態で安定するだろう．生物多様性の問題については，改善しはじめる前に大きく悪化してしまうだろう．

7.3.2 貧困

熱帯東アジアの社会は全体として急激に豊かになってきているが，この富の配分は，国際的にも国内的にもかなり不平等である（表7-1）．ブルネイやマレーシア，シンガポール，タイ以外のすべての国では，大多数の人々が1日あたり1米ドル以下で生活しており，ブルネイやマレーシア，シンガポール以外のすべての国では飢餓人口が全人口の10%以上を占めている．

貧困と生物多様性の関係は複雑である．一方では，地方の貧しい人々は，生活必需品を得るために，あるいは学費などの支出にあてる現金を得るために，食料や薬，燃料，木材，その他の資源として野生種を採集する傾向がある（Yonariza and Webb 2007; Zackey 2007ほか）．他方では，裕福な人々と比べると，貧しい人々の1人あたりの天然資源の消費量は少なく，商業伐採や大規模な森林開発を行うために必要な財政資本も政治的影響力ももたない．貧しい人々は狩猟を行う傾向があるが，裕福な人々は野生動物の産物の市場の担い手となり，それらの産物は希少性や違法性ゆえに高値で取引される（Corlett 2007a）．

図7-2 ションブルクジカ Rucervus schomburgki はタイ中部の開けた湿地平原に生息していたが，狩猟や商業的稲作によってハビタットが消失したため，1932年に絶滅した．写真はタイ・バンコクのドゥシット動物園にある銅像である（写真提供：岡村喜明／滋賀県足跡化石研究会）．

7.3.3 汚職

　熱帯東アジアの大部分では，汚職（個人の利益のために公職を違法に利用する行為）によって，富と権力が同じ意味をもつ社会が形成され，社会の発展と生物多様性が損害を被ってきた（表7-1）．本地域の一部では，政治的な関係によって，裕福な人々は法を免除されて「刑を受けない慣習」がある．たとえば，カンボジアでは大統領やその他の政府高官の親類や友人によって，大規模な違法伐採が独占的に行われている（Global Witness 2007）．ラオスでは，腐敗した軍隊や地方の役人が，ベトナムへの違法な木材輸出を手助けしている（EIA／Telepak 2008）．一方，インドネシア各地では軍隊が伐採に関わっているために，法の効力が失われている（Human Rights Watch 2006）．腐敗したエリートたちが目に余るほど法を無視していることに倣って，権力をもたない人々も自分たちの違法行為を正当化している（Zackey 2007ほか）．

7.3.4 グローバル化

　グローバル化は，生物多様性に関しては諸刃の剣である．国際市場からの需要がおもな原因となって，本地域ではさらに森林の減少や伐採が進んでいる．一方で，先進国市場において環境問題に関する意識が高まることによって，より環境に配慮した行為が生産者に要求されるようになるだろう（Nepstad et al. 2006; Butler and Laurance 2008）．熱帯の地方の貧困層に比べると，大企業は，保護団体の批判の的になるような行為を極力しないだろう．残念なことには，このような楽観的な考えに反して，木材やパーム油などの多くの熱帯産物のおもな市場は，現在急激な経済成長を続けている中国やインドであり，そこでは環境意識はまだ低く，生産者への圧力もほとんどないようである（8.2.7 認証も参照）．一般的に，グローバル化は木材やバイオ燃料，家畜飼料のような，代替可能な資源が豊富にある商品でもっとも進んでいる．このような場合，最終生産物（商品）の値段が変化すると，数ヶ月のうちに熱帯の森林減少に対して大規模かつ予測できない影響が生じうる．

7.4 生物多様性に対するおもな脅威

7.4.1 ハビタットの消失

　野生生物が進化の過程で適応してきたハビタットが完全に破壊された場合，もっとも適応力のある種をのぞいて，ほとんどの種は生き延びることができない．それゆえ，完全にハビタットが破壊

表7-2 熱帯東アジアの森林に関する統計（熱帯東アジアの国，熱帯東アジア全体，中国をのぞいた熱帯東アジア，熱帯東アジア以外の代表的な熱帯諸国）

国	土地面積 (1,000km²)	森林面積 (1,000km²)	森林の割合 (%)	年間森林減少率(%)	年間木材生産量 (100万m³)	人口 (100万人)	人口密度 (100万人/km²)	道路密度 (km/1,000km²)
年	2005	2005	2005	2000–5	2006	2005	2005	2005頃
中国（全体）	9,326	1,973	21	−2.2		1,313	137	201
中国（南部）	1,620	518	32	(−2.2)	3.3	438	273	400
ブルネイ	5	0	53	0.7	データなし	0	65	693
カンボジア	177	104	59	2.0	0.1	14	77	216
インドネシア（全体）	1,826	885	49	2.0	26.0	226	119	202
インドネシア（西部）	1,342	564	42	(2.0)	0.1	210	156	データなし
ラオス	231	161	70	0.5	データなし	6	24	135
マレーシア	329	209	64	0.7	27.0	26	78	301
ミャンマー	658	322	49	1.4	4.1	48	71	41
フィリピン	298	72	24	2.1	0.9	85	282	671
シンガポール	1	0	3	0.0	0.0	4	6,336	4,734
タイ	512	145	28	0.4	5.2	63	123	112
ベトナム	325	129	40	−2.0	データなし	85	256	683
熱帯東アジア（中国をのぞく）	3,878	1,706	44	1.2	約64.0	541	140	–
熱帯東アジア（中国を含む）	5,500	2,224	40	0.4	約67.0	989	180	–
ブラジル	8,457	4,777	57	0.6	22.9	187	22	207
コンゴ民主共和国	2,268	1,336	59	0.2	0.1	58	25	67
パプアニューギニア	453	294	65	0.5	2.2	6	13	44
マダガスカル	582	128	22	0.3	0.1	19	32	86

データは国際連合食糧農業機関（FAO）のオンラインデータベースおよび国際熱帯木材機関（ITTO 2006）による．

された場合にはほぼ確実に多様性が減少してしまう．熱帯東アジアにおける壊滅的なハビタット消失の例としては，季節的に氾濫する川沿いにモザイク状に成立していたイネ科草本の優占する草本植生が，主として稲作などの農耕地に転換されたことがあげられるだろう（Dudgeon 2000）．このような土地は，農耕が始まったころから人間にとって魅力的な場所であったに違いないが，完全に農耕地へと転換されたのは，最近400年ほどの間のことである．その結果，タイのションブルクジカ Rucervus schomburgki（図7-2）や中国東部のシフゾウ Elaphurus davidianus（図8-13）などの固有のシカ類が絶滅し，その他の多くの種の個体数が激減した．しかし，気候から考えると熱帯東アジアのほとんどの場所では何らかの森林が成立するため，川沿いの草本植生は例外的なハビタットである（2章 自然地理学を参照）．

7.4.2 森林減少

熱帯東アジアの大部分において，森林ハビタットが森林以外のハビタット，すなわち農耕地や人為的な草原，都市などへと転換されることは，生物多様性への大きな脅威となっている．全体としては，今日の熱帯東アジアにおける森林の面積の割合はたった40%程度であり（そのうちの32%が中国南部に，44%が東南アジアに存在する），もともとの森林の半分以上が消失してしまったことになる（表7-2; 図7-3）．国別にみると，もともと存在していた森林のうち消失してしまった森林の割合は，ラオス，カンボジア，マレーシアでは30〜40%であり，中国，タイ，フィリピンでは70〜80%である．しかし，これらの数字は，もともと存在していた森林が実際に失われた割合よりも低く見積もられている．なぜなら，再生林，伐採林，プランテーションなどのような，さまざまな人為改変を受けた生態系も，統計上は「森林」

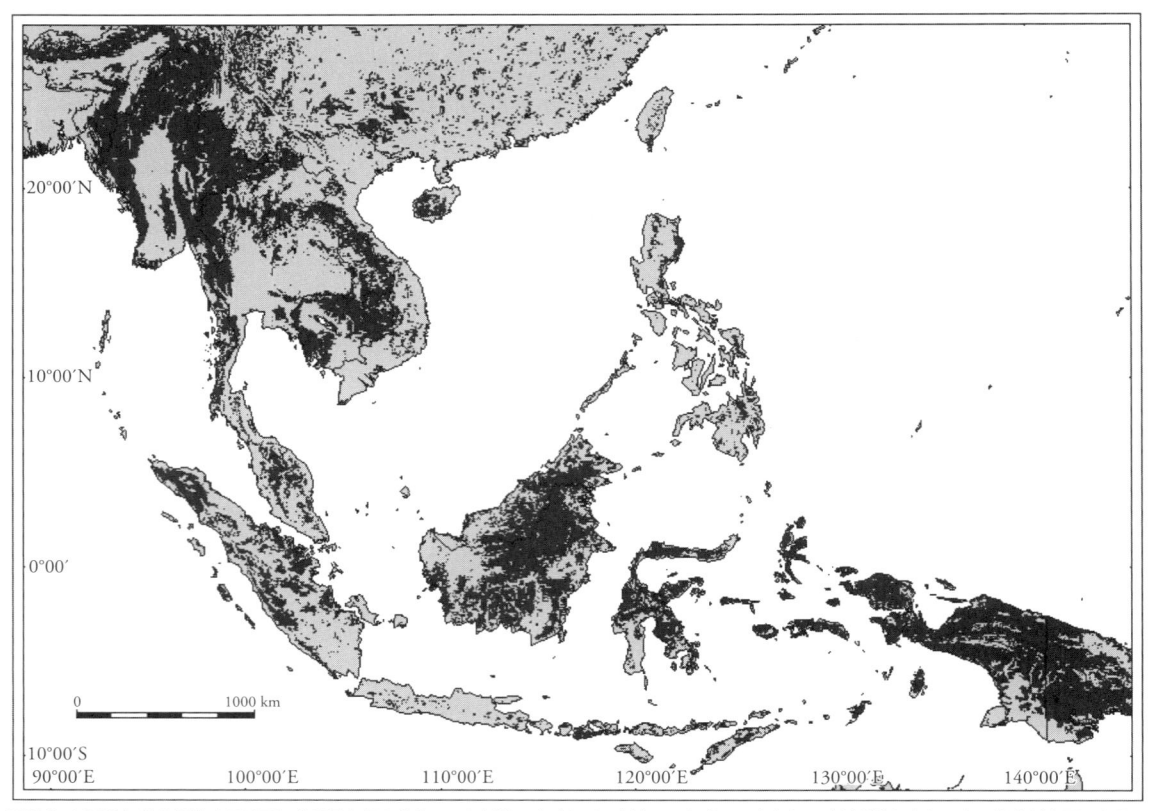

図7-3 1990年代の熱帯東アジアにおける森林の分布．これ以降，とくにインドネシアにおいてかなりの森林が失われたことに注意が必要である．地図は世界自然保護モニタリングセンターによる（Corlett 2005を改変）．

に含まれており，これらを厳密に分けることは不可能なためである．たとえ一次林の減少率について信頼のおける推定値が得られたとしても，少なくとも赤道地域において生物多様性の大部分を支えている低地林では，その影響を極端に過小評価してしまうだろう．熱帯東アジアの広大な面積の低地には，もともと存在していた森林の面影はまったく残っていない．残存林の多くは，農耕地としては利用されないような高標高地に分布するか，あるいはそれよりは少ないものの，農耕地としては不向きな石灰岩土壌や砂質土壌，または厚い泥炭のような特殊な基質に分布している．

現在の森林減少率の推定値には（表7-2），森林の総面積の数値と同様の問題がある．中国やベトナムでは天然林が減少し続けているにもかかわらず，近年の統計によると両国の森林面積は増加していることになっているのである（Meyfroidt and Lambin 2008）．カンボジアやインドネシア，フィリピンでは，現在の森林面積や人口密度は大きく異なっているものの，森林減少率がもっとも高い（年間約2％）．過去の森林減少率が高く，かつ生物の固有性が高いフィリピン（3.9.9 フィリピン諸島を参照）において森林減少が続いており，数多くの森林依存種が地球規模で絶滅の危機にさらされているのと同様に，熱帯東アジアの森林の4分の1を擁するインドネシアにおいても森林減少率が高いことは，危惧すべきことである．これらの国々の中には，スマトラ島のリアウ州やカンボジアのタイとの国境沿いなどのように，とくに集中的に森林の皆伐が行われている「ホットスポット」が存在する（Hansen et al. 2008）．

東南アジアにおける1人あたりの森林減少率は比較的低いが（Wright and Muller-Landau 2006a），東南アジア全体の森林減少率は地球上の熱帯地域の中で現在もっとも高い（Laurance 2007a）．東南アジアの低地フタバガキ林ではバイオマスの蓄

図7-4 スマトラの生物多様性がきわめて高い低地熱帯雨林が単一栽培のアブラヤシ農園に転換されているようす（写真：©Ardiles Rantes／グリーンピース）．

積量が非常に大きいことも考慮すると（6.2.2 バイオマスを参照），森林減少によって生じる面積あたりの炭素排出量は，他のどこよりも大きいだろう（Paoli et al. 2008）．皆伐地の大部分は，初期には農耕地として利用され，その後，都市化していく．個人や家族，村落，地域企業や国内外の企業によって森林が伐採されるが，今日では大部分の森林はおもに産業規模で換金作物を栽培するために伐採されている．これらの換金作物のうち，バナナ，カシューナッツ，キャッサバ，ココア（Siebert 2002），ココナッツ，コーヒー（WWF 2007），サトウキビ，茶，パルプ材のプランテーションといったさまざまな作物もそれぞれの地方において重要ではあるが，アブラヤシ（Fitzherbert et al. 2008; Koh and Wilcove 2008ほか）（図7-4）とゴム（Li et al. 2007; Stone 2008bほか）がもっとも重要である．

森林を農耕地に転換することによって，生物多様性は大きな影響を受ける．皆伐地は二次遷移によって回復するが，皆伐地の面積と土壌へのダメージの程度によって回復の速さは異なる（4章 植物の生態を参照）．長期的な耕作によって劣化した土地では，もっとも回復が遅くなる．シンガポールのこのような場所では，放棄されて1世紀たってもまだ森林の植物相は貧弱である（Turner et al. 1997）．二次林の現在における価値や将来にわたる価値，すなわち，一次林の代わりとなったり，一次林を補って在来種を維持したりするような価値を評価することは，熱帯林の生物多様性が将来どのように変化するかを予測するうえで重要な課題の1つであり，既存のデータからは満足に答えることができないものである（Dunn 2004; Wright and Muller-Landau 2006a, b; Barlow et al. 2007; Bowen et al. 2007; Gardner et al. 2007ほか）．

7.4.3 森林の断片化

もし各国に残る森林が，撹乱がなく，大きく1つにまとまっているのであれば，生物多様性への影響を正しく評価することは比較的容易かもしれない．しかし実際には，森林減少の状況はそれほど単純ではなく，残存林のほとんどでは大きさ，形，孤立や撹乱の程度が著しく異なり，残存林はパッチ状に散在している．大部分の森林が失われたランドスケープの中に小さな残存林が存在することによって，もしそれがなければ絶滅していたかもしれないような，その土地に固有の森林依存種が存続することがある．しかし，このような森林が断片化することによって，他にも多くの問題が生じる．おもに新熱帯で行われてきた研究によると，林縁からの距離（図7-5）や断片化した森

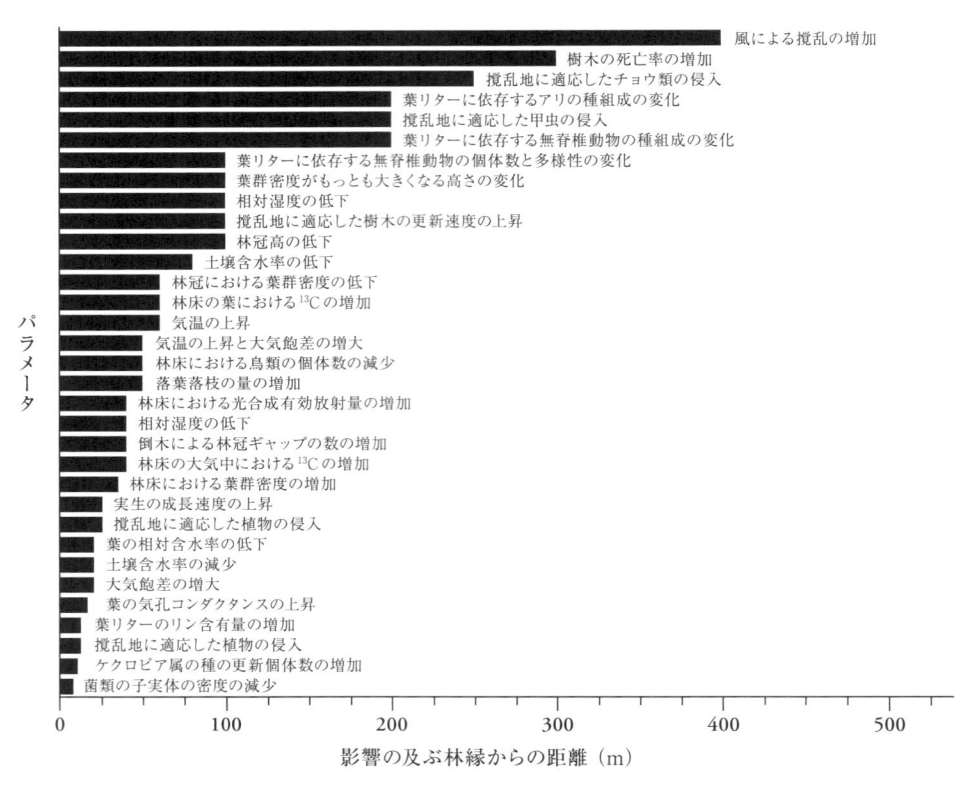

図7-5 アマゾン中部の断片林の生物動態プロジェクトにおける，さまざまなパラメータの林縁効果のおよぶ距離（Laurance et al. 2002）（さまざまな研究結果をまとめているため，一部のパラメータについては複数の値が示されている）．

の面積，面積の大きな森林からの孤立度が増すにつれて，さまざまな負の影響が生じることが明らかとなっている(Turner 1996; Laurance et al. 1997, 2002; Sodhi et al. 2007; Laurance 2008c)．熱帯東アジアにおける研究例はまだ少ないが，森林の断片化にともなって，森林減少による負の影響がさらに増大するというような，新熱帯での一般的な結論と同じ傾向があることが確認されている(Zhu et al. 2004; Benedick et al. 2006ほか)．100ha未満の小さな断片林であっても，孤立後数十年間にわたってその土地本来の植物相や動物相のうちのかなりの割合を維持できるため，他に森林がない場合には十分に保全する価値がある(Turner and Corlett 1996)．しかし，たとえ10km²以上の比較的大きな断片林であっても，断片化の影響を受けやすい種は失われてしまう(Brühl et al. 2003ほか)．さらに，熱帯東アジアのランドスケープにおいて森林の断片化は比較的

最近になってから起こった現象であるため，生物相が長期的にどう変化するのかは不明である．

森林の消失と断片化によって受ける影響は，森林ではなくなった場所（森林と森林の間に生じる非森林ハビタット）を利用できない種よりも，利用できる種において小さい(Sekercioglu et al. 2002; Ewers and Didham 2006)．自分自身の力により，あるいは何らかの媒介者に依存した分散によって，非森林ハビタットを越えることのできる種では，断片林においてもあまり孤立していないことになり，有効集団サイズは大きくなる．さらに，非森林ハビタットにおいても採餌できる種では断片化の負の影響はさらに小さくなるし，非森林ハビタットでも生存し繁殖できる森林性の種では，競争が減ることによって，個体数が爆発的に増えたり，本来の分布域よりも分布が広がることもあるだろう．しかし，こうしたことはすべて非森林ハビタットの特性に依存しており，その構

造が天然林と似ているほどより多くの森林性の種が生息できるだろう．また，非森林ハビタットと断片林が構造的に類似しているほど林縁効果が弱まり，その結果として，断片林の有効面積は増加する．

　小規模農家によって近年開墾された土地に特徴的な，村落や畑，果樹園，再生林，残存林が混在する場所における調査結果からは，森林が消失したランドスケープにおいても多くの森林性の生物相が生息できるという楽観的な印象を受けるかもしれないが(Thiollay 1995; Sodhi et al. 2005a; Round et al. 2006ほか)，これはおそらく誤りであろう．森林の皆伐が続けば，断片化した森林では時間が経つほど生息種が失われていき（小さな孤立林ほど消失率が高い），残された在来の樹木が死亡しても世代交代はほとんど起こらない(Corlett 2000)．長期にわたって人間が利用したランドスケープにおける研究はほとんどないものの，総合的にみて，森林性の種のうちでもっとも適応力のある種だけが生き残るようである．熱帯東アジアの大部分では，伝統的で複合的な農業システムが単純な単一栽培（モノカルチャー）によって置き換えられる傾向も著しい(Siebert 2002; Hu et al. 2008ほか)．さらに，本地域の大部分において，森林を皆伐する主体はもはや小規模農家ではなくなっており，近代的な森林皆伐後に造成される広大な単一栽培のプランテーションでは，初めからほとんどの森林性の種は生息できないのである(Chung et al. 2000; Brühl et al. 2003; Donald 2004; Sodhi et al. 2005a; Aratrakorn et al. 2006)．事例証拠によれば，あらゆる形態の農業において大量の農薬が使われるようになってきたということも，農業ランドスケープの生物多様性への大きな脅威となっているようであるが，熱帯東アジアではこの問題はほとんど注目されていない．

7.4.4 採鉱

　採鉱の影響を受けている土地の総面積は，農耕地の総面積よりもはるかに小さい．しかし，採鉱は，その性質上非常に影響が大きく，とくに採鉱後に森林を再生させるための努力がほとんど行われない場合には，影響は増大する(Laurance 2008d)．また，アクセスが難しいために以前には保護されていた場所にさえも，採鉱のために道路がつくられている．さらに，事業にかかわる処理施設が河川や海岸沿いに造られることが多いため，大規模な水質汚染問題を引き起こす可能性がある．

　熱帯東アジアにおける採鉱事業は，最新の採鉱技術を用いた大規模なものから，機械化されてはいるが先進的ではない中規模なもの，つるはしとシャベルを使う小規模なものまでさまざまである．一般的に，規模が小さいほど環境基準は低くなり，もっとも小規模な作業には違法なものが多く，まったく統制されていない（たとえばインドネシアにおいて; McMahon et al. 2000)．現在，ボルネオとスマトラの熱帯雨林において，第三紀石炭の露天採掘場からの採掘量が拡大するかもしれないという懸念が広がっている．インドネシアはすでに世界最大の石炭輸出国である．

7.4.5 都市化

　都市化の影響は，少なくとも採鉱の影響と同じくらい深刻であり，採鉱よりもはるかに広範囲に及んでいる．熱帯東アジアでは，全陸地面積の1.3％にあたるおよそ7万km^2の地表が人工的な不浸透性物質で覆われている(Elvidge et al. 2007)．熱帯東アジアにおいて，都市化の規模が生物多様性を直接脅かすほど大きくなったのは最近のことであり，沿岸域や河口域，氾濫原のハビタットの被害は大きいものの，都市が広がることによって地球規模で種の絶滅が生じたという例は報告されていない．都市は，大気汚染源や侵略的外来種の供給源および林産物の市場として，間接的にも生物多様性に影響を与えている．熱帯東アジアの人口のおよそ45％が都市部に居住しており，この割合は急上昇している．上海，マニラ，ジャカルタの3つの都市では人口が1千万人を超えており，他のさまざまな都市でもこの人口に近づきつつある．

図7-6 半島マレーシアにおける森林伐採のようす.

7.4.6 森林伐採

公式の木材貿易の統計値は簡単に手に入るが（ITTO 2006；表7-2），それに基づいて森林伐採の影響を把握することはできない．熱帯東アジア産木材のほとんどは，少なくとも部分的には違法であり（すなわち伐採する場所や樹種，樹木の大きさ，伐採方法，輸出において），近隣諸国を経由することで大量の違法な輸出木材を合法的に見せかけているうえに，急増する自国内の木材市場はほとんどまったく監視されていない．熱帯東アジアでも，とくにカンボジアやベトナム，インドネシア，ミャンマー，ラオスでは，違法伐採は大きな問題となっている．現時点で森林面積がもっとも多い国であるインドネシアでは，違法伐採された木材の割合は50〜80％に及ぶと見積もられている（Turner et al. 2007）．これらの推定値やその他の推定値がばらつく理由の1つに，熱帯東アジアの多くの国において，林業に関する法律が曖昧なことがあげられる．伐採業者が事業を認可されているという書類をもっていたとしても，それが合法であるかについてはほとんど知るすべがない．国レベルでも，国際レベルでも，法律の曖昧さをなくし，違法な伐採や貿易を取締る努力が進められているが，問題の解決にはほど遠い．

熱帯東アジア内でもインドネシアとマレーシアは飛び抜けて木材生産量が多い国であり，2006年の「公式の」伐採量は両国でほぼ等しい（表7-2）．しかし，インドネシアの値が過小評価されているのは間違いない．ミャンマーはその次に天然林からの木材生産が多い国である．一方，タイでは天然林からよりもゴムやその他のプランテーションによる木材生産量が多い．中国も熱帯木材の重要な生産国であるが，おもにプランテーションで生産している．しかし，中国では最近10年の間に木材輸入量が急増したため，国内の木材生産量は少なくみえる．現在，中国は世界の木材貿易量の半分を輸入している（Laurance 2008b）．中国，インド，日本は，アジアにおいて（そして世界的にも）熱帯木材の主要な輸入国である．国内の木材生産量が減少しているために国内の木材産業を支えることができなくなったタイとベトナムが，これらの国に続いている．

木材生産のために樹木を伐採することにより，熱帯東アジアの森林は直接的にも間接的にも影響

を受ける（図7-6）．火災，狩猟，森林減少を介した間接的な影響は直接的な影響よりもはるかに大きくなることがあるが，直接的な影響を理解することは重要である．なぜなら，直接的な影響は，管理された天然林からどのくらい持続的に木材を生産できるかを決めるものだからである．樹木の種数が多い熱帯林では，通常はわずかの樹種しか国際的な木材貿易に適さないため，伐採圧は低い．しかし，東南アジアの低地フタバガキ林では，多くの樹種が少数の取引区分に分類されているため，より伐採圧が高くなっている．ボルネオのもっとも生産性の高い森林では，市場価値のある高木が1haあたり20本以上も存在することがあり，そのほとんどはフタバガキ科樹種である（Sist et al. 2003a）．さらに，本地域の国内市場では，樹種や大きさ，木材の質にあまり関心が払われないため，アクセスしやすい森林では初回の伐採圧が非常に高くなることがあり，またすでに伐採が行われた森林から，より市場価値が低い小径木を再度収穫することも助長されている．

伐採が森林に与える直接的な影響の大きさは，地形，土壌型，そして被害を減らすためのさまざまな技術を採用するか否かといった多くの要因に左右されるが（8.5.1 森林伐採と非木材林産物の採取を参照），もっとも重要な要因は伐採強度である（すなわち1haあたりの伐採木の本数）．伐採強度が高い場合には（1haあたり約8本以上），残された森林が大きな被害を受けるのは避けられないだろう（Sist et al. 2003a, b）．このような被害としては，残存木が枯れたり傷ついたりすることや，大きな林冠ギャップが生じることによって，つる植物や先駆植物の成長が促されたり，火災のリスクが増えたりすること，さらには木材搬出路に沿って総面積の3分の1以上の土壌が踏み固められることで，透水性が悪くなり，土壌浸食が増え，森林の更新が遅れることなどがあげられる．伐採強度が高いこととそれに付随する被害が大きいことは，低地フタバガキ林では，伐採作業にともなう二酸化炭素排出量が，他の熱帯林よりもはるかに多いことを意味するという点にも注意が必要である（Lasco et al. 2006; Paoli et al. 2008）．

低地フタバガキ林における，伐採が植物に及ぼす影響（2章 自然地理学を参照）についての研究のほとんどは，伐採からわずか1～6年後の森林か，たとえそれよりも齢のすすんだ森林であっても，今日ではほとんど採用されていないような伐採後管理法が行われてきた森林を対象としているため，今日的な伐採法がどのような長期的影響を及ぼすかについてはほとんどわかっていない（Bischoff et al. 2005）．森林伐採が動物に与える影響についての研究は，それよりも進んでいる．従来型の伐採周期では，群集組成が大きく変化することがあるが，ほとんどの動物種は生き残ることができる（Meijaard et al. 2005, 2006; Cleary et al. 2007; Wells et al. 2007; Meijaard and Sheil 2008）．しかし，鳥類では地上の昆虫を採餌するチメドリ類の一部（図7-7）やサイチョウ類，大部分のキツツキ類，哺乳類では地上性リス類やマレーグマ，ジャコウネコ類の一部のように，とくに伐採の影響を受けやすい分類群や食性ギルドが存在する．影響を受けた種が回復するまでには，非常に長い時間がかかることもある．低地熱帯雨林と比べると，スンダランドの広大な泥炭湿地林やアジア大陸の季節性の強い森林における伐採の影響についてははるかに注目度が低かったため，種数の少ない森林では伐採強度が高い傾向があるということ以外には，一般化できるほどの情報はまだない．

伐採にともなうおもな間接的影響，すなわち狩猟者が侵入しやすくなること，火災の危険性や強度が高まること，あるいは森林減少が起こることについては別の節（7.4.8 狩猟，7.4.9 火災）で議論する．これらの間接的な影響は，理論的には回避できるが，伐採と関連していることが多いのは偶然ではない．人里離れた場所では，狩猟は食肉の供給源としてしばしば黙認されており，積極的に奨励されることさえある（Bennett et al. 2000）．伐採によって小規模農家が森林にアクセスすることが容易になるため，森林減少が助長されることもある．しかし，インドネシアでは，同

図7-7 サバ州のスグロジチメドリ *Pellorneum capistratum* などの地上性昆虫食者は，とくに伐採の影響を受けやすいようである（写真提供：Jon Hornbuckle）．

一の産業複合企業が，伐採，木材加工，プランテーション産業の大部分を支配しているため，伐採は熱帯雨林を単一栽培のプランテーションに転換するための第一段階にすぎず，伐採と森林減少の関係はより直接的である（Barber et al. 2002; Curran et al. 2004）．さらに，インドネシアでは，アブラヤシのプランテーションを新しく造成するという計画が，アブラヤシの生育に適さない土地で伐採を行うための口実としてしばしば使われている（Sandker et al. 2007）．

7.4.7 非木材林産物の採集

本地域の森林からは，数千年にわたって多様な非木材林産物が採集されてきた．その中には長期間にわたり重要な貿易品となっているものも多い．竹やラタン，樹脂，キノコは，おそらく熱帯東アジアでもっとも幅広く採集されてきた非木材林産物と考えられるが，その他にも地元の人々にとって重要なものが数多く存在する（表7-3）．熱帯東アジアの多数の人々にとって，非木材林産物の採集は今でも重要な雇用と収入の源であるが，人口が増加し森林面積が減少することによって，生計を支えるこれらの品目の多くが脅威にさらされている．保全関係者は，このような非木材林産物の採集では，木材の伐採によって生じるような負の影響を及ぼすことなく森林から現金収入を得られるため，比較的環境に優しい行為だと考えてきた．しかし，近年再検討したところ，この楽観的な考え方は一般的には正しくないと結論されている（Kusters et al. 2006; Belcher and Schreckenberg 2007）．需要が増えると，資源が枯渇するかあるいは生産量が増やされ，それによって生物多様性への負の影響も増加する．その持続可能性は，採集される植物の部位と採集による被害によって異なるが，管理せずに大部分の生産システムを維持することはできないだろう．

7.4.8 狩猟

非木材林産物の採集と同様に，脊椎動物を狩猟したり罠を使って捕獲したりすることも，少なくとも理論的には，森林からの持続可能な食料源や収入源となるはずである．しかし，実際には可猟区が広大な保護区に囲まれているような場合にのみそれは持続可能であろう．そのような状況は今日の熱帯東アジアにはまず存在しない．熱帯東アジアでは，20世紀になっても非定住的な狩猟採集民のグループが残っており，また森林を利用する農耕民も収穫物を補うために常に狩猟を行ってきた．しかし，この50年にわたって徐々に生活のための狩猟よりも市場取引のための狩猟が重要にな

表7-3 熱帯東アジアの非木材林産物の例（薪や飼料に使われる植物種をのぞく）

植物の部位とおもな利用法		おもな分類群
タケ	建築，足場，カゴ，手工芸品，食用タケノコ	多くの属
ラタン	家具，マット，カゴなど	トウ属，*Daemonorops*属，*Korthalsia*属（すべてヤシ科）
繊維	織物，綱など	タコノキ科タコノキ属，多くのマイナーな分類群
樹液	ラテックス，樹脂，多用途のゴム	ナンヨウスギ科ナギモドキ属，カンラン科カンラン属，フタバガキ科フタバガキ属，キョウチクトウ科ジェルトン属，アカテツ科グッタペルカノキ属，アカテツ科*Payena*属，マツ科マツ属，マメ科*Sindora*属
種子以外の炭水化物	食物	サトイモ科コンニャク属，ヤマノイモ科ヤマノイモ属，さまざまなヤシ類の種の幹
果実や種子	食物	センダン科アグライア属，トウダイグサ科ヤマヒハツ属，クワ科パンノキ属，トウダイグサ科*Baccaurea*属，カンラン科カンラン属，ブナ科シイ属，パンヤ科ドリアン属，オトギリソウ科フクギ属，ウルシ科マンゴー属，ムクロジ科ランブータン属，デチンムル科サラシア属，フトモモ科フトモモ属
野菜	食物	カナビキボク*Champereia manillana*（カナビキボク科），*Claoxylon longifolium*（トウダイグサ科セキモンノキ属），クワ科イチジク属のさまざまな種
蜂蜜	食物，薬	オオミツバチ，他のミツバチ属のさまざまな種，ハリナシバチ属のさまざまな種
食用キノコ		多くの種
薬用植物		多くの種

情報元：Verheij and Coronel 1991; Dransfield and Manokaran 1993; Dransfield and Widjaja 1995; Flach and Rumawas 1996; Boer and Ella 2000; Brink and Escobin 2003.

ってきた（Bennett 2007; Corlett 2007a）．市場に関わることによって，生活に必要な量を超えて，そして地元では需要のない種までが狩猟されるようになる．現在狩猟される動物は，バイオマスでみれば，昔と同じ種（イノシシやシカ，霊長類）がまだ多くを占めており，その大部分は地元で消費するために売られている．しかし，それらにくわえてさまざまな種が巨大な域内取引の対象となっており，野生動物は高級食材，薬，装飾品，原材料，ペットとして利用されている．熱帯東アジアでは，かつては狩猟の動因は地方の貧困だったが，今では都会の裕福な生活がそれに代わりつつある．

数百年にわたり，貿易品として，とくにサイなどの数種の動物の狩猟が助長されてきたが，現代のアジアの野生動物取引は，扱う種類においても量においても比類のないものである（Corlett 2007a; Singh et al. 2007a, b; Venkataraman 2007）（図7-8）．野生動物を原料とする医薬品は，さまざまな種が狩猟対象となるため，熱帯東アジアで

はとくに大きな問題である．とりわけ中国は，過去20年にわたって主要な市場であり，常にこの種の問題の中心である（Zhang et al. 2008a）．しかし，中国以外の熱帯東アジアの国々においても，とくに発展が著しい都市部では大きな需要がある（Venkataraman 2007ほか）．

大型の果実食コウモリ（Struebig et al. 2007）のような，体重1〜2kg以上の哺乳類の多くは広く狩猟されており（Corlett 2007a），ネズミやリスさえも狩猟対象となっている場所がある（Khiem et al. 2003; Wattanaratchakit and Srikosamatara 2006）．実際にラオスでは大型哺乳類が減少したため，今日ではリス類がもっとも狩猟され取引されている哺乳類である（Timmins and Duckworth 2008）．鳥類の狩猟についての情報は少ないが，キジ類（Brickle et al. 2008），ハト類（Gibbs et al. 2001），サイチョウ類（Kinnaird and O'Brien 2007）などの大型種は広く狩猟されており，それよりも小型の数多くの鳥種も食料や薬，ペットとして一部地域では狩猟されている（BirdLife

図7-8 膨大な数のセンザンコウが東南アジア全域から中国へ違法に輸出されており，中国で健康食品や医薬品として販売されている．写真は2005～06年に香港で押収された，大量の冷凍センザンコウの一部（写真：©AFCD／香港）．

International 2001）．ワニ類やカメ類はほぼ全域で狩猟されており，大型のヘビ類やオオトカゲ類も多くの場所で大量に捕獲されている（Keogh et al. 2001; Shine et al.1998, 1999; Zhou and Jiang 2005）．

熱帯東アジアにおける狩猟の現状に関する研究によれば，すべての大型種が減少しており，現在の狩猟圧の下ではその大部分は存続できないと結論されている（Bennett 2007; Corlett 2007a）．中国南部では過去1,000～2,000年の間に多くの大型哺乳類が絶滅したことを論じたが（1章 環境史を参照），熱帯東アジアの大部分ではそれと同じプロセスが最近50年以内に集中して起きており，より小型の種も絶滅しつつある．世界の哺乳類の保全状況に関して近年行われた調査（Schipper et al. 2008）によって，熱帯東アジアは世界的に絶滅危惧種の数がもっとも多い地域であることが判明したが，これはけっして驚くべきことではない．Morrison et al.（2007）の推定によると，東洋区にかつて生息していた大型哺乳類（20kg以上）の全種が今も生息している場所は，東洋区のわずか1％にすぎない．すでに全種が消失した場所も多い．消失した多くの種にとって生息に適しているにもかかわらず，実際にはそれらの種が生息していないハビタットが広大に存在すること（森林の空洞化）は，これらの種の減少の主要因がハビタットの消失ではなく，狩猟であることの紛れもない証拠である．

比較的大型の種が集中して狩猟されることによって，狩猟の二次的な影響がかなり大きくなる可能性がある．すべての大型肉食獣が消失し，その被食者があまり狩猟されていない場合には，被食者の個体数は爆発的に増加するだろう．多くの場所において，大型の液果の種子散布者（大型の鳥類や霊長類，大型の果実食コウモリ類，ジャコウネコ類，地上性の草食動物）がすべて消失したことによって，記録されてはいないものの，おそらくすでに植物の更新や森林の遷移は影響を受けているだろう（Kitamura et al. 2005; Corlett 2007a, b; Terborgh et al. 2008）．狩猟が植物の種子や実生の食害に及ぼす影響についてはあまり危惧されていないかもしれないが，種子や実生の死亡パターンは植物種の共存についての最新の理論の中核をなしているため，影響は少なくないであろう（4章 植物の生態を参照）．

狩猟の総合的な影響としては，果実や種子が大きく被食防御物質への投資量が大きい植物種に対して，果実や種子が小さく成長が速く食害を受け

図7-9 スマトラ島リアウにおける乾季の森林の焼き払いは，二酸化炭素の排出および本地域の大気汚染の原因となっている（写真：©Vinai Dithajohn／グリーンピース）．

やすい植物種が相対的に増加することがあげられる（Corlett 2007a, b）．未撹乱であっても「空洞化」した森林では，以上のような変化はゆっくりと進むだろう．なぜなら，脊椎動物がいなくても植物の個体や局所個体群は数十年から数百年にわたって存続しうるからである．しかし，新規個体が定着するためには種子散布が不可欠であるような劣化した土地では，変化はもっと速く進むだろう．この結果，ランドスケープレベルでは，「先駆種の砂漠」（Martinez-Garza and Howe 2003）の中に，もともとの森林の要素が部分的に保存された場所が「植物多様性のポケット」のように分布することになるだろう（先駆種が優占する場所において，所々に多様性の高い場所が集中分布するような状況）．これは，ほとんどの大型脊椎動物が消失してしまい，現在では数世紀にわたる人間の影響から植生が回復しつつある香港の状況である（Hau et al. 2005）．植物相は今日でも非常に多様であるものの，ほとんどの種の個体数は少ない．そして，スズメ目の小型鳥類によって種子散布される数種の植物が，散布される種子の組成と二次林の組成の両方において優占している（Corlett 2002; Au et al. 2006; Weir and Corlett 2007）．

7.4.9 火災

季節的に乾燥する森林では，火災は主要な人為的影響の1つである．一方，規則的な乾季がない場所では，火災の多くは伐採された森林や劣化した森林で起こる．火災は衛星から検知できるため，検知された火災の密度は，本地域において人為的影響がどの程度蔓延しているかについての有効な指標として利用できる．保護区とそれに隣接する緩衝区で検知された火災の密度を比較すると，同じ熱帯東アジア内であっても大きな違いがある．とくにカンボジアとボルネオ島のインドネシア領（カリマンタン）の保護区では緩衝区の存在によって火災の発生が効果的に抑制されていないが，マレーシアの保護区では火災はほとんど起きていない（Wright et al. 2007）．

2章（自然地理学）で論じたように，熱帯東アジアの季節性のある場所において，落雷によって起こる自然火災の役割は過小評価されてきたかもしれないが，人間が本地域に居住するようになったのと同じくらい昔から人為的な火災は発生している．林冠が比較的開けており，林床に草本が多いような，落葉樹種を含む東南アジアの大陸部の森林は，広域にわたって火災極相林を形成している．これらの森林では森林利用者によってほぼ毎

年火災が引き起こされるため，森林は燃えやすく，相対的に種数が少なく，炭素蓄積量が少ない生態系として維持されている．しかしながら，毎年数百万haを焼失するような火災の負の影響については，人為的な火災から長期的に保護されてきたような比較対象となる森林が存在しないため，評価が難しい．短期的な保護では可燃物が増えて火災のリスクが増えるだけだが，長期的に保護すれば森林構造や種組成が変化し，常緑性で林冠が閉鎖した燃えにくい森林へと変化することが期待される．

熱帯東アジアの湿潤な場所では，最近まできわめて稀にしか火災が発生しなかったため，比較対象となる森林が存在する．エルニーニョ南方振動（ENSO）にともなう干ばつによって，インドネシアの大部分では森林火災が起きやすい状態になるが，1982～83年と1997～98年に発生した熱帯雨林の大規模火災は，気候条件と人口増加および公共政策の相互作用の結果として生じたものである（Goldammer 2007; Murdiyarso and Adiningsih 2007; Tacconi et al. 2007）．農耕地を開墾するためには火を使うのがもっとも安あがりな方法であり，小規模農家も大企業もこの目的で火を使っている（図7-9）．1982～83年には，ボルネオの約5百万haの土地が火災に遭った．それらの大部分は過去に伐採された森林であったが，一部には干ばつの影響を受けた一次林も含まれていた．1997～98年のエルニーニョは1982～83年ほど大規模ではなかったが，プランテーションのために皆伐した土地が増加していたため，被災面積はより広くなり，ボルネオ，スマトラ，ジャワ，スラウェシを合わせて約1,100万haにのぼった．1997～98年の火災で生じたヘイズ（煙霧）は，本地域の数百万人に影響を与えたが，その煙粒子の大部分は泥炭地の火災に由来するものであった．発生した二酸化炭素量の推定値には大きな幅があるものの，10億トン以上の炭素が大気中に放出されたという推定が妥当であろう（Page et al. 2002; Murdiyarso and Adiningsih 2007; Tacconi et al. 2007）．これは，その年に人為的に排出された炭素量の約7分の1に相当した．また，ヘイズによって光合成有効放射量（photosynthetically active radiation; PAR，植物が光合成に利用する波長の光の量）が減少し，それにともなって一次生産も減少した（Hirano et al. 2007）．本地域において，今日では火災とヘイズは毎年起こる現象であるが，2006年の中規模のエルニーニョでは再び火災とヘイズが増加した．

東南アジアでは，火災と熱帯雨林の劣化が密接に関係しているため，火災を熱帯雨林の劣化の原因と捉えるか結果と捉えるかは考え方の問題である（Langner et al. 2007）．ほとんどの火災は劣化した森林で起こるが，干ばつの年にはより広がるおそれがある．1回の火災によって植物や鳥類，チョウ類が深刻な影響を受けることが報告されているが（Adeney et al. 2006; Cleary et al. 2006; Cleary and Mooers 2006; Slik et al. 2008），繰り返し火災が起きたり，火災と他の影響が組み合わさったりすると，被害はさらに深刻化する．

7.4.10 侵略的外来種

人為改変されたハビタットやいくつかの海洋島をのぞくと，熱帯東アジアの在来生物の多様性に対して，侵略的外来種（移入種）はまだそれほど大きな脅威とはなっていない（Corlett 2009a）．しかし，いったんある種が本来の分布域ではない場所に野生で定着してしまうと，それを排除することはほぼ不可能なため，外来種の数とそれが在来種に及ぼす影響は増え続ける一方である．定着した外来種は在来種と同じように生き残る．しかしながら，以下のような状況があるため，初期定着後に長期間たってから初めて外来種が目にとまるようになる．それは，(1) 撹乱を受けた人為的なハビタットに適応した種が移入されることが多いため，そうした場所に分布が限定されること，(2) 在来種と比べると，外来種では自種の生育に適したハビタットを占めるための時間が不足しているため，分散制限のある空間分布をしていること，(3) 近年になって少数の創始者個体から個体群が成立したため，外来種の遺伝的多様性が在来種よ

図7-10 新熱帯のノボタン科の低木であるアメリカクサノボタン*Clidemia hirta*は、東南アジアの未撹乱の熱帯雨林に侵入した数少ない外来種の1つである（写真提供：Hugh T.W. Tan）．

りも低いこと，(4) 導入過程において種特異的な天敵（植食者や病原菌）が同時に持ち込まれなかったため，これらの天敵から受ける被害が少ないこと（DeWalt et al. 2004ほか），(5) 地球上の多様な種の中から選択されたため，在来生物相にはない形質をもっていることである．これらのうち最後の2つ，天敵から逃れたということと，多様な種の中から選択されたことによって，外来種は在来種との競争で有利になる可能性がある．

外来植物は，私たちがもっともよく目にするような，常に撹乱が繰り返されている都市や農耕地の植生にめだつため，侵略的外来種の問題は実際よりもはるかに深刻に見えることが多い．しかし，ほとんどの場合に，外来植物は，道路やわだち沿い，そしてあまり一般的ではないものの，地すべりや台風などの自然撹乱の後の，自然植生や準自然植生に侵入する．撹乱がなくなれば，通常はこれらの種はきわめてゆっくりとではあるが，消失していく．かなり劣化した香港の高地のランドスケープでさえ，外来植物の侵入は，道路沿いや渓流沿い，野生化した家畜によって荒らされた日の当たる場所にほぼ限定されている（Leung et al. 2009）．

しかしながら，ほとんど撹乱されていない自然植生に侵入する植物種も少数ながら存在する．た
とえば熱帯東アジアでは，外来植物のアメリカクサノボタン*Clidemia hirta*（ノボタン科；図7-10）だけは，シンガポール（Teo et al. 2003）やマレーシア・パソの低地熱帯雨林に侵入している（Peters 2001）．どちらの場所も人手の入った外来種の多い植生に囲まれている．したがって，散布体の導入圧（侵入した種子数や侵入が起こった回数によって評価した，侵入のしやすさの指標）がないために他の外来種がいないという説明は成り立たない．熱帯東アジアの他の場所においても，比較的人手の入っていない自然植生に，たいてい数種の外来植物が侵入している．この顕著な例として，季節性のある熱帯におけるヒマワリヒヨドリ*Chromolaena odorata*（キク科ヒマワリヒヨドリ属），亜熱帯における*Eupatorium adenophorum*（キク科ヒヨドリバナ属）(Zhu et al. 2007b)，開けた淡水湿原におけるミモザ・ピグラ*Mimosa pigra*（ネムノキ科オジギソウ属）があげられる．ただし，これらのすべての種は撹乱地にもっとも多い．

動物については情報が少ないが，基本的に植物と同様のパターンであり，外来のアリ類やミミズ類，両生類，爬虫類，鳥類，哺乳類は，都市や農耕地に多いが（Dudgeon and Corlett 2004; Pfeiffer et al. 2008ほか），大部分の自然植生にはめった

図7-11 アメリカ合衆国の南東部原産のグリーンアノールAnolis carolinensisは，各地の海洋島に侵入しており，小笠原諸島では多くの在来昆虫を脅かしている（写真提供：川上和人／森林総合研究所）．

に存在しないか，少なくともほとんど報告されていない（Bos et al. 2008ほか）．ここでも例外はあるものの，これらはほぼすべて撹乱をうけた森林や孤立林，都市近郊林からの報告であり（たとえば香港；Dudgeon and Corlett 2004），今のところ東南アジアの人里離れた熱帯雨林からは外来動物の報告はない．パソの一次林でアメリカ原産のアンブロシア甲虫Euplatypus parallelusが見つかっているが（Maeto and Fukuyama 2003），その近くには撹乱地が存在する．アンブロシア甲虫は典型的なジェネラリストの食性を示し（5.3 腐植食者を参照），近親交配に対して極端に耐性があることから，未撹乱の一次林において見られる外来種の主要な候補である（Kirkendall and Ødegaard 2007）．よって，このグループについてはさらなる調査が重要だろう．

このような一般的なパターンに対する顕著な例外として，熱帯東アジア北部の亜熱帯マツ林において，外来のマツノザイセンチュウBursaphelenchus xylophilusが広域にわたって侵入したことがあげられる（Shi et al. 2008b）．北アメリカ原産のこの有害線虫は，在来のカミキリムシ類を介して広がり，中国南部のタイワンアカマツPinus massoniana（マツ科マツ属）のように抵抗性のないマツ類を数ヶ月で枯死させてしまうことがあ

る．大部分の経済的損失はプランテーションにおいて生じたが，マツノザイセンチュウは本地域の天然林にも侵入した．中国南部には他にもテーダマツコナカイガラムシOracella acuta，マツノハマルカイガラムシHemiberlesia pitysophilaなどのさまざまな外来の森林害虫が定着しているが，これらの種が天然林に侵入する能力については不明である．

人手の入っていない大陸部の生物群集は，外来種の侵入に対して明らかに耐性があり，被害を受けやすい海洋島の生物群集とは対照的である．このような大陸と海洋島の差についての一般的説明として，大陸では種や機能群の多様性が高いために資源獲得効率が高いということがもっとも妥当であろう．一方，常に撹乱が起こる都市や農耕地においては，撹乱が起こることで資源が自由に使えるようになるということが，そうした場所に侵入しやすいことの説明となりうる（Denslow 2003; Teo et al. 2003; Daehler 2006）．熱帯東アジアには完全に隔離された海洋島は存在しないが，熱帯東アジアの北西端に位置する小笠原諸島には，在来のカエル類やヘビ類，非飛翔性の哺乳類，その他の多くの分散能力が低い動植物群は生息していない（3.9.4 小笠原諸島を参照）．この結果，外来種が侵入するニッチは空いており，在来の生

物相は競争や捕食，病気の被害を非常に受けやすい．この例として，以下のものがあげられる．(1) 外来樹種が在来樹種との競争に勝って置き換わることで，天然林が脅かされている (Yamashita et al. 2003)．(2) 外来のミツバチによって在来の送粉系が脅かされている (Abe 2006)．(3) 外来のネズミによって果実や種子が捕食されている (Abe 2007)．(4) 外来の捕食者によって在来のカタツムリ類が脅かされている (Sugiura et al. 2006; Chiba 2007)．(5) 外来のグリーンアノール*Anolis carolinensis*（図7-11）によって多くの在来昆虫が脅かされている (Karube and Suda 2004; Abe et al. 2008)．(6) 野生化したネコによって在来の鳥類が捕食されている (Kawakami and Higuchi 2002)．(7) 野生化したヤギの個体数を調節し始めるまで，ヤギによって在来植生が脅かされていた (Shimizu 2003)．

小笠原諸島以外の熱帯東アジアの海洋島はそれほど孤立していないため，外来種の影響は一般的に小笠原諸島ほど明瞭ではない．顕在的あるいは潜在的に有害な脊椎動物の移入例の多くは，熱帯東アジア外からの移入ではなく，熱帯東アジア内の別の場所からの種の移入（移動）である．南西諸島の奄美大島では，1979年に在来のハブ*Protobothrops flavoviridis*をコントロールするために，30匹のジャワマングース*Herpestes javanicus*（最近の研究によるとフイリマングース*Herpestes auropunctatus*とされている）が放たれた．しかし，現在ではジャワマングースの個体数が増加したため，絶滅危惧の固有種アマミノクロウサギ*Pentalagus furnessi*をはじめとして，在来の鳥類や爬虫類，両生類が脅かされている (Watari et al. 2008)．ジャワジャコウネコ*Viverra tangalunga*とパームシベット*Paradoxurus hermaphroditus*はスラウェシ島とマルク諸島のいくつかの島々に定着している (Flannery 1995)，後者は新石器時代にフローレス島に人為的に移入されたものである (van den Bergh 2008b)．スラウェシ島にはすでに在来のジャコウネコが生息していたが，それまでまったく肉食性の哺乳類がいなかった島々にそ

れらを移入したことによって顕著な影響があったのは疑いない．しかし，このことに関する研究は行われていない．本地域内におけるヘビ類の頻繁な人為的移動 (Brown and Alcala 1970; Lever 2003; de Lang and Vogel 2005) も，とくに在来のヘビ類が少ない小さな島々では影響を及ぼしただろう．たとえば，熱帯東アジア最大のヘビであるアミメニシキヘビ*Python reticulatus*は，おそらくフィリピンの大部分に移入されたようである (Brown and Alcala 1970)．

熱帯東アジアでは，植食性の脊椎動物も広く移入されてきた．イノシシやマカク，ヤマアラシは，植民地時代以前にフローレス島に移入された (van den Bergh et al. 2008b)．3種のシカ類とアジアゾウは20世紀にアンダマン諸島へ移入されたが，イノシシはおそらく有史以前に移入されたようである．フローレス島には更新世後期までステゴドンが分布していたのに対して，アンダマン諸島には在来の大型植食動物がいなかったため，外来種は森林構造や種組成に重大な影響を与えてきた (Ali 2004, 2006)．本地域内における移入については，有史時代のものでなければ識別が難しく，島では現在判明しているよりもはるかに多くの食肉類やその他の脊椎動物の個体群が，かつて移入されたものかもしれない．アクセスがそれほど容易であるとはいえないフローレス島においてすら，少なくとも7,000年にわたって脊椎動物が意図的に移入されてきたという証拠があることは，考えられているよりもはるかに外来種が多い可能性があることの警告としてとらえるべきであろう (van den Bergh et al. 2008b)．

7.4.11 野生動物や人，植物の病気

病原菌と寄生生物はあらゆる自然生態系における重要な構成要素であるが，新興感染症 (emerging infectious diseases; EIDs) は近年その発生事例や地理的範囲，寄主の幅が増加している病気である (Cunningham et al. 2006)．通常，新興感染症という言葉は人間の病気に対して用いられるが，野生動物や家畜動物，植物についても新

興感染症を特定するために同じ基準が利用できる．

　人間におけるもっとも重大な近年の新興感染症の大部分は，熱帯や亜熱帯の野生動物の個体群を起源としており（Jones et al. 2008），HIV感染症（AIDS；後天性免疫不全症候群），エボラ出血熱，ニパウイルス感染症，重症急性呼吸器症候群（SARS），そしておそらく高病原性鳥インフルエンザH5N1などがこれにあたる．これらの病気のほとんどは，少なくとも部分的には人間の自然界への影響が増えたために発生している．アフリカのHIV感染症は狩猟によって，中国のSARSは野生動物取引によって，そしてマレーシアのニパウイルス感染症はかつて森林だった場所に集約農業を拡大したことによって発生した．ニパウィルスは1998〜99年にオオコウモリ属の果実食コウモリからブタを介してマレーシアの人々に広がり，その結果105人が死亡し，100万頭以上の豚が処分され，マレーシア経済に5億米ドル以上の損失を与えた（Halpin et al. 2007）．2002〜03年に中国から広まり大発生したSARSウィルスも，おそらくコウモリ由来であり，混雑した野生動物市場を通じて人々に広がり，最終的に世界中で774人の命を奪い，300億米ドル以上の損失を与えた．近年大発生した高病原性鳥インフルエンザは，東アジアにおいて渡りを行う水鳥の個体群が起源であると考えられ，2百人以上の人々と数千万の野鳥や家禽の命を奪い，さらに，数億羽以上の鳥類が処分された．熱帯東アジア産のエボラウイルス・レストン株は，フィリピンの施設から輸出されたカニクイザル*Macaca fascicularis*で検出された．しかし，これは人間に感染することはあるものの，病原性を示さない．コウモリはこのウィルスの自然宿主としても疑われているが，まだ不明である．

　本来の分布域の外に広がった病原菌や寄生生物は，それらへの特異的な抵抗力が弱い宿主に出会うことになるため，その侵略性が増す危険がある（Tella and Carrete 2008）．西アフリカの類人猿に対するエボラ出血熱や，ハワイの鳥類に対する鳥マラリア，世界各地の両生類に対するカエルツボカビ*Batrachochytrium dendrobatidis*，オーストラリアの植物に対するエキビョウキン*Phytophthora cinnamomi*のような重大な事例があるものの，新興感染症は，熱帯東アジアにおいて野生種を絶滅させるほどの脅威であるとはまだ認識されていない．さらに，おそらくこれらよりもめだたない多くの事例が見落とされているだろう．熱帯東アジア全域において，森林が消失し断片化することによって，在来種の野生個体群は人間が占有するランドスケープのすぐそばに生息（生育）するようになり，そこでは外来の動植物種が在来の病気にとっての新しい宿主となるとともに，新しい病気が在来の動植物種にも伝わる．人間とその他の霊長類が出会った際に，マラリア原虫*Plasmodium* spp.が両者の間で交換されることがあるが，これは上記のようなプロセスとその潜在的な危険性についての好例である（Jongwutiwes et al. 2004; Reid et al. 2006）．野生のマカク類が人間と接触するような行楽地において，その他の病原菌が双方向的に伝染することもある（Fuentes et al. 2008）．

7.4.12 大気汚染と富栄養化

　熱帯東アジアに今日分布するすべての生物は，かつて祖先がさらされていた大気とは著しく異なる組成の大気にさらされている．おもな温室効果ガス（二酸化炭素CO_2，メタンCH_4，一酸化二窒素N_2O）の濃度の変化については次節（7.4.13 気候変動）で扱い，ここでは生物多様性に大きな影響を与える可能性のあるその他の大気汚染物質について考える．残念ながら，熱帯東アジアの大気汚染の研究は都市部に集中しており，地方の汚染についてはほとんどわかっていない．このため大気汚染が，農業や林業，自然生態系に及ぼす負の影響はおそらく過小評価されているだろう．実際に，汚染が熱帯林に与える影響についての知識には，国によって大きな差がある（Zvereva et al. 2008）．

　熱帯東アジアにおける大気汚染のおもな原因は，化石燃料，とくに石炭の燃焼であり（図7-12），もっとも重大な一次汚染物質は，二酸化硫

図7-12 熱帯東アジアの大気汚染のほとんどは，化石燃料の燃焼，とくに石炭の燃焼に由来する．

黄（燃料中の硫黄を含む不純物から発生）と窒素酸化物（大気中の窒素の酸化により発生）である．オゾンは太陽光線のもとで炭化水素と窒素酸化物から発生するもっとも重大な二次汚染物質（一次汚染物質どうしの化学反応により大気中につくられるもの）である．エアロゾルはさまざまな一次・二次汚染物質に由来する．とくに都市部には膨大な種類の揮発性有機化合物（VOC）も存在するが，その自然生態系への影響は不明である．

中国およびそれよりも発展した東南アジアの各地では，過去20年間にわたり，おもに石炭の燃焼量が増えたために，二酸化硫黄の排出量が急激に増加してきた．主要な都市以外ではほとんどデータが存在しないものの，中国南部やベトナム北西部，ジャワ島の大部分，その他の主要な都市近郊においても，総硫黄沈着量は農業や自然生態系に悪影響を与えるようなレベルになっている（Siniarovina and Engardt 2005; Aas et al. 2007）．広東省の珠江デルタ地帯において，樹木の成長量の減少という軽微な症状から，葉の傷害や，大量の枝先の枯死という甚大な症状までが起こったが，これは二酸化硫黄の排出が原因とされている（Kuang et al. 2008）．

化石燃料の燃焼による窒素酸化物 NO_x（一酸化窒素 NO と二酸化窒素 NO_2）の排出量と，集約農業によるアンモニア NH_3 の排出量は，ここ数十年で急速に増加している（Schlesinger 2009）．自然生態系へのおもな影響としては，湿性沈着と乾性沈着によって，土壌が酸性化し栄養塩循環が変化することがあげられる（6.3 その他の栄養塩類を参照）．中国南部における現在の窒素沈着量は，世界基準ではすでにかなり多く（10〜50kg N／ha／年）（Chen and Mulder 2007; Fang et al. 2008），熱帯東アジアのその他の人口密度が高い場所においてもおそらく同程度のレベルであろう．熱帯東アジアにおける窒素沈着の影響についての研究は最近始まったばかりだが，そこにおける沈着量は温帯林であれば有害な影響がでるような閾値を超えている．

オゾンのバックグラウンドレベル（潜在汚染度）は熱帯東アジア全域で上昇している．ここでも地方のデータはほとんどないが，それ以外の熱帯アジアの研究に基づいて予想すると，オゾンは多くの場所においてすでに有害なレベルであり，今後さらに悪化するだろう（Ishii et al. 2007; Wang et al. 2007e）．群集全体に対する開放系オゾン付加実験などのような，オゾンが自然生態系に与える影響についての研究を緊急にすすめていく必要がある（Morrissey et al. 2007）．

大気中のエアロゾルは，起源（工業，農業，森

林火災，大気中で起こるさまざまな二次化学反応）や性質が多様であり，それらが植物に与える直接的な影響についてはほとんど注目されてこなかった．しかしながら，その起源によらず，エアロゾルがあると植生上に届く光合成有効放射の総量が減少する傾向がある．一方で，エアロゾルによって散乱光の割合が増加し，林内に光が届きやすくなる．植物の成長への短期的な影響は正にも負にもなることがあり，種間競争が変化することによって，長期的には種組成が変化する可能性がある．エアロゾルによって地表への太陽放射量が大きく減少することがある一方で，気温が上昇することもあるという明らかなパラドックスは，エアロゾルが太陽放射を反射するだけでなく吸収もするという事実によって説明できる．

7.4.13 気候変動

熱帯東アジアは地球規模の気候変動に対して大きく寄与しているだけでなく，大きな被害を受けている．一方では，中国は急激に工業化しているため，中国の二酸化炭素排出量は世界最大の二酸化炭素排出国であるアメリカ合衆国をまもなく超えるだろう（国際エネルギー機関の報告によれば，中国は2007年以降，世界最大の排出国となっている）．インドネシアでは年間森林減少率，とくに炭素の多い泥炭湿地林の年間森林減少率が大きいため，おそらくインドネシアは世界で3番目の排出国になるだろう．スマトラのリアウ州だけで毎年2億2,000万トンの二酸化炭素が排出されていると見積もられており，これはオランダの排出量を超えているのである（Uryu et al. 2008）．他方では，現在の大気中の二酸化炭素濃度に対する熱帯東アジアから排出された二酸化炭素の総量は，先進国と比べるとはるかに少なく，一人あたりの炭素排出量もはるかに少ない．熱帯東アジアの国々のものとされている排出量の大部分は，本地域の外での消費によるものである．

大気中の二酸化炭素濃度は，産業革命前には約280ppmだったが，2008年には385ppmまで上昇しており（図7-13），その増加率は2000年以降

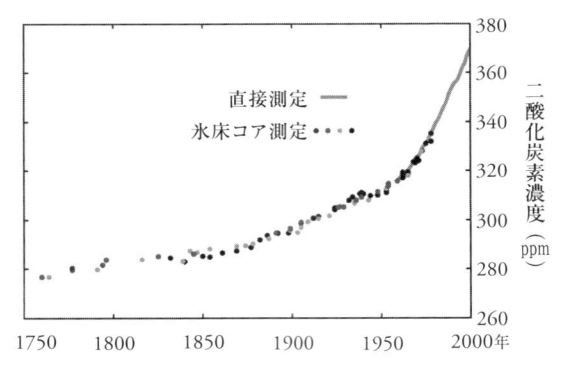

図7-13 過去250年間における大気中の二酸化炭素濃度．大気の直接測定と氷床コア中に保存されていた大気サンプルの測定に基づいている（Robert A. RhodeによってGlobal Warming Art用に作成）．

急激に加速している．1990年代の増加量の約20％は熱帯林における森林減少が原因であると推測されている．現在，人為起源の炭素排出量のおよそ半分は大気中に残っており，残りの半分は陸域や海洋の吸収源に吸収されている．熱帯全体における炭素収支の推定については，いまだに不確実性がかなり大きい（Baker 2007）．残存している未撹乱の熱帯林は，二酸化炭素濃度が上昇すると成長量が増加するため，二酸化炭素の主要な吸収源になっていると考えられてきた．このことはアマゾン地域ではあてはまるかもしれないが（Lloyd and Farquhar 2008; Phillips et al. 2008），地球規模でのパターンはそれほど明確ではない（Chave et al. 2008）．パソでの研究によると，過去20年間にわたって樹幹の成長速度が有意に減少したが，これはもしかしたら気温上昇への応答かもしれない（Feeley et al. 2007b）．さらに，たとえ地球規模では熱帯林が炭素の吸収源だとしても，森林減少によって熱帯林が減少し続けている一方で，伐採，火災，その他の撹乱によって，さらなる二酸化炭素が排出され続けているのである．

人為起源の温室効果ガスは二酸化炭素だけではない．メタンは2番目に重要な温室効果ガスである．メタンが温暖化に及ぼす総合的な影響は，もう1つの強力な温室効果ガスであるオゾンの対流圏における生成に関わっているために大きな不確実性をともなっており，二酸化炭素の5分の1から半分

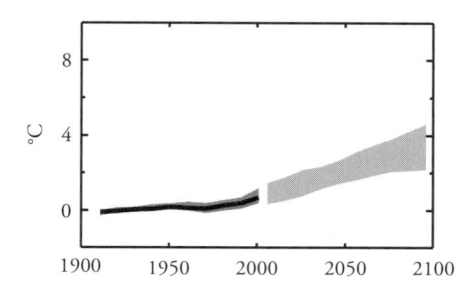

図7-14 東南アジア陸域において，これまでに観測された気温変化と将来予測される気温変化．1901〜1950年に対する差を示している．図はIPCC事務局の許諾をえて改変した．IPCC (2007) のボックス11.1と11.1.2節に詳細な解説あり．

程度と考えられている．熱帯東アジアにおけるメタンのおもな人為的発生源は，水稲栽培（中国の排出量の26%と推定されている；Streets et al. 2003），ウシ（胃での発酵と糞尿から），ごみの埋め立て地，汚水処理，化石燃料の採掘と使用，バイオマスの燃焼などである．一酸化二窒素は3番目に重要な温室効果ガスであり，大気中における分解速度が遅いこと（およそ100年），地球温暖化係数（温室効果の大きさ）が大きいこと（二酸化炭素の310倍），大気中の濃度が急激に増加していることから，とくに注目されている．本地域における一酸化二窒素のおもな人為的発生源として，農業活動，とくに過剰な窒素施肥によるものにくわえて，おそらく過剰に窒素が沈着した自然生態系からの排出もあるだろう（Zhang et al. 2008a）．

エアロゾルの排出が世界的，地域的，局所的な気候に与える影響は複雑であり，発表されている推定値には不確実性が大きい（IPCC 2007; Streets 2007; Ramanathan and Carmichael 2008）．化石燃料やバイオマスを燃焼したときに発生する黒色炭素（煤煙）は，大気中における可視光線のおもな吸収源であり，二酸化炭素に次いで2番目に現在の地球温暖化に寄与しているであろう（Ramanathan and Carmichael 2008）．一方，有機炭素や硫酸塩のようなその他のエアロゾルは，光を吸収するよりも散乱させるため，冷却効果が大きい．さらにエアロゾル粒子は複雑かつ非線形的に雲の形成や性質に影響を及ぼす．そのため，排出されるエアロゾルの混合割合が変わると，気候に及ぼす影響も大きく変わりうる．エアロゾルは温室効果ガスよりもはるかに寿命が短いため（温室効果ガスが数十年なのに対してエアロゾルは数日），将来，排出量が変化すると（それは非常に不確実ではあるが），気候は大きくかつ比較的急激な影響を受けるかもしれない（Levy et al. 2008）．

森林減少も，蒸発散量や地表面のアルベド（反射率，すなわち太陽からの入射光の強さに対する反射光の強さの比），空気力学的粗度の変化といった，上記とは異なるメカニズムを通じて，気候に影響を与える（Bala et al. 2007; Pielke et al. 2007）．森林が均一な牧草地へと変わるときにはこれらの変化は比較的予測しやすいが，森林が木本性の作物に変わったり土地利用の異なるモザイク状態へと変わることの影響は，それほど明瞭ではない．熱帯において森林減少によってアルベドが増加することの影響は，蒸発散量が減少して雲量が減少することによってほぼ打ち消されると考えられるため，森林減少が気候に及ぼすおもな影響は，二酸化炭素の排出に基づくものである．

1970年以降，熱帯東アジア全域で気温が0.2〜1.0℃上昇しており，北部においてもっとも上昇している．全球気候モデルによって予測された21世紀における平均気温の上昇は，東南アジアにおける2.5℃から，熱帯東アジア北部における4.5℃までの幅がある（IPCC 2007；図7-14）．降水量の予測ではこれよりもはるかに不確実性が大きい．しかし，最新の気候モデルによると，熱帯東アジアの大部分において年間降水量がやや増加（0〜15%）すると予測されており，おおまかには熱帯収束帯（2章 自然地理学を参照）の季節的な移動にともなって大きく増加するものの，概して乾季はより厳しくなるだろう．しかし，現在の全球気候モデルでは，地形が空間的な降雨パターンに与える影響や降水量の年変動を十分に再現できないため，これらの降水量予測を確実なものと捉えてはならない．温暖化が進むとENSOの頻度が減少して，ENSOの規模が大きくなることを予測するモデルもあるが（Bush 2007），それが確実で

あるとは言えない．気候変動に関する政府間パネル（Intergovernmental Panel on Climate Change; IPCC）は，21世紀中における海面上昇を60cm未満と予測しているが，これはおそらく保守的な値であり，数m上昇する可能性も否定できない（Hansen 2007; Hansen et al. 2007）．実際に，現在は十分に理解されていないプロセスが，非線形的にやや急激で破滅的な，予測できない変化をする可能性は，気候変動のあらゆる面にあてはまる．IPCCレポートにおける変化予測が緩やかであるからといって，安全性を過信してはならない（Lenton et al. 2008）．

　現在の気候が生物の分布や生態にどれほど影響を及ぼしているかについての情報が不足していることや，降水量の予測が不確実なこと，人間が気候以外に及ぼす影響が数多く存在することから，気候変動が生物多様性に及ぼす影響を予測することは，熱帯東アジアにおいてはとくに難しい．熱帯東アジアの生物相は過去の気候変動の下で生き残ってきたが（1.5 気候と植生の変化を参照），今後100年間の変化は過去の自然変化よりもはるかに急速であり，少なくとも気温については過去2百万年における最高値を超えるだろうと予測されている．それと同時に，自然生態系が断片化し，分断されたハビタット間の環境（非森林ハビタット）が悪化するために，もっとも移動能力が高い種をのぞけば，ハビタット間を移動して気候変動に応答することが困難になるうえに，伐採や狩猟，火災，汚染はさらなるストレスとなる．

　山岳地については，気候変動による負の影響をもっとも容易に予測できる．気温の影響のみについて考えると，キナバル山に生息するガにおいて1965年以降に起こったように，より標高の高い場所に分散することによって，その種は高温ストレスを回避できる（Chen et al. 2009）．3℃の気温上昇は，垂直方向に約500m上ることで相殺できるが，そのためには，典型的な地形の場所でも1世紀の間に1〜3kmの距離を分散する必要がある．実際には，現在の種の分布の中心から外れた場所にも個体が存在するため，必要な移動距離は短くなる．このことから，大部分の動植物種にとって，高標高へと分散することは温暖化への応答として実現可能であることが示唆される．しかし，この例外として，アリ類や齧歯類，風による短距離種子散布に完全に依存している植物種や（4.3.2 種子散布を参照），特定の土壌型や地形に分布が限定されている動植物種などがあげられる．長寿命の樹木の場合には，気候変動にかかわらず，先に定着している植物が1世紀以上にわたって生存する可能性があり，それによって低標高地からの植物種の定着が阻害されるという別の問題もある．

　しかし，より根本的な問題としては，利用可能な土地面積は標高が高くなるにつれて減少し，最終的に頂上でゼロになってしまうことがあげられる．より冷涼なハビタットが本地域内の他の場所にあったとしても，遠すぎるため分散できないだろう（Weir and Corlett 2007ほか）．その結果，涼しい気候に適応した山岳種は，温暖化によって頂上から押し出されて消失してしまうだろう．熱帯東アジアの山岳地には，適応している温度の幅が明らかに狭く，しばしば1つの山にしか生息していないような，数多くの固有な動植物種が存在するため，多くの種が絶滅すると予想される（Balete et al. 2007ほか）．さらに山岳地では，空間的な降雨パターンが複雑なことと，多くの場所において雲霧による水の供給が重要であること（2.2.4 雲霧由来の水を参照）によって，さらに複雑な問題が生じる．現在の気候モデルでは，複雑な地形をもつ場所の降水量の変化を予測することは困難であるが，気候変動によって雲霧帯の下限の標高が上昇すると予測されており，乾燥感受性の強い山地の動植物は重大な影響を受けるかもしれない（Williams and Hilbert 2006）．

　温暖化の影響を予測することは，山地よりも低地のほうがはるかに困難である．低地における現在の動植物の分布を決める要因として，少なくとも気温と同じくらい降水量の時空間パターンは重要であるが，それらの変化を予測するのはより困難である．さらに，細かく断片化された熱帯東アジアの低地ランドスケープにおいてはとくに，こ

うした気候変動を相殺するために必要となる分散距離は，多くの（おそらくほとんどの）種にとって実現不可能なほど長いうえに，さまざまな人為的影響（断片化，伐採，狩猟，火災，窒素沈着など）も強まっていくだろう．

　おそらくもっとも重大な懸念としては，過去2百万年にわたって比較的冷涼な気候が続いてきたために，高温耐性には一般に上限があり，一度この上限を超えると，植物の成長量は低下し，さまざまな動植物が絶滅し，膨大な量の二酸化炭素が大気中に放出されるかもしれないことがあげられる（Colwell et al. 2008ほか）．すでに紹介したように，パソにおいて近年樹木の成長量が低下していることは，この前兆かもしれない（Feeley et al. 2007b）．熱帯の変温動物（外温動物：昆虫類，両生類，爬虫類など）のデータによると，現在ほとんどの種が生理的な最適温度付近の場所に生息しているため，ほんの少しの温暖化であってもこれらの種の適応度は低下するだろう（Deutsch et al. 2008; Tewksbury et al. 2008）．熱帯林に生息する種は，日が当たることがないような場所においては，経験する気温の幅が狭く，体温調節の行動をもたないことから，とくに温暖化によって被害を受けやすいだろう．このことは，それよりも高緯度における状況とは対照的である．高緯度地帯では，熱帯よりも今後100年間の気温の上昇量が大きいと予測されているが，大部分の種において温度耐性の幅が広く，現在は生理的な最適温度よりも低い気温の場所に生息している．しかし，現在，低地熱帯に生息する種の高温感受性についての情報はほとんどないため，「低地の生物の減少量」についての予測はかなり不確実であることに注意が必要である．

　気候変動による潜在的自然植生の変化を予測するために，BIOMEと呼ばれる全球植生モデル（Prentice et al. 1992）などが利用できる（Weng and Zhou 2006ほか）．こうしたモデルによると，分布の制約となる最低気温が上昇するにつれて，熱帯東アジアの森林帯が北に拡大することが示されているが，採用する降水量の変化シナリオの詳細によってその他の変化が生じる．たとえば，Weng and Zhou（2006）は，BIOMEの修正モデルにおいて2つの地域的気候シナリオを採用することで，中国南西部（と，おそらくそれに隣接するミャンマーの一部）では，常緑広葉樹林が縮小し，乾燥林とサバンナが拡大することを予測している．現在，そこは並外れて生物多様性の高い場所であるため，このような厳しい予測は懸念を抱かせるものである．しかし，そこは，現在の気候モデルでは降水量を十分に予測することができないような極端に複雑な地形をもつ場所でもある．

　これらのモデルは構成種の生理的耐性に基づく平衡状態の植生モデルであり，予測されるような植生変化が起こるプロセスを考慮していない．これらのプロセスとしては，すでに議論した種子散布や，ある植生が別の植生に置き換わるときの複雑な相互作用（とくにどちらの場所でも長寿命の樹木が優占している場合）などがあげられる．少なくとも，今後数十年のうちに，現存する植物個体の繁殖フェノロジーや栄養フェノロジー（展葉や伸長時期の季節性），成長速度において，そしておそらく種子散布から実生定着までの気候の影響を受けやすい生活史段階において，植物群集はもっとも顕著に変化するだろう（4章 植物の生態を参照）．しかし，多くの動物は植物よりも移動性があり，すでに温帯域において鳥類やチョウ類，その他の多くの生物種で観察されているような分布域のシフトは，熱帯東アジアにおいてもますます増えてくるだろう．

　人為起源のストレスと気候変動との相互作用は，気候変動の直接的な影響よりも生物多様性にとって脅威となるかもしれない．自然生態系が断片化し，その間に広がる非森林ハビタットが単純なものに変化すると，気候変動の影響を逃れるために分散することが困難になるのは明らかである．しかし，種子サイズが大きな大型液果の種子の散布者が狩猟によって絶滅してしまうと，ハビタットがつながっていたとしても，多くの種の分散が制限されてしまうだろう．乾季の厳しさが少しでも増すと，断片化や伐採との相互作用によっ

表7-4 1810年から2002年に95%以上の森林が消失したシンガポールにおいて，実際に観察された絶滅種の割合と推定された絶滅種の割合，および東南アジアにおいて2100年までに予測される絶滅種の割合（Brook et al. 2003）

分類群	シンガポール		東南アジア
	2002年までに絶滅したという記録のある種の割合	2002年までに絶滅したと推定された種の割合	2100年までに絶滅すると予測される種の割合
維管束植物	26%	74%	12–44%
淡水性十脚類（エビ類）	30%	82%	14–50%
ナナフシ類	20%	67%	9–38%
チョウ類	38%	73%	19–43%
淡水魚類	43%	87%	21–58%
両生類	7%	71%	3–41%
爬虫類	5%	49%	2–25%
鳥類	34%	59%	16–32%
哺乳類（コウモリをのぞく）	42%	78%	21–48%
加重平均	28%	73%	13–42%

推定絶滅率は，シンガポールの手つかずのハビタットには，近接する半島マレーシアのハビタットと同じ種が生息していたという仮定に基づいている．東南アジアの絶滅予測は，シンガポールにおける観察値と推定値，各分類群の種数一面積関係，すでに失われた森林面積の割合，現在の年間森林減少率に基づいている．

て，火災の頻度が増え，規模が大きくなるだろう．また，ほとんど撹乱されていない場所においてさえ，気候変動や大気中の二酸化炭素濃度の上昇，オゾンやエアロゾルによる大気汚染，窒素沈着量の増加は，それらの間で相互作用が起こることによって，予測できないような種組成の変化をもたらすかもしれない．

7.5 絶滅の予測

前節で論じた脅威の大部分はすでに進行しているが，熱帯東アジアにおいて絶滅したと判明している種の数はまだきわめて少ない．2007年の国際自然保護連合（International Union for Conservation of Nature and Natural Resources; IUCN）のレッドリストによれば，熱帯東アジアで野生下において絶滅したと考えられている植物はわずか10種であり，その内の4種は栽培下では存続している．また，絶滅した動物はわずか9種であり（ただし，小笠原諸島をくわえるとさらに11種が追加される），そのほとんどは分類学的・歴史的に疑問のある種である．ジャワトサカゲリ，バライロガモ，アジアカワツバメなどのような，その他の多くの種も絶滅しているかもしれないが，保全関係者はまだ生き残っているかもしれない種を見放してしまうような「ロミオの過ち」を犯さないように慎重になっている（Butchart et al. 2006）．実際に，40年間にわたって絶滅したと考えられてきたヨイロハナドリが1992年にフィリピンのセブ島で再発見されたのである．とくに鳥類ほど研究が進んでいない生物群では，多数の種について，近年における確実な生息記録が存在しない．熱帯東アジア各地において低地林が急速に減少していることを考えれば，上記の絶滅種数は過小評価されているかもしれない．しかし，予想されているような大量絶滅がまだ起きていないことは明らかである．

これまで絶滅種数が少なかったのは，ハビタットが消失してから種の最後の1個体が死亡するまでにタイムラグがあることがおもな理由であるのは確かである．1個体の樹木は，小さな断片林においても1世紀以上にわたって繁殖せずに生き延びることができる．つまり，絶滅してはいないが，「絶滅が約束されている」のである．Janzen（2001）は覚えやすいように，これらの個体を「生ける屍」と呼んだ．同じことは，断片化したハビタットに

分布が限定されているような，すべての動植物の小個体群にもあてはまるだろう．これらの個体は繁殖できるかもしれないが，個体群サイズを拡大できなければ，繁殖や死亡がランダムに変動したり遺伝的変異が消失したりするために，最終的に絶滅してしまうことは避けられない．断片林における種の消失についての研究では，このような必然的な個体群の衰退が確認されており，10～1,000 ha の断片林では，絶滅するまでのタイムラグには生物群によって数ヶ月から数世紀の幅があることが示唆されている（Corlett and Turner 1997; Brooks et al. 1999; Laurance et al. 2002; Ferraz et al. 2003; Sodhi et al. 2005a）．

ハビタットの消失によって絶滅する種の数は，よく研究されているような種数—面積関係（$S = cA^z$；S は種数，A はハビタットの面積，c と z は定数）によって予測できる．この方法では，直接的な狩猟や採集によってではなく，おもにハビタットの消失によって危機に瀕している種の絶滅しか予測できないことに注意が必要である．鳥類や哺乳類では，過去の森林減少から予測される絶滅種数は，IUCN レッドリストにおける絶滅危惧種と絶滅種の合計数とほぼ一致している（Brooks et al. 1997, 2002）．絶滅危惧種とは「野生絶滅の危険が高い種」と定義されているため，絶滅危惧を予測するために種数—面積関係を用いることは理にかなっていると考えられる．しかしながら，絶滅危惧種に区分されているすべての種が絶滅するわけではないと考えられるため，この種数—面積関係に基づく予測では最終的な絶滅種数を過大評価しているかもしれない．実際に，IUCN レッドリストの中のあるカテゴリーから別のカテゴリーに移った鳥種の割合を調べた近年の研究によると，絶滅危惧 IA 類（CR）では活発な保全対策が行われたために，絶滅率は予測よりもはるかに低かったことが判明した（Brooke et al. 2008）．

Brook et al.（2003）は，シンガポールにおいて 19 世紀以降の森林減少によって実際に絶滅した種数に基づいた種数—面積関係を用いることで，東南アジア全体において，今後予測される森林減少によって絶滅する種の数を推定した．彼らの絶滅率の推測値には，森林減少の影響を比較的受けにくいと思われる爬虫類における 2～25% から，淡水魚における 21～58% までの幅があった（表7-4）．他の研究においても，将来の森林面積についてのさまざまな推定値が採用されており，熱帯アジアにおける種の絶滅率は 20～30% と予測されている（Wright and Muller-Landau 2006a, b; Brook et al. 2006）．

種数—面積関係を用いる方法の精度は低いため，たとえ将来の森林面積の予測が正しいとしても，この方法による推定値には大きな誤差があるかもしれない．多くの（おそらく大部分の）中・大型の脊椎動物は狩猟によって絶滅の危機に瀕しているため，それらの個体群サイズは残存ハビタットの面積とは無関係であるか（かつてみられた広大な分布域のほぼ全域において絶滅してしまったジャワサイなど），あるいは面積だけを用いて推定した個体群サイズよりもはるかに小さい（そしてそのため絶滅しやすい）．一般的には，大部分の残存林におけるさまざまな種の環境収容力は，伐採や火災，大気汚染，窒素沈着によって減少しつつある．Brook et al.（2008）によれば，絶滅を引き起こす要因（ハビタットの消失や断片化，過度の伐採，火災，気候変動など）どうしの相乗効果を考慮すると，ハビタットの消失のみに基づいて予測した結果は，かなり楽観的すぎることが示唆されている．一方，多くの森林性の動植物種は，衛星データに基づくと完全に森林が消失したと判断されるようなランドスケープにおいても，小さな断片林や二次林のパッチ，そしてモザイク状に存在する農耕地に生育している樹木を利用することで存続しうる．さらに，ハビタットが消失してから種が絶滅するまでにはタイムラグがあるため，もし人間の影響が今後数十年でピークに達してその後に減少するのであれば，二次林が拡大することによって，個体群サイズが小さくなってしまった種でも絶滅をまぬがれる可能性がある．

まだ未解明の問題の中で最大のものは，人為による気候変動が生物種の絶滅に及ぼす影響であ

る．現在，熱帯東アジアの気候予測が不確実なのは，種や生態系の応答に関する情報が不足していることにも原因がある．気候予測の精度は改善され続けるだろうが，私たちの生態学的知識におけるギャップは近い将来には埋められそうにない．そのため，気候変動に基づく絶滅の予測は相対的に不確実なままであろう．

7.6 人工衛星と潜在的な脅威

人工衛星に搭載されたセンサーで変化を検出することにより，森林の減少や断片化，火災によって本地域の生物多様性が受ける脅威について，大幅に理解がすすんできた．しかし，もっとも解像度が高い衛星データによって原生状態であると判別されるような場所であっても，狩猟によって動物群集が大きく変わっている場合が多いことを認識するのは重要である．人工衛星からは判別できないその他の潜在的な脅威としては，大気汚染，非木材林産物の採集，新しい病原菌や侵略的外来種の蔓延などがあげられる（Laurance et al. 2006）．人工衛星から伐採の影響が検出できるかどうかは，伐採強度や伐採がどのくらい最近に行われたかによって決まる．気候変動によって，人工衛星で検出できるようなフェノロジーの変化と，一般的には人工衛星で検出できないような種組成の変化の，両方が起こるだろう．さらに，人工衛星で検出可能な脅威のみが注目されてきたため，異なる影響どうしの相乗効果の重要性が過小評価されてきた．熱帯東アジアのほとんどすべての場所は複合的な脅威にさらされており，多くの場合において，2つ以上の脅威が組み合わさったときの影響は，個々の影響の合計よりも大きくなる可能性がある．このような組み合わせの例として，伐採と狩猟，伐採と火災，気候変動と断片化，道路と侵略的外来種などがあげられる．

8章
保全　すべてのピースを守るために

8.1 はじめに

　7章（生物多様性への脅威）に示したような脅威から熱帯東アジアの生物多様性を守るにはどのような方法があるだろうか？　10億の人口および世界の陸域の生物多様性の15〜25%を擁する本地域では，人間の生活と生物多様性の保全の対立は避けられない．場所によってはこれらが両立するようなシナリオもあるかもしれないが，地域スケールでみれば野生生物が必要とする土地は農地や都市によって占められてしまい，資源利用を適切に管理しても，残されたハビタットの環境収容力は低下してしまう．近年では，人類の福祉（とくに地方の貧困層の福祉）を保全の中心に据えるべきであることが提案されている（Kaimowitz and Sheil 2007ほか）．しかし，その一方で，地方の生活条件を向上させる試みがあったとしても，貧困から脱するには都市へ移住するのが一番いいという状態は変わらないだろうという主張もある（Fuentes 2008）．保全と，人々の生計・欲求の間において最良のかたちで妥協に至るためには，両者にそれぞれ必要なことをよく理解する必要がある．それゆえこの章では，生物多様性を保全するために必要なことに焦点をあてる．とはいえ，これを扱ううえで，地方の貧困層の要求を無視することはできないのである．

8.2 誰がどのように負担すべきか？

8.2.1 誰が負担すべきか？

　究極的には，すべての保全はローカルな問題である．現場では数々の対立があるにもかかわらず保全に関する規制を強制するということは，モラルとしては正当化できても，あまり現実的ではない．現状では「南」の発展途上国が大部分を負担している熱帯保全のコストに対して，「北」の先進国がもっと負担すべきであるという議論が近年多くなされてきた（Balmford and Whitten 2003; Whitten and Balmford 2006ほか）．世界的に見ても富と貧困の両極端が存在する熱帯東アジアにおいて，南—北というレトリックはあまり意味をなさないが，基本的な問題は変わらない．

　保全をすすめる代償として，裕福になりつつある地域の人々に多少の経済発展の減速を我慢してもらうことは可能かもしれないが，実際にはその代償の多くを負担しているのは裕福な側ではない．熱帯東アジアに残っている生物多様性の高い場所の多くは辺境に集中しているが，そのような場所の人々は人間社会における地理的，社会的，経済的な辺境で生活している（図8-1）．そのような場所で保護区を計画，設立，管理することに要する直接的なコストは，ふつうその国の政府や国際的な援助団体が負担している．しかし，一般に地域社会は，直接的なコストよりもはるかに大きな「受動的な」コストを負担している．それは，

図8-1 サラワク州（マレーシア）のプナン族の男性と子ども．プナン族はボルネオの非定住性の狩猟採集民である．彼らの伝統的な生活様式は森林の伐採と消失により破壊された（写真：©Dang Ngo／グリーンピース）．

利用が制限されたり，農地を拡大する機会が奪われたり，農作物が被害を受けたり，家畜や人間が野生生物に襲われることに起因するコストである．もし，別の現金収入の手段がなければ，ある程度の「違法な」行為がなされることはまず避けられない（Yonariza and Webb 2007ほか）．

もちろん，保全活動により生態系サービスを維持することで，地元の人々も安全で清潔な水の供給などの利益を受けるだろうが，熱帯を保全することから生まれる利益の大部分はもっと広い範囲の人々にもたらされる．これらの利益には，国内あるいは国際的な自然ツーリズム，二酸化炭素の固定，地球規模での生物多様性の保全などが含まれる．公平性と実用性の両方に照らして，より多くの国内あるいは国際的なコミュニティが熱帯の保全に必要なコストの大部分を負担すべきであり，それには上述した受動的なコストに対する地域社会への補償も含まれるべきである．国の予算や国際的な財政支援が大きく増えても，熱帯の保全や地方の貧困にまつわるすべての問題を解決す

ることはできないだろうが，保全と貧困の対立を和らげることはできるだろう．ここからは，これらを達成するための有力な仕組みについて議論する．一般的な問題の1つは，外部からの継続的な資金提供の必要性である．なぜなら，不安定な財政支援では永続的な効果をほとんどまったく発揮できそうにないからである．

熱帯の保全に必要なコストを地方の貧困層が負担していることは，けっして今日の環境問題における不公正についての唯一の例というわけではない．国連の推計によれば，地球上でもっとも貧しい10億人の人々が排出する二酸化炭素の量は地球全体における排出量のたった3%にすぎず，もっとも裕福な人はもっとも貧しい人の何千倍もの二酸化炭素を排出している（UNDP 2007）．繰り返すと，このことはしばしば南北問題と表現されるが，熱帯東アジアのどの国においてもその両極端（富裕層と貧困層）が存在する．それゆえもっとも大事なことは，気候変動が生物多様性に及ぼす影響を緩和させるためのコストは，貧しい人々に更なる負担を求めずに，その影響をもたらした責任者に可能なかぎり負担させることである．

8.2.2 環境サービスに対する支払い

保全に関わるコストを地方の貧困層がより多く負担する状態から，国内および国際的な資金提供者が負担するように変えていく必要があるために，保全における新しいアプローチが生みだされてきた．これらの新しいアイデアのうちもっとも発展してきたものは環境サービスに対する直接支払い制度(payments for environmental services; PES)である（Wunder 2007; Goldman et al. 2008; Wunder et al. 2008）．基本的な考え方は単純で，環境サービス（水，二酸化炭素の固定，生物多様性など）の受益者が，それらのサービスが継続的に提供されたり復元されることに対して，現地の土地利用者へ自発的に支払いを行うというものである．PESは自発的であり協議の精神に基づくという性質において，命令と管理によるアプローチとは区別される．強力な法体制をもたない発展途上国においては，サービスが継続的に提供されることが支払いの条件とされ，契約遵守状況の評価結果に応じて定期的に支払いがなされる．

ここでもっとも注目する環境サービスは，生物多様性の保全についてである．理想的には，土地所有者，あるいは少なくとも契約履行能力のある土地利用者が，絶滅のおそれのある種や生態系などのような生物多様性についての何らかの要素を保全したり復元したりすることへの対価を受けとることになる（8.2.4 生物多様性オフセットを参照）．しかし，実際には通常これほど直接的ではなく，森林の植被状態の保全や狩猟の規制，あるいはそれ以外の生物多様性を保全する効果が期待できるような何らかの土地利用の規制に対して支払いがなされる．その他の環境サービス，とくに集水域の保全（図8-2）やカーボンオフセット（8.2.3 カーボンオフセットを参照）を支払い対象とする資金はさらに多いが，それらの契約の中に狩猟やその他の資源利用の規制が含まれていれば，同様な保全上の利益をもたらすだろう．ラオスとベトナムでは水資源への支払い制度が保護区の支援のためにすでに活用されている（McNeely 2007）．

中国には2つの大きなPESのスキームがある．1つは天然林保護プログラム（Natural Forest Conservation Program; NFCP）と呼ばれ，天然林の伐採中止と造林面積拡大を目的とした森林企業への支払い制度であり，もう1つは退耕還林プログラム（Grain to Green Program; GTGP，あるいはSloping Land Conversion Program）と呼ばれ，重要な河川の集水域の農民が急傾斜地の農地を草地あるいは森林に転換することに対して支払いを行う制度である（Liu et al. 2008）．どちらのスキームもすでに植生被覆に大きな影響を与えており，森林復元の際にさまざまな在来樹種を用いることを奨励すれば生物多様性における利益は増大するだろう．

PESの実地試験や理論研究はここ数年間で急増しており，現時点で何らかの結論を導きだすことは難しいが，一般にあてはまる数多くの問題が明

図8-2 安全で清潔な淡水が持続的に提供されることに対して河川の下流の利用者が上流の森林所有者に支払いを行うことは，潜在的な生物多様性の利益をともなう環境サービス支払いの一例である（写真：©AFCD）．

らかになっている（Wunder 2006, 2007; Ferraro 2008; Wunder et al. 2008ほか）．PESは役に立つものの，多くの保全ツールの1つにすぎず，その他の方法と比べて必ずしも単純だったり安あがりだったりするわけではない．PESのスキームは細心の注意をもって計画され実行されないかぎり，はじめから実行する予定ではなかったような生物多様性を損なう行為を，実際にも実行しなかった土地利用者に対して，ほとんどの対価が支払われることになってしまう危険があるため，保全上の費用対効果がきわめて小さいか，まったくないということが起こりうる．このようなことは，たとえば，もともと伐採する予定がなかった土地の森林を保全することに対して土地利用者に支払いがなされるような場合に起こりうるだろう(Sánchez-Azofeifa et al. 2007; Muñoz-Piña et al. 2008 ほか)．提供されるサービスが現状の維持ではなく積極的な復元である場合には，「追加性（すなわち，支払いが「平常業務比」で，どの程度の環境利益を上乗せしたか）」の評価の問題はさほど厄介ではない．しかし，PESのスキームでは現状維持の場合が多いようである．

そのスキームのおもな目的が行動を変えることではなく，スチュワードシップ（資源を損なわないように責任ある管理を行うこと）に対する報酬である場合には，追加性を欠いてもさほど大きな問題とはならない．しかし，この種のスキームは厳密な意味でのPESではない．なぜなら，支払う側はその支払いに対していかなるサービスも受けとらないからである．実際，最少の費用で環境サービスを提供することと地方の貧困層に副収入を提供することという2つの目標が取り違えられており，多くのPESのスキームの保全効果を評価することは大変難しい．一方，受けとる側からすれば，実効的な規制や魅力的な交換条件が用意されないかぎり，やりたくないことへの報酬がいくら大きくても，PESは十分に機能しないだろう．開発しても利益がでるかわからない状況で，少額でも報酬がもらえるなら開発ではなく保全を選びたいという場合に，PESはもっとも有効である（Wunder 2007）．その場合にも，PESでは将来にわたって無期限に継続的なモニタリングを行わなければならないことを考えると，土地買収や法的強制のような行為のほうがより魅力的な手段に見えるかもしれない．

PESがはらむ問題を見つけることは簡単だが，その多くは他のすべての代替手段にもあてはまる．これまでPESスキームの実験のほとんどは新熱帯で実施されており，熱帯東アジアでPESが試みられたことはほとんどない．たとえば，昼行

性の霊長類の生息密度，自動撮影カメラによる夜行性の地上性哺乳類の撮影率，衛星画像による森林伐採量の評価など，比較的容易にモニタリング可能な生物多様性の要素に対して支払いを試みることには，とくに意義があるだろう．契約が遵守されているかをモニタリングするために必要な追加的コストは，それ以外の間接的なスキームと比べてはるかに効率がよいために釣り合いをとれる．また，対象種とPESとの関連を明確化することで，より容易にPESのファンドを立ち上げることができるだろう．さらに，PESの支払いは必ずしも現金である必要はなく，学校や保健医療，訓練，能力開発の支援といった形をとることもできる．というのは，現金は長期的には受けとる側にとっての利益とはならないかもしれないからである．

8.2.3 カーボンオフセット

熱帯保全の潜在的な資金源として，カーボンオフセット（carbon offset）ほど近年脚光を浴びているメカニズムはない．原理は単純である．人間活動にともなう炭素排出量のうち，少なくとも4分の1は熱帯の森林減少によるものである．それは熱帯東アジアにおいて年間森林減少率がもっとも大きいことと（7.4.2 森林減少を参照），森林のバイオマスが大きいために消失した森林からの面積あたりの炭素排出量がもっとも高いこと（6.2.2 バイオマスを参照）による．それゆえ，本地域内の主要な排出国はもちろん，これまでの排出量の大部分に対しての責任がある豊かな先進国が，熱帯林からの炭素排出を削減するための保全活動に対して資金提供することは理にかなっている．この方法によって，潜在的にはすべての人が利益を得る．すなわち，産業活動にともなって二酸化炭素を排出する企業は，割り当ての排出量を超えた分を買いとることによってその他の手段を使うよりも安価に目標を達成できる一方で，熱帯の国々は保全あるいはその他の使途のために必要な資金を受けとる．現在，熱帯におけるカーボンオフセットのスキームの多くは義務的でないが，将来的には国際協定によって排出量の削減が義務づけられるようになる可能性が高く，このようなスキームが必要不可欠になるだろう．そのため，カーボンオフセットは熱帯東アジアの森林を保全するうえで大きな可能性を秘めている．

排出量の削減によって発生するクレジットは，国際的な炭素市場において価格が決定され，国や企業によって売買されるようになるだろう．森林減少・劣化からの温室効果ガス排出削減(Reducing Emissions from Deforestation and Degradation; REDD)は現在の京都議定書の下では炭素クレジットの供給源として認められていないが，将来的に何らかの形で認められるようになるのはほぼ確実である(Laurance 2008a)．このような取り組みを可能にするためには，計測されるあらゆる森林減少の削減量についての適切なベースラインを設定すること，皆伐にともなう単位面積あたりの排出量を評価すること，森林減少量の削減の永続性を保証することといった，さまざまな実用上の問題を解決しなければならない(Fearnside 2006; Laurance 2007b)．熱帯林を有するほとんどの国々（とくに森林開発の最前線）では統治不全という問題が蔓延している(Ebeling and Yasué 2008)．森林の成長やリターの分解，火災の頻度に気候変動が及ぼす影響は，炭素の蓄積に予測できない効果をもたらすかもしれないという懸念もある．しかしながら，森林減少を防止することで大気中に排出されなかった炭素1トンあたりのクレジットを，初期段階で他のきちんと計量されたオフセットよりも低めに設定すること（オフセット効果が不確かなものについては少ないクレジット量を与えて計算すること：ディスカウント）で，これらの不確実性の多くをかなり容易に取り扱うことができる．そしてさらに，このようなディスカウントによって，森林減少量の削減をモニタリングしたり実施したりする仕組みを改良するためのインセンティブが生じるだろう．いずれにせよ，熱帯林を有するほとんどの国々では，排出削減量を定量化するための信頼のおける仕組みを構築するうえで，先進国から大規模に資金注入すること

が必要だろう（Laurance 2008a）．東南アジアの赤道域では，炭素を大量に含む泥炭湿地林からの排水も行われているが，そこからの炭素排出量は森林減少そのものによる排出量よりもはるかに多いため（Uryu et al. 2008; Wösten et al. 2008），泥炭湿地林の保全はカーボンオフセットの対象として大変魅力的である．

　森林減少を防止することは，生物多様性を保全することと炭素排出を軽減することの両方においてもっとも迅速に便益をもたらす方法ではあるが，それが熱帯における炭素排出量を削減するための唯一の方法ではない（Nabuurs et al. 2007）．保全に益する他の炭素クレジットの供給源としては，劣化した土地の森林再生（8.9.1 森林の復元を参照），低インパクト伐採（8.5.1 森林伐採と非木材林産物の採取を参照; Putz et al. 2008b），農業慣習の改善（8.6 保護区外のハビタットの管理を参照），および排水された泥炭湿地林における地下水面の回復などがあげられる．森林再生は，大気中に二酸化炭素を排出しないだけではなく，大気中の二酸化炭素を吸収するという点で優れている．しばしば，生物多様性にとってほとんど有益ではないアカシアやマツ，ユーカリといった成長速度の速い樹種（早生樹種）のプランテーションにおいて炭素吸収がもっとも多くなると想定されることがあるが，理論といくつかの実験から，早生樹種よりも多様性の高いプランテーションのほうが，より多くの炭素を固定することが示唆されている．これについては現在，サバ生物多様性実験（Sabah Biodiversity Experiment）として大規模な試験が行われている．最近の推計によれば，おもに熱帯において森林減少の回避と森林再生を組み合わせることで，2030年までの世界の炭素排出量推計の2〜4％を埋め合わせることができると示唆されている（Canadell and Raupach 2008）．

　森林再生によるカーボンオフセットのコストは，主として樹木の成長速度と土地のコストに影響される．そのため，インドネシアの一部のような，人口密度が低く収益性が低い熱帯域においてのみ経済的に成り立つだろう．低インパクト伐採（8.5.1 森林伐採と非木材林産物の採取を参照）はそれ自身でコストをまかなうことができるかもしれないが，カーボンクレジットという付加的なインセンティブが存在することによって，その取り組みが促進されるだけでなく，違法な伐採よりも適法な伐採が有利になるだろう．農業慣習の改善により，とくに土壌における炭素の蓄積量が増えるだけでなく，メタンや一酸化二窒素の排出量を減らすこともできる．

8.2.4 生物多様性オフセット

　カーボンオフセットのスキームは，生物多様性の保全にとって有益である．それは，このスキームが比較的明快である（すなわち，1トンの炭素は，その排出源がどこの何であっても1トンの炭素である）とともに，巨額の資金が関係する可能性があるからである．しかしながら，純粋なカーボンオフセットのスキームでは，必ずしもその土地固有の生物多様性が組み込まれるわけではない（8.2.3 カーボンオフセットを参照）．生物多様性オフセット（biodiversity offset）はカーボンオフセットと同様な基本原理に則っている．不可避の損害を補償し，正味として生物多様性に損害を与えないこと（ノーネットロス）を目的とした保全活動に対して，企業あるいは政府から資金が提供される．生物多様性あるいはその代替となるハビタットなどが直接の対象となる．しかしながら，生物多様性オフセットのスキームは明快であるとは言い難い．なぜなら，取引するための単一の「通貨」が存在しないからである．既存の生物多様性オフセットの多くは義務的でないが，世界各地には多かれ少なかれ義務的なスキームが数多く存在し，たとえば，アメリカ合衆国では湿地の開発においては「ノーネットロス」であることが要件であり，西オーストラリア州では「正味保全利益（net conservation benefits）」が要件である（ten Kate et al. 2004; Gibbons and Lindenmayer 2007; Latimer and Hill 2007; Blundell and Burkey 2008; Stokstad 2008）．

通常，生物多様性オフセットでは等価性を達成することを目的とする．それゆえ，おもにハビタットの損失によって生物多様性に不可避の損害をもたらすような，プランテーションや鉱山などを営む地域内の企業から資金提供されることが一般的である．たとえば，500haの低地雨林をアブラヤシのプランテーションに転換することを計画している企業は，同じ面積の土地を開発から守ることで，その計画による炭素と生物多様性への影響を埋め合わせることができるだろう．しかし，このことは，その土地が真に等価で，守らなければ開発されるはずだった土地であり，リーケージがない（すなわち，そこを保護したために他の場所が開発されてしまうことがない；8.10 保全のリーケージを参照）場合にかぎってノーネットロスに貢献する．代替案として，500haの劣化した多雨林を復元あるいは再生することもありえるが，たとえそれが可能だとしても，等価の状態に達するまでには何世紀もかかるだろう．さらに別の代替案としては，既存の保護区を改善するための資金を提供することもありえる．この代替案は，一見すると，真の生物多様性オフセットにはなりえないようだが，実際には，他の場所を保護するために同額の出費をするよりも，はるかに保全に貢献するだろう．複数の企業間の協働，あるいはNGOや政府機関，民間企業が設立するコンサベーションバンクを介して，地域の複数のプロジェクトにおける生物多様性オフセットを単一かつ大面積の土地で集中的に行い，その生物多様性クレジットを必要とする企業に売ることができれば，どのような保全活動であっても有益であろう．

　生物多様性オフセットについては数多くの潜在的な問題がある．十分な法制度をもたない国における実施の難しさ，オフセットが別の場所の「無秩序な破壊の免罪符（license to trash）」になってしまう危険性（ten Kate et al. 2004），等価性と追加性を確保することの難しさ，地元の支援の必要性，不測の社会的影響が生じる可能性などである．保全に関する他の多くのアイデアと同様に，熱帯東アジアにおいて精密な計測をともなう予備的研究を早急に行い，大規模に生物多様性オフセットを導入することの実現可能性を明らかにし，生物多様性オフセットの義務化を進めなくてはならない．生物多様性オフセットよりもカーボンオフセットのほうがはるかに潤沢な資金を得られる可能性があるため，熱帯東アジアにおける生物多様性オフセットのおもな役割は，おそらくカーボンオフセットのスキーム（森林減少の防止と森林再生）において保全上の利益を強化することだろう．多くのカーボンクレジットの買い手にとって，「カーボン＋生物多様性」オフセットが，生物多様性オフセットをくわえることによるコストの相当な増大を補償するほど十分な魅力をもつことを期待したい．気候変動対策におけるコミュニティおよび生物多様性への配慮に関する企業・NGO連合（Climate, Community, and Biodiversity Alliance; CCBA）は，生物多様性と同時に社会にも利益をもたらすようなカーボンクレジットの基準を作成している．

8.2.5 ツーリズム

　以下は，熱帯東アジアのある観光関係のウェブサイトからの引用である．

- ウミガメやオランウータンに会いに行こう！
- 多雨林の朝霧が晴れたら，デュエットを歌うテナガザルを見に行こう！
- 川のほとりでは，アジアゾウを見るチャンスも．
- 獰猛なコモドオオトカゲ，とびっきりのサンゴ礁，誰もいない砂浜，そして火山….
- スラウェシ島にはインドネシアの島々の中で最多の，70種もの固有の鳥類が生息する！
- キナバル山は東南アジアの最高峰．この植物の楽園をガイドとともに歩こう．
- めったに見られない，世界最大，真っ赤なラフレシアの花が咲く光景を眺めよう．
- 世界最小の食虫植物，希少なラン，珍しい薬用植物を見よう．
- 10月になると，ポーリンの温泉にはボルネオでもっとも美しい蝶がたくさん集まり，ダナム

図8-3 香港の八仙嶺郊野公園における遊歩道における週末の過剰利用のようす．これは大都市から容易にアクセスできる保護区での利用圧の事例である（写真：©香港農業水産管理局）．

の花々には多くのトリバネアゲハやスソビキアゲハが群れる．

ツーリズムは，世界でもっとも急速に成長している産業であるため，それが保全のための潜在的な資金源としてとらえられていることは驚くにあたらない．マレーシアだけで，2007年には，前年比20％増の2,100万人の観光客が訪れた（マレーシア政府観光局のウェブサイト）．国内のツーリズムも成長を続けており，たとえば，中国の観光客の98.5％以上は中国語を話す人々で占められている（Zhong et al. 2007）．地元住民をツーリズムに参画させれば，保全における受動的なコストをいくらか相殺でき（8.2.1 誰が負担すべきか？を参照），保護区のための地元の協力を増やすことができるだろう．熱帯東アジアにおいては，「エコツーリズム」という用語は自然にめぐまれた土地をレクリエーションとして訪れること全般に対して使われることが多いが，その用語には多くの定義があるため，この本では「エコツーリズム」という単語を避けていることに注意してほしい．熱帯東アジアにおける「エコツーリズム」には少数民族の村を訪問するものが多いけれども，それが保全において有益であることはほとんどな

いのである（Zeppel 2006）．

地元から保護区を訪れる人々は日帰りすることが多いため，交通の便の良さは重要であり，都会から3〜4時間以内に行ける場所は週末や休日にはとても混雑することがある（図8-3）．本地域内における複数日にわたる観光によく見られるような，綿密に計画されたツアーに参加する者にとっても，交通の便の良さはきわめて重要である．なぜなら，自然探訪は，余裕のない旅程の中の1つのアトラクションにすぎないからである．熱帯東アジア以外の地域から来訪する観光客の多くは，コモド島やキナバル山といった少数の名所を訪れるが，もっとも奥地で交通の便が悪い場所を訪れるような観光客も少なくない．

これまでのところ，熱帯東アジアの自然ツーリズムについてのレビューはないが，ツアーの広告のウェブサイトや熱帯東アジアのさまざまな場所における著者の個人的な経験から，いくつかの一般的なパターンを見出すことができる．多くの人々は，生物多様性そのものにひかれてではなく，魅力的な場所での野外レクリエーションのために保護区を訪れる．コモドオオトカゲや霊長類といった少数の例外はあるが，熱帯東アジアには，アフリカのサバンナのように大きくて観察しやすい

野生動物が存在しない．通常は熱帯東アジアのツアー主催者は，特定の大型哺乳類が観察できると確約しないように注意を払っている．たとえば，中国最後の野生ゾウは雲南省における重要な観光名物であり，「野象谷」は2006年に中国のもっとも優れた外国人観光客向け観光地50選の1つに選ばれたが，そこでも観光客のほとんどは飼育されたゾウしか見ることができない．多くのツアーには，野生生物だけでなく文化アトラクションや景勝地の観光も含まれている．

この一般的なパターンの大きな例外として，バードウォッチャー（新しい種類の鳥を見ることを他の何よりも優先させる人たち）のためのツアーがあげられる（Mollman 2008）．熱帯東アジアのさまざまな場所でバードウォッチングのツアーを宣伝している会社がいくつかあり，他にも本地域の内外のバードウォッチング団体が企画する数多くのツアーがある．このような人たちをもっともひきつけるのは多様性と固有性である．みごとなサイチョウが観光の呼びものなのは確かだが，バードウォッチャーたちは全種の鳥を観たいと望む点で独特である．それゆえにバードウォッチャーは，何でも屋の自然愛好家や鳥以外の分類群のマニアと比べて，本地域内のどこにでも出向く傾向がある．また，とくに温帯の園芸植物の主要な供給源であった中国南西部とさまざまな植物群落の宝庫であるキナバル山では，植物の多様性にひかれて愛好家たちがやってくる．ラフレシアの巨大な花はボルネオの多くのツアーの目玉となっている．それよりは少ないものの，チョウを観るために熱帯東アジアを訪れる人々もいるし，トンボや甲虫といった，その他の分類群を観ることを目的とする人々もいる．本地域内のマニア，とくに鱗翅目（チョウ類）の愛好家が自分たちで遠征隊を企画することも増えつつある．

人々はさまざまな国からさまざまな動機で熱帯東アジアの保護区を訪れる．そのため一般化することは難しいが，世界の他地域で行われた研究によると，ツーリズムが保全に及ぼす影響には正負の両面があることがわかっている（Stronza 2007; Turton and Stork 2008ほか）．現時点では，熱帯東アジアでは旅行者による騒音やゴミ，遊歩道沿いの土壌浸食などの直接的な負の影響はきわめて局地的にしかみられないが，この状況は，訪問者数の増加や冒険的な志向が強まることで変わりうる．道路やホテル，店舗，他の施設などの増加がもたらす間接的な影響は，人気がある多くの観光地において明瞭である．地元の人々にとっての経済的あるいはその他の利益についての情報はほとんどないが，全般的にみて，人気がある観光地ほど，観光客が生活しているような都会からやって来た部外者によって，観光客へのサービスが提供されていることがほとんどであるという印象を受ける．宿泊やガイドなどの何らかのサービスの提供者が地元の人間に限定されているか，入場料などの料金収入が分配される仕組みが備わっている場合には，地域社会はおそらく利益を得ているだろう．

ツーリズムによって雇用や収入が増加することで，生活のための狩猟や農耕がもたらす負の影響が軽減されるかもしれないが，銃やチェーンソー，船外モーターといった新技術を購入するための資金となったり，あるいは部外者の流入を促したりすることで，負の影響が増加することもある．現時点では，自然ツーリズムがもたらす保全上の大きな利益は，経済的見地から都会のエリート層に保全活動の正当性を印象づけることにあるだろう．とくにマレーシアやインドネシアの政府観光局は自国を自然愛好家の訪れるべき場所として宣伝しており，これらの国々では，ツーリズムは大きな収入源や雇用の場として認識されている．

先進国での実例によれば，保護区の生物多様性を解説することによって，訪問者の満足と知識を高めることができる（Hill et al. 2007; Pearce 2008ほか）．著者の経験では，熱帯東アジアには，興味はあるものの専門家ではないような個人の訪問者に対して，生物多様性について十分な情報を提供しているような保護区はまったくない．そのため，大多数の人は，そうした情報を得ることができない．より深刻なのは，自国の訪問者を対象

表8-1 森林管理協議会（FSC）の森林管理の原則と基準（FSC 2004）

1. 法律の遵守
2. 土地の保有権と使用権
3. 先住民の権利の尊重
4. 林業従事者や地域社会の経済的，社会的な福祉の維持と向上
5. 経済的，環境的，社会的な利益の維持
6. 生物多様性と生態系サービスの保全
7. 管理計画
8. 経済的，社会的，環境的な影響のモニタリング
9. 保全的価値の高い森林の維持
10. 天然林への利用圧力を軽減するプランテーション

とした掲示や小冊子，地図などの解説物がないことであり，このことによって保護区の潜在的な教育的価値が大きく損なわれている．人気がある保護区において生物多様性の情報を提供したり，保全のための教育を行ったりすることは，地元や地域のNGOや国際的なNGOの重要な役割だろう．

8.2.6 自発的な保全策

世界の多くの場所で，民間企業や裕福な個人は，保全的価値の高い土地を買収して開発から守ることによって，保全に大きく貢献している．外国人による大規模な土地買収は熱帯東アジアにおける「新植民地主義」ととられかねないが，小面積の危機的なハビタットを守ることであれば，地元への慈善活動の有効な手段となりうるだろう．別の方法として，既設の保護区に，ユニフォームや装備（双眼鏡やカメラ，GPS；図8-9），移動手段，あるいは教育用の野外学習センターを提供することもできる．必要な法整備が進んだ国々では，保全トラスト基金を設立することで継続的な資金提供ができる．本地域の大手銀行が裕福な顧客へ「慈善事業」を紹介することもある．顧客が求める慈善活動に合致したプロジェクトを銀行が仲介することで，プロジェクト提案者が資金を提供する個人と直接交渉する必要がなくなるだろう．

8.2.7 認証

認証（しばしば「エコ認証（eco-certification）」と呼ばれる）のアイデアは，消費者に，環境的・社会的に信頼できる生産者によって作られた生産物を選択するための機会を与えるものである．通常これは，無責任な生産者によって作られた類似品よりも認証されたものに消費者がより多くを支払い，信頼できる生産者がより多くを受け取ることを意味する．実際には常にそうなるとは限らないものの，理論的にはこのような認証は，裕福な熱帯林産物の消費者が，熱帯の生物多様性保全に対して大きく貢献できることを意味する．

これまでにもっとも発展している認証制度は林産物に対する認証制度である．森林管理協議会（Forest Stewardship Council; FSC）は，環境的・社会的責任に関して厳格だが現実的な複数の基準（表8-1）に適った森林と林産物（木材，家具，紙など）を認証するために，1993年に環境的・社会的なグループによって設立された．この基準は，一定の効果が生じる程度に厳格であるが，遵守に必要なコストが利益を上回ることのないように作られている．FSC自身は認証をせず，認証する機関を認定し，その認証機関は2種類の認証を発行する．1つは適切に管理された森林に対する森林管理認証（Forest Management Certificate; FM認証）であり，もう1つは製品にFSCのロゴマーク（図8-4）を付けるための生産・加工・流通過程の認証（Chain of Custody Certificate; COC認証）である．

現在FSCは，森林産業が主導するさまざま

図8-4 森林管理協会（FSC）のロゴマークがついたブラジル産の木材は，さまざまな環境的・社会的な基準（表8-1）に適う方法で生産されたことを示している（写真：©Daniel Beltra／グリーンピース）．

ビジネス寄りの認証プログラムと競合している．FSCの基準が先行しているため他の認証プログラムは定着しにくい．FSC以外の認証プログラムの一部が森林管理の向上に貢献していることは疑いないが，FSCと同等の信頼性を得ることができたものはこれまでのところ皆無である．FSCじたいも成熟林からの木材伐採を認証していることで非難されている．しかし，熱帯の天然林において持続可能な管理を行うことは，その代替案としてもっとも行われる可能性が高いような商品作物の単一栽培に転換することよりもはるかに好ましい．この他，多くの認証制度で共通する懸念として，汚職や不正が起きる可能性があげられる（Butler and Laurance 2008）．

世界の生産林の約10％はFSC認証を受けているが，そのほとんどは熱帯ではないため，熱帯東アジアにおけるFSCの直接的な効果はまだ小さい．カンボジアとミャンマー以外の熱帯東アジアのすべての国はいくつかのFSC認証を得ているが，それらの多くはプランテーションであり，天然林はほとんど認証されていない．この大きな原因の1つは，本地域で生産される木材と林産物の多くが，環境にあまり関心がないアジアの市場——とくに中国であるが（Laurance 2008b），日本と韓国も——で取り引きされているためである．そこでは今のところFSC認証のコストは市場参入機会の増加や価格プレミアム（通常の商品の価格よりも高い金額を付けられる付加価値）によってまかなわれていない（Cashore et al. 2006）．しかしながら，中国は木材製品のヨーロッパや北アメリカ向け主要輸出国でもあるため，輸出先の消費者がより高い基準を求める機会がある．今のところ，熱帯東アジアにおけるFSCのおもな影響は，インドネシアやマレーシアといった主要輸出国におけるFSCと競合する国策スキームの発達を介したものであり，いくつかの大きな問題はあるが，そこではFSCの森林管理原則の多くを満たそうとする圧力が働いている．

生物多様性に脅威をもたらすような他の生産物にFSCの教訓を活かすことは難しい．たとえばパーム油や天然ゴムは，多くの場合，消費される製品のごく一部の成分にすぎなかったり，あるいはしばしば表示されない成分だったりするため，消費者の手にわたるまでの管理認証プロセスを実現することはより困難である．現在，持続可能なパーム油のための円卓会議（Roundtable on Sustainable Palm Oil; RSPO）はパーム油の認証制度を導入し始めている．保全関係者からはおおいに懐疑的に思われているが，その成果を判断するのは時期尚早である．おもに注目されるのは価

図8-5 熱帯東アジアには、生物多様性の要素を含む基準によって「オーガニック」あるいはフェアトレードに認証された製品が多い。現在、これらの製品のほとんどは熱帯東アジア外で販売されているが（写真はスマトラコーヒーの例）、熱帯東アジア内における潜在的な市場は大きい（写真提供：John Corlett）。

値の高い商品である．そういった商品であれば，消費者はすでに価格の異なるさまざまな種類があることを知っているからである．きわめて限られてはいるものの，フェアトレード認証の基準（国際フェアトレードラベル機構）には生物多様性への影響の軽減が含まれている．今のところ熱帯東アジアでは，コーヒー（インドネシア），米（ラオス，タイ）および茶（中国，ラオス，ベトナム）の少数の生産者が認証を受けている（図8-5）．また，国際有機農業運動連盟（International Federation of Organic Agriculture Movements；IFOAM）によって，「オーガニック」と表示された生産物が生物多様性にやさしい農場に由来することを保証する試みもある（McNeely 2007）．

おそらく熱帯東アジアにおいて生物多様性を重視する認証制度を拡大することのもっとも大きな目的は，国や地域のレベルにおいて裕福な都市消費者に高まりつつある環境意識を活かすことである．しかしながら，多くの輸出品については，消費者をターゲットにした認証制度よりも，評判に敏感な本地域外の買い手からの直接的な圧力のほうが効果的である．Butler and Laurance（2008）は，そのような企業や業界団体に対する世論が，熱帯林を保全するための新しい有力な武器となりうることを論じている．

8.2.8 NGOの役割

熱帯以外で暮らす人々にとって，世界自然保護基金（WWF），野生生物保護協会，コンサベーション・インターナショナル，ザ・ネイチャー・コンサーバンシーといった大規模な国際環境NGO（big international conservation NGO．略してBINGOと呼ばれる）は熱帯保全の顔である．これらの組織には，合わせて年間10億米ドルを超える収入がある．理屈では，裕福な国や個人から提供される資金を熱帯保全のニーズに合うように振り分けるのにこれらの組織が役立つはずだが，実際には，これらの組織に対して熱帯の人々がいだいている感情はしばしば肯定的なものではない．多くの人々が，これらのNGOがもつ巨額な資金と，現地における長期的な保全の功績との間に大きなギャップを感じている．

また，BINGOに対しては，巨額の現金収入に依存していること，プロジェクトの期間が限られていること，一般論的でトップダウン的な保全アプローチ，複雑な問題を過度に単純化し大衆受けを狙ったマーケティング，あいまいな目標，人気のある大型動物にばかり注目し，その他の生物群を考慮しないこと，他のBINGOや地元のNGOと協力的であるというよりも競争的であること，政府との連携を優先して地元の人々に負担を強いる

ことなどに対してさまざまな批判がある（Chapin 2004; Dowie 2006; Halpern et al. 2006; Rodríguez et al. 2007; Stone 2007; その他多くの人々からの私信）．さらに，正確な見積もりはないものの，彼らが集めた資金の大部分が地元の安価なサービスに対してではなく，高価な国際的専門家や装備に充てられていると広く信じられている．

このような批判の多くは不当なものであろう．BINGOは，中央政府から承認された範囲で活動する部外者であるため，保護区ネットワークのデザイン（8.3.2 優先順位の設定を参照）のような大規模な保全活動に集中せざるをえず，地元における保全にかかわる闘争には関与できない．WWFが最近提唱した「ハート・オブ・ボルネオ」構想はBINGOの強みを生かした好例である．それによって，ブルネイ，インドネシア，マレーシアの3国がボルネオ島の22万km^{2}もの森林を保全する巨大プロジェクトに合意することに成功した．しかし一方で，プロジェクトの曖昧さゆえに，このプロジェクトの影響によってボルネオで本当に必要とされている保全から注意がそらされてしまうことが危惧されている（ATBC 2007; Stone 2007）．とくに，このプロジェクトでは明確で数量化可能な目標が示されていないため，その成果を評価することは困難であろう．

多くの場合，熱帯東アジアにおいてもっとも緊急な保全上の課題は，保護区の不法占拠，狩猟，違法伐採を通じて引き起こされるような，めだたないが広く蔓延する生物多様性の衰退である．この課題には，資金と専門知識は少ないかもしれないが，多くの地元の知恵と支援を得ることのできる現地NGOが取り組むことが望ましいだろう．残念なことに，熱帯東アジアの現地NGOの有効性に関しては詳細な研究がないため，その重要性を評価することは難しい．国ごとに大きな違いもあるが，たとえば，フィリピンの複数のNGOはとくに有効に機能しているようにみえる（Posa et al. 2008）．独立した現地NGOの国際的パートナーシップであるバードライフ・インターナショナルは，世界的規模で行うことの優位性と地元の知恵を利用することを兼ね備えた別のモデルを提示している．バードライフ・インターナショナルは，パートナー団体へ研修などを支援したり，中央政府との交渉にきわめて有効に働きうるような，総合的な「承認証」を授与したりしている．

8.3 何を保全すべきか？

8.3.1 保全計画における代用性

保全に使える資源（資金や人材）は限られており，その配分には綿密な計画が必要である．資源を適切に配分するためのさまざまな方法はすでに開発されているが（8.3.2 優先順位の設定を参照），それらはみな生物多様性の空間分布に関するデータが十分に揃っていることが前提となっている．しかし実際には，そのようなデータは常に不完全であるため，やむをえず代用となる手持ちのデータに基づいて保全計画を練ることになる（Rodrigues and Brooks 2007）．代用としてもっともよく使われるのは，脊椎動物や維管束植物といった，より理解の進んでいる系統群や植生である．ここでは，代用データに基づいて立てられた計画が，既存データがないまたは不十分な，圧倒的多数の系統群についても効果があるという仮定が置かれている．この仮定は正しいのだろうか？

互いに近縁ではない系統群どうしが全般的にはよく似た多様性のパターンを示すとはいえ（3章 生物地理学を参照），たいていの保全において意思決定がなされるような細かい空間スケールでは，1つの系統群でその他の系統群を代用することは適当ではないことを示唆する証拠がある（Das et al. 2006; Grenyer et al. 2006; Rodrigues and Brooks 2007; Kremen et al. 2008）．人間が占有するランドスケープでは，代用という手法はとりわけ役に立たない．というのは，そのような場所では，撹乱に対する応答が系統群間で異なるために，多様性パターンに大きな違いが生じうるからである（Yip et al. 2004, 2006）．またハビタットのごく一部だけで多様性が高くなる陸生貝類のような生物群に対しても代用という手法は有効で

はない（Fontaine et al. 2007）．ある空間スケールでは特定の系統群どうしの間に強い相関関係があるという事例もあるが（たとえば，中国の28省における植物と脊椎動物の多様性の関係；Qian 2007），データをとる前にどの系統群どうしがどのようなスケールで相関しているのかを予測できないかぎり，そのような結果はほとんど実際の役に立たない．さらに，多様性パターンにとって適切な代用であっても，必ずしも役に立つとは限らない．脆弱性や代替不可能性という点が重要な場所における優先順位の決定や，あまり理解のすすんでいない系統群の存続確率の予測といった場合には役立たないだろう（Rodorigues and Brooks 2007）．

　研究がさらに必要ではあるが，現時点において妥当な結論は，可能なかぎり多くの系統グループを考慮して保全の意思決定を行うべきということである（Kremen et al. 2008ほか）．熱帯東アジアでは，鳥類と昼行性の大型哺乳類のデータは広く入手可能であるうえに，標準化されたマニュアルを用いれば野外で種を識別できるため，比較的安価にデータを収集できる．優れたハーバリウム（植物標本の収蔵庫）と野外での識別能力に長けた希少な人材が必要であるが，おそらくその次に幅広く入手可能なものは樹木データであろう．その他のすべての系統群のデータは，専門知識と需要が欠けているために不完全である．この必然的な結果として，本地域におけるほとんどすべての保全計画は，大型哺乳類や鳥類，樹木に基づいて立てられてきた．局所的に重要なその他の系統群のデータのみがそれに追加されてきたにすぎない．そのため，国際的な支援による保全資金は，人気のある大型脊椎動物を保全するための大規模保護区にますます集中してしまい，高等植物や無脊椎動物の多様性が高いような小さなサイトが見落とされてしまうおそれが現実にある．

　どの生物群についても十分なデータがない場合であっても意思決定をしなければならないことがある．たとえば，現地調査が困難な遠隔地に保護区を設定する場合である．そのようなときには，衛星からのリモートセンシングによってさまざまな指標が得られるものの，利用可能かつもっとも代用として適切なものは植生であることが多い（Ranganathan et al. 2007）．生物多様性の代用としてリモートセンシングデータを用いることは，とりわけ狩猟によって「空洞化した森林（動物がいなくなった森林）」のような場所では意思決定を誤る可能性がある．しかし植生図は，小さな調査区から周辺のランドスケープへとデータを外挿するのに役立つ可能性がある．さまざまな環境条件を広くカバーするように調査地を選ぶことでほぼすべての生物種が含まれると仮定して，気温や降水量，地質といった環境データのみを用いることも可能だろう．このようなアプローチは場所をランダムに選ぶ方法を改善したものと考えられるが，シミュレーションと現実のデータが示すところによれば，環境傾度と群集傾度との関係を現実の種の分布データを用いてキャリブレーションできる場合に，その有効性は大きく改善することが示唆されている（Arponen et al. 2008）．

　しかしながら，保全における代用の有効性に逡巡するあまり，効果的な保全活動が遅れてしまうのは本末転倒である．地球規模での保全資金の最適配分に関する最近の研究によると，これらの配分は，調査対象とする系統群よりも，脅威やコストを決定する社会経済的要因に大きく影響されやすいと結論されている（Bode et al. 2008; Polasky 2008）．これらの要因を考慮すると，確かに維管束植物と脊椎動物のどちらの固有性の情報を使っても，非常に似た資金配分となってしまう．すなわち，どのような代用を選ぶかは問題ではなくなる．実際に保全が行われるようなより細かいスケールにおいても同様なことが成り立つのかは不明だが，保全の目標は生物的なものである一方で，その手段はおもに社会経済的なものであることを覚えておくことは常に重要である（Polasky 2008）．

8.3.2 優先順位の設定

　今すぐに熱帯東アジアに残る生物多様性のすべ

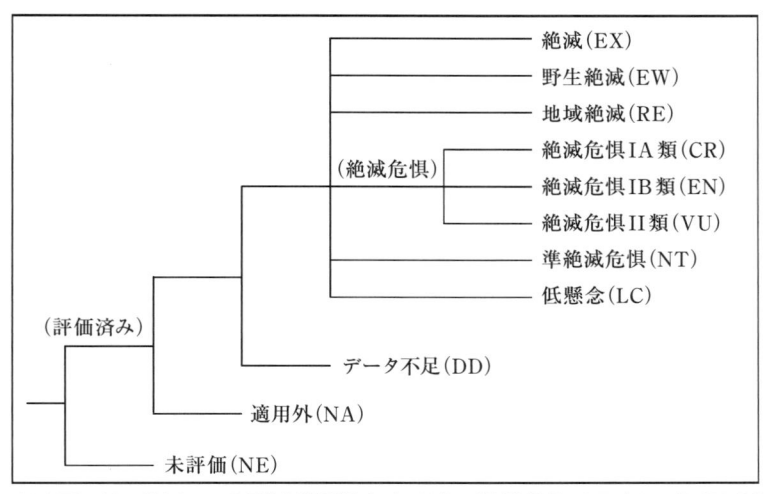

図8-6 地域レベルや国レベルで使われている国際自然保護連合（IUCN）の絶滅危惧種のカテゴリー（IUCN 2003を改変）．

てを保全するというのは不可能である．よって，まずはある特定の種や場所を保全し，それ以外は後に保全するか，あるいはまったく保全しないということになるだろう．理想的には，保全活動の優先順位は，脆弱性の高さ（短期的な絶滅確率の高さ）や，場所については代替不可能性の高さ（すなわち，代わりになるような場所の選択肢がどのくらい少ないか）によって決定されることになる．実際には，これらを考慮しても，今すぐに保全する必要がある種や場所は，利用可能な資金によって保全活動できる種や場所よりも多い．制約となる資源には，資金や土地だけでなく，訓練を受けた保全の専門家や公的・政治的な支援が含まれる．それゆえ，私たちは何を保全すべきかということだけでなく，持ち合わせの資源の範囲で，保全すべきもののリストの中から何を守ろうとするのかを決めなければならない．

国際自然保護連合（IUCN）の絶滅危惧種のレッドリストは，地球上の生物種の保全状況についてのもっとも権威ある情報源であり，1万5,000を超える絶滅危惧種が記載されている（IUCN 2004; Rodrigues et al. 2006）．残念ながら，データと資源が不足しているため，IUCNレッドリストの対象は限られている．これまでに既知の生物種の3％未満でしか評価が完了しておらず，それも脊椎動物と植物に大きく偏っている．両生類，鳥類，哺乳類，針葉樹およびソテツ類についてのみ網羅的に評価されており，ウミガメ類とリクガメ類についてもほぼ評価が完了している．マメ科植物とヤシ科植物の評価は進行中であり，すべての植物を評価することが優先されている．IUCNレッドリストのカテゴリーと基準（IUCN 2001, 2005）は地球規模の状況を評価するためのものであるが，地域レベルや国レベルでも評価のためのガイドラインが整備されている（IUCN 2003）（図8-6）．地域レベルのガイドラインには，「地域絶滅（regionally extinct）」という特別なカテゴリーと，域外からの移入によって地域個体群が救われる可能性についての評価が含まれている．IUCNの基準を小さな国に適用すると，不釣り合いなほど多くの種が絶滅危惧と評価されかねないものの（Miller et al. 2007），このようなことは，国レベルの優先順位を決める際に，国内に小個体群が存在する種について地球規模の状況を無視してしまうときのみに問題となるだろう．IUCNの基準にしたがって国別のレッドリストを整備することは優先順位を決めるうえで役立つだろうが，スンダランドやインドシナ（3.8 熱帯東アジアの細分化を参照）といった本地域の全体あるいは一部を対象としたレッドリストを整備することはさらに有用だろう．

熱帯東アジアではどの生物種において保全の優

図8-7 最近発見されたラオスイワネズミ *Laonastes aenigmamus* は現存するもっとも近縁な種から数千万年前に分岐したとされる（Huchon et al. 2007）．系統的な固有性が高いため優先的に保全する価値があるとされる種の一例である（写真：©Uthai Treesucon／David Redfield Expedition）．

先順位がもっとも高いのだろうか？　マスメディアの扱いを基準にすれば，その答えはトラやサイ，ゾウ，オランウータンになるだろう．このことは，大型で人気のある生物群が生物多様性全体の「フラッグシップ」として資金集めに使われてきたことを多少なりとも反映しているが，上述したように，保全計画においてこれらの生物群を生物多様性の代用として使ってきた結果でもある．しかし，保全活動の対象としての絶滅危惧種の優先順位づけに人気の高さを用いるのは望ましい方法ではない．これまでに提案されてきた代替法としては，生態学的な固有性（すなわち生態系機能において固有の役割をもつ種を重視すること），潜在的な経済価値（たとえば栽培植物や家畜の野生近縁種），系統的な固有性（すなわち近縁種がいない種を重視すること）に着目することがあげられる．

ロンドン動物学会が行っている「進化的な固有性と地球的な絶滅危惧（Evolutionarily Distinct and Globally Endangered; EDGE）」に関するプログラムでは，それぞれの種がもつ進化史の固有性に基づいて哺乳類と両生類の優先順位づけが行われている（Isaac et al. 2007）．そして，IUCNレッドリストに基づいた地球規模での絶滅危惧スコアを加味することで，種ごとのEDGEスコアが算出される．哺乳類についてのEDGEスコアの上位100種のうちで熱帯東アジアに分布する種としては，スマトラサイ（6位）とジャワサイ（11位），アジアゾウ（12位），オランウータン（97位）があるが，あまり知られていない種としては，スマトラウサギ（10位），アマミノクロウサギ（44位），ベトナムコウモリ（15位），ハイナンジムヌラ（45位），トゲジムヌラとミンダナオジムヌラ（どちらも47位），キティブタバナコウモリ（49位），オキナワトゲネズミ（51位），マレーカワネズミとスマトラカワネズミ（どちらも58位），センカクモグラ（68位），フィリピンヒヨケザル（71位）がある．最近発見されたラオスイワネズミ *Laonastes aenigmamus*（図8-7）は，現存するもっとも近縁な種から約4,400万年前に分岐したと考えられるため（Huchon et al. 2007），次の改定でくわえられるだろう．とはいえ，優先順位の設定にあたり，大型ネコ類やイノシシ類，ネズミ類

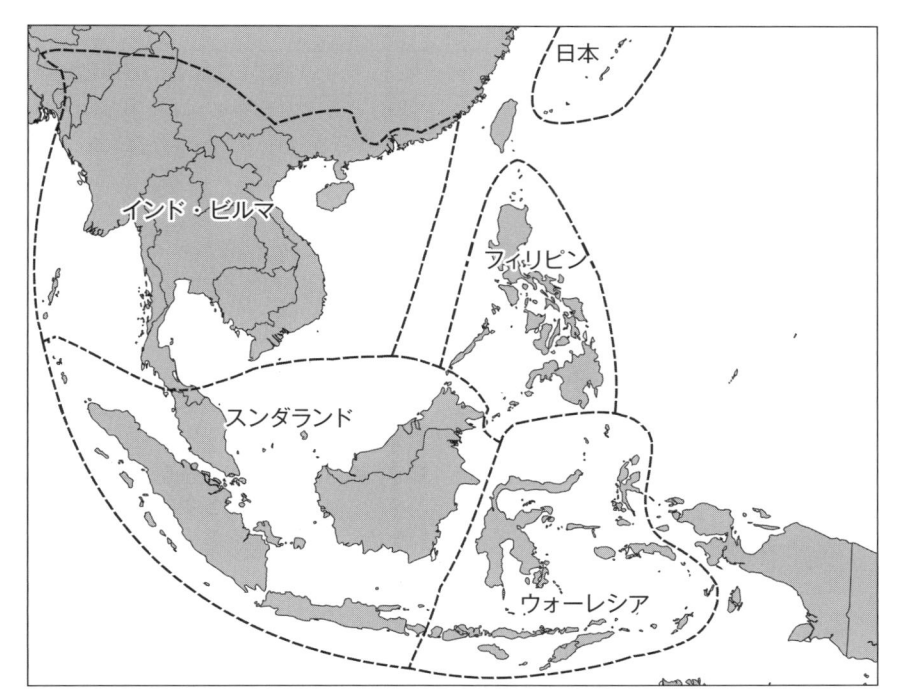

図 8-8 熱帯東アジアのほぼ全域はコンサベーション・インターナショナルが策定した生物多様性ホットスポットのいずれか 1 つに含まれる（Mittermeier et al. 2004）．そのため保全資金を本地域へもたらすのには役立つだろうが，本地域内における優先順位の設定には役立たない．

や霊長類がもつ生態学的に重要な役割を無視して，系統的な固有性を唯一の評価尺度にすべきというわけではない．しかし，何百万年もの進化史を失うことは，絶滅のおそれのない近縁種から最近分岐した種を失うことよりも大きな不幸であるという主張に論争の余地はないだろう．現段階でEDGE種と認定された種は優先するに値するし，系統学の進歩にともない，このコンセプトを他の系統群に拡張していく必要があろう．

理論的には，種の優先順位を決めた後にそれらの種の生息状況に基づいて保全すべき場所の優先順位を決めることになるが，前節で述べたようにデータが不完全であるため，通常はこの作業にはある程度の主観が入ってしまう．優先順位の高い種がなくとも，海岸林のような存続が危ぶまれる生態系には特別に保護する価値がある．3つの国際NGOがそれぞれ独自に地球規模の優先順位計画を策定している．コンサベーション・インターナショナルが策定した34の生物多様性ホットスポットにはそれぞれ1,500種以上の固有植物種が生育しており，それらの場所では少なくとも本来のハビタットの70％がすでに失われている（Mittermeier et al. 2004）．それら34のホットスポットは，もともとは地球の陸地面積の15.7％を占めていたが，そのハビタットの86％がすでに破壊されており，手つかずのまま残っているのは現在では2.3％だけである．世界自然保護基金（WWF）が策定したグローバル200エコリージョンは，地球の陸地の40％を占める142の代替不可能な陸上のエコリージョン（広域生態系）を含んでいるが，手つかずの場所はその中でもかなり少ない（Olson and Dinerstein 2002）．両者とも熱帯東アジアの大部分を含むため（図8-8），保全資金を本地域へもたらすのには役立つだろうが，本地域内における優先順位の設定にはほとんど貢献しない．

しかし，地域内における優先順位を設定するために，別の方法でWWFのエコリージョンを順位づけすることができる．Fa and Funk (2007) は，脊椎動物の固有種を用いることによって，脊椎動

表8-2 生物多様性重要地域（KBA）の暫定的な基準と閾値（Langhammer et al. 2007）

基準	補助基準	KBAになるための暫定条件
危機性 IUCNのレッドリストにおける世界的な絶滅危惧種がその場所に常に存在すること		CRまたはENの種が1個体、あるいはVUの種が30個体または10つがい
非代替性 世界中の全個体数のX％が、生活史のある特定段階においてその場所を利用すること	(a) 分布域が限られている種	世界における分布域が5万km^2未満の種のうちで、世界中の全個体数の5％が含まれる種
	(b) 分布域が広域ではあるものの集中的に分布する種	世界中の全個体数の5％が含まれる種
	(c) 世界的に重要なコングリゲーション（一時的に集中分布する場所）	世界中の全個体数の1％が含まれる場所
	(d) 世界的に重要な種の供給源となる個体群	世界中の全個体数の1％を維持するために必要な場所
	(e) バイオリージョンにおいて限られている集合	未定義

物の保全における重要度に基づいて世界796のエコリージョンを順位づけた．その上位100ヶ所のうち16ヶ所が熱帯東アジアに存在する．50位までにはアンダマン諸島，小笠原諸島，琉球（南西）諸島，パラワン島，ニコバル諸島，メンタワイ諸島が含まれ，50〜100位にはフィリピン諸島の大部分とスラウェシ島が含まれている．Krupnick and Kress（2003）は，植物7科の種数に基づいて，インド―太平洋区（熱帯東アジアにニューギニアをくわえ，中国を除いた区域）のエコリージョンを順位づけた．その上位8ヶ所のエコリージョンは，ボルネオ島の低地林，ルソン島の多雨林，ラオスとカンボジアとベトナムにまたがる南アンナン山脈の山地雨林，半島マレーシアの多雨林，ボルネオ島の山地林，インドシナ北部の亜熱帯林，ミンダナオ島から東ビサヤ諸島にかけての多雨林およびキナバル山の高山性の山地林である．これら2つの順位づけにおける大きな違いは，部分的には採用した系統群の違いを反映しているものの，固有性についての重みづけの違いも反映している．

ホットスポットやグローバル200エコリージョンとは対照的に，バードライフ・インターナショナルが標準化された基準にしたがって選定した重要野鳥生息地（Important Bird Area; IBA）は，それぞれがその全体を保全できる程度に小さく，細かなスケールでの鳥類の保全計画と直接関連をもつものとなっている．バードライフ・インターナショナルの各国におけるパートナーは，自国のIBAをモニタリングし，保全のために努力するという責任を負っている．このことは，IBAシステムが現地において強い影響力をもつことにつながっている．IBAのコンセプトをすべての生物多様性に一般化したものが生物多様性重要地域（Key Biodiversity Area; KBA）である．それは，重要種の個体群を維持するために必要な大きさをもつ，世界的に重要な保全すべき区域である（Langhammer et al. 2007; Brooks et al 2008）．IBAと同様に標準化された基準と閾値を用いているため，KBAのアプローチは世界中で同様に採用できる（表8-2）．

熱帯東アジア内では，フィリピンがKBA選定における最先端である．そこでは，淡水魚，両生類，爬虫類，哺乳類のデータを用いて既存のIBAを拡張している（Anon. 2007）．決定的なデータはないが重要と考えられるエリアはKBA候補地として選定されている．現時点で128のKBAと51のKBA候補地があるが，その数は，フィリピン

において保全のために使うことができる資源量を上回っており，優先順位を設定するためにより多くのデータが必要となっている．ただし，消失すると1種以上の生物種が地球から絶滅してしまうような10ヶ所については，絶滅ゼロ・アライアンス（Alliance for Zero Extinction; AZE）による世界の選定地リストにすでにくわえられている．哺乳類のように調査が進んだ生物群であっても，熱帯東アジアの大部分におけるデータは，このような細かいスケールで地域全体にわたって優先度の高いエリアを網羅的に評価するにはまだ不十分である．しかし，大雑把でもそれを示すことは，いくつかの重要なエリアに注意を喚起するための一助となるだろう．

実際に種と場所の両方における優先順位を設定するためには，文化的重要性や公的要請，実現可能性，コストなどの非生物学的な要因を考慮に入れる必要がある（Miller et al. 2007; Bode et al. 2008; Potts and Vincent 2008）．実行可能なアプローチの1つは，費用に対する保全上の利益を最大化するために費用対効果分析を用いることである（Naidoo et al. 2006; Underwood et al. 2008）．コストを無視して優先順位を設定するということは，すべての種や場所についてのコストが同等であることを暗黙のうちに仮定しているが，この仮定は明らかに間違っている．費用対効果分析のアプローチをとることは，優先順位の高い種が数多く生息するが保全の遅れた場所（フィリピンなど）や，相対的に土地や労働のコストが安い場所（ラオスなど）に，熱帯東アジアの保全資源を集中させることにつながる．それ以外にも汚職や政治的な不安定による投資失敗のリスクなどの要因を考慮に入れることもできるだろう．各国政府が優先順位を設定する際に，投資収益率に基づくアプローチをとることは，政治上の国境が存在するために難しいだろう．なぜなら，国は保全のための資金を自国内で使うと考えられるからである．だが，このアプローチは，地域外の資金提供者にとってはより現実的であるはずだ．

生物多様性の保全と生態系サービスの維持（水の供給，洪水の防止，炭素の貯留，野外レクリエーションなど）を同時に優先順位づけするような保護区ネットワークを計画することもできるだろう（Chan et al. 2006; Naidoo et al. 2008）．生物多様性の保全と生態系サービスの提供との間には何らかのトレードオフ関係があるかもしれないが，このアプローチは，地元からのサポートや新しい資金源を増やすことにつながるだろう．

「優先順位の設定」はそれじたいがすでに科学となっているが，その科学が保護区の選定に与えた影響はほとんどないか，もしあったとしてもわずかであることが多い．最近の総説によると，「査読付き科学論文として発表された保全研究の3分の2は保全活動に対して実効性がない．そのおもな原因は，ほとんどの研究者が実行計画をたてないことにある」と結論づけられている（Knight et al. 2008）．このような「研究と実行とのギャップ」を防ぐために，研究が実際のニーズに合うように，研究者は他の利害関係者と協働しながら研究課題を組み立てることが推奨される．

8.4 保護区

8.4.1 保護区の新設

保護区の設定は地球規模で生物多様性を保全するための要である．その役割は，農地のような保全と相容れない土地利用から保護区を区分し，伐採や狩猟などの有害な人為活動を排除することにある．最近の文献によると，保護区内の植生と動物相はおおむね外部よりもかなりよい状態にあること，一般に熱帯における保護区の効果はかなり高いものの，他の熱帯地域と比べると熱帯東アジアの一部では効果が低いことが示唆されている（Bruner et al. 2001; Curran et al. 2004; Linkie et al. 2004; DeFries et al. 2005; Gaveau et al. 2007; Lee et al. 2007; Wright et al. 2007; Bickford et al. 2008）．熱帯東アジア内でもっとも大きな問題をかかえている保護区はカンボジア，カリマンタン（ボルネオ島のインドネシア領）およびスマトラにあり，その問題は農地への転換や違法伐採，狩

猟に起因する．もっともひどいところでは保護区の指定がほとんど意味をなしていない．

しかしながら，保護区とそれに隣接する保護区外の場所を比較することによって保護区の効果を評価すると，人為撹乱のリスクが比較的低い場所（急峻な場所や不毛な土壌の場所など）を選んで多くの保護区がつくられているという事実を無視することになり，保護区指定の効果とそれ以前から存在していた違いとを混同してしまうことに注意が必要である（Andam et al. 2008）．いくつかのケースでは，法律による保護が人為影響に対して有効なのかという点についての検証がまったくなされていない．さらに，有効な保護区が存在すると，代わりに，その近隣の保護区外の場所で収奪的な活動が行われてしまい，全体的な利益が低下してしまうかもしれない（Ewers and Rodrigues 2008）．

人間の居住地に保護区があると，生物の保全と人々の生活との間に対立が生じる可能性が大きくなる．しかし，撹乱や収奪に弱い種がそろっているような，ある程度手つかずの生態系を存続させるための選択肢は，熱帯東アジアではそれ以外にないことが示唆されている．現在，熱帯東アジアのほぼ全域にわたって爆発的に発展と開発がすすんでいることを踏まえれば，おそらくこれからの10年間が，とくに低地において大規模な保護区を増設するための最後の機会になるだろう（Sodhi et al. 2004; Lee et al. 2007）．スンダランドの山地林などのいくつかのハビタットは，現時点においてはあまり脅威を受けていないようだが，新たな脅威が突然発生し（たとえば新たな作物など），有効な緩和策をとる前に広がってしまうこともありうる．それゆえ，予防原則（証拠が不十分でも甚大な被害をもたらす可能性があるならば，すぐに行動をとるべきであるという考え方）に基づくと，地域レベルでの保護区の体制は，仮に他のハビタットが皆失われたとしても，生物多様性のすべてを保全できるほど十分大きく包括的でなければならない．実際にはこのような体制を実行するにはすでに遅すぎるかもしれないが，絶滅種が少ないうちは（7.5 絶滅の予測を参照），将来の破滅的な損失を回避できる望みはまだいくらか残されている．

8.4.2 既存の保護区での保全状態の改善

本地域の多くの場所では，新たな保護区を作ることよりも，既存の保護区の状態を改善することの方が，より緊急性が高いだろう．実態のない「名ばかりの保護区」の面積を倍増させるよりも，既存の保護区を形式的なものから現実的なものに変えていくほうが効果的なのである（しかし，名ばかりの保護区策定であっても有効な足がかりになると考える保全関係者は多い）．一部の利害関係者だけを考慮して作られる不十分な初期計画とともに，貧困と汚職が重なることが保護区の失敗の原因となっている（Sodhi et al. 2004, 2008; Wright et al. 2007）．国内，地域内あるいは国際的に提供される資金が増えることにより，よく訓練された，高いモチベーションをもつスタッフが育成され，それが保護の強化につながる（Terborgh et al. 2002：図8-9）．しかし，多くの場合に，地域社会や影響力のある部外者との軋轢に対処することも必要になるだろう．

最近の衛星観測（および，地上での著者の個人的な経験）によれば，保護区じたいが有効であっても，多くの保護区の周辺では人口が急増して土地開発が深刻化しており，保護区の孤立化に拍車がかかっている（DeFries et al. 2005）．孤立化の長期的な影響は，保護区のサイズや，重要なハビタット（水源や乾季の餌場）がどのくらい保護区から失われてしまうかに左右されるだろうし，それにくわえて保護区内の生物相への直接的な人為影響もあるだろう（Hansen and DeFries 2007）．Becker et al. (2007) は，著しく断片化したブラジルの大西洋岸の森林にすむ森林性両生類にとって，繁殖するために必要な河川や他の水域が保護林に含まれないために起こる「ハビタットの分離」が大きな問題であることを明らかにし，幼虫時代を水中ですごす無脊椎動物や数種の水鳥にとっても同様に問題となりうることを示唆している．こ

図8-9 香港を本拠地とするNGOの嘉道理農場暨植物園（KFBG）は，世界的に希少なハイナンテナガザルの保全のため，海南島の覇王嶺国立自然保護区のフィールドスタッフの能力向上に多くの努力を費やしている（Fellowes et al. 2008）．写真のハイナンテナガザルチームが着用しているほぼすべての装備（ロゴが入った制服，双眼鏡，カメラ，GPS）はKFBGによって提供された（写真：©KFBG）．

れらの問題を緩和するためには，しばしば保護区の境界線を越えて保全管理を行う必要があるだろうが，それによって人々の生計との対立が深まる可能性がある．DeFries et al.（2007）は，保全の利益を最大化して人々のくらしへの負の影響を最小化するような，「小さな損失で大きな利益を得る」機会を見きわめることが，保護区の管理において重要な課題であると示唆している．

8.4.3 地域社会参加型の保全

旧来の保護区政策では，「要塞的な保全」，「フェンスと罰金によるアプローチ」，「命令と取り締まり」に重きを置くことが多かった．そのような手法は訓練されたスタッフと十分な予算があれば機能しうるものの，人口密度が高い場所や伝統的に利用してきた場所が利用禁止になるというような地域住民の負担のうえに成り立つものである（Sodhi et al. 2008）．そのため，地域社会との競合ではなく，協働によって生物多様性を保全するための手段が別に求められてきた．これに関しては数多くの多様な文献があるが，今のところ，「どこにでも採用できる単一のモデルはない」という以外の一般的な教訓をもつものはほとんどない．重要なのは，その場所が伝統的にどのように利用されてきたかや，部外者の侵入に対する地域社会の対応力などである．また，政府が主導する保護区の有効性も重要な要素であり，既存の保護区がまったく機能しない場所では，地域社会の参加がもっとも必要である．

本地域における地域社会参加型の保全の事例には主として海洋保護区に関するものがあるが（Alcala and Russ 2006ほか），それらのモデルが陸域にも適用できるかはわからない．地域社会参加型の保全は，伝統的な慣習の存続がともなう場合にもっとも有効なのは明らかである．たとえば，カンボジアのトンレサップ湖の草地における年に1度の火入れによって，人々は家畜飼料を入手するとともに，絶滅危惧種のベンガルショウノガンにハビタットが供給される（Gray et al. 2007）．多くの保全関係者たちが，地域社会参加型の保全の短期的成功は長期的成功に結びつくわけではないのではないかという懸念を抱いているが，この方法の支持者たちは，このアプローチはこれまできちんと試験されたことがないと主張している．

もちろんすべての保護区の管理委員会には地元から相当の参加があってしかるべきであるが，大面積の保護区を任せるというよりも，それを補うような複数の小面積の保護区の管理を地域社会に

任せることのほうがもっとも有効かつもっともリスクの少ないものになりそうである．細切れとなった残存林（それだけが森林として残っているランドスケープ）は，現場から遠く離れた都市の当局が管理しようとするよりも，地域社会による管理が有効となりそうな好例である．最近伐採された場所では地域社会の伝統が失われたために，社会的圧力を抑止力として十分機能させることができなくなっているかもしれないが，その代わりに，地元の学校やNGO，あるいは宗教施設が力を発揮することができるかもしれない．また，地域社会参加型の保全では，必ずしも保護区という形式にこだわる必要はなく，収奪を抑制することでもその目的を達成できるということにも留意すべきである（8.5 持続的な利用を参照）．

これまでの空虚な論争を実験的証拠で置き換えていくために，保護区について，きちんと実証された試験を行うことが急務である．この点は生物多様性保全のための多くの新しいアプローチと同様である．中央集権的で，厳格に守られた保護区を唯一の保全モデルと考えるような人々は，先進国には多様な成功モデルがあることを見落としている．たとえば，イギリスの国立公園には30万人を超える人々が暮らしており，その多くは農民である．このように保全と人々のくらしが両立するためには，法的強制力をもちつつも無理のない妥協が必要である．このような妥協の産物は正式な保護区の代わりにはならないかもしれないが，それによって撹乱耐性をもつ多くの種を維持できるうえに，正式な保護区の収容力を向上させるための緩衝地帯（バッファー）となる．熱帯東アジアには，さらに数多くの保護区が必要であるとともに，より多様な種類の保護区も必要である．

8.4.4 保護地域・開発統合プロジェクト

過去の失敗から教訓を学ぶこともきわめて重要である．10年以上もの間，発展途上国における生物多様性保全のための広く知られたアプローチは保護地域・開発統合プロジェクト（Integrated Conservation and Development Project; ICDP）であった．これは，生物多様性の保全と，近隣の地域社会の経済的発展を結びつけようとしたものである．目的を達成できるという根拠も，保全と経済発展の間で利害を調整できるという根拠もほとんどなかったにもかかわらず，熱帯東アジアのICDPには巨額の資金がつぎ込まれてきた（Terborgh et al. 2002; McShane and Wells 2004）．熱帯東アジアにおけるICDPの有効性について公表された唯一の評価報告書（世界銀行が1,900万米ドルの資金を投入したインドネシア・スマトラ島クリンチスブラットの事例）によれば，ICDPの対象となった村落は事前に行われたアンケート調査で保全に対して強い支持を表明していたにもかかわらず，そのプロジェクトは森林の消失を食い止めることにまったく寄与しなかった（Linkie et al. 2008）．熱帯東アジアにおけるICDPの成功例もあるかもしれないが，その証拠は公表されていない．

8.5 持続的な利用

理論上，森林資源を持続的に利用すると，別の土地利用形態に転換することに比べて，森林被覆面積が維持されやすい．そしてまた，どんなに集約的な管理を行った森林であったとしても，森林ではその他の土地利用形態よりもはるかに生物多様性が高い．しかし，実際には，持続的に利用するということは，保護すること（すなわちまったく利用しないこと）や森林資源を非持続的に利用することよりもはるかに達成が困難な目標であることが多い．

8.5.1 森林伐採と非木材林産物の採取

現在，ほとんどの熱帯木材は，人工林（プランテーション）からではなく天然林から供給されている．熱帯東アジアにおける木材生産用の人工林の総面積は急増しているが，耐久性が高く高品質な木材の供給源として人工林が天然林に置き換わる見込みは当面はない（Fredericksen and Putz 2003）．現時点では，高品質な木材を持続的に収

穫できるような森林管理こそが，天然林から収益を得るうえでもっとも重要であると考えられているが，近い将来には，環境サービス支払いとともに，カーボンオフセットや生物多様性オフセットが，それと競合する代替的な（あるいは追加的な）収入源となるかもしれない．非木材林産物は非常に多様であるため（表7-3），一般論を論じられないものの，その多くについては持続的な管理体制を達成できる可能性がある．

とくに熱帯東アジアでよくみられるように，有用樹木の密度が非常に高い場合には，森林伐採によって，熱帯林に重度のダメージがもたらされることがある（7.4.6 森林伐採を参照）．しかしながら，低インパクト伐採（Reduced Impact Logging; RIL）として知られるさまざまな影響低減技術を用いることで，伐採の直接的なダメージをかなり抑えることができる（Sessions 2007; Putz et al. 2008a）．この影響低減技術には，将来の収穫対象となる他の樹木個体などに与えるダメージを最小化するように伐採木を倒す方向を決めること，伐採のための林道や木材の搬出路を慎重に計画すること，急峻な斜面や流水沿いの伐採を避けることなどがあげられる．低インパクト伐採の採用によって効率が向上し，短期的にそれを採用したコストをまかなうことができるかどうかは定かではないが，「アメとムチ」のアプローチ（この場合，アメは認証やカーボンクレジット，ムチは規則を守らないことへの罰金）をとることで，適法な伐採法の採用を広めることができるだろう．カーボンクレジットは，本地域で行われている高強度伐採からの炭素排出量を大きく低減できる可能性をもつことから，森林管理を向上させるうえで，とくに有効なツールとなりうる（Putz et al. 2008a）．同時に，狩猟や火災，開墾といった森林伐採の二次的な影響をコントロールすることも非常に重要である．通常，伐採道路ができることで交通の便がよくなると，これら二次的な影響が大きくなる．そのため，伐採期間中には人が常駐する監視所を道路に設けたり，伐採の終了後には深い溝や大きな木材で道路を恒久的に封鎖したりすることによって，二次的な影響を低減できるはずである（Sessions 2007）．Meijaard et al. (2005) は，生物多様性への負の影響を最小限に抑えるための方法として，ボルネオにおける木材生産のための森林管理について詳細なガイドラインを提供している．

現在，熱帯東アジアで行われている森林伐採のほとんどは違法である（7.4.6 森林伐採を参照）．それゆえ，伐採を行う者にとって，土壌を保全したり将来にも樹木を収穫できるように配慮することが経済的な利害に組み込まれていない．また，野生動物は彼らにとって有用な食料となる．本地域のすべての国の政府は，違法伐採の統制を最優先課題とすべきである．しかし，さまざまなレベルで行われている汚職の問題に取り組むことなしには，それを達成できないだろう（Ravenel and Granoff 2004; EIA／Telepak 2008）．チェーンソーを手にした貧しい村人たちだけが問題なのではない．森林と国内外の市場をつなぐ違法活動の連鎖がなければ，違法伐採に利点はない．森林レベルで法を執行することは重要であるが，商取引における他の主要関係者への対策も必要である．その連鎖の末端における，違法に伐採された木材やその加工物の供給は，近年アメリカで定められたように，中国やEUなどの主要消費国においても違法行為とすべきである．このような国内あるいは国際的なガバナンスの大きな機能不全を恥じるところに未来への希望があるのかも知れないが，それが商取引を続けることで得られる金銭的なインセンティブを上回ることができるかどうかは，現時点ではわからない．おそらく，熱帯東アジアにおける違法伐採を統制できるのは，合法的な伐採が増加し，合法的な伐採を行うことによる負担が収益性を極端に損なわないような場合に限られるだろう．逆に，違法伐採によって安価な木材が供給され続けるかぎり，持続的な森林管理に勝ち目はないだろう．

これからの10年間のうちに，熱帯東アジア内のアクセス可能なすべての森林は，保護林か，有用樹木のほとんどが伐採された森林のどちらか（あるいはその両方）になってしまうだろう．そ

れゆえ，森林伐採の短期的な影響にこだわるのではなく，生産林の長期的な管理に関心をうつす必要がある．管理された天然林がアブラヤシや早生樹種のプランテーションに対して経済競争力をもつようにするには，認証された天然林で生産される木材や非木材林産物の価格を上昇させること，もっとも価値が高い樹種の更新と成長を促進するために必要な伐採後の管理を強化すること，環境サービス支払いやカーボンオフセット，生物多様性オフセットの中からいくつかを組み合わせることで経済収益性を向上させることが必要である．たとえ生物多様性の保全が直接の目標ではないとしても，森林を狩猟や開墾から守ることができれば，長期的に管理された生産林では，もっとも撹乱の影響を受けやすい森林性の在来種をのぞくすべての種を維持できることが示唆されている（ただし相対的な個体数は大きく変化するかもしれないが）(Sodhi et al. 2005b; Meijaard and Sheil 2008; 7.4.6 森林伐採を参照)．逆に，森林伐採の直接的影響を減らそうとする極端な圧力があると，森林を維持しようとする意欲が失われ，森林の消失につながってしまうおそれがある．

8.5.2 狩猟

持続的な狩猟行為について取り扱った文献は多いが，きわめて人口が多く，あまりに森林が少ない熱帯東アジアにおいて，中期的にその目標を達成できる見込みはほとんどない (Bennett 2007; Corlett 2007a)．理論的には，管理された生産林からイノシシやシカを持続的に捕獲することは可能であろう．狩猟許可証を販売することで副収入を得られるかもしれない．しかし実際には，本地域にはそれを効果的に監視できるような場所はほとんどないため，イノシシやシカの合法的狩猟は，他の動物が狩猟される機会を増やすことにつながってしまうだろう．したがって，免許制の狩猟制度を検討する前に，現状の法執行力の実効性を大幅に高める必要がある．そのうえ，娯楽や食肉の獲得という点において持続的なレベルの狩猟であれば，種子散布などの生態系サービスも持続可能

であると信じる根拠はない．法の執行はとくに既存の保護区において重要である．法の執行によって野生動物の個体数が増加するという証拠がある一方で，現状では，熱帯東アジアにおいては法の執行が機能していないという強い証拠もある (Corlett 2007a)．地域内・国際間を問わず，商取引は希少で価値が高い種の乱獲をもたらす．よって，これらの種の商取引を規制することで（8.5.3 商取引の規制を参照），狩猟活動に影響を及ぼすことができるだろう．

8.5.3 商取引の規制

絶滅危惧種とその加工品の国際商取引の規制は，表面的には保全におけるサクセスストーリーである．1975年以来，絶滅のおそれのある野生動植物の種の国際取引に関する条約（ワシントン条約; CITES）の締約国は172ヶ国まで増加した．締約国の国内法の整備と執行によって指定生物の国際取引が規制されており，附属書Iの約900種については国際商取引が禁止され，附属書IIの3万3千種については，野生種の存続にリスクを及ぼさないかぎりにおいて商取引が認められている．熱帯東アジアのすべての国々は締約国である．しかしながら，法執行の取り組みは，国ごとあるいは同じ国でも国境管理事務所ごとに大きく異なる．国際的な野生生物の商取引を監視するネットワークであるトラフィック（TRAFFIC）は，東アジアと東南アジアの事務所を通じて地域的な商取引を監視している．

ワシントン条約は，魚や木材の加工品の規制にも適用されるようになってきており，保全上の懸念がある樹種の違法伐採を減らす有効な手段となっている (Chen 2006; Johnson 2007)．ラミン *Gonystylus bancanus*（ジンチョウゲ科）のように附属書IIに掲載されている樹種を国際取引する際には，輸出によって野生種の存続が脅かされないことを記した輸出国の輸出許可書（無有害性認定）を必要とする．新しい分子生物学的な技術によって，取引された動植物体の一部から産地を突きとめることが可能になっている (Wasser et al.

2007; Smulders et al. 2008ほか）．

　実際のところ，熱帯東アジアではワシントン条約は上述したような効果をほとんどあげていない．この問題は部分的には，ワシントン条約が国際商取引の規制のみを目的としているためである．そのため，同じ種であっても国内における商取引は合法のままである．他の問題としては，国境が抜け穴だらけなこと，汚職があること，役人が無関心なこと，地域の絶滅危惧種をリストにくわえることへの抵抗があること，国境の体制整備のための予算が不足していることなどがあげられる．とくに都市における野生生物マーケットの規制については，個別具体的な成功例がいくつかあるが，商取引は熱帯東アジアの絶滅危惧種にとって依然として大きな脅威である状態が続いている（Bennett 2007; Corlett 2007a; 図7-8）．

　熱帯東アジアにおける他の多くの保全活動と同様に，野生生物の商取引を規制することが絶滅危惧種の野生個体群に及ぼす影響を直接的に評価した例はない．その代わりに，公表された報告書の数，開催されたワークショップの数，訓練を受けた人数といった間接的な指標が，規制状況が進展している証拠として使われている．しかしながら，商取引の対象となっているほとんどすべての種の個体数が野外で減少し，とくに数種については急激に減少しており，商取引がそれらの減少に強く関与していることは明らかである（Bennett 2007; Corlett 2007a）．それゆえ総合的にみれば，商取引への介入は失敗しつつあるといえる．実際，熱帯東アジアにおける野生生物の違法取引に関する最新の報告書の数々には，違法な商取引が公然と行われていることが明確に示されている（Ng and Nemora 2007; Shepherd and Nijman 2007ほか）．その根底には，そもそも違法であることを本当に知らないこと，法の執行に一貫性がなかったり，実際には執行されていなかったりすることなどがある．

　法の執行だけでは金銭的なインセンティブがともなう商取引を完全に廃絶することは難しいかもしれないが，法を執行することによって間違いなく商取引は減少するだろう．2005年，東南アジア諸国連合（ASEAN）の加盟国10ヶ国間の法執行を調整するために，ASEAN野生生物保護法執行ネットワークが設立された．これは正しい方向への大きな一歩だったが，その戦いは勝利からほど遠い状態である．取引の場としてインターネットの重要性が急速に増しているため，森林や現実のマーケットを監視することだけが重要ではなくなってきた（Wu 2007）．需要を減らすためには，取引の連鎖における消費者側の末端部においても行動が必要であり，とくに東アジアの主要なマーケット（中国，日本，韓国）と，熱帯東アジア全域の都市や世界中のアジア系地域社会において行動が必要である．中国における最近の世論調査によれば，ほぼすべての回答者が野生のトラを保全することは大事であると考えていたが，43%の回答者はトラの体の一部が含まれているとされる加工品を，ほとんどは違法であると知りながらも使ったことがあるという（Gratwicke et al. 2008）．教育は間違いなく重要であり，とりわけテレビは消費者の行動を保全効果に結びつける役割を果たす理想的なメディアである．しかし，法を執行し，それを公表することによって，そのメッセージを強めることが重要である．

8.6 保護区外のハビタットの管理

　公式に保護された土地は面積として不十分だろう．長期的な生産林がいかに持続的に管理されたとしても，熱帯東アジアの生物多様性の多くが，残された大面積の森林どうしの間に存在する，おもに人間が占有する土地（保護区外のハビタット，7章における「非森林ハビタット」）に集中的に残るだろう．樹木のない農地や都市のハビタットに適応できる森林性の種はほとんどいないが，プランテーションや樹木作物，アグロフォレストリーで生き残ることができる種は存在する．また，荒廃地の再生林，河川やフェンスに沿った細長い帯状の森林を利用したり，残存する小面積の一次林のパッチで生き残ったりするものもいる

(Corlett 2000; Harvey et al. 2008). 7章（生物多様性への脅威）では，種多様性を指標とすると，最近森林が失われたランドスケープにおける長期的な種の存続可能性を見誤ってしまうということを議論したが，香港は，何世紀も前に森林が消失し，大型脊椎動物はほとんど生息しないものの，豊かな植物相と無脊椎動物相が維持されているという一例である（Hau et al. 2005）．

これまでの研究からは，森林性の種が存続するためには，なるべく多くの植被をランドスケープレベルで維持する必要があることが示唆されている（Lee et al. 2007ほか）．このことから，植被を増やすことによって，失われた森林性の種の回復を促したり，再移入を可能にしたりできるとみなすのはあまりにも拡大解釈であり，それを証明するための実験が必要である．ヨーロッパやその他の多くの場所では，必要に応じて適切な資材や助言が得られるようにして私有地への植林を奨励しており，熱帯東アジアにおいても同じ方法が役立つように思われる．耐陰性のある農作物を栽培する場合には，在来樹種で日陰をつくるようなアグロフォレストリーを奨励することで，保護区外の場所に植被を広げることができるが，そのためには，金銭的なインセンティブ（環境サービス支払いやカーボンオフセット，エコ認証）と教育の両方が必要だろう（Bhagwat et al. 2008）．現在は多くの場所で農薬使用量が過剰であるが，それを減らすためにも，これと同様のインセンティブと教育の組み合わせが必要だろう．

熱帯東アジアの多くの場所において，保護区外のハビタットは強い狩猟圧にさらされており，在来の野生動物の環境収容力は大きく損なわれている．保護区外のハビタットにおいてイノシシやシカ，小型哺乳類を持続的に狩猟することは，保護区や管理された森林での狩猟に代わる歓迎すべきものとみなされることがある．しかし，ほぼすべての場所において法執行が不十分であるために，保護区あるいは保全の対象種が狩猟の対象から外れているという保障はない．狩猟の潜在的な文化的利益やレクリエーションとしての利益，生活上の利益と，狩猟を全面禁止する（農作物の被害を防ぐための捕獲をのぞく）ことで得られる生物多様性への利益を比較する必要がある．

もう1つの潜在的な問題として，外来種に対する保護区外のハビタットの脆弱性があげられる．アシナガキアリ*Anoplolepis gracilipes*の侵入によって，インドネシアのカカオのアグロフォレストにおいて在来種のアリの多様性が低下している（Bos et al. 2008）．事例研究はないものの，他の外来の植物や脊椎動物，無脊椎動物も同様な影響を与える可能性がある．もっとも貴重なハビタットをのぞいて，外来種を化学的，物理的あるいは生物学的に直接コントロールすることはあまり現実的な選択肢ではない場合が多い．しかし，あまり費用をかけずに管理手法を変更することは一部のケースでは役に立つかもしれない（8.7.2 外来種の管理を参照）．

生物多様性の保全と持続的農業を結びつけることは，これからの数十年において間違いなく地球規模で重要な課題の1つである（Scherr and McNeely 2008）．これについては世界各地で数多くの進展が見られるものの，熱帯ではほとんど進展がない．これまでの熱帯研究では，衰退しつつある伝統的な生産システム（家庭菜園など；2.5.1 低地植生を参照）のほうが，それにとって替わりつつある農業ランドスケープ（アブラヤシのプランテーションなど）よりも注目されてきた．このような研究上の優先順位を改める必要がある．たとえば，ボルネオにおける最近の研究によると，アブラヤシのプランテーションにおける生物多様性（鳥類とチョウ類）の存続可能性は，プランテーション内の地表の植被や着生植物の個体数を増加させてもわずかしか高まらないが，周囲のランドスケープになるべく多くの天然林を維持することで飛躍的に高まることが示された（Koh 2008a）．鳥類はアブラヤシの害虫を減らすため，プランテーションで鳥類の多様性を高くすることには（大きくはないものの）潜在的にインセンティブがある（Koh 2008b）．

8.7 その他の脅威の管理

8.7.1 火災の管理

人為的な火災は，熱帯東アジアの保全と公衆衛生の両方における課題である（7.4.9 火災を参照）．本地域における火災の多くはおそらく違法なものであり，その大部分は偶発的なものである．しかし，熱帯東アジアの大部分では，積極的な消火活動はほとんど行われていない．そのおもな理由として，長期的な乾季がある場所では火災は何ら異常な現象ではなく，中立的あるいは有益に作用する季節的な現象であるとみなされていることがあげられる．対照的に多雨林では，火災は有害であると同時に土地を開墾するためのもっとも安価な方法であると広く認識されている（図7-9）．火災で発生するヘイズ（煙霧）による公衆衛生上の問題が増大しており，多くの予算と政治的努力がこの問題に費やされてきたが，これまでに目に見える成果はあがっていない（Lohman et al. 2007; Tacconi et al. 2007）．

もし，火災問題について単純単一の解決策があったなら，それはすでに実施されているはずであり，状況がこれほど悪化しているはずがない．意図的ではない火災の割合，もしくは少なくとも意図に反して火災が着火点から拡大した割合は不明であるが，相当なものと思われる（Giri and Shreshta 2000ほか）．先進国ではラジオやテレビ，学校を通じた啓発が火災を減らすのに効果的であったため，本地域においても効果があるかもしれない．その他の火災は意図的なものではあっても必ずしも必要なものではないため，啓発と法の執行とを組み合わせることで減らすことができるかもしれない．もっとも統制することが難しい火災は，季節林で狩猟者や非木材林産物の採集者が放つ火や，農業用に森林を開墾するために使われる火によるものであろう．そのような火は，計画的であるうえに，火を放つ者に利益をもたらす．法的手段をとることができる範囲は常に限られるため，まず第1に大量の煤煙と二酸化炭素を排出する泥炭湿地林の火災に集中して対処することは理にかなっているが（Lohman et al. 2007），これだけでもかなり大きな目標である．その他に，カーボンオフセットの資金などを元手として企業や地域社会にインセンティブを与えることで，不十分な法執行力を補助できるかもしれないため，この方法を探っていく必要があろう．

8.7.2 外来種の管理

海洋島をのぞき，熱帯東アジアの手つかずの自然植生では外来種はまだ大きな脅威とはなっておらず，今よりも多くの外来種が導入されてはじめて，問題は深刻化するだろう（Corlett 2009a）（7.4.10 侵略的外来種を参照）．また，多くの人為的なハビタットにはすでに外来種がはびこっており，その場所の生物多様性の価値を高めようとする試みが妨げられるおそれがある（8.6 保護区外のハビタットの管理を参照）．研究によれば，外来種の侵入は，単純な"有か無か"のプロセスではなく，散布体の導入圧が，外来種の定着と分布拡大の主要因であることが示されている（Reaser et al. 2008）．たとえば観賞用やプランテーション用の栽培植物では，最初の導入からの経過時間と栽培されている個体数が増えるにつれて，散布体の導入圧が高くなる（Kířvánek et al. 2006; Dehnen-Schmutz et al. 2007）．愛玩動物では，輸入頭数が指標として適切だろう．なぜなら輸入頭数が増えれば，偶発的に逸出したり意図的に放逐されるリスクが増すからである．しかしながら，鳥類では数よりも由来のほうが重要である．なぜなら，飼育下で繁殖させた種よりも，野生から捕まえてきた種のほうが侵入しやすいからである（Carrete and Tella 2008）．

予防は治療に勝る．しかし，熱帯東アジアは経済を貿易に依存しており，また国境が抜け穴だらけであるため，オーストラリアなどの国々で実践されているような厳格な国境検疫が実行できない．したがって，熱帯東アジアの検疫を改善するためには，外来種が本地域に侵入する可能性がある主要な経路に注目する必要がある．熱帯東アジアにおけるデータは少ないが，世界的にみてもっ

図8-10 香港やその他の熱帯東アジア地域の仏教徒は，外来種を含む多くの鳥類を放鳥しており，それが外来鳥類の侵入の原因となっている．鳥インフルエンザの感染を防ぐために参加者は手袋とマスクをつけている（写真：©Chan Sin Wai）．

とも重要な侵入経路は，園芸植物の商取引（植物そのものだけでなく，雑草や害虫，病原菌を含む）と愛玩動物の商取引であることは間違いない．残念ながらどちらの商取引においても，目新しさが魅力となるため，潜在的な外来種の「ブラックリスト」はすぐに時代遅れになってしまう．その代わりとして「ホワイトリスト」が有用かもしれない．これは熱帯東アジアや他の似たような環境で得られた知見に基づき，低リスクと考えられる種のみに輸入を制限するというものである．脊椎動物では，生態学的な懸念とともに，公衆衛生や動物の福祉についての懸念がある．そこで，野生個体の商取引の全面禁止と組み合わせることによって，ホワイトリストは大きな意味をもつだろう．しかし，園芸植物の商取引においては，このやり方は厳しすぎると思われるに違いない．植物では，容易に種子をインターネットで購入できたり，郵便で輸入できたりすることも問題である．

国境における外来種の管理強化は，外来種が到達した後に散布体の導入圧を減らすことをめざした対策をともなうべきである．すなわち外来種が栽培・飼育下にのみ存在しており，それゆえ偶発的な逸出が少ない時期が重要である．そのため潜在的な問題を早期に発見することと，脅威を除去あるいは最小化するためにすばやく対応することが不可欠であるが，現時点ではどちらも実現していない．新しい外来種は偶然にしか発見されないし，もし発見されたとしても対応は場当たり的で，たいていは不十分である．熱帯東アジアの一部にすでに侵入してしまった種は，その他の場所では無視されるか，あるいは拡大が促進されることさえある．新しい外来種の脅威に関する報告を奨励し，それが効果をもつような早期警戒システムが必要なのである．たとえば，本地域のバードウォッチャーの集団は新しい外来鳥類種を発見するために有効に働いている．他の生物多様性関係のNGOに対しても，外来種を早期発見することを役割の1つとして奨励すべきである．動物園や植物園といった外来種が集中している施設は，逸出のリスクを最小化し，それが起きた場合に発見，制御するための対策を用意することが求められる（Dawson et al. 2008）．熱帯東アジアで広く行われ，とくに地元の仏教徒の間で盛んな，飼育動物の意図的な放逐の慣習は（図8-10），それよりも一般的な不要ペットの遺棄という慣習とともに，禁止すべきである．生態学的に有害ではあるが社会的に許容されているようなその他の多くの慣習についても啓発が欠かせないが，一方で悪質な違

反者を告発することも必要であろう．

　小さな海洋島では外来のネズミ類を根絶することは難しくないし（Howald et al. 2007），他の生物群でも同程度の労力をかければ根絶できるかもしれない．しかし，大陸や大きな島では，はびこった外来種を根絶することは難しく，外来種対策が在来種に対して壊滅的なダメージを及ぼすリスクがある（Denslow 2007）．それよりも生態系管理（たとえば森林の林冠閉鎖を促進すること）によって外来種の侵略性を低下させることや，場所によっては物理的，化学的，生物学的な防除を実施することで，悪影響を減らすことに集中すべきである．この数十年間，対象種以外の生物に副作用が生じるリスクが問題視されており，生物防除への風当たりは強かった．しかし，慎重に選択した天敵（捕食者，病原菌，寄生者，草食者）を計画的に野外に放すことは，今なお外来種管理において欠かせない手法であり（Messing and Wright 2006; Van Driesche et al. 2008），その利用は熱帯東アジアにおいて十分とはいえない．

8.7.3 気候変動の影響の緩和

　人間活動にともなう気候変動が熱帯東アジアの生物多様性に及ぼす影響を緩和するための現実的な手段はほとんどないようにみえる．もっともわかりやすい手段は，現状ではもっとも困難なものでもある．それはすなわち，可能なかぎり森林消失を抑えること，降水量と温度の幅を広く含むような森林どうしを可能なかぎり連続した状態で残すことにより種の移動を促すこと（「保全のための回廊」；Killeen and Solórzano 2008ほか），林冠を開いてしまうような人為影響を可能なかぎり減らすこと，火の使用を管理すること，在来種を維持するために森林と森林の間にある保護区外のハビタットを改善することである．カーボンオフセットへ新しい資金が流入することによって，このような活動のすべてにインセンティブが生まれるだろうが，少なくとも中期的には，森林の断片化や伐採，劣化が進行する見込みのほうが大きく，本地域の生物相の気候変動に対する脆弱性はさらに高まるだろう．

　もし，ハビタットが残存しているところではその連続性が維持され，ハビタットが消失したところではその連続性が復元されたとしても，多くの種にとって，気候変動にともなう気候エンベロープ（気候に規定されるハビタットの広がり）の移動速度は大きすぎ，追従できないだろう（Corlett 2009b）（7.4.13 気候変動を参照）．さらに，石灰岩の露頭のような特殊な地質や地形を好む種にとっては，ハビタットを動かせないので植生の連続性は何の助けにもならない．このような場合に最良な手段は人為的に移動を手助けすることであろうが，これは現在，きわめて議論の余地が大きい問題となっている（McLachlan et al. 2007）．気候変動によって絶滅が危惧される場所からある特定の種を移動させることはそれほど大きな問題ではないが，現在の自然分布域外の生態系にその種を導入することは問題となる．種が導入される側の生態系においては2つの正反対の懸念がある．1つ目は，導入した種が環境に適応できなかったり，在来種との相互作用により絶滅してしまったりするかもしれないことであり，2つ目は，天敵やその他の抑制から解放されることで侵略性を獲得してしまうかもしれないことである．生物は種ごとに特性が異なるため，意味があるような一般化は今のところできていない．つまり，人為的に種を移動しようとする場合には個々の種ごとに研究が必要である．このため少数の人気がある種以外では人為的な移動は難しいだろう．さらに，おそらく熱帯東アジアで広く起こると考えられているような，ある特定の現在の気候区分が消失し，まったく新しい気候に変わってしまう場合には（Williams et al. 2007），人為的な移動はほとんど役に立たないだろう．

　環境変動に対する緩和策が限られているため，熱帯東アジアにおける主たる対応策としては，化石燃料の使用や森林減少，泥炭湿地林の破壊，農業によって大量に排出される温室効果ガスの量を減らすほかない．熱帯東アジアからの排出量は大きいため，それを減らすことにより，地球規模の

環境変動に対して大きな直接的効果を及ぼすことができる．しかし，世界的に合意した排出削減量を達成するためには，ポスト京都議定書の交渉において，中国やインドネシアといった本地域内の主要な排出国が積極的に関与することが不可欠であろう．また，大規模な森林再生を実行することでも本地域は貢献できる（8.2.3 カーボンオフセット，8.9 生態的復元と再導入を参照）．

8.7.4 バイオ燃料

化石燃料をバイオ燃料（植物由来の可燃性物質）で代替することにより，炭素の純排出量を削減できる可能性がある．なぜならバイオ燃料の燃焼によって排出される二酸化炭素は，植物が成長する際に現在の大気中から吸収されたものであるのに対して，化石燃料由来の二酸化炭素は数千万年前の大気中から吸収されたものだからである．当初，このコンセプトは熱狂的に支持されていたが，炭素の純減を達成するのはそれほど容易ではないという認識が急速に広まってきた（Fargione et al. 2008; Scharlemann and Laurance 2008; Searchinger et al. 2008）．

最大の問題は，バイオ燃料作物を栽培するために炭素蓄積量の多い植生を除去すると，その炭素を再び蓄積するために何十年もかかるような「炭素の負債」が生じてしまうことである．たとえば，熱帯東アジアの低地雨林をバイオ燃料のためにアブラヤシに転換すると，もともと存在していた量の炭素を再び蓄積するまでに86年もかかると見積もられている．一方，泥炭湿地林を皆伐して排水するとその10倍ひどくなることもありうる（Fargione et al. 2008）．既存の農地でバイオ燃料作物を栽培すべきではない．なぜならバイオ燃料用以外の作物には常に需要があるため，別の場所で農地が拡大することが避けられないからである．バイオ燃料の種類によっては，生産過程において余計に石油燃料を消費することや，窒素施肥が必要な作物では一酸化二窒素が排出される可能性があることといった上記とは異なる問題もある．

このジレンマを克服する方法の1つは，作物や伐採の残渣のような，どのみち分解して炭素を排出する廃棄物のみを利用することである．そのためにはセルロースやリグニンを多く含む物質を利用可能な燃料（液体であることが望ましい）に効率的に変換することが必要で，それは目下の重要な研究課題である．別の可能性として，他の作物が栽培できないような劣化した土地でのみバイオ燃料作物を栽培するということもありうるが，放棄地が自然に森林へと再生することで固定される炭素についても炭素蓄積量の勘定に入れる必要がある．バイオ燃料の生産システムが異なるとそれらの間で費用や便益が大きく異なるため，生産されたバイオ燃料を信頼できるやり方で認証することが重要な課題である．熱帯はバイオ燃料作物の栽培にもっとも適した場所であるため，バイオ燃料の消費拡大によって本地域は破滅的な影響を受ける可能性があるが，適切に実施されれば多大な経済的利益と環境的利益が生じる可能性もある．とくに炭素を分離し貯蔵する技術を用いたバイオ燃料発電は，究極的に大気中の二酸化炭素濃度を減少させるメカニズムとなる可能性がある（Read 2008）．

8.7.5 大気汚染

水質汚染が熱帯東アジアの淡水や海岸，海洋の保護区を管理するすべての者にとっての関心事であるのに対して，大気汚染が生物多様性に及ぼす潜在的影響についてはほぼ完全に無視されてきた．このことはおもに，本地域の都市部以外では大気汚染の情報がほとんどないことを反映しており，もし実際に影響があったとしても，それをすぐに把握することができないことを示している．数少ない先行研究からも大気汚染が今後大きな問題となることが予想できるものの（7.4.12 大気汚染と富栄養化を参照），汚染物質を削減するための論拠の1つに生物多様性への影響をつけくわえるためには，さらに多くの研究が必要であろう．

8.8 生息地外保全

生息地外保全（すなわち，飼育下あるいは栽培

図8-11 雲南省の中国科学院昆明植物研究所の中国西南野生生物生殖質バンクにある長期的な種子貯蔵施設（写真提供：昆明植物研究所）．

下での保全）は，野生状態で絶滅のおそれがある種あるいは遺伝的に区別できる個体群の保険となりうる．熱帯東アジアの動物園や植物園，その他の野生生物の収集施設には多くの在来種が展示されているが，それを生息地外保全とみなすことはほとんどない．生体の生息地外保全には，繁殖力があり自己持続性のある飼育個体群が必要であり，遺伝的多様性の保全を目的として管理されるが，熱帯東アジアにはそのような実例はほとんどない．たとえばインドネシアには少なくとも70頭のワウワウテナガザル Hylobates moloch が飼育されているが，繁殖可能なペアは最大でも5つがいであり，繁殖の成功例もない（Nijman 2006）．本地域の多くの動物園における飼育環境は劣悪で，動物園どうしの協力関係は皆無に等しく，繁殖の成功例があるような数少ない種についてすら遺伝的に管理されていないため，それらの動物の保全的価値はほとんどない．中国南部に生息するトラの亜種（アモイトラ）は野生状態ではすでに絶滅したか，あるいはほぼ絶滅状態にある．73個体が飼育されてはいるが（Xu et al. 2007），それらはすべて1963年に捕獲した6個体に由来しており，強度の近親交配によって繁殖力が低下してしまい，幼獣の死亡率が高い．もっと大きな飼育個体群があり，遺伝的にきわめて近縁なインドシナの亜種（インドシナトラ）から新しい遺伝的多様性を導入することが，おそらくアモイトラを絶滅から救うための唯一の方法だろう．

東南アジア動物園協会（The South East Asian Zoos Association; SEAZA）は，地域内の動物園の水準を向上させる試みを行っており，生息地外での繁殖プログラムへ参加することを奨励している（SEAZA 2007）．しかしながら，本地域の大多数の動物園がおかれている状況と予算不足を考えると，飼育下での繁殖プログラムが近い将来において生物多様性の保全に十分貢献するという見込みはなさそうである．代替策としては，すでにいくつかの家畜動物で行われているように，精子や胚，その他の組織，DNAといった遺伝資源試料の低温貯蔵に重点をおくことがあげられる（Andrabi et al. 2007）．これは，このような試料から動物を再生できるような未来のバイオテクノロジーの進歩を見込んだものであるが，今現在，多数の野生種で遺伝的多様性が急速に消失していることを考えると，技術が成熟するまで待つという選択肢はないだろう．遺伝資源バンクについて，専門的な研究に裏づけられた包括的な地域的戦略が早急に必要である．

植物の収集状況は，ある意味において，動物の飼育状況よりも劣悪である．その理由は，多くの種において1ないしは少数の遺伝的個体しか育てておらず，その由来の記録はたとえあったとしても不十分だからである．種子バンクは，耐乾性種子をもつ植物種について，複数の個体群に由来する数多くの個体を生息地外で保全するための安価で実用的な代替策である．このような種の多くは，非季節性多雨林以外に生育しているだろう（4章 植物の生態を参照）．これまでのところ，熱帯東アジアにおいては，おもに稲や大豆といった栽培作物で長期間にわたる種子の貯蔵が行われてきたが，野生種の貯蔵も増えつつある．これに関するもっとも野心的なプロジェクトは，雲南省にある中国西南野生生物生殖質バンクであり，中国南西部の数千におよぶ野生種の種子を貯蔵することを計画している（Cyranoski 2003；図8-11）．さらにこの生殖質バンクは，動物のDNAバンクや動物の組織を冷凍保存する施設も有している．施設間における収集物交換体制を構築し，全サンプルを複数の場所でバックアップするためには，このような施設は熱帯東アジア内に複数必要である．しかし，耐乾性のない種子をもつ植物種では種子バンクが役に立たないことに注意しなければならない．このような種には，フタバガキ科やブナ科といった重要な樹木の科のすべての種が含まれる．

8.9 生態的復元と再導入

　熱帯東アジアにおける森林の皆伐や森林の劣化は，局所的，地域的，そして世界的な生物多様性の消失をもたらすおもな原因である．それゆえ森林の復元は21世紀の保全活動の重要な課題の1つであるばかりか，ほぼ間違いなく主要な課題である．ここでは「復元（restoration）」という言葉を，もっとも広い意味，すなわち森林の皆伐や劣化の後に，生物多様性の回復を開始したり促進したりするすべての活動をさすものとして使う．通常は，この言葉はあるものを元の状態に戻すことを意味するので，これはおそらく誤った用法なのだが，少なくとも人間の時間尺度において元の状態に戻すことは，多くの場所においてはほとんど不可能な目標であろう．この広義の用法は生態学の論文ではすでに一般的である．

　復元に関する多くの論文では，植生の構造や種組成を積極的に復元することを目標とする一方で，一般に動物相は自然に回復すると仮定している（Seddon et al. 2007）．しかし多くの場合，森林ハビタットの消失や劣化，あるいは狩猟によってある場所から絶滅した動物種では，森林ハビタットが断片化していたり，保護区外の場所が生息に適していなかったり，あるいは飼育下にしか残存していないために（8.8 生息地外保全を参照），人の手を借りなければ回復させることができない．再導入とは，ある生物がかつて生息していた場所に，人為的に野生個体群を再び定着させることを意味する．植物についても再導入はできるだろうが，再導入の文献には動物に関するものが多い．

　復元と再導入は部分的に一致するものである．なぜなら，ひどく劣化した場所における植生の復元には，絶滅した植物の個体群を再導入することが必然的に含まれるからである．しかし，論文では復元と再導入はもっぱら別々に考えられている（Seddon et al. 2007）．かつて絶滅した動植物種を持続可能な個体群として再導入させることがどのくらいできるかという点は，復元の成功度を評価する究極的な指標となるだろう．再導入は，植生が手つかずのままであっても，狩猟によって動物相が劣化したような，いわゆる「空洞化した森林」においても必要かもしれない．熱帯東アジアではそのような森林の割合が他地域よりも大きい（Corlett 2007a）．

8.9.1 森林の復元

　熱帯林を2〜3年で復元することはできない．それにもかかわらず，多くの森林復元（森林再生）の研究期間がこの長さなのは，一般的な博士課程の研究期間が2〜3年であることを反映している（Hau and Corlett 2003ほか）．より長期間にわたる研究も中国南部にはあるが（Ren et al. 2007ほ

か），樹木の1世代を超えるような長さの研究はない．それゆえ，これらの研究結果の解釈にはかなりの推測が含まれている．

森林が消失した土地がさらなる撹乱を受けないように守られていれば，ふつうは何もしなくても森林が再び発達する．通常，本地域では火入れを繰り返すことで永続的な二次草原が維持されるため，遷移を進めるためには火を管理することが欠かせない．薪炭材を伐採したり，家畜を飼育したりすることも草原の維持につながる．降水量が比較的少ない場所（年1,600 mm未満）や特殊な立地条件では，撹乱がなくとも，他の場所よりも長期間にわたって草原が維持されるが，保全されていればそのような場所の多くにもやがて樹木が侵入するだろう．つまり，熱帯東アジアにおいては，森林が最終的に復元されるかどうかということじたいが問題なのではなく，復元速度が緩慢であることと，成立した森林の生態的価値が低いことが問題なのである．

時折起こる草原火災を防止できない場所では，林冠の発達速度はとくに重要な問題である．なぜなら，林冠が閉鎖し，それに被陰されて草本植物が消失することで，植生が非常に燃えにくくなるからである．人手をかけない場合には，二次遷移は遅すぎるうえにパッチ状に起こるため，火災を抑制することができない．そのため，草原が維持されるには火災の発生頻度が低くとも（たとえば10年に1回）十分である．促進的天然更新法（Assisted Natural Regeneration; ANR）は，撹乱を防止したり，競争関係にある草本植生を抑制したり，必要に応じて施肥したりすることで，すでにその場所に生えている樹木の実生や稚樹の成長を促進し，閉鎖した林冠の発達を速めるという手法である（Lamb et al. 2005; Shono et al. 2007a）．ANR法はフィリピンや他の場所でも（ただし名称は異なるが）広く採用されるようになってきた．

ANR法のおもな長所は，高価な植林をともなう方法と比べて，労働と資本のコストが安あがりなことである．しかし，この方法で育成される森林は，人手をかけなかった二次林のように散布能力と光要求性が強い数種の先駆種が優占し，もともとの一次林の植物相や動物相の一部だけしか維持されない状態になりやすい．熱帯において二次林の植物相が一次林よりも劣化するのは，種子散布の段階における種子捕食や実生定着後の初期段階における草本植生との競争などのように，種数の減少をもたらすさまざまな要因が関係しているのかもしれないが，大型の果実や種子をつける植物種の種子散布者がその森林から失われたことが関係しているのかもしれない．この問題は一般的なものである（Hau and Corlett 2003）．たとえば香港の劣化した山腹では，ほとんどすべての種子がヒヨドリ類 *Pycnonotus* spp. や他の小型のスズメ目の鳥類の消化管を通って二次草原に散布される（Au et al. 2006）．天然あるいは人工の止まり木によって，草原に散布される種子の量が局所的に増加することはあっても，その種組成が変化することはありそうにない．

もし一次林の残存林が周囲にあれば，「先駆種の砂漠」から始まっても徐々に新たな種がくわわってくるだろうが，その過程はきわめて遅いこともある（Turner et al. 1997）．Martínez-Garza and Howe（2003）は，多様性が低い非森林ハビタットの中に一次林が存在するかぎりはしだいにそこから動植物が消失し続けることから，二次林が多様性を回復するにあたっては「時間税」（周辺に多様性の供給源となる一次林があっても，時とともにその価値が減少していくこと）がかかっていることを指摘している．全体的にデータは不足しているが，このことはおそらく熱帯東アジアで一般的な問題である．それゆえ種多様性の高い森林を復元することを現状よりもさらに優先する必要があるだろう．もし個々の森林において種の消失が続くのであれば，もともとの森林の「すべてのピースを保全する」だけでは十分ではないのである．

熱帯全域における数多くの研究によって，人が放棄した土地に成立した森林を人工的に改善することで，「先駆種の砂漠」を回避し，うまくいけば「時間税」を克服できることが示されている．広く採用されているフレームワーク種利用法

図8-12 森林再生のフレームワーク種利用法は、苗畑で個体数を増やすことの容易さ、野外における生存率の高さ、樹冠の広がりや密度、およびそれによる草木の被圧能力、鳥類や哺乳類の種子散布者の誘引効果といった観点から選抜した種を植栽する方法である（Elliott et al. 2003）. 写真はタイ北部の9年生の再生林である（写真：©Steve Elliott）.

（Framework Species Method）は、苗畑での増殖のしやすさ、野外における生存率の高さ、樹冠の広がりや密度およびそれによる草本の被圧能力、鳥類や哺乳類の種子散布者の誘引効果といった観点に基づいて選抜した種を植栽し、その後は別の植物種が種子散布によって自然に運ばれてくることに任せるという方法である（Elliott et al. 2003; 図8-12）. 劣化したランドスケープにおける種子散布の距離はおおむね1km未満であることから（White et al. 2004; Weir and Corlett 2007）、この方法は孤立した場所ではあまり効果的ではないだろう.

予算やその他の資源があり、土壌がそれほど劣化しておらず、高密度（2,500本／ha）で先駆樹種と極相樹種を混植できる場所では、自然遷移の順序を飛び越して、すみやかに種数の多い森林を成立させることができる（多様性最大化法 Maximum Diversity Method; Lamb et al. 2005ほか）. 一次林の樹種の中には開けた場所で定着しにくいものがあるものの、驚くほど多くの種が開けた場所で定着可能である. 被陰下でしか定着できない種は後から追加して植えればよい（Shono et al. 2007b; Du et al. 2008）. 植栽された種のうちのどのくらいの割合が、その先何世代にもわたって存続できるかはわからないが、このアプローチによって、少なくとも多様性の問題は中期的に解決できる. 長期間農地として使われたり、何度もの火入れによって劣化した土地では、植物の成長は窒素によって制限されている可能性があるため（6.3.1 窒素を参照）、窒素固定能力のあるマメ科植物を植栽木にくわえることで、樹木の成長をうながし、林冠の閉鎖を速めることができるだろう（Siddique et al. 2008ほか）.

実生を育成し、植栽することには費用がかかるため、代替策として、より安価な直播法に着目した研究が多くなされてきた. 残念なことに、単純に種子を播いただけでうまくいくことはほとんどない. 種子を個別に土に埋めたとしても、一部の種（多くの場合、大型種子をつける種）でしかうまくいかない（Doust et al. 2006）. このことは、実生を用いる高コストな植林を直播法によって安く補うことはできるが、その代わりにはならないことを意味する. 別の代替法の候補としては、挿し木法（植栽する数日前に4m未満の長さに切り、側枝を除去する）がある（Zahawi 2008）. 繰り返すが、このような方法は一部の樹種にしか有効

ではない．しかし，挿し木法は背の高い草原や牧草地では有効であり，挿し木は種子を運ぶ鳥類にとっての即席の止まり木にもなりうる．

さらに，山引き苗（野生の苗）を用いる方法もある．この方法は熱帯東アジアでかなり広く実践されているが，詳細な記録はあまりない．山引き苗をそのまま植えたのでは生存率はきわめて低いだろうが，一定期間苗畑で（野外から掘り取って環境を変えたために受けた被害から）回復させてから植えれば，種子から育てた実生よりも生存率が高くなるだろう（Ådjers et al. 1998ほか）．回復期間が必要であるということは，この方法では費用がそれほど節約できないことを意味する．それでも，一斉結実するようなフタバガキ科樹種や長期にわたり「実生バンク」を形成するその他の植物種のように，種子よりも実生が入手しやすい場合には，この方法は有利になるだろう．これはさらに研究をすすめる価値のあるテーマである．ただし，希少種では，山引き苗の採集によって野生個体群が影響を受けることが懸念される．

大面積の全域において，苗畑で育てた実生を高密度で植林することは，通常は，非常に費用がかかる．そのため最近では，天然の二次林を置き換えるのではなく，改善（エンリッチメント）する方法が注目されるようになってきた．自然にまかせた植生遷移と先述したANR法の双方の限界については，自然遷移では入ってこないような一次林種をエンリッチメントとして植えることで克服できるだろう．これを成功させるためには，たとえば直播や挿し木，山引き苗に向いているのはどの種なのか，苗畑で実生を育ててから植える必要があるのはどの種なのか，林冠が閉鎖する前に植えなければならないのはどの種で，後から植える必要があるのはどの種なのかといった樹種ごとの特性を研究する必要がある．

たとえば川沿いや断片化した一次林の周囲のバッファーゾーン（緩衝帯）や，それらの断片化した森林をつなぐ緑の回廊などのように，ランドスケープレベルでエンリッチメントを計画し，もっとも効果が高い場所に労力を集中させることが重要である（Lamb and Erskine 2008）．例として，海南島の覇王嶺自然保護区では，絶滅危惧IA類（CR）に区分されているハイナンテナガザルにとって，もっとも重要な場所や樹種に着目して森林の復元が行われている（Fellowes et al. 2008）．火災，農地の拡大，薪炭材の伐採といった，現在だけでなく将来の脅威について考慮することも重要である．長期的に存続することがほとんど期待できないような場所に，莫大な数の樹木が今も植林され続けている．熱帯東アジアの森林復元プロジェクトでは，育った森林ではなく，植えられた苗木の数をもって「成功」を測るような，数値目標や割り当て量を重要視することが主流になりつつある．

成長が速く，非侵略的な外来種で造林することは，その後そこに在来種が自然に侵入してくることを期待したり，在来種を補植してエンリッチメントする方法を組み合わせたりすることにより，イネ科草本や他の草本類が優占する土地を森林として「取り戻す」ために有効な場合がある．外来種の単一植栽が二次遷移の「触媒」として常に機能するという証拠はほとんどないが（Lee et al. 2005, 2008ほか），耐陰性のある在来種を下層に植えることで，プランテーションを多くの在来種が生育する森林に転換することができるかもしれない．将来，在来種にあまり影響を与えることなく外来種を収穫できれば，このアプローチによって，森林復元を促進するのに十分な現金収入を得ることができるだろう（McNamara et al. 2006）．さらにいかなる森林（外来種のみからなる森林を含む）であっても，劣化した牧草地や非木本性作物などのような他のほとんどの人工的な生態系よりも，在来種の多様性を高く維持できると期待される．それゆえ，外来種のプランテーションは，ランドスケープレベルの保全において一定の役割を果たしうる（Brockerhoff et al. 2008）．生産性を大きく損なうことなく，このようなプランテーションの保全的価値を高めるための方法を明らかにすることが急務である．木材生産を目的として複数の在来種からなるプランテーションをつくることに

よって，生物多様性の利益と十分な経済的見返りを両立できる可能性がある．このため，この方法によって広大な面積の森林復元が促進できるかもしれない（Wardell-Johnson et al. 2008）．

　熱帯東アジアの森林復元において，遺伝的な問題はほとんど無視されてきた．すなわち手近な1ないし数個体の親木から種子を採取したり，遠方から種子や実生を運んできたりすることが多かった．熱帯樹木には近親交配が不利になるような強い選択圧がかかっているという証拠がある（4.3.1 送粉・受粉を参照）．このことは，植林の段階で十分な遺伝的管理が行われなければ次世代の適応度が低下する可能性があることを示唆している．また，局所的な環境条件に対して樹木が遺伝的に適応しているという証拠があるため，可能なかぎり地元産の種子を使うべきである（McKay et al. 2005）．苗畑の管理者は遺伝的管理を数多くのささいな問題の1つと考えがちであるが，このような態度は近視眼的であり，おそらく現在のやり方では今後，問題が蓄積していくだろう．

　目下の最重要課題は，森林復元の規模をスケールアップすることである．現在の熱帯東アジアでは少なくとも1年に2万km^2の森林が消失しており，それよりも速い速度で森林を復元する必要がある．そのためには，数十万の小規模な森林復元プロジェクトを開始し，それらを火災や伐採，その他の脅威から保護し続けることが必要であろう．カーボンオフセットや生物多様性オフセット，環境サービス支払いは，今後10年にわたり増加が見込まれる資金源である．また，資金の貸与，補助金の分配，植林材料の無償提供，定期的な支払いといったことはすべてさまざまな場所ですでに試行されてきた．評価試験を早急に実施し，このような資金を基にして在来種の種多様性が高い森林をつくるための最適な方法を見つけだす必要がある．

8.9.2　種の再導入

　一般に保全関係者が再導入に慎重な態度をとっていることは，IUCN種の保存委員会（Species Survival Commission; SSC）の再導入専門家グループのミッションステートメントに如実に表れている．このステートメントでは，「自然のハビタットにおいて存続可能な野生個体群を定着させるために，健全で学際的な科学的知見，政策および実践法を積極的に開発・促進し，それに基づいて生物多様性を管理・復元するための信頼できるツールとして再導入を利用することで，現在進行しつつある大規模な生物多様性の消失を止めるべく戦うこと」としている．IUCN種の保存委員会の再導入についてのガイドライン（IUCN 1998）によれば，どのような再導入においても，その第1の目標は，長期的に種の存続を促進しながら生態的プロセスを復元し，生物多様性を復元し，保全への意識を高めることを目的としつつ，長期的な管理を最小限にして野生状態で人の手を借りずに存続可能な個体群を定着させることである．また，このガイドラインには，できるかぎり地元の亜種ないし品種を用いること，飼養中に寄生虫や病気に感染させないこと，野外に放した後も監視を行うべきであるということも記されている．長期的な財政的・政策的な支援も重要であるが，対象とする種の自然史についての正しい知識が必要であることは論を待たない．

　すでに世界中で数多くの再導入が行われているが，その成功の度合いはさまざまである．Seddon et al.（2005）は，再導入の計画対象となっている489種の動物を整理した．その内訳は，哺乳類172種，鳥類138種，両生類と爬虫類94種，魚類20種，無脊椎動物65種である．しかし，この489種という値はかなり過小評価のようである．一般的に，飼育繁殖した個体を放すよりも野生個体を捕獲して移動させるほうが成功しやすいが（Jule et al. 2008ほか），飼育繁殖した個体でも成功例はある．過去にその種の絶滅をもたらした脅威がなくなっており，野外に戻すことができる適切な数の個体が確保されており，十分な広さの空いたハビタットがある場合において，再導入は保全生態学における手法の1つとなる．熱帯東アジアにおいて詳細に記録された事例としては，香港

図8-13 シフゾウ Elaphurus davidianus は中国中部の湿地ハビタットから絶滅したが，イングランドのウォーバンにおいてベッドフォード公爵が飼育していた群れが生き残っており，そこから中国に再導入された．写真は長江の石首シフゾウ国立自然保護区において1993～94年に再導入された個体群である（写真提供：Jiang Zhigang）．

において樹上性のカエル Chirixalus romeri（アオガエル科）を救出し，飼育下で繁殖した後に野外での再定着に成功したことや，1世紀以上も前に中国で絶滅したシフゾウ Elaphurus davidianus（図8-13）を長江下流の湿地に再導入し，成功したことなどがあげられる（Zeng et al. 2007）．

しかしながら，熱帯東アジアの現実はこれらの事例から大きくかけ離れているのがふつうである．そこでは，莫大な数の押収された動物や遺棄された動物が，事前に医学的な検査や放逐前の訓練を受けず，由来も特定されないままに，もっとも手近な森林に単純に捨てられている．このようなことが行われるのは，単に法律がそのように定めているからという場合もあるが，押収した動物を飼育するための十分な施設がない状況では，それがもっとも動物に優しい方法のようにみえるからという場合もある．押収した動物の取り扱いに関するIUCNのガイドライン（IUCN 2002）では，このような状況では安楽死させることが推奨されているが，このような対応は野生生物担当の役人にとっても一般の人々にとっても受け入れ難いものだろう．放逐された動物がその後も監視されることはない．ほとんどは死んでしまうようだが，マカクの侵略的な個体群が，ベトナムの複数の保護区（Streicher 2007）や，熱帯東アジアの他の場所に定着していることから，生き残る個体がいることは確かである．

絶滅危惧種の捕獲や商取引，所有に関する現行法の執行力を高めた場合，潜在的な保全上の価値を認められ飼育が必要となる動物の数は大幅に増えるだろう（図8-14）．それゆえ，IUCNのガイドラインと現行の慣習との間に現実的な妥協点を見出すことが急務である．本地域内にはすでに，どのようにすればそのような妥協を成しうるかを示す多くのプロジェクトがある．たとえば，押収された動物の野生復帰に関しては，フィリピンにおけるカオグロサイチョウ（Hembra et al. 2006），カリマンタンやスマトラにおけるオランウータン（Grundmann 2006; Cocks and Bullo 2008），ベトナムにおけるリーフモンキーや（Nadler and Streicher 2003）ピグミースローロリス（Streicher and Nadler 2003）および他のさまざまな脊椎動物（Streicher 2007）といった事例がある．カリマンタンでは，ペット用の違法取引で押収され飼育されていたテナガザルを野生に復帰させたという成功例がある（Cheyne et al. 2008）．これらの事例はすべて野生生まれの動物についてものである．しかし，スマトラのブキットティガプル国立

図8-14 ボルネオオランウータンサバイバルファウンデーションで保護されているオランウータンの子ども
(写真：©Natalie Behring-Chisholm／グリーンピース).

公園では，150年以上前にこの地区から絶滅したオランウータン個体群を再導入することを目的としたスマトラオランウータン保全計画によって，ペットとして取引されていた80個体以上のオランウータンの孤児を野生復帰させており，さらにそれらにくわえて動物園生まれの1頭のスマトラオランウータンを野生復帰させることに成功している（Cocks and Bullo 2008）．

タイのゾウ再導入基金では，家畜化された個体を野生復帰させることに成功している．しかし，この場合には，おもな目的はゾウという種を保全することではなく個々のゾウを救うことである．アジアには現存するアジアゾウの30％未満に相当する推定1万6,000頭の家畜化されたゾウが存在するが，森林伐採の現場での需要が減ったため，それらの多くは不要となっている．このため，アジアゾウでは野生復帰させる個体の数が不足しているということではなく，好適なハビタットが不足していることが大きな問題となっている（Leimgruber et al. 2008）．残念ながら，家畜化されたゾウが余っているにもかかわらず，生体の捕獲が続いているために，野生個体群が局地的に絶滅の危機にさらされている．

違法取引から押収された個体と，狩猟によって野生動物が消失した断片林があれば，再導入技術を評価するための調査研究が可能である．そうした場合には，放逐前の訓練が放逐後の生存に与える影響を評価することを目的として一方の性の個体のみを放逐したり，繁殖に成功するための最適な個体群サイズを研究したり，生態系機能への影響評価を研究したりできるかもしれない．地方の人口が減少し，天然林や再生林が拡大するのにともなって新たな機会が生まれてくれば，再導入の需要は増加するだろう．それゆえ，どのようにすればうまく再導入できるかを理解することは重要である．

8.10 保全のリーケージ

保全における「リーケージ（漏出）」とは，ある場所における保全の利益が別の場所での保全の損失を招き，地球規模での保全の純益を減少させる（あるいは打ち消す）ことを意味する（Gan and McCarl 2007ほか）．たとえば，ある場所の森林を保全した場合，市場における相互作用の結果として，別の場所で森林の伐採や消失が引き起こされるかもしれない．リーケージは局所的から地域的，地球規模までのあらゆるスケールで起こりうる．たとえば局所的には，保護区内の監視が厳しい区域を狩猟者が避けることによって他の場所での捕獲圧が増加することが起こりうる．地域的には，ある国において伐採が禁止されたとして

も，需要が低下しなければ近隣諸国における伐採量が増加することが起こりうる．地球規模では，熱帯東アジアにおいて森林からアブラヤシのプランテーションへの転換が減少すれば，アブラヤシの生育には不適な他の熱帯地域においてアブラヤシよりも生産性の低い油脂作物への転換が起こりうる．保全関係者はリーケージを無視する傾向があり，このリーケージ現象に関する研究の大部分は，地球規模でのリーケージが明らかな，炭素貯留に関係するものであった（Murray et al. 2004ほか）．しかしながら，多くの（おそらくほとんどの）局所的な保全の成果は，少なくとも部分的にはリーケージによって打ち消されていると思われるため，この問題は無視できない．理論的には，保全活動が及ぶ空間的な規模を拡大することによって，リーケージを減らしたり無くしたりすることが可能である．しかし，市場のグローバリゼーションの進行により，地球規模の市場をもつ木材や食用油といった商品については地域的に協働したとしても不十分である．その一方で国際的な協定に合意したり，それを実行したりすることも著しく困難な状況にある．

8.11 教育

熱帯東アジアの狩猟採集民や森林農耕民は，自然生態系あるいは人為改変された生態系の生物種やプロセスについての豊富な伝統的知識をもっている．しかし，これらの人々は，21世紀の本地域における人口の中では少数派にすぎず，多くは多数派との交流がほとんどない少数の民族・言語グループに属している．一方で，高学歴で，多くは都会暮らしの，アマチュアないしプロの生態学者や保全関係者も，少ないながら増加しつつある．これら両者の間には，環境問題一般に関心がなく，とりわけ生物多様性保全についてほとんど何も知らないような非常に多くの人々が存在しており，地方の農民から都会の公務員や政治家までのほとんどすべての人々がこれに含まれる．このような知識不足が生物多様性の減少をもたらすような行動に対してどの程度影響しているのかを把握することは難しいが，知識不足を解消するために努力することは，本地域の生物多様性保全を支え，さまざまな公的支援を強化するための第一歩としてきわめて重要である．

熱帯東アジアのほぼすべての子どもは政府が設立した学校に通う．したがって次世代が知識不足に陥らないようにするためには，学校を利用することが何より大事である．本地域のすべての国では，程度の差はあっても中央政府が小中学校や高等学校のシラバスを管理しているので，そのシラバスを変更することと，学校に教材を提供することという2つの観点からはじめることがもっとも効果的であろう．私立学校ではより柔軟な対応ができると考えられるため，保全教育における革新的なアプローチを試すこともできるだろう．

ここではカリキュラムの再編については詳細に議論しないが，とくに言及しておくべきことが3点ある．第1は，他地域と同様に，熱帯東アジアにおいて保全に関わる教育者は以下のような共通した問題を抱えているということである．すなわち一般に現代的なライフスタイルにくわえて，とくに詰め込み式の教育システムによって，日頃から子どもたちが自然と触れ合う機会が非常に少なくなっている．都会にかぎらず，多くの子どもたちは，チームで行うスポーツをのぞけばもはや野外で遊ぶことはなく，彼らにとって自然は直接体験するものではなくテレビで見るものとなってしまった．他地域での研究によれば，環境に対するおとなの意識や感受性は，幼少期にどのように自然の中で遊んでいたかに大きく影響される（Pergams and Zaradic 2008）．学校の校庭や都会の空き地，その地方の保護区といった自然との触れ合いの場にすべての年齢の子どもたちを連れ出すことで，このような状況を改善できるだろう．

第2に，生態学者には，生物多様性を理解するうえでもっとも良い方法は，地元の野生種の1つひとつの識別法を学ぶことである，という信念がある．本地域の多数の保全関係者にとって，バードウォッチングはその最たるものであり，この目

図8-15 本地域のいくつかの場所において，ここ数年間に生物多様性関係の書籍が爆発的に出版されているが，その内容は場所，言語，系統群によって大きく異なる．写真は香港で最近出版された書籍の一部である（写真提供：Hugh T. W. Tan）．

的の役に立つ．とはいえ，初歩的な学習の助けとなるような同定マニュアルや専門家の協力体制が整っているなら，どのような系統群であってもかまわない．しかし，単なる趣味として楽しむのではなく，学校のシラバスに正式に取り入れた場合にもこれはうまくいくだろうか？　このことは第3の指摘につながる．それは，熱帯東アジアの環境教育については膨大な数のさまざまな実績があるが，その効果を評価するような試みはこれまでほとんど行われてこなかったということである．処理の前後を比較したり，処理と対照を比較したりするような実験計画法を用いた教育実験を行うことは，難しいものの不可能ではないし，それは私たちが未来の環境教育を創り出す道筋に大きな影響を与えるかもしれない．

　学校の子どもたちだけが教育の対象となるわけではない．熱帯東アジアでは過去10年間に，本や雑誌，さまざまなインターネット上のコンテンツとして，膨大な数の生物多様性に関する資料が公開されてきたが，場所によって自国語教材の量には大きな差がある（図8-15）．同定マニュアルは本格的な保全教育の基礎となるが，現在入手できるもののほとんどは，興味をもったアマチュア向けというよりは，英語（あるいは中国語）が読める専門家を対象としたものである．保護区において教育用の解説書がもっと必要であることはすでに述べた（8.2.5 ツーリズムを参照）．本地域の多くの動物園や植物園もまた，単なる看板や展示によるだけでなく（それらも至急必要ではあるが），ノウハウがあるところでは，地域社会へ積極的なアウトリーチを行ったり，あるいは保護区や保全NGOとのパートナーシップを通じて貢献したりすべきである（Miller et al. 2004; Mallapur et al. 2008）．さらには，動物園の認可の要件の1つとして，保全教育への十分な貢献をくわえるべきである．なぜなら保全という使命をもたない動物園が存在すると，野生動物を人間の思うままに扱ってもよいという態度が助長されてしまうかもしれないからである．保全教育への参画は東南アジア動物園協会のミッションの中核であるが（SEAZA 2007），現在のところ，本協会に属している30の動物園ですら取り組みは不十分である．

　また，熱帯東アジアにおいては，保全専門家を育てるための高等教育のレベルを向上させることも

必要である．先進国なら保全生物学の修士号が必要とされるような職であっても，熱帯東アジアでは学部卒や専門外の学位をもつ人物がその職についていることが多い．おそらく給料や待遇を改善することが，高度な教育を受けた，非常に熱意のある保全専門家を育成するための必要条件と思われるが，関係する高等教育レベルのコースや学位プログラムを幅広く提供することも欠かせないだろう．

8.12 保全は機能するか？

熱帯東アジアでは，過去数十年間にわたって保全やそれに関連する活動に数十億米ドルがつぎこまれてきたが，それらの事業の多くで効果が明らかとなっていない（Ferraro and Pattanayak 2006; Linkie et al. 2008）．数々の話題や間接的な指標（養成したスタッフの数，保全意識の変化など）はあるが，「その事業を実施しなかった場合と比べて生物多様性（あるいは，その特定の要素）は豊かになったのか？」という当然の疑問に対する回答はほとんどない．それに答えるのは難しく，また費用がかかるものの，これほど多額の予算が使われていながら結果がきちんと評価されていないような公共政策は他にはないだろう．

理想的なアプローチは，実験計画法を採用すること，つまり無作為に選抜した面積，種，群集，個体群について事業を行うことである．その実施は，しばしば不可能だったり，多額の費用が必要だったりするが，無作為化をしなくとも，「準実験計画法（quasi-experimental methods）」（擬似的対照群の比較）を採用することによって，事業の影響を評価することは可能である（Ferraro and Pattanayak 2006; Andam et al. 2008）．それすらも現実的でない場合には，代替的なアプローチとして，ケンブリッジ保全フォーラムが開発したアンケートに基づくスコアカード法がある．これは，実践者がプロジェクトの成果を系統的かつ一貫した方法で評価するためのものである（Kapos et al. 2008）．カーボンオフセットや他のイニシアティブの結果として，今後数十年にわたり保全につぎこまれる予算には大幅な増加が見込まれるため，急速に厳格な評価が要求されるようになるだろう．資金提供者はそれを要求するだろうし，もし要求されなかったとしても，保全関係者は，参加しているプロジェクトの成果ができるかぎり厳格に評価されていることを主張すべきである．真に必要とされているのは効果のある方法とない方法を明らかにすることである．

8.13 熱帯東アジアの生物多様性保全を進めるために

この本は一人の生態学者が他の生態学者にむけて執筆したものである．それゆえ最後に，熱帯東アジアの生態学者に生物多様性保全を先導することを要請して終わってもおかしくはないだろう．理想的な世界なら，学究の徒である生態学者は，保全のマネージャーが助言を求めに来るのを座って待っていればよいかもしれないが，私たちはそのような世界に生きているのではない．状況は危機的であり，今後数十年間にわたり本地域の生物多様性を可能なかぎり守るために，私たちは今，行動しなければならない．

科学者には保全問題において対立したり抗議したりするという役割もあるかもしれないが，それが科学者にとってもっとも重要な役割であることはめったにない．科学に対する信頼は，科学が物事を公平にとらえているものだと認識されることから生まれる．そのような科学観は，科学者が論争の一方に大きく加担しているとみなされれば，たやすく失われてしまうだろう．熱帯東アジアの生物多様性にとってもっとも望まれる未来を実現するためには妥協が必要となる．それは，積極的にすべての関係者と話し合ったり，有害な慣習に対して現実的な代替案を提案したりすることによってのみ生まれてくる．本地域の生態学者にとって，科学的客観性と活動家の情熱の間でバランスをとることは大きな目標である．

保全するためには研究と行動の両方が必要であるが，研究の成果がでてから行動するというよう

な余裕はほとんどない．多くの保全活動においてすでに述べたような「時間税」が発生するため，開始が遅れるほど成功は遠ざかってしまう．喫緊の課題としては，本地域に残る最後の大面積の低地林を守ること，既存の保護区内において狩猟を規制すること，狩猟の動機づけとなっている野生生物の商取引を規制すること，違法伐採を抑制すること，炭素蓄積量の多い泥炭湿地林が排水されたり火災に遭ったりしないように守ること，森林の復元を大規模に進めることなどがあげられる．緊急の度合いがやや低い課題としては，種と場所についての保全の優先順位を決めるために地域的に協働すること，潜在的な外来種に対する早期警戒システムを国内的・国際的に構築すること，学校，メディア，保護区における生物多様性教育の質を向上させることがあげられる．

多くの優先すべき研究分野では，生態学者と社会科学者の連携が必要とされるだろう．主要な課題には次のようなものがあげられる．保全に関する法律をより効果的に執行するにはどうすればよいか？　現在の森林復元の規模を数桁拡大するためにはどうすればよいか？　小さな保護区を集中的に管理することでその小ささを埋め合わせることができるか？　地域社会参加型の保全活動はどこでどのように機能させることができるか？　それぞれの地元のNGOはどのくらい効果的であり，彼らの力を強化するにはどうすればよいか？　熱帯東アジアの絶滅のおそれのある動物種を生息地外で保全することの果たす役割とは何で，どのような手法がもっとも効果的か？　押収された保全的価値のある動物を野生復帰させるにはどうすればよいか？　カーボンオフセットによる資金を活用して生物多様性保全を進展させるにはどのような方法が最善なのか？

熱帯東アジアの生物多様性の状況は，改善のきざしを見せるというよりも悪化の一途をたどっているが，どれくらい悪化するのかは私たちに委ねられている．本地域の保全に関するすべての問題を一挙に解決できるような特効薬はない．これらの問題については，個々の場所ごとに，それぞれの種について，それぞれの人が，1つひとつ取り組んでいかなければならない．けっきょくのところ，成功するかどうかは，私たちが社会のあらゆる分野から熱帯東アジアの生物多様性保全に対して幅広い支援をとりつけることができるかどうかにかかっている．この本がそれを達成するための一助となることを期待したい．

引用文献

Aas, W., Shao, M., Jin, L. et al. (2007) Air concentrations and wet deposition of major inorganic ions at five non-urban sites in China, 2001–2003. *Atmospheric Environment*, 41, 1706–1716.

Abe, T. (2006) Threatened pollination systems in native flora of the Ogasawara (Bonin) Islands. *Annals of Botany*, 98, 317–334.

Abe, T. (2007) Predator or disperser? A test of indigenous fruit preference of alien rats (*Rattus rattus*) on Nishi-jima (Ogasawara Islands). *Pacific Conservation Biology*, 13, 213–218.

Abe, H., Matsuki, R., Ueno, S., Nashimoto, M. and Hasegawa, M. (2006) Dispersal of *Camellia japonica* seeds by *Apodemus speciosus* revealed by maternity analysis of plants and behavioral observation of animal vectors. *Ecological Research*, 21, 732–740.

Abe, T., Makino, S. and Okochi, I. (2008) Why have endemic pollinators declined on the Ogasawara Islands? *Biodiversity and Conservation*, 17, 1465–1473.

Abram, N.J., Gagan, M.K., Liu, Z.Y., Hantoro, W.S., McCulloch, M.T. and Suwargadi, B.W. (2007) Seasonal characteristics of the Indian Ocean Dipole during the Holocene epoch. *Nature*, 445, 299–302.

Adeney, J.M., Ginsberg, J.R., Russell, G.J. and Kinnaird, M.F. (2006) Effects of an ENSO-related fire on birds of a lowland tropical forest in Sumatra. *Animal Conservation*, 9, 292–301.

Ådgers, G., Hadengganan, S., Kuusipalo, J., Otsamo, A. and Vesa, L. (1998) Production of planting stock from wildings of four *Shorea* species. *New Forests*, 16, 185–197.

Adler, P.B., HilleRisLambers, J. and Levine, J.M. (2007) A niche for neutrality. *Ecology Letters*, 10, 95–104.

Agetsuma, N. (2007) Ecological function losses caused by monotonous land use induce crop raiding by wildlife on the island of Yakushima, southern Japan. *Ecological Research*, 22, 390–402.

Aiba, S., Hill, D.A. and Agetsuma, N. (2001) Comparison between old-growth stands and secondary stands regenerating after clear-felling in warm-temperate forests of Yakushima, southern Japan. *Forest Ecology and Management*, 140, 163–175.

Aiba, S. and Kitayama, K. (1999) Structure, composition and species diversity in an altitude-substrate matrix of rain forest tree communities on Mount Kinabalu, Borneo. *Plant Ecology*, 140, 139–157.

Aiba, S. and Kitayama, K. (2002) Effects of the 1997–98 El Nino drought on rain forests of Mount Kinabalu, Borneo. *Journal of Tropical Ecology*, 18, 215–230.

Aiba, M. and Nakashizuka, T. (2007a) Variation in juvenile survival and related physiological traits among dipterocarp species co-existing in a Bornean forest. *Journal of Vegetation Science*, 18, 379–388.

Aiba, M. and Nakashizuka, T. (2007b) Differences in the dry-mass cost of sapling vertical growth among 56 woody species co-occurring in a Bornean tropical rain forest. *Functional Ecology*, 21, 41–49.

Aiba, S., Takyu, M. and Kitayama, K. (2005) Dynamics, productivity and species richness of tropical rainforests along elevational and edaphic gradients on Mount Kinabalu, Borneo. *Ecological Research*, 20, 279–286.

Aide, T.M. (1992) Dry season leaf production: an escape from herbivory. *Biotropica*, 24, 532–537.

Aitchison, J.C., Ali, J.R. and Davis, A.M. (2007) When and where did India and Asia collide? *Journal of Geophysical Research-Solid Earth*, 112.

Alcala, A.C. and Russ, G.R. (2006) No-take marine reserves and reef fisheries management in the Philippines: a new people power revolution. *Ambio*, 35, 245–254.

Aldhous, P. (2004) Land remediation: Borneo is burning. *Nature*, 432, 144–146.

Aldrian, E. and Susanto, R.D. (2003) Identification of three dominant rainfall regions within Indonesia and their relationship to sea surface temperature. *International Journal of Climatology*, 23, 1435–1452.

Alexander, I.J. and Lee, S.S. (2005) Mycorrhizas and ecosystem processes in tropical rain forest: implications for diversity. *Biotic interactions in the tropics* (eds D.F.R.P. Burslem, M.A. Pinard and S.E. Hartley), pp. 165–203. Cambridge University Press, Cambridge.

Ali, R. (2004) The effect of introduced herbivores on vegetation in the Andaman Islands. *Current Science*, 86, 1103–1112.

Ali, R. (2006) Issues relating to invasives in the Andaman Islands. *Journal of the Bombay Natural History Society*, 103, 349–355.

Ali, J.R. and Aitchison, J.C. (2008) Gondwana to Asia: plate tectonics, paleogeography and the biological connectivity of the Indian sub-continent from the Middle Jurassic through the latest Eocene (166–35 Ma). *Earth Science Reviews*, 88, 145–166.

Allison, S.D. (2006) Brown ground: a soil carbon analogue for the green world hypothesis? *American Naturalist*, 167, 619–627.

Amir, H.M.S. and Miller, H.G. (1990) *Shorea leprosula* as an indicator species for site fertility evaluation in dipterocarp forests of Peninsula Malaysia. *Journal of Tropical Forest Science*, 3, 101–110.

Andam, K., Ferraro, P.J., Pfaff, A., Sanchez-Azofeifa, G.A., and Robalino, J.A. (2008) Measuring the effectiveness of protected area networks in reducing deforestation. *Proceedings of the National Academy of Sciences of the USA*, 105, 16089–16094.

Anderson, J.A.R. (1983) The tropical peat swamps of western Malesia. *Mires: swamp, bog, fen and moor, regional studies* (ed A.J.P. Gore), pp. 181–199. Elsevier, Amsterdam.

Andrabi, S.M.H. and Maxwell, W.M.C. (2007) A review on reproductive biotechnologies for conservation of endangered mammalian species. *Animal Reproduction Science*, 99, 223–243.

Anon. (2007) *Priority sites for conservation in the Philippines: Key Biodiversity Areas*. Conservation International Philippines, Department of Environment and Natural Resources, and Haribon Foundation, Quezon City.

Appanah, S. (1993) Mass flowering of dipterocarp forests in the aseasonal tropics. *Journal of Biosciences*, 18, 457–474.

Appanah, S. and Chan, H.T. (1981) Thrips: the pollinators of some dipterocarps. *Malaysian Forester*, 44, 234–252.

Aratrakorn, S., Thunhikorn, S. and Donald, P.F. (2006) Changes in bird communities following conversion of lowland forest to oil palm and rubber plantations in southern Thailand. *Bird Conservation International*, 16, 71–82.

Arnold, A.E. (2008) Endophytic fungi: hidden components of tropical community ecology. *Tropical forest community ecology* (eds W.P. Carson and S.A. Schnitzer), pp. 254–271. Wiley-Blackwell, Oxford.

Arponen, A., Moilanen, A. and Ferrier, S. (2008) A successful community-level strategy for conservation prioritization. *Journal of Applied Ecology*, **45**, 1436–1445.

Ashton, P.S. (2003) Floristic zonation of tree communities on wet tropical mountains revisited. *Perspectives in Plant Ecology Evolution and Systematics*, **6**, 87–104.

Ashton, P.S., Givnish, T.J. and Appanah, S. (1988) Staggered flowering in the Dipterocarpaceae—new insights into floral induction and the evolution of mast fruiting in the aseasonal tropics. *American Naturalist*, **132**, 44–66.

ATBC (2007) *Resolution concerning the 'Heart of Borneo' transboundary conservation initiative*. The Association for Tropical Biology and Conservation.

Au, A.Y.Y., Corlett, R.T. and Hau, B.C.H. (2006) Seed rain into upland plant communities in Hong Kong, China. *Plant Ecology*, **186**, 13–22.

Auffenberg, W. (1988) *Gray's monitor lizard*. University of Florida Press, Florida.

Bacon, A.M., Demeter, F., Rousse, S. et al. (2006) New palaeontological assemblage, sedimentological and chronological data from the Pleistocene Ma U'Oi cave (northern Vietnam). *Palaeogeography Palaeoclimatology Palaeoecology*, **230**, 280–298.

Bailey, R.C., Head, G., Jenike, M., Owen, B., Rechtman, R. and Zechenter, E. (1989) Hunting and gathering in tropical rain forest: is it possible? *American Anthropologist*, **91**, 59–82.

Baillie, I.E. and Ashton, P.S. (1983) Some soil aspects of the nutrient cycle in mixed dipterocarp forests in Sarawak. *Tropical rain forest: ecology and management* (eds S.L. Sutton, T.C. Whitmore and A.C. Chadwick), pp. 347–356. Blackwell, Oxford.

Baillie, I.C., Ashton, P.S., Chin, S.P. et al. (2006) Spatial associations of humus, nutrients and soils in mixed dipterocarp forest at Lambir, Sarawak, Malaysian Borneo. *Journal of Tropical Ecology*, **22**, 543–553.

Baker, D.F. (2007) Reassessing carbon sinks. *Science*, **316**, 1708–1709.

Baker, P.J., Bunyavejchewin, S., Oliver, C.D. and Ashton, P.S. (2005) Disturbance history and historical stand dynamics of a seasonal tropical forest in western Thailand. *Ecological Monographs*, **75**, 317–343.

Bala, G., Caldeira, K., Wickett, M. et al. (2007) Combined climate and carbon-cycle effects of large-scale deforestation. *Proceedings of the National Academy of Sciences of the USA*, **104**, 6550–6555.

Balete, D.S., Rickart, E.A., Rosell-Ambal, R.G.B., Jansa, S. and Heaney, L.R. (2007) Descriptions of two new species of *Rhynchomys* Thomas (Rodentia: Muridae: Murinae) from Luzon Island, Philippines. *Journal of Mammalogy*, **88**, 287–301.

Balmford, A. and Whitten, T. (2003) Who should pay for tropical conservation, and how could the costs be met? *Oryx*, **37**, 238–250.

Baltzer, J.L., Davies, S.J., Bunyavejchewin, S. and Noor, N.S.M. (2008) The role of desiccation tolerance in determining tree species distributions along the Malay-Thai Peninsula. *Functional Ecology*, **22**, 221–231.

Banks, C.B., Lau, M.W.N. and Dudgeon, D. (2008) Captive management and breeding of Romer's tree frog *Chirixalus romeri*. *International Zoo Yearbook*, **42**, 1–10.

Bänziger, H. (1982) Fruit-piercing moths (Lep., Noctuidae) in Thailand: a general survey and some new perspectives. *Mitteilungen der Schweizerischen Entomologischen Gessellschaft*, **55**, 213–240.

Bänziger, H. (1991) Stench and fragrance: unique pollination lure of Thailand's largest flower, *Rafflesia kerrii* Meijer. *Natural History Bulletin of the Siam Society*, **39**, 19–52.

Bänziger, H. (1996a) The mesmerizing wart: the pollination strategy of epiphytic lady slipper orchid *Paphiopedilum villosum* (Lindl) Stein (Orchidaceae). *Botanical Journal of the Linnean Society*, **121**, 59–90.

Bänziger, H. (1996b) Pollination of a flowering oddity: *Rhizanthes zippelii* (Blume) Spach (Rafflesiaceae). *Natural History Bulletin of the Siam Society*, **44**, 113–142.

Bänziger, H. and Pape, T. (2004) Flowers, faeces and cadavers: natural feeding and laying habits of flesh flies in Thailand (Diptera: Sarcophagidae, *Sarcophaga* spp.). *Journal of Natural History*, **38**, 1677–1694.

Baraloto, C., Goldberg, D.E. and Bonal, D. (2005) Performance trade-offs among tropical tree seedlings in contrasting microhabitats. *Ecology*, **86**, 2461–2472.

Barber, C.V., Matthews, E., Brown, D. et al. (2002) *State of the forest: Indonesia*. World Resources Institute, Washington, DC.

Bard, E. (2001) Comparison of alkenone estimates with other paleotemperature proxies. *Geochemistry Geophysics Geosystems*, **2**, 1002.

Barker, G., Barton, H., Bird, M. et al. (2007) The 'human revolution' in lowland tropical Southeast Asia: the antiquity and behavior of anatomically modern humans at Niah Cave (Sarawak, Borneo). *Journal of Human Evolution*, **52**, 243–261.

Barlow, J., Gardner, T.A., Araujo, I.S. et al. (2007) Quantifying the biodiversity value of tropical primary, secondary, and plantation forests. *Proceedings of the National Academy of Sciences of the USA*, **104**, 18555–18560.

Barron, A.R., Wurzburger, N., Bellenger, J.P. et al. (2009) Molybdenum limitation of asymbiotic nitrogen fixation in tropical forest soils. *Nature Geoscience*, **2**, 42–45.

Bartlett, T.O. (2007) The Hylobatidae: small apes of Asia. *Primates in perspective* (eds C.J. Campbell, A. Fuentes, K.C. MacKinnon, M. Panger and S.K. Bearder), pp. 274–289. Oxford University Press, New York.

Barton, H. and Paz, V. (2007) Subterranean diets in the tropical rain forests of Sarawak, Malaysia. *Rethinking agriculture: archaeological and ethnoarchaeological perspectives* (eds T. Denham, J. Iriarte and L. Vrydaghs), pp. 50–77. Left Coast Press, Walnut Creek, California.

Baskin, J.M. and Baskin, C.C. (2004) A classification system for seed dormancy. *Seed Science Research*, **14**, 1–16.

Bautista, A.P. (1991) Recent zooarchaeological researches in the Philippines. *Jurnal Arkeologi Malaysia*, **4**, 45–58.

Beattie, A. (1989) Myrmecotrophy—plants fed by ants. *Trends in Ecology and Evolution*, **4**, 172–176.

Beaufort, L., de Garidel-Thoron, T., Linsley, B., Oppo, D. and Buchet, N. (2003) Biomass burning and oceanic primary production estimates in the Sulu Sea area over the last 380 kyr and the East Asian monsoon dynamics. *Marine Geology*, **201**, 53–65.

Beck, J. and Chey, V.K. (2008) Explaining the elevational diversity pattern of geometrid moths from Borneo: A test of five hypotheses. *Journal of Biogeography*, **35**, 1452–1464.

Beck, J. and Kitching, I.J. (2007) The latitudinal distribution of sphingid species richness in continental southeast Asia: What causes the biodiversity 'hot spot' in northern Thailand? *Raffles Bulletin of Zoology*, **55**, 179–185.

Becker, P., Davies, S.J., Moksin, M., Ismail, M. and Simanjuntak,

P.M. (1999) Leaf size distributions of understorey plants in mixed dipterocarp and heath forests of Brunei. *Journal of Tropical Ecology*, **15**, 123–128.

Becker, C.G., Fonseca, C.R., Haddad, C.F.B., Batista, R.F. and Prado, P.I. (2007) Habitat split and the global decline of amphibians. *Science*, **318**, 1775–1777.

Bednarik, R.G. (2001) Replicating the first known sea travel by humans: the Lower Pleistocene crossing of the Lombok Strait. *Human Evolution*, **16**, 229–242.

Begon, M., Townsend, C.R. and Harper, J.L. (2006) *Ecology: from individuals to ecosystems*. Blackwell, Oxford.

Bekken, D.A., Schepartz, L.A., Miller-Antonio, S., Hou, Y.M. and Huang, W. (2004) Taxonomic abundance at Panxian Dadong, a Middle Pleistocene cave in South China. *Asian Perspectives*, **43**, 333–359.

Belcher, B. and Schreckenberg, K. (2007) Commercialisation of non-timber forest products: a reality check. *Development Policy Review*, **25**, 355–377.

Bell, T., Freckleton, R.P. and Lewis, O.T. (2006) Plant pathogens drive density-dependent seedling mortality in a tropical tree. *Ecology Letters*, **9**, 569–574.

Bellwood, P. (1997) *Prehistory of the Indo-Malaysian Archipelago*. University of Hawaii Press, Honolulu.

Bellwood, P. (1999) Archaeology of Southeast Asian hunters and gatherers. *The Cambridge encyclopedia of hunters and gatherers* (eds R.B. Lee and R. Daly), pp. 284–288. Cambridge University Press, Cambridge.

Bellwood, P. (2005) *First farmers: origins of agricultural societies*. Blackwell Publishing, Oxford.

Benedick, S., Hill, J.K., Mustaffa, N. et al. (2006) Impacts of rain forest fragmentation on butterflies in northern Borneo: species richness, turnover and the value of small fragments. *Journal of Applied Ecology*, **43**, 967–977.

Bennett, E.L. (2007) Hunting, wildlife trade and wildlife consumption patterns in Asia. *Bushmeat and livelihoods: wildlife management and poverty reduction* (eds G. Davies and D. Brown). Blackwell, Oxford.

Bennett, E.L., Nyaoi, A.J. and Sompud, J. (2000) Saving Borneo's bacon: the sustainability of hunting in Sarawak and Sabah. *Hunting for sustainability in tropical forests* (eds J.G. Robinson and E.L. Bennett), pp. 305–324. Columbia University Press, New York.

Berghoff, S.M., Weissflog, A., Linsenmair, K.E., Hashim, R. and Maschwitz, U. (2002) Foraging of a hypogaeic army ant: a long neglected majority. *Insectes Sociaux*, **49**, 133–141.

Beukema, H., Danielsen, F., Vincent, G., Hardiwinoto, S. and Van Andel, J. (2007) Plant and bird diversity in rubber agroforests in the lowlands of Sumatra, Indonesia. *Agroforestry Systems*, **70**, 217–242.

Bhagwat, S.A., Willis, K.J., Birks, H.J.B. and Whittaker, R.J. (2008) Agroforestry: a refuge for tropical biodiversity? *Trends in Ecology and Evolution*, **23**, 261–267.

Bickford, D., Supriatna, J., Andayani, N. et al. (2008) Indonesia's protected areas need more protection: suggestions from island examples. *Biodiversity and human livelihoods in protected areas: case studies from the Malay Archipelago* (eds N.S. Sodhi, G. Acciaioli, M. Erb and A.K.-J. Tan), pp. 53–77. Cambridge University Press, Cambridge.

Bildstein, K.L. (2006) *Migrating raptors of the world: their ecology and conservation*. Comstock Publishing, Ithaca, New York.

Bird, M.I., Pang, W.C. and Lambeck, K. (2006) The age and origin of the Straits of Singapore. *Palaeogeography Palaeoclimatology Palaeoecology*, **241**, 531–538.

Bird, M.I., Boobyer, E.M., Bryant, C., Lewis, H.A., Paz, V. and Stephens, W.E. (2007) A long record of environmental change from bat guano deposits in Makangit Cave, Palawan, Philippines. *Earth and Environmental Science Transactions of the Royal Society of Edinburgh*, **98**, 59–69.

BirdLife International (2001) *Threatened birds of Asia: the BirdLife International Red Data Book*. BirdLife International, Cambridge.

Bischoff, W., Newbery, D.A., Lingenfelder, M. et al. (2005) Secondary succession and dipterocarp recruitment in Bornean rain forest after logging. *Forest Ecology and Management*, **218**, 174–192.

Blakesley, D., Elliott, S., Kuarak, C., Navakitbumrung, P., Zangkum, S. and Anusarnsunthorn, V. (2002) Propagating framework tree species to restore seasonally dry tropical forest: implications of seasonal seed dispersal and dormancy. *Forest Ecology and Management*, **164**, 31–38.

Blate, G.M., Peart, D.R. and Leighton, M. (1998) Post-dispersal predation on isolated seeds: a comparative study of 40 tree species in a Southeast Asian rainforest. *Oikos*, **82**, 522–538.

Blossey, B. and Hunt-Joshi, T.R. (2003) Belowground herbivory by insects: influence on plants and aboveground herbivores. *Annual Review of Entomology*, **48**, 521–547.

Blundell, A.G. and Burkey, T.V. (2007) A database of schemes that prioritize sites and species based on their conservation value: focusing business on biodiversity. *BMC Ecology*, **7**, 10.

Blüthgen, N. and Fiedler, K. (2004) Competition for composition: lessons from nectar-feeding ant communities. *Ecology*, **85**, 1479–1485.

Blüthgen, N., Mezger, D. and Linsenmair, K.E. (2006) Ant-hemipteran trophobioses in a Bornean rainforest—diversity, specificity and monopolisation. *Insectes Sociaux*, **53**, 194–203.

Bocxlaer, I.V., Roelants, K., Biju, S.D., Nagaraju, J. and Bossuyt, F. (2006) Late Cretaceous vicariance in gondwanan amphibians. *PLoS ONE*, **1**, e74.

Bode, M., Wilson, K.A., Brooks, T.M. et al. (2008) Cost-effective global conservation spending is robust to taxonomic group. *Proceedings of the National Academy of Sciences of the USA*, **105**, 6498–6501.

Boer, E. and Ella, A.B. (2000) *Plant resources of South-East Asia 18. Plants producing exudates*. Backhuys Publishers, Leiden.

Bøgh, A. (1996) Abundance and growth of rattans in Khao Chong National Park, Thailand. *Forest Ecology and Management*, **84**, 71–80.

Boomgaard, P. (2007) *Southeast Asia: an environmental history*. ABC-CLIO, Santa Barbara.

Boonyanuphap, J., Sakurai, K. and Tanaka, S. (2007) Soil nutrient status under upland farming practice in the lower Northern Thailand. *Tropics*, **16**, 215–231.

Borcherding, R., Paarmann, W., Nyawa, S.B. and Bolte, H. (2000) How to be a fig beetle? Observations of ground beetles (Col., Carabidae) associated with fruitfalls in a rain forest of Borneo. *Ecotropica*, **6**, 169–180.

Borchert, R. (1994) Soil and stem water storage determine phenology and distribution of tropical dry forest trees. *Ecology*, **75**, 1437–1449.

Borges, R.M., Bessière, J.M. and Hossaert-McKey, M. (2008) The chemical ecology of seed dispersal in monoecious and dioecious figs. *Functional Ecology*, **22**, 484–493.

Bos, M.M., Tylianakis, J.M., Steffan-Dewenter, I. and Tscharntke, T. (2008) The invasive yellow crazy ant and the decline of forest ant diversity in Indonesian cacao agroforests. *Biological Invasions*, **10**, 1399–1409.

Bowen, M.E., McAlpine, C.A., House, A.P.N. and Smith, G.C.

(2007) Regrowth forests on abandoned agricultural land: a review of their habitat values for recovering forest fauna. *Biological Conservation*, **140**, 273–296.

Boyd, R.S. (2004) Ecology of metal hyperaccumulation. *New Phytologist*, **162**, 563–567.

Boyer, S.L., Clouse, R.M., Benavides, L.R. et al. (2007) Biogeography of the world: a case study from cyphophthalmid Opiliones, a globally distributed group of arachnids. *Journal of Biogeography*, **34**, 2070–2085.

Bramwell, D. (2002) How many plant species are there? *Plant Talk*, **28**, 32–34.

Brearley, F.Q. (2005) Nutrient limitation in a Malaysian ultramafic soil. *Journal of Tropical Forest Science*, **17**, 596–609.

Brearley, F.Q., Proctor, J., Suriantata, Nagy, L., Dalrymple, G. and Voysey, B.C. (2007a) Reproductive phenology over a 10-year period in a lowland evergreen rain forest of central Borneo. *Journal of Ecology*, **95**, 828–839.

Brearley, F.Q., Scholes, J.D., Press, M.C. and Palfner, G. (2007b) How does light and phosphorus fertilisation affect the growth and ectomycorrhizal community of two contrasting dipterocarp species? *Plant Ecology*, **192**, 237–249.

Brickle, N.W., Duckworth, J.W., Tordoff, A.W., Poole, C.M., Timmins, R. and McGowan, P.J.K. (2008) The status and conservation of Galliformes in Cambodia, Laos and Vietnam. *Biodiversity and Conservation*, 1–35.

Brink, M. and Escobin, R.P. (2003) *Plant resources of South-East Asia No. 17: fibre plants*. Backhuys Publishers, Leiden.

Brockerhoff, E.G., Jactel, H., Parrotta, J.A., Quine, C.P. and Sayer, J. (2008) Plantation forests and biodiversity: oxymoron or opportunity? *Biodiversity and Conservation*, **17**, 925–951.

Brook, B.W., Sodhi, N.S. and Ng, P.K.L. (2003) Catastrophic extinctions follow deforestation in Singapore. *Nature*, **424**, 420–423.

Brook, B.W., Bradshaw, C.J.A., Koh, L.P. and Sodhi, N.S. (2006) Momentum drives the crash: mass extinction in the tropics. *Biotropica*, **38**, 302–305.

Brook, B.W., Sodhi, N.S. and Bradshaw, C.J.A. (2008) Synergies among extinction drivers under global change. *Trends in Ecology and Evolution*, **23**, 453–460.

Brooke, A.D., Butchart, S.H.M., Garnett, S.T., Crowley, G.M., Mantilla-Beniers, N.B. and Stattersfield, A. (2008) Rates of movement of threatened bird species between IUCN red list categories and towards extinction. *Conservation Biology*, **22**, 417–427.

Brooks, T.M., Pimm, S.L. and Collar, N.J. (1997) Deforestation predicts the number of threatened birds in insular southeast Asia. *Conservation Biology*, **11**, 382–394.

Brooks, T.M., Pimm, S.L. and Oyugi, J.O. (1999) Time lag between deforestation and bird extinction in tropical forest fragments. *Conservation Biology*, **13**, 1140–1150.

Brooks, T.M., De Silva, N., Duya, M.V. et al. (2008) Delineating Key Biodiversity Areas as targets for protecting areas. *Biodiversity and human livelihoods in protected areas: case studies from the Malay Archipelago* (eds N.S. Sodhi, G. Acciaioli, M. Erb and A.K.-J. Tan), pp. 20–35. Cambridge University Press, Cambridge.

Brooks, T.M., Mittermeier, R.A., Mittermeier, C.G. et al. (2002) Habitat loss and extinction in the hotspots of biodiversity. *Conservation Biology*, **16**, 909–923.

Brown, W.C. and Alcala, A.C. (1970) The zoogeography of the herpetofauna of the Philippine islands, a fringing archipelago. *Proceedings of the California Academy of Sciences*, **38**, 105–139.

Brühl, C.A., Mohamed, V. and Linsenmair, K.E. (1999) Altitudinal distribution of leaf litter ants along a transect in primary forests on Mount Kinabalu, Sabah, Malaysia. *Journal of Tropical Ecology*, **15**, 265–277.

Brühl, C.A., Eltz, T. and Linsenmair, K.E. (2003) Size does matter—effects of tropical rainforest fragmentation on the leaf litter ant community in Sabah, Malaysia. *Biodiversity and Conservation*, **12**, 1371–1389.

Bruijnzeel, L.A. (2005) Tropical montane cloud forest: a unique hydrological case. *Forests, water and people in the humid tropics* (eds M. Bonell and L.A. Bruijnzeel). Cambridge University Press, Cambridge.

Bruner, A.G., Gullison, R.E., Rice, R.E. and da Fonseca, G.A.B. (2001) Effectiveness of parks in protecting tropical biodiversity. *Science*, **291**, 125–128.

Buckley, B.M., Palakit, K., Duangsathaporn, K., Sanguantham, P. and Prasomsin, P. (2007) Decadal scale droughts over northwestern Thailand over the past 448 years: links to the tropical Pacific and Indian Ocean sectors. *Climate Dynamics*, **229**, 63–71.

Bungard, R.A., Zipperlen, S.A., Press, M.C. and Scholes, J.D. (2002) The influence of nutrients on growth and photosynthesis of seedlings of two rainforest dipterocarp species. *Functional Plant Biology*, **29**, 505–515.

Bunyavejchewin, S. (1999) Structure and dynamics in seasonal dry evergreen forest in northeastern Thailand. *Journal of Vegetation Science*, **10**, 787–792.

Bunyavejchewin, S., LaFrankie, J.V., Baker, P.J., Kanzaki, M., Ashton, P.S. and Yamakura, T. (2003) Spatial distribution patterns of the dominant canopy dipterocarp species in a seasonal dry evergreen forest in western Thailand. *Forest Ecology and Management*, **175**, 87–101.

Bunyavejchewin, S., Baker, P.J., LaFrankie, J.V. and Ashton, P.S. (2004) Huai Kha Kheng Forest Dynamics Plot, Thailand. *Tropical forest diversity and dynamism: findings from a large-scale plot network* (eds E.C. Losos and E.G. Leigh), pp. 482–491. University of Chicago Press, Chicago.

Burba, G. and Forman, S.L. (2008) Eddy covariance method. *Encyclopedia of earth* (ed C.J. Cleveland). Environmental Information Coalition, National Council for Science and the Environment, Washington, DC.

Burslem, D.F.R.P., Turner, I.M. and Grubb, P.J. (1994) Mineral nutrient status of coastal hill dipterocarp forest and *Adinandra* belukar in Singapore—bioassays of nutrient limitation. *Journal of Tropical Ecology*, **10**, 579–599.

Burslem, D.F.R.P., Grubb, P.J. and Turner, I.M. (1995) Responses to nutrient addition among shade-tolerant tree seedlings of lowland tropical rain-forest in Singapore. *Journal of Ecology*, **83**, 113–122.

Bush, A.B.G. (2007) Extratropical influences on the El Nino-Southern Oscillation through the late Quaternary. *Journal of Climate*, **20**, 788–800.

Butchart, S.H.M., Stattersfield, A.J. and Brooks, T.M. (2006) Going or gone: defining 'possibly extinct' species to give a truer picture of recent extinctions. *Bulletin of the British Ornithologists' Club*, **126A**, 7–24.

Butler, R.A. and Laurance, W.F. (2008) New strategies for conserving tropical forests. *Trends in Ecology and Evolution*, **23**, 469–472.

Cai, Z.Q. and Bongers, F. (2007) Contrasting nitrogen and phosphorus resorption efficiencies in trees and lianas from a tropical montane rain forest in Xishuangbanna, south-west China. *Journal of Tropical Ecology*, **23**, 115–118.

Cai, H.J., Li, Z.S. and You, M.S. (2007) Impact of habitat

diversification on arthropod communities: a study in the fields of Chinese cabbage, *Brassica chinensis*. *Insect Science*, **14**, 241–249.

Campbell, C.J., Fuentes, A., MacKinnon, K.C., Panger, M. and Bearder, S.K. (2007) *Primates in perspective*. Oxford University Press, New York.

Campos-Arceiz, A., Lin, T.Z., Htun, W., Takatsuki, S. and Leimgruber, P. (2008a) Working with mahouts to explore the diet of working elephants in Myanmar (Burma). *Ecological Research*, **23**, 1057–1064.

Campos-Arceiz, A., Larrinaga, A.R., Weerasinghe, U.R. et al. (2008b) Behavior rather than diet mediates seasonal differences in seed dispersal by Asian elephants. *Ecology*, **89**, 2684–2691.

Canadell, J.G. and Raupach, M.R. (2008) Managing forests for climate change mitigation. *Science*, **320**, 1456–1457.

Canadell, J.G., Le Quéré, C., Raupach, M.R. et al. (2007) Contributions to accelerating atmospheric CO_2 growth from economic activity, carbon intensity, and efficiency of natural sinks. *Proceedings of the National Academy of Sciences of the USA*, **104**, 18866–18870.

Cannon, C.H. and Leighton, M. (2004) Tree species distributions across five habitats in a Bornean rain forest. *Journal of Vegetation Science*, **15**, 257–266.

Cannon, C.H., Peart, D.R. and Leighton, M. (1998) Tree species diversity in commercially logged Bornean rainforest. *Science*, **281**, 1366–1368.

Carbone, C. and Gittleman, J.L. (2002) A common rule for the scaling of carnivore density. *Science*, **295**, 2273–2276.

Carbone, C., Mace, G.M., Roberts, S.C. and Macdonald, D.W. (1999) Energetic constraints on the diet of terrestrial carnivores. *Nature*, **402**, 286–288.

Carbone, C., Teacher, A. and Rowcliffe, J.M. (2007) The costs of carnivory. *PloS Biology*, **5**, 363–368.

Cardoso, M.F., Nobre, C.A., Lapola, D.M., Oyama, M.D. and Sampaio, G. (2008) Long-term potential for fires in estimates of the occurrence of savannas in the tropics. *Global Ecology and Biogeography*, **17**, 222–235.

Carrete, M. and Tella, J.L. (2008) Wild-bird trade and exotic invasions: a new link of conservation concern? *Frontiers in Ecology and the Environment*, **6**, 207–211.

Cashore, B., Gale, F., Meidinger, E. and Newsom, D. (2006) *Confronting sustainablity: forest certification in developing and transitioning countries*. Yale School of Forestry and Environmental Studies, New Haven.

Catoni, C., Schaefer, H.M. and Peters, A. (2008) Fruit for health: the effects of flavonoids on humoral immune response and food selection in a frugivorous bird. *Functional Ecology*, **22**, 649–654.

Cavaleri, M.A., Oberbauer, S.F. and Ryan, M.G. (2008) Foliar and ecosystem respiration in an old-growth tropical rain forest. *Plant, Cell and Environment*, **31**, 473–483.

Cazetta, E., Schaefer, H.M. and Galetti, M. (2008) Does attraction to frugivores or defense against pathogens shape fruit pulp composition? *Oecologia*, **155**, 277–286.

Chacon, N., Silver, W.L., Dubinsky, E.A. and Cusack, D.F. (2006) Iron reduction and soil phosphorus solubilization in humid tropical forests soils: the roles of labile carbon pools and an electron shuttle compound. *Biogeochemistry*, **78**, 67–84.

Chadwick, O.A., Derry, L.A., Vitousek, P.M., Huebert, B.J. and Hedin, L.O. (1999) Changing sources of nutrients during four million years of ecosystem development. *Nature*, **397**, 491–497.

Chaimanee, Y. (2007) Late Pleistocene of Southeast Asia. *Encyclopedia of Quaternary science* (ed S.A. Elias), pp. 3189–3197. Elsevier, Amsterdam.

Chambers, J.Q., Tribuzy, E.S., Toledo, L.C. et al. (2004) Respiration from a tropical forest ecosystem: Partitioning of sources and low carbon use efficiency. *Ecological Applications*, **14**, S72-S88.

Chambers, J.Q., Asner, G.P., Morton, D.C. et al. (2007) Regional ecosystem structure and function: ecological insights from remote sensing of tropical forests. *Trends in Ecology and Evolution*, **22**, 414–423.

Chan, K.M.A., Shaw, M.R., Cameron, D.R., Underwood, E.C. and Daily, G.C. (2006) Conservation planning for ecosystem services. *PLoS Biology*, **4**, 2138–2152.

Chang, S.C., Yeh, C.F., Wu, M.J., Hsia, Y.J. and Wu, J.T. (2006) Quantifying fog water deposition by in situ exposure experiments in a mountainous coniferous forest in Taiwan. *Forest Ecology and Management*, **224**, 11–18.

Chanthorn, W. and Brockelman, W.Y. (2008) Seed dispersal and seedling recruitment in the light-demanding tree *Choerospondias axillaris* in old-growth forest in Thailand. ScienceAsia, **34**, 129–135.

Chao, K.J., Phillips, O.L., Gloor, E., Monteagudo, A., Torres-Lezama, A. and Martínez, R.V. (2008) Growth and wood density predict tree mortality in Amazon forests. *Journal of Ecology*, **96**, 281–292.

Chapin, M. (2004) A challenge to conservationists. *World Watch Magazine*, **17**, 17–31.

Chapin III, F.S., Matson, P. and Mooney, H.A. (2002) *Principles of terrestrial ecosystem ecology*. Springer, New York.

Chave, J., Condit, R., Muller-Landau, H.C. et al. (2008) Assessing evidence for a pervasive alteration in tropical tree communities. *PloS Biology*, **6**, 455–462.

Chazdon, R.L. (2003) Tropical forest recovery: legacies of human impact and natural disturbances. *Perspectives in Plant Ecology Evolution and Systematics*, **6**, 51–71.

Chen, H.K. (2006) The role of CITES in combating illegal logging—current and potential. TRAFFIC International, Cambridge.

Chen, C.C. and Hsieh, F. (2002) Composition and foraging behaviour of mixed-species flocks led by the grey-cheeked fulvetta in Fushan Experimental Forest, Taiwan. *Ibis*, **144**, 317–330.

Chen, X.Y. and Mulder, J. (2007) Atmospheric deposition of nitrogen at five subtropical forested sites in South China. *Science of the Total Environment*, **378**, 317–330.

Chen, J., Deng, X.B., Bai, Z.L. et al. (2001) Fruit characteristics and *Muntiacus muntjak vaginalis* (Muntjac) visits to individual plants of *Choerospondias axillaris*. Biotropica, **33**, 718–722.

Chen, I.C., Shiu, H.J., Benedick, S. et al. (2009) Elevation increases in moth assemblages over 42 years on a tropical mountain. *Proceedings of the National Academy of Sciences of the USA*, **106**, 1479–1483.

Cheng, J.R., Xiao, Z.S. and Zhang, Z.B. (2005) Seed consumption and caching on seeds of three sympatric tree species by four sympatric rodent species in a subtropical forest, China. *Forest Ecology and Management*, **216**, 331–341.

Chesson, P. (2000) Mechanisms of maintenance of species diversity. *Annual Review of Ecology and Systematics*, **31**, 343–366.

Cheyne, S.M., Chivers, D.J. and Sugardjito, J. (2008) Biology and behaviour of reintroduced gibbons. *Biodiversity and Conservation*, **17**, 1741–1751.

Chiba, S. (2007) Morphological and ecological shifts in a land snail caused by the impact of an introduced predator. *Ecological Research*, **22**, 884–891.

Choi, K. and Driwantoro, D. (2007) Shell tool use by early members of *Homo erectus* in Sangiran, central Java, Indonesia: cut mark evidence. *Journal of Archaeological Science*, **34**, 48–58.

Chokkalingam, U., Suyanto, Permana, R.P. et al. (2007) Community fire use, resource change, and livelihood impacts: the downward spiral in the wetlands of southern Sumatra. *Mitigation and Adaptation Strategies for Global Change*, **12**, 75–100.

Choong, M.F. (1996) What makes a leaf tough and how this affects the pattern of *Castanopsis fissa* leaf consumption by caterpillars. *Functional Ecology*, **10**, 668–674.

Chuine, I. and Beaubien, E.G. (2001) Phenology is a major determinant of tree species range. *Ecology Letters*, **4**, 500–510.

Chung, K.P.S. and Corlett, R.T. (2006) Rodent diversity in a highly degraded tropical landscape: Hong Kong, South China. *Biodiversity and Conservation*, **15**, 4521–4532.

Chung, A.Y.C., Eggleton, P., Speight, M.R., Hammond, P.M. and Chey, V.K. (2000) The diversity of beetle assemblages in different habitat types in Sabah, Malaysia. *Bulletin of Entomological Research*, **90**, 475–496.

Ciochon, R.L. and Olsen, J.W. (1991) Paleoanthropological and archaeological discoveries from Lang Trang caves: a new Middle Pleistocene hominid site from northern Vietnam. *Indo-Pacific Prehistory Association Bulletin*, **10**, 59–73.

Ciochon, R.L., Long, V.T., Larick, R. et al. (1996) Dated co-occurrence of *Homo erectus and Gigantopithecus* from Tham Khuyen Cave, Vietnam. *Proceedings of the National Academy of Sciences of the USA*, **93**, 3016–3020.

Clark, D.A., Brown, S., Kicklighter, D.W., Chambers, J.Q., Thomlinson, J.R. and Ni, J. (2001) Measuring net primary production in forests: concepts and field methods. *Ecological Applications*, **11**, 356–370.

Clauss, M., Lechner-Doll, M. and Streich, W.J. (2003) Ruminant diversification as an adaptation to the physicomechanical characteristics of forage. A reevaluation of an old debate and a new hypothesis. *Oikos*, **102**, 253–262.

Claussen, M., Berger, A. and Held, H. (2007) A survey of hypotheses for the 100-kyr cycle. *The climate of past interglacials* (eds F. Sirocko, M. Claussen, T. Litt and M.F. Sanchez-Goni), pp. 29–35. Elsevier, Amsterdam.

Cleary, D.F.R. and Mooers, A.O. (2006) Burning and logging differentially affect endemic vs. widely distributed butterfly species in Borneo. *Diversity and Distributions*, **12**, 409–416.

Cleary, D.F.R., Priadjati, A., Suryokusumo, B.K. and Menken, S.B.J. (2006) Butterfly, seedling, sapling and tree diversity and composition in a fire-affected Bornean rainforest. *Austral Ecology*, **31**, 46–57.

Cleary, D.F.R., Boyle, T.J.B., Setyawati, T., Anggraeni, C.D., Van Loon, E.E. and Menken, S.B.J. (2007) Bird species and traits associated with logged and unlogged forest in Borneo. *Ecological Applications*, **17**, 1184–1197.

Cleland, E.E., Chuine, I., Menzel, A., Mooney, H.A. and Schwartz, M.D. (2007) Shifting plant phenology in response to global change. *Trends in Ecology and Evolution*, **22**, 357–365.

Clements, R., Sodhi, N.S., Schilthuizen, M. and Ng, P.K.L. (2006) Limestone karsts of southeast Asia: imperiled arks of biodiversity. *Bioscience*, **56**, 733–742.

Co, L.L., Lagunzad, D.A., LaFrankie, J.V. et al. (2004) Palanan Forest Dynamics Plot, Philippines. *Tropical forest diversity and dynamism: findings from a large-scale plot network* (eds E.C. Losos and E.G. Leigh), pp. 574–584. University of Chicago Press, Chicago.

Cocks, L. and Bullo, K. (2008) The processes for releasing a zoo-bred Sumatran orang-utan *Pongo abelii* at Bukit Tigapuluh National Park, Jambi, Sumatra. *International Zoo Yearbook*, **42**, 183–189.

Codron, D., Lee-Thorp, J.A., Sponheimer, M. and Codron, J. (2007) Nutritional content of savanna plant foods: implications for browser/grazer models of ungulate diversification. *European Journal of Wildlife Research*, **53**, 100–111.

Colling, G., Reckinger, C. and Matthies, D. (2004) Effects of pollen quantity and quality on reproduction and offspring vigor in the rare plant *Scorzonera humilis* (Asteraceae). *American Journal of Botany*, **91**, 1774–1782.

Colwell, R.K., Brehm, G., Cardelús, C.L., Gilman, A.C. and Longino, J.T. (2008) Gllobal warming, elevational arrange shifts, and lowland biotic attrition in the wet tropics. *Science*, **322**, 258–261.

Condit, R., Ashton, P., Bunyavejchewin, S. et al. (2006) The importance of demographic niches to tree diversity. *Science*, **313**, 98–101.

Condit, R., Watts, K., Bohlman, S.A., Perez, R., Foster, R.B. and Hubbell, S.P. (2000) Quantifying the deciduousness of tropical forest canopies under varying climates. *Journal of Vegetation Science*, **11**, 649–658.

Cook, S.C. and Davidson, D.W. (2006) Nutritional and functional biology of exudate-feeding ants. Entomologia *Experimentalis et Applicata*, **118**, 1–10.

Corlett, R.T. (1986) The mangrove understorey: some additional observations. *Journal of Tropical Ecology*, **2**, 93–94.

Corlett, R.T. (1987) The phenology of *Ficus fistulosa* in Singapore. *Biotropica*, **19**, 122–124.

Corlett, R.T. (1990) Flora and reproductive phenology of the rain forest at Bukit Timah, Singapore. *Journal of Tropical Ecology*, **6**, 55–63.

Corlett, R.T. (1991) Plant succession on degraded land in Singapore. *Journal of Tropical Forest Science*, **4**, 151–161.

Corlett, R.T. (1992) The ecological transformation of Singapore, 1819–1990. *Journal of Biogeography*, **19**, 411–420.

Corlett, R.T. (1993) Reproductive phenology of Hong Kong shrubland. *Journal of Tropical Ecology*, **9**, 501–510.

Corlett, R.T. (1994) What is secondary forest? *Journal of Tropical Ecology*, **10**, 445–447.

Corlett, R.T. (1996) Characteristics of vertebrate dispersed fruits in Hong Kong. *Journal of Tropical Ecology*, **12**, 819–833.

Corlett, R.T. (1998) Frugivory and seed dispersal by vertebrates in the Oriental (Indomalayan) Region. *Biological Reviews*, **73**, 413–448.

Corlett, R.T. (2000) Environmental heterogeneity and species survival in degraded tropical landscapes. *The ecological consequences of environmental heterogeneity* (eds M.J. Hutchings, E.A. John and A.J.A. Stewart), pp. 333–355. Blackwell Science, Oxford.

Corlett, R.T. (2001) Pollination in a degraded tropical landscape: a Hong Kong case study. *Journal of Tropical Ecology*, **17**, 155–161.

Corlett, R.T. (2002) Frugivory and seed dispersal in degraded tropical East Asian landscapes. *Seed dispersal and frugivory: ecology, evolution and conservation* (eds D.J. Levey, W.R. Silva and M. Galetti), pp. 451–465. CABI International, Wallingford.

Corlett, R.T. (2004) Flower visitors and pollination in the Oriental (Indomalayan) Region. *Biological Reviews*, **79**, 497–532.

Corlett, R.T. (2005) Vegetation. *The physical geography of Southeast Asia* (ed. A. Gupta), pp. 105–119. Oxford University Press, Oxford.

Corlett, R.T. (2007a) The impact of hunting on the mammalian fauna of tropical Asian forests. *Biotropica*, **39**, 292–303.

Corlett, R.T. (2007b) Pollination or seed dispersal: which should we worry about most? *Seed dispersal: theory and its application in a changing world* (eds A.J. Dennis, E.W. Schupp, R.J. Green and D.A. Westcott), pp. 523–544. CABI, Walllingford.

Corlett, R.T. (2007c) What's so special about Asian tropical forests? *Current Science*, **93**, 1551–1557.
Corlett, R.T. (2009a) Seed dispersal distances and plant migration potential in tropical East Asia. *Biotropica*, **41**, in press.
Corlett, R.T. (2009b) Invasive aliens on tropical East Asian islands. *Biodiversity and Conservation*, in press.
Corlett, R.T. and LaFrankie, J.V. (1998) Potential impacts of climate change on tropical Asian forests through an influence on phenology. *Climatic Change*, **39**, 439–453.
Corlett, R.T. and Lucas, P.W. (1990) Alternative seed-handling strategies in primates—seed-spitting by long-tailed macaques (*Macaca fascicularis*). *Oecologia*, **82**, 166–171.
Corlett, R.T. and Primack, R.B. (2006) Tropical rainforests and the need for cross-continental comparisons. *Trends in Ecology and Evolution*, **21**, 104–110.
Corlett, R.T. and Turner, I.M. (1997) Long-term survival in tropical forest remnants in Singapore and Hong Kong. *Tropical forest remnants: ecology, management and conservation of fragmented communities* (eds W.F. Laurance and R.O. Bierregaard), pp. 333–345. University of Chicago Press, Chicago.
Corre, M.D., Dechert, G. and Veldkamp, E. (2006) Soil nitrogen cycling following montane forest conversion in Central Sulawesi, Indonesia. *Soil Science Society of America Journal*, **70**, 359–366.
Cowling, S.A. (2007) Ecophysiological response of lowland tropical plants to Pleistocene climate. *Tropical rainforest responses to climatic change* (eds M.B. Bush and J.R. Flenley), pp. 333–349. Springer, Berlin.
Cox, C.B. (2001) The biogeographic regions reconsidered. *Journal of Biogeography*, **28**, 511–523.
Cranbrook, Earl of (1988) Report on bones from the Madai and Baturong cave excavations. *Archaeological research in south-eastern Sabah* (ed. P. Bellwood), pp. 142–154. Sabah Museum, Kota Kinabalu.
Cristoffer, C. and Peres, C.A. (2003) Elephants versus butterflies: the ecological role of large herbivores in the evolutionary history of two tropical worlds. *Journal of Biogeography*, **30**, 1357–1380.
Croft, D.A., Heaney, L.R., Flynn, J.J. and Bautista, A.P. (2006) Fossil remains of a new, diminutive *Bubalus* (Artiodactyla: Bovidae: Bovini) from Cebu Island, Philippines. *Journal of Mammalogy*, **87**, 1037–1051.
Crombie, R.I. and Pregill, G.K. (1999) A checklist of the herpetofauna of the Palau Islands (Republic of Belau), Oceania. *Herpetological Monographs*, 29–80.
Croxall, J.P. (1976) Composition and behavior of some mixed species bird flocks in Sarawak. *Ibis*, **118**, 333–346.
Cunningham, A.A., Daszak, P. and Patel, N.G. (2006) Emerging infectious-disease threats to tropical forest ecosystems *Emerging threats to tropical forests* (eds W.F. Laurance and C.A. Peres), pp. 149–164. University of Chicago Press, Chicago.
Curran, L.M. and Leighton, M. (2000) Vertebrate responses to spatiotemporal variation in seed production of mast-fruiting Dipterocarpaceae. *Ecological Monographs*, 70, 101–128.
Curran, L.M., Trigg, S.N., McDonald, A.K. et al. (2004) Lowland forest loss in protected areas of Indonesian Borneo. *Science*, **303**, 1000–1003.
Curran, T.J., Gersbach, L.N., Edwards, W. and Krockenberger, A.K. (2008) Wood density predicts plant damage and vegetative recovery rates caused by cyclone disturbance in tropical rainforest tree species of North Queensland, Australia. *Austral Ecology*, **33**, 442–450.
Cyranoski, D. (2003) Biodiversity schemes take root in China. *Nature*, **425**, 890–890.

Daehler, C.C. (2006) Invasibility of tropical islands by introduced plants: partitioning the influence of isolation and propagule pressure. *Preslia*, **78**, 389–404.
Daniel, T.F. (2006) Synchronous flowering and monocarpy suggest plietesial life history for Neotropical *Stenostephanus chiapensis* (Acanthaceae). *Proceedings of the California Academy of Sciences*, **57**, 1011–1018.
D'Arrigo, R., Wilson, R., Palmer, J. et al. (2006) Monsoon drought over Java, Indonesia, during the past two centuries. *Geophysical Research Letters*, **33**.
D'Arrigo, R., Wilson, R. and Tudhope, A. (2009) The impact of volcanic forcing on tropical temperatures during the past four centuries. *Nature Geoscience*, **2**, 51–56.
Das, A., Krishnaswamy, J., Bawa, K.S. et al. (2006) Prioritisation of conservation areas in the Western Ghats, India. *Biological Conservation*, **133**, 16–31.
Das, I. (1999) Biogeography of the amphibians and reptiles of the Andaman and Nicobar Islands, India. *Tropical island herpetofauna: origin, current diversity and conservation* (ed. H. Ota), pp. 43–77. Elsevier, Amsterdam.
Davidar, P. (1985) Ecological interactions between mistletoes and their avian pollinators in south India. *Journal of the Bombay Natural History Society*, **82**, 45–60.
Davidar, P., Puyravaud, J.P. and Leigh, E.G. (2005) Changes in rain forest tree diversity, dominance and rarity across a seasonality gradient in the Western Ghats, India. *Journal of Biogeography*, **32**, 493–501.
Davidson, D.W., Cook, S.C., Snelling, R.R. and Chua, T.H. (2003) Explaining the abundance of ants in lowland tropical rainforest canopies. *Science*, **300**, 969–972.
Davidson, E.A., de Carvalho, C.J.R., Vieira, I.C.G. et al. (2004) Nitrogen and phosphorus limitation of biomass growth in a tropical secondary forest. *Ecological Applications*, **14**, S150–S163.
Davidson, E.A., de Carvalho, C.J.R., Figueira, A.M. et al. (2007) Recuperation of nitrogen cycling in Amazonian forests following agricultural abandonment. *Nature*, **447**, 995–998.
Davies, S.J. and Ashton, P.S. (1999) Phenology and fecundity in 11 sympatric pioneer species of *Macaranga* (Euphorbiaceae) in Borneo. *American Journal of Botany*, **86**, 1786–1795.
Davies, S.J. and Becker, P. (1996) Floristic composition and stand structure of mixed dipterocarp and heath forests in Brunei Darussalam. *Journal of Tropical Forest Science*, **8**, 542–569.
Davies, R.G., Eggleton, P., Jones, D.T., Gathorne-Hardy, F.J. and Hernandez, L.M. (2003) Evolution of termite functional diversity: analysis and synthesis of local ecological and regional influences on local species richness. *Journal of Biogeography*, **30**, 847–877.
Davies, S.J., Tan, S., LaFrankie, J.V. and Potts, M.D. (2005) Soil-related floristic variation in the hyperdiverse dipterocarp forest in Lambir Hills, Sarawak. *Pollination ecology and the rain forest* (eds D.W. Roubik, S. Sakai and A.A.H. Karim), pp. 22–34. Springer, New York.
Davis, A.J. (2000) Species richness of dung-feeding beetles (Coleoptera: Aphodiidae, Scarabaeidae, Hybosoridae) in tropical rainforest at Danum Valley, Sabah, Malaysia. *The Coleopterists' Bulletin*, **54**, 221–231.
Daws, M.I., Garwood, N.C. and Pritchard, H.W. (2006) Prediction of desiccation sensitivity in seeds of woody species: a probabilistic model based on two seed traits and 104 species. *Annals of Botany*, **97**, 667–674.
Dawson, W., Mndolwa, A.S., Burslem, D.F.R.P. and Hulme, P.E. (2008) Assessing the risks of plant invasions arising from

collections in tropical botanical gardens. *Biodiversity and Conservation*, **17**, 1979–1995.

de Bruyn, M., Nugroho, E., Hossain, M.M., Wilson, J.C. and Mather, P.B. (2005) Phylogeographic evidence for the existence of an ancient biogeographic barrier: the Isthmus of Kra Seaway. *Heredity*, **94**, 370–378.

DeFries, R., Hansen, A., Newton, A.C. and Hansen, M.C. (2005) Increasing isolation of protected areas in tropical forests over the past twenty years. *Ecological Applications*, **15**, 19–26.

DeFries, R., Hansen, A., Turner, B.L., Reid, R. and Liu, J.G. (2007) Land use change around protected areas: management to balance human needs and ecological function. *Ecological Applications*, **17**, 1031–1038.

Dehnen-Schmutz, K., Touza, J., Perrings, C. and Williamson, M. (2007) A century of the ornamental plant trade and its impact on invasion success. *Diversity and Distributions*, **13**, 527–534.

de Lang, R. and Vogel, G. (2005) *The snakes of Sulawesi: a field guide to the land snakes of Sulawesi with identification keys*. Edition Chimaira, Frankfurt am Main.

Delang, C.O. and Wong, T. (2006) The livelihood-based forest classification system of the Pwo Karen in western Thailand. *Mountain Research and Development*, **26**, 138–145.

Delgado, R.A. and Van Schaik, C.P. (2000) The behavioral ecology and conservation of the orangutan (*Pongo pygmaeus*): a tale of two islands. *Evolutionary Anthropology*, **9**, 201–218.

DeLucia, E.H., Drake, J.E., Thomas, R.B. and Gonzalez-Meler, M. (2007) Forest carbon use efficiency: is respiration a constant fraction of gross primary production? *Global Change Biology*, **13**, 1157–1167.

Denslow, J.S. (2003) Weeds in paradise: thoughts on the invasibility of tropical islands. *Annals of the Missouri Botanical Garden*, **90**, 119–127.

Denslow, J.S. (2007) Managing dominance of invasive plants in wildlands. *Current Science*, **93**, 1579–1586.

Dent, D.H., Bagchi, R., Robinson, D., Majalap-Lee, N. and Burslem, D.F.R.P. (2006) Nutrient fluxes via litterfall and leaf litter decomposition vary across a gradient of soil nutrient supply in a lowland tropical rain forest. *Plant and Soil*, **288**, 197–215.

Deutsch, C.A., Tewksbury, J.J., Huey, R.B. et al. (2008) Impacts of climate warming on terrestrial ectotherms across latitude. *Proceedings of the National Academy of Sciences of the USA*, **105**, 6668–6672.

DeWalt, S.J., Denslow, J.S. and Ickes, K. (2004) Natural-enemy release facilitates habitat expansion of the invasive tropical shrub *Clidemia hirta*. *Ecology*, **85**, 471–483.

Dick, C.W., Bermingham, E., Lemes, M.R. and Gribel, R. (2007) Extreme long-distance dispersal of the lowland tropical rainforest tree *Ceiba pentandra* L. (Malvaceae) in Africa and the Neotropics. *Molecular Ecology*, **16**, 3039–3049.

Ding, T.S., Yuan, H.W., Geng, S., Koh, C.N. and Lee, P.F. (2006) Macro-scale bird species richness patterns of the East Asian mainland and islands: energy, area and isolation. *Journal of Biogeography*, **33**, 683–693.

Dodson, J.R., Hickson, S., Khoo, R., Li, X.Q., Toia, J. and Zhou, W.J. (2006) Vegetation and environment history for the past 14 000 yr BP from Dingnan, Jiangxi Province, South China. *Journal of Integrative Plant Biology*, **48**, 1018–1027.

Dominy, N.J., Grubb, P.J., Jackson, R.V. et al. (2008) In tropical lowland rain forests monocots have tougher leaves than dicots, and include a new kind of tough leaf. *Annals of Botany*, **101**, 1363–1377.

Donald, P.F. (2004) Biodiversity impacts of some agricultural commodity production systems. *Conservation Biology*, **18**, 17–37.

Donnegan, J.A., Butler, S.L., Kuegler, O., Stroud, B.J., Hiserote, B.A. and Rengulbai, K. (2007) *Palau's forest resources, 2003*. USDA, Portland.

Donoghue, M.J. (2008) A phylogenetic perspective on the distribution of plant diversity. *Proceedings of the National Academy of Sciences of the USA*, **105**, 11549–11555.

Donovan, S.E., Eggleton, P. and Bignell, D.E. (2001) Gut content analysis and a new feeding group classification of termites. *Ecological Entomology*, **26**, 356–366.

Donovan, S.E., Griffiths, G.J.K., Homathevi, R. and Winder, L. (2007) The spatial pattern of soil-dwelling termites in primary and logged forest in Sabah, Malaysia. *Ecological Entomology*, **32**, 1–10.

Douglas, A.E. (2006) Phloem-sap feeding by animals: problems and solutions. *Journal of Experimental Botany*, **57**, 747–754.

Doust, S.J., Erskine, P.D. and Lamb, D. (2006) Direct seeding to restore rainforest species: microsite effects on the early establishment and growth of rainforest tree seedlings on degraded land in the wet tropics of Australia. *Forest Ecology and Management*, **234**, 333–343.

Dowie, M. (2006) The hidden cost of paradise: indigenous people are being displaced to create wilderness areas, to the detriment of all. *Stanford Social Innovation Review*, **2006**, 31–38.

Dransfield, J. and Manokaran, N. (1993) *Plant resources of South-East Asia. No. 6. Rattans*. Pudoc, Wageningen.

Dransfield, S. and Widjaja, E.A. (1995) *Plant resources of South-East Asia No. 7. Bamboos*. Backhuys, Leiden.

Du, X.J., Guo, Q.F., Gao, X.M. and Ma, K.P. (2007) Seed rain, soil seed bank, seed loss and regeneration of *Castanopsis fargesii* (Fagaceae) in a subtropical evergreen broad-leaved forest. *Forest Ecology and Management*, **238**, 212–219.

Du, X.J., Liu, C., Yu, X. and Ma, K. (2008) Effects of shading on early growth of *Cyclobalanopsis glauca* (Fagaceae) in subtropical abandoned fields: implications for vegetation restoration. *Acta Oecologica*, **33**, 154–161.

Duckworth, J.W. and Nettelback, A.R. (2007) Observations of small-toothed palm civets *Arctogalidia trivirgata* in Khao Yai National Park, Thailand, with notes on feeding techniques. *Natural History Bulletin of the Siam Society*, **55**, 187–192.

Dudal, R. (2005) Soils of Southeast Asia. *The physical geography of Southeast Asia* (ed. A. Gupta), pp. 94–104. Oxford University Press, Oxford.

Dudgeon, D. (2000) Riverine wetlands and biodiversity conservation in tropical Asia. *Biodiversity in wetlands: assessment, function and conservation* (eds B. Gopal, W.J. Junk and J.A. Davis), pp. 35–60. Backhuys Publishers, The Hague.

Dudgeon, D. and Corlett, R.T. (2004) *The ecology and biodiversity of Hong Kong*. Joint Publishing, Hong Kong.

Dunn, R.R. (2004) Recovery of faunal communities during tropical forest regeneration. *Conservation Biology*, **18**, 302–309.

Dunn, R.R., Gove, A.D., Barraclough, T.G., Givnish, T.J. and Majer, J.D. (2007) Convergent evolution of an ant-plant mutualism across plant families, continents, and time. *Evolutionary Ecology Research*, **9**, 1349–1362.

Dyer, L.A., Singer, M.S., Lill, J.T. et al. (2007) Host specificity of Lepidoptera in tropical and temperate forests. *Nature*, **448**, 696–699.

Ebeling, J. and Yasué, M. (2008) Generating carbon finance through avoided deforestation and its potential to create climatic, conservation and human development benefits. *Philosophical Transactions of the Royal Society B: Biological Sciences*, **363**,

1917–1924.
Edwards, I.D., MacDonald, A.A. and Proctor, J. (1993) *The natural history of Seram*. Intercept, Andover.
Ehrlich, P.R. and Goulder, L.H. (2007) Is current consumption excessive? A general framework and some indications for the United States. *Conservation Biology*, **21**, 1145–1154.
EIA/Telepak (2008) *Borderlines: Vietnam's booming furniture industry and timber smuggling in the Mekong region*. Environmental Investigation Agency, London.
Eichhorn, M.P., Fagan, K.C., Compton, S.G., Dent, D.H. and Hartley, S.E. (2007) Explaining leaf herbivory rates on tree seedlings in a Malaysian rain forest. *Biotropica*, **39**, 416–421.
Elliott, S., Navakitbumrung, P., Kuarak, C., Zangkum, S., Anusarnsunthorn, V. and Blakesley, D. (2003) Selecting framework tree species for restoring seasonally dry tropical forests in northern Thailand based on field performance. *Forest Ecology and Management*, **184**, 177–191.
Elliott, S., Promkutkaew, S. and Maxwell, J.F. (1994) Flowering and seed production phenology of dry tropical forest trees in northern Thailand. *Proceedings of the International Symposium on Genetic Conservation and Production of Tropical Forest Tree Seed* (eds R.M. Drysdale, S.E.T. John and A.C. Yapa), pp. 52–61. ASEAN—Canada Forest Tree Seed Centre, Saraburi, Thailand.
Elliott, S., Baker, P.J. and Borchert, R. (2006) Leaf flushing during the dry season: the paradox of Asian monsoon forests. *Global Ecology and Biogeography*, **15**, 248–257.
Ellwood, M.D.F. and Foster, W.A. (2004) Doubling the estimate of invertebrate biomass in a rainforest canopy. *Nature*, **429**, 549–551.
Ellwood, M.D.F., Jones, D.T. and Foster, W.A. (2002) Canopy ferns in lowland dipterocarp forest support a prolific abundance of ants, termites, and other invertebrates. *Biotropica*, **34**, 575–583.
Elser, J.J., Fagan, W.F., Denno, R.F. et al. (2000) Nutritional constraints in terrestrial and freshwater food webs. *Nature*, **408**, 578–580.
Elvidge, C.D., Tuttle, B.T., Sutton, P.S., Baugh, K.E., Howard, A.T., Milesi, C., Bhaduri, B.L. and Nemani, R. (2007) Global distribution and density of constructed impervious surfaces. *Sensors*, **7**, 1962–1979.
Elvin, M. (2004) *The retreat of the elephant*. Island Press, Washington, DC.
Emmons, L.H. (2000) *Tupai: a field study of Bornean treeshrews*. University of California Press, Berkeley.
Endicott, K. (1999a) Introduction: Southeast Asia. *The Cambridge encyclopedia of hunters and gatherers* (eds R.B. Lee and R. Daly), pp. 275–283. Cambridge University Press, Cambridge.
Endicott, K. (1999b) The Batek of Peninsula Malaysia. *The Cambridge encyclopedia of hunters and gatherers* (eds R.B. Lee and R. Daly), pp. 298–306. Cambridge University Press, Cambridge.
Engel, V.L. and Parrotta, J.A. (2001) An evaluation of direct seeding for reforestation of degraded lands in central São Paulo state, Brazil. *Forest Ecology and Management*, **152**, 169–181.
Engelbrecht, B.M.J., Comita, L.S., Condit, R. et al. (2007) Drought sensitivity shapes species distribution patterns in tropical forests. *Nature*, **447**, 80-U2.
Enoki, T. (2003) Microtopography and distribution of canopy trees in a subtropical evergreen broad-leaved forest in the northern part of Okinawa Island, Japan. *Ecological Research*, **18**, 103–113.
Ewers, R.M. and Didham, R.K. (2006) Confounding factors in the detection of species responses to habitat fragmentation. *Biological Reviews*, **81**, 117–142.
Ewers, R.M. and Rodrigues, A.S.L. (2008) Estimates of reserve effectiveness are confounded by leakage. *Trends in Ecology and Evolution*, **23**, 113–116.
Fa, J.E. and Funk, S.M. (2007) Global endemicity centres for terrestrial vertebrates: an ecoregions approach. *Endangered Species Research*, **3**, 31–42.
Fang, H., Gundersen, P., Mo, J.M. and Zhu, W.X. (2008) Input and output of dissolved organic and inorganic nitrogen in subtropical forests of South China under high air pollution. *Biogeosciences*, **5**, 339–352.
FAO (2006) *The state of food insecurity in the world 2006*. Food and Agriculture Organization of the United Nations, Rome.
FAO (2007) *World Reference Base for soil resources 2006. A framework for international classification, correlation and communication. First update 2007*. Food and Agriculture Organization of the United Nations, Rome.
Fargione, J., Hill, J., Tilman, D., Polasky, S. and Hawthorne, P. (2008) Land clearing and the biofuel carbon debt. *Science*, **319**, 1235–1238.
Fearnside, P.M. (2006) Mitigation of climatic change in the Amazon. *Emerging threats to tropical forests* (eds W.F. Laurance and C.A. Peres), pp. 353–375. University of Chicago Press, Chicago.
Feeley, K.J., Davies, S.J., Ashton, P.S. et al. (2007a) The role of gap phase processes in the biomass dynamics of tropical forests. *Proceedings of the Royal Society B: Biological Sciences*, **274**, 2857–2864.
Feeley, K.J., Wright, S.J., Supardi, M.N.N., Kassim, A.R. and Davies, S.J. (2007b) Decelerating growth in tropical forest trees. *Ecology Letters*, **10**, 461–469.
Fellowes, J.R. (2006) Ant (Hymenoptera: Formicidae) genera in southern China: observations on the Oriental-Palearctic boundary. *Myrmecologische Nachrichten*, **8**, 239–249.
Fellowes, J.R., Chan, B.P.L., Zhou, J., Chen, S., Yang, S. and Ng, S.-C. (2008) Current status of the Hainan gibbon (*Nomascus hainanus*): progress of population monitoring and other priority actions. *Asian Primates Journal*, **1**, 2–9.
Ferraro, P.J. (2008) Assymetric information and contract design for payments for environmental services. *Ecological Economics*, **65**, 810–821.
Ferraro, P.J. and Pattanayak, S.K. (2006) Money for nothing? A call for empirical evaluation of biodiversity conservation investments. *PLoS Biology*, **4**, 482–488.
Ferraz, G., Russell, G.J., Stouffer, P.C., Bierregaard, R.O., Pimm, S.L. and Lovejoy, T.E. (2003) Rates of species loss from Amazonian forest fragments. *Proceedings of the National Academy of Sciences of the USA*, **100**, 14069–14073.
Fine, P.V.A. (2001) An evaluation of the geographic area hypothesis using the latitudinal gradient in North American tree diversity. *Evolutionary Ecology Research*, **3**, 413–428.
Fitzherbert, E.B., Struebig, M.J., Morel, A. et al. (2008) How will oil palm expansion affect biodiversity? *Trends in Ecology and Evolution*, **23**, 538–545.
Flach, M. and Rumawas, F. (1996) *Plant resources of South-East Asia no. 9. Plants yielding non-seed carbohydrates*. Backhuys Publishers, Leiden.
Flannery, T.F. (1995) *Mammals of the South West Pacific and Moluccan Islands*. Reed, Sydney.
Fleming, T.H. and Muchhala, N. (2008) Nectar-feeding bird and bat niches in two worlds: Pantropical comparisons of vertebrate pollination systems. *Journal of Biogeography*, **35**, 764–780.
Flenley, J.R. (2007) Ultraviolet insolation and the tropical rainforest: altitudinal variations, Quaternary and recent change, extinctions,

and biodiversity. *Tropical rainfor-est responses to climatic change* (eds M.B. Bush and J.R. Flenley), pp. 219–235. Springer, New York.

Flint, E.P. (1994) Changes in land use in South and Southeast Asia from 1880 to 1980: a data base prepared as part of a coordinated research program on carbon fluxes in the tropics. *Chemosphere*, **29**, 1015–1062.

Fontaine, B., Gargominy, O. and Neubert, E. (2007) Priority sites for conservation of land snails in Gabon: testing the umbrella species concept. *Diversity and Distributions*, **13**, 725–734.

Forget, P.-M., Lambert, J.E., Hulme, P.E. and Vander Wall, S.B. (2005) *Seed fate: predation, dispersal and seedling establishment*. CABI Publishing, Wallingford.

FORRU (2006) *How to plant a forest: the principals and practice of restoring tropical forests*. Chiang Mai University, Chiang Mai.

Fox, E.A., van Schaik, C.P., Sitompul, A. and Wright, D.N. (2004) Intra- and interpopulational differences in orangutan (*Pongo pygmaeus*) activity and diet: implications for the invention of tool use. *American Journal of Physical Anthropology*, **125**, 162–174.

Francis, C.M. and Wells, D.R. (2003) The bird community at Pasoh: composition and population dynamics. *Ecology of a lowland rain forest in Southeast Asia* (eds T. Okuda, N. Manokaran, Y. Matsumoto, K. Niiyama, S.C. Thomas and P.S. Ashton), pp. 375–393. Springer, Tokyo.

Freckleton, R.P. and Lewis, O.T. (2006) Pathogens, density dependence and the coexistence of tropical trees. *Proceedings of the Royal Society B: Biological Sciences*, **273**, 2909–2916.

Fredericksen, T.S. and Putz, F.E. (2003) Silvicultural intensification for tropical forest conservation. *Biodiversity and Conservation*, **12**, 1445–1453.

Freiberg, M. and Turton, S.M. (2007) Importance of drought on the distribution of the birds nest fern, *Asplenium nidus*, in the canopy of a lowland tropical rainforest in north-eastern Australia. *Austral Ecology*, **32**, 70–76.

FSC (2004) *FSC principles and criteria for forest stewardship*. Forest Stewardship Council, Bonn.

Fuchs, J., Ohlson, J.I., Ericson, P.G.P. and Pasquet, E. (2007) Synchronous intercontinental splits between assemblages of woodpeckers suggested by molecular data. *Zoologica Scripta*, **36**, 11–25.

Fuentes, M. (2008) Biological conservation and global poverty. *Biotropica*, **40**, 139–140.

Fuentes, A., Kalchik, S., Gettler, L., Kwiatt, A. and Konecki, M. (2008) Characterizing human-macaque interactions in Singapore. *American Journal of Primatology*, **70**, 1–5.

Fukushima, M., Kanzaki, M., Hara, M., Ohkubo, T., Preechapanya, P. and Choocharoen, C. (2008) Secondary forest succession after the cessation of swidden cultivation in the montane forest area in Northern Thailand. *Forest Ecology and Management*, **255**, 1994–2006.

Funakoshi, K., Watanabe, H. and Kunisaki, T. (1993) Feeding ecology of the Northern Ryukyu fruit bat, *Pteropus dasymallus dasymallus*, in a warm-temperate region. *Journal of Zoology*, **230**, 221–230.

Gagan, M.K., Hendy, E.J., Haberle, S.G. and Hantoro, W.S. (2004) Post-glacial evolution of the Indo-Pacific Warm Pool and El Nino-Southern Oscillation. *Quaternary International*, **118**, 127–143.

Gallery, R.E., Dalling, J.W. and Arnold, A.E. (2007) Diversity, host affinity, and distribution of seed-infecting fungi: a case study with *Cecropia*. *Ecology*, **88**, 582–588.

Galloway, J.N., Dentener, F.J., Capone, D.G. et al. (2004) Nitrogen cycles: past, present, and future. *Biogeochemistry*, **70**, 153–226.

Gan, J.B. and McCarl, B.A. (2007) Measuring transnational leakage of forest conservation. *Ecological Economics*, **64**, 423–432.

García, C., Jordano, P. and Godoy, J.A. (2007) Contemporary pollen and seed dispersal in a *Prunus mahaleb* population: patterns in distance and direction. *Molecular Ecology*, **16**, 1947–1955.

Gardner, T.A., Barlow, J., Parry, L.W. and Peres, C.A. (2007) Predicting the uncertain future of tropical forest species in a data vacuum. *Biotropica*, **39**, 25–30.

Garrity, D.P., Soekardi, M., Van Noordwijk, M. et al. (1996) The *Imperata* grasslands of tropical Asia: area, distribution, and typology. *Agroforestry Systems*, **36**, 3–29.

Gathorne-Hardy, F.J. and Harcourt-Smith, W.E.H. (2003) The super-eruption of Toba, did it cause a human bottleneck? *Journal of Human Evolution*, **45**, 227–230.

Gathorne-Hardy, F.J., Syaukani, Davies, R.G., Eggleton, P. and Jones, D.T. (2002) Quaternary rainforest refugia in south-east Asia: using termites (Isoptera) as indicators. *Biological Journal of the Linnean Society*, **75**, 453–466.

Gaveau, D.L.A., Wandono, H. and Setiabudi, F. (2007) Three decades of deforestation in southwest Sumatra: Have protected areas halted forest loss and logging, and promoted re-growth? *Biological Conservation*, **134**, 495–504.

Gehring, C., Denich, M., Kanashiro, M. and Vlek, P.L.G. (1999) Response of secondary vegetation in Eastern Amazonia to relaxed nutrient availability constraints. *Biogeochemistry*, **45**, 223–241.

George, W. (1981) Wallace and his line. *Wallace's Line and plate tectonics* (ed. T.C. Whitmore), pp. 3–8. Clarendon Press, Oxford.

Giannini, N.P. and Simmons, N.B. (2003) A phylogeny of megachiropteran bats (Mammalia: Chiroptera: Pteropodidae) based on direct optimization analysis of one nuclear and four mitochondrial genes. *Cladistics—the International Journal of the Willi Hennig Society*, **19**, 496–511.

Gibbons, P. and Lindenmayer, D.B. (2007) Offsets for land clearing: no net loss or the tail wagging the dog. *Ecological Management and Restoration*, **8**, 26–31.

Gibbs, D., Barnes, E. and Cox, J. (2001) *Pigeons and doves: a guide to the pigeons and doves of the world*. Yale University Press, New Haven.

Gilbert, B., Wright, S.J., Muller-Landau, H.C., Kitajima, K. and Hernandez, A. (2006) Life history trade-offs in tropical trees and lianas. *Ecology*, **87**, 1281–1288.

Giri, C. and Shrestha, S. (2000) Forest fire mapping in Huay Kha Khaeng Wildlife Sanctuary, Thailand. *International Journal of Remote Sensing*, **21**, 2023–2030.

Glass, B.P. and Koeberl, C. (2006) Australasian microtektites and associated impact ejecta in the South China Sea and the Middle Pleistocene supereruption of Toba. *Meteoritics and Planetary Science*, **41**, 305–326.

Global Witness (2007) *Cambodia's family tree: illegal logging and the stripping of public assets by Cambodia's elite*. Global Witness.

Goldammer, J.G. (2007) History of equatorial vegetation fires and fire research in Southeast Asia before the 1997–98 episode: a reconstruction of creeping environmental changes. *Mitigation and Adaptation Strategies for Global Change*, **12**, 13–22.

Goldman, R.L., Tallis, H., Kareiva, P. and Daily, G.C. (2008) Field evidence that ecosystem service projects support biodiversity and diversify options. *Proceedings of the National Academy of Sciences of the USA*, **105**, 9445–9448.

Gorog, A.J., Sinaga, M.H. and Engstrom, M.D. (2004) Vicariance or dispersal? Historical biogeography of three Sunda shelf murine rodents (*Maxomys surifer, Leopoldamys sabanus* and *Maxomys whiteheadi*). *Biological Journal of the Linnean Society*, **81**, 91–109.

Graham, E.A., Mulkey, S.S., Kitajima, K., Phillips, N.G. and Wright, S.J. (2003) Cloud cover limits net CO_2 uptake and growth of a rainforest tree during tropical rainy seasons. *Proceedings of the National Academy of Sciences of the USA*, **100**, 572–576.

Gratwicke, B., Mills, J., Dutton, A. et al. (2008) Attitudes towards consumption and conservation of tigers in China. *PLoS ONE*, **3**, e2544.

Gray, T.N.E., Chamnan, H., Borey, R., Collar, N.J. and Dolman, P.M. (2007) Habitat preferences of a globally threatened bustard provide support for community-based conservation in Cambodia. *Biological Conservation*, **138**, 341–350.

Green, W.A. and Hickey, L.J. (2005) Leaf architectural profiles of angiosperm floras across the Cretaceous/Tertiary boundary. *American Journal of Science*, **305**, 983–1013.

Green, J.J., Dawson, L.A., Proctor, J., Duff, E.I. and Elston, D.A. (2005) Fine root dynamics in a tropical rain forest is influenced by rainfall. *Plant and Soil*, **276**, 23–32.

Greenberg, R. (1995) Insectivorous migratory birds in tropical ecosystems—the breeding currency hypothesis. *Journal of Avian Biology*, **26**, 260–264.

Greene, H.W. (1997) *Snakes: the evolution of mystery in nature*. University of California Press, Berkeley.

Grenyer, R., Orme, C.D.L., Jackson, S.F. et al. (2006) Global distribution and conservation of rare and threatened vertebrates. *Nature*, **444**, 93–96.

Grove, R. (1998) Global impact of the 1789–1793 El Nino. *Nature*, **393**, 318–319.

Grundmann, E. (2006) Back to the wild: will reintroduction and rehabilitation help the long-term conservation of orang-utans in Indonesia? *Social Science Information*, **45**, 265–284.

Grytnes, J.A. and Beaman, J.H. (2006) Elevational species richness patterns for vascular plants on Mount Kinabalu, Borneo. *Journal of Biogeography*, **33**, 1838–1849.

Guy, C.L. (2003) Freezing tolerance of plants: current understanding and selected emerging concepts. *Canadian Journal of Botany*, **81**, 1216–1223.

Haines, P.W., Howard, K.T., Ali, J.R., Burrett, C.F. and Bunopas, S. (2004) Flood deposits penecontemporaneous with ~0.8 Ma tektite fall in NE Thailand: impact-induced environmental effects? *Earth and Planetary Science Letters*, **225**, 19–28.

Hajra, P.K., Rao, P.S.N. and Mudgal, V. (1999) *Flora of Andaman and Nicobar Islands*. Botanical Survey of India, Calcutta.

Hall, R. (2002) Cenozoic geological and plate tectonic evolution of SE Asia and the SW Pacific: computer-based reconstructions, model and animations. *Journal of Asian Earth Sciences*, **20**, 353–431.

Halpern, B.S., Pyke, C.R., Fox, H.E., Haney, C., Schlaepfer, M.A. and Zaradic, P. (2006) Gaps and mismatches between global conservation priorities and spending. *Conservation Biology*, **20**, 56–64.

Halpin, K., Hyatt, A.D., Plowright, R.K. et al. (2007) Emerging viruses: coming in on a wrinkled wing and a prayer. *Clinical Infectious Diseases*, **44**, 711–717.

Hamann, A. (2004) Flowering and fruiting phenology of a Philippine submontane rain forest: climatic factors as proximate and ultimate causes. *Journal of Ecology*, **92**, 24–31.

Hamann, A., Barbon, E.B., Curio, E. and Madulid, D.A. (1999) A botanical inventory of a submontane tropical rainforest on Negros Island, Philippines. *Biodiversity and Conservation*, **8**, 1017–1031.

Hamer, K.C., Hill, J.K., Benedick, S., Mustaffa, N., Chey, V.K. and Maryati, M. (2006) Diversity and ecology of carrion- and fruit-feeding butterflies in Bornean rain forest. *Journal of Tropical Ecology*, **22**, 25–33.

Hampe, A. (2008) Fruit tracking, frugivore satiation, and their consequences for seed dispersal. *Oecologia*, **156**, 137–145.

Hansen, J.E. (2007) Scientific reticence and sea level rise. *Environmental Research Letters*, **2**, 024002.

Hansen, A.J. and DeFries, R. (2007) Ecological mechanisms linking protected areas to surrounding lands. *Ecological Applications*, **17**, 974–988.

Hansen, J., Sato, M., Kharecha, P., Russell, G., Lea, D.W. and Siddall, M. (2007) Climate change and trace gases. *Philosophical Transactions of the Royal Society A: Mathematical, Physical and Engineering Sciences*, **365**, 1925–1954.

Hansen, M.C., Stehman, S.V., Potapov, P.V. et al. (2008) Humid tropical forest clearing from 2000 to 2005 quantified by using multitemporal and multiresolution remotely sensed data. *Proceedings of the National Academy of Sciences of the USA*,**105**, 9439–9444.

Hanski, I. and Krikken, J. (1991) Dung beetles in tropical forests in South-East Asia. *Dung beetle ecology* (eds I. Hanski and Y. Cambefort), pp. 179–197. Princeton University Press, Princeton.

Hanya, G. (2004) Diet of a Japanese macaque troop in the coniferous forest of Yakushima. *International Journal of Primatology*, **25**, 55–71.

Hanya, G., Matsubara, M., Sugiura, H. et al. (2004) Mass mortality of Japanese macaques in a western coastal forest of Yakushima. *Ecological Research*, **19**, 179–188.

Hanya, G., Kiyono, M., Takafumi, H., Tsujino, R. and Agetsuma, N. (2007) Mature leaf selection of Japanese macaques: effects of availability and chemical content. *Journal of Zoology*, **273**, 140–147.

Harcourt, A.H. (1999) Biogeographic relationships of primates on South-East Asian islands. *Global Ecology and Biogeography*, **8**, 55–61.

Hardesty, B.D., Hubbell, S.P. and Bermingham, E. (2006) Genetic evidence of frequent long-distance recruitment in a vertebrate-dispersed tree. *Ecology Letters*, **9**, 516–525.

Hardy, O.J., Maggia, L., Bandou, E. et al. (2006) Fine-scale genetic structure and gene dispersal inferences in 10 Neotropical tree species. *Molecular Ecology*, **15**, 559–571.

Harrison, R.D. (2005) Figs and the diversity of tropical rainforests. *Bioscience*, **55**, 1053–1064.

Harrison, R.D. (2006) Mortality and recruitment of hemi-epiphytic figs in the canopy of a Bornean rain forest. *Journal of Tropical Ecology*, **22**, 477–480.

Harrison, M.E. and Chivers, D.J. (2007) The orang-utan mating system and the unflanged male: a product of increased food stress during the late Miocene and Pliocene? *Journal of Human Evolution*, **52**, 275–293.

Harrison, R.D., Yamamura, N. and Inoue, T. (2000) Phenology of a common roadside fig in Sarawak. *Ecological Research*, **15**, 47–61.

Harrison, T., Ji, X. and Su, D. (2002) On the systematic status of the late Neogene hominoids from Yunnan Province, China. *Journal of Human Evolution*, **43**, 207–227.

Harrison, R.D., Hamid, A.A., Kenta, T. et al. (2003) The diversity of hemi-epiphytic figs (*Ficus*; Moraceae) in a Bornean lowland rain forest. *Biological Journal of the Linnean Society*, **78**, 439–455.

Harrison, T., Krigbaum, J. and Manser, J. (2006) Primate

biogeography and ecology on the Sunda Shelf Islands: a paleontological and zooarchaeological perspective. *Primate Biogeography: Progress and Prospects*, (eds J.G. Fleagle and S. Lehman), pp. 331–372. Springer, New York.

Harteveld, M., Hertle, D., Wiens, M. and Leuschner, C. (2005) Spatial and temporal variability of fine root abundance and growth in tropical moist forests and agroforestry systems (Sulawesi, Indonesia). *Ecotropica*, **13**, 111–120.

Harvey, C.A., Komar, O., Chazdon, R. et al. (2008) Integrating agricultural landscapes with biodiversity conservation in the Mesoamerican hotspot. *Conservation Biology*, **22**, 8–15.

Hasegawa, M., Ito, M.T. and Kitayama, K. (2006) Community structure of oribatid mites in relation to elevation and geology on the slope of Mount Kinabalu, Sabah, Malaysia. *European Journal of Soil Biology*, **42**, S191-S196.

Hau, B.C.H. and Corlett, R.T. (2003) Factors affecting the early survival and growth of native tree seedlings planted on a degraded hillside grassland in Hong Kong, China. *Restoration Ecology*, **11**, 483–488.

Hau, B.C.H., Dudgeon, D. and Corlett, R.T. (2005) Beyond Singapore: Hong Kong and Asian biodiversity. *Trends in Ecology and Evolution*, **20**, 281–282.

Hawkins, B.A., Diniz-Filho, J.A.F., Jaramillo, C.A. and Soeller, S.A. (2007) Climate, niche conservatism, and the global bird diversity gradient. *American Naturalist*, **170**, S16-S27.

Hayaishi, S. and Kawamoto, Y. (2006) Low genetic diversity and biased distribution of mitochondrial DNA haplotypes in the Japanese macaque (*Macaca fuscata yakui*) on Yakushima Island. *Primates*, **47**, 158–164.

Heaney, L.R. (1984) Mammalian species richness on islands on the Sunda Shelf, Southeast Asia. *Oecologia*, **61**, 11–17.

Heaney, L.R. (1991) A synopsis of climatic and vegetational change in Southeast Asia. *Climatic Change*, **19**, 53–61.

Heaney, L.R. (2001) Small mammal diversity along elevational gradients in the Philippines: an assessment of patterns and hypotheses. *Global Ecology and Biogeography*, **10**, 15–39.

Heaney, L.R., Balete, D., Dolar, L. et al. (1998) A synopsis of the mammalian fauna of the Philippine Islands. *Fieldiana: Zoology, n.s.*, **88**, 1–61.

Hedin, L.O., Vitousek, P.M. and Matson, P.A. (2003) Nutrient losses over four million years of tropical forest development. *Ecology*, **84**, 2231–2255.

Heil, M. (2008) Indirect defence via tritrophic interactions. *New Phytologist*, **178**, 41–61.

Heil, M., Fiala, B., Maschwitz, U. and Linsenmair, K.E. (2001) On benefits of indirect defence: short- and long-term studies of antiherbivore protection via mutualistic ants. *Oecologia*, **126**, 395–403.

Hembra, S.S., Tacud, B., Geronimo, E. et al. (2006) Saving Philippine hornbills on Panay Island, Philippines. *Re-introduction News*, **25**, 45–46.

Herre, E.A., Van Bael, S.A., Maynard, Z. et al. (2005) Tropical plants as chimera: implications of foliar endophytic fungi for the study of host-plant defence, physiology and genetics. *Biotic interactions in the tropics* (eds D.F.R.P. Burslem, M.A. Pinard and S.E. Hartley), pp. 226–240. Cambridge University Press, Cambridge.

Higham, C.F.W. (1989) *The archaeology of mainland Southeast Asia: from 10,000 BC to the fall of Angkor.* Cambridge University Press, Cambridge.

Higham, C.F.W. (2002) *Early cultures of mainland Southeast Asia.* Thames and Hudson, London.

Hill, C., Soares, P., Mormina, M. et al. (2007a) A mitochondrial stratigraphy for island southeast Asia. *American Journal of Human Genetics*, **80**, 29–43.

Hill, J., Woodland, W. and Gough, G. (2007b) Can visitor satisfaction and knowledge about tropical rainforests be enhanced through biodiversity interpretation, and does this promote a positive attitude towards ecosystem conservation? *Journal of Ecotourism*, **6**, 75–85.

Hirano, T., Segah, H., Harada, T. et al. (2007) Carbon dioxide balance of a tropical peat swamp forest in Kalimantan, Indonesia. *Global Change Biology*, **13**, 412–425.

Hirata, R., Saigusa, N., Yamamoto, S. et al. (2008) Spatial distribution of carbon balance in forest ecosystems across East Asia. *Agricultural and Forest Meteorology*, **148**, 761–775.

Hiratsuka, M., Toma, T., Mindawati, N., Heriansyah, I. and Morikawa, Y. (2005) Biomass of a man-made forest of timber tree species in the humid tropics of West Java, Indonesia. *Journal of Forest Research*, **10**, 487–491.

Hirosawa, H., Higashi, S. and Mohamed, M. (2000) Food habits of *Aenictus* army ants and their effects on the ant community in a rain forest of Borneo. *Insectes Sociaux*, **47**, 42–49.

Ho, P.-T. (1955) The introduction of American food plants into China. *American Anthropologist*, **57**, 191–201.

Hodgkison, R., Ayasse, M., Kalko, E.K.V. et al. (2007) Chemical ecology of fruit bat foraging behavior in relation to the fruit odors of two species of paleotropical bat-dispersed figs (*Ficus hispida* and *Ficus scortechinii*). *Journal of Chemical Ecology*, **33**, 2097–2110.

Hodkinson, D.J. and Thompson, K. (1997) Plant dispersal: the role of man. *Journal of Applied Ecology*, **34**, 1484–1496.

Hooijer, A., Silvius, M., Wösten, H. and Page, S.E. (2006) PEAT-CO2, *Assessment of CO_2 emissions from drained peatlands in SE Asia.* Delft Hydraulics, Delft.

Hope, G.S., Kershaw, A.P., Van der Kaars, S. et al. (2004) History of vegetation and habitat change in the Austral-Asian region. *Quaternary International*, **118–119**, 103–126.

Hou, Y.M., Potts, R., Yuan, B.Y. et al. (2000) Mid-Pleistocene Acheulean-like stone technology of the Bose basin, South China. *Science*, **287**, 1622–1626.

Houlton, B.Z., Sigman, D.M., Schuur, E.A.G. and Hedin, L.O. (2007) A climate-driven switch in plant nitrogen acquisition within tropical forest communities. *Proceedings of the National Academy of Sciences of the USA*, **104**, 8902–8906.

Houlton, B.Z., Wang, Y.-P., Vitousek, P.M. and Field, C.B. (2008) A unifying framework for dinitrogen fixation in the terrestrial biosphere. *Nature*, **454**, 327–330.

Howald, G., Donlan, C.J., Galvan, J.P. et al. (2007) Invasive rodent eradication on islands. *Conservation Biology*, **21**, 1258–1268.

Hsu, C.C., Horng, F.W. and Kuo, C.M. (2002) Epiphyte biomass and nutrient capital of a moist subtropical forest in north-eastern Taiwan. *Journal of Tropical Ecology*, **18**, 659–670.

Hu, H., Liu, W. and Cao, M. (2008) Impact of land use and land cover changes on ecosystem services in Menglun, Xishuangbanna, Southwest China. *Environmental Monitoring and Assessment*, **146**, 146–156.

Huang, Z. (2000) The interactions of population dynamics of *Thalassodes quadraria* and the plant community structure and climatic factors in Dinghushan. *Chinese Journal of Ecology*, **19**, 24–27.

Huang, C.Y. and Hou, P.C.L. (2004) Density and diversity of litter amphibians in a monsoon forest of southern Taiwan. *Zoological Studies*, **43**, 795–802.

Huang, C.Y., Zhao, M.X., Wang, C.C. and Wei, G.J. (2001) Cooling of the South China Sea by the Toba eruption and correlation with other climate proxies similar to 71,000 years ago. *Geophysical Research Letters*, **28**, 3915–3918.

Huang, C., Wu, H., Zhou, Q., Li, Y. and Cai, X. (2008) Feeding strategy of Francois langur and white-headed langur at Fusui, China. *Americam Journal of Primatology*, **70**, 320–326.

Hubbell, S.P. (1980) Seed predation and the coexistence of tree species in tropical forests. *Oikos*, **35**, 214–229.

Hubbell, S.P. (2001) *The unified neutral theory of biodiversity and biogeography*. Princeton University Press, Princeton.

Hubbell, S.P. (2006) Neutral theory and the evolution of ecological equivalence. *Ecology*, **87**, 1387–1398.

Huchon, D., Chevret, P., Jordan, U. et al. (2007) Multiple molecular evidences for a living mammalian fossil. *Proceedings of the National Academy of Sciences of the USA*, **104**, 7495–7499.

Huete, A.R., Restrepo-Coupe, N., Ratana, P. et al. (2008) Multiple site tower flux and remote sensing comparisons of tropical forest dynamics in Monsoon Asia. *Agricultural and Forest Meteorology*, **148**, 748–760.

Hughes, J.B., Round, P.D. and Woodruff, D.S. (2003) The Indochinese-Sundaic faunal transition at the Isthmus of Kra: an analysis of resident forest bird species distributions. *Journal of Biogeography*, **30**, 569–580.

Hulcr, J., Mogia, M., Isua, B. and Novotny, V. (2007) Host specificity of ambrosia and bark beetles (Col., Curculionidae: Scolytinae and Platypodinae) in a New Guinea rainforest. *Ecological Entomology*, **32**, 762–772.

Human Rights Watch (2006) Too high a price: the human costs of the Indonesian military's economic activities. *Human Rights Watch*, **18**, 1–140.

Hunt, C.O., Gilbertson, D.D. and Rushworth, G. (2007) Modern humans in Sarawak, Malaysian Borneo, during Oxygen Isotope Stage 3: palaeoenvironmental evidence from the Great Cave of Niah. *Journal of Archaeological Science*, **34**, 1953–1969.

Husa, K. and Wohlschlägl, H. (2007) From 'baby boom' to 'grey boom'? *Geographische Rundschau International Edition*, **4**, 20–27.

Hyatt, L.A., Rosenberg, M.S., Howard, T.G. et al. (2003) The distance dependence prediction of the Janzen-Connell hypothesis: a meta-analysis. *Oikos*, **103**, 590–602.

Ichie, T., Hiromi, T., Yoneda, R. et al. (2004) Short-term drought causes synchronous leaf shedding and flushing in a lowland mixed dipterocarp forest, Sarawak, Malaysia. *Journal of Tropical Ecology*, **20**, 697–700.

Ichie, T., Kenzo, T., Kitahashi, Y., Koike, T. and Nakashizuka, T. (2005) How does *Dryobalanops aromatica* supply carbohydrate resources for reproduction in a masting year? *Trees—Structure and Function*, **19**, 703–710.

Ickes, K., Dewalt, S.J. and Thomas, S.C. (2003) Resprouting of woody saplings following stem snap by wild pigs in a Malaysian rain forest. *Journal of Ecology*, **91**, 222–233.

ICS (2008) *International stratigraphic chart*. International Commission on Stratigraphy.

Inger, R.F. (1980) Densities of floor-dwelling frogs and lizards in lowland forests of Southeast Asia and Central America. *American Naturalist*, **115**, 761–770.

Inger, R.F. and Voris, H.K. (2001) The biogeographical relations of the frogs and snakes of Sundaland. *Journal of Biogeography*, **28**, 863–891.

IPCC (2007) *Climate change 2007: the physical science basis*. Cambridge University Press, New York.

Irwin, R.E., Brody, A.K. and Waser, N.M. (2001) The impact of floral larceny on individuals, populations, and communities. *Oecologia*, **129**, 161–168.

Isaac, N.J.B., Turvey, S.T., Collen, B., Waterman, C. and Baillie, J.E.M. (2007) Mammals on the EDGE: conservation priorities based on threat and phylogeny. *PLoS ONE*, **3**, e296.

Ishii, S., Bell, J.N.B. and Marshall, F.M. (2007) Phytotoxic risk assessment of ambient air pollution on agricultural crops in Selangor State, Malaysia. *Environmental Pollution*, **150**, 267–279.

Itioka, T., Inoue, T., Kaliang, H. et al. (2001) Six-year population fluctuation of the giant honey bee *Apis dorsata* (Hymenoptera: Apidae) in a tropical lowland dipterocarp forest in Sarawak. *Annals of the Entomological Society of America*, **94**, 545–549.

Itioka, T. and Yamauti, M. (2004) Severe drought, leafing phenology, leaf damage and lepidopteran abundance in the canopy of a Bornean aseasonal tropical rain forest. *Journal of Tropical Ecology*, **20**, 479–482.

Ito, E., Araki, M., Tani, A. et al. (2008) Leaf-shedding phenology in tropical seasonal forests of Cambodia estimated from NOAA satellite images. *Geoscience and Remote Sensing Symposium, 2007. IGARSS 2007. IEEE International*, pp. 4331–4335.

Itoh, A., Yamakura, T., Ohkubo, T. et al. (2003) Importance of topography and soil texture in the spatial distribution of two sympatric dipterocarp trees in a Bornean rainforest. *Ecological Research*, **18**, 307–320.

ITTO (2006) *Annual review and assessment of the world timber situation: 2006*. International Tropical Timber Organization, Yokohama.

IUCN (1998) *IUCN guidelines for re-introductions*. IUCN, Gland.

IUCN (2001) *IUCN Red List Categories and Criteria version 3.1*. IUCN Species Survival Commission, Gland.

IUCN (2002) *IUCN guidelines for the placement of confiscated animals*. IUCN, Gland.

IUCN (2003) *Guidelines for application of IUCN red list criteria at regional level*. IUCN Species Survival Commission, Gland.

IUCN (2004) *2004 IUCN red list of threatened species: a global species assessment*. IUCN Species Survival Commission, Gland.

IUCN (2005) *Guidelines for using the IUCN red list categories and criteria*. IUCN Species Survival Commission, Gland.

Jaeger, J.-J. (2003) Mammalian evolution: isolationist tendencies. *Nature*, **426**, 509–511.

Jankowska-Błaszczuk, M. and Grubb, P.J. (2006) Changing perspectives on the role of the soil seed bank in northern temperate deciduous forests and in tropical lowland rain forests: parallels and contrasts. *Perspectives in Plant Ecology Evolution and Systematics*, **8**, 3–21.

Jansen, S., Broadley, M.R., Robbrecht, E. and Smets, E. (2002) Aluminum hyperaccumulation in angiosperms: a review of its phylogenetic significance. *Botanical Review*, **68**, 235–269.

Janzen, D.H. (1970) Herbivores and the number of species in tropical forests. *American Naturalist*, **104**, 501–528.

Janzen, D.H. (1974) Tropical blackwater rivers, animals, and mast fruiting by the Dipterocarpaceae. *Biotropica*, **6**, 69–103.

Janzen, D.H. (1976) Why bamboos wait so long to flower. *Annual Review of Ecology and Systematics*, **7**, 347–391.

Janzen, D.H. (2001) Latent extinctions: the living dead. *Encyclopedia of biodiversity* (ed. S. A. Levin), pp. 689–699. Academic Press, New York.

Jing, Y. and Flad, R.K. (2002) Pig domestication in ancient China. *Antiquity*, **76**, 724–732.

Jog, M.M., Marathe, R.R., Goel, S.S., Ranade, S.P., Kunte, K.K. and Watve, M.G. (2005) Sarcocystosis of chital (*Axis axis*) and dhole (*Cuon alpinus*): ecology of a mammalian prey-predator-parasite system in Peninsular India. *Journal of Tropical Ecology*, **21**, 479–482.

John, R., Dalling, J.W., Harms, K.E. et al. (2007) Soil nutrients influence spatial distributions of tropical tree species. *Proceedings of the National Academy of Sciences of the USA*, **104**, 864–869.

Johns, A.G. (1997) *Timber production and biodiversity conservation in tropical rainforests*. Cambridge University Press, Cambridge.

Johnson, S. (2007) CITES branches out. *Tropical Forest Update*, **17**, 1–2.

Johnson, A., Vongkhamheng, C., Hedemark, M. and Saithongdam, T. (2006) Effects of human-carnivore conflict on tiger (*Panthera tigris*) and prey populations in Lao PDR. *Animal Conservation*, **9**, 421–430.

Jones, G.S., Gregory, J.M., Stott, P.A., Tett, S.F.B. and Thorpe, R.B. (2005) An AOGCM simulation of the climate response to a volcanic super-eruption. *Climate Dynamics*, **25**, 725–738.

Jones, K.E., Patel, N.G., Levy, M.A. et al. (2008) Global trends in emerging infectious diseases. *Nature*, **451**, 990–993.

Jongwutiwes, S., Putaporntip, C., Iwasaki, H., Sata, T. and Kanbara, H. (2004) Naturally acquired *Plasmodium knowlesi* malaria in human, Thailand. *Emerging Infectious Diseases*, **10**, 2211–2213.

Jønsson, K.A., Irestedt, M., Fuchs, J. et al. (2008) Explosive avian radiations and multi-directional dispersal across Wallacea: Evidence from the Campephagidae and other Crown Corvida (Aves). *Molecular Phylogenetics and Evolution*, **47**, 221–236.

Jule, K.R., Leaver, L.A. and Lea, S.E.G. (2008) The effects of captive experience on reintroduction survival in carnivores: a review and analysis. *Biological Conservation*, **141**, 355–363.

Kaimowitz, D. and Sheil, D. (2007) Conserving what and for whom? Why conservation should help meet basic human needs in the tropics. *Biotropica*, **39**, 567–574.

Kalka, M.B., Smith, A.R. and Kalko, E.K.V. (2008) Bats limit arthropods and herbivory in a tropical forest. *Science*, **320**, 71.

Kalkman, V.J., Clausnitzer, V., Dijkstra, K.-.B., Orr, A.G., Paulson, D.R. and Van Tol, J. (2008) Global diversity of dragonflies (Odonata) in freshwater. *Hydrobiologia*, **595**, 351–363.

Kanzaki, M., Yap, S.K., Kimura, K., Okauchi, T. and Yamakura, T. (1997) Survival and germination of buried seeds of non-dipterocarp species in a tropical rain forest, Pasoh, West Malaysia. *Tropics*, **7**, 9–20.

Kanzaki, M., Hara, M., Yamakura, T. et al. (2004) Doi Inthanon Forest Dynamics Plot, Thailand. *Tropical forest diversity and dynamism: findings from a large-scale plot network* (eds E.C. Losos and E.G. Leigh), pp. 474–481. University of Chicago Press, Chicago.

Kapos, V., Balmford, A., Aveling, R. et al. (2008) Calibrating conservation: new tools for measuring success. *Conservation Letters*, **1**, 155–164.

Karasov, W.H. and Martínez del Rio, C. (2007) *Physiological ecology: how animals process energy, nutrients, and toxins*. Princeton University Press, Princeton.

Kartawinata, K. (1990) A review of natural vegetation studies in Malesia, with special reference to Indonesia. *The plant diversity of Malesia* (eds P. Baas, K. Kalkman and R. Geesink), pp. 121–132. Kluwer Academic, Dordrecht.

Karube, H. and Suda, S. (2004) A preliminary report on influence of an introduced lizard *Anolis carolinensis* on the native insect fauna of Ogasawara Islands. *Research Reports of the Kanagawa Prefectural Museum of Natural History*, **12**, 21–30.

Kaspari, M., Garcia, M.N., Harms, K.E., Santana, M., Wright, S.J. and Yavitt, J.B. (2008) Multiple nutrients limit litterfall and decomposition in a tropical forest. *Ecology Letters*, **11**, 35–43.

Kato, M., Kosaka, Y., Kawakita, A. et al. (2008) Plant-pollinator interactions in tropical monsoon forests in Southeast Asia. *American Journal of Botany*, **95**, 1375–1394.

Kaufmann, E. and Maschwitz, U. (2006) Ant-gardens of tropical Asian rainforests. *Naturwissenschaften*, **93**, 216–227.

Kawakami, K. and Higuchi, H. (2002) Predation by domestic cats on birds of Hahajima Island of the Bonin Islands, southern Japan. *Ornithological Science*, **1**, 143–144.

Kawakita, A. and Kato, M. (2006) Assessment of the diversity and species specificity of the mutualistic association between *Epicephala* moths and *Glochidion* trees. *Molecular Ecology*, **15**, 3567–3581.

Kawanishi, K. and Sunquist, M.E. (2004) Conservation status of tigers in a primary rainforest of Peninsular Malaysia. *Biological Conservation*, **120**, 329–344.

Kaya, M., Kammesheidt, L. and Weidelt, H.J. (2002) The forest garden system of Saparua island, Central Maluku, Indonesia, and its role in maintaining tree species diversity. *Agroforestry Systems*, **54**, 225–234.

Keeley, J.E. and Bond, W.J. (1999) Mast flowering and semelparity in bamboos: the bamboo fire cycle hypothesis. *American Naturalist*, **154**, 383–391.

Keeling, H.C. and Phillips, O.L. (2007) The global relationship between forest productivity and biomass. *Global Ecology and Biogeography*, **16**, 618–631.

Keogh, J.S., Barker, D.G. and Shine, R. (2001) Heavily exploited but poorly known: systematics and biogeography of commercially harvested pythons (*Python curtus* group) in Southeast Asia. *Biological Journal of the Linnean Society*, **73**, 113–129.

Kershaw, A.P., van der Kaars, S., Moss, P. et al. (2006) Environmental change and the arrival of people in the Australian region. *Before Farming*, **1**, article 2.

Kessler, M., Keßler, P.J.A., Gradstein, S.R., Bach, K., Schmull, M. and Pitopang, R. (2005) Tree diversity in primary forest and different land use systems in Central Sulawesi, Indonesia. *Biodiversity and Conservation*, **14**, 547–560.

Khiem, N.T., Cuong, L.Q. and Chien, H.V. (2003) Market study of meat from field rats in the Mekong delta. *Rats, mice and people: rodent biology and management* (eds G. R. Singleton, L. A. Hinds, C. J. Krebs and D. M. Spratt), pp. 543–547. Australian Centre for International Agricultural Research, Canberra.

Khurana, E. and Singh, J.S. (2001) Ecology of tree seed and seedlings: implications for tropical forest conservation and restoration. *Current Science*, **80**, 748–757.

Kikuta, T., Gunsalam, G., Kon, M. and Ochi, T. (1997) Altitudinal change of fauna, diversity and food preference of dung and carrion beetles on Mt. Kinabalu, Borneo. *Tropics*, **7**, 123–132.

Killeen, T.J. and Solórzano, L.A. (2008) Conservation strategies to mitigate impacts from climate change in Amazonia. *Philosophical Transactions of the Royal Society B: Biological Sciences*, **363**, 1881–1888.

Kimura, K., Yumoto, T. and Kikuzawa, K. (2001) Fruiting phenology of fleshy-fruited plants and seasonal dynamics of frugivorous birds in four vegetation zones on Mt. Kinabalu, Borneo. *Journal of Tropical Ecology*, **17**, 833–858.

King, D.A., Davies, S.J., Supardi, M.N.N. and Tan, S. (2005) Tree growth is related to light interception and wood density in two mixed dipterocarp forests of Malaysia. *Functional Ecology*, **19**, 445–453.

King, D.A., Davies, S.J. and Noor, N.S.M. (2006a) Growth and mortality are related to adult tree size in a Malaysian mixed dipterocarp forest. *Forest Ecology and Management*, **223**, 152–158.

King, D.A., Davies, S.J., Tan, S. and Noor, N.S.M. (2006b) The role of wood density and stem support costs in the growth and mortality of tropical trees. *Journal of Ecology*, **94**, 670–680.

King, D.A., Wright, S.J. and Connell, J.H. (2006c) The contribution of interspecific variation in maximum tree height to tropical and temperate diversity. *Journal of Tropical Ecology*, **22**, 11–24.

Kingdon-Ward, F. (1945) A sketch of the botany and geography of north Burma. *Journal of the Bombay Natural History Society*, **45**, 16–30, 133–148.

Kingston, T., Francis, C.M., Akbar, Z. and Kunz, T.H. (2003) Species richness in an insectivorous bat assemblage from Malaysia. *Journal of Tropical Ecology*, **19**, 67–79.

Kinnaird, M.F. and O'Brien, T.G. (2005) Fast foods of the forest: the influence of figs on primates and hornbills across Wallace's line. *Tropical fruits and frugivores: the search for strong interactors* (eds J. L. Dew and J. P. Boubli), pp. 155–184. Kluwer, Dordrecht.

Kinnaird, M.F. and O'Brien, T.G. (2007) *The ecology and conservation of Asian hornbills: farmers of the forest*. University of Chicago Press, Chicago.

Kinnaird, M.F., Obrien, T.G. and Suryadi, S. (1996) Population fluctuation in Sulawesi red-knobbed hornbills: tracking figs in space and time. *Auk*, **113**, 431–440.

Kirkendall, L.R. and Ødegaard, F. (2007) Ongoing invasions of old-growth tropical forests: establishment of three incestuous beetle species in southern Central America (Curculionidae: Scolytinae). *Zootaxa*, **1588**, 53–62.

Kirkpatrick, R.C. (2007) The Asian colobines: diversity among leaf-eating monkeys. *Primates in perspective* (eds C. J. Campbell, A. Fuentes, K. C. MacKinnon, M. Panger and S. Bearder), pp. 186–200. Oxford University Press, Oxford.

Kishimoto-Yamada, K. and Itioka, T. (2008a) Survival of flower-visiting chrysomelids during non general-flowering periods in Bornean dipterocarp forests. *Biotropica*, **40**, 600–606.

Kishimoto-Yamada, K. and Itioka, T. (2008b) Consequences of a severe drought associated with an El Nino-Southern Oscillation on a light-attracted leaf-beetle (Coleoptera, Chrysomelidae) assemblage in Borneo. *Journal of Tropical Ecology*, **24**, 229–233.

Kitamura, S., Suzuki, S., Yumoto, T. et al. (2004) Dispersal of *Aglaia spectabilis*, a large-seeded tree species in a moist evergreen forest in Thailand. *Journal of Tropical Ecology*, **20**, 421–427.

Kitamura, S., Suzuki, S., Yumoto, T. et al. (2005) A botanical inventory of a tropical seasonal forest in Khao Yai National Park, Thailand: implications for fruit-frugivore interactions. *Biodiversity and Conservation*, **14**, 1241–1262.

Kitamura, S., Yumoto, T., Poonswad, P. and Wohandee, P. (2007) Frugivory and seed dispersal by Asian elephants, *Elephas maximus*, in a moist evergreen forest of Thailand. *Journal of Tropical Ecology*, **23**, 373–376.

Kitamura, S., Yumoto, T., Poonswad, P., Suzuki, S. and Wohandee, P. (2008) Rare seed-predating mammals determine seed fate of *Canarium euphyllum*, a large-seeded tree species in a moist evergreen forest, Thailand. *Ecological Research*, **23**, 169–177.

Kitayama, K. (1992) An altitudinal transect study of the vegetation on Mount Kinabalu, Borneo. *Vegetatio*, **102**, 149–171.

Kitayama, K. (2005) Comment on 'Ecosystem properties and forest decline in contrasting long-term chronosequences'. *Science*, **308**, 63b.

Kitayama, K. and Aiba, S.I. (2002a) Ecosystem structure and productivity of tropical rain forests along altitudinal gradients with contrasting soil phosphorus pools on Mount Kinabalu, Borneo *Journal of Ecology*, **90**, 37–51.

Kitayama, K. and Aiba, S.I. (2002b) Control of organic carbon density in vegetation and soil of tropical rain forest ecosystems on Mount Kinabalu. *Sabah Parks Nature Journal*, **5**, 71–90.

Kitayama, K., Aiba, S.I., Takyu, M., Majalap, N. and Wagai, R. (2004) Soil phosphorus fractionation and phosphorus-use efficiency of a Bornean tropical montane rain forest during soil aging with podozolization. *Ecosystems*, **7**, 259–274.

Klaassen, M. and Nolet, B.A. (2008) Stoichiometry of endothermy: shifting the quest from nitrogen to carbon. *Ecology Letters*, **11**, 785–792.

Klaus, G., Klaus-Hugi, C. and Schmid, B. (1998) Geophagy by large mammals at natural licks in the rain forest of the Dzanga National Park, Central African Republic. *Journal of Tropical Ecology*, **14**, 829–839.

Knight, A.T., Cowling, R.M., Rouget, M., Balmford, A., Lombard, A.T. and Campbell, B.M. (2008) Knowing but not doing: selecting priority conservation areas and the research-implementation gap. *Conservation Biology*, **22**, 610–617.

Knight, T.M., Steets, J.A., Vamosi, J.C. et al. (2005) Pollen limitation of plant reproduction: pattern and process. *Annual Review of Ecology Evolution and Systematics*, **36**, 467–497.

Knott, C.D. (1998) Changes in orangutan caloric intake, energy balance, and ketones in response to fluctuating fruit availability. *International Journal of Primatology*, **19**, 1061–1079.

Ko, I.W.P., Corlett, R.T. and Xu, R.J. (1998) Sugar composition of wild fruits in Hong Kong, China. *Journal of Tropical Ecology*, **14**, 381–387.

Kochian, L.V., Hoekenga, O.A. and Pineros, M.A. (2004) How do crop plants tolerate acid soils?—Mechanisms of aluminum tolerance and phosphorous efficiency. *Annual Review of Plant Biology*, **55**, 459–493.

Koh, L.P. (2008a) Can oil palm plantations be made more hospitable for forest butterflies and birds? *Journal of Applied Ecology*, **45**, 1002–1009.

Koh, L.P. (2008b) Birds defend oil palms from herbivorous insects. *Ecological Applications*, **18**, 821–825.

Koh, L.P. and Wilcove, D.S. (2007) Cashing in palm oil for conservation. *Nature*, **448**, 993–994.

Körner, C. and Paulsen, J. (2004) A world-wide study of high altitude treeline temperatures. *Journal of Biogeography*, **31**, 713–732.

Kosugi, Y., Takanashi, S., Ohkubo, S. et al. (2008) CO_2 exchange of a tropical rainforest at Pasoh in Peninsular Malaysia. *Agricultural and Forest Meteorology*, **148**, 439–452.

Kraft, N.J.B., Cornwell, W.K., Webb, C.O. and Ackerly, D.D. (2007) Trait evolution, community assembly, and the phylogenetic structure of ecological communities. *American Naturalist*, **170**, 271–283.

Kreft, H. and Jetz, W. (2007) Global patterns and determinants of vascular plant diversity. *Proceedings of the National Academy of Sciences of the USA*, **104**, 5925–5930.

Kremen, C., Cameron, A., Moilanen, A. et al. (2008) Aligning conservation priorities across taxa in Madagascar with high-resolution planning tools. *Science*, **320**, 222–226.

Krigbaum, J. (2005) Reconstructing human subsistence in the West Mouth (Niah Cave, Sarawak) burial series using stable isotopes of carbon. *Asian Perspectives*, **44**, 73–89.

Kring, D.A. (2007) The Chicxulub impact event and its environmental consequences at the Cretaceous-Tertiary boundary. *Palaeogeography Palaeoclimatology Palaeoecology*, **255**, 4–21.

Kriticos, D.J., Yonow, T. and McFadyen, R.E. (2005) The potential distribution of *Chromolaena odorata* (Siam weed) in relation to climate. *Weed Research*, **45**, 246–254.

Křivánek, M., Pyšek, P. and Jarošík, V. (2006) Planting history and

Krupnick, G.A. and Kress, W.J. (2003) Hotspots and ecoregions: a test of conservation priorities using taxonomic data. *Biodiversity and Conservation*, **12**, 2237–2253.

Kuang, Y.W., Sun, F.F., Wen, D.Z., Zhou, G.Y. and Zhao, P. (2008) Tree-ring growth patterns of Masson pine (*Pinus massoniana* L.) during the recent decades in the acidification Pearl River Delta of China. *Forest Ecology and Management*, **255**, 3534–3540.

Kuchikura, Y. (1988) Efficiency and focus of blowpipe hunting among Semaq Beri hunter-gatherers of Peninsula Malaysia. *Human Ecology*, **16**, 271–305.

Kuhnt, W., Holbourn, A., Hall, R., Zuvela, M. and Kase, R. (2004) Neogene history of the Indonesian throughflow. *Continent-ocean interactions within East Asian marginal seas* (eds P. Clift, P. Wang, W. Kuhnt and D.E. Hayes), pp. 299–320. AGU Geophysical Monograph.

Kulju, K.K.M., Sierra, S.E.C., Draisma, S.G.A., Samuel, R. and van Welzen, P.C. (2007) Molecular phylogeny of *Macaranga*, *Mallotus*, and related genera (Euphorbiaceae s.s.): insights from plastid and nuclear DNA sequence data. *American Journal of Botany*, **94**, 1726–1743.

Kumar, B.M. and Nair, P.K.R. (2004) The enigma of tropical homegardens. *Agroforestry Systems*, **61–62**, 135–152.

Kurokawa, H., Yoshida, T., Nakamura, T., Lai, J.H. and Nakashizuka, T. (2003) The age of tropical rain-forest canopy species, Borneo ironwood (*Eusideroxylon zwageri*), determined by C-14 dating. *Journal of Tropical Ecology*, **19**, 1–7.

Kurokawa, H., Kitahashi, Y., Koike, T., Lai, J. and Nakashizuka, T. (2004) Allocation to defense or growth in dipterocarp forest seedlings in Borneo. *Oecologia*, **140**, 261–270.

Kurzel, B.P., Schnitzer, S.A. and Carson, W.P. (2006) Predicting liana crown location from stem diameter in three Panamanian lowland forests. *Biotropica*, **38**, 262–266.

Kusters, K., Achdiawan, R., Belcher, B. and Perez, M.R. (2006) Balancing development and conservation? An assessment of livelihood and environmental outcomes of nontimber forest product trade in Asia, Africa, and Latin America. *Ecology and Society*, **11**.

Kusumoto, B. and Enoki, T. (2008) Contribution of a liana species, *Mucuna macrocarpa* Wall., to litterfall production and nitrogen input in a subtropical evergreen broad-leaved forest. *Journal of Forest Research*, **13**, 35–42.

Kuzmin, Y.V. (2006) Chronology of the earliest pottery in East Asia: progress and pitfalls. *Antiquity*, **80**, 362–371.

Kwok, H.K. and Corlett, R.T. (1999) Seasonality of a forest bird community in Hong Kong, South China. *Ibis*, **141**, 70–79.

Kwok, H.K. and Corlett, R.T. (2002) Seasonality of forest invertebrates in Hong Kong, South China. *Journal of Tropical Ecology*, **18**, 637–644.

LaFrankie, J.V. and Chan, H.T. (1991) Confirmation of sequential flowering in *Shorea* (Dipterocarpaceae). *Biotropica*, **23**, 200–203.

LaFrankie, J.V., Ashton, P.S., Chuyong, G.B. et al. (2006) Contrasting structure and composition of the understory in species-rich tropical rain forests. *Ecology*, **87**, 2298–2305.

Lai, J., Zhang, M. and Xie, Z. (2006) Characteristics of the evergreen broad-leaved forest in Shiping Forest Park, Three Gorges Reservoir Area. *Biodiversity Science*, **14**, 435–443.

Lam, S.K.Y., Lee, S.K. and LaFrankie, J.V. (2004) Bukit Timah Forest Dynamics Plot, Singapore. *Tropical forest diversity and dynamism: findings from a large-scale plot network* (eds E.C. Losos and E.G. Leigh), pp. 464–473. University of Chicago Press, Chicago.

Laman, T.G. (1995) *Ficus stupenda* germination and seedling establishment in a Bornean rain-forest canopy. *Ecology*, **76**, 2617–2626.

Laman, T.G. (1996a) *Ficus* seed shadows in a Bornean rain forest. *Oecologia*, **107**, 347–355.

Laman, T.G. (1996b) The impact of seed harvesting ants (*Pheidole* sp nov) on *Ficus* establishment in the canopy. *Biotropica*, **28**, 777–781.

Lamb, D. and Erskine, P. (2008) Forest restoration at a landscape scale. *Living in a dynamic tropical forest landscape* (eds N. E. Stork and S. M. Turton), pp. 469–484. Blackwell, Malden.

Lamb, D., Erskine, P.D. and Parrotta, J.A. (2005) Restoration of degraded tropical forest landscapes. *Science*, **310**, 1628–1632.

Lan, G.-Y., Hu, Y.-H., Cao, M. et al. (2008) Establishment of Xishuangbanna Tropical Forest Dynamics Plot: species composition and spatial distribution patterns. *Journal of Plant Ecology*, **32**, 287–298.

Langhammer, P.F., Bakarr, M.I., Bennun, L.A. et al. (2007) Identification and gap analysis of key biodiversity areas: targets for comprehensive protected area systems. IUCN, Gland.

Langner, A., Miettinen, J. and Siegert, F. (2007) Land cover change 2002–2005 in Borneo and the role of fire derived from MODIS imagery. *Global Change Biology*, **13**, 2329–2340.

Larson, G., Cucchi, T., Fujita, M. et al. (2007) Phylogeny and ancient DNA of *Sus* provides insights into neolithic expansion in island southeast Asia and Oceania. *Proceedings of the National Academy of Sciences of the USA*, **104**, 4834–4839.

Lasco, R.D., MacDicken, K.G., Pulhin, F.B., Guillermo, I.Q., Sales, R.F. and Cruz, R.V.O. (2006) Carbon stocks assessment of a selectively logged dipterocarp forest and wood processing mill in the Philippines. *Journal of Tropical Forest Science*, **18**, 212–221.

Latimer, W. and Hill, D. (2007) Mitigation banking: securing no net loss to bodiversity? A UK perspective. *Planning Practice and Research*, **22**, 155–175.

Laumonier, Y. (1997) *The vegetation and physiography of Sumatra*. Kluwer, Dordrecht.

Laurance, W.F. (2005) When bigger is better: the need for Amazonian megareserves. *Trends in Ecology and Evolution*, **20**, 645–648.

Laurance, W.F. (2007a) Forest destruction in tropical Asia. *Current Science*, **93**, 1544–1550.

Laurance, W.F. (2007b) A new initiative to use carbon trading for tropical forest conservation. *Biotropica*, **39**, 20–24.

Laurance, W.F. (2008a) Can carbon trading save vanishing forests? *Bioscience*, **58**, 286–287.

Laurance, W.F. (2008b) The need to cut China's illegal timber imports. *Science*, **319**, 1184–1184.

Laurance, W.F. (2008c) Theory meets reality: how habitat fragmentation research has transcended island biogeographic theory. *Biological Conservation*, **141**, 1731–1744.

Laurance, W.F. (2008d) The real cost of minerals. *New Scientist*, **199** (2669), 16.

Laurance, W.F., Bierregaard, R.O., Gascon, C. et al. (1997) Tropical forest fragmentation: synthesis of a diverse and dynamic discipline. *Tropical forest remnants: ecology, management, and conservation of fragmented communities*, pp. 502–514. University of Chicago Press, Chicago.

Laurance, W.F., Lovejoy, T.E., Vasconcelos, H.L. et al. (2002) Ecosystem decay of Amazonian forest fragments: a 22-year investigation. *Conservation Biology*, **16**, 605–618.

Laurance, W.F., Peres, C.A., Jansen, P.A. and D'Croz, L. (2006) Emerging threats to tropical forests: what we know and what we don't know. *Emerging threats to tropical forests* (eds W.F. Laurance and C.A. Peres). University of Chicago Press, Chicago.

Leake, J.R. (2005) Plants parasitic on fungi: unearthing the fungi in myco-heterotrophs and debunking the 'saprophytic' plant myth. *Mycologist*, **19**, 113–122.

Lee, T.M. and Jetz, W. (2008) Future battlegrounds for conservation under global change. *Proceedings of the Royal Society B: Biological Sciences*, **275**, 1261–1270.

Lee, E.W.S., Hau, B.C.H. and Corlett, R.T. (2005) Natural regeneration in exotic tree plantations in Hong Kong, China. *Forest Ecology and Management*, **212**, 358–366.

Lee, E.W.S., Hau, B.C.H. and Corlett, R.T. (2008) Seed rain and natural regeneration in *Lophostemon confertus* plantations in Hong Kong, China. *New Forests*, **35**, 119–130.

Lee, H.S., Davies, S.J., Lafrankie, J.V. et al. (2002) Floristic and structural diversity of mixed dipterocarp forest in Lambir Hills National Park, Sarawak, Malaysia. *Journal of Tropical Forest Science*, **14**, 379–400.

Lee, T.M., Sodhi, N.S. and Prawiradilaga, D.M. (2007) The importance of protected areas for the forest and endemic avifauna of Sulawesi (Indonesia). *Ecological Applications*, **17**, 1727–1741.

Leigh, E.G. (2007) Neutral theory: a historical perspective. *Journal of Evolutionary Biology*, **20**, 2075–2091.

Leighton, M. (1993) Modeling dietary selectivity by Bornean orangutans—evidence for integration of multiple criteria in fruit selection. *International Journal of Primatology*, **14**, 257–313.

Leighton, M. and Leighton, D.R. (1983) Vertebrate responses to fruiting seasonality within a Bornean rain forest. *Tropical rain forest: ecology and management* (eds P.S. Sutton, T.C. Whitmore and A.C. Chadwick), pp. 181–196. Blackwell Scientific, Oxford.

Leimgruber, P., Senior, B., Uga et al. (2008) Modeling population viability of captive elephants in Myanmar (Burma): implications for wild populations. *Animal Conservation*, **11**, 198–205.

Leishman, M.R., Masters, G.J., Clarke, I.P. and Brown, V.K. (2000) Seed bank dynamics: the role of fungal pathogens and climate change. *Functional Ecology*, **14**, 293–299.

Lenton, T.M., Held, H., Kriegler, E. et al. (2008) Tipping elements in the Earth's climate system. *Proceedings of the National Academy of Sciences of the USA*, **105**, 1786–1793.

Leung, G.P.C., Hau, B.C.H. and Corlett, R.T. (2009) Exotic plant invasion in the highly degraded upland landscape of Hong Kong, China. *Biodiversity and Conservation*, **18**, 191–202.

Leuschner, C., Moser, G., Bertsch, C., Roderstein, M. and Hertel, D. (2007) Large altitudinal increase in tree root/shoot ratio in tropical mountain forests of Ecuador. *Basic and Applied Ecology*, **8**, 219–230.

Lever, C. (2003) *Naturalized reptiles and amphibians of the* world. Oxford University Press, Oxford.

Levey, D.J., Tewksbury, J.J., Izhaki, I., Tsahar, E. and Haak, D.C. (2007) Evolutionary ecology of secondary compounds in ripe fruit: case studies with capsaicin and emodin. *Seed dispersal: theory and its application in a changing world* (eds A.J. Dennis, E.W. Schupp, R.J. Green and D.A. Westcott), pp. 37–58. CAB International, Wallingford.

Levin, D.A. (2000) *The origin, expansion and demise of plant species*. Oxford University Press, Oxford.

Levy, H., Schwarzkopf, M.D., Horowitz, L., Ramaswamy, V. and Findell, K.L. (2008) Strong sensitivity of late 21st century climate to projected changes in short-lived air pollutants. *Journal of Geophysical Research-Atmospheres*, **113**, D06102.

Lewinsohn, T. and Roslin, T. (2008) Four ways toward tropical herbivore megadiversity. *Ecology Letters*, **11**, 398–416.

Lewis, O.T., Memmott, J., Lasalle, J., Lyal, C.H.C., Whitefoord, C. and Godfray, H.C.J. (2002) Structure of a diverse tropical forest insect-parasitoid community. *Journal of Animal Ecology*, **71**, 855–873.

Lewis, H., Paz, V., Lara, M. et al. (2008) Terminal Pleistocene to mid-Holocene occupation and an early cremation burial at Ille Cave, Palawan, Philippines. *Antiquity*, **82**, 318–335.

Li, M.J. and Wang, Z.H. (1984) The phenology of common plants on Mt. Dinghushan in Guangdong. *Tropical and Subtropical Forest Ecosystems*, **2**, 1–11.

Li, Y.D., Comiskey, J.A. and Dallmeier, F. (1998) Structure and composition of tropical mountain rain forest at the Jianfengling Natural Reserve, Hainan Island, PR China. *Forest Biodiversity Research, Monitoring and Modeling*, **20**, 551–562.

Li, X., Wilson, S.D. and Song, Y. (1999) Secondary succession in two subtropical forests. *Plant Ecology*, **143**, 13–21.

Li, B.G., Pan, R.L. and Oxnard, C.E. (2002) Extinction of snub-nosed monkeys in China during the past 400 years. *International Journal of Primatology*, **23**, 1227–1244.

Li, Z.A., Zou, B., Xia, H.P., Ren, H., Mo, J.M. and Weng, H. (2005) Litterfall dynamics of an evergreen broadleaf forest and a pine forest in the subtropical region of China. *Forest Science*, **51**, 608–615.

Li, Z., Saito, Y., Matsumoto, E., Wang, Y.J., Tanabe, S. and Vu, Q.L. (2006) Climate change and human impact on the Song Hong (Red River) Delta, Vietnam, during the Holocene. *Quaternary International*, **144**, 4–28.

Li, H.M., Aide, T.M., Ma, Y.X., Liu, W.J. and Cao, M. (2007) Demand for rubber is causing the loss of high diversity rain forest in SW China. *Biodiversity and Conservation*, **16**, 1731–1745.

Lieth, H., Berlekamp, J., Fuest, S. and Riediger, S. (1999) *Climate diagram world atlas* (CD-ROM). Backhuys Publishers, Leiden, Netherlands.

Liew, P.M., Lee, C.Y. and Kuo, C.M. (2006) Holocene thermal optimal and climate variability of East Asian monsoon inferred from forest reconstruction of a subalpine pollen sequence, Taiwan. *Earth and Planetary Science Letters*, **250**, 596–605.

Lin, K.C., Hamburg, S.P., Tang, S., Hsia, Y.J. and Lin, T.C. (2003) Typhoon effects on litterfall in a subtropical forest. *Canadian Journal of Forest Research*, **33**, 2184–2192.

Linkie, M., Smith, R.J. and Leader-Williams, N. (2004) Mapping and predicting deforestation patterns in the lowlands of Sumatra. *Biodiversity and Conservation*, **13**, 1809–1818.

Linkie, M., Smith, R.J., Zhu, Y. et al. (2008) Evaluating biodiversity conservation around a large Sumatran protected area. *Conservation Biology*, **22**, 683–690.

Litton, C.M., Raich, J.W. and Ryan, M.G. (2007) Carbon allocation in forest ecosystems. *Global Change Biology*, **13**, 2089–2109.

Liu, H. (1998) The change of geographical distribution of two Asian species of rhinoceros in Holocene. *Journal of Chinese Geography*, **8**, 83–88.

Liu, W., Fox, J.E.D. and Xu, Z. (2002) Litterfall and nutrient dynamics in a montane moist evergreen broad-leaved forest in Ailao Mountains, SW China. *Plant Ecology*, **164**, 157–170.

Liu, F., Chen, J., Chai, J. et al. (2007a) Adaptive functions of defensive plant phenolics and a non-linear bee response to nectar components. *Functional Ecology*, **21**, 96–100.

Liu, Y., Zhang, Y., He, D., Cao, M. and Zhu, H. (2007b) Climatic control of plant species richness along elevation gradients in the longitudinal range-gorge region. *Chinese Science Bulletin*, **52** (suppl. II), 50–58.

Liu, J., Li, S., Ouyang, Z., Tam, C. and Chen, X. (2008a) Ecological and socioeconomic effects of China's policies for ecosystem services. *Proceedings of the National Academy of Sciences of the USA*, **105**, 9477–9482.

Liu, W.J., Wang, P.Y., Li, J.T., Li, P.J. and Liu, W.Y. (2008b) The importance of radiation fog in the tropical seasonal rain forest of Xishuangbanna, south-west China. *Hydrology Research*, **39**, 79–87.

Lloyd, J. and Farquhar, G.D. (2008) Effects of rising temperatures and [CO_2] on the physiology of tropical forest trees. *Philosophical Transactions of the Royal Society B: Biological Sciences*, **363**, 1811–1817.

Lohman, D.J., Bickford, D. and Sodhi, N.S. (2007) The burning issue. *Science*, **316**, 376–376.

Londo, J.P., Chiang, Y.C., Hung, K.H., Chiang, T.Y. and Schaal, B.A. (2006) Phylogeography of Asian wild rice, *Oryza rufipogon*, reveals multiple independent domestications of cultivated rice, *Oryza sativa. Proceedings of the National Academy of Sciences of the USA*, **103**, 9578–9583.

Losos, E.C. and Leigh, E.G. (2004) *Tropical forest diversity and dynamism: findings from a large-scale plot network*. University of Chicago Press, Chicago.

Lotz, C.N. and Schondube, J.E. (2006) Sugar preferences in nectar- and fruit-eating birds: Behavioral patterns and physiological causes. *Biotropica*, **38**, 3–15.

Louys, J. (2007) Limited effect of the Quaternary's largest super-eruption (Toba) on land mammals from Southeast Asia. *Quaternary Science Reviews*, **26**, 3108–3117.

Louys, J. (2008) Quaternary extinctions in southeast Asia. *Mass extinction* (ed. A.M.T. Elewa), pp. 159–190. Springer, Berlin.

Louys, J., Curnoe, D. and Tong, H.W. (2007) Characteristics of Pleistocene megafauna extinctions in Southeast Asia. *Palaeogeography Palaeoclimatology Palaeoecology*, **243**, 152–173.

Lovelock, C.E., Andersen, K. and Morton, J.B. (2003) Arbuscular mycorrhizal communities in tropical forests are affected by host tree species and environment. *Oecologia*, **135**, 268–279.

Lovelock, C.E., Feller, I.C., Ball, M.C., Ellis, J. and Sorrell, B. (2007) Testing the growth rate vs. geochemical hypothesis for latitudinal variation in plant nutrients. *Ecology Letters*, **10**, 1154–1163.

Lucas, P.W. and Corlett, R.T. (1991) Relationship between the diet of *Macaca fascicularis* and forest phenology. *Folia Primatologica*, **57**, 201–215.

Lucas, P.W., Turner, I.M., Dominy, N.J. and Yamashita, N. (2000) Mechanical defenses to herbivory. *Annals of Botany*, **86**, 913–920.

Lugo, A.E. (2008) Visible and invisible effects of hurricanes on forest ecosystems: an international review. *Austral Ecology*, **33**, 368–398.

Luiselli, L. (2006) Resource partitioning and interspecific competition in snakes: the search for general geographical and guild patterns. *Oikos*, **114**, 193–211.

Luizão, F.J., Luizão, R.CC. and Proctor, J. (2007) Soil acidity and nutrient deficiency in central Amazonian heath forest soils. *Plant Ecology*, **192**, 209–224.

Luo, T.X., Li, W.H. and Zhu, H.Z. (2002) Estimated biomass and productivity of natural vegetation on the Tibetan Plateau. *Ecological Applications*, **12**, 980–997.

Luo, T.X., Pan, Y.D., Ouyang, H. et al. (2004) Leaf area index and net primary productivity along subtropical to alpine gradients in the Tibetan Plateau. *Global Ecology and Biogeography*, **13**, 345–358.

Luo, L.P., Guo, X.G., Qian, T.J., Wu, D., Men, X.Y. and Dong, W.G. (2007) Distribution of gamasid mites on small mammals in Yunnan Province, China. *Insect Science*, **14**, 71–78.

Lynam, A.J., Round, P.D. and Brockelman, W.Y. (2006) *Status of birds and large mammals in Thailand's Dong Phayayen-Khao Yai forest complex*. Wildlife Conservation Society, Bangkok.

Macaulay, V., Hill, C., Achilli, A. et al. (2005) Single, rapid coastal settlement of Asia revealed by analysis of complete mitochondrial genomes. *Science*, **308**, 1034–1036.

Machida, H. and Sugiyama, S. (2002) The impact of the Kikai-Akahoya explosive eruptions on human societies. *Natural disasters and cultural change* (eds R. Torrence and J. Gratten), pp. 313–325. Routledge, London.

Maeto, K. and Fukuyama, K. (2003) Vertical stratification of ambrosia beetle assemblage in a lowland rain forest at Pasoh, Peninsular Malaysia. *Pasoh: ecology of a lowland rain forest in Southeast Asia* (eds Okuda T, N. Monokaran, Y. Matsumoto, Niiyama K., S.C. Thomas and P.S. Ashton), pp. 325–336. Springer-Verlag, Tokyo.

Majolo, B. and Ventura, R. (2004) Apparent feeding association between Japanese macaques (*Macaca fuscata yakui*) and sika deer (*Cervus nippon*) living on Yakushima Island, Japan. *Ethology Ecology and Evolution*, **16**, 33–40.

Mallapur, A., Waran, N. and Sinha, A. (2008) The captive audience: the educative influence of zoos on their visitors in India. *International Zoo Yearbook*, **42**, 1–11.

Manokaran, N., Seng, Q.E., Ashton, P.S. et al. (2004) Pasoh Forest Dynamics Plot, Peninsular Malaysia. *Tropical forest diversity and dynamism: findings from a large-scale plot network* (eds E.C. Losos and E.G. Leigh), pp. 585–598. University of Chicago Press, Chicago.

Marchant, R., Mumbi, C., Behera, S. and Yamagata, T. (2007) The Indian Ocean dipole—the unsung driver of climatic variability in East Africa. *African Journal of Ecology*, **45**, 4–16.

Markesteijn, L., Poorter, L. and Bongers, F. (2007) Light-dependent leaf trait variation in 43 tropical dry forest tree species. *American Journal of Botany*, **94**, 515–525.

Marod, D., Kutintara, U., Yarwudhi, C., Tanaka, H. and Nakashisuka, T. (1999) Structural dynamics of a natural mixed deciduous forest in western Thailand. *Journal of Vegetation Science*, **10**, 777–786.

Marod, D., Kutintara, U., Tanaka, H. and Nakashizuka, T. (2002) The effects of drought and fire on seed and seedling dynamics in a tropical seasonal forest in Thailand. *Plant Ecology*, **161**, 41–57.

Marod, D., Kutintara, U., Tanaka, H. and Nakashizuka, T. (2004) Effects of drought and fire on seedling survival and growth under contrasting light conditions in a seasonal tropical forest. *Journal of Vegetation Science*, **15**, 691–700.

Martínez-Garza, C. and Howe, H.F. (2003) Restoring tropical diversity: beating the time tax on species loss. *Journal of Applied Ecology*, **40**, 423–429.

Maschwitz, U. and Hänel, H. (1985) The migrating herdsman *Dolichoderus (Diabolus) cuspidatus*—an ant with a novel mode of life. *Behavioral Ecology and Sociobiology*, **17**, 171–184.

Maschwitz, U., Steghauskovac, S., Gaube, R. and Hänel, H. (1989) A South East Asian ponerine ant of the genus *Leptogenys* (Hym, Form) with army ant life habits. *Behavioral Ecology and Sociobiology*, **24**, 305–316.

Mason, B.G., Pyle, D.M. and Oppenheimer, C. (2004) The size and frequency of the largest explosive eruptions on Earth. *Bulletin of Volcanology*, **66**, 735–748.

Massey, F.P., Press, M.C. and Hartley, S.E. (2005) Have the impacts of insect herbivores on the growth of tropical tree seedlings been underestimated? *Biotic interactions in the tropics* (eds D.F.R.P. Burslem, M.A. Pinard and S.E. Hartley), pp. 347–365. Cambridge University Press, Cambridge.

Masuko, K. (1984) Studies on the predatory biology of oriental dacetine ants (Hymenoptera: Formicidae) I. Some Japanese species of *Strumigenys, Pentastruma, and Epitritus*, and a Malaysian *Labidogenys*, with special reference to hunting tactics in short-mandibulate forms. *Insectes Sociaux*, **31**, 429–451.

Masuko, K. (2008) Larval stenocephaly related to specialized feeding in the ant genera *Amblyopone, Leptanilla* and *Myrmecina* (Hymenoptera: Formicidae). *Arthropod Structure and Development*, **37**, 109–117.

Matsubayashi, H., Lagan, P. and Sukor, J.R. (2006) Utilization of *Macaranga* trees by the Asian elephants (*Elephas maximus*) in Borneo. *Mammal Study*, **31**, 115–118.

Matsubayashi, H., Lagan, P., Majalap, N., Tangah, J., Sukor, J.R.A. and Kitayama, K. (2007) Importance of natural licks for the mammals in Bornean inland tropical rain forests. *Ecological Research*, **22**, 742–748.

McCall, A.C. and Irwin, R.E. (2006) Florivory: the intersection of pollination and herbivory. *Ecology Letters*, **9**, 1351–1365.

McCanny, S.J. (1985) Alternatives in parent-offspring relationships in plants. *Oikos*, **45**, 148–149.

McClure, H.E. (1967) Composition of mixed species flocks in lowland and sub-montane forests of Malaya. *Wilson Bulletin*, **79**, 131–154.

McConkey, K.R. (2005) Influence of faeces on seed removal from gibbon droppings in a dipterocarp forest in Central Borneo. *Journal of Tropical Ecology*, **21**, 117–120.

McConkey, K.R. and Chivers, D.J. (2007) Influence of gibbon ranging patterns on seed dispersal distance and deposition site in a Bornean forest. *Journal of Tropical Ecology*, **23**, 269–275.

McConkey, K.R., Aldy, F., Ario, A. and Chivers, D.J. (2002) Selection of fruit by gibbons (*Hylobates muelleri x agilis*) in the rain forests of Central Borneo. *International Journal of Primatology*, **23**, 123–145.

McConkey, K.R., Ario, A., Aldy, F. and Chivers, D.J. (2003) Influence of forest seasonality on gibbon food choice in the rain forests of Barito Ulu, Central Kalimantan. *International Journal of Primatology*, **24**, 19–32.

McGregor, G.R. and Nieuwolt, S. (1998) *Tropical climatology*. John Wiley, Chichester.

McGroddy, M.E., Daufresne, T. and Hedin, L.O. (2004) Scaling of C: N: P stoichiometry in forests worldwide: implications of terrestrial redfield-type ratios. *Ecology*, **85**, 2390–2401.

McGuire, K.L. (2007) Common ectomycorrhizal networks may maintain monodominance in a tropical rain forest. *Ecology*, **88**, 567–574.

McJannet, D., Wallace, J., Fitch, P., Disher, M. and Reddell, P. (2007) Water balance of tropical rainforest canopies in north Queensland, Australia. *Hydrological Processes*, **21**, 3473–3484.

McKay, J.K., Christian, C.E., Harrison, S. and Rice, K.J. (2005) 'How local is local?'—A review of practical and conceptual issues in the genetics of restoration. *Restoration Ecology*, **13**, 432–440.

McLachlan, J.S., Hellmann, J.J. and Schwartz, M.W. (2007) A framework for debate of assisted migration in an era of climate change. *Conservation Biology*, **21**, 297–302.

McLoughlin, S., Carpenter, R.J., Jordan, G.J. and Hill, R.S. (2008) Seed ferns survived the end-Cretaceous mass extinction in Tasmania. *American Journal of Botany*, **95**, 465–471.

McMahon, G., Subdibjo, E.R., Aden, J., Bouzaher, A., Dore, G. and Kunanayagam, R. (2000) *Mining and the environment in Indonesia: long-term trends and repercussions of the Asian economic crisis*. Environment and Social Development Unit (EASES), East Asia and Pacific Region, World Bank.

McNamara, S., Tinh, D.V., Erskine, P.D., Lamb, D., Yates, D. and Brown, S. (2006) Rehabilitating degraded forest land in central Vietnam with mixed native species plantings. *Forest Ecology and Management*, **233**, 358–365.

McNeely, J.A. (2007) A zoological perspective on payments for ecosystem services. *Integrative Zoology*, **2**, 68–78.

McPhaden, M.J., Zebiak, S.E. and Glantz, M.H. (2006) ENSO as an integrating concept in Earth science. *Science*, **314**, 1740–1745.

McShane, T.O. and Wells, M.P. (2004) *Getting biodiversity projects to work: towards more effective conservation and development*. Columbia University Press, New York.

Medway, Lord (1972) The Quaternary mammals of Malesia: a review. *The Quaternary era in Malesia* (eds P.S. Ashton and H.M. Ashton), pp. 63–98. University of Hull, Hull.

Medway, Lord (1979) The Niah excavations and an assessment of the impact of early man on mammals in Borneo. *Asian Perspectives*, **20**, 51–69.

Meijaard, E. (2003) Mammals of south-east Asian islands and their Late Pleistocene environments. *Journal of Biogeography*, **30**, 1245–1257.

Meijaard, E. and Sheil, D. (2007) A logged forest in Borneo is better than none at all. *Nature*, **446**, 974–974.

Meijaard, E. and Sheil, D. (2008) The persistence and conservation of Borneo's mammals in lowland rain forests managed for timber: observations, overviews and opportunities. *Ecological Research*, **23**, 21–34.

Meijaard, E., Sheil, D., Augeri, D. et al. (2005) Life after logging: reconciling wildlife conservation and production forestry in Indonesian Borneo. CIFOR, Jakarta.

Meijaard, E., Sheil, D., Nasi, R. and Stanley, S.A. (2006) Wildlife conservation in Bornean timber concessions. *Ecology and Society*, **11**.

Meiri, S., Meijaard, E., Wich, S.A., Groves, C.P. and Helgen, K.M. (2008) Mammals of Borneo—Small size on a large island. *Journal of Biogeography*, **35**, 1087–1094.

Mellars, P. (2006) Going east: new genetic and archaeological perspectives on the modern human colonization of Eurasia. *Science*, **313**, 796–800.

Meng, K., Li, S. and Murphy, R.W. (2008) Biogeographical patterns of Chinese spiders (Arachnida: Araneae) based on a parsimony analysis of endemicity. *Journal of Biogeography* **35**, 1241–1249.

Mercer, J.M. and Roth, V.L. (2003) The effects of Cenozoic global change on squirrel phylogeny. *Science*, **299**, 1568–1572.

Messing, R.H. and Wright, M.G. (2006) Biological control of invasive species: solution or pollution. *Frontiers in Ecology and Environment*, **4**, 132–140.

Metcalfe, I. (2005) Asia: South-east. *Encyclopedia of geology. Volume 1*. (eds R.C. Selley, L. Robin, M. Cocks and I.R. Plimer), pp. 169–198. Elsevier, Amsterdam.

Metcalfe, D.J. and Turner, I.M. (1998) Soil seed bank from lowland rain forest in Singapore: canopy-gap and litter-gap demanders. *Journal of Tropical Ecology*, **14**, 103–108.

Metcalfe, D.J., Grubb, P.J. and Turner, I.M. (1998) The ecology of very small-seeded shade-tolerant trees and shrubs in lowland rain forest in Singapore. *Plant Ecology*, **134**, 131–149.

Metz, M.R., Comita, L.S., Chen, Y.Y. et al. (2008) Temporal and spatial variability in seedling dynamics: a cross-site comparison in four lowland tropical forests. *Journal of Tropical Ecology*, **24**, 9–18.

Meyfroidt, P. and Lambin, E.F. (2008) Forest transition in Vietnam and its environmental impacts. *Global Change Biology*, **14**, 1319–1336.

Miller, B., Conway, W., Reading, R.P. et al. (2004) Evaluating the conservation mission of zoos, aquariums, botanical gardens, and natural history museums. *Conservation Biology*, **18**, 86–93.

Miller, K.G., Kominz, M.A., Browning, J.V. et al. (2005) The phanerozoic record of global sea-level change. *Science*, **310**, 1293–1298.

Miller, R.M., Rodriguez, J.P., Aniskowicz-Fowler, T. et al. (2007) National threatened species listing based on IUCN criteria and regional guidelines: current status and future perspectives. *Conservation Biology*, **21**, 684–696.

Mingram, J., Schettler, G., Nowaczyk, N. et al. (2004) The Huguang maar lake—a high-resolution record of palaeoenvironmental and palaeoclimatic changes over the last 78,000 years from South China. *Quaternary International*, **122**, 85–107.

Mittermeier, R.A., Gill, P.R., Hoffman, M. et al. (2004) *Hotspots revisited: Earth's biologically richest and most endangered ecoregions*. CEMEX, Mexico City.

Miyamoto, K., Suzuki, E., Kohyama, T., Seino, T., Mirmanto, E. and Simbolon, H. (2003) Habitat differentiation among tree species with small-scale variation of humus depth and topography in a tropical heath forest of Central Kalimantan, Indonesia. *Journal of Tropical Ecology*, **19**, 43–54.

Miyamoto, K., Rahajoe, J.S., Kohyama, T. and Mirmanto, E. (2007) Forest structure and primary productivity in a Bornean heath forest. *Biotropica*, **39**, 35–42.

Mizoguchi, Y., Miyata, A., Ohatani, Y., Hirata, R. and Yuta, S. (2009) A review of tower flux observation sites in Asia. *Journal of Forest Research*, **14**, 1–9.

Moe, S.R. (1993) Mineral content and wildlife use of soil licks in southwestern Nepal. *Canadian Journal of Zoology*, **71**, 933–936.

Moffett, M.W. (1987) Division-of-labor and diet in the extremely polymorphic ant *Pheidologeton diversus*. *National Geographic Research*, **3**, 282–304.

Moffett, M.W. (1988) Foraging behavior in the Malayan swarm-raiding ant *Pheidologeton silenus* (Hymenoptera Formicidae Myrmicinae). *Annals of the Entomological Society of America*, **81**, 356–361.

Mohd Azlan, J. (2006) Mammal diversity and conservation in a secondary forest in peninsular Malaysia. *Biodiversity and Conservation*, **15**, 1013–1025.

Mokany, K., Raison, R.J. and Prokushkin, A.S. (2006) Critical analysis of root: shoot ratios in terrestrial biomes. *Global Change Biology*, **12**, 84–96.

Moles, A.T. and Westoby, M. (2004) Seedling survival and seed size: a synthesis of the literature. *Journal of Ecology*, **92**, 372–383.

Moles, A.T., Ackerly, D.D., Tweddle, J.C. et al. (2007) Global patterns in seed size. *Global Ecology and Biogeography*, **16**, 109–116.

Mollman, S. (2008) Birders flock east. *The Wall Street Journal*, **September 12**, W1.

Momose, K., Yumoto, T., Nagamitsu, T. et al. (1998) Pollination biology in a lowland dipterocarp forest in Sarawak, Malaysia. I. Characteristics of the plant-pollinator community in a lowland dipterocarp forest. *American Journal of Botany*, **85**, 1477–1501.

Monk, K.A., De Fretes, Y. and Reksodiharjo-Lilley, G. (1997) *The ecology of Nusa Tenggara and Maluku*. Oxford University Press, Oxford.

Moog, J., Saw, L.G., Hashim, R. and Maschwitz, U. (2005) The triple alliance: how a plant-ant, living in an ant-plant, acquires the third partner, a scale insect. *Insectes Sociaux*, **52**, 169–176.

Morley, R.J. (1998) Palynological evidence for Tertiary plant dispersals in the SE Asia region in relation to plate tectonics and climate. *Biogeography and geological evolution of SE Asia* (eds R. Hall and J.D. Holloway), pp. 177–200. Backhuys, Leiden.

Morley, R.J. (2003) Interplate dispersal paths for megathermal angiosperms. *Perspectives in Plant Ecology Evolution and Systematics*, **6**, 5–20.

Morley, R.J. (2007) Cretaceous and Tertiary climate change and the past distribution of megathermal rainforests. *Tropical rainforest responses to climatic change* (eds J.R. Flenley and M.B. Bush), pp. 1–31. Springer, New York.

Morrison, K.D. and Junker, L.L. (2002) *Forager-traders in South and Southeast Asia: long-term histories*. Cambridge University Press, Cambridge.

Morrison, J.C., Sechrest, W., Dinerstein, E., Wilcove, D.S. and Lamoreux, J.F. (2007) Persistence of large mammal faunas as indicators of global human impacts. *Journal of Mammalogy*, **88**, 1363–1380.

Morrissey, T., Ashmore, M.R., Emberson, L.D., Cinderby, S. and Büker, P. (2007) The impacts of ozone on nature conservation: a review and recommendations for research and policy. JNCC, Peterborough.

Morwood, M.J., O'Sullivan, P.B., Aziz, F. and Raza, A. (1998) Fission-track ages of stone tools and fossils on the east Indonesian island of Flores. *Nature*, **392**, 173–176.

Morwood, M.J., Brown, P., Jatmiko et al. (2005) Further evidence for small-bodied hominins from the Late Pleistocene of Flores, Indonesia. *Nature*, **437**, 1012–1017.

Morwood, M.J., Sutikna, T., Saptomo, E.W. et al. (2008) Climate, people and faunal succession on Java, Indonesia: evidence from Song Gupuh. *Journal of Archaeological Science*, **35**, 1776–1789.

Moss, S.J. and Wilson, E.J. (1998) Biogeographic implications of. the Tertiary palaeogeographic evolution of Sulawesi and. Borneo. *Biogeography and geological evolution of SE Asia* (eds R. Hall and J.D. Holloway), pp. 133–163. Backhuys Publishers, Leiden.

Mouissie, A.M., Lengkeek, W. and van Diggelen, R. (2005) Estimating adhesive seed-dispersal distances: field experiments and correlated random walks. *Functional Ecology*, **19**, 478–486.

Moyle, R.G. (2004) Phylogenetics of barbets (Aves: Piciformes) based on nuclear and mitochondrial DNA sequence data. *Molecular Phylogenetics and Evolution*, **30**, 187–200.

Moyle, R.G. and Marks, B.D. (2006) Phylogenetic relationships of the bulbuls (Aves: Pycnonotidae) based on mitochondrial and nuclear DNA sequence data. *Molecular Phylogenetics and Evolution*, **40**, 687–695.

Müller, A., Diener, S., Schnyder, S., Stutz, K., Sedivy, C. and Dorn, S. (2006) Quantitative pollen requirements of solitary bees: implications for bee conservation and the evolution of bee-flower relationships. *Biological Conservation*, **130**, 604–615.

Muñoz-Piña, C., Guevara, A., Torres, J.M. and Braña, J. (2008) Paying for the hydrological services of Mexico's forests: analysis, negotiations and results. *Ecological Economics*, **65**, 725–736.

Murdiyarso, D. and Adiningsih, E.S. (2007) Climate anomalies, Indonesian vegetation fires and terrestrial carbon emissions. *Mitigation and Adaptation Strategies for Global Change*, **12**, 101–112.

Murray, B.C., McCarl, B.A. and Lee, H.C. (2004) Estimating

leakage from forest carbon sequestration programs. *Land Economics*, **80**, 109–124.

Nabuurs, G.J., Masera, O., Andrasko, K. et al. (2007) Forestry. *Climate change 2007: mitigation* (eds B. Metz, O.R. Davidson, P.R. Bosch, R. Dave and L.A. Meyer), pp. 543–578. Cambridge University Press, Cambridge.

Nadler, T. and Streicher, U. (2003) Re-introduction possibilities for endangered langurs in Vietnam. *Re-introduction News*, **23**, 35–37.

Naidoo, R., Balmford, A., Ferraro, P.J., Polasky, S., Ricketts, T.H. and Rouget, M. (2006) Integrating economic costs into conservation planning. *Trends in Ecology and Evolution*, **21**, 681–687.

Naidoo, R., Balmford, A., Costanza, R. et al. (2008) Global mapping of ecosystem services and conservation priorities. *Proceedings of the National Academy of Sciences of the USA*, **105**, 9495–9500.

Naito, Y., Kanzaki, M., Numata, S. et al. (2008a) Size-related flowering and fecundity in the tropical canopy tree species, *Shorea acuminata* (Dipterocarpaceae) during two consecutive general flowerings. *Journal of Plant Research*, **121**, 33–42.

Naito, Y., Kanzaki, M., Iwata, H. et al. (2008b) Density-dependent selfing and its effects on seed performance in a tropical canopy tree species, *Shorea acuminata* (*Dipterocarpaceae*). *Forest Ecology and Management*, **256**, 375–383.

Nakagawa, M., Tanaka, K., Nakashizuka, T. et al. (2000) Impact of severe drought associated with the 1997–1998 El Nino in a tropical forest in Sarawak. *Journal of Tropical Ecology*, **16**, 355–367.

Nakagawa, M., Takeuchi, Y., Kenta, T. and Nakashizuka, T. (2005) Predispersal seed predation by insects vs. vertebrates in six dipterocarp species in Sarawak, Malaysia. *Biotropica*, **37**, 389–396.

Nakagawa, M., Miguchi, H., Sato, K., Shoko, S. and Nakashizuka, T. (2007) Population dynamics of arboreal and terrestrial small mammals in a tropical rainforest, Sarawak, Malaysia. *Raffles Bulletin of Zoology*, **55**, 389–395.

Nakamoto, A., Kinjo, K. and Izawa, M. (2007) Food habits of Orii's flying-fox, *Pteropus dasymallus inopinatus*, in relation to food availability in an urban area of Okinawa-jima Island, the Ryukyu Archipelago, Japan. *Acta Chiropterologica*, **9**, 237–249.

Nanami, S., Kawaguchi, H., Tateno, R., Li, C.H. and Katagiri, S. (2004) Sprouting traits and population structure of co-occurring *Castanopsis* species in an evergreen broad-leaved forest in southern China. *Ecological Research*, **19**, 341–348.

Nascimento, H.E.M., Laurance, W.F., Condit, R., Laurance, S.G., D'Angelo, S. and Andrade, A.C. (2005) Demographic and life-history correlates for Amazonian trees. *Journal of Vegetation Science*, **16**, 625–634.

Nathan, R. and Casagrandi, R. (2004) A simple mechanistic model of seed dispersal, predation and plant establishment: Janzen-Connell and beyond. *Journal of Ecology*, **92**, 733–746.

Nelson, S.L., Kunz, T.H. and Humphrey, S.R. (2005) Folivory in fruit bats: leaves provide a natural source of calcium. *Journal of Chemical Ecology*, **31**, 1683–1691.

Nepstad, D.C., Stickler, C.M. and Almeida, O.T. (2006) Globalization of the Amazon soy and beef industries: opportunities for conservation. *Conservation Biology*, **20**, 1595–1603.

Newbery, D.M., Campbell, E.J.F., Proctor, J. and Still, M.J. (1996) Primary lowland dipterocarp forest at Danum Valley, Sabah, Malaysia. Species composition and patterns in the understorey. *Vegetatio*, **122**, 193–220.

Newstrom, L.E., Frankie, G.W. and Baker, H.G. (1994) A new classification for plant phenology based on flowering patterns in lowland tropical rain-forest trees at La Selva, Costa Rica. *Biotropica*, **26**, 141–159.

Ng, F.S.P. (1978) Strategies of establishment in Malayan forest trees. *Tropical trees as living systems* (eds P.B. Tomlinson and M.H. Zimmermann), pp. 129–162. Cambridge University Press, Cambridge.

Ng, J. and Nemora (2007) *Tiger trade revisited in Sumatra, Indonesia*. TRAFFIC Southeast Asia, Petaling Jaya.

Nicholson, D.I. (1965) A study of virgin forest near Sandakan North Borneo. *Proceedings of the symposium on ecological research in humid tropics vegetation*, pp. 67–87. UNESCO, Kuching.

Nieh, J.C. (2004) Recruitment communication in stingless bees (Hymenoptera, Apidae, Meliponini). *Apidologie*, **35**, 159–182.

Nijman, V. (2006) In-situ and ex-situ status of the Javan Gibbon and the role of zoos in conservation of the species. *Contributions to Zoology*, **75**, 161–168.

Nilus, N. (2004) Effect of edaphic variation of forest structure, dynamics, diversity and regeneration in a lowland tropical rain forest in Borneo. PhD, Aberdeen University.

Noguchi, H., Itoh, A., Mizuno, T. et al. (2007) Habitat divergence in sympatric Fagaceae tree species of a tropical montane forest in northern Thailand. *Journal of Tropical Ecology*, **23**, 549–558.

Noma, N. (1997) Annual fluctuations of sapfruits production and synchronization within and inter species in a warm temperate forest on Yakushima Island. *Tropics*, **6**, 441–449.

Noma, N. and Yumoto, T. (1997) Fruiting phenology of animal-dispersed plants in response to winter migration of frugivores in a warm temperate forest on Yakushima Island, Japan. *Ecological Research*, **12**, 119–129.

Nor, S.M. (2001) Elevational diversity patterns of small mammals on Mount Kinabalu, Sabah, Malaysia. *Global Ecology and Biogeography*, **10**, 41–62.

Norden, N., Chave, J., Caubere, A. et al. (2007) Is temporal variation of seedling communities determined by environment or by seed arrival? A test in a neotropical forest. *Journal of Ecology*, **95**, 507–516.

Novotny, V. and Basset, Y. (2005) Review—Host specificity of insect herbivores in tropical forests. *Proceedings of the Royal Society B: Biological Sciences*, **272**, 1083–1090.

Novotny, V. and Wilson, M.R. (1997) Why are there no small species among xylem-sucking insects? *Evolutionary Ecology*, **11**, 419–437.

Novotny, V., Basset, Y., Miller, S.E. et al. (2004) Local species richness of leaf-chewing insects feeding on woody plants from one hectare of a lowland rainforest. *Conservation Biology*, **18**, 227–237.

Novotny, V., Drozd, P., Miller, S.E. et al. (2006) Why are there so many species of herbivorous insects in tropical rainforests? *Science*, **313**, 1115–1118.

Nunn, C.L. and Altizer, S. (2006) *Infectious diseases in primates*. Oxford University Press, Oxford.

Obendorf, P.J., Oxnard, C.E. and Kefford, B.J. (2008) Are the small human-like fossils found on Flores human endemic cretins? *Proceedings of the Royal Society B: Biological Sciences*, **275**, 1287–1296.

O'Hanlon-Manners, D.L. and Kotanen, P.M. (2006) Losses of seeds of temperate trees to soil fungi: effects of habitat and host ecology. *Plant Ecology*, **187**, 49–58.

Ohkubo, T., Tani, M., Akojima, I. et al. (2007) Spatial pattern of landslides due to heavy rains in a mixed dipterocarp forest,

north-western Borneo. *Tropics*, **16**, 59–69.
Okamoto, T., Kawakita, A. and Kato, M. (2007) Interspecific variation of floral scent composition in *Glochidion* and its association with host-specific pollinating seed parasite (*Epicephala*). *Journal of Chemical Ecology*, **33**, 1065–1081.
Olson, D.M. and Dinerstein, E. (2002) The Global 200: priority ecoregions for global conservation. *Annals of the Missouri Botanical Garden*, **89**, 199–224.
Olson, D.M., Dinerstein, E., Wikramanayake, E.D. et al. (2001) Terrestrial ecoregions of the worlds: a new map of life on Earth. *Bioscience*, **51**, 933–938.
Oota, H., Pakendorf, B., Weiss, G. et al. (2005) Recent origin and cultural reversion of a hunter-gatherer group. *PLoS Biology*, **3**, 536–542.
Oren, R., Hseih, C.I., Stoy, P. et al. (2006) Estimating the uncertainty in annual net ecosystem carbon exchange: spatial variation in turbulent fluxes and sampling errors in eddy-covariance measurements. *Global Change Biology*, **12**, 883–896.
Oshiro, I. and Nohara, T. (2000) Distribution of Pleistocene terrestrial vertebrates and their migration to the Ryukyus. *Tropics*, **10**, 41–50.
Otani, T. (2004) Effects of macaque ingestion on seed destruction and germination of a fleshy-fruited tree, *Eurya emarginata*. *Ecological Research*, **19**, 495–501.
Otani, T. and Shibata, E. (2000) Seed dispersal and predation by Yakushima macaques, *Macaca fuscata yakui*, in a warm temperate forest of Yakushima Island, southern Japan. *Ecological Research*, **15**, 133–144.
Ouyang, Z.Y., Xu W.H., Wang, X.Z. et al. (2008) Impact assessment of Wenchuan Earthquake on ecoystems. *Acta Ecologica Sincica*, **28**, 5801–5809.
Page, S.E., Siegert, F., Rieley, J.O., Boehm, H.D.V., Jaya, A. and Limin, S. (2002) The amount of carbon released from peat and forest fires in Indonesia during 1997. *Nature*, **420**, 61–65.
Page, S.E., Wust, R.A.J., Weiss, D., Rieley, J.O., Shotyk, W. and Limin, S.H. (2004) A record of Late Pleistocene and Holocene carbon accumulation and climate change from an equatorial peat bog (Kalimantan, Indonesia): implications for past, present and future carbon dynamics. *Journal of Quaternary Science*, **19**, 625–635.
Paine, C.E., Harms, K.E., Schnitzer, S.A. and Carson, W.P. (2008) Weak competition among tropical tree seedlings: implications for species coexistence. *Biotropica*, **40**, 432–440.
Palm, C., Sanchez, P., Ahamed, S. and Awiti, A. (2007) Soils: a contemporary perspective. *Annual Review of Environment and Resources*, **32**, 99–129.
Palmiotto, P.A., Davies, S.J., Vogt, K.A., Ashton, M.S., Vogt, D.J. and Ashton, P.S. (2004) Soil-related habitat specialization in dipterocarp rain forest tree species in Borneo. *Journal of Ecology*, **92**, 609–623.
Paoli, G.D. and Curran, L.M. (2007) Soil nutrients limit fine litter production and tree growth in mature lowland forest of Southwestern Borneo. *Ecosystems*, **10**, 503–518.
Paoli, G.D., Curran, L.M. and Zak, D.R. (2006) Soil nutrients and beta diversity in the Bornean Dipterocarpaceae: evidence for niche partitioning by tropical rain forest trees. *Journal of Ecology*, **94**, 157–170.
Paoli, G.D., Curran, L.M. and Slik, J.W.F. (2008) Soil nutrients affect spatial patterns of aboveground biomass and emergent tree density in southwestern Borneo. *Oecologia*, **155**, 287–299.
Paperna, I., Soh, M.C.K., Yap, C.A.M. et al. (2005) Blood parasite prevalence and abundance in the bird communities of several forested locations in Southeast Asia. *Ornithological Science*, **4**, 129–138.
Partin, J.W., Cobb, K.M., Adkins, J.F., Clark, B. and Fernandez, D.P. (2007) Millennial-scale trends in west Pacific warm pool hydrology since the Last Glacial Maximum. *Nature*, **449**, 452–455.
Patiño, S., Grace, J. and Bänziger, H. (2000) Endothermy by flowers of *Rhizanthes lowii* (Rafflesiaceae). *Oecologia*, **124**, 149–155.
Paz, V. (2005) Rock shelters, caves, and archaeobotany in island Southeast Asia. *Asian Perspectives*, **44**, 107–118.
Pearce, P.L. (2008) The nature of rainforest tourism: insights from a tourism social science research programme. *Living in a dynamic tropical forest landscape* (eds N.E. Stork and S.M. Turton), pp. 94–106. Blackwell, Malden.
Pearson, D.L. and Cassola, F. (1992) World-wide species richness patterns of tiger beetles (Coleoptera: Cicindelidae): indicator taxon for biodiversity and conservation studies *Conservation Biology*, **6**, 376–391.
Peeters, P.J., Sanson, G. and Read, J. (2007) Leaf biomechanical properties and the densities of herbivorous insect guilds. *Functional Ecology*, **21**, 246–255.
Pennington, R.T., Richardson, J.E. and Lavin, M. (2006) Insights into the historical construction of species-rich biomes from dated plant phylogenies, neutral ecological theory and phylogenetic community structure. *New Phytologist*, **172**, 605–616.
Pergams, O.R.W. and Zaradic, P.A. (2008) Reply to Jacobs and Manfredo: more support for a pervasive decline in nature-based recreation. *Proceedings of the National Academy of Sciences of the USA*, **105**, E41-E42.
Perkins, D.H. (1969) *Agricultural development in China 1368–1968*. Aldine Publishing, Chicago.
Peters, H.A. (2001) *Clidemia hirta* invasion at the Pasoh Forest Reserve: an unexpected plant invasion in an undisturbed tropical forest. *Biotropica*, **33**, 60–68.
Peters, H.A. (2003) Neighbour-regulated mortality: the influence of positive and negative density dependence on tree populations in species-rich tropical forests. *Ecology Letters*, **6**, 757–765.
Petraglia, M., Korisettar, R., Boivin, N. et al. (2007) Middle paleolithic assemblages from the Indian subcontinent before and after the Toba super-eruption. *Science*, **317**, 114–116.
Pfeiffer, M., Nais, J. and Linsenmair, K.E. (2004) Myrmecochory in the Zingiberaceae: seed removal of *Globba franciscii* and *G. propinpua* by ants (Hymenoptera-Formicidae) in rain forests on Borneo. *Journal of Tropical Ecology*, **20**, 705–708.
Pfeiffer, M., Nais, J. and Linsenmair, K.E. (2006) Worker size and seed size selection in 'seed'-collecting ant ensembles (Hymenoptera: Formicidae) in primary rain forests on Borneo. *Journal of Tropical Ecology*, **22**, 685–693.
Pfeiffer, M., Tuck, H.C. and Lay, T.C. (2008) Exploring arboreal ant community composition and co-occurrence patterns in plantations of oil palm *Elaeis guineensis* in Borneo and Peninsular Malaysia. *Ecography*, 31, 21–32.
Phillips, O.L., Lewis, S.L., Baker, T.R., Chao, K.J. and Higuchi, N. (2008) The changing Amazon forest. *Philosophical Transactions of the Royal Society B: Biological Sciences*, **363**, 1819–1827.
Pielke, R.A., Adegoke, J., Beltran-Przekurat et al. (2007) An overview of regional land-use and land-cover impacts on rainfall. *Tellus Series B-Chemical and Physical Meteorology*, **59**, 587–601.
Pipoly, J.J. and Madulid, D.A. (1998) Composition, structure and species richness of a submontane moist forest on Mt Kinasalapi, Mindanao, Philippines. *Forest Biodiversity Research, Monitoring and Modeling*, **20**, 591–600.

PlantLife International (2004) *Identifying and protecting the world's most important plant areas*. PlantLife International, Salisbury.

Pokon, R., Novotny, V. and Samuelson, G.A. (2005) Host specialization and species richness of root-feeding chrysomelid larvae (Chrysomelidae, Coleoptera) in a New Guinea rain forest. *Journal of Tropical Ecology*, **21**, 595–604.

Polasky, S. (2008) Why conservation planning needs socioeconomic data. *Proceedings of the National Academy of Sciences of the USA*, **105**, 6505–6506.

Poorter, L. and Kitajima, K. (2007) Carbohydrate storage and light requirements of tropical moist and dry forest tree species. *Ecology*, **88**, 1000–1011.

Poorter, L. and Markesteijn, L. (2008) Seedling traits determine drought tolerance of tropical tree species. *Biotropica*, **40**, 321–331.

Pope, K.O. and Terrell, J.E. (2008) Environmental setting of human migrations in the circum-Pacific region. *Journal of Biogeography*, **35**, 1–21.

Porder, S., Vitousek, P.M., Chadwick, O.A., Chamberlain, C.P. and Hilley, G.E. (2007) Uplift, erosion, and phosphorus limitation in terrestrial ecosystems. *Ecosystems*, **10**, 158–170.

Posa, M.R.C., Diesmos, A.C., Sodhi, N.S. and Brooks, T.M. (2008) Hope for threatened tropical biodiversity: Lessons from the Philippines. *BioScience*, **58**, 231–240.

Potts, M.D. and Vincent, J.R. (2008) Spatial distribution of species populations, relative economic values, and the optimal size and number of reserves. *Environmental and Resource Economics*, **39**, 91–112.

Potts, M.D., Ashton, P.S., Kaufman, L.S. and Plotkin, J.B. (2002) Habitat patterns in tropical rain forests: a comparison of 105 plots in Northwest Borneo. *Ecology*, **83**, 2782–2797.

Poulsen, A.D. (1996) Species richness and density of ground herbs within a 1-ha plot of lowland rain forest in north-west Borneo. *Journal of Tropical Ecology*, **12**, 177–190.

Poulsen, A.D. and Pendry, C.A. (1995) Inventories of ground herbs at 3 altitudes on Bukit Belalong, Brunei, Borneo. *Biodiversity and Conservation*, **4**, 745–757.

Poulsen, A.D., Nielsen, I.C., Tan, S. and Balslev, H. (1996) A quantitative inventory of trees in one hectare of mixed dipterocarp forest in Temburong, Brunei Darussalam. *Tropical rainforest research—current issues* (eds D.S. Edwards, W.E. Booth and S.C. Choy), pp. 139–150. Kluwer, Dordrecht.

Prasad, S., Krishnaswamy, J., Chellam, R. and Goyal, S.P. (2006) Ruminant-mediated seed dispersal of an economically valuable tree in Indian dry forests. *Biotropica*, **38**, 679–682.

Prasad, M.S., Mahale, V.P. and Kodagali, V.N. (2007) New sites of Australasian microtektites in the central Indian Ocean: implications for the location and size of source crater. *Journal of Geophysical Research-Planets*, **112**.

Pregitzer, K.S. and Euskirchen, E.S. (2004) Carbon cycling and storage in world forests: biome patterns related to forest age. *Global Change Biology*, **10**, 2052–2077.

Prentice, I.C., Cramer, W., Harrison, S.P., Leemans, R., Monserud, R.A. and Solomon, A.M. (1992) A global biome model based on plant physiology and dominance, soil properties and climate. *Journal of Biogeography*, **19**, 117–134.

Primack, R.B. and Corlett, R.T. (2005) *Tropical rain forests: an ecological and biogeographical comparison*. Blackwell, Oxford.

Pringle, E.G., Álvarez-Loayza, P. and Terborgh, J. (2007) Seed characteristics and susceptibility to pathogen attack in tree seeds of the Peruvian Amazon. *Plant Ecology*, **193**, 211–222.

Proctor, J. (2003) Vegetation and soil and plant chemistry on ultramafic rocks in the tropical Far East. *Perspectives in Plant Ecology Evolution and Systematics*, **6**, 105–124.

Proctor, J., Anderson, J.M., Chai, P. and Vallack, H.W. (1983) Ecological studies in four contrasting lowland rain forests in Gunung Mulu National Park, Sarawak. I. Forest environment, structure and floristics. *Journal of Ecology*, **71**, 237–260.

Proctor, J., Haridasan, K. and Smith, G.W. (1998) How far north does lowland evergreen tropical rain forest go? *Global Ecology and Biogeography Letters*, **7**, 141–146.

Proctor, J., Brearley, F.Q., Dunlop, H., Proctor, K., Supramono and Taylor, D. (2001) Local wind damage in Barito Ulu, Central Kalimantan: a rare but essential event in a lowland dipterocarp forest? *Journal of Tropical Ecology*, **17**, 473–475.

Pryor, G.S., Levey, D.J. and Dierenfeld, E.S. (2001) Protein requirements of a specialized frugivore, Pesquet's Parrot (*Psittrichas fulgidus*). *Auk*, **118**, 1080–1088.

Purves, D. and Pacala, S. (2008) Predictive models of forest dynamics. *Science*, **320**, 1452–1453.

Putz, F.E. and Mooney, H.A. (1991) *The biology of vines*. Cambridge University Press, Cambridge.

Putz, F.E., Sist, P., Fredericksen, T. and Dykstra, D. (2008a) Reduced-impact logging: challenges and opportunities. *Forest Ecology and Management* **256**, 1427–1433.

Putz, F.E., Zuidema, P.A., Pinard, M.A. et al. (2008b) Improved tropical forest management for carbon retention. *PloS Biology*, **6**, e166.

Qian, H. (2007) Relationships between plant and animal species richness at a regional scale in China. *Conservation Biology*, **21**, 937–944.

Qian, H., Song, J.S., Krestov, P. et al. (2003) Large-scale phytogeographical patterns in East Asia in relation to latitudinal and climatic gradients. *Journal of Biogeography*, **30**, 129–141.

Rabineau, M., Berne, S., Olivet, J.L., Aslanian, D., Guillocheau, F. and Joseph, P. (2006) Paleo sea levels reconsidered from direct observation of paleoshoreline position during Glacial Maxima (for the last 500,000 yr). *Earth and Planetary Science Letters*, **252**, 119–137.

Rabinowitz, A.R. and Walker, S.R. (1991) The carnivore community in a dry tropical forest mosaic in Huai Kha Khaeng Wildlife Sanctuary, Thailand. *Journal of Tropical Ecology*, **7**, 37–47.

Raich, J.W., Russell, A.E., Kitayama, K., Parton, W.J. and Vitousek, P.M. (2006) Temperature influences carbon accumulation in moist tropical forests. *Ecology*, **87**, 76–87.

Ramanathan, V. and Carmichael, G. (2008) Global and regional climate changes due to black carbon. *Nature Geoscience*, **1**, 221–227.

Ranganathan, J., Chan, K.M.A. and Daily, G.C. (2007) Satellite detection of bird communities in tropical countryside. *Ecological Applications*, **17**, 1499–1510.

Rao, I.M., Borrero, V., Ricaurte, J. and Garcia, R. (1999) Adaptive attributes of tropical forage species to acid soils. V. Differences in phosphorus acquisition from inorganic and organic phosphorus sources. *Journal of Plant Nutrition*, **22**, 1175–1196.

Rasingam, L. and Parathasarathy, N. (2009) Tree species diversity and population structure across major forest formations and disturbance categories in Little Andaman Island, India. *Tropical Ecology*, **50**, 89–102.

Rasmussen, C. and Cameron, S.A. (2007) A molecular phylogeny of the Old World stingless bees (Hymenoptera: Apidae: Meliponini) and the non-monophyly of the large genus *Trigona*. *Systematic Entomology*, **32**, 26–39.

Ravenel, R.M. and Granoff, I.M.E. (2004) Illegal logging in the tropics: a synthesis of the issues. *Journal of Sustainable Forestry*,

19, 351–366.

Rawlings, L.H., Rabosky, D.L., Donnellan, S.C. and Hutchinson, M.N. (2008) Python phylogenetics: inference from morphology and mitochondrial DNA. *Biological Journal of the Linnean Society*, **93**, 603–619.

Read, P. (2008) Biosphere carbon stock management: addressing the threat of abrupt climate change in the next few decades: an editorial essay. *Climatic Change*, **87**, 305–320.

Reaser, J.K., Meyerson, L.A. and Von Holle, B. (2008) Saving camels from straws: how propagule pressure-based prevention policies can reduce the risk of biological invasion. *Biological Invasions*, **10**, 1085–1098.

Reid, A. (1987) Low population growth and its causes in pre-colonial Southeast Asia. *Death and disease in Southeast Asia* (ed. N.G. Owen), pp. 33–47. Oxford University Press, Singapore.

Reid, M.J.C., Ursic, R., Cooper, D. et al. (2006) Transmission of human and macaque *Plasmodium* spp. to ex-captive orangutans in Kalimantan, Indonesia. *Emerging Infectious Diseases*, **12**, 1902–1908.

Ren, H., Li, Z.A., Shen, W.J. et al. (2007) Changes in biodiversity and ecosystem function during the restoration of a tropical forest in south China. *Science in China Series C-Life Sciences*, **50**, 277–284.

Rennolls, K. and Laumonier, Y. (1999) Tree species-area and species-diameter relationships at three lowland rain forest sites in Sumatra. *Journal of Tropical Forest Science*, **11**, 784–800.

Ribeiro, S.P. and Basset, Y. (2007) Gall-forming and free-feeding herbivory along vertical gradients in a lowland tropical rainforest: the importance of leaf sclerophylly. *Ecography*, **30**, 663–672.

Riley, J. (2002a) Mammals on the Sangihe and Talaud Islands, Indonesia, and the impact of hunting and habitat loss. *Oryx*, **36**, 288–296.

Riley, J. (2002b) Population sizes and the status of endemic and restricted-range bird species on Sangihe Island, Indonesia. *Bird Conservation International*, **12**, 53–78.

Riley, J. (2003) Population sizes and the conservation status of endemic and restricted-range bird species on Karakelang, Talaud Islands, Indonesia. *Bird Conservation International*, **13**, 59–74.

Riley, J.R., Greggers, U., Smith, A.D., Reynolds, D.R. and Menzel, R. (2005) The flight paths of honeybees recruited by the waggle dance. *Nature*, **435**, 205–207.

Ripley, S.D. and Beehler, B.M. (1989) Ornithogeographic affinities of the Andaman and Nicobar islands. *Journal of Biogeography*, **16**, 323–332.

Riswan, S. (1987a) Structure and floristic composition of a mixed dipterocarp forest at Lampake, East Kalimantan. *Proceedings of the third round table conference on dipterocarps* (ed. A.J. G.H. Kostermans), pp. 435–476. UNESCO, Jakarta.

Riswan, S. (1987b) Kerangas forest at Gunung Pasir, Samboja, East Kalimantan. *Proceedings of the third round table conference on dipterocarps* (ed. A.J.G.H. Kostermans), pp. 471–494. UNESCO, Jakarta.

Rivera, G., Elliott, S., Caldas, L.S., Nicolossi, G., Coradin, V.T. and Borchert, R. (2002) Increasing day-length induces spring flushing of tropical dry forest trees in the absence of rain. *Trees—Structure and Function*, **16**, 445–456.

Robbins, R.K. and Opler, P.A. (1997) Butterfly diversity and a preliminary comparison with bird and mammal diversity. *Biodiversity II. Understanding and protecting our biological resources* (eds M.L. Reaka-Kudla, D.E. Wilson, and E.O. Wilson), pp. 69–82. Joseph Henry Press, Washington.

Roberts, R.G., Flannery, T.F., Ayliffe, L.K. et al. (2001) New ages for the last Australian megafauna: continent-wide extinction about 46,000 years ago. *Science*, **292**, 1888–1892.

Robinson, J.G. and Bennett, E.L. (2000) Carrying capacity limits to sustainable hunting in tropical forests. *Hunting for sustainability in tropical forests* (eds J.G. Robinson and E.L. Bennett), pp. 13–30. Columbia University Press, New York.

Rodrigues, A.S.L. and Brooks, T.M. (2007) Shortcuts for biodiversity conservation planning: the effectiveness of surrogates. *Annual Review of Ecology Evolution and Systematics*, **38**, 713–737.

Rodrigues, A.S.L., Pilgrim, J.D., Lamoreux, J.F., Hoffmann, M. and Brooks, T.M. (2006) The value of the IUCN Red List for conservation. *Trends in Ecology and Evolution*, **21**, 71–76.

Rodríguez, J.P., Taber, A.P., Daszak, P. et al. (2007) Globalization of conservation: a view from the South. *Science*, **317**, 755–756.

Romero, G.Q. and Benson, W.W. (2005) Biotic interactions of mites, plants and leaf domatia. *Current Opinion in Plant Biology*, **8**, 436–440.

Roos, M.C., Kessler, P.J.A., Gradstein, S.R. and Baas, P. (2004) Species diversity and endemism of five major Malesian islands: diversity-area relationships. *Journal of Biogeography*, **31**, 1893–1908.

Roubik, D.W. (1996) Wild bees of Brunei Darussalam. *Tropical rainforest research—current issues* (eds D.S. Edwards, W.E. Booth and S.C. Choy), pp. 59–66. Kluwer, Dordrecht.

Roulston, T.H. and Cane, J.H. (2000) Pollen nutritional content and digestibility for animals. *Plant Systematics and Evolution*, **222**, 187–209.

Roulston, T.H., Cane, J.H. and Buchmann, S.L. (2000) What governs protein content of pollen: pollinator preferences, pollen-pistil interactions, or phylogeny? *Ecological Monographs*, **70**, 617–643.

Round, P.D., Gale, G.A. and Brockelman, W.Y. (2006) A comparison of bird communities in mixed fruit orchards and natural forest at Khao Luang, southern Thailand. *Biodiversity and Conservation*, **15**, 2873–2891.

Ruedas, L.A. and Morales, J.C. (2005) Evolutionary relationships among genera of Phalangeridae (Metatheria: Diprotodontia) inferred from mitochondrial DNA. *Journal of Mammalogy*, **86**, 353–365.

Running, S.W., Nemani, R.R., Heinsch, F.A., Zhao, M.S., Reeves, M. and Hashimoto, H. (2004) A continuous satellite-derived measure of global terrestrial primary production. *Bioscience*, **54**, 547–560.

Russo, S.E., Davies, S.J., King, D.A. and Tan, S. (2005) Soil-related performance variation and distributions of tree species in a Bornean rain forest. *Journal of Ecology*, **93**, 879–889.

Russo, S.E., Brown, P., Tan, S. and Davies, S.J. (2008) Interspecific demographic trade-offs and soil-related habitat associations of tree species along resource gradients. *Journal of Ecology*, **96**, 192–203.

Ruxton, G.D. and Houston, D.C. (2004) Obligate vertebrate scavengers must be large soaring fliers. *Journal of Theoretical Biology*, **228**, 431–436.

Saha, S. and Howe, H.F. (2003) Species composition and fire in a dry deciduous forest. *Ecology*, **84**, 3118–3123.

Saigusa, N., Yamamoto, S., Hirata, R. et al. (2008) Temporal and spatial variations in the seasonal patterns of CO_2 flux in boreal, temperate, and tropical forests in East Asia. *Agricultural and Forest Meteorology*, **148**, 700–713.

Sakagami, S.F., Inoue, T. and Salmah, S. (1990) Stingless bees of central Sumatra. *Natural history of social wasps and bees in equatorial Sumatra.* (eds R. Ohgushi, S.F. Sakagami and D.W. Roubik), pp. 125–137. Hokkaido University Press, Sapporo.

Sakai, S. (2000) Reproductive phenology of gingers in a lowland mixed dipterocarp forest in Borneo. *Journal of Tropical Ecology*, **16**, 337–354.

Sakai, S. (2001) Phenological diversity in tropical forests. *Population Ecology*, **43**, 77–86.

Sakai, S. (2002) General flowering in lowland mixed dipterocarp forests of South-east Asia. *Biological Journal of the Linnean Society*, **75**, 233–247.

Sakai, S., Harrison, R.D., Momose, K. et al. (2006) Irregular droughts trigger mass flowering in aseasonal tropical forests in Asia. *American Journal of Botany*, **93**, 1134–1139.

Sánchez-Azofeifa, G.A., Pfaff, A., Robalino, J.A. and Boomhower, J.P. (2007) Costa Rica's payment for environmental services program: intention, implementation, and impact. *Conservation Biology*, **21**, 1165–1173.

Sandker, M., Suwarno, A. and Campbell, B.M. (2007) Will forests remain in the face of oil palm expansion? Simulating change in Malinau, Indonesia. *Ecology and Society*, **12**.

Sathiamurphy, E. and Voris, H.K. (2006) Maps of Holocene sea level transgression and submerged lakes on the Sunda Shelf. *Natural History Journal of Chulalongkorn University*, **2** (suppl.), 1–43.

Savolainen, P., Zhang, Y.P., Luo, J., Lundeberg, J. and Leitner, T. (2002) Genetic evidence for an East Asian origin of domestic dogs. *Science*, **298**, 1610–1613.

Savolainen, P., Leitner, T., Wilton, A.N., Matisoo-Smith, E. and Lundeberg, J. (2004) A detailed picture of the origin of the Australian dingo, obtained from the study of mitochondrial DNA. *Proceedings of the National Academy of Sciences of the USA*, **101**, 12387–12390.

Schaefer, H. and Renner, S.S. (2008) A phylogeny of the oil bee tribe Ctenoplectrini (Hymenoptera: Anthophila) based on mitochondrial and nuclear data: evidence for Early Eocene divergence and repeated out-of-Africa dispersal. *Molecular Phylogenetics and Evolution*, **47**, 799–811.

Schaefer, H.M., Schmidt, V. and Winkler, H. (2003) Testing the defence trade-off hypothesis: how contents of nutrients and secondary compounds affect fruit removal. *Oikos*, **102**, 318–328.

Schaefer, H.M., McGraw, K. and Catoni, C. (2008) Birds use fruit colour as honest signal of dietary antioxidant rewards. *Functional Ecology*, **22**, 303–310.

Scharlemann, J.P.W. and Laurance, W.F. (2008) Environmental science—how green are biofuels? *Science*, **319**, 43–44.

Schenkel, R. and Schenkel-Hulliger, L. (1969) The Javan rhinoceros (*Rh. sondaicus Desm.*) in Udjung Kulon Nature Reserve. Its ecology and behavior. *Acta Tropica*, **26**, 97–135.

Schepartz, L.A., Stoutamire, S. and Bekken, D.A. (2005) *Stegodon orientalis* from Panxian Dadong, a Middle Pleistocene archaeological site in Guizhou, South China: taphonomy, population structure and evidence for human interactions. *Quaternary International*, **126**, 271–282.

Scherr, S.J. and McNeely, J.A. (2008) Biodiversity conservation and agricultural sustainability: towards a new paradigm of 'ecoagriculture' landscapes. *Philosophical Transactions of the Royal Society B: Biological Sciences*, **363**, 477–494.

Schimann, H., Ponton, S., Hattenschwiler, S. et al. (2008) Differing nitrogen use strategies of two tropical rainforest late successional tree species in French Guiana: evidence from N-15 natural abundance and microbial activities. *Soil Biology and Biochemistry*, **40**, 487–494.

Schipper, J., Chanson, J.S., Chiozza, F. et al. (2008) The status of the world's land and marine mammals: diversity, threat, and knowledge. *Science*, **322**, 225–230.

Schlesinger, W.H. (2009) On the fate of anthropogenic nitrogen. *Proceedings of the National Academy of Sciences of the USA*, **106**, 203–208.

Schlesinger, W.H., Bruijnzeel, L.A., Bush, M.B. et al. (1998) The biogeochemistry of phosphorous after the first century of soil development on Rakata Island, Krakatau, Indonesia. *Biogeochemistry*, **40**, 37–55.

Schleucher, E. (2002) Metabolism, body temperature and thermal conductance of fruit-doves (Aves: Columbidae, Treroninae). *Comparative Biochemistry and Physiology A-Molecular and Integrative Physiology*, **131**, 417–428.

Schnitzer, S.A. (2005) A mechanistic explanation for global patterns of liana abundance and distribution. *American Naturalist*, **166**, 262–276.

Schnitzer, S.A. and Bongers, F. (2002) The ecology of lianas and their role in forests. *Trends in Ecology and Evolution*, **17**, 223–230.

Scofield, D.G. and Schultz, S.T. (2006) Mitosis, stature and evolution of plant mating systems: low-Phi and high-Phi plants. *Proceedings of the Royal Society B: Biological Sciences*, **273**, 275–282.

Scotland, R.W. and Wortley, A.H. (2003) How many species of seed plants are there? *Taxon*, **52**, 101–104.

Scott, M.P. (1998) The ecology and behavior of burying beetles. *Annual Review of Entomology*, **43**, 595–618.

Searchinger, T., Heimlich, R., Houghton, R.A. et al. (2008) Use of US croplands for biofuels increases greenhouse gases through emissions from land-use change. *Science*, **319**, 1238–1240.

SEAZA (2007) SEAZA Future 2015: 8-point action plan for success. South East Asian Zoos Association.

Seddon, P.J., Soorae, P.S. and Launay, F. (2005) Taxonomic bias in reintroduction projects. *Animal Conservation*, **8**, 51–58.

Seddon, P.J., Armstrong, D.P. and Maloney, R.F. (2007) Combining the fields of reintroduction biology and restoration ecology. *Conservation Biology*, **21**, 1388–1390.

Seidler, T.G. and Plotkin, J.B. (2006) Seed dispersal and spatial pattern in tropical trees. *PLoS Biology*, **4**, 2132–2137.

Seino, T., Takyu, M., Aiba, S., Kitayama, K. and Ong, R.C. (2006) Floristic composition, stand structure, and above-ground biomass of the tropical rain forest of Deramakot and Tangkulap Forest Reserve in Malaysia under different forest managements. *Proceedings of second workshop on synergy between carbon management and biodiversity conservation in tropical rain forests.* (eds Y.F. Lee, A.Y.C. Chung and K. Kitayama), pp. 29–52. DIWPA, Kyoto.

Sekercioglu, C.H., Ehrlich, P.R., Daily, G.C., Aygen, D., Goehring, D. and Sandi, R.F. (2002) Disappearance of insectivorous birds from tropical forest fragments. *Proceedings of the National Academy of Sciences of the USA*, **99**, 263–267.

Sessions, J. (2007) *Harvesting operations in the tropics.* Springer, Berlin.

Shanahan, M., So, S., Compton, S.G. and Corlett, R.T. (2001) Fig-eating by vertebrate frugivores: a global review. *Biological Reviews*, **76**, 529–572.

Shek, C.T. (2006) *A field guide to the terrestrial mammals of Hong Kong.* AFCD, Hong Kong.

Shen, Z.-H., Tang, Y.-Y., Lu, N., Zhao, J.X., Li, D.-X. and Wang, G.-F. (2007) Community dynamics of seed rain in mixed evergreen broad-leaved and deciduous forests in a subtropical mountain of Central China. *Journal of Integrative Plant*

Biology, **49**, 1294–1303.

Shepherd, C.R. and Nijman, V. (2007) An assessment of wildlife trade at Mong La Market on the Myanmar-China border. *TRAFFIC Bulletin*, **21**, 85–88.

Shi, P., Körner, C. and Hoch, G. (2008a) A test of the growth-limitation theory for alpine tree line formation in evergreen and deciduous taxa of the eastern Himalayas. *Functional Ecology*, **22**, 213–220.

Shi, P., Luo, J.-Q., Xia, N.-B., Wi, H.-W. and Song, J.-Y. (2008b) Suggestions on management measures of pine forest ecosystems invaded by *Bursaphelenchus xylophilus*. *Forestry Studies in China*, **10**, 45–48.

Shimizu, Y. (2003) The nature of Ogasawara and its conservation. *Global Environmental Research*, **7**, 3–14.

Shine, R., Ambariyanto, Harlow, P.S. and Mumpuni (1998) Ecological traits of commercially harvested water monitors, *Varanus salvator*, in northern Sumatra. *Wildlife Research*, **25**, 437–447.

Shine, R., Ambariyanto, Harlow, P.S. and Mumpuni (1999) Reticulated pythons in Sumatra: biology, harvesting and sustainability. *Biological Conservation*, **87**, 349–357.

Shivik, J.A. (2006) Are vultures birds, and do snakes have venom, because of macro- and microscavenger conflict? *Bioscience*, **56**, 819–823.

Shono, K., Cadaweng, E.A. and Durst, P.B. (2007a) Application of assisted natural regeneration to restore degraded tropical forestlands. *Restoration Ecology*, **15**, 620–626.

Shono, K., Davies, S.J. and Chua, Y.K. (2007b) Performance of 45 native tree species on degraded lands in Singapore. *Journal of Tropical Forest Science*, **19**, 25–34.

Shoo, L.P. and VanDerWal, J. (2008) No simple relationship between above-ground tree growth and fine-litter production in tropical forests. *Journal of Tropical Ecology*, **24**, 347–350.

Shoocongdej, R. (2000) Forager mobility organization in seasonal tropical environments of western Thailand. *World Archaeology*, **32**, 14–40.

Siddique, I., Engel, V.L., Parrotta, J.A. et al. (2008) Dominance of legumes alters nutrient relations in mixed species forest restoration plantings within seven years. *Biogeochemistry*, **88**, 89–101.

Sidle, R.C., Ziegler, A.D., Negishi, J.N., Nik, A.R., Siew, R. and Turkelboom, F. (2006) Erosion processes in steep terrain—Truths, myths, and uncertainties related to forest management in Southeast Asia. *Forest Ecology and Management*, **224**, 199–225.

Siebert, S.F. (2002) From shade- to sun-grown perennial crops in Sulawesi, Indonesia: implications for biodiversity conservation and soil fertility. *Biodiversity and Conservation*, **11**, 1889–1902.

Singh, S., Boonratana, R., Bezuijen, M. and Phonvisay, A. (2006a) *Trade in natural resources in Attapeu Province, Lao PDR: an assessment of the wildlife trade*. TRAFFIC Southeast Asia, Vientiane.

Singh, S., Boonratana, R., Bezuijen, M. and Phonvisay, A. (2006b) *Trade in natural resources in Stung Treng Province, Cambodia: an assessment of the wildlife trade*. TRAFFIC Southeast Asia, Vientiane.

Singleton, I. and van Schaik, C.P. (2001) Orangutan home range size and its determinants in a Sumatran swamp forest. *International Journal of Primatology*, **22**, 877–911.

Siniarovina, U. and Engardt, M. (2005) High-resolution model simulations of anthropogenic sulphate and sulphur dioxide in Southeast Asia. *Atmospheric Environment*, **39**, 2021–2034.

Sist, P., Picard, N. and Gourlet-Fleury, S. (2003a) Sustainable cutting cycle and yields in a lowland mixed dipterocarp forest of Borneo. *Annals of Forest Science*, **60**, 803–814.

Sist, P., Sheil, D., Kartawinata, K. and Priyadi, H. (2003b) Reduced-impact logging in Indonesian Borneo: some results confirming the need for new silvicultural prescriptions. *Forest Ecology and Management*, **179**, 415–427.

Slade, E.M., Mann, D.J., Villanueva, J.F. and Lewis, O.T. (2007) Experimental evidence for the effects of dung beetle functional group richness and composition on ecosystem function in a tropical forest. *Journal of Animal Ecology*, **76**, 1094–1104.

Slagsvold, T. and Sonerud, G.A. (2007) Prey size and ingestion rate in raptors: importance for sex roles and reversed sexual size dimorphism. *Journal of Avian Biology*, **38**, 650–661.

Slik, J.W.F., Keßler, P.J.A. and Van Welzen, P.C. (2003) *Macaranga* and *Mallotus* species (Euphorbiaceae) as indicators for disturbance in the mixed lowland dipterocarp forest of East Kalimantan (Indonesia). *Ecological Indicators*, **2**, 311–324.

Slik, J.W.F., Bernard, C.S., Ven Beek, M., Breman, F.C. and Eichhorn, K.A.O. (2008) Tree diversity, composition, forest structure and aboveground biomass dynamics after single and repeated fires in a Bornean rain forest. *Oecologia* **158**, 579–588.

Small, A., Martin, T.G., Kitching, R.L. and Wong, K.M. (2004) Contribution of tree species to the biodiversity of a 1 ha Old World rainforest in Brunei, Borneo. *Biodiversity and Conservation*, **13**, 2067–2088.

Smulders, M.J.M., Westende, W.P.C. van't, Diway, B. et al. (2008) Development of microsatellite markers in *Gonystylus bancanus* (Ramin) useful for tracing and tracking of wood of this protected species. *Molecular Ecology Resources*, **8**, 168–171.

Sodhi, N.S., Koh, L.P., Brook, B.W. and Ng, P.K.L. (2004) Southeast Asian biodiversity: an impending disaster. *Trends in Ecology and Evolution*, **19**, 654–660.

Sodhi, N.S., Koh, L.P., Prawiradilaga, D.M., Tinulele, I., Putra, D.D. and Tan, T.H.T. (2005a) Land use and conservation value for forest birds in Central Sulawesi (Indonesia). *Biological Conservation*, **122**, 547–558.

Sodhi, N.S., Soh, M.C.K., Prawiradilaga, D.M., Darjono and Brook, B.W. (2005b) Persistence of lowland rainforest birds in a recently logged area in central Java. *Bird Conservation International*, **15**, 173–191.

Sodhi, N.S., Brook, B.W. and Bradshaw, C.J.A. (2007) *Tropical conservation biology*. Blackwell, Oxford.

Sodhi, N.S., Acciaioli, G., Erb, M. and Tan, A.K.-J. (2008a) *Biodiversity and human livelihoods in protected areas: case studies from the Malay Archipelago*. Cambridge University Press, Cambridge.

Sodhi, N.S., Koh, L.P., Peh, K.S.H. et al. (2008b) Correlates of extinction proneness in tropical angiosperms. *Diversity and Distributions*, **14**, 1–10.

Song, Y. (1995) The essential characteristics and main types of the broad-leaved evergreen forest in China. *Phytocoenologia*, **16**, 105–123.

Sotta, E.D., Corre, M.D. and Veldkamp, E. (2008) Differing N status and N retention processes of soils under old-growth lowland forest in Eastern Amazonia, Caxiuana, Brazil. *Soil Biology and Biochemistry*, **40**, 740–750.

Spriggs, M. (2003) Chronology of the Neolithic transition in island Southeast Asia and the Western Pacific: a view from 2003. *Review of Archaeology*, **24**, 57–80.

Sri-Ngernyuang, K., Kanzaki, M., Mizuno, T. et al. (2003) Habitat differentiation of Lauraceae species in a tropical lower montane forest in northern Thailand. *Ecological Research*, **18**, 1–14.

Stamp, L.D. and Lord, L. (1923) The ecology of part of the riverine tract of Burma. *Journal of Ecology*, **11**, 129–159.

Steadman, D.W. (2006) *Extinction and biogeography of tropical Pacific birds*. University of Chicago Press, Chicago.

Stevens, M. and Cuthill, I.C. (2007) Hidden messages: are ultraviolet signals a special channel in avian communication? *Bioscience*, **57**, 501–507.

Stokstad, E. (2008) Environmental regulation: New rules on saving wetlands push the limits of the science. *Science*, **320**, 162–163.

Stone, R. (2006) The day the land tipped over. *Science*, **314**, 406–409.

Stone, R. (2007) Biodiversity crisis on tropical islands: last-gasp effort to save Borneo's tropical rainforests. *Science*, **317**, 192.

Stone, R. (2008a) Natural disasters—ecologists report huge storm losses in China's forests. *Science*, **319**, 1318–1319.

Stone, R. (2008b) Showdown looms over a biological treasure trove. *Science*, **319**, 1604.

Stork, N.E. and Brendell, M.J.D. (1990) Variation in the insect fauna of Sulawesi trees with season, altitude and forest type. *Insects and the rain forests of South East Asia (Wallacea)* (eds W.J. Knight and J.D. Holloway), pp. 173–190. Royal Entomological Society of London, London.

Stott, P. (1990) Stability and stress in the savanna forests of mainland South-East Asia. *Journal of Biogeography*, **17**, 373–383.

Stott, P. (2000) Combustion in tropical biomass fires: a critical review. *Progress in Physical Geography*, **24**, 355–377.

Streets, D.G. (2007) Dissecting future aerosol emissions: warming tendencies and mitigation opportunities. *Climatic Change*, **81**, 313–330.

Streets, D.G., Bond, T.C., Carmichael, G.R. et al. (2003). An inventory of gaseous and primary aerosol emissions in Asia in the year 2000. *Journal of Geophysical Research D: Atmospheres*, **108**.

Streicher, U. (2007) Release and re-introduction efforts in Indochina. *Re-introduction News*, **26**, 5–7.

Streicher, U. and Nadler, T. (2003) Re-introduction of pygmy lorises in Vietnam. *Re-introduction News*, 23, 38–40.

Strickland, D.A. (1967) Ecology of the rhinoceros in Malaya. *Malayan Nature Journal*, **20**, 1–17.

Stronza, A. (2007) The economic promise of ecotourism for conservation. *Journal of Ecotourism*, 6, 210–230.

Struck, U., Altenbach, A.V., Gaulke, M. and Glaw, F. (2002) Tracing the diet of the monitor lizard *Varanus mabitang* by stable isotope analyses (delta N-15, delta C-13). *Naturwissenschaften*, **89**, 470–473.

Struebig, M.J., Harrison, M.E., Cheyne, S.M. and Limin, S.H. (2007) Intensive hunting of large flying foxes *Pteropus vampyrus natunae* in Central Kalimantan, Indonesian Borneo. *Oryx*, **41**, 390–393.

Styrsky, J.D. and Eubanks, M.D. (2007) Ecological consequences of interactions between ants and honeydew-producing insects. *Proceedings of the Royal Society B: Biological Sciences*, **274**, 151–164.

Su, H.J. (1984) Studies on the climate and vegetation types of the natural forests in Taiwan. (II) Altitudinal vegetation zones in relation to temperature gradient. *Quarterly Journal of Chinese Forestry*, **17**, 57–73.

Su, S.H., Chang-Yang, C.H., Lu, C.L. et al. (2007) *Fushan subtropical forest dynamics plot: tree species characteristics and distribution patterns*. Taiwan Forestry Research Institute, Taipei.

Sugiura, S., Okochi, I. and Tamada, H. (2006) High predation pressure by an introduced flatworm on land snails on the oceanic Ogasawara Islands. *Biotropica*, **38**, 700–703.

Sukardjo, S., Hagihara, A., Yamakura, T. and Ogawa, H. (1990) Floristic composition of a tropical rain forest in Indonesian Borneo. *Bulletin of the Nagoya University Forests*, **10**, 1–10.

Sukumar, R. (2003) *The living elephants: evolutionary ecology, behavior, and conservation*. Oxford University Press, New York.

Sultana, F., Hu, Y.G., Toda, M.J., Takenaka, K. and Yafuso, M. (2006) Phylogeny and classification of *Colocasiomyia* (Diptera, Drosophilidae), and its evolution of pollination mutualism with aroid plants. *Systematic Entomology*, **31**, 684–702.

Sun, I.F. and Hsieh, C.F. (2004) Nanjenshan Forest Dynamics Plot. *Tropical forest diversity and dynamism: findings from a large-scale plot network* (eds E.C. Losos and E.G. Leigh), pp. 564–573. University of Chicago Press, Chicago.

Sun, X.J. and Wang, P.X. (2005) How old is the Asian monsoon system? Palaeobotanical records from China. *Palaeogeography Palaeoclimatology Palaeoecology*, **222**, 181–222.

Sun, I.F., Hsieh, C.F. and Hubbell, S.P. (1996) The structure and species composition of a subtropical monsoon forest in southern Taiwan on a steep wind-stress gradient. *Biodiversity and the dynamics of ecosystems* (eds I.M. Turner, C.H. Diong, S.S.L. Lim and P.K.L. Ng). DIWPA, Kyoto.

Sun, G., Xu, Q., Jin, K., Wang, Z. and Lang, Y. (1998) The historical withdrawal of wild *Elephas maximus* from China and its relationship with human population pressure. *Journal of the Northeast Forestry University*, **26**, 47–50.

Sun, I.F., Chen, Y.Y., Hubbell, S.P., Wright, S.J. and Noor, N. (2007) Seed predation during general flowering events of varying magnitude in a Malaysian rain forest. *Journal of Ecology*, **95**, 818–827.

Swenson, N.G., Enquist, B.J., Thompson, J. and Zimmerman, J.K. (2007) The influence of spatial and size scale on phylogenetic relatedness in tropical forest communities. *Ecology*, **88**, 1770–1780.

Symes, C.T. and Marsden, S.J. (2007) Patterns of supra-canopy flight by pigeons and parrots at a hill-forest site in Papua New Guinea. *Emu*, **107**, 115–125.

Tacconi, L., Moore, P.F. and Kaimowitz, D. (2007) Fires in tropical forests—What is really the problem? Lessons from Indonesia. *Mitigation and Adaptation Strategies for Global Change*, **12**, 55–66.

Takanose, Y. and Kamitani, T. (2003) Fruiting of fleshy-fruited plants and abundance of frugivorous birds: phenology correspondence in a temperate forest in central Japan. *Ornithological Science*, **2**, 25–32.

Takenaka, K., Yin, J.T., Wen, S.Y. and Toda, M.J. (2006) Pollination mutualism between a new species of the genus *Colocasiomyia* de Meijere (Diptera: Drosophilidae) and *Steudnera colocasiifolia* (Araceae) in Yunnan, China. *Entomological Science*, **9**, 79–91.

Takeuchi, Y. and Nakashizuka, T. (2007) Effect of distance and density on seed/seedling fate of two dipterocarp species. *Forest Ecology and Management*, **247**, 167–174.

Tan, C.L. and Drake, J.H. (2001) Evidence of tree gouging and exudate eating in pygmy slow lorises (*Nycticebus pygmaeus*). *Folia Primatologica*, **72**, 37–39.

Tanaka, S., Wasli, M.E.B., Kotegawa, T. et al. (2007) Soil properties of secondary forests under shifting cultivation by the Iban of Sarawak, Malaysia in relation to vegetation condition. *Tropics*, **16**, 385–398.

Tang, C.Q. (2006) Forest vegetation as related to climate and soil conditions at varying altitudes on a humid subtropical mountain, Mount Emei, Sichuan, China. *Ecological Research*, **21**, 174–180.

Tang, A.M.C., Corlett, R.T. and Hyde, K.D. (2005) The persistence of ripe fleshy fruits in the presence and absence of frugivores.

Oecologia, **142**, 232–237.

Tang, Y., Cao, M. and Fu, X.F. (2006) Soil seedbank in a dipterocarp rain forest in Xishuangbanna, Southwest China. *Biotropica*, **38**, 328–333.

Taylor, A.B. (2006) Feeding behavior, diet, and the functional consequences of jaw form in orangutans, with implications for the evolution of *Pongo*. *Journal of Human Evolution*, **50**, 377–393.

Teejuntuk, S., Pongsak, S., Katsutoshi, S. and Witchaphart, S. (2003) Forest structure and tree species diversity along an altitudinal gradient in Doi Inthanon National Park, Northern Thailand. *Tropics*, **12**, 85–102.

Tella, J.L. and Carrete, M. (2008) Broadening the role of parasites in biological invasions. *Frontiers in Ecology and the Environment*, **6**, 11–12.

ten Kate, K., Bishop, J. and Bayon, R. (2004) *Biodiversity offsets: views, experience, and the business case*. IUCN and Insight Investment, London.

Teo, D.H.L., Tan, H.T.W., Corlett, R.T., Wong, C.M. and Lum, S.K.Y. (2003) Continental rain forest fragments in Singapore resist invasion by exotic plants. *Journal of Biogeography*, **30**, 305–310.

Terborgh, J., Van Schaik, C.P., Rao, M. and Davenport, I. (2002) *Making parks work: strategies for preserving tropical nature*. Island Press, Washington, DC.

Terborgh, J., Nuñez-Iturri, G., Pitman, N.C.A. et al. (2008) Tree recruitment in an empty forest. *Ecology*, **89**, 1757–1768.

Ter Steege, H., Pitman, N., Sabatier, D. et al. (2003) A spatial model of tree alpha-diversity and tree density for the Amazon. *Biodiversity and Conservation*, **12**, 2255–2277.

Tewksbury, J.J., Huey, R.B. and Deutsch, C.A. (2008) Putting the heat on tropical animals. *Science*, **320**, 1296–1297.

Theimer, T., C. and Gehring, C.A. (2007) Mycorrhizal plants and vertebrate seed and spore dispersal: incorporating mycorrhizas into the seed dispersal paradigm. *Seed dispersal: theory and its application in a changing world* (eds A.J. Dennis, E.W. Schupp, R.J. Green and D.A. Westcott), pp. 463–478. CABI International, Wallingford.

Thiollay, J.M. (1995) The role of traditional agroforests in the conservation of rain forest bird diversity in Sumatra. *Conservation Biology*, **9**, 335–353.

Thiollay, J.M. (1998) Distribution patterns and insular biogeography of South Asian raptor communities. *Journal of Biogeography*, **25**, 57–72.

Thompson, L.G., Mosley-Thompson, E., Brecher, H. et al. (2006) Abrupt tropical climate change: past and present. *Proceedings of the National Academy of Sciences of the USA*, **103**, 10536–10543.

Thornton, I.W.B., Runciman, D., Cook, S. et al. (2002) How important were stepping stones in the colonization of Krakatau? *Biological Journal of the Linnean Society*, **77**, 275–317.

Timmins, R.J. and Duckworth, J.W. (2008) Diurnal squirrels (Mammalia Rodentia Sciuridae) in Lao PDR: distribution, status and conservation. *Tropical Zoology*, **21**, 11–56.

Toda, T., Takeda, H., Tokuchi, N., Ohta, S., Wacharinrat, C. and Kaitpraneet, S. (2007) Effects of forest fire on the nitrogen cycle in a dry dipterocarp forest, Thailand. *Tropics*, **16**, 41–45.

Tong, H.W. and Liu, J.G. (2004) The Pleistocene-Holocene extinctions of mammals in China. *Proceedings of the Ninth Annual Symposium of the Chinese Society of Vertebrate Paleontology* (ed. W. Dong), pp. 111–119. China Ocean Press, Beijing.

Townsend, A.R., Cleveland, C.C., Asner, G.P. and Bustamante, M.M.C. (2007) Controls over foliar N: P ratios in tropical rain forests. *Ecology*, **88**, 107–118.

Tran, H., Uchihama, D., Ochi, S. and Yasuoka, Y. (2006) Assessment with satellite data of the urban heat island effects in Asian mega cities. *International Journal of Applied Earth Observation and Geoinformation*, **8**, 34–48.

Tsahar, E., del Rio, C.M., Izhaki, I. and Arad, Z. (2005) Can birds be ammonotelic? Nitrogen balance and excretion in two frugivores. *Journal of Experimental Biology*, **208**, 1025–1034.

Tsang, A.C.W. and Corlett, R.T. (2005) Reproductive biology of the *Ilex* species (Aquifoliaceae) in Hong Kong, China. *Canadian Journal of Botany*, **83**, 1645–1654.

Tsujino, R. and Yumoto, T. (2004) Effects of sika deer on tree seedlings in a warm temperate forest on Yakushima Island, Japan. *Ecological Research*, **19**, 291–300.

Tsujita, K., Sakai, S. and Kikuzawa, K. (2008) Does individual variation in fruit profitability override color differences in avian choice of red or white *Ilex serrata* fruits? *Ecological Research*, **23**, 445–450.

Tudhope, A.W., Chilcott, C.P., McCulloch, M.T. et al. (2001) Variability in the El Nino—Southern oscillation through a glacial-interglacial cycle. *Science*, **291**, 1511–1517.

Turner, I.M. (1996) Species loss in fragments of tropical rain forest: a review of the evidence. *Journal of Applied Ecology*, **33**, 200–209.

Turner, I.M. (2001) *The ecology of trees in the tropical rain forest*. Cambridge University Press, Cambridge.

Turner, B.L. (2008) Resource partitioning for soil phophorus: a hypothesis. *Journal of Ecology*, **96**, 698–702.

Turner, I.M. and Corlett, R.T. (1996) The conservation value of small, isolated fragments of lowland tropical rain forest. *Trends in Ecology and Evolution*, **11**, 330–333.

Turner, I.M., Wong, Y.K., Chew, P.T. and bin Ibrahim, A. (1997) Tree species richness in primary and old secondary tropical forest in Singapore. *Biodiversity and Conservation*, **6**, 537–543.

Turner, J.A., Maplesden, F. and Johnson, S. (2007) Measuring the impacts of illegal logging. *Tropical Forest Update*, **17**, 19–22.

Turton, S.M. (2008) Landscape-scale impacts of Cyclone Larry on the forests of northeast Australia, including comparisons with previous cyclones impacting the region between 1858 and 2006. *Austral Ecology*, **33**, 409–416.

Turton, S.M. and Stork, N.E. (2008) Environmental impacts of tourism and recreation in the wet tropics. *Living in a dynamic tropical forest landscape* (eds N.E. Stork and S.M. Turton), pp. 349–356. Blackwell, Malden.

Tweddle, J.C., Dickie, J.B., Baskin, C.C. and Baskin, J.M. (2003) Ecological aspects of seed desiccation sensitivity. *Journal of Ecology*, **91**, 294–304.

Tzeng, H.Y., Lu, F.Y., Ou, C.H., Lu, K.C. and Tseng, L.J. (2006) Pollinational-mutualism strategy of *Ficus erecta* var. *beecheyana* and *Blastophaga nipponica* in seasonal Guandaushi Forest Ecosystem, Taiwan. *Botanical Studies*, **47**, 307–318.

Underwood, E.C., Shaw, M.R., Wilson, K.A. et al. (2008) Protecting biodiversity when money matters: maximizing return on investment. *PLoS ONE*, **1**, e1515.

UNDP (2007) *Human development report 2007/2008. Fighting climate change: human solidarity in a divided world*. United Nations Development Program, New York.

UN Population Division (2006) *World urbanization prospects: the 2005 revision*. United Nations, Department of Economic and Social Affairs, Population Division.

Uriarte, M., Condit, R., Canham, C.D. and Hubbell, S.P. (2004) A spatially explicit model of sapling growth in a tropical forest: does the identity of neighbours matter? *Journal of Ecology*, 92, 348–360.

Uryu, Y., Mott, C., Foead, N. et al. (2008) Deforestation, forest degradation, biodiversity loss and CO_2 emissions in Riau, Sumatra, Indonesia. WWF Indonesia, Jakarta.

USDA (2006) *Keys to Soil Taxonomy*, 10th edition. United States Department of Agriculture, Washington, DC.

van den Bergh, G.D. (1999) The Late Neogene elephantoid-bearing faunas of Indonesia and their palaeozoogeographic implications. A study of the terrestrial faunal succession of Sulawesi, Flores and Java, including evidence for early hominid dispersal east of Wallace's Line. *Scripta Geologica*, 117, 1–419.

van den Bergh, G.D., de Vos, J. and Sondaar, P.Y. (2001) The Late Quaternary palaeogeography of mammal evolution in the Indonesian Archipelago. *Palaeogeography Palaeoclimatology Palaeoecology*, 171, 385–408.

van den Bergh, G.D., Due Awe, R., Morwood, M.J., Sutikna, T., Jatmiko and Wahyu Saptomo, E. (2008a) The youngest stegodon remains in Southeast Asia from the Late Pleistocene archaeological site Liang Bua, Flores, Indonesia. *Quaternary International*, 182, 16–48.

van den Bergh, G.D., Meijer, H.J.M., Due Awe, R. et al. (2008b) The Liang Bua faunal remains: a 95 kyr sequence from Flores, East Indonesia. *Journal of Human Evolution*.

van der Heijden, G.M.F. and Phillips, O.L. (2008) What controls liana success in Neotropical forests? *Global Ecology and Biogeography*, 17, 372–383.

Vander Wall, S.B. and Longland, W.S. (2004) Diplochory: are two seed dispersers better than one? *Trends in Ecology and Evolution*, 19, 155–161.

Van Driesche, R., Hoddle, M. and Center, T. (2008) *Control of pests and weeds by natural enemies: an introduction to biological control*. Blackwell Publishing, Malden.

Van Gulik, R.H. (1967) *The gibbon in China*. E.J. Brill, Leiden.

van Steenis, C.G.G.J. (1942) Gregarious flowering of *Strobilanthes* (Acanthaceae) in Malaysia. *Annals of the Royal Botanic Garden Calcutta*, (150th Anniversary), 91–97.

Van Welzen, P.C., Slik, J.W.F. and Alahuhta, J. (2005) Plant distribution patterns and plate tectonics in Malesia. *Biologiske Skrifter*, 55, 199–217.

Veldman, J.W., Murray, K.G., Hull, A.L. et al. (2007) Chemical defense and the persistence of pioneer plant seeds in the soil of a tropical cloud forest. *Biotropica*, 39, 87–93.

Venkataraman, V. (2007) *A matter of attitude: the consumption of wild animal products in Ha Noi*. TRAFFIC Southeast Asia, Hanoi.

Verdu, M. and Pausas, J.G. (2007) Fire drives phylogenetic clustering in Mediterranean Basin woody plant communities. *Journal of Ecology*, 95, 1316–1323.

Verheij, E.W.M. and Coronel, R.E. (1991) *Plant resources of South-East Asia 2. Edible fruits and nuts*. Pudoc-DLO, Wageningen.

Vesk, P.A. and Westoby, M. (2004) Sprouting ability across diverse disturbances and vegetation types worldwide. *Journal of Ecology*, 92, 310–320.

Vieira, D.L.M., Scariot, A., Sampaio, A.B. and Holl, K.D. (2006) Tropical dry-forest regeneration from root suckers in Central Brazil. *Journal of Tropical Ecology*, 22, 353–357.

Voigt, C.C., Capps, K.A., Dechmann, D.K., Michener, R.H. and Kunz, T.H. (2008) Nutrition or detoxification: why bats visit mineral licks of the Amazonian rainforest. *PLoS ONE*, 3, e2011.

Volkov, I., Banavar, J.R., He, F.L., Hubbell, S.P. and Maritan, A. (2005) Density dependence explains tree species abundance and diversity in tropical forests. *Nature*, 438, 658–661.

Von der Lippe, M. and Kowarik, I. (2008) Do cities export biodiversity? Traffic as dispersal vector across urban-rural gradients. *Diversity and Distributions*, 14, 18–25.

Wäckers, F.L., Romeis, J. and van Rijn, P. (2007) Nectar and pollen feeding by insect herbivores and implications for multitrophic interactions. *Annual Review of Entomology*, 52, 301–323.

Walker, J.S. (2007) Dietary specialization and fruit availability among frugivorous birds on Sulawesi. *Ibis*, 149, 345–356.

Wallace, A.R. (1876) *The geographical distribution of animals*. Macmillan, London.

Walsh, R.P.D. (1996) Climate. *Tropical rain forest: an ecological study* (eds P. W. Richards, R. P. D. Walsh, I. C. Baillie and P. Greig-Smith), pp. 159–205. Cambridge University Press, Cambridge.

Wang, S.J., Li, R.L., Sun, C.X. et al. (2004) How types of carbonate rock assemblages constrain the distribution of karst rocky desertified land in Guizhou Province, PR China: phenomena and mechanisms. *Land Degradation and Development*, 15, 123–131.

Wang, S.Y., Lu, H.Y., Liu, J.Q. and Negendank, J.F.W. (2007a) The early Holocene optimum inferred from a high-resolution pollen record of Huguangyan Maar Lake in southern China. *Chinese Science Bulletin*, 52, 2829–2836.

Wang, X.M., Sun, X.J., Wang, P.X. and Stattegger, K. (2007b) A high-resolution history of vegetation and climate history on Sunda Shelf since the last glaciation. *Science in China Series D-Earth Sciences*, 50, 75–80.

Wang, X.H., Kent, M. and Fang, X.F. (2007c) Evergreen broad-leaved forest in Eastern China: its ecology and conservation and the importance of resprouting in forest restoration. *Forest Ecology and Management*, 245, 76–87.

Wang, Z.H., Tang, Z.Y. and Fang, J.Y. (2007d) Altitudinal patterns of seed plant richness in the Gaoligong Mountains, south-east Tibet, China. *Diversity and Distributions*, 13, 845–854.

Wang, X.K., Manning, W., Feng, Z.W. and Zhu, Y.G. (2007e) Ground-level ozone in China: distribution and effects on crop yields. *Environmental Pollution*, 147, 394–400.

Wang, Y., Cheng, H., Edwards, R.L. et al. (2008) Millennial- and orbital-scale changes in the East Asian monsoon over the past 224,000 years. *Nature*, 451, 1090–1093.

Ward, M., Dick, C.W., Gribel, R. and Lowe, A.J. (2005) To self, or not to self ... A review of outcrossing and pollen-mediated gene flow in neotropical trees. *Heredity*, 95, 246–254.

Wardell-Johnson, G.W., Kanowski, J., Catterall, C.P., Price, M. and Lamb, D. (2008) Rainforest restoration for biodiversity and the production of timber. *Living in a dynamic tropical forest landscape* (eds N.E. Stork and S.M. Turton), pp. 494–509. Blackwell, Malden.

Wasser, S.K., Mailand, C., Booth, R. et al. (2007) Using DNA to track the origin of the largest ivory seizure since the 1989 trade ban. *Proceedings of the National Academy of Sciences of the USA*, 104, 4228–4233.

Watanabe, T., Misawa, S., Hiradate, S. and Osaki, M. (2008) Characterization of root mucilage from *Melastoma malabathricum*, with emphasis on its roles in aluminum accumulation. *New Phytologist*, 178, 581–589.

Watari, Y., Takatsuki, S. and Miyashita, T. (2008) Effects of exotic mongoose (*Herpestes javanicus*) on the native fauna of Amami-Oshima Island, southern Japan, estimated by distribution patterns along the historical gradient of mongoose invasion. *Biological Invasions*, 10, 7–17.

Wattanaratchakit, N. and Srikosamatara, S. (2006) Small mammals around a Karen village in Northern Mae Hong Son Province, Thailand: abundance, distribution and human consumption. *Natural History Bulletin of the Siam Society*, **54**, 195–207.

Webb, S.D. (1997) The great American faunal interchange. *Central America: a natural and cultural history* (ed. A. G. Coates), pp. 97–122. Yale University Press, New Haven.

Webb, C.O. and Peart, D.R. (1999) Seedling density dependence promotes coexistence of Bornean rain forest trees. *Ecology*, **80**, 2006–2017.

Webb, C.O., Gilbert, G.S. and Donoghue, M.J. (2006) Phylodiversity-dependent seedling mortality, size structure, and disease in a Bornean rain forest. *Ecology*, **87**, S123-S131.

Webb, C.O., Cannon, C.H. and Davies, S.J. (2008) Ecological organization, biogeography, and the phylogenetic structure of tropical forest tree communities. *Tropical forest community ecology* (eds W.P. Carson and S.A. Schnitzer), pp. 79–97. Wiley-Blackwell, Oxford.

Wei, G.J., Deng, W.F., Liu, Y. and Li, X.H. (2007) High-resolution sea surface temperature records derived from foraminiferal Mg/Ca ratios during the last 260 ka in the northern South China Sea. *Palaeogeography Palaeoclimatology Palaeoecology*, **250**, 126–138.

Weir, J.E.S. and Corlett, R.T. (2007) How far do birds disperse seeds in the degraded tropical landscape of Hong Kong, China? *Landscape Ecology*, **22**, 131–140.

Wells, D. (2007) *Birds of the Thai-Malay Peninsula, Volume 2*. Christopher Helm, London.

Wells, K., Smales, L.R., Kalko, E.K.V. and Pfeiffer, M. (2007) Impact of rain-forest logging on helminth assemblages in small mammals (Muridae, Tupaiidae) from Borneo. *Journal of Tropical Ecology*, **23**, 35–43.

Weng, E. and Zhou, G. (2006) Modeling distribution changes of vegetation in China under future climate change. *Environmental Modeling and Assessment*, **11**, 45–58.

Westaway, K.E., Zhao, J.X., Roberts, R.G., Chivas, A.R., Morwood, M.J. and Sutikna, T. (2007) Initial speleothem results from western Flores and eastern Java, Indonesia: were climate changes from 47 to 5 ka responsible for the extinction of *Homo floresiensis*? *Journal of Quaternary Science*, **22**, 429–438.

Westerkamp, C. and Classen-Bockhoff, R. (2007) Bilabiate flowers: the ultimate response to bees? *Annals of Botany*, **100**, 361–374.

Wharton, C.H. (1966) Man, fire and wild cattle in north Cambodia. *Proceedings of the Annual Tall Timbers Fire Ecology Conference 6*, pp. 23–65.

White, J.C., Penny, D., Kealhofer, L. and Maloney, B. (2004a) Vegetation changes from the late Pleistocene through the Holocene from three areas of archaeological significance in Thailand. *Quaternary International*, **113**, 111–132.

White, E., Tucker, N., Meyers, N. and Wilson, J. (2004b) Seed dispersal to revegetated isolated rainforest patches in North Queensland. *Forest Ecology and Management*, **192**, 409–426.

Whitmore, T.C. and Burslem, D.F.R.P. (1998) Major disturbances in tropical rainforests. *Dynamics of tropical communities* (eds D.M. Newbery, H.H.T. Prins and N.D. Brown), pp. 549–565. Blackwell Science, Oxford.

Whitmore, T.C. and Sidiyasa, K. (1986) Composition and structure of a lowland rain forest at Toraut, northern Sulawesi. *Kew Bulletin*, **41**, 747–756.

Whitten, T. and Balmford, A. (2006) Who should pay for tropical forest conservation, and how could the costs be met? *Emerging threats to tropical forests* (eds W.F. Laurance and C.A. Peres), pp. 317–336. University of Chicago Press, Chicago.

Wich, S.A. and van Schaik, C.P. (2000) The impact of El Niño on mast fruiting in Sumatra and elsewhere in Malesia. *Journal of Tropical Ecology*, **16**, 563–577.

Wiens, F., Zitzmann, A. and Hussein, N.A. (2006) Fast food for slow lorises: is low metabolism related to secondary compounds in high-energy plant diet? *Journal of Mammalogy*, **87**, 790–798.

Wiens, F., Zitzmann, A., Lachance, M.A. et al. (2008) Chronic intake of fermented floral nectar by wild treeshrews. *Proceedings of the National Academy of Sciences of the USA*, **105**, 10426–10431.

Wikramanayake, E.D., Dinerstein, E., Loucks, C.J. et al. (2002) *Terrestrial ecoregions of the Indo-Pacific: a conservation assessment*. Island Press, Washington, DC.

Williams, S.E. and Hilbert, D.W. (2006) Climate change as a threat to the biodiversity of tropical rainforests in Australia. *Emerging threats to tropical forests* (eds W.F. Laurance and C.A. Peres), pp. 33–52. Chicago University Press, Chicago.

Williams, J.W., Jackson, S.T. and Kutzbacht, J.E. (2007) Projected distributions of novel and disappearing climates by 2100 AD. *Proceedings of the National Academy of Sciences of the USA*, **104**, 5738–5742.

Williams, L.J., Bunyavejchewin, S. and Baker, P.J. (2008) Deciduousness in a seasonal tropical forest in western Thailand: interannual and intraspecific variation in timing, duration and environmental cues. *Oecologia*, **155**, 571–582.

Williamson, G.B. and Ickes, K. (2002) Mast fruiting and ENSO cycles—does the cue betray a cause? *Oikos*, **97**, 459–461.

Wilson, E.O. (2005) Oribatid mite predation by small ants of the genus *Pheidole*. *Insectes Sociaux*, **52**, 263–265.

Wilson, D.E. and Reeder, D.M. (2005) *Mammal species of the world: a taxonomic and geographic reference*. John Hopkins University Press, Baltimore.

Wilting, A., Buckley-Beason, V.A., Feldhaar, H., Gadau, J., O'Brien, S.J. and Linsenmair, K.E. (2007) Clouded leopard phylogeny revisited: support for species recognzition and population division between Borneo and Sumatra. *Frontiers in Zoology*, **4**, 15.

Winkler, H. and Christie, D.A. (2002) Family Picidae (Woodpeckers). *Handbook of the Birds of the World, Volume 7*. (eds J. del Hoyo, A. Elliott and J. Sargatal), pp. 296–555. Lynx Edicions, Barcelona.

Winkler, H., Christie, D.A. and Nurney, D. (1995) *Woodpeckers: an identification guide to the woodpeckers of the world*. Houghton Mifflin, Boston.

Wong, S.T., Servheen, C. and Ambu, L. (2002) Food habits of Malayan sun bears in lowland tropical forests of Borneo. *Ursus*, **13**, 127–136.

Wong, S.T., Servheen, C., Ambu, L. and Norhayati, A. (2005) Impacts of fruit production cycles on Malayan sun bears and bearded pigs in lowland tropical forest of Sabah, Malaysian Borneo. *Journal of Tropical Ecology*, **21**, 627–639.

Woodruff, D.S. (2003) Neogene marine transgressions, palaeogeography and biogeographic transitions on the Thai-Malay Peninsula. *Journal of Biogeography*, **30**, 551–567.

Woods, K. and Elliott, S. (2004) Direct seeding for forest restoration on abandoned agricultural land in northern Thailand. *Journal of Tropical Forest Science*, **16**, 248–259.

Wösten, J.H.M., Clymans, E., Page, S.E., Rieley, J.O. and Limin, S.H. (2008) Peat-water interrelationships in a tropical peatland ecosystem in Southeast Asia. *Catena*, **73**, 212–224.

Wright, S.J. (2002) Plant diversity in tropical forests: a review of mechanisms of species coexistence. *Oecologia*, **130**, 1–14.

Wright, S.J. and Muller-Landau, H.C. (2006a) The future of tropical forest species. *Biotropica*, **38**, 287–301.

Wright, S.J. and Muller-Landau, H.C. (2006b) The uncertain future of tropical forest species. *Biotropica*, **38**, 443–445.

Wright, S.J., Sanchez-Azofeifa, G.A., Portillo-Quintero, C. and Davies, D. (2007a) Poverty and corruption compromise tropical forest reserves. *Ecological Applications*, **17**, 1259–1266.

Wright, S.J., Stoner, K.E., Beckman, N. et al. (2007b) The plight of large animals in tropical forests and the consequences for plant regeneration. *Biotropica*, **39**, 289–291.

Wu, J.G. (2007) World without borders: wildlife trade on the Chinese-language Internet. *TRAFFIC Bulletin*, **21**, 75–84.

Wu, L., Shinzato, T., Chen, C. and Aramoto, M. (2008) Sprouting characteristics of a subtropical evergreen broad-leaved forest following clear-cutting in Okinawa, Japan. *New Forests*, **36**, 239–246.

Wunder, S. (2006) Are direct payments for environmental services spelling doom for sustainable forest management in the tropics? *Ecology and Society*, **11**.

Wunder, S. (2007) The efficiency of payments for environmental services in tropical conservation. *Conservation Biology*, **21**, 48–58.

Wunder, S., Engel, S. and Pagiola, S. (2008) Taking stock: a comparative analysis of payments for environmental services programs in developed and developing countries. *Ecological Economics*, **65**, 834–852.

WWF (2007) *Gone in an instant: how the trade in illegally grown coffee is driving the destruction of rhino, tiger and elephant habitat*. WWF-Indonesia, Jakarta.

Xiao, Z.S., Wang, Y.S., Harris, M. and Zhang, Z.B. (2006) Spatial and temporal variation of seed predation and removal of sympatric large-seeded species in relation to innate seed traits in a subtropical forest, Southwest China. *Forest Ecology and Management*, **222**, 46–54.

Xiao, J.Y., Lu, H.B., Zhou, W.J., Zhao, Z.J. and Hao, R.H. (2007a) Evolution of vegetation and climate since the last glacial maximum recorded at Dahu peat site, South China. *Science in China Series D-Earth Sciences*, **50**, 1209–1217.

Xiao, Z.S., Harris, M.K. and Zhang, Z.B. (2007b) Acorn defenses to herbivory from insects: implications for the joint evolution of resistance, tolerance and escape. *Forest Ecology and Management*, **238**, 302–308.

Xie, Y., Mackinnon, J. and Li, D. (2004) Study on biogeographical divisions of China. *Biodiversity and Conservation*, **13**, 1391–1417.

Xu, Y.C., Fang, S.G. and Li, Z.K. (2007) Sustainability of the South China tiger: implications of inbreeding depression and introgression. *Conservation Genetics*, **8**, 1199–1207.

Yafuso, M. (1993) Thermogenesis of *Alocasia odora* (Araceae) and the role of *Colocasiomyia* flies (Diptera, Drosophilidae) as cross-pollinators. *Environmental Entomology*, **22**, 601–606.

Yamada, I. (1975) Forest ecological studies of the montane forest of Mt Pangrango, West Java. *South East Asian Studies*, **13**, 402–426.

Yamada, T., Suzuki, E., Yamakura, T. and Tan, S. (2005a) Tap-root depth of tropical seedlings in relation to species-specific edaphic preferences. *Journal of Tropical Ecology*, **21**, 155–160.

Yamada, A., Inoue, T., Wiwatwitaya, D. et al. (2005b) Carbon mineralization by termites in tropical forests, with emphasis on fungus combs. *Ecological Research*, **20**, 453–460.

Yamada, A., Inoue, T., Wiwatwitaya, D. and Ohkuma, M. (2007) A new concept of the feeding group composition of termites (Isoptera) in tropical ecosystems: Carbon source competitions among fungus-growing termites, soil-feeding termites, litter-layer microbes, and fire. *Sociobiology*, **50**, 135–153.

Yamashita, N., Tanaka, N., Hoshi, Y., Kushima, H. and Kamo, K. (2003) Seed and seedling demography of invasive and native trees of subtropical Pacific islands. *Journal of Vegetation Science*, **14**, 15–24.

Yan, J.H., Wang, Y.P., Zhou, G.Y. and Zhang, D.Q. (2006) Estimates of soil respiration and net primary production of three forests at different succession stages in South China. *Global Change Biology*, **12**, 810–821.

Yan, E.-R., Wang, X.-H. and Zhou, W. (2008) N:P stoichiometry in secondary succession in evergreen broad-leaved forest, Tiantong, East China. *Journal of Plant Ecology*, **32**, 13–22.

Yancheva, G., Nowaczyk, N.R., Mingram, J. et al. (2007) Influence of the intertropical convergence zone on the East Asian monsoon. *Nature*, **445**, 74–77.

Yang, Y.S., Chen, G.S., Lin, P., Xie, J.S. and Guo, J.F. (2004) Fine root distribution, seasonal pattern and production in four plantations compared with a natural forest in subtropical China. *Annals of Forest Science*, **61**, 617–627.

Yang, Y.S., Chen, G.S., Guo, J.F., Xie, J.S. and Wang, X.G. (2007) Soil respiration and carbon balance in a subtropical native forest and two managed plantations. *Plant Ecology*, **193**, 71–84.

Yasuda, M., Miura, S. and Nor Azman, H. (2000) Evidence for food hoarding behaviour in terrestrial rodents in Pasoh Forest Reserve, a Malaysian lowland rain forest. *Journal of Tropical Forest Science*, **12**, 164–173.

Ye, W.-H., Cao, H.-L., Huang, Z.-L. et al. (2008) Community structure of a 20 hm-2 lower subtropical evergreen broadleaved forest plot in Dinghushan, China. *Journal of Plant Ecology*, **32**, 274–286.

Yip, J.Y., Corlett, R.T. and Dudgeon, D. (2004) A fine-scale gap analysis of the existing protected area system in Hong Kong, China. *Biodiversity and Conservation*, **13**, 943–957.

Yip, J.Y., Corlett, R.T. and Dudgeon, D. (2006) Selecting small reserves in a human-dominated landscape: a case study of Hong Kong, China. *Journal of Environmental Management*, **78**, 86–96.

Yoda, K. (1983) Community respiration in a lowland rain forest in Pasoh, Peninsular Malaysia. *Japanese Journal of Ecology*, **33**, 183–197.

Yoder, A.D. and Yang, Z.H. (2004) Divergence dates for Malagasy lemurs estimated from multiple gene loci: geological and evolutionary context. *Molecular Ecology*, **13**, 757–773.

Yokoyama, Y., Falguères, C., Sémah, F., Jacob, T. and Grün, R. (2008) Gamma-ray spectrometric dating of late *Homo erectus* skulls from Ngandong and Sambungmacan, Central Java, Indonesia. *Journal of Human Evolution*, **55**, 274–277.

Yonariza and Webb, E.L. (2007) Rural household participation in illegal timber felling in a protected area of West Sumatra, Indonesia. *Environmental Conservation*, **34**, 73–82.

Yoneda, T., Nishimura, S. and Chairul (2000) Impacts of dry and hazy weather in 1997 on a tropical rainforest ecosystem in West Sumatra, Indonesia. *Ecological Research*, **15**, 63–71.

Yu, Y., Baskin, J.M., Baskin, C.C., Tang, Y. and Cao, M. (2008a) Ecology of seed germination of eight non-pioneer tree species from a tropical seasonal rain forest in southwest China. *Plant Ecology*, **197**, 1–16.

Yu, Y., Yu, J., Shan, Q., Fang, L. and Jiang, D. (2008b) Organic acid exudation from the roots of *Cunninghamia lanceolata* and *Pinus massoniana* seedlings under low phosphorus stress. *Frontiers of Forestry in China*, **3**, 117–120.

Yuan, W.P., Liu, S., Zhou, G.S. et al. (2007) Deriving a light use efficiency model from eddy covariance flux data for predicting

Yumoto, T., Noma, N. and Maruhashi, T. (1998) Cheek-pouch dispersal of seeds by Japanese monkeys (*Macaca fuscata yakui*) on Yakushima Island, Japan. *Primates*, **39**, 325–338.

Zachos, J., Pagani, M., Sloan, L., Thomas, E. and Billups, K. (2001) Trends, rhythms, and aberrations in global climate 65 Ma to present. *Science*, **292**, 686–693.

Zackey, J. (2007) Peasant perspectives on deforestation in southwest China: social discontent and environmental mismanagement. *Mountain Research and Development*, **27**, 153–161.

Zahawi, R.A. (2008) Instant trees: using giant vegetative stakes in tropical forest restoration. *Forest Ecology and Management*, **255**, 3013–3016.

Zang, R.-G., Zhang, W.-Y. and Ding, Y. (2007) Seed dynamics in relation to gaps in a tropical montane rainforest of Hainan Island, South China: (1) seed rain. *Journal of Integrative Plant Biology*, **49**, 1565–1572.

Zedler, P.H. (2007) Fire effects in grasslands. *Plant disturbance ecology: the process and the response* (eds E.A. Johnson and K. Miyanishi). Elsevier, Amsterdam.

Zeng, Y., Jiang, Z.G. and Li, C.W. (2007) Genetic variability in relocated Pere David's deer (*Elaphurus davidianus*) populations—Implications to reintroduction program. *Conservation Genetics*, **8**, 1051–1059.

Zeppel, H.D. (2006) *Indigenous ecotourism: sustainable development and management*. CABI, Wallingford.

Zhang, L. and Corlett, R.T. (2003) Phytogeography of Hong Kong bryophytes. *Journal of Biogeography*, **30**, 1329–1337.

Zhang, Z.-B., Xiao, Z.-S. and Li, H.-J. (2005) Impact of small rodents on tree seeds in temperate and subtropical forests, China. *Seed fate: predation, dispersal and seedling establishment* (eds P.M. Forget, J.E. Lambert, P.E. Hulme and S.B. Vander Wall), pp. 269–282. CABI Publishing, Wallingford.

Zhang, J., Ge, Y., Chang, J. et al. (2007) Carbon storage by ecological service forests in Zhejiang Province, subtropical China. *Forest Ecology and Management*, **245**, 64–75.

Zhang, W., Mo, J., Yu, G. et al. (2008a) Emissions of nitrous oxide from three tropical forests in southern China in response to simulated nitrogen deposition. *Plant and Soil*, **306**, 221–236.

Zhang, L., Hua, N. and Sun, S. (2008b) Wildlife trade, consumption and conservation awareness in southwest China. *Biodiversity and Conservation*, **17**, 1493–1516.

Zhao, Q.K. (1999) Responses to seasonal changes in nutrient quality and patchiness of food in a multigroup community of Tibetan macaques at Mt. Emei. *International Journal of Primatology*, **20**, 511–524.

Zheng, Z., Feng, Z.L., Cao, M., Li, Z.F. and Zhang, J.H. (2006) Forest structure and biomass of a tropical seasonal rain forest in Xishuangbanna, Southwest China. *Biotropica*, **38**, 318–327.

Zhong, L., Buckley, R. and Xie, T. (2007) Chinese perspectives on tourism eco-certification. *Annals of Tourism Research*, **34**, 808–811.

Zhou, Z.H. and Jiang, Z.G. (2005) Identifying snake species threatened by economic exploitation and international trade in China. *Biodiversity and Conservation*, **14**, 3525–3536.

Zhou, H., Chen, J. and Chen, F. (2007) Ant-mediated seed dispersal contributes to the local spatial pattern and genetic structure of *Globba lancangensis* (Zingiberaceae). *Journal of Heredity*, **98**, 317–324.

Zhou, Y.B., Zhang, L., Kaneko, Y., Newman, C. and Wang, X.-M. (2008a) Frugivory and seed dispersal by a small carnivore, the Chinese ferret-badger, *Melogale moschata*, in a fragmented subtropical forest of central China. *Forest Ecology and Management*, **255**, 1595–1603.

Zhou, Y.B., Slade, E., Newman, C., Wang, X.M. and Zhang, S.Y. (2008b) Frugivory and seed dispersal by the yellow-throated marten, *Martes flavigula*, in a subtropical forest of China. *Journal of Tropical Ecology*, **24**, 219–223.

Zhou, Y.B., Zhang, J.S., Slade, E. et al. (2008c) Dietary shifts in relation to fruit availability among masked palm civets (*Paguma larvata*) in central China. *Journal of Mammalogy*, **89**, 435–447.

Zhu, H. (2008a) Advances in biogeography of the tropical rain forest in southern Yunnan, southwestern China. *Tropical Conservation Science*, **1**, 34–42.

Zhu, H. (2008b) Species composition and diversity of lianas in tropical forests of southern Yunnan (Xishuangbanna), southwestern China. *Journal of Tropical Forest Science*, **20**, 111–122.

Zhu, H., Xu, Z.F., Wang, H. and Li, B.G. (2004) Tropical rain forest fragmentation and its ecological and species diversity changes in southern Yunnan. *Biodiversity and Conservation*, **13**, 1355–1372.

Zhu, H., Ma, Y.-X. and Hu, H.-B. (2007a) The relationship between geography and climate in the generic-level patterns of Chinese seed plants. *Acta Phytotaxonomic Sinica*, **45**, 134–166.

Zhu, L., Sun, O.J., Sang, W.G., Li, Z.Y. and Ma, K.P. (2007b) Predicting the spatial distribution of an invasive plant species (*Eupatorium adenophorum*) in China. *Landscape Ecology*, **22**, 1143–1154.

Zhu, Y., Zhao, G.-F., Zhang, L.-W. et al. (2008) Community composition and structure of Gutianshan Forest Dynamic Plot in a mid-subtropical evergreen broad-leaved forest. *Journal of Plant Ecology*, **32**, 262–273.

Ziegler, T., Abegg, C., Meijaard, E. et al. (2007) Molecular phylogeny and evolutionary history of Southeast Asian macaques forming the *M-silenus* group. *Molecular Phylogenetics and Evolution*, **42**, 807–816.

Zimmerman, J.K., Wright, S.J., Calderon, O., Pagan, M.A. and Paton, S. (2007) Flowering and fruiting phenologies of seasonal and aseasonal neotropical forests: the role of annual changes in irradiance. *Journal of Tropical Ecology*, **23**, 231–251.

Zong, Y., Chen, Z., Innes, J.B., Chen, C., Wang, Z. and Wang, H. (2007) Fire and flood management of coastal swamp enabled first rice paddy cultivation in east China. *Nature*, **449**, 459–462.

Zvereva, E.L., Toivonen, E. and Kozlov, M.V. (2008) Changes in species richness of vascular plants under the impact of air pollution: a global perspective. *Global Ecology and Biogeography*, **17**, 305–319.

訳者あとがき

　この本はRichard T. Corlett博士の著書『The Ecology of Tropical East Asia』の翻訳書である．原書は熱帯東アジア地域に着目し，日本の南西諸島や小笠原諸島を含むさまざまな東アジア地域の最新の生態学研究をレビューした大変優れた教科書である．なお，タイトルを直訳すると「熱帯東アジアの生態学」であるが，わかりやすさを優先して「アジアの熱帯生態学」としたことを記しておく．

　熱帯林は今も急速に面積が減少しており，急激な変化が起こっているのにくわえて，現在では数多くの研究が行われており，日進月歩で知識が蓄えられている．こうした知識の中には日本の研究者によって発見されたものも少なくない．日本ではここ20年以上にわたって熱帯林に高い注目が続いており，若手研究者が中心となって数多くのすばらしい成果を上げている．このような研究の急速な進展は、一方では知識の細分化を招くことになってしまった．研究トピックに関する論文や総説，本は数多く出版されるようになったものの，熱帯林生態学の基礎知識全般を解説した文章や本は少なく，万遍ない知識を身につけるのは困難なのが現状である．この本の共訳者4人も，各自が行ってきた熱帯林研究に関する本をまとめたが（安田・長田・松林・沼田 2008『熱帯雨林の自然史：東南アジアのフィールドから』），内容は各自の研究分野に偏っており，残念ながら熱帯林生態学全般を学ぶことのできるものではなかった．

　これまでに出版された熱帯林の生態学全般についてのおもな日本語の教科書としては，リチャーズ（1978）の『熱帯多雨林：生態学的研究』，クリッチャー（1992）の『熱帯雨林の生態学：アマゾンの生態系と動植物』，ホイットモア（1993）の『熱帯雨林総論』があげられる．これらの教科書では熱帯林の生態学に関する幅広い分野が網羅されており，基礎的な内容を学ぶうえでは今でも十分に役に立つ．しかし，熱帯林を取り巻く状況は急激に変化しているために，原著が出版されてからは20年以上，そして翻訳本が出版されてからも15年以上がたった今となっては，残念ながら現状を反映したものとは言えなくなってしまっている．訳者らは，上記の本を執筆した当時から，熱帯林の生態学に関する最新の教科書の必要性を痛感していた．そうした状況下で2009年に原書が出版された．訳者らが内容を吟味し，教科書として紹介するのにふさわしいと判断して翻訳を開始したのである．

　この本では東アジアの熱帯林の歴史や環境，動植物の生態，物質循環，保全問題といった幅広い分野にわたって出版時（2009年）における最新の知識が散りばめられており，熱帯林生態学の基礎知識を学ぶのに適した教科書となっている．日本人研究者による研究が数多く引用されているのもこの本の特徴である．このことは，東アジアの熱帯林生態学の発展に日本人研究者が大きく貢献してきたことを反映している．なお，熱帯東アジア地域に焦点をあててはいるものの，生態

学的に重要な研究については他地域のものも頻繁に引用しており，熱帯林生態学の一般的な傾向を理解するうえでこの本はおおいに役に立つだろう．ただし，初学者向けであることや頁数の関係から，細かい記述が省略されていることも多い．このため，この本によって熱帯林の基礎知識を学んだうえで，読者が興味や疑問をもった箇所に関してはさらに引用文献をたどって詳しく調べてほしい．注意して欲しいのは，記載されていることすべてが正しいと認められているとはかぎらないことである．疑問に感じたことについてはみずから引用文献を確認して深く考察することが，この本に限らず，どのような教科書を読むときでも大事であろう．この本では2009年時点の最新の文献がレビューされているため，このような文献検索においてもおおいに役立つはずである．

　上述したように，日本では熱帯林に関する注目は依然として高く，近年も数多くの日本人研究者がマレーシアやタイ，インドネシアを中心とするさまざまな場所で研究を行っている．そのため，熱帯林に興味をもつ学生や若手研究者も増加の一途をたどっている．こうした熱帯林に興味をもつ若い人々にとって，この本が基礎知識を学ぶうえで重要な役割を果たすことを期待したい．最後に，熱帯林に関する一般解説書や教科書，研究トピックを紹介した本を以下にあげる．この本とともにこれらの本を参考にして熱帯林の生態学を学んで欲しい．訳者らは，この本を安田ほか（2008）の姉妹本と位置づけている．それぞれの本によって熱帯林生態学の基礎知識と実際の現場での研究過程を把握できるだろう．この補完的な関係をもっている2冊を比較活用していただければ幸いである．

　最後に，翻訳を快く許可してくださったRichard T. Corlett博士とこの本を出版する機会を与えてくださった東海大学出版会の田志口克己さんに心から感謝いたします．また，翻訳にあたりさまざまなコメントを下さった以下の方々に心から御礼申し上げます．

徳地直子・武田博清・藤井佐織・原口　岳・安藤聡一・金森朝子・保坂哲朗・相原百合・福盛浩介・嶋村鉄也・岡村喜明・川上和人・杉浦真治

最後に，私たちを熱帯林研究へと導いてくださった故・古川昭雄先生にこの訳本を捧げます．

一般むけ解説書

井上民二（1998）生命の宝庫・熱帯雨林．NHK出版，東京．（NHKライブラリー；81）

百瀬邦泰（2003）熱帯雨林を観る．講談社，東京．（講談社選書メチエ；276）

湯本貴和（1999）熱帯雨林．岩波書店，東京．（岩波新書；新赤版624）

学部生・院生むけ教科書

小川房人（1974）生態学講座30：熱帯の生態I．共立出版，東京．

クリッチャー（1992）熱帯雨林の生態学：アマゾンの生態系と動植物．（幸島司郎訳，伊沢紘生監修）．どうぶつ社，東京．

リチャーズ（1978）熱帯多雨林：生態学的研究．（植松真一・吉良竜夫共訳）．共立出版，東京．

ホイットモア（1993）熱帯雨林総論．（熊崎 実・小林繁男監訳）．築地書館，東京．

研究トピックを紹介した専門書

安部琢哉（1989）シロアリの生態：熱帯の生態学入門．東京大学出版会，東京．

井上民二（2001）熱帯雨林の生態学：生物多様性の世界を探る．八坂書房，東京．

岸本圭子（2010）虫をとおして森をみる：熱帯雨林の昆虫の多様性．東海大学出版会．神奈川．

北村俊平（2009）サイチョウ：熱帯の森にタネをまく巨鳥．東海大学出版会，神奈川．

吉良竜夫（1983）熱帯林の生態．人文書院，東京．

正木 隆・田中 浩・柴田銃江（2006）森林の生態学：長期大規模研究から見えるもの．文一総合出版，東京．

松田一希（2012）テングザル：河と生きるサル．東海大学出版会．神奈川．

松林尚志（2009）熱帯アジア動物記：フィールド野生動物学入門．東海大学出版会，神奈川．

安田雅俊・長田典之・松林尚志・沼田真也（2008）熱帯雨林の自然史：東南アジアのフィールドから．東海大学出版会，神奈川．

山田 勇・山倉拓夫（1992）熱帯雨林を考える．人文書院，東京．

英語の教科書

Corlett RT, Primack RB (2011) *Tropical Rain Forests: an Ecological and Biogeographical Comparison* (2nd ed.). Wiley-Blackwell, Malden.

Ghazoul J, Sheil D (2010) *Tropical Rain Forest Ecology, Diversity, and Conservation.* Oxford University Press, Oxford.

Kricher J (1997) *A Neotropical Companion* (2nd ed.). Princeton University Press, Princeton. 初版のKiricher (1989) の日本語訳がクリッチャー (1992)．

Kricher J (2011) *Tropical Ecology.* Princeton University Press, Princeton.

Richards PW (1996) *The Tropical Rain Forest* (2nd ed.). Cambridge University Press,

Cambridge. 初版の Richards (1952) の日本語訳がリチャーズ (1978)

Turner IM (2001) *The Ecology of Trees in the Tropical Rain Forest.* Cambridge University Press, Cambridge.

Whitmore TC (1984) *Tropical Rain Forests of the Far East* (*2nd ed.*). Oxford University Press, Oxford.

Whitmore TC (1998) *An Introduction to Tropical Rain Forests* (*2nd ed.*). Oxford University Press, Oxford. 初版の Whitmore (1990) の日本語訳がホイットモア (1993) であることに注意.

索　引 (五十音順)

A～Z

ASEAN 野生生物保護法
　　　　　執行ネットワーク —— 1, 217
ENSO（エルニーニョ南方振動）—— 5, 27, 29, 30, 55, 57, 128, 156, 180, 187
NGO（非政府組織）—— 199, 202, 204, 205, 209, 214, 220, 232, 234

ア

アオバト（属）—— 133
アカシア —— 40, 45, 50, 198
アカネズミ —— 104
アグロフォレストリ —— 36, 46, 47, 217, 218
アザミウマ（類）—— 95, 105, 132
アジアスイギュウ —— 83, 84
　　アノア —— 84
　　タマラオ —— 83
アジアフライックスネットワーク —— 163
アナグマ（属）—— 102, 139
亜熱帯常緑広葉樹林 —— 41, 54, 59, 78, 160
アノア —— 84
アブラヤシ —— 35, 45, 141, 171, 176, 199, 216, 218, 222, 231
奄美大島 —— 77, 78, 183
アメリカクサノボタン —— 181
アリ（類）—— 16, 48, 73, 93, 97, 104-107, 117, 123, 128, 130, 131, 137-140, 148, 181, 188, 218
　　アントガーデン —— 117
　　グンタイアリ —— 138
アルミニウム —— 158, 161, 162
アンダマン諸島（インド）—— 1, 18, 45, 47, 79, 80, 183, 210
アンブロシア甲虫 —— 138, 182
異翅亜目 —— 139
イセハナビ（属）—— 56
イタチアナグマ —— 102, 139
イタチ科 —— 102, 139
　　アナグマ、イタチアナグマも参照
イチジク（類）—— 55, 60, 61, 93, 95, 98, 100, 103, 105, 117, 132, 133, 136
イチジクコバチ —— 55, 60, 93, 95, 105, 132
一斉開花 —— 28, 29, 40, 56-59, 92, 93, 132, 142　　一斉結実も参照
一斉結実 —— 29, 53, 57, 59, 106, 107, 227
遺伝子流動 —— 76, 105
移動耕作 —— 35, 44, 47
イヌ（類）—— 18, 19, 75, 82, 102, 143, 145
稲 —— 18-20, 51, 114, 159, 224
イノシシ（属）—— 18, 19, 79, 81, 83, 84, 86, 103, 107, 114, 149, 177, 183, 208, 216, 218

違法伐採 —— 168, 174, 198, 205, 211, 215, 216, 234
インド —— 1, 4, 5, 12, 14, 62, 67, 69, 72, 73, 139, 147, 165, 166, 168, 174, 210
　　アンダマン諸島、ナルコンダム島、ニコバル島も参照
インドシナ亜区 —— 73, 75
インドネシア —— 1, 5, 12, 21, 23, 29, 30, 40, 41, 44, 45, 47, 87, 165, 166, 168, 170, 173-176, 179, 180, 186, 188, 198, 199, 201, 203-205, 211, 214, 218, 222, 223
　　カリマンタン、コモド島、サンギヘ諸島、シブルー島、シムル島、小スンダ列島、スマトラ島、スラウェシ島、スンバ島、セラム島、タラウド島、ジャワ島、ニアス島、ハルマヘラ島、フローレス島、マルク諸島、メンタワイ諸島も参照
インドマラヤ区　東洋区参照
インドモンスーン —— 27
インド洋ダイポールモード現象 —— 27, 29, 30
ウォーレシア —— 66, 73, 74, 77, 95
ウォーレス線 —— 15, 66
ウグイス（類）—— 141
ウシ（科・属）—— 18, 103, 125, 126, 145, 149, 187　　ガウル、バンテンも参照
渦相関法 —— 151, 152, 155
雲南省（中国）—— 27, 67, 69, 201, 224
　　西双版納も参照
ウンピョウ —— 77, 145
雲霧林 —— 27, 28, 48　　山地林も参照
エアロゾル —— 12, 161, 185-187, 190
栄養塩類
　　カリウム、カルシウム、窒素、ナトリウム、微量元素、マグネシウム、リン参照
エコツーリズム —— 200
エコ認証 —— 202, 218
エコリージョン —— 75, 209, 210
エネルギー —— 33, 123, 131, 134, 137, 151, 152, 162, 163, 186
エライオソーム —— 105
エルニーニョ（現象）—— 9, 29, 30, 57, 180　　ENSO も参照
エンガノ島（インドネシア）—— 81
大型動物相 —— 15
　　ギガントピテクス、サイ、ステゴドン、ゾウ、バクも参照
オオコウモリ科
　　果実食コウモリ、コウモリを参照
オオトカゲ —— 16, 18, 76, 79, 86, 145-148, 178, 199, 200　　コモドオオトカゲも参照
オオバギ属 —— 65, 100, 120, 128
小笠原諸島（日本）—— 78, 79, 182, 183, 190, 210
沖縄本島（日本）—— 78, 88

オサムシ科 —— 133, 136, 139
汚職 —— 168, 203, 211, 212, 215, 217
オーストラリア —— 4, 5, 7, 10, 14, 16, 49, 63, 65-67, 84, 85, 95, 117, 184, 198, 219
オーストラリアツムギアリ —— 104
オゾン —— 32, 186, 190
オナガダルマインコ —— 106
オランウータン —— 16, 18, 76, 100, 129, 134, 140, 199, 208, 229, 230
温室効果ガス —— 8, 155, 184, 186, 187, 197, 221
　　オゾン、窒素酸化物、二酸化炭素、メタンも参照

カ

ガ —— 94, 95　　スズメガ、鱗翅目も参照
開花 —— 9, 37, 52, 55-59, 61, 91-93, 96, 159
外交配 —— 89
海水準 —— 2, 5-7, 9, 10, 14, 50, 65, 75, 77, 79, 81, 82, 85, 143
外生菌根 —— 110, 112, 116, 160
海南島（中国）—— 7, 77, 100
外来種 —— 23, 45, 46, 78, 79, 164, 173, 180-183, 192, 218-221, 227, 234
ガウル —— 126, 145
カエル —— 72, 76, 78, 79, 83, 142, 144, 146, 182, 229
カオチョン（タイ）—— 69, 155
カオヤイ（タイ）—— 88
花外蜜 —— 130
化学防御物質 —— 123, 124, 126, 127, 129, 135, 137
カカボラジ山（ミャンマー、中国、インド）—— 47
火災 —— 21, 22, 32, 33, 179, 180, 219
　　自然火災も参照
火山 —— 11, 12, 32, 33, 35, 78, 79, 81, 84, 85, 159, 199
果実 —— 53, 55-57, 59-61, 97-103, 105-107, 123-127, 129, 131-136, 140, 142, 147, 148, 158, 178, 183, 225
果実食コウモリ —— 65, 84, 99, 100, 103, 127, 131, 134, 136, 163, 177, 178, 184
果実食者 —— 97-100, 124, 132, 133, 135, 136　　種子散布も参照
風 —— 8, 27, 28, 30-32, 35, 37, 75, 76, 80, 90, 97, 105, 138, 188
風散布 —— 59, 75, 97, 98, 105, 117, 122
風ストレス —— 31
カタストロフ —— 10-12, 43, 114
カッコウ —— 99
峨眉山（中国）—— 49, 125
カブール —— 53
花粉 —— 8-10, 16, 19, 73, 75, 89-93, 96, 97, 105, 131, 132　　送粉・受粉も参照

索　引　271

カーボンオフセット —— 163, 197-199, 215, 216, 218, 219, 221, 222, 228, 233, 234
カミキリムシ科 —— 129, 138, 182
花蜜 —— 67, 95, 96, 123, 130-132, 134
カメムシ　半翅目、異翅亜目参照
カラス科 —— 99
カリウム —— 156, 157, 162
カリマンタン（インドネシア）—— 29, 49, 55, 57, 87, 156, 179, 211, 229
カルシウム —— 127, 134, 156, 157, 161-163
カンガー・パタニ線 —— 38, 75
ガンガー山（インドネシア）—— 49
環境サービス支払い —— 195, 196, 215, 216, 218, 228
カンコノキ —— 94, 95
完新世 —— 7, 10, 15, 16, 18, 30, 59, 77, 86, 164
広東省（中国）—— 113, 157, 185
干ばつ —— 73, 111, 114, 117, 128, 129, 180
カンボジア —— 1, 11, 126, 166, 168-170, 174, 179, 203, 210, 211, 213
甘露 —— 129, 130
気温 —— 9, 10, 12, 24, 26, 37-39, 41, 47, 48, 52-54, 57, 65, 67, 92, 94, 115, 142, 152, 154, 155, 186-189, 206
　気候変動も参照
ギガントピテクス —— 15
気候 —— 24　ENSO、モンスーンも参照
気候変動 —— 5, 12, 24, 29, 52, 55, 67, 68, 72, 75, 121, 163, 184, 186, 188-192, 195, 197, 199, 221
キジ（類・科）—— 56, 79, 82, 84, 99, 107, 177
気象 —— 24　気候も参照
寄生者 —— 131, 146, 147, 221
キツツキ（類）—— 65, 84, 86, 130, 141, 147, 175
キナバル山（マレーシア）—— 26, 28, 41, 47, 73, 88, 117, 148, 188, 199-201, 210
揮発性有機化合物 —— 128, 153, 155, 162, 185
キュウカンチョウ（類）—— 133
休眠 —— 48, 109
教育 —— 202, 217, 218, 231-234
霧 —— 27, 28, 48, 53, 69, 117, 188, 199
菌根（菌）—— 110, 112, 116, 153, 160, 161
近親交配 —— 89, 182, 223, 228
キンバト —— 107
空洞化した森林 —— 206, 224
クスクス —— 84
　クロクスクス —— 84
　ヒメクスクス —— 84
クスノキ（科・属）—— 41, 48, 120, 127, 162
クマ —— 82, 102, 129, 143
　ツキノワグマ —— 77
　ナマケグマ —— 139
　マレーグマ —— 18, 139, 175
クマバチ —— 92, 93, 131
クモ —— 76, 137-141, 208
雲 —— 26, 27, 32, 53, 59, 67, 187, 188
クモカリドリ —— 95
クラカタウ（インドネシア）—— 12, 79, 159
クラ地峡（タイ）—— 6, 75

グリーンアノール —— 183
クロバエ科 —— 94, 148, 149
グローバル200エコリージョン —— 209, 210
グローバル化 —— 168
クワズイモ —— 94
群集集合 —— 122
系統 —— 67, 73, 91, 105, 122
結実 —— 52, 55-57, 59-61, 89, 96, 107, 136
齧歯類　ネズミ、ヤマアラシ参照
原生動物 —— 146
紅河 —— 20, 51, 106
合計特殊出生率 —— 166
考古学 —— 16, 19
高山帯 —— 48, 49
更新世 —— 5, 7, 10, 14-16, 19, 24, 35, 47, 65, 75, 77, 81, 83, 84, 86, 100, 139, 143, 149, 183
広西 —— 11
甲虫 —— 73, 93-95, 106, 124, 129, 131, 136-140, 148, 149, 201
　アンブロシア甲虫 —— 138, 182
　オサムシ —— 133, 136, 139
　カツオブシムシ —— 148
　カミキリムシ —— 129, 138, 182
　シデムシ —— 148
　ハムシ —— 124, 129, 132
　ハンミョウ —— 69, 139
　糞虫 —— 123, 149, 150
コウモリ —— 65, 75, 78-80, 83-86, 95, 96, 99, 100, 103, 105, 127, 140, 141, 184, 208
　果実食コウモリ —— 65, 79, 84, 99, 100, 103, 127, 131, 134, 136, 163, 177, 178, 184
　花蜜食コウモリ —— 95
　昆虫食コウモリ —— 79, 140, 142
コガネムシ科 —— 148, 149
ゴキブリ —— 95, 138, 140
国際自然保護連合（IUCN）のレッドリスト —— 190, 191, 207, 208
ゴシキドリ —— 65, 79, 84, 86, 99, 133, 136, 147
古生代 —— 4
コバノブラシノキ —— 45
コーヒー —— 45, 47, 171, 204
コミミネズミ —— 104
ゴム —— 20, 26, 35, 45, 171, 174, 203
コモドオオトカゲ —— 16, 86, 145, 146, 199, 200
コモド島（インドネシア）—— 85, 86, 200
固有性 —— 170, 201, 206, 209-210
コールドサージ（低温波浪）—— 26
コロブス亜科のサル —— 100, 106, 124
　シシバナザル、ラングール、リーフモンキーも参照
混群 —— 142
ゴンドワナ —— 4, 5, 63, 64, 68

サ

サイ —— 15, 16, 18, 20, 21, 23, 75, 76, 83, 103, 125, 126, 145, 177, 208
採鉱 —— 173

最終氷期最盛期 —— 7, 9, 10, 22, 75, 76, 81-83　氷期も参照
再生 —— 42, 45, 109, 110, 115, 156, 169, 173, 198, 199, 222-224, 230
　森林復元も参照
サイチョウ（科・類）—— 80, 84, 86, 98, 133, 136, 147, 175, 177, 201, 229
再導入 —— 224, 228-230
雑食者 —— 123, 138, 147, 149
殺虫剤 —— 51, 129, 138　農薬も参照
サバ州（マレーシア）—— 53, 88, 114, 141, 149　キナバル山、ダナムバレーも参照
サバンナ —— 14, 32, 39, 44, 45, 50, 77, 189, 200
サラノキ —— 54, 74, 95
サラワク州（マレーシア）—— 16, 35, 92, 128, 165　ランビルも参照
サル　コロブス亜科のサル、マカク参照
サンギへ諸島（インドネシア）—— 84, 85
漸新世 —— 5, 6
山地林 —— 32, 41, 48, 59, 73, 92, 98, 114, 115, 137, 138, 155, 158, 210, 212
散布体の導入圧 —— 181, 219, 220
西双版納（中国）—— 27, 28, 154
シイ（属）—— 41
塩場 —— 127, 163
シカ —— 18, 75, 83, 86, 103, 125, 129, 169, 177, 183, 216, 218
　サンバー —— 130
　シフゾウ —— 51, 169, 229
　ションブルクジカ —— 51, 169
　ニホンジカ —— 78
　マメジカ —— 82, 103
紫外線 —— 99
シシバナザル　コロブス亜科のサルを参照
地震 —— 12, 14, 36, 81
始新世 —— 5, 65, 68, 73, 83
自然火災 —— 32, 53, 179
慈善活動 —— 202
持続可能なパーム油のための円卓会議（RSPO）—— 203
シダ —— 8, 51, 73, 116, 117
湿原 —— 50, 51, 181
シブルー島（インドネシア）—— 81
シマオオタニワタリ —— 117
島の生物地理学 —— 75, 76, 95
シムル島（インドネシア）—— 81
絞め殺し植物 —— 117
霜 —— 9, 48, 65, 67
ジャコウネコ —— 18, 83, 84, 86, 102, 103, 105, 143, 144, 146, 147, 175, 178, 183
ジャワ島（インドネシア）—— 7, 10, 14, 16, 18, 26, 35, 38, 74, 77, 79, 100, 125, 166, 180, 185
ジャンセン・コネル仮説 —— 108, 112
重症急性呼吸器症候群（SARS）—— 184
重要野鳥生息地（IBA）—— 210
樹液食 —— 124, 129, 130　半翅目も参照
種子散布 —— 55-57, 59, 61, 65, 96-105, 107, 108, 110, 112, 114, 117, 120-122, 133-135, 137, 150, 178, 179, 188, 189, 216, 225, 226　果実食者も参照
種子バンク —— 56, 109, 110, 121, 224

種子捕食 —— 105-107, 117, 225
　種子捕食者も参照
種子捕食者 —— 56-58, 105-109, 111
　種子補食も参照
種多様性 —— 38, 42, 47, 50, 69, 72, 73, 89, 110, 117-121, 218, 225, 228
出生率 —— 120, 121, 166
種の共存 —— 120, 121
樹木限界 —— 9, 47-49, 53, 62
狩猟 —— 20, 21, 176-179, 216
純一次生産 —— 152-155, 157, 159
純生態系生産 —— 155
純生態系二酸化炭素交換 —— 155, 156
ショウガ科 —— 55, 95, 105, 116
小規模農家 —— 173, 175, 180
鞘翅目　甲虫参照
小スンダ列島（インドネシア）—— 14, 66, 85, 86
小惑星の衝突 —— 10, 11
植食者 —— 54, 72, 93, 97, 103, 104, 111, 112, 115, 122-131, 137, 138, 146, 149, 156, 157, 162, 163, 181
食肉類（肉食者）—— 18, 76, 77, 79-81, 83, 84, 102, 103, 134, 136, 143, 183
　イタチ科、イヌ、クマ、ジャコウネコ、ネコ、マングースも参照
植物園 —— 220, 223, 232
シロアリ（類）—— 12, 16, 48, 123, 137-140
人為火災 —— 32
シンガポール —— 1, 24, 87, 88, 101, 143, 167, 171, 181, 191
人口 —— 23, 24, 164-167, 173, 177, 193, 212, 216, 230, 231
　人口の増加 —— 165, 166, 177, 180, 212
　人口密度 —— 16, 19, 20, 21, 23, 51, 52, 101, 165, 166, 170, 185, 198, 213
新興感染症 —— 183, 184
新石器時代 —— 18, 183
新熱帯区 —— 32, 37, 63, 95, 99, 100, 126, 132, 138, 142, 148, 161, 162, 171, 172, 183
侵略的外来種 —— 78, 173, 180, 181, 192
森林　亜熱帯常緑広葉樹林、空洞化した森林、山地林、択伐林、二次林、熱帯雨林、熱帯落葉樹林、マングローブ林参照
　淡水湿地林 —— 49, 50
　泥炭湿地林 —— 50, 75, 156, 175, 186, 198, 219, 221, 222, 234
　熱帯季節林 —— 27, 28, 38, 39, 54, 137, 155, 156
　ヒース林 —— 41, 157, 162
森林管理協議会（FSC）—— 202
森林減少 —— 155, 168-172, 175, 176, 186, 187, 191, 197-199, 221
森林減少・劣化からの温室効果ガス排出削減 —— 197
森林動態調査区 —— 87
森林復元 —— 195, 224, 227, 228, 234
スズメガ（科・類）—— 72, 94
ステゴドン —— 12, 15, 16, 65, 83-86, 126, 183
スマトラ島（インドネシア）—— 4, 7, 10, 12, 14, 16, 18, 27, 29, 30, 35, 41, 48-50, 57, 74, 75, 77, 79, 81, 92, 100, 140, 170, 173, 180, 186, 211, 214, 229, 230
スミレ属 —— 97
スラウェシ島（インドネシア）—— 1, 5, 7, 19, 27, 38, 40, 41, 50, 53, 66, 69, 81, 83-86, 101, 143, 148, 166, 180, 183, 199, 210
スローロリス —— 96, 129, 130, 140, 229
スンダトゲネズミ —— 74, 104, 137
スンダメガスラスト —— 14, 81
スンダランド —— 6, 7, 10, 73, 74, 77, 107, 175, 207, 212　スンダ陸棚も参照
スンダ陸棚 —— 7, 10, 27, 28, 35, 38, 57, 59, 66, 69, 74, 76, 77, 79, 83
　スンダランドも参照
スンバ島（インドネシア）—— 85, 86
生息地外での保全 —— 222-224, 234
生態系サービス —— 194, 211, 216
成長と生存のトレードオフ —— 115, 120
生物多様性オフセット —— 198, 199, 215, 216, 228
生物多様性重要地域（KBA）—— 210
生物地理学 —— 1, 62, 63, 65, 66, 68, 75, 76, 78, 86
石筍 —— 89
石炭 —— 9, 173, 184, 185
石灰岩 —— 32, 36, 42, 72, 170, 221
石器 —— 11, 12, 14, 15
絶滅ゼロ・アライアンス —— 211
セピロク（マレーシア）—— 53, 157
セラム島（インドネシア）—— 50, 86
セレベス　スラウェシ島（インドネシア）参照
遷移 —— 33, 42, 43, 45, 52, 99, 114, 121, 122, 155, 158, 171, 178, 225-227
先駆種 —— 56, 109-111, 113, 121, 122, 158, 179, 225
先駆種の砂漠 —— 179, 225
センザンコウ —— 16, 18, 82, 139
鮮新世 —— 6, 9, 10, 30, 77, 81
蘚苔類 —— 48, 68, 117
線虫類 —— 129, 146, 182
潜葉性昆虫 —— 124, 146
ゾウ —— 16, 20, 21, 64, 65, 76, 83, 84, 103, 105, 125, 126, 129, 138, 145, 164, 183, 199, 201, 208, 230
総一次生産 —— 15, 152, 155, 156
草原 —— 27, 32, 39, 44, 45, 48, 77, 124, 169, 225, 227
双翅目 —— 93, 124, 129, 131, 146
送粉・受粉 —— 89
相利共生　菌根（菌）、種子散布、送粉・受粉、ドマティア参照

タ

タイ —— 1, 6, 10, 11, 19, 20, 24, 38, 40, 50, 54, 59, 69, 74, 75, 77, 87, 88, 109, 114, 137, 155, 156, 165-167, 169, 170, 174, 204, 230
　カオチョン、カオヤイ、ドイインタノン、ホイカーケンも参照
耐陰性 —— 37, 110-113, 121, 218, 227
耐乾性 —— 75, 111, 224

耐乾性種子 —— 109, 224
大気汚染 —— 23, 52, 121, 163, 173, 184, 190-192, 222
　エアロゾル、オゾン、窒素酸化物、窒素沈着、二酸化硫黄も参照
退耕還林プログラム（GTGD）—— 195
台風 —— 30, 31, 114, 121, 138, 157, 181
タイヨウチョウ類 —— 95, 131
台湾（島）—— 7, 19, 31, 41, 49, 72, 77, 87, 101, 114, 138, 142
択伐林 —— 42, 44　伐採も参照
タケ（類）—— 40, 44, 49, 56, 137
タケネズミ —— 18
タコノキ科 —— 96
ダナムバレー（マレーシア）—— 88, 114, 149
ダニ（類）—— 73, 128, 137, 139, 146
タマラオ —— 83
タラウド諸島（インドネシア）—— 84, 85
タロイモショウジョウバエ —— 94
淡水湿地林 —— 49, 50
炭素収支 —— 154, 163, 186
炭素利用効率（CUE）—— 152
タンパク質 —— 20, 123, 125-127, 131-134, 148, 149, 157
断片化 —— 31, 171-172, 184, 188-192, 212, 221, 224, 227
タンボラ山（インドネシア）—— 12, 47
地域社会参加型の保全 —— 213, 214, 234
チェンマイ（タイ）—— 24, 59
チガヤ（属）—— 45
竹林 —— 44
稚樹 —— 37, 89, 112-114, 126, 225
地すべり —— 181
窒素 —— 130, 151, 156-162, 185, 187, 222, 226
窒素固定 —— 115, 157, 160, 161, 226
窒素酸化物 —— 52, 185
窒素沈着 —— 121, 155, 157, 185, 187, 190, 191
チメドリ（科・類）—— 79, 80, 84, 86, 99, 141, 142, 148, 175
チャオプラヤーデルタ —— 7
着生植物 —— 57, 116, 117, 218
中国 —— 1, 5, 7, 9-11, 14-16, 18-22, 26, 27, 30, 36, 41, 42, 51, 53, 56, 67, 72, 75, 77, 87, 100, 106, 109, 154, 160, 164-166, 168-170, 174, 177, 178, 182, 184-187, 189, 195, 200, 201, 203, 204, 206, 210, 206, 210, 215, 217, 222-224, 229
中新世 —— 5, 8, 9, 67, 75
中立仮説 —— 120-122, 219
チョウ（類）—— 69, 94, 124, 131, 133, 148, 180, 189, 201, 218
超塩基性岩 —— 36, 41, 47, 72
鳥類 —— 18, 51, 60, 65, 69, 72, 73, 75-81, 84-86, 95, 98-100, 103, 105, 122, 127, 132-137, 140-149, 175, 177-181, 183, 184, 189-191, 199, 206, 207, 210, 218-220, 225-228
　バードウォッチング —— 201
猛禽類 —— 142, 143, 145, 146

索　引　273

渡りも参照
直翅目 —— 124, 129, 138
直播 —— 226, 227
追加性 —— 196, 199
ツカツクリ —— 86
ツキノワグマ —— 77
ツグミ（科・属・種）—— 99, 133, 136, 141, 148
ツツジ（属）—— 49
津波 —— 14, 15, 79
ツパイ —— 79, 83, 96, 140
ツーリズム —— 194, 199, 200, 201
ツルアダン（属）—— 96
つる植物 —— 37, 41, 48, 57, 97, 115, 116, 175
低インパクト伐採 —— 198, 215
逓減率 —— 26, 47
泥炭 —— 9, 32, 35, 50, 72, 156, 170, 180
泥炭湿地林 —— 35, 50, 75, 156, 175, 186, 198, 219, 221, 222, 234
低木林 —— 19, 45, 49, 99
ティモール島（インドネシア）—— 14, 65, 66, 85, 86
テクタイト —— 10, 11
テナガザル（科）—— 18, 20, 21, 81, 82, 100, 101, 102, 107, 125, 134, 140, 150, 199, 223, 227, 229
天童（中国）—— 87
展葉 —— 53-55, 59, 128, 189
ドイインタノン（タイ）—— 71, 88, 119
等翅目 —— 137　シロアリも参照
動物園 —— 220, 223, 230
東洋区 —— 62, 64, 67, 78, 149, 178
道路 —— 36, 44, 52, 117, 146, 173, 181, 192, 201, 215
トカゲ（類）—— 78, 79, 86, 142-144, 178, 199　オオトカゲも参照
トカラ海峡 —— 78
トガリネズミ（類）—— 79, 86, 140
トクサバモクマオウ —— 45, 90
都市 —— 22, 23, 51, 52, 90, 164-166, 169, 171, 173, 177, 181, 182, 184, 185, 193, 204, 214, 217, 222
都市化 —— 22, 23, 52, 171, 173
土壌浸食 —— 36, 175, 201
トバ火山（インドネシア）—— 12
トビ —— 149
トビムシ —— 137
ドマティア —— 128
トラ —— 75, 76, 123, 163, 208, 216, 217, 219
ドール —— 145, 147
トンレサップ湖（カンボジア）—— 20, 213

ナ

内生菌（類）—— 128
ナガエサカキ（属）—— 162
ナトリウム —— 123, 127, 163
ナナフシ目 —— 124, 138
ナルコンダム島（インド）—— 79, 80
難貯蔵性（種子）—— 109　耐乾性種子も参照
ニアス島（インドネシア）—— 81
ニア洞窟（マレーシア）—— 16

ニクバエ科 —— 94, 148, 149
ニコバル島（インド）—— 1, 47, 79-81, 210
二酸化硫黄 —— 185
二酸化炭素 —— 151, 155, 156, 186, 187, 189, 190, 194, 195, 197, 198
西ガーツ（インド）—— 1, 69
ニシキヘビ（類）—— 76, 79, 143-145, 182, 183
二次林 —— 42-44, 47, 99, 122, 129, 156, 171, 179, 191, 225, 227
遷移も参照
日射　光利用可能量参照
日長 —— 47, 54, 59
ニッチ分化 —— 118, 121
ニッパヤシ（属）—— 49
ニパウイルス（感染症）—— 184
日本 —— 1, 8, 31, 46, 77, 78, 134, 174, 203, 217　小笠原諸島、琉球（南西）諸島も参照
ニューギニア —— 1, 7, 16, 62, 63, 65, 78, 79, 84, 86, 95, 124, 129, 210
認証 —— 202-205, 215, 216, 218, 222
根 —— 32, 36, 37, 42, 47, 49, 52, 54, 111, 114, 115, 117, 123, 126, 129, 152, 153, 156-158, 161
ネコ（科・類）—— 10, 18, 77, 102, 143, 144, 183, 208　ウンピョウ、トラ、ヒョウも参照
ネズミ（科・類）—— 78, 79, 81, 83, 85, 86, 96, 104, 106, 140, 177, 183, 208, 221
熱帯雨林 —— 8-10, 12, 16, 18, 21, 29, 32, 33, 37, 38, 44, 52, 62, 63, 65, 69, 74, 75, 77, 79, 86-88, 90-93, 105-107, 109, 112, 113, 115-118, 121, 124, 125, 129, 130, 142, 152, 154-157, 173, 176, 180-182
熱帯季節林 —— 27, 28, 38, 39, 54, 137, 155, 156
熱帯収束帯 —— 27, 187
熱帯低気圧（台風）—— 12, 30, 31, 114-116
熱帯東アジア（定義）—— 1-2, 62-64
熱帯落葉樹林 —— 39, 94
熱帯林科学センター（CTFS）（スミソニアン熱帯研究所）—— 87, 163
年輪 —— 8, 114
農業 —— 20, 35, 36, 51, 158, 159, 173, 184, 185, 187, 198, 218, 219
移動耕作、小規模農家耕作、農民も参照
農民 —— 18, 195, 214, 231
農薬 —— 47, 166, 173, 218　殺虫剤も参照
ノボタン（科）—— 116, 162, 181

ハ

バードウォッチング —— 201, 231
ハート・オブ・ボルネオ（構想）—— 205
バードライフ・インターナショナル —— 205, 210
パームシベット —— 83, 86, 102, 103, 183
ハイエナ —— 24, 149
バイオ燃料 —— 168, 222
バイオマス —— 37, 52, 53, 100, 115-117, 123, 124, 129, 138, 142, 143, 150, 152, 154-156, 159, 170, 171, 177, 187, 197
ハイナンテナガザル —— 227
バク —— 15, 16, 18, 76, 103, 125, 145

白亜紀 —— 45, 10, 63, 64
白亜紀の最後の大量絶滅（K-T境界）—— 10, 64
ハクビシン —— 102, 103, 147
パソ（マレーシア）—— 87, 95, 97, 106, 109, 111-114, 132, 138, 152, 155, 156, 181, 182, 186, 189
ハチクマ（属・類）—— 141
爬虫類　トカゲ、ヘビ、ワニ参照
発芽 —— 55, 59, 96, 103, 104, 106, 108-111, 117
ハト（科・類）—— 79, 98, 133, 136, 177
ハナドリ —— 95, 98, 99, 190
ハナバチ（類）—— 90-93, 105, 131
クマバチ、マルハナバチ、ハリナシバチ、ミツバチも参照
ハナホソガ —— 95
バビルサ —— 83
ハムシ科 —— 129, 132
パラオ —— 78, 132
パラワン島（フィリピン）—— 5, 18, 77, 81, 82, 210
ハリナシバチ（類）—— 65, 68, 91, 92, 140
パルパレー（インドネシア）—— 27, 40
ハルマヘラ島（インドネシア）—— 50, 86
半翅目 —— 95, 124, 129, 131
繁殖フェノロジー —— 55, 59, 189
パンダ —— 56
半着生植物 —— 117
バンテン —— 126
ハンミョウ（科・類）—— 69, 139
バンレイシ科 —— 93
火入れ　火災参照
東アジアモンスーン —— 9, 27
光利用可能量 —— 111, 112
非森林ハビタット —— 172, 173, 188, 189, 217, 225
ヒース林 —— 41, 157, 162
ヒト（科・類）（ホモ・サピエンス）—— 12, 15, 16, 19, 100
ヒマワリヒヨドリ —— 45, 181
非木材林産物 —— 22, 176, 192, 214-216, 219
ヒョウ —— 76, 145, 163　ウンピョウも参照
氷期 —— 7, 9, 24, 30, 59, 73, 77, 79, 81, 85　最終氷期最盛期も参照
病原菌 —— 107-109, 111-113, 120, 122, 130, 161, 162, 183, 184, 192, 220, 221
費用対効果分析 —— 211
ヒヨドリ（科・属・類）—— 45, 65, 79, 84, 86, 99, 133, 134, 148, 181, 225
微量元素 —— 156, 161-163
貧困 —— 167, 177, 193-195, 212
福山（台湾）—— 87, 114, 138, 142
フィリピン諸島 —— 1, 5, 7, 12, 15, 16, 19, 20, 38, 47, 48, 59, 66, 69, 73, 74, 81-84, 86, 92, 143, 146-148, 166, 169, 170, 183, 184, 190, 205, 210, 211, 225, 229
パラワン島、ミンダナオ島、ミンドロ島、ルソン島も参照
フィリピンワシ —— 146
風媒 —— 56, 89, 90

フェノロジー —— 24, 52-56, 59-61, 107, 123, 136, 154, 189, 192
ブキッティマ（シンガポール）—— 87
フクロウ（類）—— 143
腐植食者 —— 131, 137, 138
フタバガキ科 —— 9, 28, 38-40, 48, 53, 54, 57-59, 80, 85, 86, 93, 95, 97, 104, 106-110, 122, 140, 154, 155, 159, 161, 170, 175, 224, 227
フトハナバチ —— 93
フトモモ科 —— 45, 48, 50, 96
ブナ科 —— 41, 48, 59, 78, 85, 86, 104, 110, 224
腐肉食者 —— 148
プランテーション —— 21, 30, 35, 36, 45-47, 50, 129, 155, 161, 164, 169, 171, 173, 174, 176, 180, 182, 198, 199, 203, 214, 216-219, 227, 231
　アブラヤシ、ゴムも参照
ブルタム（ヤシ科、ラタンの一種）—— 96
ブルネイ —— 1, 87, 165-167, 205
プレートテクトニクス —— 2, 4
フレームワーク種利用法 —— 225
フローレス人（ホモ・フローレシエンシス）—— 12, 16
フローレス島（インドネシア）—— 12, 14, 15, 85, 86, 183
糞食 —— 149
糞虫 —— 123, 149, 150
ヘイズ（煙霧）—— 180, 219
ペット —— 177, 220, 229, 230
ベトナム —— 1, 11, 27, 68, 165, 166, 168, 170, 174, 185, 195, 204, 208-210
ヘビ（類）—— 18, 78, 79, 84, 142-145, 149, 178, 182, 183　ニシキヘビも参照
変温動物 —— 143, 144, 189
扁形動物（類）—— 146
ホイカーケン（タイ）—— 54, 87, 112, 114
萌芽 —— 30, 32, 40, 42, 114, 115, 121
訪花者 —— 90, 94-96, 131, 132
　送粉・受粉も参照
飽食 —— 56-58, 107, 108
ホオジロ（属）—— 137
捕食　種子捕食者、食肉類（肉食者）参照
捕食寄生者 —— 146
保全地域・開発統合プロジェクト —— 214
ホットスポット —— 170, 209, 210
哺乳類 —— 12, 14-16, 18, 20, 21, 51, 64, 65, 67, 68, 73, 75-79, 81, 83-86, 96, 101, 107, 122, 126, 129, 130, 133, 134, 136, 139-141, 143-147, 149, 163, 164, 175, 177, 178, 181-183, 191, 197, 201, 206-208, 210, 211, 218, 226, 228
　イノシシ、ウシ、齧歯類、コウモリ、サイ、シカ、食肉類（肉食者）、センザンコウ、ゾウ、ツパイ、トガリネズミ、バク、霊長類も参照
ホモ・エレクトス —— 14, 15
ボルネオ島 —— 5, 7, 10, 12, 16, 19, 27, 33, 35, 36, 41, 44, 50, 72, 75, 77, 81-84, 87, 92, 100, 101, 106, 116, 117, 127, 130, 142, 150, 154, 159, 163, 173, 175, 179, 180, 199, 201, 205, 210, 211, 215, 218
　カリマンタン、サラワク州、ブルネイも参照
ボルネオテツボク —— 120, 127
香港 —— 26, 68, 88, 92, 101, 133, 135, 140, 142, 143, 179, 181, 182, 218, 225, 229

マ
マカク（属）—— 18, 81, 83, 84, 100-102, 125, 126, 134, 140, 183, 184, 229
　アカゲザル —— 101
　カニクイザル —— 81, 83, 86, 184
　チベタンマカク —— 125
　ニホンザル —— 12, 18, 77, 125
　ブタオザル —— 107
マカッサル海峡 —— 5, 83
膜翅目 —— 93, 124, 131, 146
　アリ、ハナバチも参照
マグネシウム —— 36, 41, 156, 161, 162
マダガスカル —— 63, 64
マツ（科・属・類）—— 45, 46, 48, 160, 182, 198
マツノザイセンチュウ —— 182
マメ（科）—— 40, 45, 46, 50, 82, 96, 97, 103, 115, 207, 226
マルク諸島（インドネシア）—— 66, 78, 86, 93, 183
マルハナバチ（属）—— 92, 93
マレーガビアル —— 146
マレーシア —— 1, 18, 38, 45, 52, 62, 75, 95, 130, 140, 155, 165-167, 169, 174, 179, 181, 184, 200, 201, 203, 205, 210
　サバ州、サラワク州も参照
マンガン —— 161, 162
マングース —— 82, 143, 183
マングローブ（材）—— 49, 97
ミカドバト（属）—— 133
実生 —— 32, 56-58, 89, 96, 107-114, 141, 160, 161, 178, 189, 225-228
ミツスイ（科）—— 84, 86, 95
密度依存的な死亡 —— 112, 113
ミツバチ（科・属）—— 57, 59, 91-93, 141, 183
　オオミツバチ —— 57, 59, 91, 92, 132
　トウヨウミツバチ —— 92
ミバエ —— 132
ミミズ（属・類）—— 48, 83, 137, 138, 140, 146, 181
ミャンマー —— 1, 4, 20, 27, 38-40, 47, 49, 67, 72, 73, 79, 103, 129, 165, 166, 174, 189, 203
ミンダナオ島（フィリピン）—— 50, 78, 81-84, 155, 210
ミンドロ島（フィリピン）—— 5, 81, 83
ムクドリ（科・類）—— 99, 133
虫こぶ —— 131
メガネザル —— 83-85, 100, 140
メガライスプロジェクト —— 50
メコンデルタ —— 7
メジロ（科・類）—— 95, 99
メジロチメドリ —— 142
メタン —— 155, 184, 186, 187, 198
メンタワイ諸島（インドネシア）—— 12, 30, 81, 210
木材貿易 —— 174, 175

モミ（属）—— 49
モンシデムシ —— 148
モンスーン
　インドモンスーン、東アジアモンスーン参照

ヤ
ヤガ科 —— 132
屋久島（日本）—— 12, 49, 77, 88, 101, 125
ヤシ（科・属）—— 37, 45, 49, 94, 96, 116, 199, 207　アブラヤシ、ラタンも参照
野生生物の商取引を監視するネットワーク（TRAFFIC）—— 216
野生生物の商取引 —— 217, 234
ヤドリギ（科・類）—— 95
ヤマアラシ（類）—— 18, 82, 86, 107, 149, 183
玉山（台湾）—— 47, 49
優先 —— 120, 201, 204, 207, 215, 225
優先順位の設定 —— 206, 208, 209, 211
有袋類 —— 84, 86
ユーカリ（属）—— 45, 198
雪 —— 30
葉食者 —— 83, 124
ヨコヅナアリ（属）—— 138

ラ
ラオス —— 1, 11, 40, 166, 168, 174, 177, 195, 204, 208, 210, 211
落葉性 —— 9, 39, 40, 45, 54, 55
落雷 —— 32, 44, 179
ラタン —— 37, 96, 116, 176
ラフレシア（科・属）—— 94, 199, 201
ラミン —— 50, 216
ラン —— 57, 73, 94, 97, 116, 117, 199
ラングール　コロブス亜科のサルを参照
ランビル（マレーシア）—— 53, 54, 57, 59, 69, 87, 92, 93, 95, 107, 108, 112, 117-120, 128, 132, 136, 157
リーケージ —— 199, 230, 231
リグニン —— 123, 126, 127, 222
リス（類）—— 18, 65, 85, 96, 104, 106, 107, 129, 130, 136, 140, 175, 177
リターフォール —— 156
リーフモンキー　コロブス亜科のサルを参照
リモートセンシング —— 55, 206
琉球（南西）諸島（日本）—— 1, 12, 41, 46, 78, 183
　奄美大島、沖縄本島、屋久島も参照
両生類 —— 64, 69, 80, 142, 143, 181, 183, 184, 189, 207, 208, 210, 212, 228
　カエルも参照
リン —— 57, 77, 154, 156-162
林縁効果 —— 173
リンサン —— 102, 143
鱗翅目 —— 72, 94, 124, 129, 131, 133, 140, 148, 201　チョウも参照
ルソン島（フィリピン）—— 38, 75, 81, 83, 166, 210
霊長類 —— 74, 76-81, 84, 100-102, 105, 106, 125-127, 129-131, 134, 136, 140, 144, 147, 148, 177, 178, 184, 197, 200, 209
　オランウータン、コロブス亜科のサル、テナガザル、マカク、メガネザル、ロリスも参照

索引　275

ロリス（類） —— 100, 129

ワ
ワシミミズク（属・類） —— 146
ワシントン条約（CITES） —— 216, 217
渡り —— 136, 184
ワニ（類） —— 145, 178

著者略歴

リチャード・トーマス・コーレット（Richard T. Corlett）
1951年生まれ
ケンブリッジ大学で植物学を学び，オーストラリア国立大学で植物生態学の博士号を取得．
チェンマイ大学，シンガポール国立大学，香港大学で教鞭をとり，現在，中国科学院西双版納熱帯植物園（XTBG）教授，同総合保全センター長（雲南省在住）．
専門は保全生物学．熱帯東アジアの生物多様性保全，動植物間相互作用，環境変動の生態影響に関する研究業績多数．
ATBC会長（2012年），IPCC第5次（2014年）評価報告書第2作業部会（影響・適応・脆弱性）アジア担当，IUCN種の保存委員会の環境変動専門家グループ委員を歴任．
著書：『Tropical Rain Forests: an Ecological and Biogeographical Comparison』
（リチャード・B・プリマックと共著／第2版，2011年）ほか

訳者略歴

長田典之（Noriyuki Osada）
生　　年：1971年
最終学歴：京都大学大学院農学研究科博士課程修了
学　　位：博士（農学）
現　　職：京都大学フィールド科学教育研究センター　研究員
著 作 物：『Pasoh: Ecology of a Lowland Rain Forest in Southeast Asia, Springer-Verlag Tokyo（共著，2003）』，『植物生態生理学　第2版　W. ラルヘル著，シュプリンガー（分担翻訳，2004）』ほか

松林尚志（Hisashi Matsubayashi）
生　　年：1972年
最終学歴：東京工業大学大学院生命理工学研究科博士課程修了
学　　位：博士（理学）
現　　職：東京農業大学地域環境科学部森林総合科学科　准教授
著 作 物：『Sustainability and Diversity of Forest Ecosystems: an Interdisciplinary Approach, Springer-Velag Tokyo，（共著，2007）』，『熱帯アジア動物記：フィールド野生動物学入門，東海大学出版会（2009）』ほか

沼田真也（Shinya Numata）
生　　年：1973年
最終学歴：東京都立大学理学研究科博士課程修了
学　　位：博士（理学）
現　　職：首都大学東京都市環境学部自然・文化ツーリズムコース　准教授
著 作 物：『Pasoh: Ecology of a Lowland Rain Forest in Southeast Asia, Springer-Verlag Tokyo（共著，2003）』ほか

安田雅俊（Masatoshi Yasuda）
生　　年：1968年
最終学歴：東京大学大学院農学生命科学研究科博士課程修了
学　　位：博士（農学）
現　　職：（独）森林総合研究所九州支所　主任研究員
著 作 物：『森の自然史―複雑系の生態学，北海道大学図書刊行会（共著，2000）』，『Pasoh: Ecology of a Lowland Rain Forest in Southeast Asia, Springer-Verlag Tokyo（共著，2003）』，『Seed Fate, CABI Publishing（共著，2005）』ほか

この他に上記4名の共著で『熱帯雨林の自然史―東南アジアのフィールドから，東海大学出版会（2008）』がある．

本書に対するご意見，ご質問は下記までお寄せください．
訳者連絡先：rainforest@fieldnote.com

アジアの熱帯生態学

2013年7月20日　第1版第1刷発行

訳　者	長田典之・松林尚志・沼田真也・安田雅俊
発行者	安達建夫
発行所	東海大学出版会
	〒257-0003　神奈川県秦野市南矢名3-10-35
	TEL 0463-79-3921　FAX 0463-69-5087
	URL http://www.press.tokai.ac.jp
	振替 00100-5-46614
組版所	株式会社 桜風舎
印刷所	株式会社 真興社
製本所	株式会社 積信堂

© Noriyuki Osada, Hisashi Matsubayashi, Shinya Numata and Masatoshi Yasuda, 2013
ISBN978-4-486-01891-9

Ⓡ〈日本複製権センター委託出版物〉
本書の全部または一部を無断で複写複製（コピー）することは，著作権法上の例外を除き，禁じられています．本書から複写複製する場合は日本複製権センターへご連絡の上，許諾を得てください．
日本複製権センター（電話 03-3401-2382）

関連書の紹介

熱帯雨林の自然史
―東南アジアのフィールドから
安田雅俊・沼田真也・松林尚志・長田典之 共著
A5判　上製本　300頁　定価3990円

熱帯林研究ノート
―ピーター・アシュトンと語る熱帯林研究の未来
中静 透 編
A5変型判　並製本　124頁　定価1890円

失われ行く森の自然誌
―熱帯林の記憶
大井 徹 著
A5変型判　並製本　196頁　定価2625円

キナバル山
―ボルネオに生きる…自然と人と
安間繁樹 著
A5変型判　並製本　272頁　定価2940円

琉球の蝶
―ツマグロヒョモンの北進と擬態の謎にせまる
伊藤嘉昭 著
A5変型判　並製本　120頁　定価2940円

ネイチャーツアー西表島
安間繁樹 著
A5変型判　並製本　276頁　定価3045円

生態系の暮らし方
―アジア視点の環境リスクーマネジメント
小池文人・金子信博・松田裕之・茂岡忠義 編著
A5判　上製本　268頁　定価2940円

森のバランス
―植物と土壌の相互作用
森林立地学会 編
A5判　上製本　308頁　定価2940円

生態進化発生学
―エコ-エボ-デボの夜明け
スコット F.ギルバート，デイビッド イーベル 著
／正木進三・竹田真木生・田中誠二 訳
B5判　上製本　456頁　定価6090円

グラスエンドファイト
―その生態と進化
G.P.チュウブリック，S.H.フェイス 著
／大園享司 訳
A5判　上製本　298頁　定価5040円

フィールドの生物学1
熱帯アジア動物記
―フィールド野生動物学入門
松林尚志 著
B6判　並製本　200頁　定価2100円

フィールドの生物学2
サイチョウ
―熱帯の森にタネをまく巨鳥
北村俊平 著
B6判　並製本　180頁　定価2100円

フィールドの生物学4
虫をとおして森をみる
―熱帯雨林の昆虫の多様性
岸本圭子 著
B6判　並製本　172頁　定価2100円

フィールドの生物学6
右利きのヘビ仮説
―追うヘビ、逃げるカタツムリの右と左の共進化
細 将貴 著
B6判　並製本　212頁　定価2100円

フィールドの生物学7
テングザル
―河と生きるサル
松田一希 著
B6判　並製本　160頁　定価2100円

フィールドの生物学8
アリの巣をめぐる冒険
―未踏の調査地は足下に
丸山宗利 著
B6判　並製本　236頁　定価2100円

フィールドの生物学9
孤独なバッタが群れるとき
―サバクトビバッタの相変異と大発生
前野ウルド浩太郎 著
B6判　並製本　288頁　定価2100円

フィールドの生物学11
野生のオランウータンを追いかけて
―マレーシアの森に生きる世界最大の樹上生活者
金森朝子 著
B6判　並製本　288頁　定価2100円

アリの巣の生きもの図鑑
丸山宗利・小松 貴・工藤誠也・島田 拓・木野村恭一 著
B5判　上製本　240頁　定価4725円

※価格は税込み5％